高等教育信息学系列教材　　普通高等院校新工科人才培养教材

# 过程控制系统

（第二版）

李方昱　侯　莹　孙浩源　主　编
严爱军　高学金　副主编



北京工业大学出版社

**图书在版编目（CIP）数据**

过程控制系统 / 李方昱，侯莹，孙浩源主编．
2 版．-- 北京 ：北京工业大学出版社，2024．12．
ISBN 978-7-5639-8684-2

Ⅰ．TP273

中国国家版本馆 CIP 数据核字第 2024MC1185 号

# 过程控制系统(第二版)

GUOCHENG KONGZHI XITONG(DI-ER BAN)

**主　　编：** 李方昱　侯　莹　孙浩源
**策划编辑：** 杜一诗
**责任编辑：** 付　存
**封面设计：** 红杉林文化
**出版发行：** 北京工业大学出版社
（北京市朝阳区平乐园 100 号　邮编：100124）
010-67391722（传真）bgdcbs@sina.com
**经销单位：** 全国各地新华书店
**承印单位：** 北京虎彩文化传播有限公司
**开　　本：** 787 毫米×1092 毫米　1/16
**印　　张：** 22.5
**字　　数：** 596 千字
**版　　次：** 2024 年 12 月第 2 版
**印　　次：** 2024 年 12 月第 1 次印刷
**标准书号：** ISBN 978-7-5639-8684-2
**定　　价：** 69.00 元

# 序

过程控制是保障生产过程稳定、可靠、安全、优化运行的基础，是能源、化工、冶金等流程工业实现自动化与信息化的关键。新一代信息技术的发展正在驱动流程工业由工业自动化与信息化向工业智能化发展。工业智能化对过程控制技术提出了新的要求。《过程控制系统(第二版)》系统地介绍了过程控制基本理论、过程控制系统实现技术和工业智能化背景下的过程控制工程应用案例，为培养具有理论与实践能力、从事工业过程自动化与智能化的工程科技人才提供了支撑。

全书共分 8 章，内容结构层次分明。第 1 章介绍了过程控制的基本概念与应用背景；第 2 章至第 4 章较详细地阐述了工业过程建模、控制算法、控制系统设计；第 5 章与第 6 章介绍了预测控制、鲁棒控制、模糊控制和神经网络控制等先进控制技术；第 7 章进一步阐述了采用 PLC、DCS 等计算机控制系统设计与实现过程控制技术及在工业现场中的应用，帮助读者掌握现代过程控制系统的实现技术；第 8 章通过化工、发酵、污水处理等典型过程控制系统的实际应用案例，介绍如何将过程控制方法与实际工程相结合设计、研制与运营过程控制系统，使读者能够在工业过程应用场景中掌握和实现过程控制技术。本书在 2010 年出版的第一版基础上，进一步扩展了智能控制技术与工业应用案例。本书可作为从事工业自动化与智能化相关领域的学术研究与工程技术研发人员的参考书，也可作为高等院校相关专业师生的教学参考书。本书对我国流程工业自动化与智能化的理论与技术研究和创新人才培养必将起到推动作用。

**中国工程院院士**

# 前　言

《过程控制系统》第一版于2010年出版，至今已经超过十年了。这段时间里，我真切地感受到信息时代、智能时代的到来。数字化信息的处理和分析以及复杂智能系统的研究与应用，不仅是信息技术产业所关心的问题，也是很多学科和领域共同关心的问题。21世纪的前20年，人们见证了信息学科与智能技术的飞速发展。从学科本身看，近十年最大的发展当数智能控制与实际应用结合产生的大量成功应用。同时，大量智能优化控制算法平台的出现和发展也改变了人们以往进行工业生产控制的思路和方式。此外，在近年的教学实践中，我体会到过程控制系统及其在很多领域中的应用又有了很多新发展。这些发展使我们强烈感受到这本教材的内容需要更新和补充。因此，笔者开始着手编写新版教材。新版教材的出发点如下：一方面，结合当前的最新发展，继承传统内容，增添新内容，进一步增强实用性，接触学科前沿；另一方面，在教材的深度和广度上兼顾广大本科生学习的特点和本专业研究生的需求，力求做到能使非本专业学生通过本教材学到足够系统的基本知识，而本专业学生又能以本教材为其专业研究的重要起点。

本书共分八章。与第一版相比，除个别小节内容重新进行了梳理与命名以外，主要的修订内容体现在将原属于先进控制方法下的智能控制相关内容进行了梳理和独立成章，并补充了第一版成书以来的相关研究进展。

本书的修订工作由北京工业大学李方昱教授负责主编和主审。参与本书修订工作的还有侯莹副教授、孙浩源讲师。此外，主编第一版教材的严爱军教授和高学金教授也为此次修订做出了重要贡献。同时，在编写新版教材过程中，我们得到了很多同学的帮助，包括刘金溢、马睿翀、牛末寒、冯成成、侯双、侯寒倩、张越、国新宇、于志伟、秦学民、沈炎杰、乔聃、王霁苏等博士研究生和硕士研究生。我还要感谢北京工业大学出版社在本书编写过程中的一贯支持。当然，最重要的，我要感谢参加本书第一版编写的所有老师，这不仅因为这一版仍采用了第一版的一些内容和结构，更因为这些老师将我们引入了过程控制系统的大门，使无数人受益至今。

本教材的编写得到了北京工业大学人工智能与自动化系历年来多个教学改革和学科建设项目的支持，教材中涉及多位老师的科学研究内容；同时也得到了国家重点研发计划项目(No. 2023YFB3307300)、国家自然科学基金优秀青年基金项目(海外)和面上项目(No. 62373014)等的支持。

由于时间仓促和个人水平有限，教材中难免有不足之处，敬请广大同行和读者批评指正，以便再版时补充和修改。

**李方昱**

**2024年1月于北京工业大学**

# 第一版前言

在国民经济中占据主导地位的是工业，企业效益受许多方面的影响，不仅取决于工艺方面的专业知识和实践水平，还与企业的自动化水平息息相关。自动化专业学生必须掌握与生产过程相关的控制技术与方法，才能具备设计控制系统、解决过程控制难题的能力。为此，我们特编写过程控制系统专业教材，系统地介绍了工业生产过程控制领域的控制方法及实用技术，为学生走向工作岗位奠定良好的基础。本书共七章，分别论述了如下内容：

(1)过程控制系统的组成、特点及发展状况。

(2)建立被控对象数学模型的方法，主要介绍了机理建模及实验测试建模方法。

(3)简单控制系统的特点与设计步骤，主要包括变量配对、选择控制系统、执行器及安全栅的基本知识以及 PID 控制器的设计与参数整定方法等内容。

(4)复杂控制系统中，介绍了串级控制系统、比值控制系统、均匀控制系统、分程控制系统、选择性控制系统、补偿控制系统以及解耦控制系统的基本知识与设计方法。

(5)先进控制方法中，简单介绍了内模控制、自适应控制、预测控制、推理控制、鲁棒控制、智能控制的基本原理和方法。

(6)计算机过程控制系统中，介绍了计算机技术应用于过程控制系统的基本知识，重点论述了数字 PID 控制器的设计。将 PLC、DCS、FCS 进行了简单对比，并对综合自动化技术进行了介绍。

(7)本书的最后部分给出了几个工业生产过程的控制实例，供读者参考。

每章均配备了一定数量的思考题和习题供读者练习。本书作为教材可适用的学时数为40～50学时(2.5～3.5学分)，一些章节编排具有相对的独立性，便于教师与学生取舍，以适应不同教学学时的需要。

本书的第1章及第2章的2.4.1、2.4.2，第4章及第7章的7.1～7.3节由严爱军编写；第2章的2.1～2.3节由任明荣编写；第3章由张亚庭编写；第5章及第7章的7.4节由高学金编写，第2章的2.4.3、2.4.4及第6章由张会清编写。同时感谢齐咏生博士为第5章的编写付出了大量的工作，感谢北京工业大学出版社为本书的出版所付出的辛勤工作！

本书部分章节得到了国家自然科学基金项目(No.60704036，No.60974133)的资助，在此表示感谢！

由于编者水平有限，不足之处在所难免，敬请读者指正。

# 目　　录

# 第1章 绪 论

过程控制是一个利用自动化技术控制工业过程以确保生产的连续性、高效性和安全性的领域。过程控制的起源可以追溯到三国时期马钧制造的指南车。在漫长的历史长河中过程控制伴随科学技术不断发展。过程控制系统是工业自动化的核心组成部分，过程控制来自工业过程，涉及工业过程的监控和管理，以保证工业过程高效、稳定和安全地运行。过程控制系统在化工、石油炼制、食品加工、电力生产等多种行业中都有应用。过程控制系统的目标是提高生产效率、保证产品质量、减少能源消耗和原材料浪费，同时确保整个生产过程的安全。随着技术的发展，过程控制系统正在变得更加智能化和自动化，能够适应更多变化和需求。

本章主要介绍工业生产典型过程的特点、过程控制的基本概念以及过程控制系统方面的基础知识，最后对过程控制系统的发展概况进行了回顾与评述。

## 1.1 典型过程

18世纪，英国的瓦特发明了蒸汽机，开始为工厂或矿厂提供动力，标志着人类社会工业革命的开始。从此，工业走上了从机械化、电气化到自动化，甚至全球化的发展历程。如今，现代工业所包含的范围越来越广，比如石油、化工、冶金、造纸、制药、建筑、能源，这些行业均由许多的工业过程单元构成。

工业过程是指在制造业或生产领域中，将原材料转换成最终产品的一系列步骤或操作。这些步骤或操作涉及化学变化、物理形态的改变，或者两者的结合。工业过程的具体性质取决于产业类型，如化工、食品加工、金属加工、电子制造等。工业过程包含原材料处理、加工和制造、质量控制、废物处理和环境管理、包装和物流、持续改进和优化等方面。

其中，工业过程涉及的典型参数有温度、压力、流量、物位、成分等，工业生产过程所追求的产品质量、产量、能耗等指标的实现往往依赖于上述典型参数的控制效果。下面举例介绍一些和温度、压力、流量、物位、成分等物理参数有关联的典型过程单元。

1. 传热过程

工业过程中的传热过程是一个至关重要的环节，涉及热能从一个物体或物质传递到另一个物体或物质。在许多工业应用中，有效的传热是确保产品质量、提高能效和保障工艺安全的关键。传热过程在化工、能源、食品加工、金属加工等多个领域都有广泛应用。传热主要包括热传导、热对流、热辐射三种方式。热传导是通过物体内部的分子或电子运动实现热能传递的过程。热传导在固体材料传热过程中尤为重要。例如，在金属加热或冷却过程中，热能通过金属的传导来实现温度的均匀分布。热对流是指流体(液体或气体)中的热能通过流体的物理移动来传递的过程。例如，在化工反应器中，液体介质的加热和冷却通常通过热对流来实现，以保持反应温度均匀。热辐射是热能通过电磁波的形式进行传递的过程。例如，在热处理炉中，物体表面的加热通常通过热辐射来实现。

通过热传导、热对流、热辐射等三种方式进行热量传输时，物体的典型参数会发生改变。传热过程涉及的物理参数有介质流量及温度变化等。比较常见的传热设备有换热器、蒸汽加热器等。图 1-1 是广泛用于化工、冶金等行业的板式换热器。

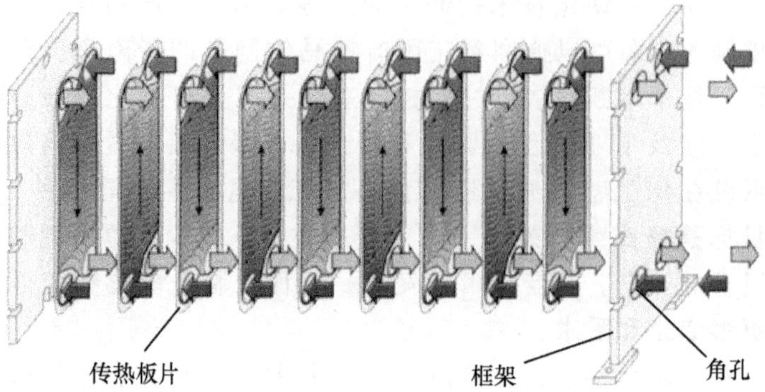


**图 1-1　板式换热器**

板式换热器由传热板片和框架组成。传热板片上有四个角孔，供传热的两种介质通过。传热板片安装在一个侧面有固定板和活动板的框架内，用夹紧螺栓夹紧。传热板片波纹为人字形，相邻板片具有反方向的人字形沟槽，沟槽的交叉点相互支撑形成接触点，介质流动时形成湍流，从而获得很高的传热效率。

2. 燃烧过程

工业过程中的燃烧过程是将燃料(如煤炭、石油、天然气等)与氧化剂(通常是空气中的氧气)混合使之反应，以释放热能的化学过程。这种燃烧过程是许多工业应用的基础，特别是在能源生产和加工行业中。工业燃烧过程包括几个关键方面。首先是燃烧原理。燃烧是一个放热的化学反应过程，通常涉及碳氢化合物燃料和氧气的反应，产生二氧化碳、水蒸气和大量的热能。其次是燃烧效率。燃烧效率是衡量燃料能量转换为可用热能的效率的指标。高效的燃烧过程能最大限度地提取燃料中的能量，同时减少废物排放。然后是燃烧技术。常见的燃烧技术包括锅炉燃烧、燃烧器燃烧、炉窑燃烧等，上述燃烧技术的设计和操作直接影响燃烧效率和废物排放。高级的燃烧技术，如流化床燃烧、超临界燃烧等，可以提高燃烧效率，减少污染物排放。最后是排放控制。工业燃烧过程可能产生一定量的污染物，如二氧化硫、氮氧化物和颗粒物。排放控制技术(如脱硫、脱硝、粉尘收集)用于减少这些污染物的排放，保护环境。燃烧过程涉及的主要物理参数有温度、燃料和氧化剂的流量、压力大小。图 1-2 是循环流化床锅炉的燃烧过程示意图。循环流化床锅炉的燃料一般由煤和石灰石两部分组成，它们由给料口进入燃烧室密相区下部后，被高温物料包围而迅速着火，并于燃烧室中伴以高速风流在沸腾悬浮状态下进行燃烧。同时，高温烟气携带炉料和大部分未燃尽的煤粒飞逸出燃烧室顶部，其中较大颗料因重力作用沿炉膛内壁向下流动，一些较小颗料随烟气飞出炉膛进入物料分离装置，经旋风分离器分离出的未燃尽燃料由返料器返送回燃烧室底部，再次进入燃烧室循环燃烧。经过分离的烟气通过对流烟道内的受热面吸热后，离开锅炉。炉膛温度控制是这类燃烧过程的首要任务。

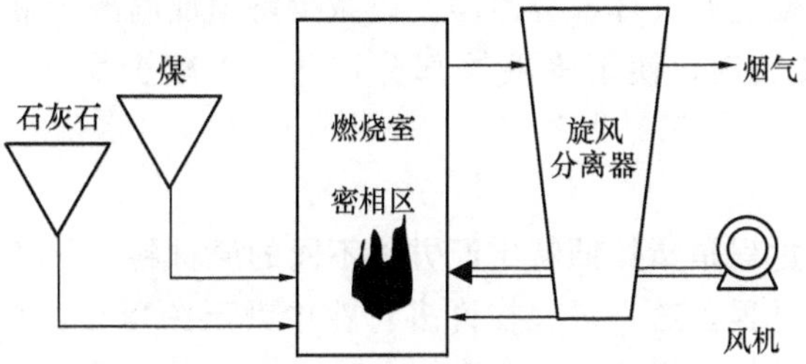


**图 1-2 循环流化床锅炉燃烧过程示意图**

3. 精馏过程

工业过程中的精馏是一种分离技术，主要作用是将液态混合物中的不同组分根据它们的沸点差异进行分离，在化工、石油炼制和食品加工等多个行业中广泛应用。在精馏过程中，混合液体首先被加热至沸腾。由于混合物中不同组分的沸点不同，最易挥发的组分(即沸点最低的组分)会首先蒸发。这些蒸汽随后被引导至一个冷凝器，蒸汽在其中冷却并重新液化，从而形成较为纯净的单一组分。这个过程可以在精馏塔中进行，塔中设有多个不同温度的级板或塔盘，以促进热交换并进一步分离各组分。精馏过程可以是简单的，只分离出两种主要组分，如在生产酒精时分离成水和酒精；也可以是复杂的，如在石油炼制过程中将原油分离成汽油、柴油、润滑油等多种不同的产品。精馏效率和产品纯度取决于多种因素，包括混合物的性质、精馏塔的设计、操作条件(如温度和压力)等。精馏是一个相对能耗高的过程，特别是在需要处理大量混合物的工业应用中。因此，工程师和科学家一直在努力通过改进设计和操作条件来提高精馏过程的能效和成本效益。

精馏过程是一个复杂的传质、传热过程，具有多变量、强非线性、强耦合性、不确定性和时变性，这些特点使得该过程的温度、压力等参数难以进行控制。比较常见的精馏过程设备有精馏塔、再沸器及冷凝器。图 1-3 是带中间再沸器和中间冷凝器的精馏塔。

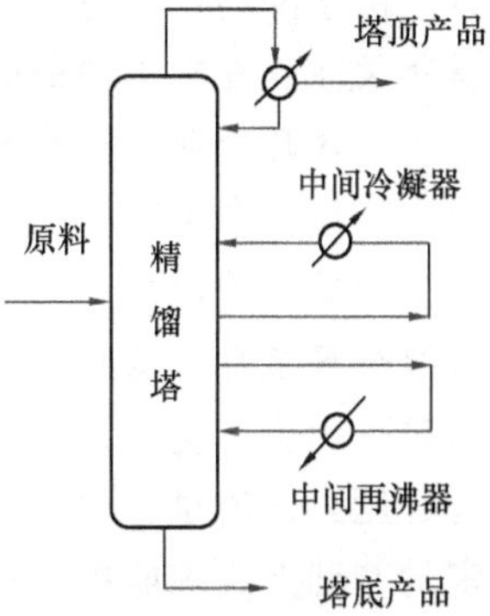


**图 1-3 精馏塔**

精馏塔是完成精馏操作的主体设备。塔体为圆筒形，塔内设有供气液接触传质用的塔板(见板式塔)或填料(见填充塔)。在简单精馏塔中，只有一股原料被引入塔中，从塔顶和塔底分别引出一股产品。随着化工生产的发展，出现了多股进料和多股出料或有中间换热的复杂塔。在实际生产中，常有组分相同而组成不同的几种物料都需要分离的情况。如果把这些物料混合以后进行分离，则能耗较大。为此可在塔体适当位置设置多个进料口，将各种物料分别加入塔内。例如，裂解气深冷分离的脱甲烷前冷流程，就是将四种组成和温度都不相同的液化裂解气在不同位置送入脱甲烷塔进行精馏的。在精馏塔内，气液两相的组成随塔高逐渐发生变化。因此，在塔体不同高度上设置出料口，可以得到组成不同的产品，称之为侧线出料。石油炼制工业中的常压塔和减压塔，就是通过侧线出料得到不同产品的实例。

在精馏塔内气液两相的温度自上而下逐渐增加，塔顶最低，塔底最高。如果塔底和塔顶的温度相差较大，可在精馏段设置中间冷凝器，在提馏段设置中间再沸器，以降低操作费用。供热费用取决于传热量和所用载热体的温位。在塔内设置的中间冷凝器可用温位较高、价格较便宜的冷却剂，使上升气体部分冷凝，以减少塔顶低温冷却剂的用量。同理，中间再沸器可用温位较低的加热剂，使下降液体部分汽化，以减少塔底再沸器中高温加热剂的用量。

4. 配料过程

工业过程中的配料过程是指按照特定配方将不同的原材料、化学品或成分准确地混合在一起以生产特定产品的过程。这一过程在许多行业中都至关重要，如在食品和饮料、制药、化工和建材行业。配料过程的精确性、一致性和效率直接影响最终产品的质量、安全性和成本效益。工业配料过程通常涉及几个关键步骤。第一是配方设计。它是配料过程的起点，涉及确定不同原材料或成分的具体比例。这需要基于产品的预期性能、质量标准以及成本考虑来进行精确计算。第二是原材料准备。在实际配料之前，需要准备所有原材料。这可能包括原材料的采购、检验、存储和预处理(如清洁、筛分或粉碎)。第三是计量。在配料过程中，各种原材料或成分必须精确地按配方规定的比例计量。这通常通过使用自动化的计量系统和相关设备来实现，以保证精度和重复性。第四是混合和搅拌。计量后的原材料需要在混合器或搅拌器中彻底混合，以确保成分均匀分布。混合的时间、速度和方法根据产品的要求和特性而有所不同。第五是质量控制。在整个配料过程中，质量控制是必不可少的。这包括对原材料的质量检查、过程中的监控以及对最终混合物的测试，以确保产品符合规定的标准。第六是处理和包装。配料过程完成后，混合物可能需要进一步的处理，如干燥、冷却或其他化学处理，还需要包装和贴标签。

在氧化铝或水泥行业均有配料过程。烧结法生产氧化铝工艺中的配料过程的最终产品是生料浆，其成分控制是一个关键。在氧化铝行业的配料过程中还涉及料浆槽的液位监测问题。由于配料过程往往是生产的基础，所以其控制问题一直被广大的工程技术人员及科研人员所关注。在本书的最后一章将详细介绍氧化铝行业配料过程的控制方法与策略。

上述几个典型过程涵盖了温度、压力、流量、物位、成分等物理参数，类似的过程还有很多，可以参考其他文献资料的介绍，本书不再赘述。对一个具体的工厂来说，往往是若干个过程单元构成彼此联系的一个流程工业过程，表现出具有多变量、非线性、强耦合、时变等综合复杂性，这些过程单元为完成企业的生产目标而协同配合。上述工业过程单元，比如传热、燃烧、精馏、配料等，工作原理互不相同，但具体到上述提及的典型参数，比如温度、压力、流量、物位、成分等，从控制的角度来讲，对它们的要求则大致相同，必须在稳定的基础上实施监控，这也是控制系统设计的首要任务。

## 1.2 过程控制的基本概念

通过上述几个特例，我们对工业生产过程有了初步认识。最为常见的是连续工业过程，如冶金、造纸、电力、纺织、石油等行业；其次是离散工业过程，如机械加工、汽车制造等；最后就是间歇工业过程，如间歇反应釜等。它们的本质特征都是经过若干步骤将物料加工成产品。由于连续工业过程的覆盖范围广，在国民经济中占有重要地位，本书着重介绍连续工业过程的控制问题。

凡是采用数字或模拟控制方式对生产过程的某一或某些物理参数进行的自动控制统称为过程控制，它是自动化技术的重要组成部分之一。工业生产过程的特点不尽相同，技术水平的要求存在差异，对其采取的控制方法、实施的控制方式也多种多样。过程控制的主要任务表现在如下几个方面。

1. 了解工艺，分析机理

由于生产过程的多样性，规模大小不同，工艺要求千差万别，生产的产品种类繁多，而且不同生产过程的被控参数各有特点，其变化规律并不一样。如果对被控对象(或被控过程)不加以分析，千篇一律地采取同一种控制方法或控制方式，往往得不到理想的控制效果，致使企业所追求的产品质量、产量等指标难以达到要求。这就要求对被控对象实施过程控制之前，首先了解被控对象，认识其工艺组成及工作原理，并借助各种分析工具，对其内部机理进行剖析，以掌握被控对象的特点，为下一步的工作奠定基础。

2. 工程设计

在深入了解被控对象的特性与工艺要求的基础上，人们可以开始着手设计过程控制方法和选择相应的自动化设备。这个阶段的关键活动包括确定控制策略、选择合适的传感器和执行机构以及设计控制系统的架构。此外，还需确保所选方案既符合技术标准，又能在经济上划算，同时还要满足未来可能的扩展需求。设计合理的过程控制方法涉及制订详尽的控制方案，这可能包括反馈控制、前馈控制或者更先进的控制逻辑，如模糊逻辑控制或神经网络控制。设计阶段需要对控制系统的动态行为进行模拟，并对控制参数进行优化，确保系统的响应速度、稳定性和鲁棒性满足预期。选型设计则是根据控制需求和工艺条件，精心挑选各种自动化设备，如传感器、控制器、执行器和其他辅助设备。选择设备时要考虑其精确度、响应时间、可靠性、兼容性和环境适应性等多个因素。例如，传感器的选择应当考虑到其在特定过程条件下的准确性和稳定性，而执行器则要能够在整个操作范围内精确、迅速地响应控制信号。

3. 组成控制系统

基于工程设计的成果，构建一个能够在现场有效运行的控制系统是实现高效率和高生产力的关键。对于涉及众多变量和操作条件复杂的工业过程，推荐采用先进控制策略。这些策略，如模型预测控制、自适应控制、优化控制等，能够处理多输入多输出系统的交互作用，同时考虑到了延迟、非线性和不确定性等因素，以提高过程的稳定性、效率和产品质量。先进控制系统不仅能够预测未来的过程变量，还能够考虑到设备的约束，从而在确保安全性和可靠性的前提下优化操作。这类控制系统通常需要复杂的算法、强大的计算能力和丰富的专业知识来设计和维护，但它们为复杂工业过程提供了更好的控制性能以及更大的灵活性和更高的经济效益。对于一般要求不太高的工业过程，简单控制系统如比例积分微分(proportional plus integral plus derivative,PID)控制器通常就能够满足要求。这类控制系统易于实施，成本较低，并且在很多简单或中等复杂度的工业应用中表现出色。PID控制器在调节单一的过程变量(如温度、压力、流量等)时非常有效，它们通过调整控制阀或其他最终控制元件来保持过程变量在设定点附近。

4. 实现目标

系统运行的目标主要包括保证安全生产、保证稳定运行、提高企业的经济效益等方面。其中，安全生产的目标主要是指保证人身和设备的安全，稳定运行的目标是要求系统能够抑制内、外扰动，提高经济效益主要是指生产的整体优化，使得经济效益最大化。这几个主要目标能否达到，取决于过程控制系统的设计过程是否考虑全面，选择的控制方法及自动化设备是否合理。

## 1.3 过程控制系统的组成、特点和分类

系统是由相互作用和相互联系的若干组成部分结合而成的具有特定功能的有机整体。其特点主要表现在三个方面：一是每个系统都有其特定的目标，二是每个系统都是由多个部件组成的，三是系统中各部件之间存在相互联系。

1. 过程控制系统的组成

在前述中已经阐明过程控制的主要任务之一就是要组成控制系统。例如，图 1-4(a)是某选矿厂煤气与矿石发生还原反应时煤气流量的控制示意图。在生产过程中，要求还原煤气的流量一定，按设定值大小进行控制。为了稳定控制煤气流量，在管道中安装了流量计和调节阀。流量控制器可以根据还原煤气的流量设定值与检测值的误差自动控制调节阀的开度，以抵抗来自煤气压力波动产生的干扰，从而保证还原煤气流量的实际值始终稳定在流量设定值附近。该控制系统的方框图如图 1-4(b)所示。

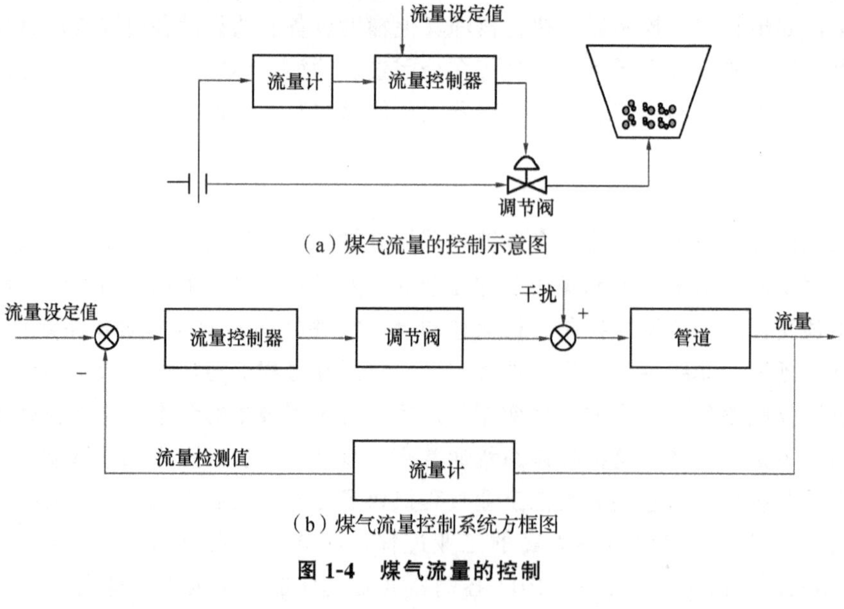


(a) 煤气流量的控制示意图

(b) 煤气流量控制系统方框图

**图 1-4　煤气流量的控制**

从图 1-4 可以看出，这是一个由控制、检测、执行及实际过程等环节组成的流量过程控制系统。推而广之，过程控制系统(process control system,PCS)就是由被控过程和各种自动化设备通过一定的联结方式组成、为完成特定的目标任务而构建的系统。以简单过程控制

系统为例，其总的结构如图 1-5 所示。

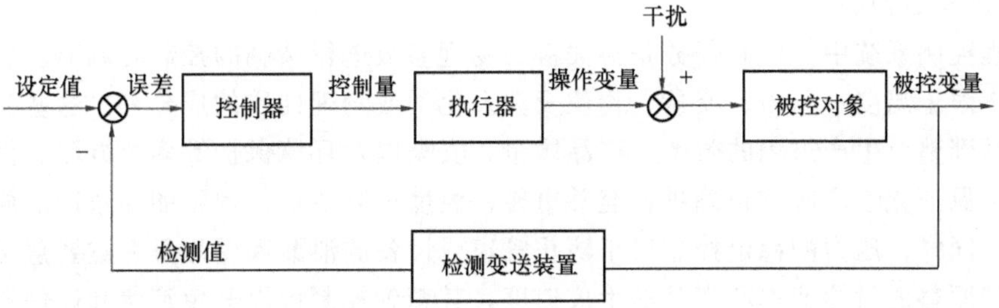


**图 1-5　过程控制系统结构**

从图 1-5 中可以看出，过程控制系统由被控对象、检测变送装置、控制器(或称调节器)、执行器等组成。其工作原理简述如下。

控制器根据检测变送装置输出的检测值(或测量值)与设定值的误差，计算控制量，并输出给执行器。执行器按控制量的大小进行动作，使得操作变量(或称操纵变量)发生变化，作用于被控对象后，被控变量(或称被控参数)按一定的规律接近其设定值。由于系统干扰的存在，被控变量会发生波动，控制器的作用就是抑制这种干扰，以达到使被控变量稳定在设定值所允许的误差范围内的目的。

2. 过程控制系统的特点

根据过程控制系统结构方框图，可以总结出过程控制系统的特点。过程控制系统的特点主要体现在如下四个方面。

(1)过程控制系统多样

在过程控制系统中，被控对象即是生产过程中需要被监测和调节的特定环节或设备，它们构成了控制系统的核心。各种生产过程的工作原理各不相同，这些差异反映在被控变量的性质和对控制质量的具体要求上。即使是同一个被控变量，不同的生产过程对其精确度、响应时间、稳定性等方面的要求也有所区别。有些生产过程的原理相对直观和简单，使得相关的控制系统设计较为直接。例如，在一些批处理化学反应中，对温度和压力进行控制可能就足以确保产品质量。然而，对于那些特征为多变量、大惯性、大滞后、强非线性等的复杂过程，如石油炼制或连续的化工流程，要实现稳定且可靠的控制就非常困难。在这些情况下，变量之间的相互作用和影响可能导致系统的控制策略需要更加精细和复杂。这种被控对象的多样性要求过程控制系统必须定制化和专门化。控制系统的设计师必须考虑到具体过程的所有特点，包括被控变量的类型、过程的动态行为、生产环境以及所需的控制精度和稳定性。此外，系统的设计还需要兼顾可靠性、易用性、可维护性以及成本效益。

(2)过程控制方案多样

针对不同的工艺过程及其控制要求，需要设计相应的过程控制方案。为了满足生产中越来越高的要求，过程控制方案得到了长足的发展，例如：由最初的单回路控制系统发展到了复杂控制系统，乃至先进控制系统；为提高控制质量而出现的串级控制系统、补偿控制系统、解耦控制系统等；还有为满足工艺特殊要求的比值控制系统、均匀控制系统、分程控制系统、选择性控制系统等；随着信息技术、计算机技术、电子技术的发展，从常规仪表控制系统发展到了如今的计算机过程控制系统。可以说，过程控制方案及相关的理论、技术仍然在发展、前进，其可靠性、适用性、合理性在实践中会不断提升。

(3)物理参数控制

在过程控制系统中，核心任务是对关键的物理参数进行精确的控制与调节。这些物理参数包括但不限于温度、压力、流量、物位及涉及化学或物理性质的成分等。这些参数的稳定性直接关系到整个生产过程的效率、产品质量、安全以及环境保护等多个方面。例如，温度的控制对于保证化学反应的正确进行至关重要，温度过高或过低都可能导致产品质量下降或反应失控。同样，压力的稳定控制对于防止管道或设备的泄漏和爆炸具有重要意义。流量的调节关系到原料的供给速率和产品的生成速度，其精确控制可以避免浪费和确保连续生产流程的均衡。物位的监控则是防止物料溢出和确保储罐安全运行的关键。至于成分的精确控制，直接影响到产品的性能和合格率，在配比敏感的制药和食品工业中尤为重要。只有当这些关键参数被精确控制在严格定义的操作范围内、保持在工艺要求的最佳状态时，生产过程才能顺利进行，从而保证产品的一致性，提高生产效率，减少能源和原材料的消耗，确保工厂的安全运行，同时降低对环境的负担。

(4)定值控制

在大多数过程控制系统中，设计的目标之一是被控变量能够稳定在预先设定好的变化范围内，即稳定在设定值的目标范围内。本书着重介绍的就是设定值不变的一类过程控制系统，它们的控制目标就是减小或消除干扰对被控变量的影响，使被控变量的过渡过程满足一定的要求。

3. 过程控制系统的分类

过程控制系统的分类多种多样，可以从具体生产过程的特点、控制等角度来进行划分，主要体现在如下几个方面。

(1)按结构划分

过程控制系统按结构不同主要分为反馈控制系统、前馈控制系统、复合控制系统等。

图 1-5 就是典型反馈控制系统的结构图。在其工作原理中已经介绍，控制器的作用主要是按被控变量的检测反馈值与设定值的误差进行调节，以达到稳定控制、消除误差的目的。反馈控制系统是由被控变量的反馈通道构成的闭合回路，因此又称为闭环控制系统。它是过程控制系统最基本的结构形式，其他控制系统均是以反馈控制系统为基础发展的。

前馈控制系统与反馈控制系统的最大不同之处在于调节依据的不同。前馈控制系统根据干扰量而不是误差对系统进行控制。因为没有被控变量的反馈通道，所以前馈控制是一种开环控制方式。由于单一的前馈控制系统对控制结果无法检测，而且难以保证控制质量，所以在实际中很少单独使用。

复合控制系统就是在前馈控制系统难以单独应用的情况下提出的。将前馈控制系统与反馈控制系统结合，就构成了前馈-反馈复合控制系统。这种控制系统综合了两者在调节过程中的优势，又避免了各自的缺陷。前馈控制能够对某种干扰进行及时补偿，同时反馈控制能够保证被控变量稳定跟踪设定值，克服多种干扰的影响，从而显著提高控制系统的控制质量，因而复合控制系统得到了广泛的应用。

(2)按被控变量类型划分

工业生产过程的被控变量种类不一样，有温度、压力、流量、物位、成分等参数，根据对参数的控制要求，过程控制系统可以划分为温度控制系统、压力控制系统、流量控制系统、物位控制系统、成分控制系统等。

(3)按被控变量数目划分

有的生产过程只需要控制某一个参数，有的则需要同时控制彼此联系的多个参数，相应地，过程控制系统可划分为单变量控制系统和多变量控制系统。若将被控变量数对应于控制回路的数量，则可理解为单回路控制系统和多回路控制系统。

(4)按设定值划分

过程控制系统按设定值不同可划分为定值控制系统、随动控制系统和程序控制系统。图1-6中的(a)、(b)、(c)分别是实施定值控制、随动控制、程序控制时设定值与被控变量检测值的变化示意图。在过程控制系统的特点中已经介绍，定值控制系统是最常见的一类过程控制系统。它适应工业生产过程的大多数场合，主要作用是保持生产过程的平衡运行。在这类过程控制系统中，设定值一般是恒定不变的，即使有变化，也是在很小的范围内波动。图1-6(a)中检测值的波动是因为系统中存在干扰信号，只要被控变量在设定值的目标范围内变化，被控的生产过程及控制系统就可以满足生产要求。

图1-6(b)所示的随动控制系统的显著特点就是设定值是变化的，而且没有规律可循，是一种随机行为。例如，在燃料与空气的混合燃烧过程中，需要根据燃料量的大小对空气量进行不断的调整，借此来保证燃烧效率，节能减排。由于燃料流量的大小受压力波动的影响，燃烧过程中的实际燃料量会产生随机变化，因此空气流量的设定值需要随着燃料流量的波动进行不断的调整与优化。

程序控制系统的显著特点就是设定值按预先设定的时间及大小进行变化，被控变量稳定跟踪设定值的这种变化。这类过程控制系统在周期作业的加热设备控制中比较常见，例如，退火炉的温度控制，不要求炉中的温度为一定值，而是按照工艺的要求，对升温时间、保温时间和降温时间有严格的规定，如图1-6(c)所示。在控制系统的运行过程中，设定值在一个工艺周期内按程序自动发生改变，直至整个程序运行完毕。

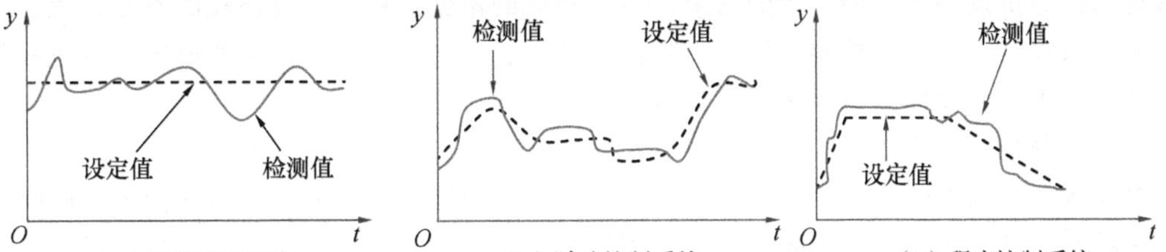

(a) 定值控制系统　(b) 随动控制系统　(c) 程序控制系统

**图1-6 设定值与检测值变化趋势示意图**

(5)按参数性质划分

生产过程中的被控参数多种多样，就某一个参数的变化来说，其分布性质不尽相同。例如，根据被控对象的容量不同，反映其变化的参数可以集中在某一点或某一个侧面，也有可能分布在多个点或多个侧面，这样就可以把过程控制系统划分为集中参数控制系统和分布参数控制系统。

(6)按控制算法划分

图1-5给出的过程控制系统，就控制器的算法实现来说，需要根据被控对象的特点来设计。当被控对象的特点并不复杂、工作机理比较简单时，常常采用常规控制算法，例如，PID控制器就可以满足要求。当被控对象过于复杂、采用常规PID控制算法达不到控制要

求时，就需要借助人工智能(artificial intelligence,AI)等近年发展起来的先进控制算法来实现控制目标。根据控制算法的不同可以将过程控制系统划分为PID控制系统、智能控制(intelligent control,IC)系统等。

(7)按控制器形式划分

从控制设备的角度来看，控制器算法可以在很多物理设备中用编程软件实现。例如，基于单片机的控制仪表，基于可编程逻辑控制器(programmable logic controller,PLC)的计算机控制系统。所以还可以把过程控制系统划分为计算机过程控制系统、常规仪表控制系统等。计算机过程控制系统包含的范围较广，除了上述提到的基于PLC的控制系统外，还有直接数字控制(direct digital control,DDC)系统、计算机监督控制(supervisory computer control,SCC)系统、分布式控制系统(distributed control system,DCS)、现场总线控制系统(field bus control system,FCS)等。常规仪表控制系统包括电动单元组合(DDZ)仪表等。

(8)按信号处理方式划分

在早期的过程控制系统中，信号处理的方式完全是模拟信号，这带来了信号失真问题，从而导致控制精度达不到要求等一系列问题。随着电子技术的发展，信号处理方式逐渐由全数字信号代替，所以按系统中信号的处理方式可以把过程控制系统划分为模拟式控制系统和数字式控制系统。

## 1.4 过程控制系统的发展

自18世纪英国的工业革命开始，工业经历了生产过程由简单到复杂、生产规模由小到大的发展，出现了许多大型化、现代化、精细化、多品种化的生产过程，提供了各种产品，以满足国民经济发展与人们生活的需求。生产领域的不断扩展、系统规模的不断扩大、工艺要求的不断提高，对过程控制装置与设备的可靠性、适用性提出了更高的要求，这也是保证复杂的大型生产过程控制正常运行的基本条件。

过程控制技术是自动化技术的重要应用领域。随着生产技术水平的提高与生产规模的扩大，对控制方法与控制策略的要求越来越高，促使过程控制理论的研究不断深入。同时，随着电子技术、计算机技术的不断发展，过程控制理论与技术得以最大限度地施展潜能，这也是提高企业经济效益、降低生产成本、实现工业生产可持续发展的重要保障。

本节将按年代叙述过程控制系统在不同历史时期的发展概况，主要包括两方面的内容：一是过程控制装置与设备的发展，二是过程控制算法与控制策略的发展。最后对过程控制系统在发展过程中面临的主要挑战进行了介绍。

1. 过程控制装置与设备的发展

20世纪40年代，人们开始采用自动控制及检测仪表代替手工操作。手工操作适用于工业生产技术水平低下的情况。操作人员通过观察生产过程的状态，综合各种信息，经过大脑判断决策后，对生产过程中的各种设备进行手工操作与调整。由于这种操作模式的工作效率很低，适应不了更高要求的生产需要，因此自动控制与检测仪表开始在工业生产过程中逐渐得到推广应用。

20世纪50年代，基地式仪表和组合式仪表出现。此阶段主要采用气动仪表进行测量与控制，传输的信号是0.02～0.1 MPa的标准气动信号。基地式仪表的特点如下：一般将检测装置、显示装置组装在一个整体框架内，同时具有检测、控制与显示的功能，原理简单，使用方便，而且价格低廉，但是信号的通用性差，信号不易传递。在这种情况下，出现了组合式仪表，其特点是：将仪表按不同的功能分成若干单元，而且各个单元之间以统一的标准信号相互联系，各个单元可以进行适当的组合，也可与计算机等设备配合，组合成更为复杂、新型的控制系统。

20世纪60年代，DDZ-Ⅱ型仪表、DDC系统、SCC系统进入实用阶段。这一时期的控制方式都采用集中型，DDZ-Ⅱ型仪表传输的信号一般为0～10 mA的标准电信号。以计算机为基础的系统开始进入工业现场参与监控。DDC系统的优点是灵活性大、可靠性高和价格便宜。它能用数字运算形式对若干个回路，甚至数十个回路的生产过程进行PID控制，使工业受控对象的状态保持在设定值附近，不但误差小而且稳定。对比较复杂的控制对象，则只要改变控制算法和应用程序便可实现稳定控制，如前馈控制和最佳控制等。一般情况下，DDC常作为更复杂的高级控制的执行级。SCC系统针对某一种生产过程，依据生产过程中设备的各种状态或过程参数的变化，按生产过程的数学模型计算出生产设备应运行的最佳给定值，并根据这个最佳值对DDC执行级的计算机或模拟调节仪表进行调节或设定控制的目标值。此阶段的计算机主要完成数据采集、操作记录、指导和报警等功能。其中，数据采集一般意义上通常指硬件层上的，即各种数据采集设备等。这些采集设备通过特定数字通信网络将采集到的信息传递到过程控制系统中，系统在接收这些信息后，对它们进行处理，以适当的形式如声音、图形、图像等方式显示，以达到监控的目的。

20世纪70年代，DDZ-Ⅲ型仪表、PLC和DCS开始走上实际应用的舞台，这标志着工业控制系统发生了一次重大革新。在这一时期，控制系统设计上普遍采用了集中型的控制方式，即所有控制功能都由一个中央单元来执行。DDZ-Ⅲ型仪表是这一时期的代表产品，它通过4～20 mA的标准模拟电信号进行信息传输，这种信号转换成为工业过程控制中的一种通用标准。然而，随着小型计算机和微型计算机的出现，计算能力的大幅提升使得数据处理能力有了质的飞跃。数据库技术和网络技术的进步又为数据存储和信息共享提供了更加高效的手段。这些技术的结合推动了DDC系统从集中型向分散型发展。在分散型控制系统中，原本集中在一个中央处理器上的控制任务被分配到多个过程计算机中。这些计算机负责处理与之直接相连的局部控制循环，并执行数据采集、监视和控制任务。这种设计理念的转变降低了对中央处理器的依赖性，提高了系统的可靠性和可维护性。如果某个局部子系统出现故障，它不会影响到整个系统的运行，从而确保了生产过程的连续性和稳定性。

20世纪80年代，随着电子技术和计算机技术的突飞猛进，工业自动化领域经历了一场深刻的变革。数字化、网络化和智能化仪表以及DCS和PLC，成为主流的自动化应用产品。这些技术的广泛应用，极大地提高了工业自动化的水平，为生产过程带来了前所未有的精度、效率和可靠性。微型计算机技术的迅猛发展尤其令人瞩目，它们的小型化、高性能化和低成本化，为实现分散控制提供了重要的物质和技术基础。在这一时期，分散控制系统获得了迅速的发展，并成为计算机控制发展的主要趋势。分散控制系统的主要特点在于控制的分散性和故障点的分散性。控制分散意味着控制任务不再由单一的中央处理器承担，而是分配给位于网络中的多个控制节点。每个控制节点都能独立完成对其负责区域的控制任务，包括数据采集、逻辑运算、决策执行等。这种结构使得系统具备更高的灵活性和可扩展性，因为增加新的控制节点或对现有节点进行升级，不会影响到整个系统的运行。

20世纪90年代以后，DCS和PLC经历了显著的技术进步，它们的功能变得更加强大，应用也更加广泛。与此同时，FCS的概念和技术开始得到实际应用，这标志着工业控制系统向更高层次的集成和智能化迈进。现场总线技术是一种工业网络标准。它旨在替代传统的点对点的连线方式，通过一个共享的通信总线将现场设备(如传感器、执行器和控制器)连接起来。这种技术的引入极大地简化了布线，减少了硬件成本，提高了数据传输的效率和可靠性。FCS利用这一技术，实现了设备间的高效通信，并允许用户在更高的层次上实施集中控制和监视。它不仅使得设备之间的通信变得更加直观和出现更少错误，而且支持诊断和设备管理功能，这意味着系统可以更加智能地预测故障并提前采取维护措施。此外，FCS的应用使得控制策略能够更加灵活，因为控制逻辑可以分散在网络中的各个节点，而不是集中在单一的控制器上。这有助于提高系统的可靠性和可用性，因为即使单个节点发生故障，其他节点也仍然可以继续运行。

如今，出现了计算机集成过程系统(computer integrated process systems，CIPS)。计算机在工业过程控制领域的应用进入一个全新时期，主要特点是在功能上从过程最佳化控制进一步向生产工序的操作管理方向延伸，控制模型进一步向深化、细化发展，以各种智能技术为基础的应用软件被开发出来用于生产过程的操作指导，同时计算机网络技术的应用也更为广泛，能最大限度地实现资源共享。在这种背景下诞生的CIPS更具有现实意义，应用该系统可实现工厂的管理、控制、资源共享一体化。

从上述的发展过程来看，以计算机为基础的过程控制系统得到了广泛应用与充分发展。计算机过程控制系统的主要特点有：一是控制对象的多样化，可以是一个阀门，也可以是一个车间甚至整个工厂；二是控制方式的多样化，可以是单回路参数的控制，也可以是某个工业生产过程的复杂任务控制，乃至常规控制方法所不能解决而采用智能方法的控制；三是应用领域的多样化，不论是生产企业，还是管理单位均可有选择性地使用计算机过程控制系统来达到合乎实际的期望目标。

总之，过程控制装置与设备经历了从手动到自动、简单到复杂、模拟到数字、集中到分散、封闭到开放、孤立到综合、人工到智能的发展过程。

2. 过程控制算法与控制策略的发展

20世纪40—60年代，常规PID控制方法得到发展。这一时期占主导地位的是经典控制理论，它主要解决单输入单输出(single-input single-output，SISO)问题。研究问题的方法是基于频率域的传递函数法，主要有零极点分析方法、奈奎斯特(Nyquist)稳定性判据以及劳斯-赫尔维茨(Routh-Hurwitz)稳定性判据、频率响应法、根轨迹法、超前-滞后补偿方法等。设计控制系统时根据被控对象的频率特性给出控制器参数的初始值，再由现场调试来确定满足设计指标的参数。以PID控制方法为代表的经典控制理论的局限性在于只适用于线性定常SISO系统，设计指标如超调量、相位裕度等比较抽象，设计分析时难以考虑系统的初始条件而且需要进行经验试凑和手工计算等烦琐的工作。

20世纪60—70年代被称为现代控制理论时期。这个时期，计算机的飞速发展推动了空间技术的发展。现代控制理论研究问题的主要方法有时间域的状态空间分析法、线性二次型调节器(linear quadratic regulator，LQR)方法、线性二次型高斯(linear quadratic Gaussian，LQG)

最优控制方法、卡尔曼(Kalman)滤波器方法、极点配置方法和基于观测器的反馈控制方法等。现代控制理论能根据被控对象精确的数学模型和明确具体的设计指标给出系统设计的解析方法，弥补了经典控制理论的缺陷。但是在实际系统中建立的数学模型具有不确定性，如未建模动态、系统的内外扰动、强非线性、强耦合性等，这些因素对系统的稳定性有很大的影响，而现代控制理论并未明确考虑这些因素，从而限制了严格依赖于对象数学模型的解析方法的应用。现代控制理论研究问题的方法可以解决多输入多输出(multiple-input multiple-output,MIMO)问题。系统既可以是线性的、定常的，也可以是非线性的、时变的。现代控制理论的形成和发展为数字计算机应用于自动控制领域创造了技术条件。

20 世纪 70 年代，过程控制领域的重大进展主要集中在 DCS 的兴起和先进控制算法的应用上。随着微处理器技术的突破，DCS 开始取代传统的中央控制室，实现了工业过程控制的自动化和集中化。这种新型的控制系统不仅提高了控制的精度和可靠性，还显著提升了工业生产的效率。同时，模型预测控制(model predictive control,MPC)和自适应控制算法开始得到应用，这些算法能够更有效地处理多变量系统和非线性系统的复杂问题，提供更准确的控制策略。此外，计算机集成制造(computer-integrated manufacturing,CIM)概念的提出，标志着生产过程中各环节向计算机化集成发展，为后续工业自动化和信息化奠定了基础。

20 世纪 80 年代，人工智能技术，如模糊逻辑控制和神经网络控制，开始被引入过程控制系统中。这些智能控制策略使得控制系统能够更好地处理复杂和不确定的动态环境。同时，随着计算机技术的进步，更复杂的控制算法得以在实时环境中应用，这大大提高了控制系统的性能。此外，系统识别和自适应控制技术的发展，使得控制系统能够根据实时反馈动态调整参数，增加了系统的适应性和灵活性。

20 世纪 90 年代，过程控制领域开始重视网络化控制系统和环境安全问题。随着网络技术的发展，控制系统开始实现远程监控和控制，这不仅优化了资源配置，还实现了更广泛的数据共享和系统集成。环境保护和工作安全成为设计控制策略时的重要考虑因素，导致控制策略越来越注重可持续性和安全性。同时，控制系统的标准化和开放性也成为发展的趋势，这促进了不同系统和设备之间的兼容和集成。

21 世纪最初 10 年，过程控制领域的发展重点转向了数据驱动控制和无线技术的应用。大数据和机器学习技术的引入，使得过程控制系统能够利用历史和实时数据进行更精确的监控和预测性维护。无线传感网络的广泛应用，提高了系统的灵活性和扩展性，使得传感器和控制器可以被更加灵活地部署。

21 世纪第二个 10 年，过程控制领域发展的标志性特点是物联网技术和人工智能的深度融合。物联网技术使得控制系统中的设备能够更加智能化、互联互通，实现了高度的自动化和优化。工业 4.0 的概念开始普及，强调智能制造和网络化工厂的重要性。控制系统开始广泛应用人工智能技术，深度学习使得控制策略能够自动学习和优化，有效应对复杂的工业过程和变化多端的生产环境。此外，数字孪生和虚拟化技术的发展为过程控制带来了新的变革。通过创建过程控制系统的数字副本，工程人员在虚拟环境中对系统进行设计、测试和优化，不仅降低了风险，也减少了成本和开发时间。

自动控制理论在发展的同时，为计算机技术的飞速发展提供了许多科学理论指导，使得计算机技术越来越适合于工业过程控制领域的系统设计和开发。计算机技术、自动控制理论的发展和不断成熟，为计算机过程控制系统的发展和应用奠定了坚实的基础。人们常把具有比常规控制更好控制效果的控制策略统称为先进控制，它是提高过程控制质量、解决复杂过程控制问题的理论和技术。先进控制内容丰富、涵盖面广，包括预测控制、自适应控制、鲁棒控制、智能控制和软测量技术等。

3. 过程控制系统面临的挑战

(1)检测技术滞后

对于工业过程自动化的发展来说，检测技术至关重要。实现生产过程的自动化，各种参数的检测是一个重要的前提。只有对生产过程中所需的各个参数进行准确及时的测量并显示输出，才能使各种控制技术和方法得以实施，控制系统才有可能达到人们满意的控制性能，企业所关心的生产指标要求才能实现，最终企业的效益才能提高。

一个典型的生产过程，除了一部分参数的变化可通过成熟可靠的检测仪表在线实时反映出来外，还有相当一部分由于各种原因，在线测量困难或者滞后严重。这些关键工艺参数的实时检测不能完全依靠仪表设备完成，这给过程控制带来了难题，所以必须寻找合适的方法来代替在线检测仪表的工作，完成参数的检测功能。

(2)复杂非线性分布参数过程的控制

对于复杂非线性分布参数过程的控制来说，而遇到的最大问题是如何建立数学模型。过程对象的建模方法主要有三类：从机理出发的建模、黑箱建模、结合机理分析和黑箱建模技术的灰箱建模。实际过程中，这三类建模方法采用哪种建模技术，需要根据具体对象进行分析选择。对于简单过程来说，机理清楚，对象的物理模型可以轻易得到。而对于复杂工业过程来说，机理模型的获得相对困难，即使得到了也只是近似模型，若应用于实际生产过程的控制，带来的问题是误差大、效果不理想。所以关于这类过程的建模研究与控制问题一直以来被广大科研工作者所关注。

(3)控制设备的局限性

控制系统、监控设备及检测设备的高性能是实现工业生产过程自动化、提高生产效率和产品质量的重要保障。而目前的控制设备在应用实践中存在不少问题，如可靠性、精度等问题，影响了生产过程控制的效果。当前的控制设备结合了信息、电子、网络、机械等领域的新技术，朝着智能化、集成化、数字化、标准化、微型化、开放式方向发展，也给产品的研发提出了更高的挑战。

(4)人工智能与机器学习集成的挑战

人工智能和机器学习在提高过程控制系统的效率和智能化水平方面展现出了巨大的潜力，但它们的集成也带来了一系列挑战。首先，将复杂模型有效集成到现有的控制系统中，需要解决与硬件的兼容性、实时性能，以及模型的稳定性和可解释性等方面的问题。此外，模型的训练通常需要大量的数据。如何保证训练数据的质量和代表性，以及如何处理非结构化数据，是能否实现有效集成的关键。

## 思考题与习题

1-1　什么是工业过程？典型的工业过程有哪些？

1-2　什么是过程控制？它的任务体现在哪些方面？

1-3　什么是过程控制系统？它有哪些主要特点？

1-4　过程控制系统的组成及工作原理分别是什么？

1-5　简述过程控制系统的分类。

1-6　简述过程控制系统的发展概况。

1-7　简述过程控制系统面临的挑战。

# 第 2 章　过 程 建 模

过程建模是理解控制系统各组成部分，尤其是被控过程特性的关键步骤。建模可以帮助识别影响过程或变量的关键因素及其相互关系，为控制系统设计、操作人员培训、工艺设计、控制器参数整定、故障检测与诊断、仿真分析等提供理论框架。本章介绍了建模的目的、建模的要求、数学模型的表达形式，以及机理法和测试法两种基本建模方法。同时，还讨论了过程动态特性的分类，包括自衡与无自衡特性、振荡与非振荡特性、反向特性和非线性特性等。此外，还涉及了单容和多容过程的建模方法。

## 2.1　概述

在工业生产过程控制中，对控制系统进行分析、设计之前，掌握控制系统的各组成部分(环节)的特性是非常必要的。在系统的各组成部分中，深入了解被控过程的特性尤其重要，这就需要建立其数学模型。人们将研究的对象(过程或变量)看成一个系统，从整体上进行研究，从而识别出对过程或变量有显著影响的因素及其相互关系。对于所研究的系统(对象)通过各种方法建立起模型，称为建模(modeling)。模型所反映的是对象的输入和输出之间的函数关系，如图 2-1 所示。图中，$x$ 为输入，$y$ 为输出。被控过程的数学模型描述了过程的输入变量与输出变量之间的定量关系。这里，输入变量包括作用于过程的控制作用和干扰作用；输出变量为过程的被控变量。输入变量到输出变量的信号联系称为通道。其中，控制作用到输出变量的信号联系为控制通道，干扰作用到输出变量的信号联系为干扰通道。

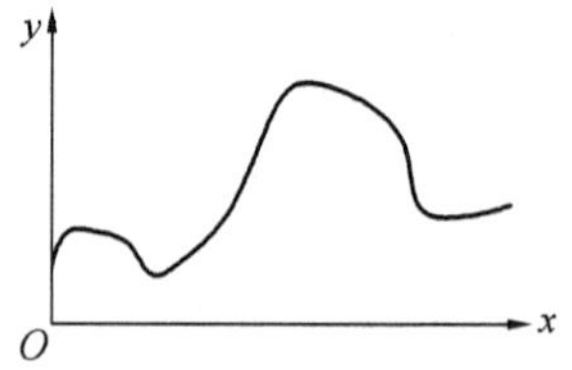

图 2-1　对象输入和输出之间的关系

工业过程的数学模型是工业工程中的一个重要组成部分，它提供了一个必要的理论框架，帮助工程师理解和预测系统在不同操作条件下的行为。建立被控过程数学模型的目的具体体现在以下几点：一是分析对象的内在本质规律，为控制系统的设计与运行打下基础；二是借助过程机理的分析培训操作人员，提高其操作水平；三是指导工艺的设计，确定一些工艺参数的大小；四是指导设计过程控制系统、整定控制器参数、检测与诊断生产过程的故障、被控过程及新型控制策略的仿真分析和研究等。

对被控对象数学模型的要求是简单、准确地反映过程输入和输出之间的动态关系。根据用途不同，对所建立数学模型的要求也不同。从生产控制和优化的角度来看，数学模型应用的要点有以下几个方面。

①被控变量与操纵变量的选择。数学模型能够指导确定哪些变量是关键的被控变量(即需要控制的变量)，哪些是可以操纵的变量(即可以通过调整来影响被控变量的变量)。正确选择这些变量对于确保过程受到有效控制至关重要。

②检测点位置的选择。数学模型有助于确定最佳的检测点位置，从而确保能够准确地测量关键的过程参数，以便于控制系统基于最准确的数据进行调整。

③控制策略的设计。数学模型为设计有效的控制策略和调节工业过程的算法提供了基础。数学模型可以帮助工程师深刻理解过程行为和模拟分析不同策略的效果，从而提高生产效率和质量。

④实时性要求的满足。在线运用的数学模型还有一个实时性的要求，实时性的要求与准确性的要求往往是矛盾的。实际生产过程的动态特性是非常复杂的，在建立数学模型时，往往要抓住主要因素，忽略次要因素，否则就得不到可用的模型。为此需要做很多近似处理，如线性化、分布参数系统集中化和模型降阶处理等。

在控制系统设计中，被控过程的数学模型可以有不同的表达形式，如连续系统和离散系统模型，输入输出模型和状态空间模型。选择合适的模型表达形式对于实现有效的控制至关重要。例如，传统的PID控制使用传递函数表达过程模型，而基于参数估计的自适应控制则使用脉冲传递函数。因此，正确选择数学模型的表达形式是控制系统设计中的关键因素。

建立过程的数学模型有两种基本方法：机理法建模和测试法建模。

机理法建模就是根据生产过程中实际发生的变化机理，写出各种有关的平衡方程，如：物质平衡方程、能量平衡方程、动量平衡方程，反映流体流动、传热、传质、化学反应、生化反应等基本规律的运动方程，以及物性参数方程和某些设备的特性方程，等等，从中获得所需的数学模型。机理法建模依赖于对过程的物理、化学和/或生物机理的深入理解，通过基础的原理和方程来建立模型。其优点在于普适性和预测能力强，但可能需要大量的理论知识和计算资源。

测试法建模一般只用于建立输入输出模型，即根据工业过程的输入和输出的实测数据进行某种数学处理后得到的模型。输入输出模型的主要特点是把被研究的工业过程视为一个黑匣子，完全从外特性上测试和描述它的动态性质，因此不需要深入掌握其内部机理。然而，这并不意味着可以对内部机理毫无所知。测试法建模有时域法、频域法、统计相关法、最小二乘法等。近年来关注度比较高的智能方法建模有时候也需要以测试、实验作为基础。测试法建模紧密依赖于实验数据，能够很好地捕捉实际操作条件下的系统行为，但可能不如机理法建模在未经验证的条件下准确。

## 2.2 过程动态特性

过程的动态特性多种多样。有些被控对象容易控制，而有些则很难控制；有些控制过程响应较快，而有些则响应较慢。只有全面了解和掌握被控过程的动态特性，才能合理设计控制方案、选择合适的自动化仪表等设备、快速整定控制器参数。被控过程不同，过程的特性也不同。一般可以把过程的特性按照自衡特性与无自衡特性、单容特性与多容特性、振荡与非振荡特性等划分。

1. 具有非振荡特性的自衡过程

具有非振荡特性的自衡过程是指对象在扰动作用下，平衡状态被破坏以后，不需要操作人员或控制器进行强制操作，就能依靠自身重新恢复平衡的特性，并且在到达新的平衡状态的过程中，过程特性呈现非振荡性质。图 2-2 就是具有这种特性的一阶惯性环节的响应曲线。

2. 具有振荡特性的自衡过程

振荡特性是指原来的平衡一旦被打破，系统的输出在短时间内会发生很大的变化，产生上下振荡的现象。如果最终能达到新的平衡状态，则具有衰减振荡特性。图 2-3 是具有这种特性的二阶振荡环节的响应曲线。

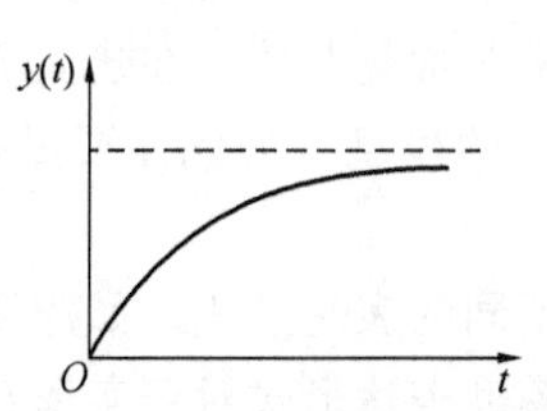

**图 2-2　自衡过程的非振荡特性**

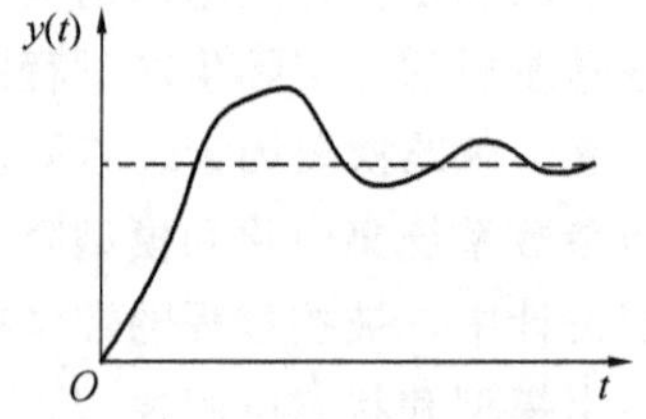

**图 2-3　自衡过程的振荡特性**

3. 具有非振荡特性的无自衡过程

具有非振荡特性的无自衡过程是指在扰动作用下，平衡状态被打破以后，系统的输出一直上升或下降，如果只是依靠其自身能力，则不能恢复到平衡状态。图 2-4 是具有非振荡特性的无自衡过程的响应曲线。

4. 具有反向特性的过程

所谓反向特性是指对象在阶跃扰动作用下，系统的输出先下降后上升，或者先上升后下降，对象阶跃响应曲线在开始的一段时间内变化方向与以后的变化方向相反。锅炉汽包水位的变化过程就具有上述反向特性。在蒸汽流量突然增加的瞬间，汽包压力下降，致使水沸腾突然加剧，使得水位有一个上升的过程，当蒸汽流量的增加量稳定之后，汽包内的压力相对固定，此时水位又会下降，从而呈现出图 2-5 所示的反向特性。

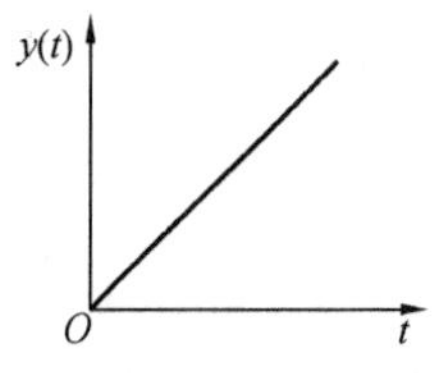

**图 2-4　无自衡过程的响应曲线**

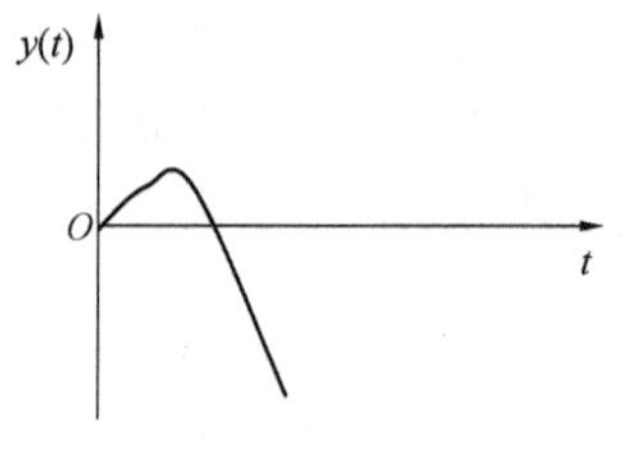

**图 2-5　具有反向特性过程的响应曲线**

5. 具有非线性特性的过程

几乎所有的工业过程都具有非线性特性。非线性特性指的是对象的输入变化时，其输出的变化与输入的变化呈非线性关系。图 2-1 中，输入 $x$ 与输出 $y$ 的关系就是非线性关系。我们所熟知的饱和及死区特性等均是非线性关系。在建模的过程中，往往将具有非线性关系的过程进行若干假设与近似，最后得到线性化的模型，这有利于分析问题的简单化。对于非线性特别强的过程，则需要采用有针对性的方法进行建模与控制，如智能建模与智能控制等。

除了上述介绍的几种动态特性，有的过程还具有纯滞后、大惯性等特性，可以参阅相关文献的介绍，本章后续的介绍中也会提及这些概念。

## 2.3　机理法建模

### 2.3.1　基本原理

机理法也称解析法或白箱法。机理法建模是根据对象(或被控过程)的内在机理，对其输入输出变量以及状态变量运用已知的动、静态平衡关系(如物料平衡关系、能量平衡关系、物理和化学定律等)，用数学推导的方法建立数学模型，以进行系统方案的分析与设计。采用机理法建模时首先要掌握对象的特性和内部机理，并能用方程准确地加以描述。常用的机理建模方法包括解析法和仿真方法。解析法适用于原始方程相对简单的情况。在解析法中，可以采用增量化处理方法来求解输入变量在小范围内变化的影响。而对于输入变量在大范围变化时的影响，则需要逐步求解，通常可以使用数值方法或试差方法来逼近解。有时候，对于内在机理较复杂、难以完全了解内部变化情况的对象进行机理法建模存在着一定的困难，对这样的对象进行建模将在 2.4 节测试法建模中加以介绍。机理法建模的一般步骤如下。

1. 根据建模的对象和目的做出合理假设

在满足模型要求的前提下，根据掌握的对象特性，忽略一些次要因素，即做出合理的假设与近似。即使是同一个建模对象，其模型的使用场合与目的要求如果存在差异，此时的假设条件也不尽相同，最终得到的模型结构及参数也会发生变化。

2. 建立静态和动态平衡关系方程

根据对象的内在机理，建立其静态和动态平衡关系式。静态平衡关系是指单位时间内进入对象的物料或能量等于单位时间内从对象流出的物料或能量；动态平衡关系则是指单位时间内进入对象的物料或能量与单位时间内流出对象的物料或能量之差等于对象内部物料或能量储存量的变化率。

3. 对建立的模型进行必要的简化

根据上述推导得到的数学模型比较复杂时，并不利于控制方案的分析与设计，此时就需要对模型进行必要的简化。在简化过程中需要注意：一是模型要能够反映对象的主要特性；二是模型要尽量简单而实用。

机理法建模有时候还需要中间变量的参与，在推导过程中，逐次消去这些中间变量，从而得到所求的数学模型。

### 2.3.2　单容过程的建模

所谓单容过程，是指只有一个储蓄容量的过程，如只有一个水槽的液位系统、一个电容的电路系统等。下面举例说明其建模过程。

1. 自衡单容过程

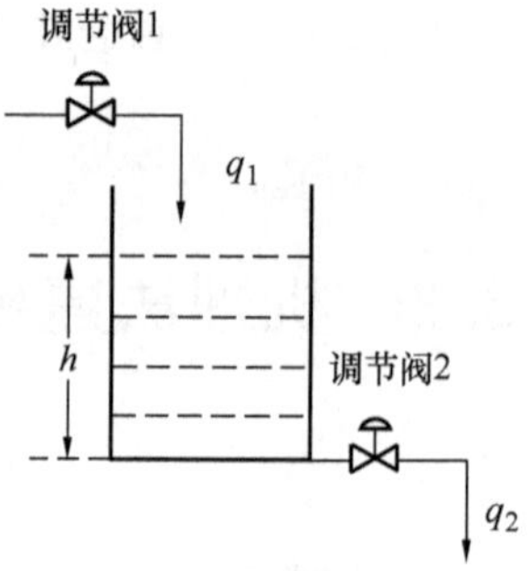

**图 2-6　具有自衡特性的单容水槽液位变化过程**

图 2-6 是具有自衡特性的单容水槽液位变化过程。假设水槽的横截面积为 $A$，流入水槽的液体体积流量 $q_1$ 为过程的操作变量，水槽中的液位高度 $h$ 为被控变量，$q_1$ 的大小通过改变调节阀 1 的开度来调节，$q_2$ 表示流出水槽的液体体积流量大小，$R_1$ 和 $R_2$ 表示调节阀 1 和调节阀 2 的液阻。要求建立被控变量 $h$ 与操作变量 $q_1$ 之间的数学模型。

解：由于上述水槽液位具有自衡特性，一定会有某时刻 $q_1=q_2$ 的条件成立，即液位高度 $h$ 不发生变化，否则自衡特性就会不成立。当调节阀 1 的开度改变后，$q_1$ 会有一个增量 $\Delta q_1$，此时 $q_2$ 也会有一个增量 $\Delta q_2$，根据物料的动态平衡关系，即：水槽中液体储存量的变化率＝单位时间内液体的流入量－单位时间内液体的流出量，则有

$$\Delta q_1-\Delta q_2=A\frac{\mathrm{d}\Delta h}{\mathrm{d}t} \tag{2-1}$$

假设 $q_2$ 与 $h$ 近似成线性正比，则 $q_2$ 与调节阀 2 的液阻 $R_2$ 具有线性反比关系，得到

$$\Delta q_2=\frac{\Delta h}{R_2} \tag{2-2}$$

将式(2-2)代入式(2-1)中，并消除中间变量 $\Delta q_2$，整理后可得

$$R_2A\frac{\mathrm{d}\Delta h}{\mathrm{d}t}+\Delta h=R_2\Delta q_1 \tag{2-3}$$

式(2-3)即为单容水槽液位变化过程的微分方程增量表示形式。对该式进行拉普拉斯变换，得到该过程的传递函数

$$G(s)=\frac{H(s)}{Q_1(s)}=\frac{R_2}{R_2As+1} \tag{2-4}$$

式中：$G(s)$为过程的传递函数；$H(s)$为控制器的传递函数；$Q_1(s)$为扰动的传递函数。化为标准形式，即

$$G(s)=\frac{H(s)}{Q_1(s)}=\frac{K}{Ts+1} \tag{2-5}$$

式中：$T=R_2A$，为时间常数；$K=R_2$，为静态放大系数。

式(2-4)或式(2-5)即为所求的数学模型。在这里，需要了解两个和建模有关的基本概念，即容量和阻力。

容量是指生产设备和传输管路具有的储存物质或能量的能力。过程对象储存能力的大小，称为容量系数。比较常见的种类有电容、热容、气容、液容等。上述过程中，水槽的容积受其横截面积 $A$ 的影响。

阻力是指物质或能量在转移的过程中，需要克服的阻碍其转移的力。比较常见的种类有

电阻、热阻、气阻、流(液)阻。上述过程中，调节阀的液阻 $R_2$ 影响了静态放大系数 $K$ 和时间常数 $T$ 的大小。

2. 具有纯滞后的单容过程

在上述自衡单容过程中，从调节阀 1 流出的液体到达水槽中往往会有一个纯滞后时间，如果这个时间太长，在建模的时候就必须考虑它。图 2-7 就是具有纯滞后特性的单容过程，从调节阀 1 流出的液体(流量为 $q_1$)到达水槽前，在输送管道中会经历一个纯滞后时间 $\tau_0$。在这种情况下，要求建立被控变量 $h$ 与操作变量 $q_1$ 之间的数学模型。

解：建立中间变量 $q^*$(如图 2-7 所示)，很容易得到 $q^*$ 与 $q_1$ 之间的关系，即

$$\Delta q^* = \Delta q_1(t-\tau_0) \tag{2-6}$$

利用前述的推导过程，可以得到

$$R_2 A \frac{\mathrm{d}\Delta h}{\mathrm{d}t} + \Delta h = R_2 \Delta q_1(t-\tau_0) \tag{2-7}$$

$$G(s) = \frac{H(s)}{Q_1(s)} = \frac{R_2}{R_2 A s+1}\mathrm{e}^{-\tau_0 s} = \frac{K}{Ts+1}\mathrm{e}^{-\tau_0 s} \tag{2-8}$$

根据上述建立的模型，可以得到单容过程的阶跃响应曲线，如图 2-8 所示。图中包含无纯滞后的单容过程，如果过程中含有纯滞后时间 $\tau_0$，则阶跃响应曲线会向后推迟 $\tau_0$ 时间。

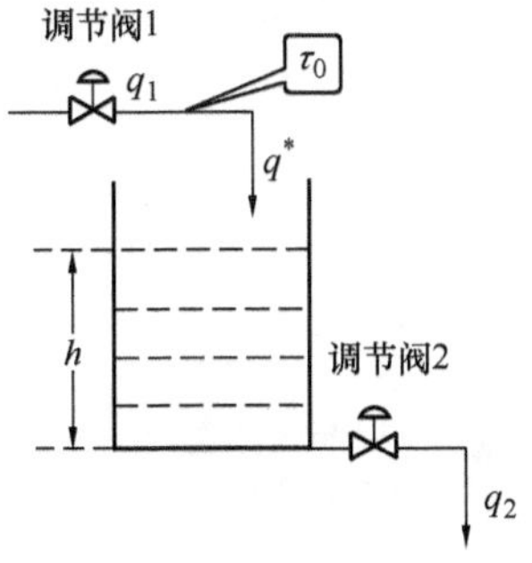


**图 2-7　具有纯滞后特性的单容水槽液位变化过程**

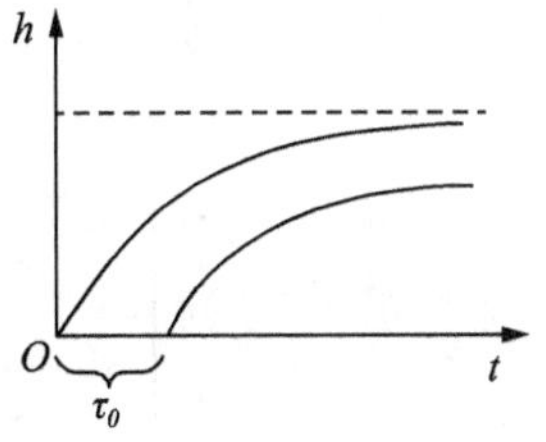


**图 2-8　单容过程的阶跃响应曲线**

3. 无自衡能力的单容过程

前述单容水槽过程中，如果将调节阀 2 换成定量泵，则流出水槽的液体体积流量 $q_2$ 始终不会变化，即

$$\Delta q_2 = 0 \tag{2-9}$$

将式(2-9)代入式(2-1)，得到

$$\Delta q_1 = A\frac{\mathrm{d}\Delta h}{\mathrm{d}t} \tag{2-10}$$

从而可以得到过程的传递函数

$$G(s) = \frac{H(s)}{Q_1(s)} = \frac{1}{As} = \frac{1}{Ts} \tag{2-11}$$

此时，液位过程的阶跃响应曲线如图 2-4 所示。由于流出的液体体积流量不产生变化，因此在流入流量发生阶跃变化后，水槽的液位 $h$ 会按图 2-4 所示的直线一直升高，直到溢出。

如果上述无自衡单容过程还具有纯滞后时间 $\tau_0$，则根据前述推导过程，很容易得到其传递函数

$$G(s)=\frac{H(s)}{Q_1(s)}=\frac{1}{Ts}e^{-\tau_0 s} \tag{2-12}$$

## 2.3.3　多容过程的建模

如果将上述两个单容过程顺次连接，前一个单容过程的输出是后一个单容过程的输入，则成为一个双容过程。在此基础上，如果有多个单容过程顺次连接，则组成多容过程。下面重点讨论双容过程的建模方法，并以此为基础得到多容过程的模型结构。

1. 自衡双容过程

图 2-9 给出了一个具有自衡特性的双容水槽液位变化过程。已知上下水槽的横截面积分别为 $A_1$ 和 $A_2$，调节阀 1 的液阻为 $R_1$，调节阀 2 的液阻为 $R_2$。要求建立第二个水槽的液位 $h_2$ 与流入第一个水槽的流量 $q$ 之间的数学模型。建立模型的过程可以参照具有自衡特性的单容过程。

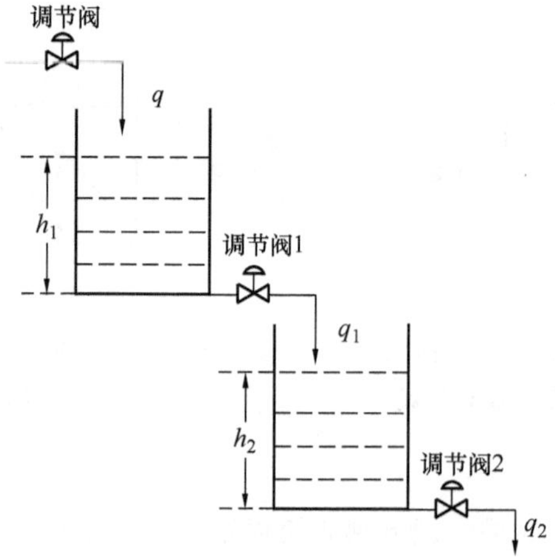


**图 2-9　具有自衡特性的双容水槽液位变化过程**

解：设第一个水槽的时间常数为 $T_1=R_1A_1$，静态放大系数为 $K_1=R_1$；第二个水槽的时间常数为 $T_2=R_2A_2$，静态放大系数为 $K_2=R_2$。仿照式(2-5)很容易得到第一个水槽的液位 $h_1$ 与流入第一个水槽的流量 $q$ 之间的关系

$$\frac{H_1(s)}{Q(s)}=\frac{K_1}{T_1s+1} \tag{2-13}$$

而流出流量 $q_1$ 与液位 $h_1$ 的关系可以仿照式(2-12)得到，即

$$\frac{Q_1(s)}{H_1(s)}=\frac{1}{R_1} \tag{2-14}$$

第二个水槽的液位 $h_2$ 与流入第二个水槽的流量 $q_1$ 之间的关系参照式(2-13)得到，即

$$\frac{H_2(s)}{Q_1(s)}=\frac{K_2}{T_2s+1} \tag{2-15}$$

联立式(2-13)～式(2-15)，可以得到第二个水槽的液位 $h_2$ 与流入第一个水槽的流量 $q$ 之间的数学模型

$$G(s)=\frac{H_2(s)}{Q(s)}=\frac{K}{(T_1s+1)(T_2s+1)} \tag{2-16}$$

式中：$K$ 为双容过程的静态放大系数。式(2-16)即为具有自衡特性的双容过程的数学模型。

如果是两个以上的单容过程，比如 $n$ 个，此时要求第 $n$ 个水槽的液位 $h_n$ 与流入第一个水槽的流量 $q$ 之间的数学模型。假设每个水槽的时间常数相同，则可以仿照式(2-16)得到如下模型

$$G(s)=\frac{H_n(s)}{Q(s)}=\frac{K}{(T_1s+1)^n} \tag{2-17}$$

2. 无自衡双容过程

前述双容水槽过程中，如果将图 2-9 中的调节阀 2 换成定量泵，则流出水槽的液体体积流量 $q_2$ 始终不会变化，此时第一个水槽仍然是具有自衡能力的单容过程，而第二个水槽显然成为一个无自衡单容过程，参照式(2-5)及式(2-11)，可以得到无自衡双容过程中第二个水槽的液位 $h_2$ 与流入第一个水槽的流量 $q$ 之间的数学模型，即

$$G(s)=\frac{H_2(s)}{Q(s)}=\frac{1}{A_1R_1s+1}\cdot\frac{1}{A_2s}=\frac{1}{Ts(T_1s+1)} \tag{2-18}$$

## 2.4　测试法建模

机理法建模适用于变量之间的关系不太复杂、机理比较清晰的一类对象。在实际生产过程中，往往会碰到难以建立对象机理模型的情况。有时候机理分析表明过程具有非线性，建立的机理模型必须在很多假设条件下进行，使得模型的参数不太准确。测试法正是在这种情况下提出的。测试法主要用于构建输入输出模型，模型通过数学处理工业过程的实测数据得到。这种方法把过程视为黑箱，侧重于从外部特性描述其动态行为，而不深究其内部原理。尽管如此，对内部机理仍需有基本了解，因为过程的动态特性在非稳态下才能显现。这要求对过程施加激励，如阶跃或脉冲扰动。为准确测试动态特性，对过程内部主要因素和因果关系的定性认识是必要的。

总体而言，测试法建模通常比机理法简单，特别是对复杂工业过程更为有效，其具体的方法可以划分为以下几种。

①实验测试。通过有针对性的设计实验，获取对象在动态过程中的一系列输入输出数据，然后利用图解法求取对象的特性参数。

②参数辨识。通过分析对象的特点，假定其模型结构，然后对未知的参数进行求解。参数辨识的方法比较多，比如最小二乘法就是系统辨识与参数估计中的一种重要方法。

③智能建模。以神经网络为代表的人工智能技术的兴起，为建立复杂对象的数学模型提供了一条新的途径。这种建模方法依赖于知识和经验的获取，适用于多变量复杂系统的建模。有些智能建模也是在实验测试的基础上进行的。智能建模方法中，除了神经网络建模以外，还有模式识别建模、模糊方法建模等。

常用的实验测试方法包括时域方法、频域方法和统计方法。这些方法在不同的实验环境中用于分析和预测系统的行为。时域方法通过输入脉冲或阶跃信号来进行实验建模。这种方法精度不高，且在生产环境中的影响较大。频域方法通过输入正弦波信号来进行实验建模。这种方法精度较高，并且在生产环境中的影响较小，但需要使用低频测试设备。统计方法则通过输入随机信号来进行实验建模。这种方法精度较高，并且在生产环境中的影响也较小，但需要大量的数据。常用的参数辨识方法包括响应曲线法、相关统计法和最小二乘法。这些方法可以根据实验需求选择合适的模型，并提供对系统行为的预测和分析。

本节主要介绍如何通过实验测试的方法(时域法、频域法)和参数辨识的方法(最小二乘法)对过程进行建模。

## 2.4.1　时域法

通过学习机理建模方法，我们知道了几种典型的传递函数表达式，比如一阶、二阶惯性环节，有时候还有纯滞后环节等。一个复杂的工业生产过程往往由许多不同的控制对象组成，在不同对象中进行的物理或化学反应过程各具特点，有的具有强非线性，机理分析建模的方法难以适应这种复杂性。如果用实验方法观测出对象的响应曲线，然后同上述的几种典型传递函数的响应曲线进行比较，即可确定该对象对应哪一种传递函数，然后从测试得到的响应曲线中求出传递函数表达式中的特性参数。

在时域中测定对象的响应曲线时，首先要明确输入输出变量，即所谓的变量配对，然后对输入变量进行改变，人为地加入一个阶跃信号，记录输出变量的变化情况，以此为依据可作出对象的阶跃响应曲线，或者直接用相关记录仪表得到对象的阶跃响应曲线。在此基础上就可以求出对象的传递函数。

在做上述实验的时候，由于输入端长时间发生阶跃扰动，有可能影响输出变量的稳定性，导致生产不能正常进行，此时就需要改变实验策略。用一定宽度的脉冲响应代替阶跃响应，记录此时的输入输出数据，并作出脉冲响应图，以此求出对象的阶跃响应曲线，这样就可以在不影响生产正常进行的前提下得到过程的数学模型。

阶跃响应曲线法和矩形脉冲响应曲线法是常用的时域法建模方法。阶跃响应曲线法通过施加一个阶跃信号来测定对象的响应曲线。这种方法的缺点是在实验过程中往往会对正常生产造成一定的影响。矩形脉冲响应曲线法通过施加一个矩形脉冲信号来测定对象的响应曲线。相比之下，这种方法对正常生产的影响较小，并且可以通过一些转换方法将其转换成阶跃响应的形式进行分析。因此，根据实际情况选择合适的方法来测定对象的响应曲线，可以在不过多影响正常生产的前提下获得准确的实验结果。下面分别介绍直接获取阶跃响应曲线和由脉冲响应曲线间接获得阶跃响应曲线的方法。

1. 阶跃响应曲线法

在生产进行时，一般会要求输入变量按一定的规律变化，以适应生产工艺的要求，所以通过实验测定对象的阶跃响应曲线时，需要注意输入变量的阶跃变化幅度不能太大，通常是在一个较狭的动态范围内进行，主要目的是保持生产的正常进行。实验原理如图 2-10 所示。系统由若干变送器、记录仪表和被测对象组成。当对象处于稳定运行状态时，假设给定的阶跃扰动为 $\Delta x$，并保持其值不变。对象的输出信号 $y_1 \sim y_n$ 经变送器实现信号类型的转化后，送至记录仪表，这样就可以得到阶跃输入 $\Delta x$ 与输出量$y_1 \sim y_n$ 的响应曲线。

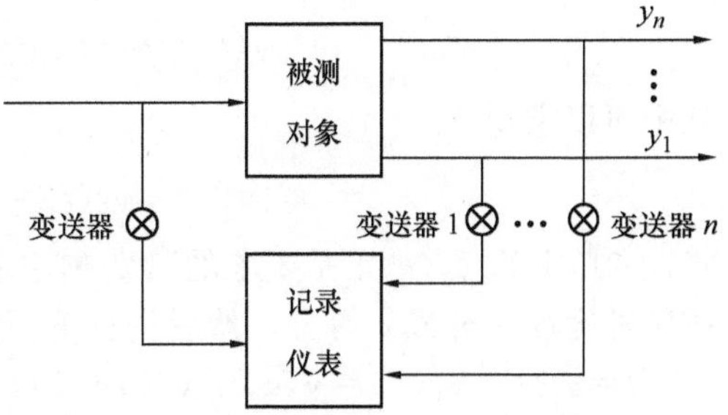


**图 2-10　测定对象阶跃响应曲线的结构原理**

实验时应注意的问题如下。

①阶跃扰动的幅值大小要合适，过大会影响生产的正常进行，过小则有可能捕捉不到输出量的明显变化。一般以正常输入信号的 5%～15%为变化量，取值的原则是不能影响生产的正常进行。

②测试要进行到输出变量达到或接近一个新的稳态值，或者观察到输出变量的变化速度已经达到了最大值以后。

③测试需重复进行几次，且应保持测试条件不变，至少有两次得到的响应曲线基本相同，以此排除干扰对实验结果的影响。

④在输入端施加的扰动要有正、反两个方向的变化，分别测出正、反方向的响应曲线，以此来检验被测对象的非线性程度。

⑤在实验开始后，要特别注意记录响应曲线的起始部分，如果这部分的记录欠缺或者曲线不准确，那么求取对象的动态特性参数时就会出现不准确现象，从而影响模型的精度。

2. 矩形脉冲响应曲线法

具有一定幅值的阶跃扰动不可避免地会对原来的稳态值产生影响，如果是在生产中进行这样的实验，而生产工艺又不允许长时间的阶跃扰动，则可以采用矩形脉冲响应曲线法获取对象的响应曲线。这种方法的特点是时间短，相比阶跃扰动来说对系统的影响有限，而且此时的扰动输入的幅值可以达到 30%，输出变量的变化幅度也会相应加大，有利于观察曲线的变化情况。

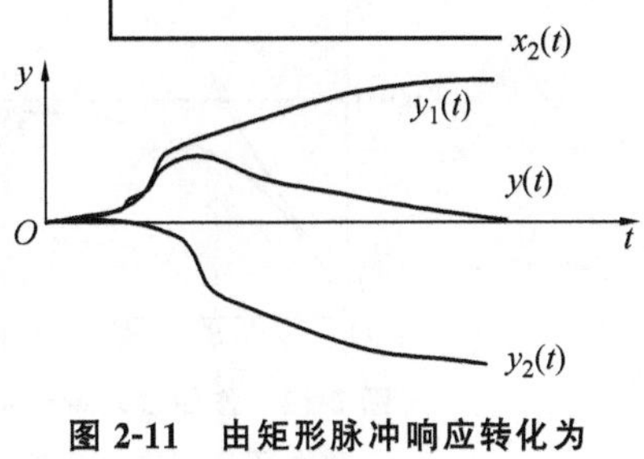


**图 2-11　由矩形脉冲响应转化为阶跃响应曲线**

图 2-11 给出了一个宽度为 $a$ 的矩形脉冲 $x(t)$，相应的脉冲响应曲线是 $y(t)$。从图中还可以看出，矩形脉冲 $x(t)$实际上是两个阶跃输入 $x_1(t)$和 $x_2(t)$的合成，即

$$x(t)=x_1(t)+x_2(t)=x_1(t)-x_1(t-a) \tag{2-19}$$

假设阶跃输入 $x_1(t)$ 和 $x_2(t)$ 对应的响应曲线分别是 $y_1(t)$ 和 $y_2(t)$，则根据式(2-19)，可得到矩形脉冲 $x(t)$ 所对应的响应曲线 $y(t)$，即

$$y(t)=y_1(t)+y_2(t)=y_1(t)-y_1(t-a) \tag{2-20}$$

从中可以求得

$$y_1(t)=y(t)+y_1(t-a) \tag{2-21}$$

式(2-21)中的 $y_1(t)$ 正是要求的阶跃响应曲线的表达式。具体求解的步骤之一是将时间轴 $t$ 按脉冲宽度 $a$ 分成 $n$ 等分，然后进行下面的工作：

$t=a$ 时，$y_1(a)=y(a)+y_1(a-a)$，$y_1(a-a)=y_1(0)=0$，$y_1(a)=y(a)$

$t=2a$ 时，$y_1(2a)=y(2a)+y_1(a)$

$t=3a$ 时，$y_1(3a)=y(3a)+y_1(2a)$

依此类推，直至 $t=na$ 时，$y_1(na)=y(na)+y_1[(n-1)a]$。

由于脉冲响应曲线 $y(t)$ 是已知的，所以 $y_1(a)$，$y_1(2a)$，…，$y_1(na)$ 可以求出，最后将求得的这些点用平滑的曲线连接起来就得到了阶跃响应曲线 $y_1(t)$。

3. 由阶跃响应曲线求对象的传递函数

按前述两种方法得到对象的阶跃响应曲线后，就可以求出对象的传递函数了。工程上常用的求取方法有作图法和两点法。

(1)作图法

图 2-12 是一阶惯性环节的响应曲线，从图中可以求出该环节的特性参数。具体过程如下：首先从曲线的起始点 $y(0)$ 处作曲线的切线，与稳态值交于点 $A$，然后从点 $A$ 作横轴的垂线交于点 $B$。设阶跃输入的幅值为 $\Delta x$，则一阶惯性环节的静态放大系数 $K$ 和时间常数 $T$ 分别是

$$K=\frac{y(\infty)-y(0)}{\Delta x} \tag{2-22}$$

$$T=t_{OB} \tag{2-23}$$

如果得到的响应曲线是图 2-13 所示的 S 形曲线，一般按照一阶惯性环节加上纯滞后的模型来拟合，此时需要确定的参数除了上述的静态放大系数 $K$ 和时间常数 $T$ 以外，还有一个纯滞后时间 $\tau$ 的大小需要确定。与上述不同的是，曲线的切线作法不一样。这里是在曲线的拐点处作图，分别与稳态值和时间轴交于点 $A$ 和点 $B$，然后从点 $A$ 作横轴的垂线交于点 $C$。静态放大系数 $K$ 同式(2-22)的解法；时间常数 $T$ 为 $BC$ 段的大小；纯滞后时间 $\tau$ 则是 $OB$ 段的大小。

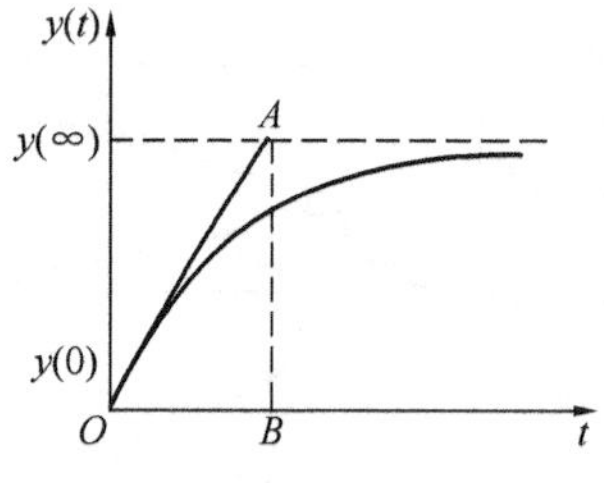


**图 2-12 作图法求取一阶惯性环节的模型参数**

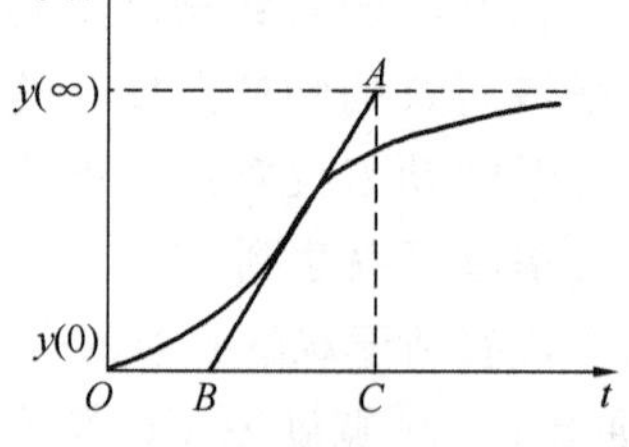


**图 2-13 作图法求取带纯滞后的一阶惯性环节的模型参数**

按照上述步骤操作即可达到由阶跃响应曲线求取对象数学模型的目的。不难看出，在作切线的过程中，不可避免地存在粗略、近似的情况，由此带来的问题是模型参数不一定准确。基于此，出现了两点法求取对象的传递函数。

(2)两点法

如图 2-14 所示，用两点法求取对象的模型参数。假设对象的传递函数仍然是带纯滞后的一阶惯性环节，静态放大系数 $K$ 的求法同作图法，时间常数 $T$ 和纯滞后时间 $\tau$ 的求取过程如下：首先在纵轴上确定两点，分别是 $0.63y(\infty)$ 和 $0.39y(\infty)$，通过这两点分别作纵轴的垂线并与阶跃响应曲线相交，然后通过这两个相交点作横轴的垂线，两个交点所对应的刻度值分别是 $t_1$ 和 $t_2$，则时间常数 $T$ 和纯滞后 $\tau$ 时间的求取公式是(具体的求解过程可参阅相关文献)

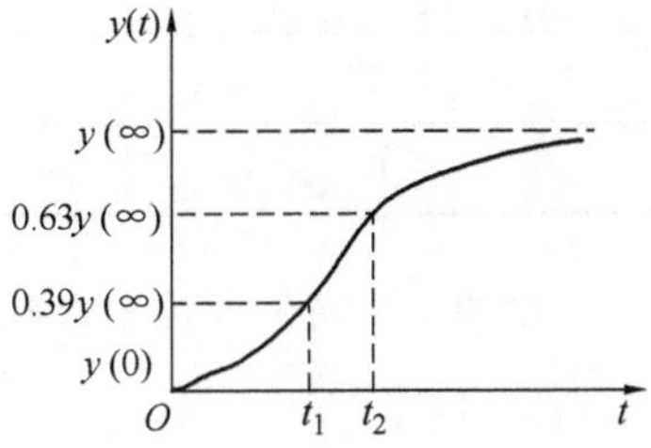


图 2-14　两点法求取一阶惯性环节的模型参数

$$\begin{cases} T=2(t_2-t_1) \\ \tau=2t_1-t_2 \end{cases} \tag{2-24}$$

计算出 $T$ 与 $\tau$ 后，为了检验其准确性，可按下式进行校验

$$\begin{cases} t_3=0.8T+\tau \\ t_4=2T+\tau \end{cases} \tag{2-25}$$

式(2-25)中的 $t_3$ 和 $t_4$ 时刻所对应的输出变量的值如果分别是 $0.55y(\infty)$ 和 $0.87y(\infty)$，则说明求取的特性参数比较准确。

如果用二阶惯性环节来拟合图 2-14 所示的阶跃响应曲线，静态放大系数 $K$ 的求法仍如上述，此时需要确定两个时间常数 $T_1$ 和 $T_2$(不妨设 $T_1 \geqslant T_2$)。具体求解过程如下。

首先在图 2-15 的纵轴上确定两点，分别是 $0.8y(\infty)$ 和 $0.4y(\infty)$，通过这两点分别作纵轴的垂线并与阶跃响应曲线相交，然后通过这两个相交点作横轴的垂线，两个交点所对应的刻度值分别是 $t_1$ 和 $t_2$，则时间常数 $T_1$ 和 $T_2$ 的求取公式是(具体的求解过程可参阅相关文献)

$$\begin{cases} T_1+T_2=(t_1+t_2)/2.16 \\ T_1T_2/(T_1+T_2)^2=1.74t_1/t_2-0.55 \end{cases} \tag{2-26}$$

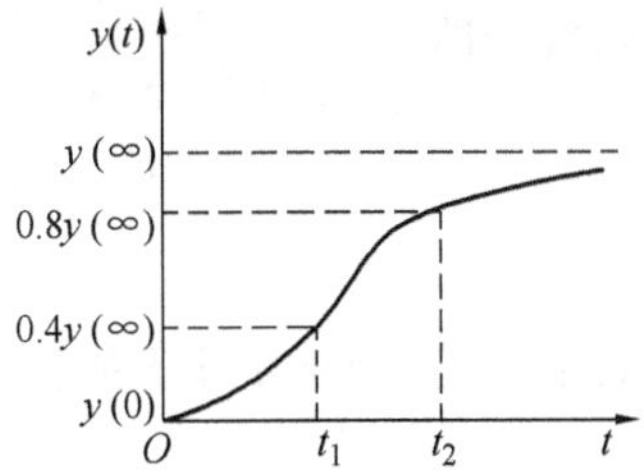


图 2-15　两点法求取二阶惯性环节的模型参数

$t_1/t_2$ 的比值可以反映出惯性环节的阶次。若 $0.32<t_1/t_2\leqslant 0.46$，用式(2-26)即可求出二阶惯性环节的两个时间常数 $T_1$ 和 $T_2$；若 $t_1/t_2>0.46$，则一般用 $G(s)=\dfrac{K}{(Ts+1)^n}$ 来拟合，此时只需要求出时间常数 $T$ 和阶次 $n$ 即可。阶次 $n$ 可在表 2-1 中根据 $t_1/t_2$ 的比值查阅。

**表 2-1　比值 $t_1/t_2$ 与高阶惯性环节阶次 $n$ 的关系**

| $t_1/t_2$ | $n$ | $t_1/t_2$ | $n$ |
|---|---|---|---|
| 0.32 | 1 | 0.46 | 2 |

续表

| $t_1/t_2$ | $n$ | $t_1/t_2$ | $n$ |
|---|---|---|---|
| 0.53 | 3 | 0.67 | 7 |
| 0.58 | 4 | 0.685 | 8 |
| 0.62 | 5 | — | 9 |
| 0.65 | 6 | 0.71 | 10 |

按表 2-1 所示的关系得到阶次 $n$ 后，就可以按下式求出时间常数 $T$

$$nT \approx \frac{t_1+t_2}{2.16} \tag{2-27}$$

在求解上述模型参数的时候，如果模型中带有纯滞后环节，可以从阶跃响应曲线滞后的时间直接得到纯滞后时间 $\tau$ 的大小。

上述介绍的均是自衡过程的测试法建模，下面介绍无自衡过程的两种模型结构的参数求取方法。

无自衡单容过程的模型结构是 $G(s)=\frac{1}{Ts}e^{-\tau s}$，用这个模型来拟合图 2-16 中的曲线，只需求时间常数 $T$ 和纯滞后时间 $\tau$。具体求取过程如下：

在阶跃响应曲线的拐点 $A$ 处作切线，交横轴于点 $t_2$，这样做的目的是用作出的切线来近似响应曲线，所以纯滞后时间 $\tau=t_2$。求时间常数 $T$ 时，首先将传递函数 $G(s)=\frac{1}{Ts}e^{-\tau s}$ 变为时域中的函数，即

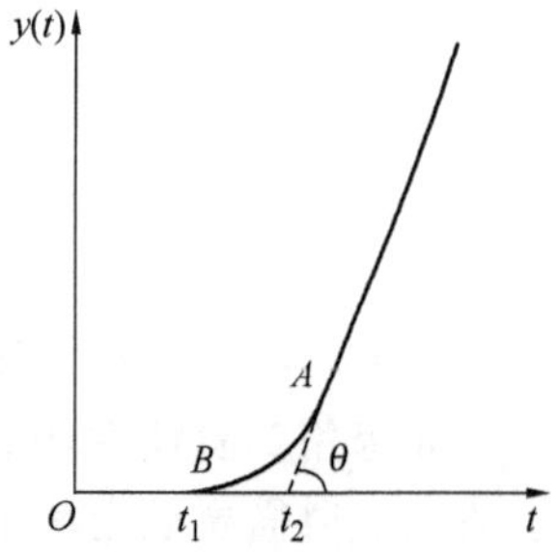


**图 2-16　两点法求取二阶惯性环节的模型参数（无自衡过程）**

$$y=\frac{\Delta x}{T}t \quad t \geqslant \tau \tag{2-28}$$

式中：$\Delta x$ 为阶跃输入的幅值。式(2-28)显然为一条直线，起始点是 $t_2$，斜率为 $\frac{\Delta x}{T}$。同时，通过点 $A$ 作的曲线斜率可以读出图中的角 $\theta$，然后得到 $\tan\theta$ 的值，于是根据 $\frac{\Delta x}{T}=\tan\theta$，得到时间常数的表达式，即

$$T=\frac{\Delta x}{\tan\theta} \tag{2-29}$$

上述求解过程将实际阶跃响应曲线的 $BA$ 段用直线代替了，这样处理带来的问题是误差比较大。

如果用无自衡双容过程来拟合图 2-16 所示的响应曲线，即此时的模型结构 $G(s)=\frac{1}{T_1 s(T_2 s+1)}e^{-\tau s}$，需要求 $T_1$，$T_2$ 和 $\tau$。

同上所述，在拐点 $A$ 处作切线，交横轴于点 $t_2$，从 $0\sim t_1$ 时间段内，对象没有响应输

出，即 $y(t)=0$，可看作一段纯滞后，故可以直接得到 $\tau=t_1$。无自衡单容过程的时间常数 $T_1$ 仍然是 $T_1=\frac{\Delta x}{\tan\theta}$；惯性环节的时间常数 $T_2=t_2-t_1$，这样是因为 $BA$ 段以惯性环节为主，上升较为缓慢。

## 2.4.2 频域法

频率特性又称频率响应，是对不同频率正弦输入信号的响应特性。应用频率特性研究对象动态特性的方法称为频域法。频域法主要通过对开环频率特性的图形进行分析，用实验的方法来确定对象的动态特性，具有明确的物理意义，同时具有形象直观和计算量少的特点。这种方法对于难以列写微分方程的过程来说，具有重要的实际意义。频域法不仅适用于线性定常系统，而且适用于传递函数不是有理数的纯滞后和部分非线性环节的分析与建模。

频域法与时域法相比，对过程的扰动较小，而且频率特性还能比较准确地反映对象的动态特性。因此频域法虽然比较复杂，但是在一些场合下仍然使用。

1. 频率传递函数

设对象的传递函数为 $G(s)$，将 $s=\mathrm{j}\omega$ 代入 $G(s)$ 中，所得到的 $G(\mathrm{j}\omega)$ 就称为频率传递函数。如果对象的传递函数是 $G(s)=B(s)/A(s)$，则其频率传递函数 $G(\mathrm{j}\omega)$ 可转化为

$$G(\mathrm{j}\omega)=\frac{B(\mathrm{j}\omega)}{A(\mathrm{j}\omega)}=\alpha(\omega)+\mathrm{j}\beta(\omega)=|G(\mathrm{j}\omega)|\angle G(\mathrm{j}\omega) \tag{2-30}$$

式中：j 为虚数单位；$\omega$ 为频率；$\alpha(\omega)$ 为 $G(\mathrm{j}\omega)$ 的实部；$\beta(\omega)$ 为虚部；$|G(\mathrm{j}\omega)|$ 为增益；$\angle G(\mathrm{j}\omega)$ 为相角。

从式(2-30)可以看出，如果能够得到对象的频率特性曲线，则对象的数学模型可轻易求得。

2. 频率特性曲线

用频率法分析、设计控制时，常常不是从频率特性的函数表达式出发，而是将频率特性绘制成一些曲线，借助于这些曲线进行分析。因此必须熟悉频率特性的各种图形表示方法和图解运算过程。

(1)奈奎斯特曲线

频率特性曲线包括幅频特性曲线和相频特性曲线。幅频特性是频率特性幅值 $|G(\mathrm{j}\omega)|$ 随 $\omega$ 的变化规律；相频特性描述频率特性相角 $\angle G(\mathrm{j}\omega)$ 随 $\omega$ 的变化规律。幅相频率特性曲线又称奈奎斯特曲线，在复平面上以极坐标的形式表示。设系统的频率特性为

$$G(\mathrm{j}\omega)=A(\omega)\cdot \mathrm{e}^{\mathrm{j}\varphi(\omega)} \tag{2-31}$$

对于某个特定频率 $\omega_i$ 下的 $G(\mathrm{j}\omega_i)$，可以在复平面用一个向量表示，向量的大小为 $A(\omega_i)$，相角为 $\varphi(\omega_i)$。当 $\omega=0\to\infty$ 变化时，向量 $\boldsymbol{G}(\mathrm{j}\omega)$ 的端点在复平面 $G$ 上描绘出来的轨迹就是幅相频率特性曲线。通常把 $\omega$ 作为参变量标在曲线相应点的旁边，并用箭头表示 $\omega$ 增大时特性曲线的走向。

(2)对数频率特性曲线

对数频率特性曲线又叫伯德(Bode)图，由对数幅频特性和对数相频特性两条曲线所组

成，是频域法中应用最广泛的特性曲线。伯德图的横坐标采用对数刻度，纵坐标采用线性的均匀刻度。

伯德图中，对数幅频特性是$G(j\omega)$的对数值$20\lg|G(j\omega)|$和频率$\omega$的关系曲线；对数相频特性则是$G(j\omega)$的相角$\varphi(\omega)$和频率$\omega$的关系曲线。

3. 频域测试方法

采用频域法测定对象的频率特性时，一般使用如图2-17所示的测试原理。频率特性测试仪产生正弦信号，经过驱动器转换成可使执行器动作的信号，对于被测定对象来说，这实质上是一种正弦扰动，被控变量此时就会随着正弦信号的变化而发生变化。通过变送器的转换功能，频率特性测试仪可以将被控变量的这个变化记录下来，这样就得到了待求对象的频率特性。

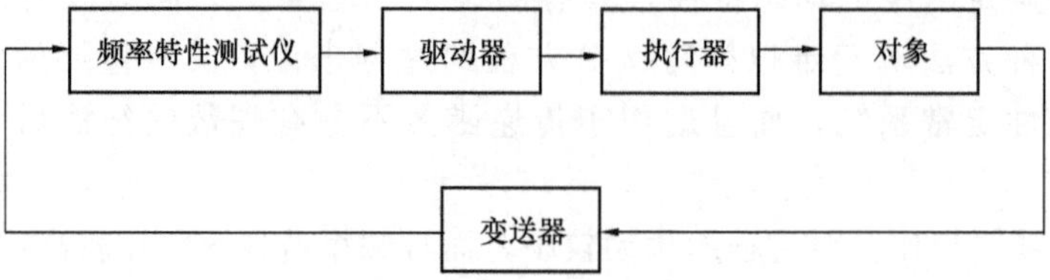


**图 2-17　频域法测试原理**

测试过程中应该注意的事项主要有以下几点：首先，要结合对象的特点选择合适的频率范围。其次，要合理确定输入正弦波的幅值。如果幅值过大，可能引起饱和现象，导致测试结果不准确；如果幅值过小，则有可能出现死区，测试结果同样不准确。因此输入信号的幅值至少要使对象的输出信号达到测试仪(或记录仪)可以识别的程度，并且保证对象工作在线性范围内。最后，做试验时，要在几种不同频率的正弦波输入下测量几次，测试频率特性应在不衰减振荡的稳定工况下进行，振荡幅值可以在允许的范围内选择得尽可能大些，这样做的好处是测量误差会相对小一些。

## 2.4.3　最小二乘法

最小二乘法是一种数学优化技术，通过将误差的平方和最小化找到一组数据的最佳函数匹配。最小二乘法通常用于曲线拟合。由于最小二乘法的原理简单易懂，编制程序也很方便，故其应用相当广泛。现在，最小二乘理论已经成为根据实验数据进行参数估计的主要手段。

最小二乘法是一种简单而实用的过程离散时间模型的建模方法，在这点上显然不同于上述建立的过程连续模型。它在实验测试的基础上，根据过程的输入输出数据来估计(或推导)模型中的参数值，并且含有最佳参数值的意义，使得系统方程在最小方差意义上与输入输出数据相拟合。

设过程的输入输出关系可以描述成

$$\boldsymbol{Y}(k)=\boldsymbol{X}^{\mathrm{T}}(k)\boldsymbol{\theta}(k)+\boldsymbol{e}(k) \tag{2-32}$$

式中：$\boldsymbol{Y}(k)$是过程的输出向量；$\boldsymbol{X}(k)$是输入数据向量；$\boldsymbol{\theta}(k)$是要求解的模型参数向量；$\boldsymbol{e}(k)$是模型的残差向量。确定如下的准则函数，使得残差的平方和最小

$$J(\theta)=\min\sum_{k=1}^{L}[\boldsymbol{Y}(k)-\boldsymbol{X}^{\mathrm{T}}(k)\boldsymbol{\theta}(k)]^2 \tag{2-33}$$

从上述公式中解出参数 $\boldsymbol{\theta}$ 的最小二乘估计值 $\hat{\boldsymbol{\theta}}$，即可得到模型的参数，从而得到过程的离散时间模型。

为了说明最小二乘法的思想，下面举一个例子。

假设输出变量是 $y$，它与一个 $n$ 维的输入变量 $\boldsymbol{X}=(x_1, x_2, \cdots, x_n)^{\mathrm{T}}$ 是线性关系，即

$$y=\theta_1 x_1+\theta_2 x_2+\cdots+\theta_n x_n=\boldsymbol{X\theta} \tag{2-34}$$

其中，参数 $\boldsymbol{\theta}=(\theta_1, \theta_2, \cdots, \theta_n)^{\mathrm{T}}$ 未知。希望通过不同时刻对 $y$ 及 $\boldsymbol{X}$ 的观测值来估计出 $\boldsymbol{\theta}$ 的数值。

假设已经获得在 $t_1$，$t_2$，…，$t_n$ 时刻对 $y$ 及 $x$ 的观测值序列，并且用 $y(i)$ 及 $x_j(i)$，$i=1, 2, \cdots, m$ 来表示这些观测得到的数据，则可以用如下的 $m$ 个线性方程组来表示这些数据的关系

$$y(i)=\theta_1 x_1(i)+\theta_2 x_2(i)+\cdots+\theta_n x_n(i) \quad i=1, 2, \cdots, m \tag{2-35}$$

这样，可一次解出待求的参数值。由最小二乘法获得的估计在一定条件下具有最佳的统计特性，即无偏性、一致性和有效性。但最小二乘法具有两方面的缺陷：一是当模型噪声为有色噪声时，最小二乘估计不是无偏、一致估计；二是随着数据的增长，将出现所谓"数据饱和"现象。针对这两个问题，出现了相应的辨识算法，如遗忘因子法、误差补偿法、广义最小二乘法、辅助变量法及多级最小二乘法等。

## 思考题与习题

2-1　典型的过程动态特性有哪几种？它们各有什么特点？

2-2　建立过程数学模型的目的和意义体现在哪些方面？

2-3　简述机理法建模的一般性步骤。

2-4　单容对象的放大系数 $K$ 和时间常数 $T$ 分别与哪些因素有关？试从物理意义上加以说明，并解释 $K$，$T$ 的大小对动态特性的影响。

2-5　试通过阶跃响应曲线总结工业生产过程的主要特点。这些特点通常可用哪些参数来表示？

2-6　试讨论有些对象具有纯滞后时间的原因，并说明它与大滞后时间的区别。

2-7　如何测定被控对象阶跃响应曲线？在测试时，要注意哪些问题？

2-8　简述最小二乘法的基本原理。

2-9　图 2-9 中，假设从调节阀流出的一定液体(体积流量为 $q$)到达水槽时，在输送管道中会经历一个纯滞后时间 $\tau_0$，在这种情况下，要求建立第二个水槽的液位 $h_2$ 与流入第一个水槽的流量 $q$ 之间的传递函数模型。

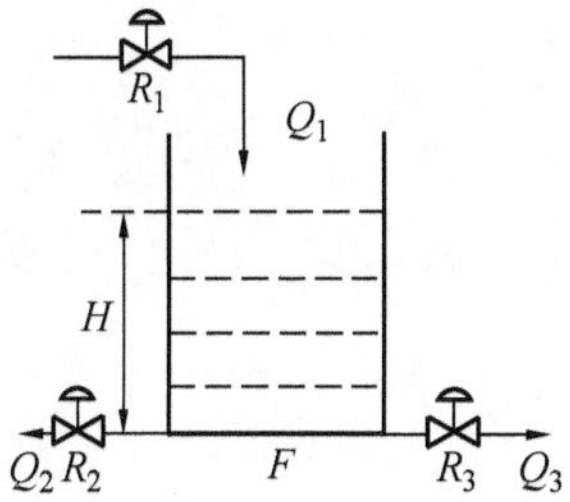

图 2-18　水槽的液位过程

2-10　某水槽的液位变化过程如图 2-18 所示。其中 $F$ 为槽的截面积，$R_1$，$R_2$ 和 $R_3$ 均为线性水阻，$Q_1$ 为流入量，$Q_2$ 和 $Q_3$ 为流出量。要求：

(1)写出以水位 $H$ 为输出量，$Q_1$ 为输入量的动态方程。

(2)写出对象的传递函数 $G(s)$，并指出其增益 $K$ 和时间常数 $T$ 的数值。

2-11　某反应炉内温度的阶跃响应实验数据如表 2-2 所示(设控制输入的阶跃扰动量为原值的 10%)，要求：

**表 2-2　某反应炉内温度的阶跃响应实验数据**

| $t$/min | 0 | 1 | 2 | 3 | 4 | 5 | 6 | 7 | 8 | 9 | 10 | 11 | 12 | 13 |
|---|---|---|---|---|---|---|---|---|---|---|---|---|---|---|
| $T$/℃ | 20 | 23 | 27 | 31 | 39 | 49 | 60 | 69 | 79 | 85 | 89 | 93 | 94 | 94.5 |

(1)画出炉内温度的阶跃响应曲线。

(2)若该温度对象用一阶惯性环节近似，试确定其增益 $K$ 和时间常数 $T$。

2-12　有一液位对象，其液位阶跃响应实验结果如表 2-3 所示(设控制输入的阶跃扰动量为原值的 10%)，要求：

**表 2-3　某液位对象的液位阶跃响应实验结果**

| $t$/s | 0 | 10 | 20 | 30 | 40 | 50 | 60 | 70 | 80 | 90 | 100 | 110 | 120 | 130 |
|---|---|---|---|---|---|---|---|---|---|---|---|---|---|---|
| $h$/mm | 0 | 0.1 | 0.2 | 0.7 | 1.9 | 3.5 | 5.3 | 8.7 | 11.7 | 14.3 | 16.5 | 18.3 | 19.2 | 19.5 |

(1)画出液位的阶跃响应曲线。

(2)若该对象用带纯滞后的一阶惯性环节近似，试用作图法确定纯滞后时间、时间常数及静态放大系数。

2-13　什么是矩形脉冲法建模？为什么在获得矩形脉冲曲线后还需要将其转化为阶跃响应曲线？试描述转化的原理及过程。

2-14　已知某过程的单位阶跃响应实验结果如表 2-4 所示，试分别用作图法、两点法求其传递函数。

**表 2-4　某过程的单位阶跃响应实验结果**

| $t$/s | 0 | 15 | 30 | 45 | 60 | 75 | 90 | 105 | 120 | 135 | 150 | 165 | 180 |
|---|---|---|---|---|---|---|---|---|---|---|---|---|---|
| $Y$ | 0 | 0.021 | 0.045 | 0.066 | 0.091 | 0.135 | 0.176 | 0.233 | 0.286 | 0.331 | 0.380 | 0.430 | 0.485 |
| $t$/s | 195 | 210 | 225 | 240 | 255 | 270 | 285 | 300 | 315 | 330 | 345 | 360 | 375 |
| $Y$ | 0.541 | 0.596 | 0.650 | 0.711 | 0.781 | 0.831 | 0.856 | 0.952 | 0.981 | 0.999 | 0.999 | 1.000 | 1.000 |

2-15　试述频域法测试对象特性的原理及注意事项。

# 第3章　简单控制系统

本章主要介绍简单控制系统的特点与设计步骤，主要包括控制系统的性能指标、变量的选择、控制系统设备的选择、执行器及安全栅的选择以及PID控制器的设计与参数整定方法等内容。

## 3.1　控制系统的性能指标

在控制系统中，调节过程的关键目标是消除干扰。一个优秀的控制系统应能够在受到扰动后，在控制器的作用下使被控变量迅速、准确地趋近或恢复到设定值，同时保持稳定。为了衡量控制系统的优劣，需要从稳定性、快速性和准确性三个方面提出各种单项控制指标和综合控制指标。

1. 单项控制指标

(1)衰减比 $\eta$

衰减比是衡量过渡过程稳定性的动态指标，衰减比的定义是第一个波的振幅与同方向第二个波的振幅之比。在图3-1中，若用 $B$ 表示第一个波的振幅，$B'$表示同方向第二个波的振幅，则衰减比 $\eta=B/B'$。显然，对衰减振荡而言，$\eta$ 恒大于1。$\eta$ 越小，意味着控制系统的振荡过程越剧烈，稳定度也越低，$\eta$ 接近于1时，控制系统的过渡过程接近于等幅振荡过程；反之，$\eta$ 越大，则控制系统的稳定度也越高，当 $\eta$ 趋于无穷大时，控制系统的过渡过程接近于非振荡过程。衰减比究竟以多大为合适，没有确切的定论。根据实际操作经验，为保持足够的稳定裕度，一般希望过渡过程有两个波左右，与此对应的衰减比在4∶1到10∶1的范围内。虽然大多数情况下采用4∶1的衰减比，但也需要具体问题具体分析，特别是对一些变化比较缓慢的对象。例如，温度调节过程采用4∶1衰减比，可能会引起大的振荡；如果采用10∶1的衰减比来进行调整，则控制效果会得到改善。因此，衰减比的选取要根据对象的特点而定。除了衰减比，还可以用衰减率 $\psi$ 来反映衰减情况，定义 $\psi=(B-B')/B$。当衰减比 $\eta=4∶1$ 时，相当于 $\psi=0.75$；当 $\eta=10∶1$ 时，相当于 $\psi=0.90$。

(2)最大动态误差 $y(\sigma)$ 或超调量 $\sigma$

最大动态误差和超调量是描述被控变量偏离设定值最大程度的物理量，也是衡量过渡过程稳定性或动态准确性的动态指标。对于定值控制系统而言，过渡过程的最大动态误差是指被控变量第一个波的峰值与设定值之差；超调量是第一个波的峰值与最终稳态值之差除以最终稳态值，即

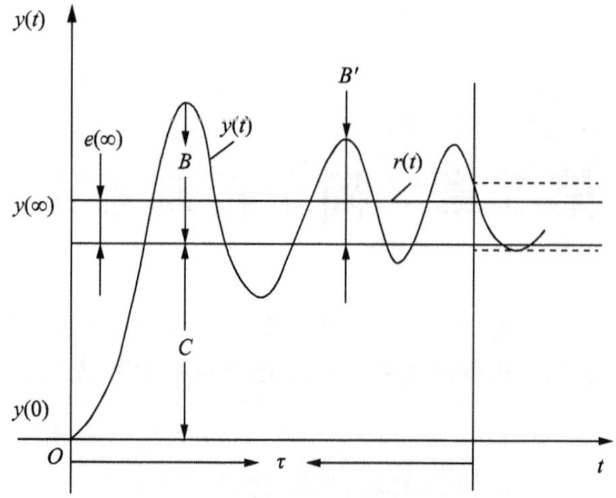


图 3-1　过渡过程控制指标示意图

$$\sigma=\frac{B}{C}\times100\% \tag{3-1}$$

式中：$\sigma$ 是超调量；$B$ 是最大动态误差；$C$ 是最终稳态值。

最大动态误差或超调量越大，表示被控变量的瞬时值偏离设定值越远。对于某些工艺要求比较高的生产过程，例如存在爆炸极限的化学反应，需要限制最大动态误差的允许值；同时，考虑到扰动会不断出现，误差有可能叠加，此时更需要限制最大动态误差的允许值，才能保证生产安全。因此，必须根据工艺条件确定最大动态误差或超调量的允许值。

(3)稳态误差 $e(\infty)$

稳态误差又称余差或静差，是控制系统过渡过程结束时设定值 $r(t)$与被控变量 $y(t)$稳态值之差，设被控变量 $y(t)$的最终稳态值是 $y(\infty)$，定义 $e(\infty)=r(t)-y(\infty)$。稳态误差是反映控制准确性的一个重要稳态指标，一般希望其为零，或不超过预定的范围，但不是所有的控制系统对稳态误差都有很高的要求，例如，一般贮槽的液位控制对稳态误差的要求就不是很高，往往允许液位在一定范围内变化。

(4)调节时间 $t_s$ 和振荡频率 $\omega$

调节时间表示控制系统过渡过程的长短，也就是控制系统在受到阶跃干扰作用后，被控变量从原有稳态值达到新的稳态值所需要的时间。对于输入作用下的控制系统，被控变量进入工艺允许的稳态值所需要的时间称为调节时间；对于设定作用下的控制系统(即随动控制系统)，被控变量进入稳态值附近±3%或±5%的范围内所需要的时间称为调节时间。严格地讲，控制系统在受到干扰作用后，被控变量完全达到最终稳态值需要无限长的时间。可实际上，被控变量的变化幅度衰减到足够小，并保持在一个极小的范围内，所需要的时间还是有限的。调节时间短，表示控制系统的过渡过程快，即使扰动频繁出现，系统也能适应；反之，过渡时间长。显然，调节时间越短越好，它是反映控制快速性的一个指标。

在衰减比相同的条件下，振荡频率与调节时间成反比，振荡频率越高，调节时间越短。因此，振荡频率也可作为衡量控制快速性的指标，定值控制系统常用振荡频率来衡量控制系统调节速度的快慢。

必须说明的是，这些控制指标在不同的控制系统中各有其重要性，而且相互之间又有着内在的联系。同时要求高标准地满足这几个控制指标是很困难的，因此，应根据工艺生产的具体要求分清主次，对于主要的控制指标应优先保证。

2. 综合控制指标

过渡过程中动态误差越大，或是调节时间越长，则控制质量就越差。由于上述的各单项性能指标衡量的只是控制系统某一方面的控制性能，还不能全面判断控制系统的性能，所以提出了综合控制指标，采用如下积分鉴定的形式

$$J = \int_0^\infty f(e, t)\mathrm{d}t \tag{3-2}$$

式中：$J$ 为积分鉴定值；$e$ 为动态误差；$t$ 为时间。综合控制指标通常采用三种表达形式。

(1)误差二次方积分(ISE)

$$f(e, t) = e^2, \ J = \int_0^\infty e^2\mathrm{d}t \tag{3-3}$$

(2)误差绝对值积分(IAE)

$$f(e, t) = |e|, \ J = \int_0^\infty |e|\mathrm{d}t \tag{3-4}$$

若把动态误差 $e$ 作为 $f(e, t)$，则正、负误差将相互抵消。即使 $e$ 值很大或剧烈波动，$J$ 值仍然可以很小，所以一般用 $e^2$ 或 $|e|$ 的积分值来评定定值控制系统的控制质量。

(3)误差绝对值与时间乘积的积分(ITAE)

$$f(e, t) = |e|t, \ J = \int_0^\infty |e|t\mathrm{d}t \tag{3-5}$$

式(3-5)在快速性的要求上突出，一般作为评定随动控制系统的综合控制指标。

对于有稳态误差的系统，存在 $e(\infty)$，三种形式的积分鉴定值 $J$ 都将趋于无穷大，无法鉴定系统的控制质量，为此把 $e(t)-e(\infty)$ 作为动态误差项代入。

从这三种性能指标的角度来看，不同类型的控制器会有不同的最佳参数值。例如：对于定值控制系统而言，其要求被控量快速衰减并且过渡过程最短；而对于燃料燃烧过程中的燃料-空气比控制而言，其目标是实现空气量按照规定的比例紧密跟随燃料的变化，避免出现大幅度的振荡。因此，前者应采用 IAE 性能指标，而后者则应采用 ITAE 性能指标。

自动控制系统的控制质量取决于其各个环节的性能，尤其是过程的特性。为了达到预期的控制质量，自动控制装置应根据具体过程的特性进行适当的选择和调整。如果过程与自动控制装置之间的配合不当，或者在控制系统运行过程中自动控制装置的性能或过程的特性发生变化，都会对自动控制系统的控制质量产生影响。因此，在控制系统的设计和运行过程中，必须充分注意这些问题。

## 3.2　简单控制系统的特点

简单控制系统又称单回路控制系统，由一个检测元件(或变送器)、一个控制器和一个执

行器连同被控对象组成。它是实现对一个被控参数进行控制的反馈闭环控制系统，如图 3-2 所示。

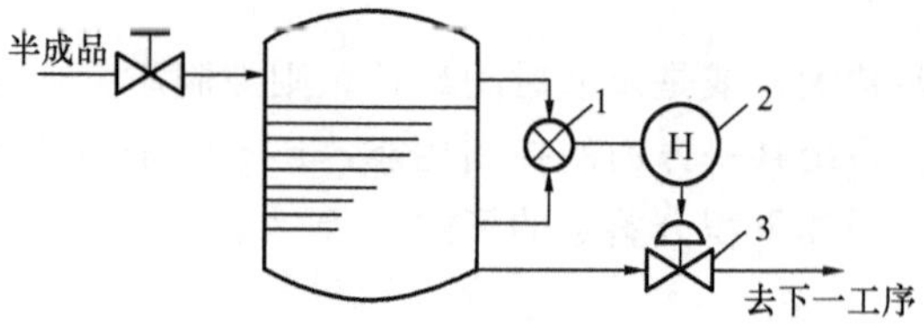


1—液位变送器；2—液位控制器；3—执行器

**图 3-2　简单控制系统**

1. 检测元件和变送器

检测元件的功能是测出被控量的大小，通常由传感元件实现。变送器的作用是将检测元件测出的被控变量变换成控制器所需要的信号形式。变送器必须与检测元件及控制器配套选择，它们所构成的系统才能协调工作，例如，热电阻、热电偶和温度变送器需考虑参数的选择问题。

2. 控制器

控制器是自动控制系统中的指挥机构，主要用于将检测变送单元的输出信号与设定值信号进行比较，并按一定的控制规律对其误差信号进行运算，然后发出使执行机构动作的控制信号。

3. 执行器

执行器又称最终环节，是控制系统环路中的最终元件，直接用于控制被控对象的变化。执行器接收控制器的输出信号，通过改变执行器节流件的流通面积来改变被控对象的变化。

4. 被控对象

被控对象是指某些需要控制的装置或设备，如加热炉、换热器以及贮藏物料的槽罐等。如果影响生产正常进行的参数全部或局部进行了自动控制，则这些设备或装置就是被控制的对象。必须指出的是，被控制的参数(被控变量)不同，对于同一个设备或装置所表现的对象特性也就不同。

如果把执行器、被控对象、检测元件(或变送器)等环节组合在一起，称其为“广义被控对象”，则简单控制系统又可简化为由广义被控对象和控制器两部分组成。

简单控制系统是实现生产过程自动化的基本组成部分。它结构简单、投资少、易于调整和操作，能够满足一般生产过程的自动控制需求，因此在工业生产中得到了广泛应用，尤其适用于具有短滞后时间、小滞后容量、负荷变化平缓，或对被控变量的控制要求不高的场景。例如，图 3-3 展示了一个单回路液位控制系统。尽管简单控制系统的结构相对简单，但其设计方法却是各种复杂控制系统设计和参数调整方法的基础。

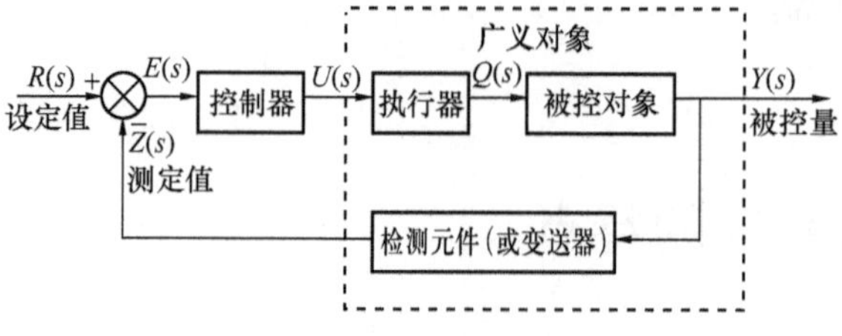


**图 3-3　单回路液位控制系统结构图**

图 3-4 是用传递函数描述的简单控制系统的方框图，是通用的单输入单输出控制系统的原理方框图。

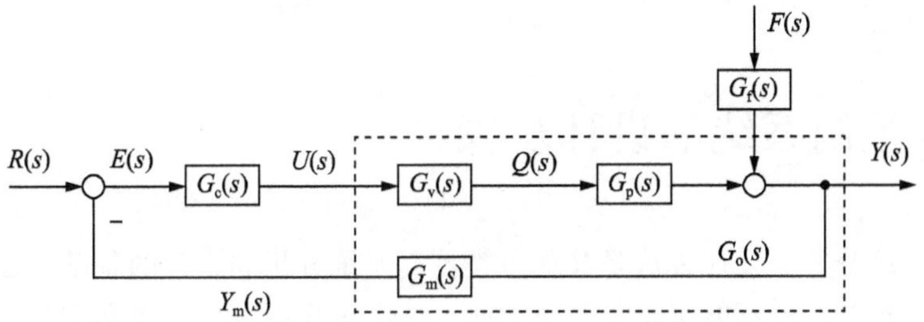


**图 3-4　简单控制系统传递函数方框图**

从图 3-4 中可以获得闭环控制系统的输入输出传递函数

$$\frac{Y(s)}{R(s)}=\frac{G_c(s)G_v(s)G_p(s)}{1+G_c(s)G_v(s)G_p(s)G_m(s)} \tag{3-6}$$

$$\frac{Y(s)}{F(s)}=\frac{G_f(s)}{1+G_c(s)G_v(s)G_p(s)G_m(s)} \tag{3-7}$$

式中：$G_c(s)$表示控制器；$G_v(s)$表示执行器；$G_p(s)$表示被控对象；$G_m(s)$表示检测变送环节；$G_f(s)$表示扰动通道。

方框图中的各个信号都是增量。增益和传递函数都是在稳态值为零时得到的。图 3-4 中的箭头表示信号的流向，并非物流或能流的方向。

各环节增益的正或负可根据在稳态条件下该环节输出增量与输入增量之比确定。当该环节的输入增加时，其输出增加，则该环节的增益为正；反之，如果输出减小则增益为负。

将各环节的增益除以该物理量的基准值可得到无量纲的描述。当控制器输入和输出信号采用统一标准信号时，广义对象的增益是无量纲的。

简单控制系统由两个通道组成：控制通道和扰动通道。控制通道负责将操作变量传递给被控变量，而扰动通道则将干扰输入传递给被控变量。当扰动影响到被控变量时，简单控制系统通过调节控制通道来改变操作变量，以克服扰动对被控变量的影响。这种类型的控制系统被称为定值控制系统。当控制系统的设定值发生变化时，控制系统同样通过调节控制通道来改变操作变量，使得被控变量能够跟随设定值的变化而变化。这种类型的控制系统被称为随动控制系统或伺服控制系统。

如果控制系统中包含采样开关，那么这种控制系统被称为采样控制系统。采样控制系统可以由常规仪表加上采样开关组成，也可以直接由计算机控制系统组成。采样开关的数量、设置的位置、采用的保持器类型和采样周期不同，控制系统的控制效果也会有所不同。因此需要根据具体情况进行分析和评估。

通常将检测变送环节表示为 1，原因是被控变量能够迅速正确地被检测和变送。此外，为了简化，也常将 $G_m(s)$与被控对象 $G_p(s)$合并在一起考虑。但是，对于有非线性特性的检测和变送环节，例如采用孔板和差压变送器测量流量时，应分别列出。

被控变量分为直接被控变量和间接被控变量两大类。简单控制系统的设计主要是被控变量和操作变量的选择。被控变量的选择原则是尽可能选用直接被控变量、有足够的灵敏度、工艺合理等。操作变量的选择原则是静态合理、动态迅速、稳定性和经济性等。

## 3.3 过程控制系统的设计步骤

简单控制系统分析、设计方法是其他各类控制系统分析和设计的基础。在选择控制方案时，只有当简单控制系统不能满足控制要求时，才考虑采用其他较复杂的控制方案。简单控制系统研究的问题，在其他各类控制系统中也基本适用。

首先要确定控制过程，然后再进行过程控制系统设计。控制过程是由工艺要求决定的，必须结合过程特性分析，明确被控变量、操作变量及主要扰动。进行系统设计时，需要提出具体的控制目标、控制系统品质指标，然后设计控制方案，选用合适的过程检测变送控制仪表。系统设计完成后，再到现场投运，要对控制器参数进行整定，使控制系统能够按设计要求进行工作。

过程控制系统设计必须经过大量的调查研究和分析计算，必须全面地考虑问题，既要运用控制理论和控制技术，又要重视实践经验。要先建立系统过程静态和动态数学模型，根据数学模型设计控制质量指标，进行过程特性分析、计算，并进行局部和整体的系统仿真测试，还可以利用计算机辅助设计系统，完成系统参数优化等工作。

进行过程控制系统设计时，从设计任务的提出到系统投入运行，一般都要经历从理论设计到实践，再根据实践修正设计方案的多次反复的过程。

1. 过程控制系统设计的主要内容

过程控制系统设计的主要内容包括方案设计、工程设计、工程安装和仪表校正、控制器参数整定与调试。

(1)方案设计

方案设计是整个过程控制系统设计的核心，方案设计的正确与否直接影响到后续工作的开展。如果方案设计不正确，无论选用何种控制策略和控制设备，都不可能使控制系统运行后达到应有的效果。简单控制系统的方案设计要考虑这些问题：被控变量以及相应的操作变量的选择；被控变量信息的获取，即传感器和变送器的选择问题；控制器的选型；执行器的选择；多参数系统中各单回路系统间的关联影响。控制方案的设计应该包括带控制点的工艺流程图、设计说明书等。带控制点的工艺流程图是描述生产过程控制系统的图纸文件。工艺流程图上的控制点能反映出被控变量、测量点的位置和控制手段的实现方法，以及各个控制系统相互之间的关系等。值得注意的是，图纸上的自动控制字母代号和图形符号均要符合设计规范。设计说明书包括开展设计的指导思想和原则、工艺流程的介绍、自动控制方案的确定、安全技术措施等内容。

(2)工程设计

确定了整个设计方案以后，就要进行工程设计。工程设计主要包括计算机及仪表等设备的选型，控制室及其中的仪表盘、控制柜的设计，仪表供电系统设计，信号及联锁保护系统设计，等等。工程设计过程中的每一项内容均要结合实际情况，从简单、实用、经济的角度出发。工程设计结束时，应提交的文件主要有设备汇总表、材料表，以及仪表、电气设备、计算机接线原理图等详细资料，有时还需要组态控制图。

(3)工程安装和仪表校正

过程控制系统中，仪表和电气设备的安装、信号线路的连接必须正确，这是保证控制系统正常运行的前提。系统安装完成后，还必须对每台仪表进行单独校验，对各控制回路进行联动校验。

(4)控制器参数工程整定与调试

为了使系统运行处于最佳状态，设计时不仅要使控制器在控制系统中起控制作用，而且必须将控制器的参数整定到合适的操作点上。参数整定与调试过程是过程控制系统设计的一个重要环节，可以使被控对象的特性与控制器特性合理配合，从而获得令人满意的控制质量。

2. 过程控制系统设计的步骤

过程控制系统的设计过程中，从设计任务的提出到系统投入运行，是一个从理论设计到实践，再从实践到理论设计校正的多次反复过程，大致可分为以下几个步骤。

①建立被控对象的数学模型。确定被控对象的输入输出变量后，建立被控对象的数学模型就是过程控制系统设计的基础，需要运用各种数学手段，建立准确的数学模型。在没有条件建立被控对象数学模型的情况下，也要分析其工作机理，掌握其动态特性。

②选择控制方案。根据设计任务和技术指标要求，经过调查研究，考虑经济效益和技术实施的可行性、简单性，进行反复比较，选择合理的控制方案。

③建立系统方框图。在上述工作的基础上，画出过程控制系统的原理方框图。

④进行系统静态、动态特性分析计算。过程控制系统方案初步确定后，可根据系统控制指标的要求，应用控制理论进行系统静态、动态特性分析计算，判定系统的稳定性、过渡过程等特性。

⑤实验和仿真。实验和仿真是检验系统设计正确与否的重要手段。

## 3.4　变量的选择

### 3.4.1　被控变量的选择

被控变量的选择是控制系统设计的核心问题，直接关系到生产的稳定操作、产品产量和质量的提高。被控变量的选择方法可以简单地分为以下两种。

①选择能直接反映生产过程中产品产量和质量又易于测量的参数作为被控变量，这种方法称为直接参数法。例如，对于以温度、压力、流量、液位为操作指标的生产过程，就可直接选择温度、压力、流量、液位为被控变量。

②选择那些能间接反映产品产量和质量又与直接参数有单值对应关系、易于测量的参数作为被控变量，这种方法称为间接参数法。例如，选择质量指标作为被控变量时，若存在仪表无法测量产品成分或物性参数(密度、黏度等)，可选择一种间接的指标作为被控变量。该

间接指标必须与直接指标存在单值的对应关系，并具有一定的变化灵敏度。

下面以苯、甲苯二元系统的精馏过程为例。该过程中气、液并存，塔顶易挥发组分的浓度 $X_D$、温度 $T_D$、压力 $p$ 三者之间的函数关系是

$$X_D = f(T_D,\ p) \tag{3-8}$$

$f(\cdot)$为非线性函数，这里的直接指标是 $X_D$，$X_D$ 的大小反映塔顶产品的纯度情况；间接指标有两个，分别是 $T_D$ 和 $p$。如果以 $X_D$ 为被控变量组成过程控制系统，由于 $X_D$ 无法正常获取(不可测变量)，故必须考虑间接参数，此时可根据式(3-8)的关系选择温度 $T_D$ 或压力 $p$ 作为被控变量。

当 $T_D$ 一定或 $p$ 一定时，$X_D$ 分别与 $p$ 或 $T_D$ 成一元函数关系，如图 3-5 和图 3-6 所示。

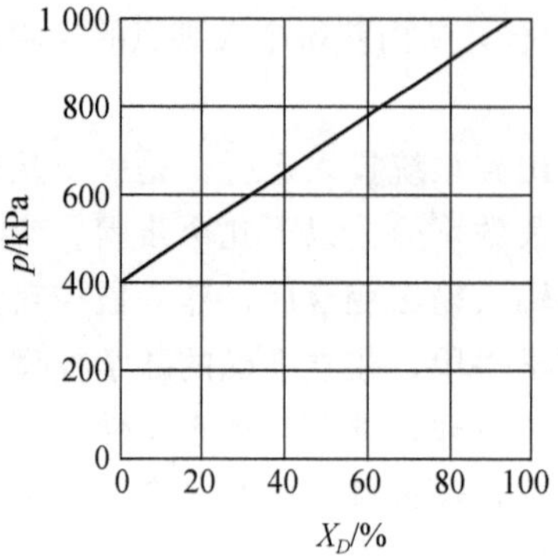


图 3-5　$X_D$ 与 $p$ 函数关系

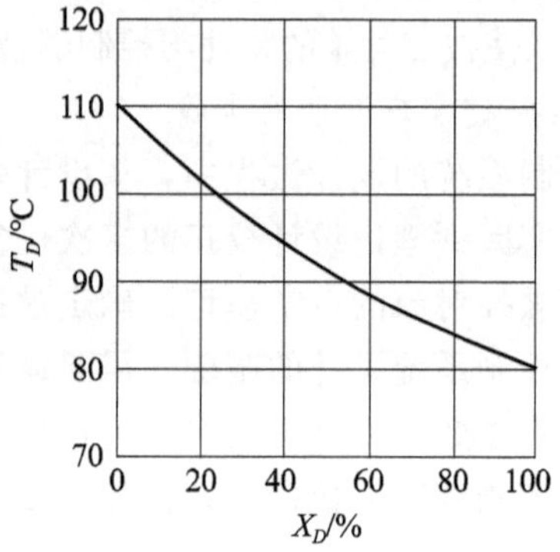


图 3-6　$X_D$ 与 $T_D$ 函数关系

当温度 $T_D$ 一定时，$X_D = f(p)$，组分与压力成单值对应关系，$p$ 越高，$X_D$ 越大；当压力 $p$ 一定时，$X_D = f(T_D)$，组分与温度成单值对应关系，$T_D$ 越高，$X_D$ 越低。如果固定 $T_D$ 和 $p$ 中的一个变量，则可以选择另一个作为间接指标代替质量指标成为被控变量。在精馏操作过程中，往往需要保持塔压不变，那么就选用温度作为间接指标代替质量指标成为被控变量。这样选择能很好地保证分离纯度，提高塔的效率和经济性。

总结上述内容，选择被控变量应注意以下原则。

第一，选择对产品的产量和质量、安全生产、经济运行和环境保护具有决定性作用的、可直接测量的工艺参数作为被控变量。

第二，不能用直接参数作为被控变量时，可选择一个与直接参数有单值函数关系并满足如下条件的间接参数作为被控变量：满足工艺的合理性；具有尽可能大的灵敏度且线性度好；测量变送装置的滞后要小。

## 3.4.2　操作变量的选择

选择操作变量，就是从诸多影响被控变量的输入参数中选择一个对被控变量有着显著影响而且可控性良好的输入参数作为操作变量，而其余未被选中的所有输入量则被视为系统的干扰。其中控制作用与干扰作用是相互对立而存在的。下面主要分析干扰及控制通道对控制质量的影响情况，从中可以找出选择操作变量的一般性原则。

1. 干扰通道特性对控制质量的影响

对象特性可用 $K$，$T$，$\tau$ 三个特征参数来描述。对于非周期具有自衡特性的对象，传递

函数可表示为

$$G(s)=\frac{K}{Ts+1}\mathrm{e}^{-\tau s} \tag{3-9}$$

干扰通道的静态放大系数 $K_\mathrm{f}$ 对控制质量的影响：$K_\mathrm{f}$ 越大，干扰的作用越强，系统的余差越大，控制质量越差。干扰通道的时间常数 $T_\mathrm{f}$ 对控制质量的影响：$T_\mathrm{f}$ 越大，个数越多，干扰作用被限制的程度越大，对被控变量的影响越小，系统的控制质量越好。干扰通道的纯滞后时间 $\tau_\mathrm{f}$ 对控制质量的影响：干扰对被控变量的影响要向后推迟一个纯滞后时间 $\tau_\mathrm{f}$，在理论上对控制质量并无影响。

2. 干扰进入位置对控制质量的影响

生产过程中的复杂对象往往有多个干扰量，各个干扰量和被控量通道间的传递函数不尽相同，其方框图可用几个串联环节来表示。为讨论方便，设对象串联环节都是一阶惯性环节，其传递系数均为 1，时间常数相差不多，干扰 $f_1$，$f_2$，$f_3$ 分别从三个位置进入系统，如图 3-7 所示。

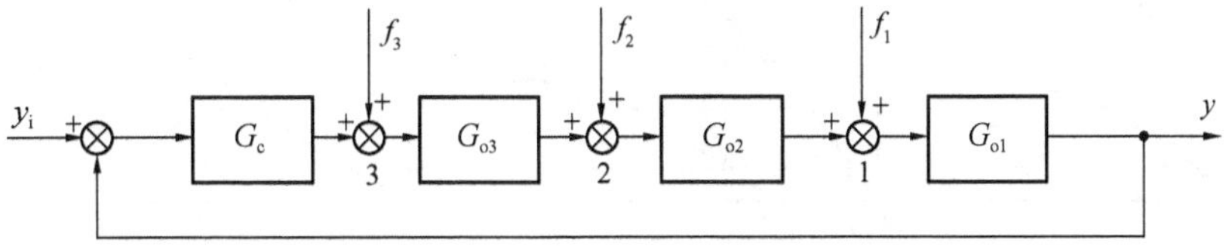


**图 3-7　多个干扰作用在对象不同点上的控制系统方框图**

各干扰量相对于被控变量进入系统的位置不同，对控制质量的影响也不同。系统输出与各输入的关系为

$$\begin{aligned}Y(s)=&\frac{G_\mathrm{o}(s)G_\mathrm{c}(s)}{1+G_\mathrm{o}(s)G_\mathrm{c}(s)}Y_i(s)+\frac{G_{\mathrm{o}f_1}(s)}{1+G_\mathrm{o}(s)G_\mathrm{c}(s)}f_1(s)+\frac{G_{\mathrm{o}f_2}(s)}{1+G_\mathrm{o}(s)G_\mathrm{c}(s)}f_2(s)\\&+\frac{G_{\mathrm{o}f_3}(s)}{1+G_\mathrm{o}(s)G_\mathrm{c}(s)}f_3(s)\end{aligned} \tag{3-10}$$

式中：$G_\mathrm{o}(s)$为对象的传递函数；$G_\mathrm{c}(s)$为控制器的传递函数。

由于给定值 $y_i$ 在控制系统中一般保持不变，系统的动态特性由式(3-10)右边第二项及其以后几项决定，系统的动态特性可表示为

$$Y_{f_i}(s)=\sum_{i=1}^{n}\frac{G_{\mathrm{o}f_i}(s)}{1+G_\mathrm{o}(s)G_\mathrm{c}(s)} \tag{3-11}$$

它是各干扰量对被控量的闭环传递函数。可以看出，各个干扰通道的闭环传递函数是不同的，当然，各干扰量对控制质量的影响也不同。然而，各干扰通道闭环传递函数的分母是一样的，即系统的特征方程都一样。因此，不管是哪一个干扰量，系统的稳定程度、过渡过程的衰减系数、振荡周期等都相同，但最大动态误差及稳态误差有可能不相同。如果控制器有积分作用，则稳态误差为零；若无积分作用，则存在稳态误差。下面就干扰作用的位置对最大动态误差的影响进行定性讨论。

$f_1$，$f_2$，$f_3$ 这三个干扰分别发生阶跃变化所引起的被调参数的反应曲线(开环)，可分

别用图 3-8 中的曲线 $a_1$，$a_2$，$a_3$ 表示。设这里用位式控制器，$y_x$ 为控制器的灵敏限，曲线 $b$ 表示控制器所产生的反馈校正作用，在图中以反向画出。当被调参数上升到 $y_x$ 时，信号为控制器所感知，控制器发出控制信号，被调参数在控制作用的影响下沿着曲线 $c$ 变化。从图 3-8 的三种情况对比可知，当干扰作用点的位置离测量点近，则动差大；反之，干扰作用点的位置离测量点远，则动差小，控制质量好。这也可以由各干扰量和被控制量通道间传递函数不同来解释，即 $f_1$ 通道的惯性小，受干扰后被调参数变化速度快，而控制器作用的控制通道惯性大，要经过三个环节，对被控变量变化速度的影响要慢得多，当控制作用见效时，被调参数已经变化不少了。若干扰直接从测量点进入系统，那么控制过程的超调量与没有控制时完全一样，控制器不能及时起到克服干扰的作用。干扰作用点向离开测量点方向移动，干扰通道的容量滞后增加，控制质量变好。从这个意义上说，如果干扰和控制作用一同进入系统，那么系统控制质量最好。

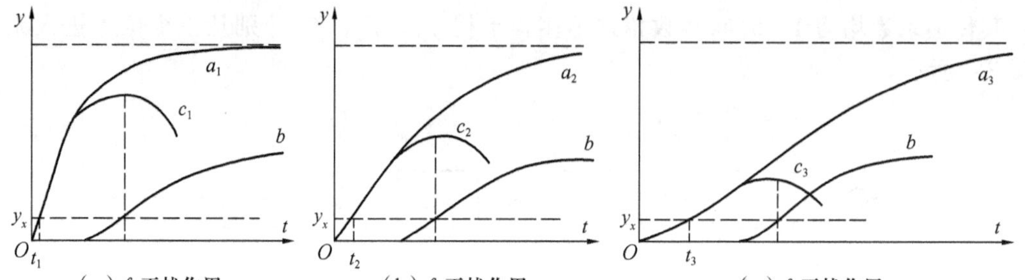


**图 3-8　干扰作用的位置对最大动态误差的影响**

3. 控制通道特性对控制质量的影响

控制通道的传递函数为

$$G_{pc}(s)=\frac{K_o}{T_o s+1}e^{-\tau_o s} \tag{3-12}$$

控制通道静态放大系数 $K_o$ 对控制质量的影响：$K_o$ 越大，则操作变量对被控变量的影响越大，从控制的灵敏度上讲，这表示操作变量的控制更为有效，但是过大则会引起控制过程的不稳定现象。控制通道时间常数 $T_o$ 的影响：$T_o$ 越大，经过的容量数越多，控制越不及时，系统的质量越差；$T_o$ 越小，控制作用越强，控制质量则越好，但也不宜过小，有可能引起系统的振荡。纯滞后时间 $\tau_o$ 的影响：由于 $\tau_o$ 推迟了控制响应的时间，因此会严重降低控制质量。表 3-1 给出了 $K$，$T$，$\tau$ 对控制质量的影响关系。

**表 3-1　$K$，$T$，$\tau$ 对控制质量的影响**

| 名称 | 干扰通道 | 控制通道 |
|---|---|---|
| $K$ | 越小越好 | 尽可能地大 |
| $T$ | 越大越好 | 适当地小 |
| $\tau$ | 无影响 | 越小越好 |

4. 操作变量的选择原则

①控制系统的控制通道特性应该具有足够大的静态放大系数、比较小的时间常数及尽可

能小的纯滞后时间。

②控制系统的主要扰动通道特性应该具有尽可能大的时间常数和尽可能小的静态放大系数。

③应考虑工艺上的合理性。如生产负荷直接关系到产品的质量时，就不宜选为操作变量。

# 3.5　控制系统的选择

## 3.5.1　控制系统简介

目前，在工业过程控制中，主要有三大控制系统，即 PLC、DCS 和 FCS。这三种控制系统分别有各自的特点以及使用场合。

1. 可编程逻辑控制器

20 世纪 60 年代 PLC 在美国推出，取代了传统继电器控制装置，并得到了快速发展，在世界各地得到了广泛应用。同时，PLC 的功能也不断完善。随着计算机技术、信号处理技术、控制技术、网络技术的不断发展和用户需求的不断提高，PLC 在开关量处理的基础上增加了模拟量处理和运动控制等功能。今天的 PLC 不再局限于逻辑控制，在运动控制、过程控制等领域也发挥着十分重要的作用。

PLC 的基本特点主要表现在：从开关量控制发展到顺序控制、逻辑控制，目前已经可以实现连续 PID 控制，具有闭环控制功能；可以一台 PC 机为主站，多台同型 PLC 为从站，也可以一台 PLC 为主站，多台同型 PLC 为从站，构成分布式的 PLC 控制网络。与 PC 机作主站相比，PLC 直接作为主站的方便之处在于用户编程时，不必知道通信协议，只要按说明书编制程序即可。

2. 分布式控制系统

DCS 是一个由过程控制级和过程监控级组成的以通信网络为纽带的多级计算机系统，综合了计算机、通信、显示和控制等“4C”技术。其基本思想是分散控制、集中操作、分级管理、配置灵活以及组态方便。DCS 结合相应的软件，可以实现数据自动采集、处理、工艺画面显示、参数超限报警、设备故障报警和报表打印等功能，并对主要工艺参数形成历史趋势记录，供用户随时查看，设置安全操作级别，既方便管理，又使系统运行更加安全可靠。

DCS 具有以下特点：产品的使用性能表现出高可靠性；由于 DCS 将系统控制功能分散在各台计算机上实现，系统结构采用容错设计，因此某一台计算机出现故障不会导致系统其他功能丧失。此外，由于系统中各台计算机所承担的任务比较单一，可以针对需要实现的功能采用具有特定结构和软件的专用计算机，从而使系统中每台计算机的可靠性也得到提高。DCS 采用开放式、标准化、模块化和系列化设计，系统中各台计算机采用局域网方式通信实现信息传输，当需要改变或扩充系统功能时，可将新增计算机方便地连入系统通信网络或从网络中卸下，几乎不影响系统其他计算机的工作。

3. 现场总线控制系统

FCS 是由 DCS 与 PLC 发展而来的。它不仅具备 DCS 与 PLC 的特点，而且跨出了革命性的一步。FCS在20世纪90年代走向实用化，并正以迅猛的势头快速发展。FCS是目前自动化技术中的一个热点，越来越受到国内外自动化设备制造商与用户的关注。

FCS主要有以下特点：FCS的核心是总线协议，即总线标准，一种类型的总线，只要其总线协议一经确定，相关的关键技术和与其有关的设备也就被确定。开放式的FCS具有高度的互操作性，就一个特定类型的现场总线而言，只要遵循该类型现场总线的总线协议，其产品就是开放的，并具有互操作性。FCS的基础是数字智能现场装置，系统结构具有高度的分散性。通过使用现场总线，用户可以大量减少现场接线，用单个现场仪表可实现多变量通信，不同制造厂生产的装置间可以完全互操作，增加现场一级的控制功能，系统集成大大简化，并且维护十分简便。因此，这种系统安全性高，扩展灵活，可大大降低安装成本。

### 3.5.2　控制系统的选择方法

随着微电子技术尤其是个人计算机技术的飞速发展，PLC和DCS的性能不断得到改进。PLC大大提高了数据处理能力和监控功能；DCS向开放性发展，操作站采用工控机，操作系统采用通用的Windows NT或Windows 2000操作平台，PC机丰富的软件资源得以应用，从而大大降低了系统的烦琐程度和价格，提高了系统的性价比。PLC和DCS在抢占市场的过程中，两者相互借鉴、渗透、融合，极大地增加了用户在设计和使用中的选择性。同时，由于各种控制系统生产制造厂较多，产品更新换代快，也给系统选择带来了一定困难。而走向实用化的FCS，也正以迅猛的势头快速发展，是目前世界上最新型的控制系统。依据PLC、DCS和FCS的不同特点，对过程控制系统的设计选型和应用的原则有以下几方面。

1. 按过程控制系统的控制规模及复杂程度

不同的生产过程，过程控制系统规模与复杂程度不同。通常在过程控制系统规模较大、复杂程度较高时优先选择DCS。因为该系统是根据过程控制系统的特点发展而来的，它对大量的模拟量数据信息能较好地进行处理、分析和运算，能实现各种复杂、烦琐的调节控制功能，因此能完成规模大、复杂程度高的生产过程控制任务。

2. 按投资规模和项目经济效率

一些小型化工项目，特别是一些中小型改造项目，投资较少，规模较小，应优先选择价格相对低廉、性价比较高的PLC系统。如果原系统中已有计算机控制系统，则要考虑系统的连续性、兼容性及技术的连续性。

3. 考虑系统先进性、发展性

FCS由DCS和PLC发展而来，保留了DCS的特点，或者说FCS吸收了DCS多年开发研究以及现场实践的经验，当然也包括教训。由此得出结论，“FCS将取代DCS”似乎也是顺理成章之事。为保证所选系统的先进性、发展性，在选择系统时，特别是一些大型化工项目，可优先考虑采用FCS。

综上所述，系统选型的原则可以从以下几个方面考虑：系统规模、复杂程度、系统的兼容及通信性能，以及系统的先进性、发展性等。在化工生产过程控制系统中，根据过程对象的复杂程度不同，以及针对控制系统的可靠性合理选择不同的控制系统，对保证生产过程控制系统的自动化水平、降低工程造价有着十分重要的意义。

## 3.6　检测变送装置的选择

1. 温度测量设备

温度测量仪表按测温方式可分为接触式和非接触式两大类。通常来说，接触式测温仪表比较简单、可靠，测量精度较高。但因测温元件与被测介质需要进行充分的热交换，需要一定的时间才能达到热平衡，所以存在测温的延迟现象；同时受耐高温材料的限制，不能应用于很高的温度测量。常见测温仪表及其性能、价格见表3-2。

**表3-2　常见测温仪表及其性能、价格**

| 原理 | 种类 | | 使用温度范围/℃ | 精度/℃ | 线性化 | 响应 | 记录与控制 | 价格 |
|---|---|---|---|---|---|---|---|---|
| 膨胀 | 水银温度计 | | －50～＋650 | 0.1～2 | 可 | 一般 | 不适 | 低 |
| | 有机液体温度计 | | －200～＋200 | 1～4 | 可 | 一般 | 不适 | 低 |
| | 双金属温度计 | | －50～＋500 | 0.5～5 | 可 | 慢 | 适 | 低 |
| 压力 | 液体压力温度计 | | －30～＋600 | 0.5～5 | 可 | 一般 | 适 | 低 |
| | 蒸汽压力温度计 | | －20～＋350 | 0.5～5 | 非 | 一般 | 适 | 低 |
| 电阻 | 铂(或铜)温度计 | | －260～＋1 000 | 0.01～5 | 良 | 一般 | 适 | 高 |
| | 热敏电阻 | | －50～＋350 | 0.3～5 | 非 | 快 | 适 | 一般 |
| 热电势 | 热电偶温度计 | R | 0～＋1 600 | 0.5～5 | 可 | 快 | 适 | 贵 |
| | | K | －200～＋1 200 | 2～10 | 良 | 快 | 适 | 一般 |
| | | E | －200～＋800 | 3～5 | 良 | 快 | 适 | 一般 |
| | | J | －200～＋800 | 3～10 | 良 | 快 | 适 | 一般 |
| | | T | －200～＋350 | 2～5 | 良 | 快 | 适 | 一般 |
| 热辐射 | 光学温度计 | | 700～3 000 | 3～10 | 非 | 一般 | 不适 | 一般 |
| | 光电温度计 | | 200～3 000 | 1～10 | 非 | 快 | 适 | 高 |
| | 辐射温度计 | | 100～3 000 | 5～20 | 非 | 一般 | 适 | 高 |
| | 比色温度计 | | 180～3 500 | 5～20 | 非 | 慢 | 适 | 高 |

非接触式仪表是通过热辐射原理来测量温度的，它具有以下特点：测温元件不需与被测物体接触，测温范围广，不受测温上限的限制，也不会破坏被测物体的温度场，反应速度一般也比较快；但受物体的发射率、测量距离、烟尘和水汽等外界因素的影响，测量误差较大。

在过程参数检测中，应用数量最多的是测温仪表。由于被测温度范围大而应用范围又很广，所以如何选用合适类型和规格的测温仪表就显得非常重要。一般按以下原则进行选择。

①仪表精度等级应符合工艺参数的误差要求。选用的仪表应操作方便、运行可靠、经济合理，在同一工程中应尽量减少仪表的品种和规格。

②仪表的量程应大于工艺要求的实际测温范围，但不能太大。过大会使仪表经常处于低刻度状态，导致实际运行误差高于仪表精度误差。工程上一般要求实际测温范围在仪表测温

范围的90%左右。

③热电偶是性能优良的测温元件，而且可以方便地将多个热电偶进行串、并联，构成多点测温方式以满足比较复杂的测温需求，因而热电偶是测温仪表的首选元件。

④对装有保护套管的测温元件，保护套管的耐压等级不应低于所在管线或设备的耐压等级，其材料应根据最高使用温度及被测物体的特性来确定。

2. 物位测量设备

物位测量仪表是测量液体和粉粒状固体材料的液面和装载高度的工业自动化仪表。测量块状、颗粒状和粉料等固体物料堆积高度或表面位置的仪表称为料位计；测量罐、塔和槽等容器内液体高度或液面位置的仪表称为液位计，又称液面计；测量容器中两种互不溶解的液体或固体与液体相界面位置的仪表称为相界面计。

物位测量仪表的种类很多，常用的有直读式液位计、差压式物位仪表、浮力式液位计、电容式物位仪表、声波式物位仪表和核辐射物位仪表。此外，还有电触点式、翻板式和机械叶轮探测式等物位测量仪表。下面介绍几种典型的物位测量仪表。

①直读式液位计。它的原理是将指示液位用的玻璃管或特制的玻璃板接于被测容器，根据连通器原理，从玻璃管或玻璃板上的刻度读出液位的高度。直读式液位计结构简单、直观，但只能就地读数，不能远传。

②差压式物位仪表。假定物料的重度为恒定值，容器中液体或固体物料堆积的高度与其在某测试点所产生的压力成正比，因而可用测压的方法来测量物位。测量压力可使用压力表、压力传感器和压力变送器等。

③浮力式液位计。它是根据液位变化时，漂浮在液体表面的浮子随之同步移动的原理工作的。这一移动距离通过传动机构传出，或变成气信号，或变成电信号，即可测出液位；也可将浮筒的一部分浸入液体中，并使之不能自由漂浮，则其所受的浮力将随液位或相界面位置的变化而变化，测出此浮力变化即可测出液位。如果浮筒所受浮力改变，经联杆和扭管传到变送器霍尔元件，并变换成相应的电信号输出，那么通过仪表就可显示或调节相界面。

④电容式物位仪表。它的工作原理是把物位的变化变换成相应电容量的变化，然后测量此电容量的变化从而得到物位变化。电容式物位仪表用于测量导电液体、非导电液体或固体物料的液位、料位或相界面位置，可供连续测量和定点监控之用。

⑤声波式物位仪表。它一般为利用声波阻断原理和利用声波反射原理两类。声波阻断式物位仪表在物位升高而阻断从发射换能器到接收换能器的声束时，接收换能器接收到的声能会产生突变，并发出突变的开关信号；声波反射物位仪表是根据声波从发射换能器到液面或料面，再从这一表面反射回到接收换能器的时间间隔来测出物位的。

⑥核辐射液位计。它通过放射源发出射线，这些射线穿过被测物料后由探测器接收。当物位改变时，由于被测物料的吸收剂量改变，从而使探测器接收到的辐射强度改变，再转换为电信号的变化，经放大后传递给显示仪表连续显示物位。

3. 流量测量设备

流量是工业生产过程中的一个重要参数。它是单位时间内流经某一截面的流体数量。流量可用体积流量和质量流量来表示，其单位分别为 $m^3/h$ 或 L/h 和 kg/h 等。

流量计是指测量流体流量的仪表。流量计能指示和记录某瞬时流体的流量值；计量表(总量表)是指测量流体总量的仪表，计量表能累计某段时间间隔内流体的总量，即各瞬时流量的累加和，如水表、煤气表等。工业上常用的流量仪表可分为两大类。

①速度式流量计。它是把测量流体在管道中的流速作为测量依据来计算流量的仪表，如差压式流量计、变面积流量计、电磁流量计、旋涡式流量计、冲量式流量计、激光流量计、堰式流量计和叶轮水表等。

②容积式流量计。它把单位时间内所排出的流体固定容积的数目作为测量依据，如椭圆齿轮流量计、腰轮流量计、孔板流量计和活塞式流量计等。

各种测量对象对测量的要求不同，有时要求在较宽的流量范围内保持流量的精确度，有时要求在某一特定的范围内满足一定的精确度即可。一般过程控制中对流量的测量可靠性和重复性要求较高，而在流量结算、商贸储运中对测量的精确度要求较高。

流量特性对仪表的选用有很大影响。流量物性参数与流量参数对测量的精确度影响较大；流体力学性质、脏污结垢等对测量的可靠性影响较大。在众多物性参数中，影响最大的是密度和黏度。压差式流量计测量原理中测量流量本身就与密度有关，密度的变化直接影响测量的准确度。涡轮流量计适用于测低黏度介质。容积式流量计适用于测高黏度介质。另外，电磁流量计要考虑流体的电导率，超声流量计要考虑流体声速。有些流量计与介质直接接触，必须考虑是否会发生腐蚀，可动部件是否会被堵塞。

各种流量计对安装要求差异很大，如压差式流量计、旋涡式流量计需要长的上游直管段以保证检测元件进口端为充分发展的管流，而容积式流量计就无此要求。间接式质量流量计中包括推导运算，上下游直管段长度的要求是保证测量准确性的必要条件。因此选用流量仪表时必须考虑安装问题。

4. 压力测量设备

压力的测量与控制在工业生产中极为重要，尤其在炼油和化工生产过程中，压力是关键操作参数之一。特别是那些在高压条件下操作的生产过程，一旦压力失控，超过了工艺设备允许的压力承受能力，轻则发生“跑、冒、滴、漏”，连锁停机，重则发生爆炸，毁坏设备，引起火灾，甚至危及人身安全。压力的测量在生产过程自动化中具有特殊地位。测量压力的仪表种类很多，按其转换原理可大致分为三种。

①液柱式压力表。它是根据静力学原理，将被测压力转换成液柱高度来测量压力的。这类仪表包括U形压力计、单管压力计、斜管压力计等。常用的测压指示液体有酒精、水、四氯化碳和水银。这类仪表的优点是结构简单、反应灵敏、测量准确；缺点是受到液体密度的限制，测量范围较窄，在压力剧烈波动时，液柱不易稳定，而且对安装位置和姿势有严格要求。它一般仅用于测量低压和真空度，多在实验室中使用。

②弹性压力表。它是根据弹性元件受力变形的原理，将被测压力转换成元件的位移来测量的。常见的弹性压力表有弹簧压力表、指纹管压力表、波纹管压力表、膜片式压力表。这类压力表结构简单，牢固耐用，价格便宜，工作可靠，测量范围宽，使用于低压、中压、高压等多种生产场合，是工业应用最广泛的一类测压仪表。

③活塞式压力计。它是利用液体静力学中的液压传递原理，将被测压力转换成活塞上所加砝码的质量进行压力测量的。这类测压仪表的测量精度很高，允许误差为0.005%～0.02%，普遍用作标准压力发生器或标准仪器，对其他压力表或压力传感器进行校验和标定。

压力表的选择应根据具体情况，在符合工艺过程的技术要求的同时，遵循严行节约、降低投资的原则。一般选用仪表时，主要考虑以下几项原则。

第一，被测介质的物理化学特性，如温度高低、黏度大小、是否具有腐蚀性、是否易燃易爆、是否易结晶等。

第二，生产过程对压力测量的要求，如被测压力范围、精确度以及是否需要远传记录或上下限报警。

第三，现场环境条件，如高温、腐蚀、潮湿、震动、电磁场等。

5. 成分测量设备

工业生产中，混合物料中成分参数检测具有非常特殊而重要的意义。一方面通过对成分参数的检测，可以了解生产过程中原料、中间产品及最后产品的成分及其性质，从而直接判断工艺过程是否合理；另一方面可以将成分参数作为产品质量控制指标，这比对其他参数的控制更加直接有效。成分参数检测方法至少有十几种，所用检测仪表也多达数十种，参见表 3-3。

**表 3-3　成分参数检测方法**

| 检测方法 | 仪表名称 |
|---|---|
| 热学方法 | 热导式分析仪、热化学式分析仪、差热式分析仪等 |
| 磁力方法 | 热磁式分析仪、热力机械式分析仪等 |
| 光学方法 | 光电比色分析仪、红外吸收分析仪、紫外吸收分析仪、光干涉分析仪、光散射分析仪、分光光度分析仪、激光分析仪等 |
| 射线方法 | X 射线分析仪、电子光学式分析仪、核辐射式分析仪、微波式分析仪等 |
| 电化学方法 | 电导式分析仪、电量式分析仪、电位式分析仪、电解式分析仪、氧化锆氧量分析仪、溶解氧检测仪等 |
| 色谱分析方法 | 气相色谱仪、液相色谱仪等 |
| 质谱分析方法 | 静态质谱仪、动态质谱仪等 |
| 波谱分析方法 | 核磁共振波谱仪、电子顺磁波谱仪、共振波谱仪等 |
| 其他方法 | 晶体振荡分析仪、气敏式分析仪、化学变色分析仪等 |

## 3.7　控制系统的重要元件

### 3.7.1　电磁阀

电磁阀是用来控制流体方向的自动化基础元件，属于执行器。它的控制作用主要体现在控制液体的流动方向上。工厂的机械装置一般都有液体流动方向控制的需要，所以电磁阀的应用较为广泛。

电磁阀的工作原理如下：电磁阀里有密闭的腔，在不同位置开有通孔，每个孔都通向不同的油管，腔中间是阀，两面是两块电磁铁，某一面的磁铁线圈通电，阀体就会被吸引到此面，通过控制阀体的移动来挡住或露出不同的排油孔，而进油孔是常开的，液压油就会进入不同的排油管，然后通过油的压力来推动油管的活塞，活塞又带动活塞杆，活塞杆再带动机械装置动作，这样通过控制电磁铁的电流就达到控制机械部分运动的目的了。

上述介绍的是电磁阀的普通工作原理。事实上，根据流过介质的温度、压力等情况，比如管道有压力而处于自流状态时无压力，此时电磁阀的工作原理与上述不同。在自流状态下需要零压启动时，电磁阀通电后，线圈把整个阀体吸起来。而有压力状态的电磁阀则是在线圈通电后吸出插在阀体上的一个销子，用流体自身的压力把阀体顶起来。这两种方式的不同之处在于：自流状态的电磁阀因为线圈要吸起整个阀体，所以体积较大；而带压状态的电磁阀只需要吸起销子，所以体积可以比较小。下面介绍几种典型的电磁阀及其选择原则。

1. 直动式电磁阀

直动式电磁阀有常闭型和常开型两种。常闭型断电时呈关闭状态。当线圈通电时产生电磁力，使动铁芯克服弹簧力同静铁芯吸合，直接开启阀门，介质呈通路；当线圈断电时电磁力消失，动铁芯在弹簧力的作用下复位，直接关闭阀口，介质不能流通。这种电磁阀结构简单、动作可靠，在零压差和微真空下能够正常工作。常开型正好相反。

2. 分步直动式电磁阀

分步直动式电磁阀采用一次开阀和二次开阀连为一体的工作方式，主阀和导阀分步利用电磁力和压差直接开启主阀口。当线圈通电时产生电磁力，使动铁芯和静铁芯吸合，导阀口开启，而导阀口设在主阀口上，且动铁芯与主阀芯连在一起，此时主阀上腔的压力通过导阀口卸荷，在压力差和电磁力的同时作用下使主阀芯向上运动，开启主阀口，介质流通；当线圈断电时电磁力消失，动铁芯在自重和弹簧力的作用下关闭导阀口，此时介质通过平衡孔进入主阀芯上腔，使上腔压力升高，在弹簧复位和压力的作用下关闭主阀口，介质断流。这种电磁阀的结构较为合理，动作可靠，在零压差时工作也很可靠。

3. 间接先导式电磁阀

该系列电磁阀由先导阀和主阀芯连接形成通道，分为常闭型和常开型两种。常闭型在未通电时呈关闭状态。当线圈通电时，产生的电磁力使动铁芯和静铁芯吸合，导阀口打开，介质流向出口，此时主阀芯上腔压力降低，低于进口侧的压力，形成压差克服弹簧阻力而随之向上运动，达到开启主阀口、使介质流通的目的。当线圈断电时，电磁力消失，动铁芯在弹簧力的作用下复位，先导口关闭，此时介质从平衡孔流入主阀芯上腔，导致上腔压力增大，并在弹簧力的作用下向下运动，从而关闭主阀口。常开式的原理正好相反。间接先导式电磁阀的体积小、功率低，但介质压差范围受限，选用时必须满足压差条件。

4. 电磁阀的选型

(1)适用性

管路中的流体必须和选用的电磁阀系列型号中标定的介质一致；流体的温度必须小于选用电磁阀的标定温度；流体清洁度不高时应在电磁阀前安装过滤器，一般电磁阀要求介质的清洁度要好。电磁阀允许的液体黏度一般在 20 cSt($2\times10^{-5}$ $m^2/s$)以下，大于 20 cSt 会注明。注意流量孔径和接管口径需配套。管路最高压差在小于 0.04 MPa 时应选用如 ZS、2W、ZQDF、ZCM 等系列的直动式和分步直动式电磁阀；最低工作压差大于 0.04 MPa 时，可选用先导式(或压差式)电磁阀；最高工作压差应小于电磁阀的最大标定压力。一般电磁阀都是单向工作的，因此要注意是否有反压差，如有则需要安装止回阀。电磁阀一般只有开关两位控制，条件允许时应安装旁路管，便于维修。有水锤现象时要定制电磁阀的开闭时间调节。电源电流和消耗功率应根据输出容量选取，电源电压的误差范围一般在±10%左右。

(2)可靠性

电磁阀有常闭型和常开型两种形式。一般选用常闭型电磁阀，通电时打开，断电时则关闭，但在开启时间很长、关闭时间很短时就需要选用常开型。电磁阀的动作时间很短、频率较高时一般选取直动式，大口径管路则选用快速系列。

(3)安全性

一般电磁阀不防水，在条件允许时应选用防水型，工厂可以定做。电磁阀的最高标定公称压力一定要超过管路内的最高压力，否则使用寿命会缩短或产生其他意外情况。有腐蚀性液体的应选用全不锈钢型，爆炸性环境必须选用具有防爆功能的产品。

(4)经济性

在多种电磁阀可以通用的情况下，应考虑选用最经济的产品。

## 3.7.2　步进电机

步进电机是将电脉冲信号转变为角位移或线位移的一种开环线性执行元件，具有无累积误差、成本低、控制简单的特点。在非超载的情况下，电机的转速、停止的位置只取决于脉冲信号的频率和脉冲数，而不受负载变化的影响，即给电机加一个脉冲信号，电机则转过一个步距角。这一线性关系的存在，加上步进电机只有周期性的误差而无累积误差等特点，使得在速度、位置等控制领域用步进电机来控制变得非常简单。

虽然步进电机已被广泛应用，但它的使用不同于普通直流电机或交流电机。步进电机必须由双环形脉冲信号、功率驱动电路等组成控制系统方可使用。因此步进电机的使用并不简单，它涉及机械、电机、电子及计算机等许多专业知识。

1. 反应式步进电机工作原理

反应式步进电机工作原理比较简单。下面叙述三相反应式步进电机原理。

(1)结构

电机转子均匀地分布着很多小齿，定子齿有三个励磁绕组，其几何轴线依次分别与转子齿轴线错开0，$1/3\tau$，$2/3\tau$(相邻两转子齿轴线间的距离为齿距，以$\tau$表示)，即A与齿1相对齐，B与齿2向右错开$1/3\tau$，C与齿3向右错开$2/3\tau$，A′与齿5相对齐(A′就是A，齿5就是齿1)。图3-9是定子和转子的展开图。

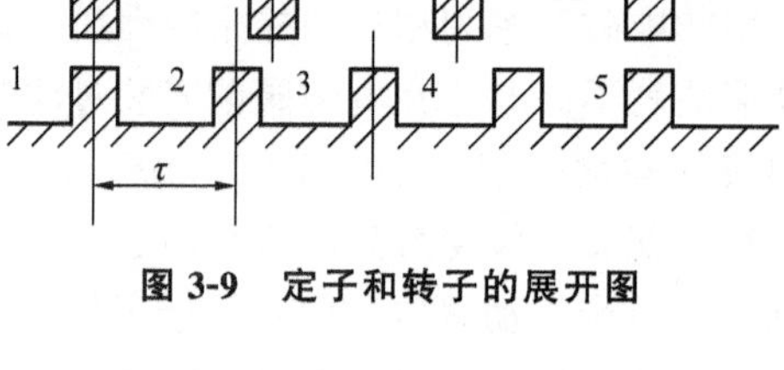


**图3-9　定子和转子的展开图**

(2)旋转

当A相通电，而B、C相不通电时，由于磁场作用，齿1与A对齐(转子不受任何力，下同)。当B相通电，A、C相不通电时，齿2与B对齐，此时转子向右移过$1/3\tau$，齿3与C偏移$1/3\tau$，齿4与A′(A)偏移$(\tau-1/3\tau)=2/3\tau$。当C相通电，A、B相不通电时，齿3与C对齐，此时转子又向右移过$1/3\tau$，齿4与A′(A)偏移$1/3\tau$。当A相通电，B、C相不通电时，齿4与A′(A)对齐，转子又向右移过$1/3\tau$。这样经历A—B—C—A分别通电的状态，齿4(即齿1前一齿)移到A相，电机转子向右转过一个齿距，如果不断地按A—B—C—A通电，电机以每步(每脉冲)$1/3\tau$的速度向右旋转。如按A—C—B—A的顺序通电，电机就反转。由此可见：电机的位置和速度与导电次数(脉冲数)和频率成一一对应关系，而方向由导电顺序决定。

不过，出于对力矩、平稳、噪声及减少角度等方面考虑，往往采用A—AB—B—BC—C—CA—A这种导电状态，这样就将原来每步$1/3\tau$改变为$1/6\tau$。甚至于通过二相电流不同的组合，使每步$1/3\tau$变为$1/12\tau$，$1/24\tau$，这就是电机细分驱动的基本理论依据。

不难推出：电机定子上有$m$相励磁绕组，其轴线分别与转子齿轴线偏移$1/m$，$2/m$，…，$(m-1)/m$，1。并且只要按一定的相序导电，电机的正反转就能被控制——这是步进电机旋转的物理条件。只要符合这一条，理论上可以制造任何相的步进电机。出于成本等多方面考虑，市场上一般以二、三、四、五相步进电机为多。

(3)力矩

电机一旦通电，在定子和转子间将产生磁场。设磁通量为$\Phi$，当转子与定子错开一定角度时，产生的力$F$与$\mathrm{d}\Phi/\mathrm{d}\theta$成正比，如图3-10所示。磁通量$\Phi=B_rS$，$B_r$为剩余磁通密度，$S$为导磁面积。$F$与$LDB_r$成正比，$L$为铁芯有效长度，$D$为转子直径，$B_r=N\cdot I/R$，$N\cdot I$为励磁安匝数(电流乘匝数)，$R$为磁阻。力矩=力×半径，力矩与电机有效体积、励磁安匝数、剩余磁通密度三者的乘积成正比(只考虑线性状态)。因此，电机有效体积越大，励磁安匝数越大，定子和转子间气隙越小，电机力矩越大，反之亦然。

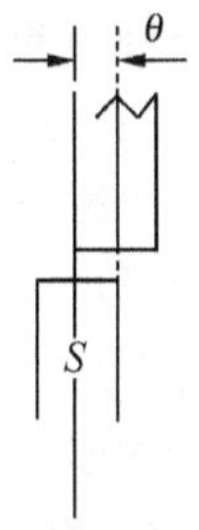


**图3-10　转子与定子错开一定角度**

2. 感应子式步进电机的相关知识

(1)特点

感应子式步进电机与传统的反应式步进电机相比，结构上转子加有永磁体，以提供软磁材料的工作点，而定子励磁只需提供变化的磁场而不必提供磁材料工作点的耗能，因此该电机效率高、电流小、发热低。由于永磁体的存在，该电机具有较强的反电势，其自身阻尼作用比较好，使其在运转过程中比较平稳、噪声低、低频振动小。

感应子式步进电机在某种程度上可以看作低速同步电机。一个四相电机可以作四相运行，也可以作二相运行(必须采用双极电压驱动)，而反应式电机则不能如此。例如，四相、八相运行(A—AB—B—BC—C—CD—D—DA—A)完全可以采用二相八拍运行方式。不难发现其条件为$C=\overline{A}$，$D=\overline{B}$。一个二相电机的内部绕组与四相电机完全一致，小功率电机一般直接接为二相，而功率大一些的电机，为了方便使用，灵活改变电机的动态特点，往往将其外部接线设置为八根引线(四相)，这样使用时，既可以作四相电机使用，也可以作二相电机绕组串联或并联使用。

(2)分类

感应子式步进电机依据相数可分为二相电机、三相电机、四相电机、五相电机等。依据机座号(电机外径)可分为42BYG(BYG为感应子式步进电机代号)、57BYG、86BYG、110BYG等，以上均为国际标准，而像70BYG、90BYG、130BYG等均为国内标准。

(3)步进电机的静态指标术语

①相数：产生不同对极N、S磁场的励磁线圈对数，常用$m$表示。

②拍数：完成一个磁场周期性变化所需脉冲数或导电状态，也指电机转过一个齿距角所需脉冲数，用$n$表示。以四相电机为例，有四相四拍运行方式，即AB—BC—CD—DA—AB，四相八拍运行方式，即A—AB—B—BC—C—CD—D—DA—A。

③步距角：对应一个脉冲信号，电机转子转过的角位移，用$\theta$表示。$\theta=360°$(转子齿数$J\times$运行拍数)。以常规二、四相，转子齿为50齿电机为例，四拍运行时步距角为$\theta=360°/(50\times4)=1.8°$(俗称整步)，八拍运行时步距角为$\theta=360°/(50\times8)=0.9°$(俗称半步)。

④定位转矩：电机在不通电状态下，电机转子自身的锁定力矩。它是由磁场齿形的谐波以及机械误差造成的。

⑤静转矩：电机在额定静态电作用下，不作旋转运动时，电机转轴的锁定力矩。此力矩是衡量电机体积(几何尺寸)的标准，与驱动电压及驱动电源等无关。虽然静转矩与电磁励磁安匝数成正比，与定子和转子间的气隙有关，但过度采用减小气隙、增加励磁安匝数的方法来提高静力矩是不可取的，这样会造成电机的发热及机械噪声。

(4)步进电机的动态指标及术语

①步距角精度：步进电机每转过一个步距角的实际值与理论值的误差，用百分比表示，步距角精度=误差/步距角×100%。不同运行拍数其值不同，四拍运行时应在5%之内，八拍运行时应在15%以内。

②失步：电机实际运转时运转的步数，不等于理论上的步数。

③失调角：转子齿轴线偏移定子齿轴线的角度。电机运转必存在失调角。由失调角产生的误差，采用细分驱动是不能解决的。

④最大空载启动频率：电机在某种驱动形式、电压及额定电流下，在不加负载的情况下，能够直接启动的最大频率。

⑤最大空载运行频率：电机在某种驱动形式、电压及额定电流下，不带负载的最高转速频率。

⑥运行矩频特性：电机在某种测试条件下测得的运行中输出力矩与频率关系的曲线。这是电机诸多动态曲线中最重要的一条曲线，也是选择电机的根本依据，如图3-11所示。其他特性还有惯频特性、启动频率特性等。

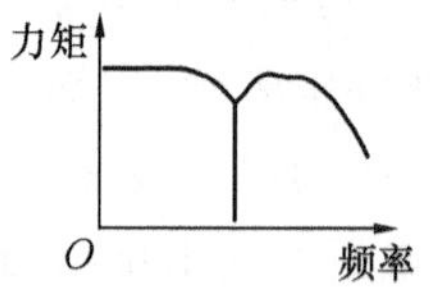


**图3-11　电机运行矩频特性**

电机一旦选定，其静态力矩就确定了，而动态力矩却不然。电机的动态力矩取决于电机运行时的平均电流，而非静态电流。平均电流越大，电机输出力矩越大，即电机的频率特性越硬，如图 3-12 所示。

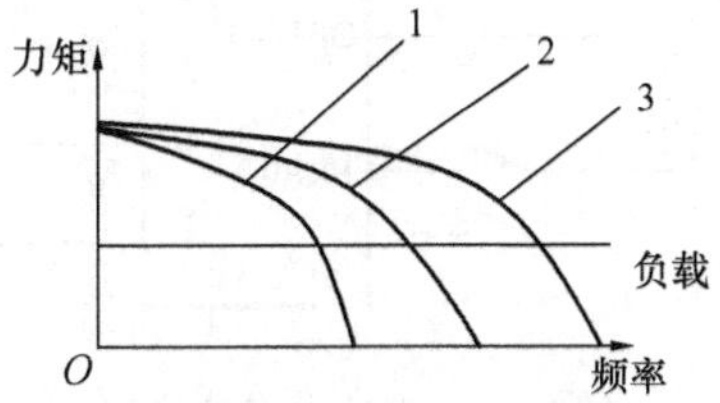


**图 3-12　电机频率特性**

其中，曲线 3 电流最大或电压最高，曲线 1 电流最小或电压最低，曲线与负载的交点为负载的最大速度点。要使平均电流大，应尽可能地提高驱动电压，并采用小电感、大电流的电机。

⑦电机的共振点：步进电机均有固定的共振区域，二、四相感应子式步进电机的共振区一般在 180～250 PPS(PPS 为每秒脉冲数)之间(步距角为 1.8°)或在 400 PPS 左右(步距角为 0.9°)。电机驱动电压越高，电机电流越大，负载越轻，电机体积越小，则共振区向上偏移，反之亦然。为使电机输出电矩大，不失步和降低整个系统的噪声，一般工作点均应偏移共振区较多。

⑧电机正反转控制：当电机绕组通电时序为 AB—BC—CD—DA 或 $AB—\overline{A}B—\overline{A}\overline{B}—A\overline{B}$ 时为正转，通电时序为 DA—CD—BC—AB 或 $A\overline{B}—\overline{A}\overline{B}—\overline{A}B—AB$ 时为反转。

3. 驱动控制系统的组成

使用、控制步进电机必须在由环形脉冲、功率放大等组成的驱动控制系统下进行，其方框图如图 3-13 所示。

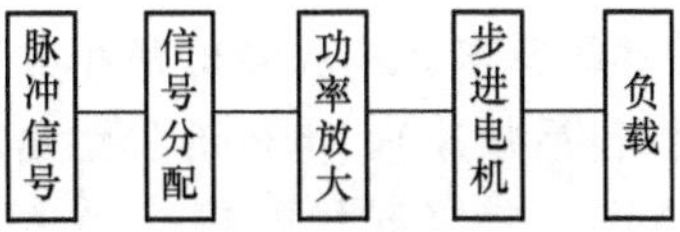


**图 3-13　驱动控制系统方框图**

①脉冲信号。脉冲信号一般由单片机或 CPU 产生，一般脉冲信号的占空比为 0.3～0.4，电机转速越高，占空比越大。

②信号分配。感应子式步进电机以二、四相电机为主，二相电机工作方式有二相四拍和二相八拍两种，具体分配如下：二相四拍为 $AB—\overline{A}B—\overline{A}\overline{B}—A\overline{B}$，步距角为 1.8°；二相八拍为 $AB—B—\overline{A}B—\overline{A}—\overline{A}\overline{B}—\overline{B}—A\overline{B}—A—AB$，步距角为 0.9°。四相电机工作方式也有两种：四相四拍为 AB—BC—CD—DA—AB，步距角为 1.8°；四相八拍为 AB—B—BC—C—CD—D—AB，步距角为 0.9°。

③功率放大。功率放大是驱动系统最为重要的部分。步进电机在一定转速下的转矩取决于步进电机的动态平均电流而非静态电流(而样本上的电流均为静态电流)。平均电流越大，电机力矩越大，要使平均电流大，就需要驱动系统尽量克服电机的反电势。因而不同的场合应采取不同的驱动方式。到目前为止，驱动方式一般有以下几种：恒压、恒压串电阻、高低压驱动、恒流、细分数等。

为了尽量提高电机的动态性能，用信号分配、功率放大组成步进电机的驱动电源。二相恒流斩波驱动电源与单片机及电机接线图如图 3-14 所示。

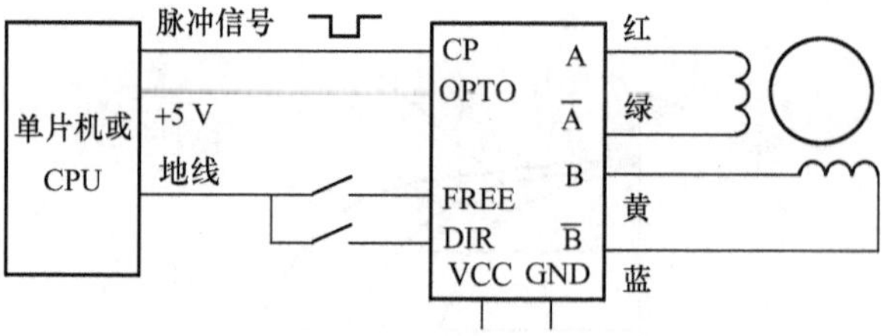


**图 3-14　驱动电源接线图**

图中：CP 为接 CPU 脉冲信号(负信号，低电平有效)；OPTO 为接 CPU＋5 V；FREE 为脱机，与 CPU 地线相接，驱动电源不工作；DIR 为方向控制，与 CPU 地线相接，电机反转；VCC 为直流电源正端；GND 为直流电源负端；A 为接电机引出线红线；$\overline{A}$ 为接电机引出线绿线；B 为接电机引出线黄线；$\overline{B}$ 为接电机引出线蓝线。

步进电机一经定型，其性能取决于电机的驱动电源。步进电机转速越高，力矩越大，则要求电机的电流越大，驱动电源的电压越高。

④细分驱动器。在步进电机步距角不能满足使用的条件下，可采用细分驱动器来驱动步进电机。细分驱动器的原理是通过改变相邻电流的大小来改变合成磁场的夹角，以控制步进电机的运转。

4. 步进电机的选择

选择步进电机的时候，首先需要明确步进电机有步距角(涉及相数)、静力矩、电流三大要素，这样步进电机的型号便可以确定。

(1)步距角的选择

电机的步距角取决于负载精度的要求。将负载的最小分辨率(当量)换算到电机轴上，计算出每个当量电机应走多少角度(包括减速)。电机的步距角应等于或小于此角度。目前市场上步进电机的步距角一般有 0.36°/0.72°(五相电机)、0.9°/1.8°(二、四相电机)、1.5°/3°(三相电机)等。

(2)静力矩的选择

步进电机的动态力矩一下子很难确定，往往先确定电机的静力矩。静力矩选择的依据是电机工作的负载，而负载可分为惯性负载和摩擦负载两种。单一的惯性负载和单一的摩擦负载是不存在的。直接启动(一般由低速)时，两种负载均要考虑；加速启动时，主要考虑惯性负载；恒速运行，只需考虑摩擦负载。一般情况下，静力矩应为摩擦负载的 2～3 倍，静力矩一旦选定，电机的机座及长度便能确定下来。

(3)电流的选择

静力矩相同的电机，由于电流参数不同，其运行特性差别很大，可依据图 3-11 所示的矩频特性曲线判断电机的电流(参考驱动电源及驱动电压)。综上所述，选择电机一般应遵循如图 3-15 所示的几个步骤。

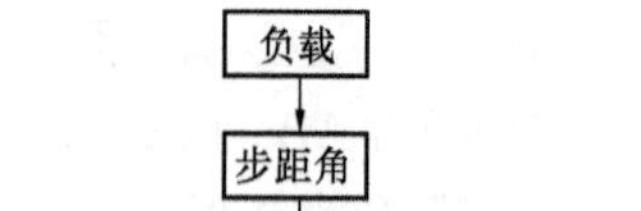


**图 3-15　电机选择流程图**

(4)力矩与功率换算

步进电机一般在较大范围内调速使用，其功率是变化的，一般只用力矩来衡量，力矩与功率换算如下：

$$P=\Omega M，\Omega=2\pi n/60，P=2\pi nM/60 \tag{3-13}$$

式中：$P$ 为功率，单位为瓦特；$\Omega$ 为角速度，单位为弧度/秒；$n$ 为转速，以分钟计；$M$ 为力矩，单位为牛顿·米。式(3-13)也可写作 $P=2\pi fM/400$(半步工作)，其中 $f$ 为每秒脉冲数。

5. 步进电机在应用中的注意事项

①步进电机应用于低速场合时，转速不超过 1 000 转/分钟，最好在 1 000～3 000 PPS(步距角为 0.9°)之间使用，可通过减速装置使其在此间工作，此时电机工作效率高、噪声低。

②步进电机最好不使用整步状态，整步状态时振动大。

③由于历史原因，除标称为 12 V 电压的电机使用 12 V 电压外，其他电机的电压不等于驱动电压，当然，12 V 电压的电机除使用 12 V 恒压驱动外，也可以采用其他驱动电源，不过要考虑温升。

④转动惯量大的负载应选择大机座号电机。

⑤电机在较高速或大惯量负载时，一般不在工作速度启动，而是采用逐渐升频提速。这样做一是可以使电机不失步，二是可以减少噪声，三是可以提高停止的定位精度。

⑥当电机需要在高精度的条件下工作时，应通过机械减速、提高电机速度或采用高细分数的驱动器来解决，也可以采用五相电机，不过其整个系统的价格较贵，生产厂家较少。

⑦电机不应在振动区内工作，若必须如此，可通过改变电压、电流或加一些阻尼来解决。

⑧电机在 600 PPS(步距角为 0.9°)以下工作，应采用小电流、大电感、低电压来驱动。

⑨应遵循先选电机后选驱动的原则。

### 3.7.3 变频器

各国使用的交流供电电源，无论是用于家庭还是用于工厂，其电压和频率均为 200 V/60 Hz(50 Hz)或 100 V/60 Hz(50 Hz)。通常，把能将电压和频率固定不变的交流电变换为电压或频率可变的交流电的装置称作变频器。变频器被广泛应用于各个领域，可用于家电产品，如空调、荧光灯等。用于电机控制的变频器，既可以改变电压，又可以改变频率。但用于荧光灯的变频器主要用于调节电源供电的频率。

1. 感应式交流电机的调速原理

感应式交流电机(以下简称电机)的旋转速度近似地取决于电机的极数和频率。这种电机的工作原理决定了电机的极数是固定不变的。由于该极数不是一列连续的数值(为 2 的倍数，例如极数为 2，4，6)，所以不适合改变该值来调整电机的速度。另外，频率是电机供电电源的电信号，能够在电机的外面调节后再供给电机，这样电机的旋转速度就可以被自由地控制。因此，以控制频率为目的的变频器，是作电机调速设备的优选设备。为了防止电机烧毁事故的发生，变频器在改变频率的同时必须要改变电压。例如，为了使电机的旋转速度减半，变频器的输出频率必须从 60 Hz 改变到 30 Hz，这时变频器的输出电压就必须从 200 V

改变到约 100 V。使用变频器必须考虑散热的问题，变频器的故障率随温度升高而成指数上升；使用寿命随温度升高而成指数下降。环境温度升高 10 ℃，变频器使用寿命减半。在变频器工作时，流过变频器的电流是很大的，变频器产生的热量也是非常大的，不能忽视其发热所产生的影响。

2. 变频器的制动

制动是指电能从电机侧流到变频器侧(或供电电源侧)时，电机的转速高于同步转速。负载的能量分为动能和势能，其中，动能(由速度和质量确定其大小)随着物体的运动而累积。当动能减为零时，该物体就处在停止状态。对于变频器，如果输出频率降低，电机转速将跟随频率同样降低。这时会产生制动过程，由制动产生的动能将返回变频器侧。这些动能可以通过电阻发热消耗。提升类负载在下降时，能量(势能)也要返回变频器(或电源)侧进行制动。这种操作方法被称作“再生制动”，而该方法可应用于变频器制动。在减速期间，产生的能量如果不通过热消耗的方法消耗掉，而是返回变频器电源侧，这种方法叫作“功率返回再生方法”。在实际中，这种应用需要“能量回馈单元”部件。

3. 制动能力的改善

为了通过散热来消耗再生能量，需要在变频器侧安装制动电阻。为了改善制动能力，不能期望靠增加变频器的容量来解决问题。此时需要选用制动电阻、制动单元或功率再生变换器等部件来改善变频器的制动容量。

如果用大的电压和频率启动电机，如使用工频电网直接供电，就会产生一个大的启动冲击(启动电流)。而当使用变频器时，变频器的输出电压和频率是逐渐加到电机上的，所以电机产生的转矩要小于工频电网供电的转矩值，故变频器驱动的电机启动电流要小些。通常，电机产生的转矩要随频率的减小(速度降低)而减小。减小的实际数据在一些变频器手册中会给出说明。使用磁通矢量控制的变频器将改善电机低速时转矩的不足，甚至在低速区电机也可输出足够的转矩。当变频器调速到频率大于 60 Hz 时，电机的输出转矩将降低。通常的电机是按 60 Hz(50 Hz)电源设计制造的，其额定转矩也是在这个频率范围内给出的。因此在额定频率之下的调速称为恒转矩调速。变频器输出频率大于 50 Hz 时，电机产生的转矩要以和频率成反比的线性关系下降。当电机以频率大于 60 Hz 的速度运行时，电机负载的大小必须要给予考虑，以防止电机输出转矩不足。例如，电机在 100 Hz 时产生的转矩大约要降低到 50 Hz 时产生转矩的 1/2。

4. 变频器在系统中的作用

变频器在实际使用时是以一个子系统的角色融入大系统中进行协调运行的。在图 3-16 所示的负反馈控制系统中，变频器和电机、风机或水泵一起作为控制系统的执行器，并和传感器、控制器及被控对象共同构成一个完整的控制系统。控制系统的性能取决于系统的结构，即控制系统的四个环节之间的相互联系、相互影响和相互制约。各个环节局部都最优，组成的系统整体不一定最优；反之，系统整体最优不一定要求每个环节局部最优。大部分变频器应用都可归结为这种运行模式。也就是说如果控制系统的四个环节不匹配，即便变频器的性能再好，也显示不出来。从图 3-16 可以看出，变频器构成的控制系统，跟踪的是与系统变化过程特点密切相关的特征参数 $O_g$，以克服干扰 $f$ 造成的影响，而不是相关性很弱的其他参数。在工程上曾见过这样的案例：在一个空调箱中，变频器不是跟踪反映负荷变化的特性参数，而是跟踪和负荷变化不相关的过滤器两侧的阻力降，变频器形同虚设，起不到跟踪负荷变化的作用，达不到节能目的。变频器和电动机、水泵组成的执行器环节的实质是变能量流。跟踪什么参数变是在设计变频变流量节能系统时应该特别要注意的。

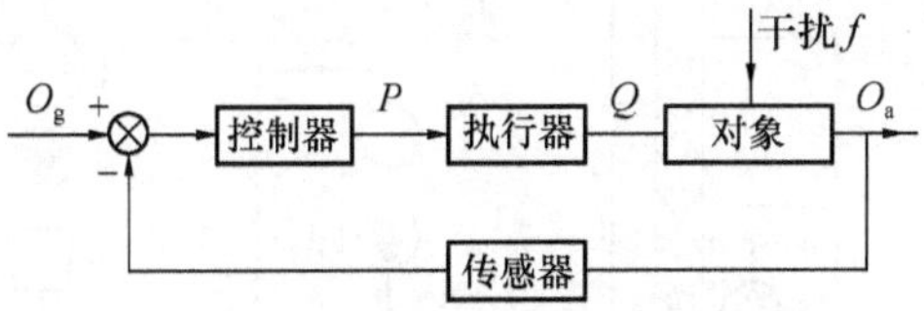


**图 3-16　变频器在控制系统中的作用**

5. 变频器在火力发电厂应用节能案例剖析

图 3-17 是变频器在火力发电厂的应用方案。这些方案只是突出了高压变频器(HVIN)、变压器(PT)和高压电机(M)组成的控制回路中的多半个环节，而没有说明高压变频器在控制系统中的位置和作用，因此有可能把高压变频器的功能发挥不到极致，得不到最好的节能效果，或者使变频器降格为仅仅起到一个挡风板的作用，而没有发挥变频器应有的作用。实际上，发电厂的风机、水泵所处的位置不同，通过变频节能改造取得的节能效果也是不同的。

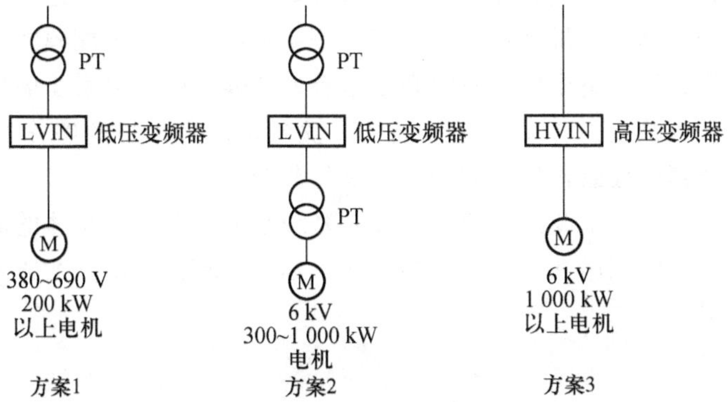


**图 3-17　变频器在火力发电厂的使用方案**

图 3-18 是火力发电厂生产流程示意图。火力发电厂中的风机、水泵配置的电动机基本上都是超过 250 kW 的高压电动机，因此变频变流量节能应用都需要高压变频器。但生产流程中处在不同位置的风机或水泵，和高压变频器组成的控制系统跟踪的目标是不同的，节能的效果也是不同的。

由图 3-18 可见，冷却水受发电负荷、气候的影响，冷却水温会发生变化，从而影响冷凝器 4 的冷凝压力并波及汽轮机 3 的出力和效率，即影响发电机 18 的出力和效率，因此循环水泵 8 和高压变频器组成的控制系统应当跟踪的是凝汽器 4 的冷凝压力，以克服发电负荷、气候变化对发电效率的影响，保持发电机组在工况变化的情况下高效运行。同时由于控制系统能够根据发电出力和气候变化自动调节冷却水量，循环水泵 8 也以最小的能耗，实现了发电系统的高效运行，自身还得到了最大的节能效果。引风机 17 和变频器构成的控制系统跟踪的应是锅炉炉膛 21 的负压恒定，以保证在发电负荷变化、大气压力随气候变化时锅炉也能高效燃烧，从而保持发电系统在工况变化的情况下高效运行。送风机 15 和变频器、蒸汽用量传感器、煤量传感器构成的复合控制系统跟踪的应是锅炉燃烧的风煤比，以保证在

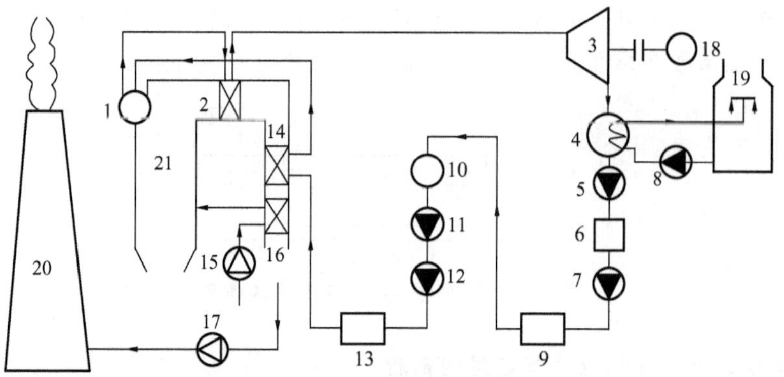


1—气泡；2—过热器；3—汽轮机；4—凝汽器；5—凝结水泵；6—除盐设备；7—凝结水升压泵；8—循环水泵；9—低温加热器；10—除氧器；11—前置泵；12—给水泵；13—高压加热器；14—省煤器；15—送风机；16—空气预热器；17—引风机；18—发电机；19—冷却水塔；20—烟囱；21—锅炉炉膛

**图 3-18 火力发电厂生产流程示意图**

发电负荷变化、大气压力随气候变化时锅炉高效燃烧，从而保持发电系统的高效运行。

引风机 17 和送风机 15 的变频变流量控制系统基本上是定压变流量系统，这是风机、水泵节能工程中最常用的模式。虽然从理论上可以证明定压变流量节能模式是不节能的，但如果定压变流量节能模式服从整个发电系统高效运行的整体目标，以最小的代价实现整个发电系统的高效运行，发电系统总体上仍是节能的。发电系统为系统的整体节能目标作出了贡献，也就发挥了变频器的极致作用，取得了优良的节能效果。

从上面的分析可看出，由变频器组成的控制系统是以一个有机整体的面貌出现的。只有这个整体运行协调，并时刻服从更大系统的总体目标，变频器的功能才能发挥到极致，才能取得明显的节能效果。

### 3.7.4 执行器

执行器由执行机构和调节机构两部分组成，如图 3-19 所示。在过程控制系统中，执行器也被称为调节阀。执行机构接收控制器输出的控制信号，并将其转换为直线位移或角位移，操纵调节机构的开度，自动改变操作变量，从而实现对过程变量的自动控制。执行器安装在生产现场，直接与介质接触，通常在高温、高压、高黏度、强腐蚀、易结晶、易燃易爆、剧毒等场合下工作，如果选用不当，将直接影响过程控制系统的控制质量。执行器根据执行机构所使用能源的不同，分为气动、电动、液动三大类，它们的调节机构都相同。

气动执行器的特点是以压缩空气(或氮气)为动力能源，具有控制性能好、结构简单、动作可靠、维修方便、防火防爆以及价格低廉等优点，并能方便地与气动及电动仪表配套使用。它的输入信号为 0.02～0.1 MPa，气源压力为 0.14 MPa，因此，气动执行器在工业生产过程控制系统中得到了广泛应用。

电动执行器的特点是输入信号为 0～10 mA(DDZ-Ⅱ型)或 4～20 mA(DDZ-Ⅲ型)，具有获取能源方便、执行速度快、便于集中控制等优点。但其结构复杂，防火防爆性能差。

液动执行器的特点是利用液压原理推动执行机构动作，推力大，适用于负荷较大的场合。但其辅助设备笨重，体积庞大，在过程控制领域较少使用。

下面主要介绍气动和电动执行器，并重点介绍工业生产中最常用的气动执行器的结构原理、特性和选用等。本小节介绍的气动执行器的特性及选用方法均适用于其他类型的执行器。气动执行器由气动执行机构和调节机构两部分组成，其外形如图 3-20 所示。

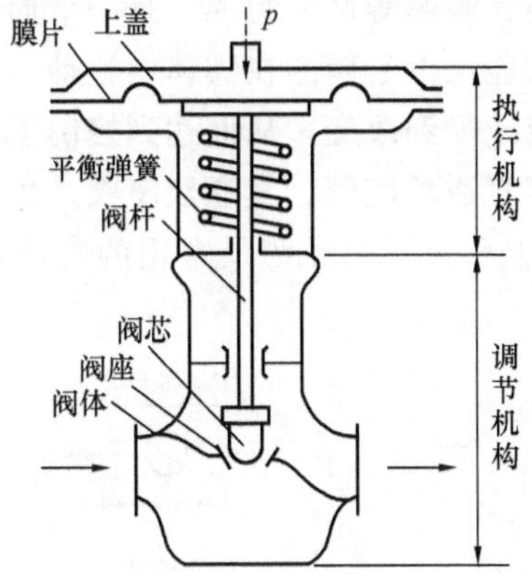


图 3-19　执行器

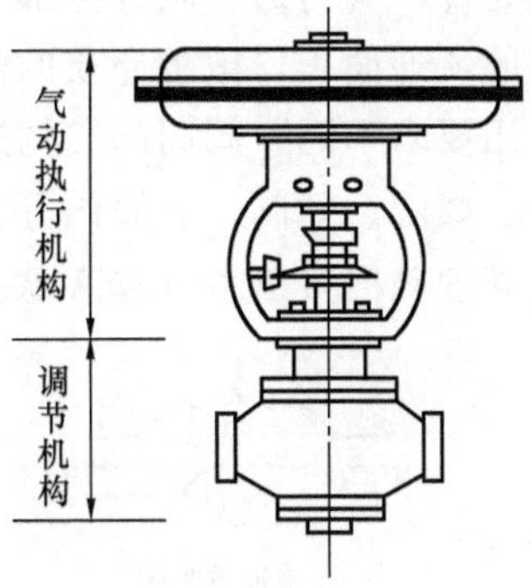


图 3-20　气动执行器外形

1. 气动执行机构的结构和原理

气动执行机构有薄膜式和活塞式两种。活塞式执行机构的推力较大，主要适用于大口径、高压降的推动装置。薄膜式执行机构主要由弹性薄膜、平衡弹簧和阀杆(或推杆)组成，参见图 3-21。薄膜式执行机构有正作用和反作用两种形式。当来自控制器或阀门定位器的信号压力增大时，阀杆向下移动的叫正作用执行机构，而阀杆向上移动的叫反作用执行机构。压力信号从波纹膜片上方通入薄膜气室时，是正作用执行机构；压力信号从波纹膜片下方通入薄膜气室时，是反作用执行机构。通过更换个别零件，两者能互相改装。工业上薄膜式执行机构应用最多，它可以用作一般执行器的推动装置，组成气动薄膜执行器。

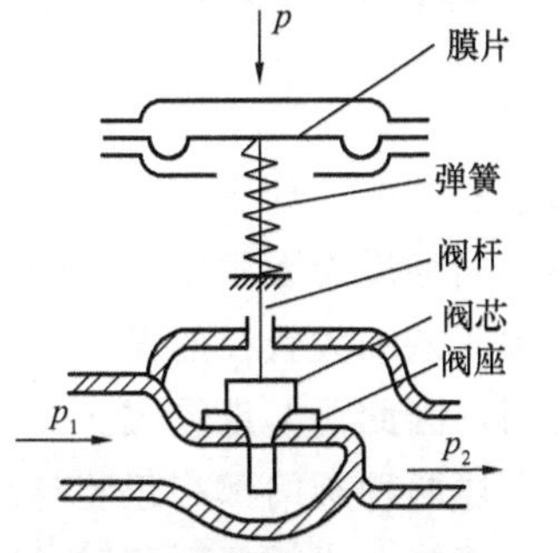


图 3-21　薄膜式执行机构结构

薄膜式执行机构的静态特性表示平衡状态时信号压力与阀杆位移的关系。根据平衡状态下力的平衡关系可得

$$p \cdot A = k \cdot L \tag{3-14}$$

式中：$p$ 为控制器的输出压力信号；$A$ 为膜片的有效面积；$k$ 为弹簧的弹性系数；$L$ 为执行机构的阀杆位移。可见，执行机构的阀杆位移 $L$ 和输入气压信号 $p$ 成比例。执行机构是执

行器的推动装置，即执行机构接收标准气压信号后，经膜片转换成推力，使阀杆产生位移，同时带动阀芯动作，使阀芯产生相应位移，改变阀的开度。执行机构的动态特性一般可看作一个一阶惯性环节，其时间常数取决于膜片的大小及管线长度和直径。

2. 调节机构

调节机构实际上就是阀门，主要由阀体、阀座、阀芯等部件组成，是一个局部阻力可以改变的节流元件。阀门通过阀杆上部与执行机构相连。由于阀芯在阀体内移动，改变了阀芯与阀座之间的流通面积，被控介质的流量也就相应地得到改变，从而达到控制工艺参数的目的。由于使用要求不同，阀门的结构形式很多，有直通单座阀、直通双座阀、角形阀、三通阀、隔膜阀、蝶阀、球阀、套筒阀等，如图 3-22 所示。下面介绍最常用的直通单座阀和直通双座阀，其他阀门可参考有关文献。

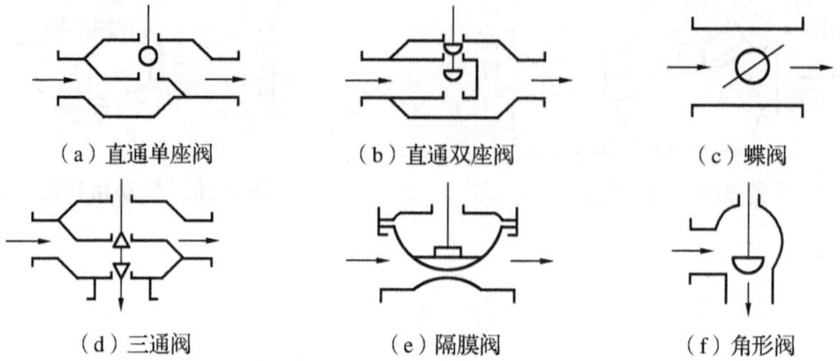

(a) 直通单座阀　(b) 直通双座阀　(c) 蝶阀

(d) 三通阀　(e) 隔膜阀　(f) 角形阀

**图 3-22　阀门结构**

(1)直通单座阀

直通单座阀阀体内只有一个阀芯，如图 3-22(a)所示，其特点是结构简单、泄漏量小，但是流体对阀芯上下作用的不平衡推力较大。当阀前后压差大或阀芯尺寸大时，这种不平衡力可能相当大，会影响阀芯的准确定位。因此，这种阀门一般应用在小口径、低压差的场合。

(2)直通双座阀

直通双座阀阀体内有两个阀芯和阀座，如图 3-22(b)所示。由于流体同时从上下两个阀座通过，对上下两个阀芯的推力方向相反而大致抵消，因而直通双座阀的不平衡力小，对执行机构的驱动力要求低，适用于大压差和大管径的场合。但是，由于加工精度的限制，上下两个阀芯、阀座不易保证同时密闭，因此泄漏量较大。

根据阀芯的安装方向不同，上述两种阀门都有正装与反装两种形式。当阀杆下移时，阀芯与阀座间的流通面积减小的称为正装；当阀杆下移时，阀芯与阀座间的流通面积增大的称为反装。

3. 执行器的流量特性

执行器的流量特性是指介质流过执行器阀门的相对流量与阀门的相对开度(即阀门的相对位移)之间的关系。其数学表达式为

$$Q/Q_{max}=f(l/L) \tag{3-15}$$

式中：$Q/Q_{max}$ 为相对流量，即执行器某一开度流量 $Q$ 与全开度流量 $Q_{max}$ 之比；$l/L$ 为相对

开度，即执行器某一开度行程 $l$ 与全行程 $L$ 之比。

从过程控制的角度看，流量特性是执行器最重要的特性，流量特性对整个过程控制系统的品质有很大影响。一般来说，改变执行器阀芯与阀座间的流通截面积，便可实现对流量的控制。常用的阀芯形状如图 3-23 所示。

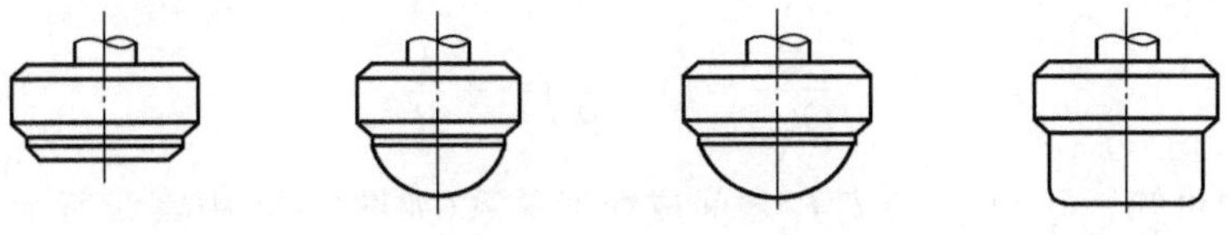


**图 3-23　阀芯形状**

流过执行器的流量不仅与阀门的开度(流通截面积)有关，而且与阀门前后压力的大小有关。一个执行器接在管路中工作时，阀门开度发生变化，则流量和阀门前后的压差也发生变化。所以，为了便于分析比较，先假定阀门压差固定，然后再讨论阀门在管路中实际工作的情况。

(1)理想流量特性

当执行器前后压差固定不变时得到的流量特性称为理想流量特性。理想流量特性取决于阀芯的形状，不同的阀芯曲面得到的理想特性是不同的。理想流量特性主要有快开、直线、抛物线和等百分比(对数)四种，其相应的流量特性曲线如图 3-24 所示。

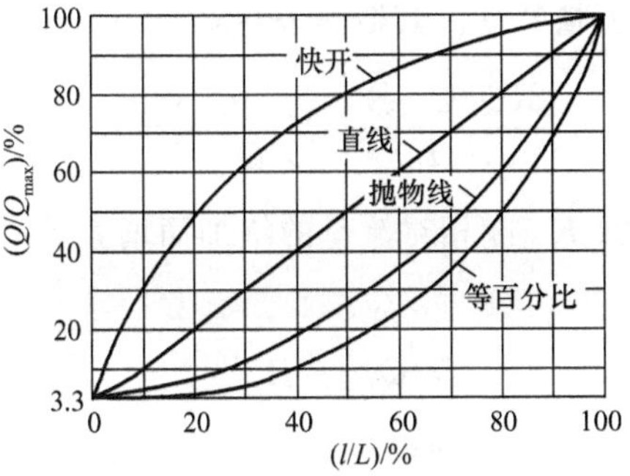


**图 3-24　理想流量特性曲线**

①直线流量特性。执行器的相对流量与阀芯的相对位移(开度)成直线关系(即单位位移变化所引起的流量变化是常数)，这一特性称为直线流量特性。其数学表达式为

$$\frac{\mathrm{d}\left(\frac{Q}{Q_{max}}\right)}{\mathrm{d}\left(\frac{l}{L}\right)}=K \tag{3-16}$$

式中：$K$ 为执行器的放大系数。对式(3-16)积分，可得

$$\frac{Q}{Q_{max}}=K\frac{l}{L}+c \quad (c\text{ 为积分常数}) \tag{3-17}$$

已知边界条件：当 $l=0$ 时，$Q=Q_{min}$；当 $l=L$ 时，$Q=Q_{max}$。把边界条件代入式(3-17)，

可得

$$c=\frac{Q_{\min}}{Q_{\max}}=\frac{1}{R},\ K=1-c=1-\frac{1}{R}$$

把上述各个常数项代入式(3-17)，得到

$$\frac{Q}{Q_{\max}}=\left(1-\frac{1}{R}\right)\frac{l}{L}+\frac{1}{R} \tag{3-18}$$

由式(3-18)可知，$Q/Q_{\max}$ 与 $l/L$ 之间成线性关系(如图 3-24 中直线所示)。可见，具有直线流量特性的执行器的放大系数是一个常数，只要阀芯位移变化量相同，则流量变化量就总是相同的。当相对开度 $l/L$ 变化 10%时，所引起的相对流量 $Q/Q_{\max}$ 的增量总是 9.67%，但相对流量的变化量却不相同。现以相对开度是 10%，50%，80%三点为例，分别计算其相对流量的变化量。

在 10%开度时，相对变化量为(22.7－13)÷13×100%≈75%；

在 50%开度时，相对变化量为(61.3－51.7)÷51.7×100%≈19%；

在 80%开度时，相对变化量为(90.3－80.6)÷80.6×100%≈12%。

可见，具有直线流量特性的执行器在小开度工作时，其相对流量的变化大，控制作用太强，易引起超调，产生振荡；而在大开度工作时，其相对流量的变化小，控制作用太弱，会造成控制作用不够及时。

②等百分比流量特性。将阀杆的相对位移变化所引起的相对流量变化与该点的相对流量成正比的特性称为等百分比流量特性。其数学表达式为

$$\frac{d(Q/Q_{\max})}{d(l/L)}=K\left(\frac{Q}{Q_{\max}}\right)=K_v \tag{3-19}$$

可见，执行器的放大系数 $K_v$ 随相对流量的增加而增大。对式(3-19)积分，并将上述边界条件代入，整理可得

$$Q/Q_{\max}=R^{l/(L-1)} \tag{3-20}$$

为了和直线流量特性进行比较，同样以开度 10%，50%，80%三点为例，分别计算其相对流量的变化量。

在 10%开度时，相对变化量为(6.58－4.67)÷4.67×100%≈41%；

在 50%开度时，相对变化量为(25.6－18.3)÷18.3×100%≈40%；

在 80%开度时，相对变化量为(71.2－50.8)÷50.8×100%≈40%。

可见，等百分比流量特性的曲率是随着流量的增大而增大的，但是相对位移变化引起的相对流量的变化值是几乎相等的。对具有等百分比流量特性的执行器而言，小开度时，放大系数 $K_v$ 较小，控制平稳缓和；大开度时，放大系数 $K_v$ 较大，控制及时有效。因此，从过程控制看，利用等百分比流量特性是有利的。

③抛物线流量特性。将相对流量与阀杆的相对开度成抛物线关系，即二次方关系的特性称为抛物线流量特性。其数学表达式为

$$\frac{d(Q/Q_{\max})}{d(l/L)}=K\sqrt{\frac{Q}{Q_{\max}}} \tag{3-21}$$

将式(3-21)积分后代入边界条件，可知相对流量与相对开度成二次方关系，如图 3-24 中抛物线所示，相对流量与相对开度介于直线流量特性和等百分比流量特性之间，通常可用等百分比流量特性来代替。

④快开流量特性。这种特性在小开度时流量就比较大，随着开度的增大，流量很快达到最大，故称为快开特性(如图 3-24 中快开曲线所示)。

快开特性的阀芯形状为平板型。当阀座直径为 $d$ 时，其有效行程应在 $d/4$ 以内，当行程增大时，执行器的流通截面就不再增大，不能起控制作用。

(2)工作流量特性

在实际应用中，执行器与其他设备串联或并联安装在管道中，其前后的压差是变化的，此时的流量特性称为工作流量特性。理想流量特性会因执行器前后压差遭受阻力损失而畸变成工作流量特性。

①串联管道时的工作流量特性。当执行器与其他设备串联工作时(如图 3-25 所示)，执行器上的压差是其总压差的一部分。当总压差 $\Delta p$ 一定时，随着阀门开度增大，引起流量 $Q$ 的增加，设备及管道上的压力降 $\Delta p_1$ 将随流量的二次方增长，如图 3-26 所示。这就是说，随着阀门开度的增大，执行器前后的压差 $\Delta p_v$ 将逐渐减小。所以，在同样的阀芯位移下，此时的流量比执行器前后保持压差不变的理想情况要小，但是在流量较大时，由于执行器前后压差较小，执行器的实际控制效果可能变得非常迟钝。对于理想流量特性是一条直线的线性阀来说，由于串联阻力的影响，其实际的工作流量特性将变成图 3-27 所示的向上缓慢变化的曲线。图中：$Q_{max}$ 是管道阻力为零时执行器全开的流量；$S$ 是执行器全开时阀门前后的压差 $\Delta p_{min}$ 与总压差 $\Delta p$ 的比值。由图 3-27(a)可知，当 $S=1$ 时，管道压降为零，执行器前后的压差等于系统的总压差，故工作流量特性为理想流量特性。当 $S<1$ 时，由于串联设备管道阻力的影响，流量特性产生两个变化：一个是执行器全开时流量减小，即执行器可调范围变小；另一个是流量特性成为凸形的曲线。随着 $S$ 的减小，流量特性发生了很大畸变，直线特性趋于快开特性，等百分比特性趋于直线特性[图 3-27(b)]。在实际使用中，一般希望 $S$ 不低于 0.3。

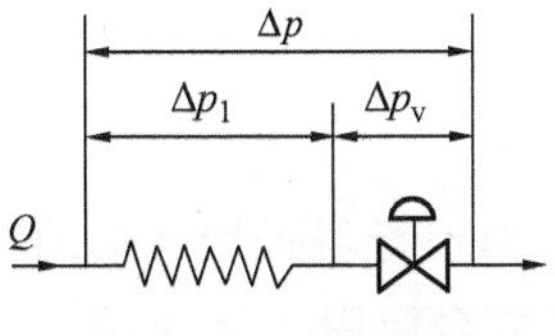


图 3-25　串联管道

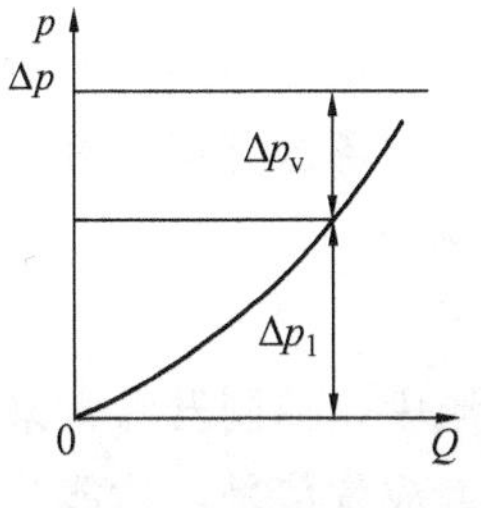


图 3-26　压力分布

②并联管道时的工作流量特性。在实际使用中，为了扩大量程或便于手动操作以及维护执行器，一般都装有旁路阀，如图 3-28 所示。当生产量提高或流量不能满足工艺生产要求时，可以将旁路阀开大一些。此时执行器的流量特性如图 3-29 所示。图中，$S'$为并联管道时执行器全开流量与总管最大流量之比。

当 $S'=1$ 时，即关闭旁路，执行器的工作流量特性为理想流量特性。随着旁路阀逐渐打开，即 $S'$值逐渐减小时，系统可调范围大大下降，这将使执行器所能控制的流量变化很小。

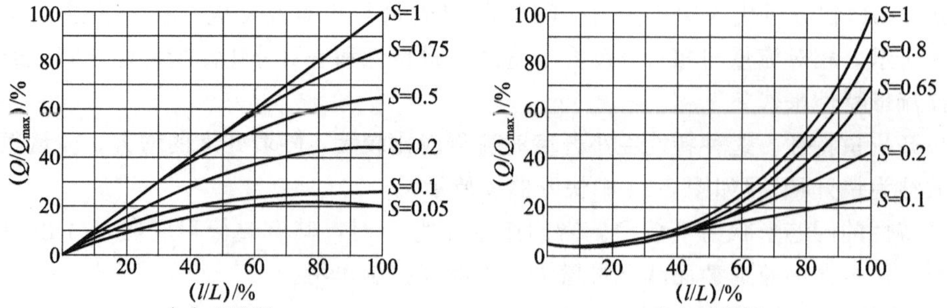

(a) 直线阀　　(b) 对数阀

**图 3-27　串联管道执行器工作特性**

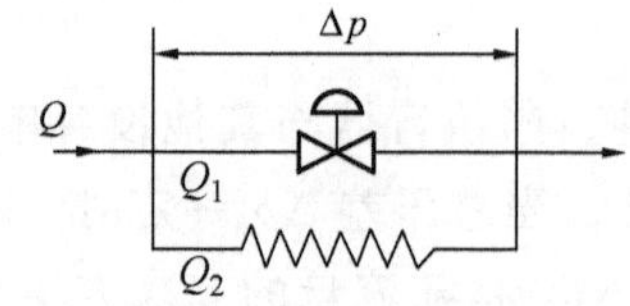

**图 3-28　并联管道**

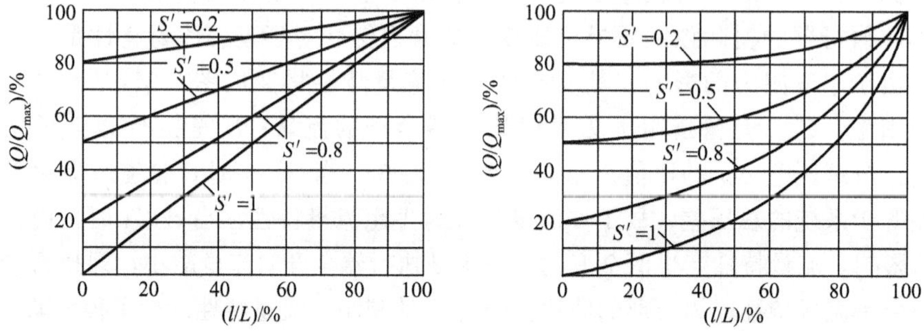

(a) 直线阀　　(b) 对数阀

**图 3-29　并联管道执行器工作流量特性**

所以，打开旁路阀时，执行器的控制效果不佳。根据实际的使用经验，旁路流量只能为总管流量的百分之十几，$S'$不能低于 0.8。

4. 气动执行器附件

(1)电/气转换器

在过程控制系统中，控制器常常采用电动的，而执行器采用气动的，此时必须用电/气转换器将电信号转换成气信号，才能与气动执行器配合使用。

电/气转换器是将 0～10 mA 或 4～20 mA 的电流信号转换为气动单元组合仪表的统一标准信号 0.02～0.1 MPa。各元件通过电/气转换器可以组成电/气混合系统，以便发挥各自的优点，扩大使用范围。电/气转换器的原理如图 3-30 所示。

电/气转换器的工作原理是力矩平衡。当 0～10 mA 的电流输入测量动圈时，动圈产生一个向上的电磁力，使杠杆绕支点做逆时针转动，挡板便靠近喷嘴，放大器输出 0.02～0.1 MPa 的气压信号，此气压一方面作为转换器输出，另一方面反馈到正、负两个波纹管中，产生 0.02～0.1 MPa 的气压信号。由于波纹管产生的负反馈力矩比动圈的作用力矩大得多，为此，

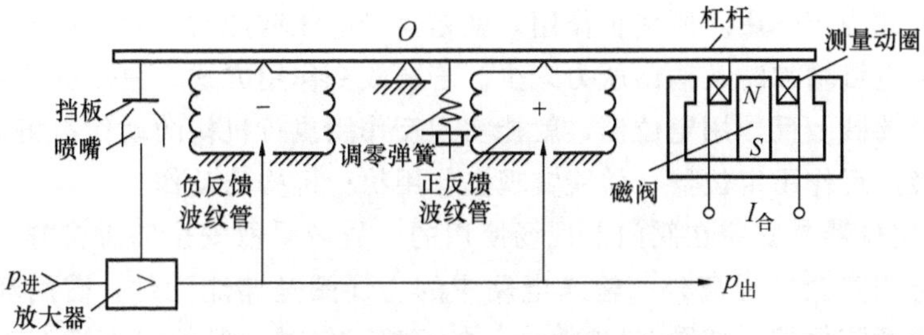


**图 3-30　电/气转换器原理**

设置了一个正反馈波纹管以便抵消一部分负反馈力矩。调零弹簧用以调整 $p_出$ 的起始值。

转换器相当于一个 1∶1 的放大器，只不过输入的是电信号。所以对于快速响应系统(如液体压力控制系统)一般选用转换器，对于慢速响应系统一般选用电/气阀门定位器。

(2)电/气阀门定位器

电/气阀门定位器是按力的平衡原理设计的，是在气动阀门定位器的基础上开发而成的电流信号控制阀门定位器。其主要作用如下。

①实现准确定位。使用阀门定位器可以克服阀杆的摩擦和消除执行器不平衡力的影响，保证阀门位置按控制器输出信号正确定位。

②改善执行器的动态特性。利用阀门定位器，可以有效克服气压信号的传递滞后，改变原来执行器的一阶滞后特性，使之成为比例特性。

③改变执行器的流量特性。改变阀门定位器中反馈凸轮的几何形状，可以改变执行器的流量特性，即可使执行器的直线流量特性与等百分比流量特性互换。

④实现分程控制。当用一个控制器的输出信号分段分别控制两只气动执行器工作时，可用两个阀门定位器，使两个阀门定位器分别在信号的某一区段完成全行程动作，从而实现分程控制。

电/气阀门定位器的基本工作原理如图 3-31 所示。从电动控制器输出的电流信号输入力矩马达组件的线圈时，会在力矩马达的气隙中产生一个磁场。该磁场与永久磁铁产生的磁场共同作用，使衔铁产生一个向左的力。主杠杆衔铁绕支点转动，挡板靠近喷嘴，喷嘴背压经放大器放大后，送入薄膜执行机构气室，使阀杆向下移动，并带动反馈杆绕支点转动，连接在同一轴上的反馈凸轮做逆时针方向转动，通过滚轮使副杠杆绕支点转动，并将反馈弹簧拉伸。当弹簧对主杠杆的拉力与力矩马达作用在主杠杆上的力矩相等时，杠杆系统达到平衡状态。此时，一定的信号电流就与一定的阀门位置相对应。图中另一弹簧用于调整零位。

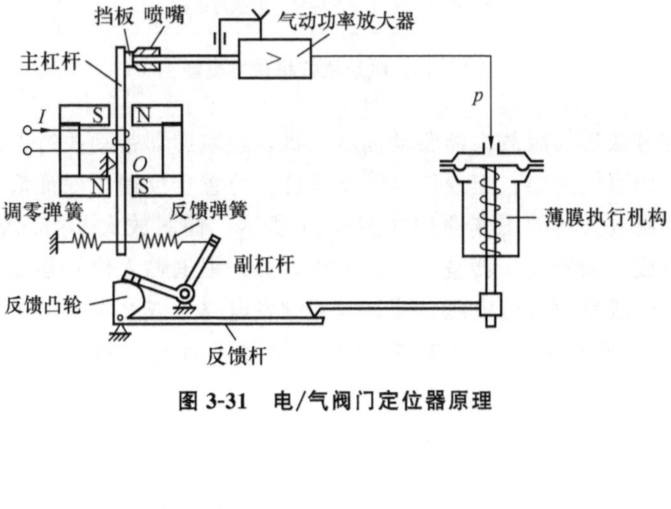


**图 3-31　电/气阀门定位器原理**

以上作用方式为正作用。所谓正作用，就是信号电流增加时，输出压力亦增加；所谓反作用，就是信号电流增加时，输出压力减少。若要改变作用方式，只需将凸轮翻转。一台正作用执行机构只要装上反作用定位器，就能实现反作用执行机构的动作；相反，一台反作用执行机构只要装上反作用定位器，就能实现正作用执行机构的动作。

电/气阀门定位器是安装在阀门上现场使用的，故应采取安全防爆措施。除了将控制器输出的电流信号用安全栅隔离外，输入电路中的力线圈是储能元件，需用环氧树脂浇注固封，再加以双重续流保护，如图 3-32 所示。在正常工作时，保护二极管 $VD_1$ 和 $VD_2$ 导通，$VD_3$ 和 $VD_4$ 是截止的。当信号回路发生断线故障时，储存在力线圈中的电能可以使 $VD_3$ 和 $VD_4$ 正向导通，续流释放，从而使断线处的火花能量限制在安全火花的范围之内。

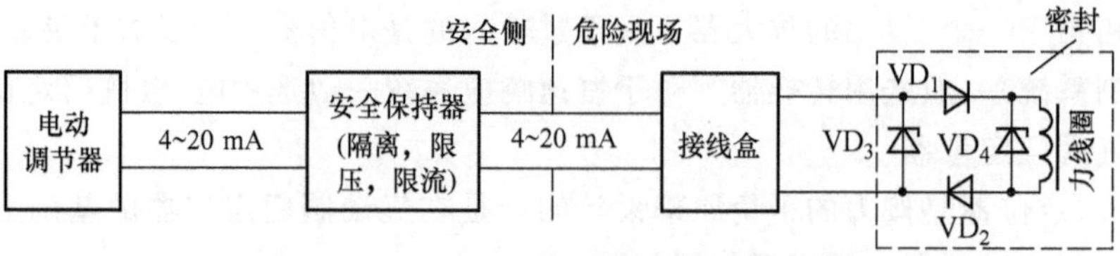


**图 3-32 电/气阀门定位器的安全防爆措施**

另外，这些保护二极管都布置在力线圈附近，与力线圈一起用硅橡胶进行二次灌封，实现密封隔爆。因而，电/气阀门定位器属于安全火花和隔爆复合型防爆结构。

5. 电动执行器

电动执行器接收控制器的输出电流信号，并转换为阀门开度。电动执行器有别于电磁阀，电磁阀是利用电磁铁的吸合和释放对阀门进行通、断两种状态的控制，而电动执行器是采用电动机对阀门开度进行连续的调节。电动执行器也由执行机构和阀门两部分组成，其中阀门部分和气动执行器是相同的，不同的只是执行机构部分。因此，这里只介绍电动执行机构。

电动执行机构根据配用阀门的不同要求，有直行程、角行程和多转式三种输出方式。电动执行机构一般采用随动系统的调节方案，如图 3-33 所示。

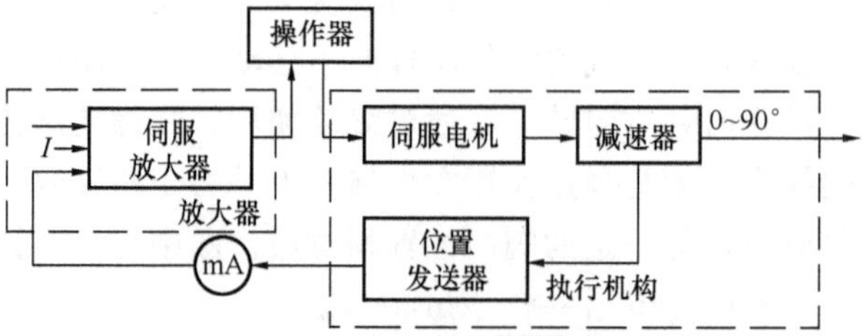


**图 3-33 电动执行机构方框图**

控制器输出信号通过伺服放大器驱动伺服电机，经减速器带动执行器，同时位置发送器将阀杆行程反馈给伺服放大器，组成位置随动系统。位置负反馈能保证输入信号准确地转换为阀杆的行程。伺服放大器的工作原理如图 3-34 所示，伺服放大器由前置放大器和晶闸管驱动电路两部分组成。前置放大器是一个比较放大器，根据输入信号与反馈信号相比较后误差的正负，输出正向或反向直流电压，使晶闸管触发电路 1 或 2 中的一个工作，发出触发脉冲，导通晶闸管，从而控制电机正转或反转。例如，当前置放大器输出电压的极性为

$a$(+)、$b$(−)时，触发电路 1 工作，连续地发出触发脉冲，使晶闸管 $VT_1$ 完全导通。由于 $VT_1$ 接在二极管桥式整流器的直流端，$VT_1$ 的导通使桥式整流器的 $c$，$d$ 两端近于短接，故 220 V 的交流电压直接接到伺服电机的绕组上，另一路经分相电容 $C_F$ 加到绕组Ⅱ上。由于绕组Ⅱ中的电流相位比绕组Ⅰ超前 90°，因而形成旋转磁场，使电机朝某个方向转动。反之，如果前置放大器的输出电压极性为 $a$(−)、$b$(+)，则触发电路 1 截止，$VT_1$ 不通；而触发电路 2 工作，$VT_2$ 完全导通，使电源电压直接加到电机绕组Ⅱ上，另一路经分相电容 $C_F$ 加到绕组Ⅰ上。这样，绕组Ⅰ中的电流相位比绕组Ⅱ超前 90°，电机朝相反的方向转动。当 $VT_1$ 和 $VT_2$ 都不导通时，伺服电机不转动。这里晶闸管起无触点开关的作用。

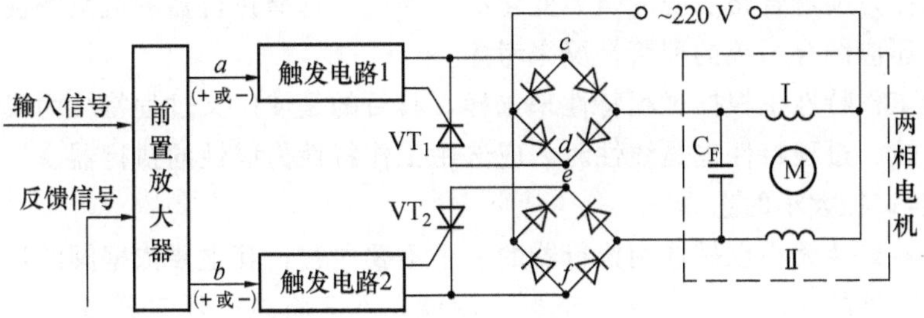


图 3-34　伺服放大器工作原理

6. 执行器的选择

执行器是过程控制系统中的重要组成部分，其特性好坏直接影响到系统的控制质量，因此，执行器的选择问题必须认真对待，不可忽视。

(1)执行器结构类型及材质的选择

气动薄膜式执行器有多种结构类型，要根据操纵介质的工艺条件和控制系统的不同要求来选定，参见表 3-4。

表 3-4　执行器的结构类型及其特点和适应场合

| 结构类型 | 特点和适应场合 |
|---|---|
| 直通单座阀 | 只有一个阀芯，阀前后压差小，适用于要求泄漏量小的场合 |
| 直通双座阀 | 有两个阀芯，阀前后压差大，适用于有较大泄漏量的场合 |
| 角形阀 | 阀体呈直角，适用于高压差、高黏度、含悬浮物和颗粒状物质的场合 |
| 隔膜阀 | 适用于有腐蚀性介质的场合 |
| 蝶阀 | 适用于有悬浮物的介质、大流量、压差小、允许大泄漏量的场合 |
| 三通阀 | 适用于分流或合流控制的场合 |
| 高压阀 | 适用于高压控制的特殊场合 |

(2)执行器气开、气关形式的选择

对于一个具体的控制系统来说，究竟选气开阀还是气关阀，即在执行器的气源信号发生故障或控制系统某环节失灵时，执行器总是处于全开的位置安全，还是处于全关的位置安全，要由具体的生产工艺来确定。

首先，从生产安全出发，应确保工艺生产设备的安全，避免发生事故。如生产蒸汽的锅炉水位控制系统中的给水调节阀，为了保证发生上述情况时不至于把锅炉烧坏，应选气关式；其次，从保证产品质量出发，当发生执行器处于无能源状态而回到初始位置时，不应降低产品的质量；再次，从减低原料、产品、动力损耗方面来考虑，以免造成浪费；最后，从介质的特点考虑，如精馏塔塔釜加热蒸汽调节阀一般选气开式，保证在执行器失去能源时处于全关状态，避免蒸汽的浪费。

(3)执行器流量特性的选择

执行器的流量特性直接影响到系统的控制质量和稳定性，需要正确选择。制造厂提供的执行器流量特性是理想流量特性，而在实际使用中，执行器总是安装在工艺管路系统中，执行器前后的压差是随着管路系统的阻力变化的。因此，选择执行器的流量特性时，不但要依据过程特性，还应结合系统的配管情况来考虑。

执行器的工作特性也根据过程特性来选择，其目的是使广义过程特性为线性。例如，变送器特性为线性、过程特性也是线性时，应选用工作特性为线性的执行器。

(4)执行器口径大小的选择

确定执行器口径大小也是选用执行器的一个重要内容，其主要依据阀的流通能力。正常工况下要求执行器的开度处于15%～85%，因此，不宜将执行器口径选得太小或过大，否则，会使执行器可能运行在全开时的非线性饱和工作区间，造成系统失控，或使阀门经常处于小开度的工作状态，造成流体对阀芯、阀座的严重冲蚀，甚至引起执行器失灵。

### 3.7.5 安全栅

随着生产规模的扩大和自动化程度的提高，生产现场不可避免地产生爆炸性物质的泄漏，从而形成爆炸性危险场所。据统计，煤矿井下约2/3的场所属于爆炸性危险场所，化学工业中80%以上的车间为爆炸性危险场所。处于这些危险场所中的电气设备和各类仪表必须采取有效措施来避免成为危险点燃源。

1. 防爆的基本原理

在石油、化工、煤炭等生产企业中，某些生产场所存在易燃易爆的气体、蒸汽或固体粉尘。这些易燃易爆的物质与空气混合在一起时，就会形成具有火灾或爆炸危险的混合物，使得周围空间成为不同程度爆炸危险的场所。如果安装在这些场所中的检测仪表和执行器产生火花或热效应能量，就可能点燃危险混合物，从而导致火灾或爆炸。因此，在危险场所中使用的控制仪表必须具备防爆性能。

目前，世界各国对爆炸性危险场所的定义各不相同，大致可以划分为两类：国际电工委员会(IEC)的划分方法，被中国和欧洲大多数国家采用；北美划分方法，被美国和加拿大等国家采用。

(1)爆炸性物质的分类

在我国，爆炸性物质主要分为三类：Ⅰ类是矿井甲烷，Ⅱ类是爆炸性气体混合物，Ⅲ类是爆炸性粉尘和纤维。爆炸性气体可以根据其点燃特性进行分类。不同类型的爆炸性气体具有不同的点燃特性，表3-5列举了几种重要的爆炸性气体。

**表 3-5　一些爆炸性气体的分级**

| 气体名称 | 甲烷 | 丙烷 | 乙烯 | 氢气 | 乙炔 |
|---|---|---|---|---|---|
| IEC 标准 | Ⅰ | ⅡA | ⅡB | ⅡC | |
| 北美标准 | D | | C | B | A |
| 点燃特性 | 难→易 | | | | |

温度是引发爆炸性气体爆炸的关键点燃源。由于不同气体的自燃点各异，当温度超过某种气体的自燃温度时，即使没有任何外部点火源，该气体也会自发点燃。表 3-6 详细列出了我国对爆炸性气体自燃温度的分类标准。

**表 3-6　气体自燃温度及其组别**

| 温度组别 | T1 | T2 | T3 | T4 | T5 | T6 |
|---|---|---|---|---|---|---|
| 自燃温度 $t$/℃ | $t>450$ | $300<t\leqslant450$ | $200<t\leqslant300$ | $135<t\leqslant200$ | $100<t\leqslant135$ | $85<t\leqslant100$ |
| 点燃特性 | 难→易 | | | | | |

不同组别的防爆电气设备具有不同的表面允许最高温度，因此不同组别的防爆电气设备不能混合使用。举例来说，适用于 T5 组别的防爆电气设备可以适用于 T1～T4 组别，但却不适用于 T6 组别。这是因为 T6 组别的自燃温度较低，可能被该防爆电气设备的表面温度所引燃。

爆炸性气体的物理性质、出现方式、涉及范围和持续时间不同，其爆炸发生的概率和危害程度也会有所不同。因此，根据爆炸性气体(与空气混合物)出现的频率和持续时间，将危险场所划分为 0 区、1 区和 2 区三个区域。其中，0 区的危险性最高。具体的划分如下。

0 区：指在正常情况下，爆炸性气体混合物连续、频繁或长时间存在的场所。

1 区：指在正常情况下，爆炸性气体混合物可能存在的场所。

2 区：指在正常情况下，爆炸性气体混合物不可能出现或偶尔、短时间存在的场所。

(2)危险场所的防爆技术

只有当存在潜在爆炸危险的环境中，同时具备点燃源、爆炸性物质和空气时，才可能发生爆炸。因此，在考虑防爆技术时，必须避免同时满足上述三个条件。一般来说，需要从点燃源的角度出发，将所有可能产生点燃源的电气设备安装在安全场所。然而，在实际的生产过程中，某些电气设备不可避免地需要安装在危险区域。因此，必须对这些设备采取防爆措施，以防止发生爆炸事故。

目前，我国将电气设备的防爆型式划分为八种，详细分类可参考表 3-7。

**表 3-7　电气设备防爆型式**

| 电气设备防爆型式 | 代号 | 技术措施 | 适用区域 |
|---|---|---|---|
| 隔爆型 | d | 隔离存在的点火源 | 1 区 |
| 增安型 | e | 设法防止产生点火源 | 1 区 |
| 本质安全型(本安型) | ia，ib | 限制点火源的能量 | 0 区，1 区 |

续表

| 电气设备防爆型式 | 代号 | 技术措施 | 适用区域 |
|---|---|---|---|
| 正压型 | p | 把危险物质与点火源隔开 | 1区 |
| 充油型 | o | 把危险物质与点火源隔开 | 1区 |
| 充沙型 | q | 把危险物质与点火源隔开 | 1区 |
| 无火花型 | n | 设法防止产生点火源 | 2区 |
| 浇封型 | m | 设法防止产生点火源 | 1区 |

在上述防爆型式中，隔爆型和本安型是自动化仪表中最常用的类型。

隔爆型仪表具有防爆外壳，仪表的电路和接线端子全部位于防爆外壳内。防爆外壳具备高强度和防护性能，能够承受仪表内部发生爆炸产生的压力，并阻止内部爆炸向外壳周围的爆炸性混合物传播。这种类型的仪表适用于1区和2区的危险场所，并要求在非通电运行情况下进行开壳检修或调整。

本安型仪表的全部电路都采用本质安全电路，电路中的电压和电流被限制在允许的范围内，以确保仪表在正常工作或发生短路、元器件损坏等故障的情况下产生的电火花和热效应不会引起周围爆炸性气体混合物的爆炸。这种类型的仪表具有结构简单、体积小、质量轻、易操作的特点，不需要设计制造复杂的隔爆外壳，具有较高的安全可靠性，并且可以在带电工况下进行维护和调整，因此被广泛应用。

通常情况下，电气设备的防爆等级按照"Ex"(防爆电气产品认证体系)、防爆型式、气体级别和温度组别的顺序进行标记。例如：防爆标志ExdⅡBT3表示隔爆型设备适用于气体级别不高于H类B级，气体自燃温度不低于T3(200 ℃)的危险场所；防爆标志ExiaⅡCT4表示本安型设备适用于气体级别不高于Ⅱ类C级，气体自燃温度不低于T4(135 ℃)的0区危险场所。

2. 本质安全防爆技术

电火花和热效应是引起爆炸性危险气体爆炸的主要点燃源。本质安全技术通过限制电火花和热效应的能量来防止点燃。本质安全技术是唯一适用于0区危险场所的防爆技术。

(1)本质安全技术的基本原理

各种爆炸性危险气体都有其最小点燃能量。例如，氢气的最小点燃能量为19 J，甲烷的最小点燃能量为280 J。在正常工作和故障状态下，如果仪表产生的电火花或热效应的能量小于最小点燃能量，就不可能点燃相应的爆炸性危险气体而导致爆炸。因此，本安型防爆仪表必须限制能量，确保电路中的电压和电流可靠地被限制在允许的范围内。

这类仪表主要采取两个方面的措施来抑制点燃能量。

①在电路设计上，对处于危险场所的回路，选择适当的电阻、电感、电容来限制火花能量，使其只产生安全火花。同时，在较大的电阻、电感、电容回路中并联二极管以消除不安全火花。

②在仪表中增加安全单元，如安全栅，从而限制和隔离安全场所的高能量，确保其不会到达危险场所。

可以看出，前一种措施保证了危险场所的仪表不会产生非安全火花，而后一种措施保证了不安全火花无法到达危险场所。这两种措施的结合是实现安全火花防爆的关键。

在 DDZ-Ⅲ仪表中，属于本安型防爆仪表的有差压变送器、温度(毫伏)变送器、电/气转换器、电阀门和安全栅等。

(2)本安型仪表的分类

可以根据危险场所、气体级别和气体自燃温度对本安型仪表进行分类。

①根据国家标准 GB 3836.1—2021，本安型仪表可以分为三类。

Ⅰ类：用于煤矿瓦斯气体环境。

Ⅱ类：用于其他爆炸性气体环境。

Ⅲ类：用于除煤矿之外的爆炸性粉尘环境。

②根据本安型仪表及关联设备使用场所的安全程度，可以分为 ia 和 ib 两个级别。

ia 级仪表：在最多考虑两个计数故障的情况下不会导致安全失效；

ib 级仪表：仅考虑仪表产生一个故障时不会导致安全失效。

③本安型仪表的温度组别是指允许仪表可能产生的最高表面温度。本安型仪表不能高于危险气体自燃温度的最小值，被划分为 T1～T6 六个组别。

3. 本安防爆系统设计的一般要求

本安防爆系统是通过限制电气能量来实现电气防爆的电路系统。它不受使用场所和爆炸性气体混合物种类的限制，具有高度的安全性、可维护性和经济性。本安防爆系统的组成如图 3-35 所示，包括现场本安型仪表(如变送器、执行器)、连接电缆和关联设备。其中，关联设备通常采用安全栅。

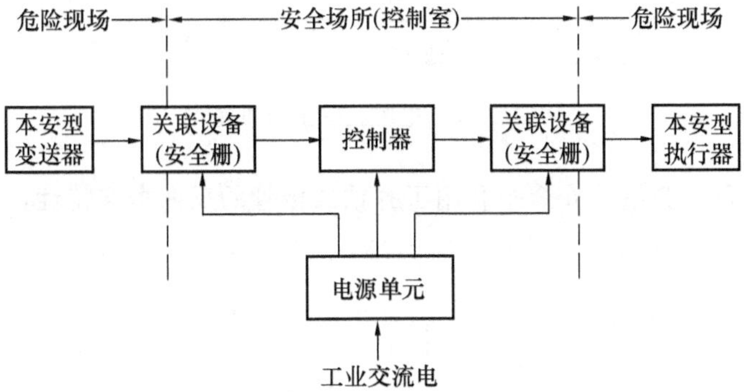


**图 3-35　本安防爆系统**

①现场本安型仪表。从现场仪表的储能元件角度考虑，要求处于气体爆炸危险环境中的现场仪表必须按照本安型防爆等级要求进行设计。在减少仪表中的电感和电容等储能元件回路的同时，兼顾这些元件的功耗和温升问题，从而确保仪表无论处于正常工作状态还是故障状态，都不会产生由火花和热源引起的自燃。表征仪表本安性能的参数主要包括：本安型仪表在故障状态下的最高输入电压、最大输入电流、最大输入功率，本安型仪表的最大内部等效电容、最大内部等效电感等。

②连接电缆。由于连接电缆具有分布电容和分布电感，因此它本质上也是一种储能元件。当线路出现开路或短路时，这部分能量就会以电火花或热效应的形式释放，影响系统的本安性能。因此，在保证连接电缆不受外界电磁场干扰的同时，还需要限制布线长度以及感

应电动势带来的额外能量。表征电缆本安性能的参数包括电缆允许的最大分布电容和最大分布电感。

③关联设备。关联设备必须在系统处于正常工作状态或故障状态时，能够将从安全场所的非本安回路传输到危险场所的本安型仪表的能量抑制在点火极限以下。为此，关联设备除了具备信号隔离的功能外，还需要具备限压和限流功能。用于表征关联设备本安性能的基本参数包括在故障状态下的最高开路电压、最大短路电流、最大功率、允许的最大外部电容和最大外部电感。

4. 安全栅

安全栅被安装在安全场所，是安全场所仪表和危险场所仪表之间的关联设备。安全栅的功能包括传输信号和控制流入危险场所的能量在爆炸气体或混合物的点火能量以下，以确保系统的本安防爆性能。由于其类似于栅栏的作用，将安全场所与危险场所隔离开来，因此被形象地称为“安全栅”。

(1)安全栅的基本形式

①电阻式安全栅。电阻式安全栅利用电阻的限流作用，将流入危险侧的能量限制在临界值以下，以实现本安防爆的目的。它的原理如图 3-36 所示。在设计中，限流电阻需要逐个计算，过大的数值会影响回路的原有性能，而过小的数值则无法满足防爆要求。电阻式安全栅具有精确、可靠、小型和经济等优点，但防爆额定电压较低。

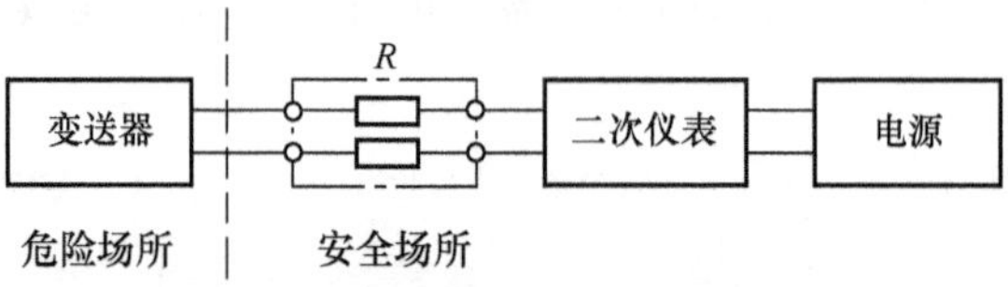


**图 3-36　电阻式安全栅原理**

②齐纳式安全栅。齐纳式安全栅利用了齐纳二极管的反向击穿特性，由快速熔断器、两组齐纳二极管和限流电阻组成，如图 3-37 所示。

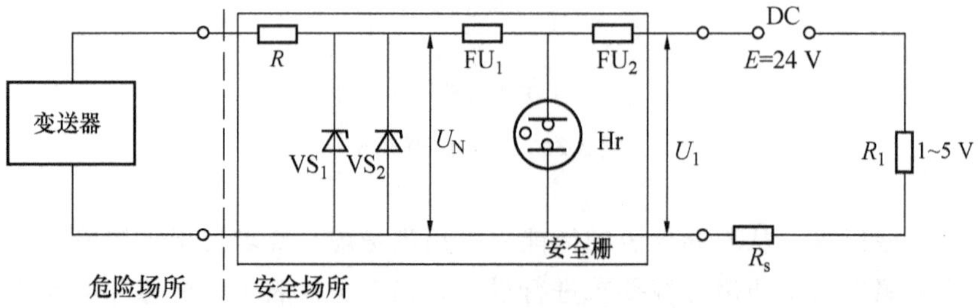


$R$—限流电阻；$FU_1$，$FU_2$—快速熔断器；Hr—氩放电管；$VS_1$，$VS_2$—齐纳二极管

**图 3-37　齐纳式安全栅原理**

当 $U_1$ 处于正常状态时，额定电压为 24 V，小于齐纳二极管的击穿电压，因此齐纳二极管处于截止状态。回路电流由变送器决定，在直流电流 4～20 mA 的范围内，安全栅不会影响系统的正常工作。

一旦危险侧发生故障，例如短路，短路电流将取决于电源电压和回路电阻 $R_s$。选择适

当的 $R_s$ 值可以将短路电流限制在额定电流以下，从而确保危险场所的安全性。当安全侧电压高于安全额定电压 $U_N$ 且低于放电管的放电电压 $U_{Hr}$ 时，齐纳二极管将被击穿，快速熔断器 $FU_1$ 将熔断，从而将危险场所与安全场所隔离开来。当 $U \geqslant U_{Hr}$ 时，氩放电管 Hr 将放电，其两端电压会迅速降至极低的数值。齐纳式安全栅具有体积小、质量轻、工作可靠、防爆定额高等特点，并且具有较好的通用性和相对较低的价格。然而，由于它把快速熔断器作为关键部件，因此制造困难且对工艺和材料要求较高。

③光电隔离式安全栅。光电隔离式安全栅是为安装在危险侧的二线制变送器提供隔离电源的设备。光电隔离式安全栅的供电电路包括限压和限流电路，以防止由电源电压故障引起的过电压和过电流影响。光电隔离式安全栅由光耦合器件、$I/f$ 转换器、$f/I$ 转换器和限流、限压电路组成，如图 3-38 所示。

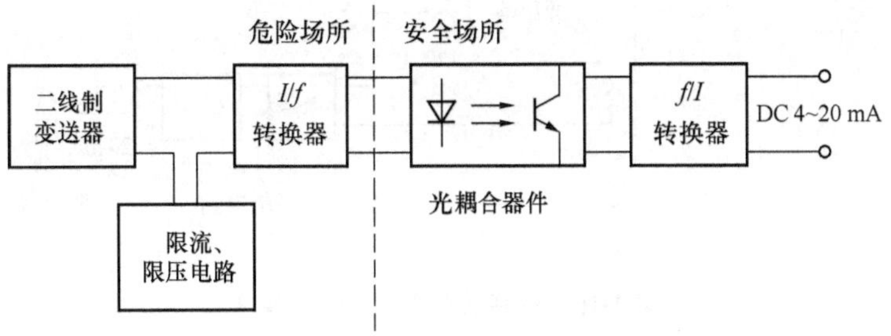


**图 3-38　光电隔离式安全栅原理**

光电隔离式安全栅将变送器输出的 4～20 mA 电流转换为 1～5 kHz 的频率，然后通过光耦合器件耦合到安全侧，并利用 $f/I$ 转换器将其转换为 4～20 mA 电流。由于危险侧与安全侧之间只有光的耦合而无电的连接，并且光耦合器件具有数千伏以上的高隔离电压，即使在安全侧产生高电压，也不会传输到危险侧。光电隔离式安全栅具有良好的重复性、高线性度和低漂移性，但结构相对复杂。

④变压器隔离式安全栅。变压器隔离式安全栅的原理如图 3-39 所示，它将危险侧的仪表(如变送器)和安全侧的所有仪表(如控制器、计算机、显示记录仪)通过隔离变压器进行严格的电气隔离，从而切断安全侧电源高压进入危险侧的通道。危险侧与安全侧的所有连接都通过电磁转换方式实现。变压器隔离式安全栅具有高可靠性和防爆性，但电路复杂且体积较大。

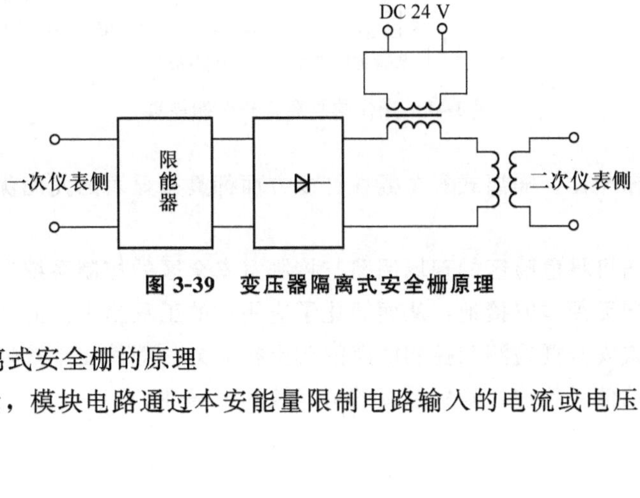


**图 3-39　变压器隔离式安全栅原理**

(2)检测端隔离式安全栅的原理

如图 3-40 所示，模块电路通过本安能量限制电路输入的电流或电压信号，并将其转换为 0.2～1 V 的直流电压，送入模块内进行采集、放大、运算和抗干扰处理后，经变压器调制成输出隔离的电流和电压信号，供后续的二次仪表或其他仪表使用。此外，模块还会输出一个隔离的 18.5～28.5 V 直流电压，通过本安能量限制电路作为二线制变送器的工作电压。本安能量限制电路能够阻止大电流或高电压的危险信号进入危险现场。

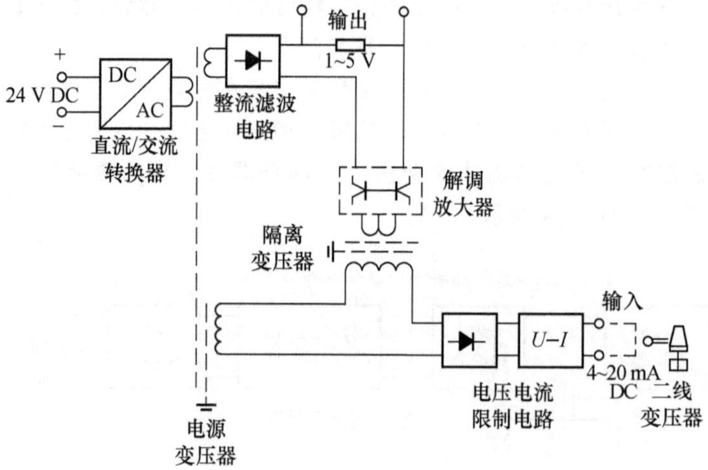


**图 3-40　检测端隔离式安全栅原理**

(3)操作端隔离式安全栅的原理

如图 3-41 所示，将控制器或操作器输出的 4～20 mA 直流电信号隔离后再输出 4～20 mA 直流电信号，通过本安能量限制电路供电/气转换器或现场的电气阀门定位器使用。

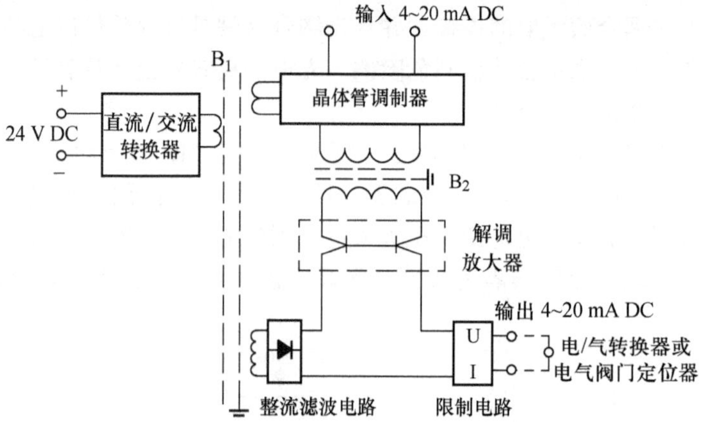


**图 3-41　操作端隔离式安全栅原理**

与齐纳式安全栅相比，隔离式安全栅在许多方面都具有显著的使用优势，具体体现在以下几个方面。

①隔离式安全栅可将危险区的现场回路与控制室安全区的控制系统有效地隔离。这种隔离使得隔离式安全栅无须本安接地，从而简化了应用时的工程施工。此外，与现场的有效隔离大大增强了隔离式安全栅检测和控制回路的抗干扰能力。即使在干扰环境中，隔离式安全栅也能够保持稳定的信号传输，确保系统的可靠性和准确性。

②隔离式安全栅相较于齐纳式安全栅具有更强的保护能力，降低了意外损坏的可能性。在工业环境中，存在着各种潜在的危险因素，如电磁干扰、过电压等。隔离式安全栅能够有效地抵御这些危险因素的影响，保护仪表和控制系统的安全运行。此外，隔离式安全栅还允许工作人员对现场仪表(在带电状态下)进行检修和维护，避免了停机时间，提高了生产效率。

③隔离式安全栅具备较强的信号处理功能，为现场仪表的选择和控制系统的应用提供了更大的选择空间。隔离式安全栅可以将不同类型的信号(如电流、电压等)进行转换和处理，使得现场仪表与控制系统之间的通信更加灵活多样。这为工程师提供了更多的选择，他们能够根据具体需求选择合适的仪表和系统组合，以满足不同应用场景的要求。

④当工业现场同时应用计算机系统与模拟系统时，隔离式安全栅的“一进二出”结构可以发挥重要作用。该结构能够有效地将两个系统隔离开，避免一个系统的故障影响到另一个系统。例如，如果计算机系统发生故障或崩溃，隔离式安全栅可以阻止故障信号传输到模拟系统，从而保护模拟系统的稳定运行。这种隔离能够提高整个系统的可靠性和安全性，确保生产过程连续、稳定。

## 3.8 PID 控制系统

### 3.8.1 PID 控制器概述和特点

1. PID 控制器概述

目前工业自动化水平已成为衡量工矿企业现代化水平的一个重要标志。自动控制系统可分为开环控制系统和闭环控制系统。一个控制系统包括控制器、传感器、变送器、执行机构、输入输出接口等。控制器的输出经过输出接口、执行机构，作用于被控对象；控制系统的被控变量，经过传感器、变送器，通过输入接口送到控制器。不同控制系统的传感器、变送器、执行机构等设备不尽相同。例如，压力控制系统要采用压力传感器，电加热控制系统的传感器是温度传感器。目前，PID 控制及其控制器(仪表)或智能 PID 控制器以其成熟的技术为支撑，在工程实际中得到了广泛应用。例如：有具有 PID 参数自整定功能的智能控制器，其中 PID 控制器参数的自动调整是通过智能化调整或自校正、自适应算法来实现的；有利用 PID 控制实现的压力、温度、流量、液位控制器；有能实现 PID 控制功能的 PLC；还有可实现 PID 控制的 PC 系统；等等。PLC 利用其闭环控制模块来实现 PID 控制，可以直接与 Control Net (控制总线)相连，如 Rockwell (罗克韦尔)自动化公司的 PLC-5 等。另外，还有可以实现 PID 控制功能的控制器，如 Rockwell 公司的 Logix 产品系列，该产品可以直接与 Control Net 相连，利用网络来实现其远程控制功能。

2. PID 控制器的特点

在工程实际中，应用最为广泛的控制器控制规律为比例积分微分控制，简称 PID 控制，又称 PID 调节。PID 控制器问世至今，以其结构简单、稳定性好、工作可靠、调整方便而成为工业控制的主要技术之一。当被控对象的结构和参数不能完全掌握，或得不到精确的数学模型时，系统控制器的结构和参数必须依靠经验和现场调试来确定，这时应用 PID 控制技术最为方便。即当实际中不完全了解一个系统和被控对象，或不能通过有效的测量手段来获得系统参数时，最适合用 PID 控制技术。PID 控制器就是根据系统的控制误差，利用比例、积分、微分各环节计算出控制量来进行控制的。

图 3-42 是常规 PID 控制系统的原理方框图。从图中可以清晰地看出，PID 控制器利用系统的控制误差，通过比例、积分、微分三个环节的不同组合，可以计算出控制量，施加给广义被控对象，从而达到期望的控制效果。

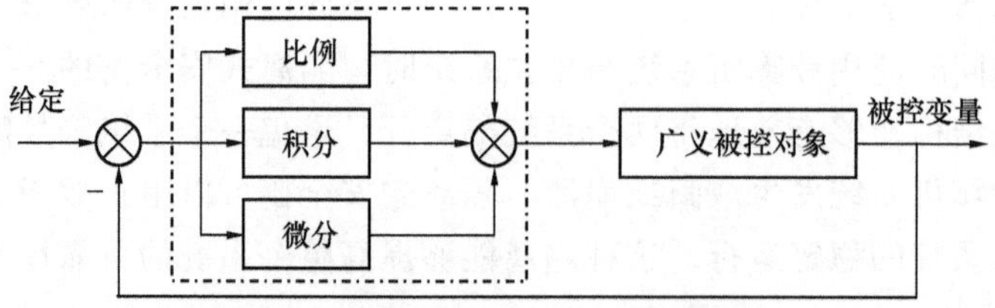


**图 3-42　常规 PID 控制系统原理方框图**

前文中已经介绍广义被控对象包括执行器、被控对象和测量变送元件，图 3-42 中的虚线框内部分是 PID 控制器，其输入为设定值 $r(t)$ 与被调量实测值 $y(t)$ 构成的控制误差信号 $e(t)$，即

$$e(t)=r(t)-y(t) \tag{3-22}$$

PID 控制器的输出为该误差信号的比例、积分和微分的线性组合，即 PID 控制规律

$$u(t)=K_{\mathrm{p}}\left[e(t)+\frac{1}{T_{\mathrm{i}}}\int_0^t e(t)\mathrm{d}t+T_{\mathrm{d}}\frac{\mathrm{d}e(t)}{\mathrm{d}t}\right] \tag{3-23}$$

式中：$K_{\mathrm{p}}$ 是比例系数；$T_{\mathrm{i}}$ 是积分时间；$T_{\mathrm{d}}$ 是微分时间。

下面分别介绍三环节的特征。

(1)比例(P)控制

比例控制是一种最简单的控制方式。其控制器的输出与输入误差信号成比例关系，即

$$u=K_{\mathrm{p}}e \tag{3-24}$$

图 3-43 是比例控制器的阶跃响应曲线。从图中可以看出，比例控制对误差信号能做出及时的反应，没有滞后时间。在实际应用中，由于执行机构的运动范围(如阀门开度)有限，控制器的输出 $u$ 也被限制在一定的范围内。在过程控制系统中习惯用比例度(或比例带)表示控制器输入与输出之间的比例关系。比例度的物理含义是在只有比例作用的情况下，能使控制器输出做满量程变化的输入量相对变化的百分数。比例度一般用 $PB$ 或 $\delta$ 来表示，计算公式为

$$PB=\frac{e/(e_{\max}-e_{\min})}{u/(u_{\max}-u_{\min})}\times 100\%=\frac{1}{K_{\mathrm{p}}}\cdot\frac{u_{\max}-u_{\min}}{e_{\max}-e_{\min}}\times 100\% \tag{3-25}$$

式中：$K_{\mathrm{p}}$ 表示比例系数；$e_{\max}-e_{\min}$ 表示误差信号范围，即仪表的量程；$u_{\max}-u_{\min}$ 表示控制器的输出信号范围，即控制器输出的工作范围。

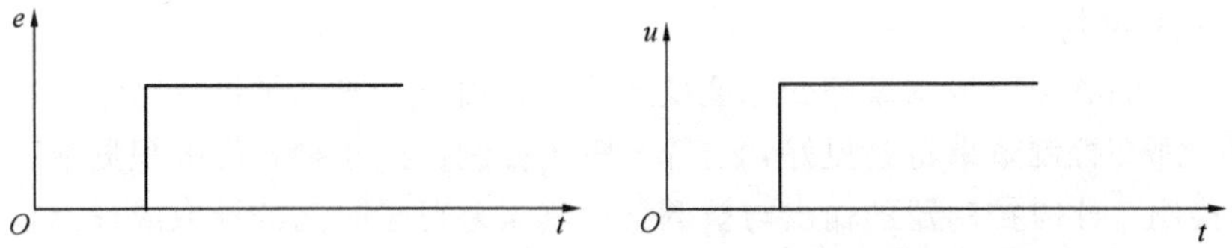


（a）误差曲线　　（b）比例控制的输出响应

**图 3-43　比例控制器的阶跃响应曲线**

比例度具有重要的物理意义。从式(3-25)可以看出，如果用 $u$ 直接代表执行器开度的变化量，那么 $PB$ 就代表使执行器开度改变 100%(即从全关到全开或从全开到全关)时所需要的被控量的变化范围。只有当被控量的变化处于这个范围以内时，执行器的开度才与误差成比例。

比例控制的显著特点就是有差控制。工业生产过程中，负荷经常发生变化，处于自动控制下的被控过程在进入稳态后，流入量和流出量之间总是达到平衡的。如果出现负荷扰动，上述平衡将被打破，有了控制误差后，比例控制器为抑制这个误差而开始输出新的控制量，一旦流入量和流出量达到新的平衡，比例控制器的输出不再变化，上述控制误差仍然存在，所以说比例控制是有差控制。

(2)积分(I)控制

在积分控制中，控制器输出信号的变化速度 $\mathrm{d}u/\mathrm{d}t$ 与误差信号 $e$ 成正比，即

$$\frac{\mathrm{d}u}{\mathrm{d}t}=S_0 e \tag{3-26}$$

式中：$S_0$ 表示积分速度。

图 3-44 是积分控制器的阶跃响应曲线。从图中可以看出，积分控制的输出不仅与误差信号的大小有关，还与误差存在的时间长短有关。只要误差存在，控制器的输出就会不断变化，直到误差为零，控制器的输出才稳定下来不再变化。

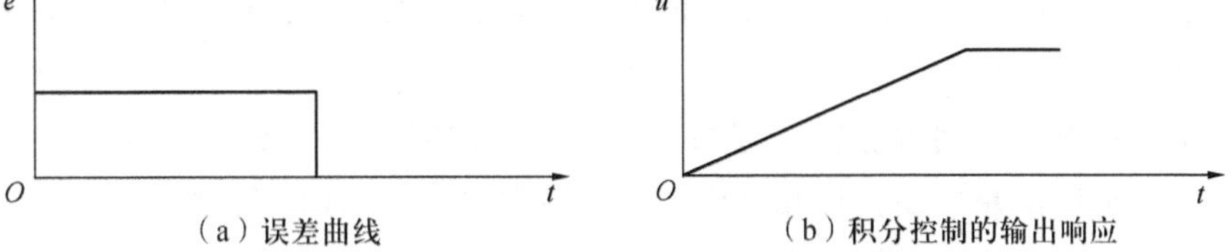


（a）误差曲线　　（b）积分控制的输出响应

**图 3-44　积分控制器的阶跃响应曲线**

积分控制的特点是无差控制，与比例控制的有差控制形成鲜明对比。式(3-26)表明，只有当被调量误差 $e$ 为零时，积分控制器的输出才会保持不变。反过来说，当控制器输出稳定不动时，输入误差一定为零。然而与此同时，控制器的输出却可以停在任何数值上。这就意味着被控对象在负荷扰动下的控制过程结束后，被调量没有稳态误差，而执行器则可以停在新的负荷所要求的开度上。

积分控制的另一个特点是其稳定作用比比例控制差。例如，根据奈奎斯特稳定判据可知，对于非自衡的被控对象采用比例控制时，只要加大比例度总可以使系统稳定，如果采用积分控制则不可能得到稳定的系统。

(3)微分(D)控制

如果执行器能够根据被调量的变化速度来移动，而不是等到被调量已经出现较大误差后才开始动作，那么控制效果将会更好，这等于赋予控制器以某种程度的预见性。这种控制动作称为微分控制。此时控制器的输出与被调量或其误差对于时间的导数成正比，即

$$u=S_2\frac{\mathrm{d}e}{\mathrm{d}t} \tag{3-27}$$

式中：$S_2$ 表示微分时间。

图 3-45 是理想微分控制器的阶跃响应曲线。在 $t=t_0$ 时，控制器输入端发生跃变，所以此刻控制器的输出变化量也为无穷大，之后，误差不再变化，即变化速度为零，于是控制器的输出变化量也为零。误差变化越剧烈，由微分控制器给出的控制作用越大，从而及时地抑制误差的增长，提高系统的稳定性。同时，正因为微分控制只与误差的变化成比例，而与误差的大小无关，所以微分控制不能消除稳态误差，且控制效果比纯比例控制更差。

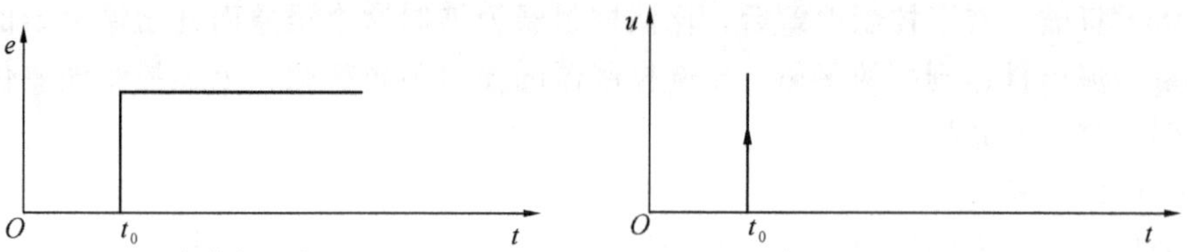


(a) 误差曲线　　(b) 微分控制的输出响应

**图 3-45　理想微分控制器的阶跃响应曲线**

综上所述，比例、积分、微分控制各有其独特的作用。比例控制成比例地反映控制误差，误差一旦产生，比例控制立即发挥作用，以减小误差；积分控制主要用于消除稳态误差；微分控制反映误差的变化趋势，并能在误差信号变得太大前，在系统中引入一个有效的超前校正，从而加快系统的动作速度，减少控制时间。将这三种控制方式组合在一起，就是比例积分微分控制。

PID 控制有诸多优点，如基本组成原理都比较简单、参数的物理意义也比较明确、适应性强、鲁棒性强、对模型依赖少等。由于 PID 控制具有这些优点，因此它在过程控制中得到广泛的应用。在各种控制方法的工程应用中，PID 控制方法占 90%以上。一个大型的现代化生产装置的控制回路可能多达几百个，其中绝大部分都采用 PID 控制。

## 3.8.2　基本 PID 控制算法

PID 控制器不仅简单实用，而且不需要对象的精确数学模型，具有较强的鲁棒性，参数整定也很方便。此外，PID 动作实际上具有一定的仿人智能性，具体表现在以下几个方面。

“比例控制”类似于人的联想或想象能力，可以通过想象将事物变得更大或更小。

“积分控制”接近于人的记忆能力，回顾和反思历史事件有助于采取更有效的行动来改变未来的走向。

“微分控制”相当于人的预测能力，具备预测能力可以根据事物变化的趋势提前调整对

策，减少弯路。

因此，PID 控制算法是一种经典且应用广泛的控制算法。PID 控制算法具有简单实用、鲁棒性强、适用于大多数过程的特点，并且具备一定的仿人智能性。尽管在现代控制系统中出现了更多高级的控制算法，但 PID 控制算法仍然是许多工业应用中的首选算法。

1. 从 ON/OFF 控制到比例控制

最简单、最容易实现，且使用最广泛的控制器是 ON/OFF 控制器，它一般采用继电器控制。ON/OFF 控制算法的数学描述如式(3-28)所示。

$$u(t)=\begin{cases}u_{\max} & e(t)\geqslant 0\\ u_{\min} & e(t)<0\end{cases} \tag{3-28}$$

式中：$u(t)$为控制器输出；$u_{\max}$ 为控制器输出上限，通常为 100%；$u_{\min}$ 为控制器输出下限，通常为 0；$e(t)$为控制误差，满足 $e(t)=r(t)-y(t)$。

在一些工业生产中，特别是对于一些控制质量要求不是特别高的场合，例如液位、温度等控制回路，常常采用二位控制器。当然，在日常生活中，这种控制器也随处可见。例如，在日常生活中使用的冰箱或空调，通过二位控制器启动压缩机来制冷，以控制储藏室内温度或居室内温度。

然而，在实际使用中，上述控制特性并不理想。这是因为当被控变量接近设定值时，即使是由测量噪声或其他扰动因素引起的微小波动，也会导致控制器输出在上下限之间来回摆动。这不仅会对被控过程产生冲击，还会迅速磨损执行机构，严重时甚至影响其使用寿命。二位控制的主要缺点是过程变量会围绕期望值在一定范围内不停振荡。其本质原因在于二位控制实际上是一种“断续”控制方式，即每当误差超出上限 $e_{\max}=\varepsilon/2$ 或低于下限 $e_{\min}=-\varepsilon/2$ 时控制器才会动作，而其他时刻，系统处于开环状态，即任凭被控变量缓慢波动而不调节。因此，二位控制是一种非常粗糙的控制方式。

要想提高控制质量就要采用“连续”的控制方式。其中，最简单的连续控制就是比例控制。比例控制的数学表达式为

$$u(t)=\begin{cases}u_{\max} & e(t)>e_{\max}\\ u_0+K_c e(t) & e_{\min}\leqslant e(t)\leqslant e_{\max}\\ u_{\min} & e(t)<e_{\min}\end{cases} \tag{3-29}$$

式中：常量 $u_0$ 表示无误差时控制器的输出；$e_{\max}$ 与 $e_{\min}$ 反映比例控制器线性区间的大小，在区间$[e_{\min},\ e_{\max}]$内，控制器输出与误差成线性关系；$K_c$ 为比例系数，通常称为比例增益。

比例控制不停地检测误差，并根据误差大小进行连续控制，以克服各种扰动对被控过程变量的影响。比例控制器只有一个可调整参数，即比例增益 $K_c$。

有时，希望直接看到测量值与控制器输出之间的关系曲线。为此可以将 $e(t)=r(t)-y(t)$代入式(3-29)，得到控制器输出 $u(t)$与测量值 $y(t)$之间的关系式，即

$$u(t)=u_0+K_c[r(t)-y(t)] \quad e_{\min}\leqslant e(t)\leqslant e_{\max} \tag{3-30}$$

比例控制往往会存在稳态误差(该结论适用于零值对象，可通过比例控制下的闭环系统方框图，求取误差信号的闭环传递函数来证明)。比例增益 $K_c$ 越大，则稳态误差越小。因此，在保证系统相对稳定性一定的条件下，总是希望比例增益越大越好。

为消除控制系统的稳态误差，可根据如下的控制器输出

$$u(t)=K_{c}e(t)+u_{0} \tag{3-31}$$

求得

$$e_{ss}=\frac{u_{ss}-u_{0}}{K_{c}} \tag{3-32}$$

式中：$e_{ss}$ 为稳态误差；$u_{ss}$ 为控制器的稳态输出。

从式(3-32)容易看出，以下两种手段可以消除稳态误差。

(1)取够大的比例增益 $K_c$

此时，比例控制逼近 ON/OFF 控制器。以单个容积过程为例，因为该过程的相位滞后不会超过 90°，所以在采用比例控制时不会发生振荡。因此，当比例度接近零时，单容过程也不会振荡。这表明，只要存在一个极小的误差，就可以通过快速调整控制器的开启程度来实现快速补偿，从而几乎不会产生稳态误差。以上描述仅适用于理想情况，其中要求系统是完全线性的，并且控制机构(如执行器)具有足够快的响应特性(以避免饱和现象，因为在 ON/OFF 控制器中的振荡是由饱和非线性引起的)，同时还要确保系统的稳定性。

(2)灵活调整直流分量 $u_0$

通过取合适的 $u_0$ 值，即取 $u_0=u_{ss}$ 可以消除稳态误差。显然，一定的 $u_0$ 并不能够使不同设定值(或干扰大小)同时得到满足。当然，可以考虑根据设定值变化来对 $u_0$ 进行相应调整，此时有必要知道被控过程的稳态增益。但对于未知干扰，这种方法则不那么方便。因此，对于式(3-29)的比例控制，在参数整定时，可以在满足闭环稳定性要求的前提下，取最高的比例增益，以减小稳态误差。而初始直流分量 $u_0$ 则可设定在控制信号操作范围的中间，以使在不同对象的控制中可能出现的最大稳态误差平均最小。因此，在大多数控制器中，取 $u_0=50\%$(对应 $u_{max}=100\%$，$u_{min}=0$)。

2. 积分的引入——比例积分(PI)控制

实际被控过程并不都是简单的单容过程，往往还含有纯滞后，因此比例增益不可能取得过大。另外，某一具体的直流分量 $u_0$ 只能够保证某一特定的设定值无误差，而一旦设定值发生变更，或过程负荷发生变化，都会导致被控变量偏离设定值。

为了解决比例控制中的稳态误差问题，并且避免使用过大的控制器增益，可以引入积分动作。积分动作的主要特点是在低频范围内具有很大的增益，而且在稳态情况下增益甚至可以无限大，因此它可以用来消除稳态误差。

通常情况下，很少单独采用积分控制，而是与比例动作结合起来，以兼顾二者的优点。积分控制的时域表达式为

$$u(t)=K_{c}\left[e(t)+\frac{1}{T_{i}}\int_{0}^{t}e(\tau)\mathrm{d}\tau\right] \tag{3-33}$$

式中：$K_c$ 为控制器比例增益；$T_i$ 为积分时间常数。

由上式可以看出，当误差为恒值时，每过一个 $T_i$ 时间，积分项产生一个比例控制的量。大多情况下，减小 $T_i$ 会加速系统的响应，但同时也会降低系统的阻尼系数；增大 $T_i$ 会导致响应变慢，但控制更稳定。

另外，对比式(3-31)与式(3-33)可以看出：积分项实际上是对直流分量 $u_0$ 的一种(自动)“重置”；并且当稳态误差 $e(t)$ 逼近零后，积分项 $u_i(t)$ 就逼近“理想”的直流分量 $u_0$，如式(3-34)所示。这里，所谓“理想”是指稳态无误差时所要求的比例控制器输出，即

$$u_i(t)=\frac{K_c}{T_i}\int e\,dt=u_0 \tag{3-34}$$

式中：$u_i(t)$表示积分项的输出。

积分动作能够消除稳态误差的原理可以从时域方面进一步解释。当系统存在稳态误差时，如图 3-46 所示，可以观察到积分项会不断累积，导致控制器输出持续增加，从而使得对象输出也随之增大，因此误差不可能保持恒定。除非误差为零，否则系统无法达到稳态。反过来说，只有在系统达到稳态时，误差才能为零。而积分项的稳态输出恰好可以消除稳态误差所需的直流偏置 $u_0$。因此，积分项能够针对任意设定值或阶跃状扰动自动找到适当的 $u_0$，而无须了解过程的稳态增益。

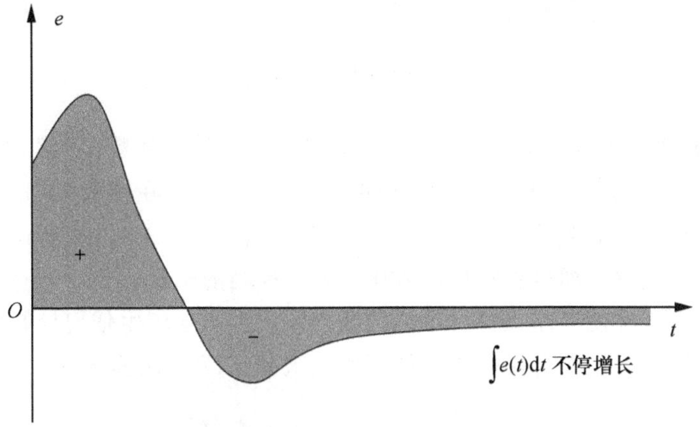


**图 3-46　积分控制时的稳态误差分析**

因此，比例积分控制器解决了比例控制器的稳态误差问题和 ON/OFF 控制器的振荡问题。比例积分控制器是 PID 类控制器家族中最常用的控制器结构形式，适用于大多数过程。

然而，可以观察到比例和积分动作都是基于过去的控制误差进行操作的，而没有对未来的控制误差进行预测，这个特性限制了其实现的控制性能。图 3-47 展示了两个不同的被控过程：过程Ⅰ和过程Ⅱ。假设在同一时刻 $t$，两个过程的误差积分和瞬时误差大小都相同，那么 PI 控制器在这个时刻只能给出完全相同的控制输出信号。然而，这显然是不合理的。针对过程响应(a)，控制量似乎已经足够大，因为误差正在加速减小，甚至应该减小控制输出，以避免未来时刻出现大的超调。但对于过程响应(b)，情况则不同，误差已经开始增大，似乎原有的控制量不足，甚至应要求控制器加强作用，以更快地减小误差。显然，对于上述两种不同类型的过程，比例积分控制无法提供不同的控制器输出。因此，有必要引入新的控制器动作方式。

3. 微分的引入——比例积分微分控制

PI 控制是一种基于当前和过去控制误差的微小控制策略。然而，如果能够引入对误差

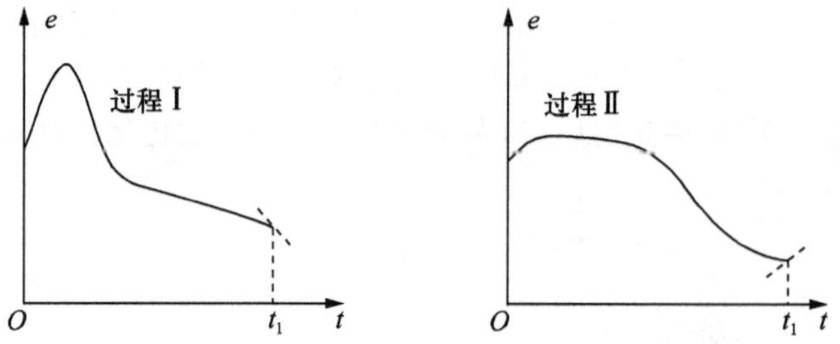


(a) 过程 I　　(b) 过程 II

**图 3-47　比例积分控制的局限性**

未来变化趋势的考虑，可能会拥有更好的控制性能。特别是对于一些具有惰性的对象，如温度等，其输出变化趋势往往具有明显的特征。微分控制通过对系统参数进行简单的计算，可以相对准确地预测未来的误差变化量，从而实现基于有限时间段的误差变化控制动作，也就是微分动作。微分控制的数学表达式为

$$u_{\mathrm{d}}(t)=K_{\mathrm{c}}T_{\mathrm{d}}\frac{\mathrm{d}e(t)}{\mathrm{d}t} \tag{3-35}$$

式中：$u_{\mathrm{d}}(t)$代表微分环节；误差预估时段 $T_{\mathrm{d}}$ 称为微分时间常数。则针对图 3-47 所示两类不同过程，在同一时刻 $t_1$，由于图 3-47(a)中 $u_{\mathrm{d}}(t_1)<0$，而在图 3-47(b)中 $u_{\mathrm{d}}(t_1)>0$，因而上述微分环节可以采取截然不同的控制动作。所以，将式(3-35)的微分动作加入前述比例或比例积分控制器当中，即可弥补比例或比例积分控制的不足。

在稳态条件下，即使误差很大，单纯的微分环节也不会产生任何控制作用。因此，微分从不单独使用。微分与比例合用，成为如下比例微分(PD)控制算法

$$u(t)=K_{\mathrm{c}}\left[e(t)+T_{\mathrm{d}}\frac{\mathrm{d}e(t)}{\mathrm{d}t}\right] \tag{3-36}$$

如果控制误差趋势变化比较平缓，则有

$$e(t+T_{\mathrm{d}})\approx e(t)+T_{\mathrm{d}}\frac{\mathrm{d}e(t)}{\mathrm{d}t} \tag{3-37}$$

对比式(3-36)和式(3-37)可以看出，PD 控制器输出正比于$(t+T_{\mathrm{d}})$时刻的误差估值，微分时间常数 $T_{\mathrm{d}}$ 则反映了预测时域的大小。显然，微分时间常数越大，误差估值与实际误差的偏离可能越大，并且对不同的对象特性，偏离程度是不同的。偏离越小，微分动作的控制效果越理想，越适于采用微分动作。预测值与实际值偏离过大，说明该对象可能并不适于采用微分环节。

事实上，不论是从时域上看，还是从频域上看，在稳态条件下，比例微分控制都等同于比例控制，故与比例控制器一样，PD 控制依然存在稳态误差，但可改善系统的动态控制质量。

最后，将比例、积分、微分三个动作组合到一起，可以得到如式(3-38)所示的并联形式的 PID 控制规律

$$u(t)=u_0+K_c\left[e(t)+\frac{1}{T_i}\int_0^t e(\tau)\mathrm{d}\tau+T_d\frac{\mathrm{d}e(t)}{\mathrm{d}t}\right] \tag{3-38}$$

式中：$u_0$ 为直流分量，由于具有积分动作，因而可以省略；$K_c$ 为比例增益；$T_i$ 为积分时间常数；$T_d$ 为微分时间常数。

对直流分量 $u_0$ 的取值补充说明如下。

①一般来说，在含有积分的 PID 控制器中，积分项消除稳态误差在本质上就相当于积分项通过不断“试凑”，最终找到合适的 $u_0$ 值(除非系统不稳定)。这意味着在含有积分的 PID 控制算法中，可以不必考虑直流分量。

②在实际工程中，经常会遇到某些过程控制系统不宜采用积分项，但又要求稳态误差足够小的情形，对此，工程上有两种处理方法：一是通过手动调节设定值(可能不同于实际期望值)，使被控变量与实际期望值保持一致。这需要操作工干预控制过程，而且新的设定值通常需要反复尝试才能得到。二是试着手动调节偏置量 $u_0$ 到合适的数值，即在 PD 控制器中引入一个手动调节变量，这个变量通常用 $MR$ 表示

$$u(t)=K_c\left[e(t)+T_d\frac{\mathrm{d}e(t)}{\mathrm{d}t}\right]+MR \tag{3-39}$$

在稳态条件下，通过调试 $MR$(相当于手动调节 $u_0$)来改善稳态特性。

以上两种操作均称作手动重置。相对地，采用积分动作的调节方式称作自动重置。

③在比例度分析当中，不论是通过积分还是手动调节 $u_0$，都会导致比例度的(左右)漂移。综上所述，积分、比例和微分是基于过去、现在和将来的控制误差的控制算法。至今，PID 控制仍然是最主要的反馈控制形式。即使在一些高级控制技术中采用了预测控制等先进方法，但在底层基础回路中，大多数也仍然采用 PID 控制。如今，PID 控制器已经成为许多高级控制器的基础级控制器或备用级控制器，并且对于确保整个系统的安全运行具有非常重要的意义。

### 3.8.3　各种变形的 PID 控制算法

基本 PID 控制器是通过控制误差来实现过程的闭环控制的。误差的产生主要源于两个方面：一是生产过程中发生的各种输入或输出扰动(主要是负荷扰动)，简称为过程扰动；二是设定值的变化，也可以称为设定值扰动。整个闭环系统对于过程扰动和设定值扰动的响应特性反映了系统的两个不同方面(具有不同的闭环传递函数)。这些 PID 控制算法对于基本 PID 控制器的要求往往是不同的。换句话说，采用相同一组 PID 控制器参数往往难以同时满足两个方面的特性。因此，在不同的工作条件下，需要对基本的 PID 控制算法进行改进，以进一步提高操作性能和控制质量。下面将介绍几种具有代表性的 PID 变形算法。

1. 微分先行的 PID 控制算法

在过程控制仪表中，特别是在数字仪表内部，对设定值通常通过在操作界面使用键盘或与上位计算机进行数字通信来快速更改。而微分动作是基于对未来$(1+T_d)$时刻控制误差的估计。当设定值保持不变时，微分动作不起作用；而当设定值发生调整时，通常会出现阶跃

式变化，微分动作不仅无法进行预测，还可能给过程带来冲击(常称为“微分冲击”)。因此，在一般的过程控制系统中(以设定值控制和扰动抑制为主)，通常只让微分动作作用于测量值，而不作用于设定值，以避免微分冲击。控制算法的表达式为

$$u(t)=K_c\left[e(t)+\frac{1}{T_i}\int_0^t e(\tau)\mathrm{d}\tau-T_d\frac{\mathrm{d}y(t)}{\mathrm{d}t}\right] \tag{3-40}$$

用传递函数描述为

$$U(s)=K_c\left[\left(1+\frac{1}{T_is}\right)E(s)-T_dsY(s)\right] \tag{3-41}$$

式中：$E(s)=R(s)-Y(s)$。$R(s)$和$Y(s)$分别为控制系统的输入和输出。

上述PID控制器的结构可以用图3-48中的虚线方框图来描述。与标准PID控制算法相比，这里的测量值在计算误差之前先进行微分运算，因此这种结构的PID算法通常被称为“微分先行”的PID控制算法，简称PI-D算法。从图3-48可以看出，PI-D控制对于测量值的反馈输入通道仍然进行基本的PID运算，而对于前向设定值通道则只进行基本的PI控制。数字控制仪表中的PID控制器多以微分先行的PID控制算法为基础。

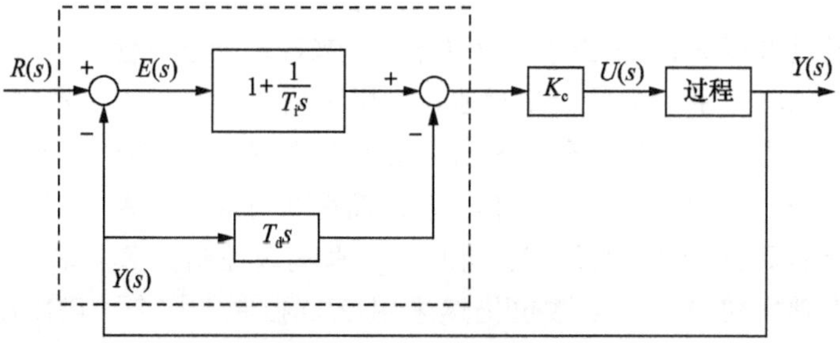


**图3-48　微分先行的PID控制算法结构**

微分先行的PD控制算法，简称P-D算法，具有速率反馈的控制结构，如图3-49所示。这是因为从图3-48可以观察到，在没有积分环节的情况下，有一段处理速率的微分环节，该环节可以提供更快的响应和更好的稳定性。此时的输入输出关系为

$$U(s)=K_c[E(s)-T_dsY(s)]=K_c[R(s)-(1+T_d)Y(s)] \tag{3-42}$$

根据式(3-42)可以证明：“具有位置和速率反馈的比例控制器”就等价于“P-D算法”。

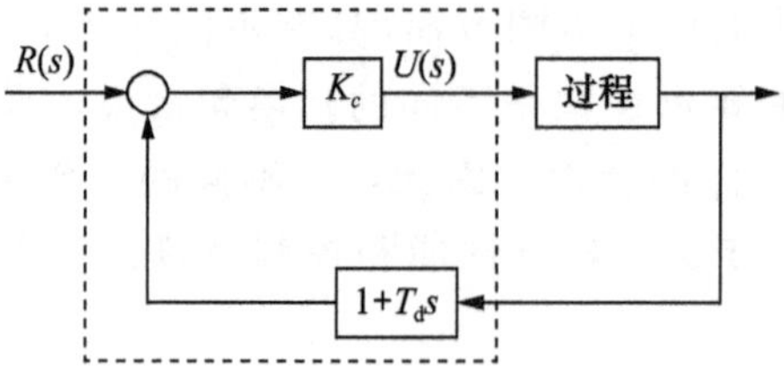


**图3-49　微分先行的PD控制算法的速率反馈等效结构**

将图3-49所示的P-D控制方框图进一步变换，可以得到如图3-50所示的具有设定值滤波的比例控制算法结构，从而可以给出P-D控制算法的进一步解释，即微分先行的PD控制

算法就相当于在基本 PD 控制器的设定值前向通道上加了一个惯性时间常数为 $T_d$ 的滤波器，即 $G_f(s)=(1+T_d s)^{-1}$，从而减缓了调整设定值对过程带来的冲击。

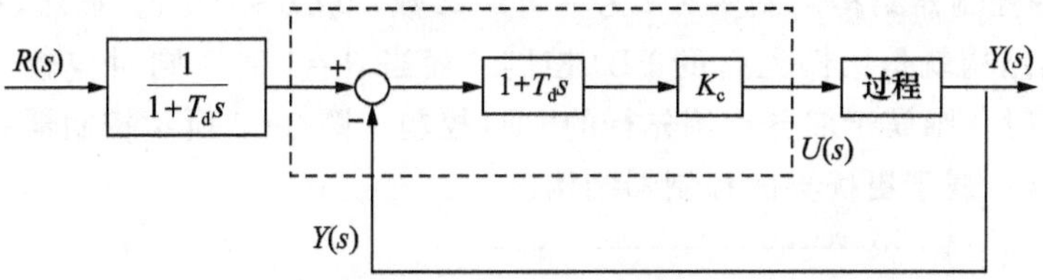


**图 3-50　微分先行的 PD 控制算法的设定值滤波等效结构**

2. 比例先行的 PID 控制算法

采用微分先行的 PID 算法解决了在改变设定值时产生微分冲击的难题。这让人想到，如果对比例动作也进行类似修改，那么比例冲击也可以消除，从而可以更加大胆地进行设定值的变更。因此，可以进一步先行处理比例动作，形成比例微分先行的 PID 控制算法，简称比例先行的 PID 控制算法，记作 I-PD 算法。它对应的控制器结构如图 3-51 所示，对应的时域输入输出关系见式(3-43)。

$$u(t)=K_c\left[-y(t)+\frac{1}{T_i}\int_0^t e(\tau)\mathrm{d}\tau-T_d\frac{\mathrm{d}y(t)}{\mathrm{d}t}\right] \tag{3-43}$$

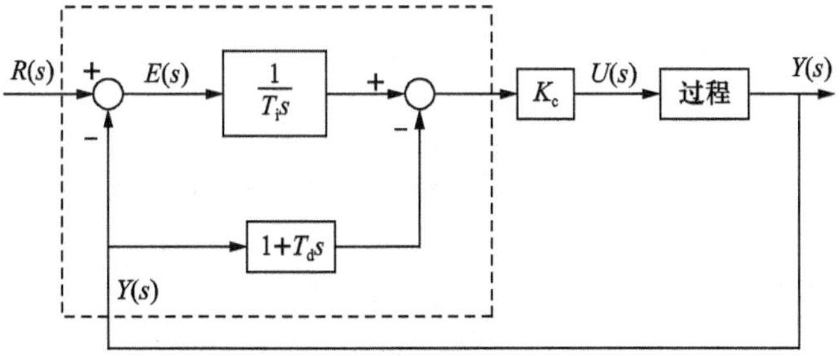


**图 3-51　比例先行的 PID 控制算法**

将式(3-43)进行拉普拉斯变换，可得到对应 I-PD 算法的传递函数形式，并重新整理可得到

$$\begin{aligned}U(s)&=K_c\left[\frac{1}{T_i s}E(s)-(1+T_d s)Y(s)\right]\\&=K_c\left[\left(1+\frac{1}{T_i s}\right)\left(\frac{1}{1+T_i s}R(s)-Y(s)\right)-T_d sY(s)\right]\end{aligned} \tag{3-44}$$

从式(3-44)可以明显看出，比例先行的 PID 算法等价于带设定值滤波[滤波器的传递函数为 $G_f(s)=(1+T_d s)^{-1}$] 的微分先行的 PID 算法。上述结论也可以通过方框图变换来进行验证。

在实际的数字控制仪表中，控制算法通常根据回路的工作模式自动进行调整。在进行定值控制时，由于设定值变化较少，主要要求工作平稳，因此一般采用比例先行的 PID 算法。然而，当控制器工作在跟踪控制模式下，例如在串级控制系统中，副控制器的设定值是主控制器的输出量，副回路需要快速跟随主控制器的输出变化，因此常常采用微分先行的 PID 控制算法。

3. 带设定值滤波器的 PID 控制算法

为了取得介于微分先行与比例先行之间的控制效果，可引入“部分的比例先行”，即引入如图 3-52 所示的控制器结构。图中，$\beta$ 为一可调参数，取 $0\leqslant\beta\leqslant 1$。显然，当 $\beta=0$ 时，图 3-52 所示控制器结构就是比例先行的 PID 控制；而当 $\beta=1$ 时，则对应微分先行的 PID 控制；当 $0<\beta<1$ 时，则属于部分比例先行的 PID 控制。图 3-52 所示控制器结构包含了 PI-D 与 I-PD 两种算法，属于更优异的控制器结构。

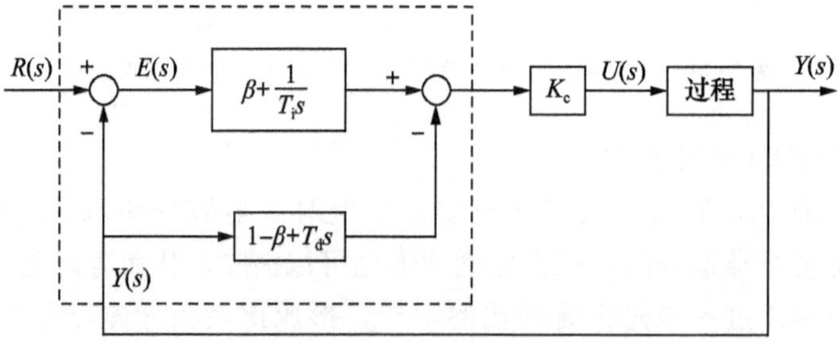


**图 3-52　部分比例先行的 PID 控制结构**

部分比例先行的 PID 控制器的传递函数为

$$U(s)=K_c\left[\left(\beta+\frac{1}{T_i s}\right)E(s)-(1-\beta+T_d s)Y(s)\right] \tag{3-45}$$

将上式进行整理可得

$$U(s)=K_c\left[\beta R(s)-Y(s)+\frac{1}{T_i s}E(s)-T_d sY(s)\right] \tag{3-46}$$

对应的时域表达式为

$$u(t)=K_c\left[\beta r(t)-y(t)+\frac{1}{T_i}\int_0^t e(\tau)\mathrm{d}\tau-T_d\frac{\mathrm{d}y(t)}{\mathrm{d}t}\right] \tag{3-47}$$

比较式(3-43)和式(3-47)可知，图 3-52 所示的部分比例先行 PID 算法实际上是一种“设定值加权”的 PID 控制算法。实际上，将图 3-52 进行等价变换后可以得到带有设定值滤波器的 PI-D 控制器的等效结构，如图 3-53 所示。

从图 3-53 可以看出带有设定值加权的 PID 控制算法在结构上等效于在微分先行 PID 控制器的基础上添加了一个设定值滤波器，该滤波器具有可调参数 $\beta$。因此，该算法也被称为带设定值滤波器的 PID 控制算法，简记为 PID-SVF。

PID-SVF 控制算法具有典型的“二自由度”控制器结构。通常情况下，优化设定值输入响应特性和过程输入输出扰动响应特性对 PID 控制参数的调整要求是不同的。如果只针对其中一个方面进行最佳调整，很可能无法获得令人满意的响应。而使用如图 3-53 所示的二自由度控制结构，可以先针对过程输入输出扰动进行 PID 参数的最佳调整，再通过调整设定值输入滤波器的参数来进一步优化设定值的响应特性。通过这种方式，可以获得对设定值和扰动的控制质量均较好的综合控制效果。

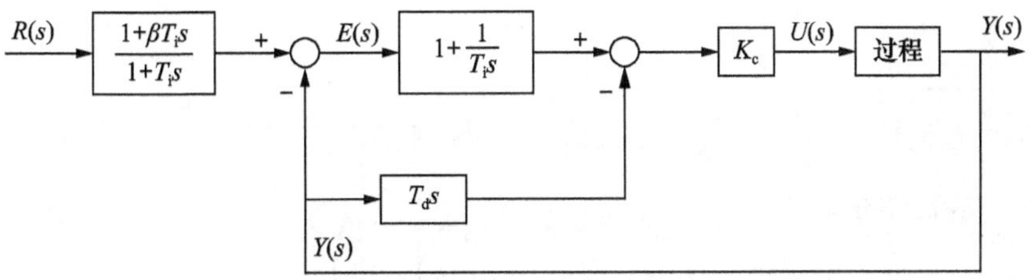


图 3-53 带设定值滤波器的 PI-D 控制算法等价结构

## 3.8.4 PID 控制算法的时域、频域分析

无论是基本的 PID 控制算法还是变形的 PID 控制算法，其核心都是对输入信号(如设定值信号、测量信号或误差信号等)进行基本的比例、积分和微分运算，最终产生能对被控过程进行良好控制的信号。为了更深入地理解 PID 控制动作，本小节将介绍基本 PID 控制器对单位阶跃输入信号的响应特性以及 PID 控制器的频域响应特性。

1. PID 控制器的阶跃响应特性

基本 PID 控制算法表达式中的微分环节通常被称为“理想微分”，PID 控制算法对单位阶跃输入信号的响应是输出一个高度为无穷大、宽度为无穷小的脉冲信号。然而，在实际工程中，实现这种理想的微分校正是不可能的(因为无法超过电源电压)，同时也是不被欢迎的。这是因为当控制系统出现阶跃误差时，控制器的输出会以脉冲的形式进行突变，一下子冲到极限值，然后瞬间消失。这样一来，执行器和控制对象后面的部件根本来不及做出反应，无法产生应有的效果。这种情况还可能产生负面影响，因为控制系统中通常存在高频干扰(如来自检测仪表的电源纹波和电路噪声)。这些高频成分经过微分运算后，可能导致控制器产生巨大的脉冲输出，甚至使控制器的输出饱和。因此，有必要对理想微分的幅度加以一定限制，同时将持续时间延长，即引入“不完全微分”的概念。不完全微分项 $u_d(s)$的传递函数为

$$U_d(s)=K_c\frac{T_d s}{1+\frac{T_d}{N}s}E(s)=\frac{1}{1+\frac{T_d}{N}s}K_c T_d sE(s) \tag{3-48}$$

式中，$N=8\sim10$；“不完全微分”可看作对输入变量先进行“完全”微分(即理想微分)，然后再通过一阶惯性环节进行滤波运算。不完全微分项的时域表达式为

$$\frac{T_d}{N}\frac{du_d(t)}{dt}+u_d(t)=K_c T_d\frac{de(t)}{dt} \tag{3-49}$$

显而易见，在单位阶跃输入条件下，微分项的初始输出值从无穷大逐渐减小到 $NT_c$ 乘阶跃输入量的大小，如图 3-54 所示。在工程中，通常将阶跃输入引起的输出最大变化值与仅由比例项引起的输出变化值之比称为“微分增益”，记作 $K_d$，显然 $K_d=N$。

根据叠加定理，整个 PID 控制器的阶跃响应曲线可以看作比例项、积分项和不完全微分项三个部分叠加而得到的，如图 3-55 所示。微分作用的效果主要在阶跃信号输入的瞬间出现，而积分作用的效果随着时间的推移而增加。随着时间的推移，积分分量逐渐增大，微分分量逐渐减小，最终微分作用可以完全忽略不计。

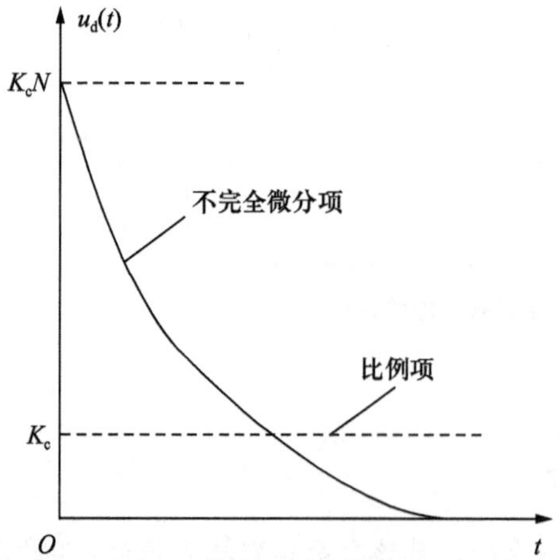


图 3-54　不完全微分的阶跃响应特性

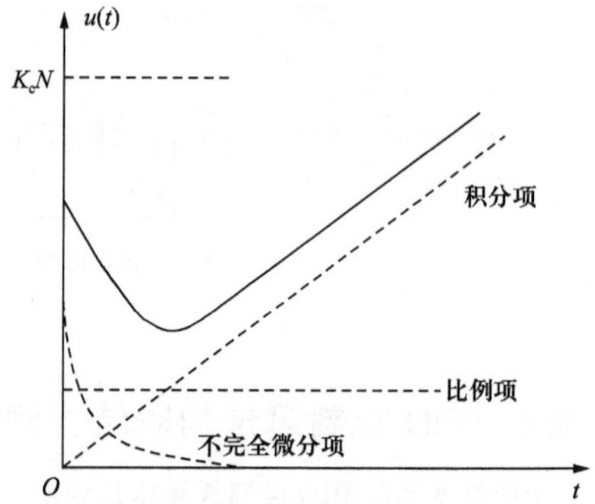


图 3-55　PID 控制算法的阶跃响应特性

图 3-55 所示的阶跃响应表明，当控制器输入端出现阶跃状的误差信号时，微分和比例作用首先产生跳变输出，迅速做出反应；此后，如果误差仍不消失，那么随着微分作用的衰减，积分效果随着时间推移不断增强，直到稳态误差消除。当然，在实际生产过程中，误差总是不断变化的，因此比例、积分、微分三种作用在任何时候都是协调配合工作的。

2. PID 控制器的频域响应特性

为了分析 PID 控制器的频域响应特性，可将 $s=j\omega$ 代入具有不完全微分的 PID 控制器的传递函数中，有

$$G_{PID}(s)\,|_{s=j\omega}=K_c\left[1+\frac{1}{j\omega T_i}+\frac{j\omega T_d}{1+j\omega\dfrac{T_d}{N}}\right] \tag{3-50}$$

将上式两边取对数且乘 20 可求其对数幅频特性 $L(\omega)=20\,|G_{PID}(j\omega)|$。考虑到实际参数值一般满足：$T_i>T_d>T_d/N$，则可将对数幅频特性分段近似作出。

①在低频段，假设 $\omega<1/T_i$，微分项与比例项可以忽略，于是可得到 PID 控制器的对数幅频特性

$$L(\omega)\approx 20\lg\left|\frac{K_c}{j\omega T_i}\right|=20\lg K_c-20\lg(\omega T_i) \tag{3-51}$$

显然，在低频段随着 $\omega$ 的增加，幅频特性 $L(\omega)$ 是以 $-20$ dB/dec 为斜率下降的直线；当 $\omega=1/T_i$ 时，与直线 $L(\omega)\approx 20\lg K_c$ 相交。

②在中频段，当频率较低且满足 $1/T_i<\omega<N/T_d$ 时，积分项与微分项都可忽略，只剩下比例项，因此幅频特性 $L(\omega)$ 成为一条水平直线，即

$$L(\omega)\approx 20\lg|K_c| \tag{3-52}$$

当频率较高且满足 $1/T_d<\omega<N/T_d$ 时，比例项与积分项可以忽略，有

$$L(\omega)\approx 20\lg|K_c\cdot j\omega T_d|=20\lg K_c+20\lg(\omega T_d) \tag{3-53}$$

显然，随着 $\omega$ 的增加，幅频特性 $L(\omega)$是以 20 dB/dec 为斜率上升的直线。当$\omega=1/T_d$ 时，与渐近直线 $L(\omega)\approx 20\lg K_c$ 相交。

③在高频段，当频率满足 $\omega>N/T_d$ 时，比例项与积分项可以忽略，有

$$L(\omega)\approx 20\lg|K_c(N+1)| \tag{3-54}$$

$L(\omega)$成为一条水平直线。

通过以上分析，可以绘出 PID 控制器的对数幅频特性，如图 3-56 中的曲线 $L(\omega)$所示。$L(\omega)$曲线由两段斜线和两段水平线组成，三个转折频率分别为：$\omega_1=1/T_i$，$\omega_2=1/T_d$，$\omega_3=N/T_d$。其相应的相频特性可用上面类似的方法求得，也可用最小相位系统的幅频特性与相频特性的关系推出。

通过观察图 3-56，可以发现 PID 控制器的积分作用在幅频特性的低频段表现出来。当频率趋近于零(即系统接近稳态时)，每个 10 倍频程的增益增加 20 dB，理想情况下会趋向无穷大。这可以用来消除控制系统的稳态误差，但低频相位滞后并不是工程中所希望的。PID 控制器的微分作用则体现在高频段，主要是在系统临界频率附近产生相位超前作用，提高系统的相位裕度，从而改善系统的稳定性，并扩展频带，提高控制动作的快速性和改善动态性能。PID 控制器的比例项在整个频率范围内具有相同的控制作用。在实际应用中，根据不同的控制对象，可以通过修改 PID 参数来满足大多数控制系统的要求。

值得注意的是，图 3-56 所绘制的仅是 PID 控制器的近似频率特性，然而大多数(包括先进的)控制器的频率特性具有类似的形状，只是曲线的细节可能有所不同。

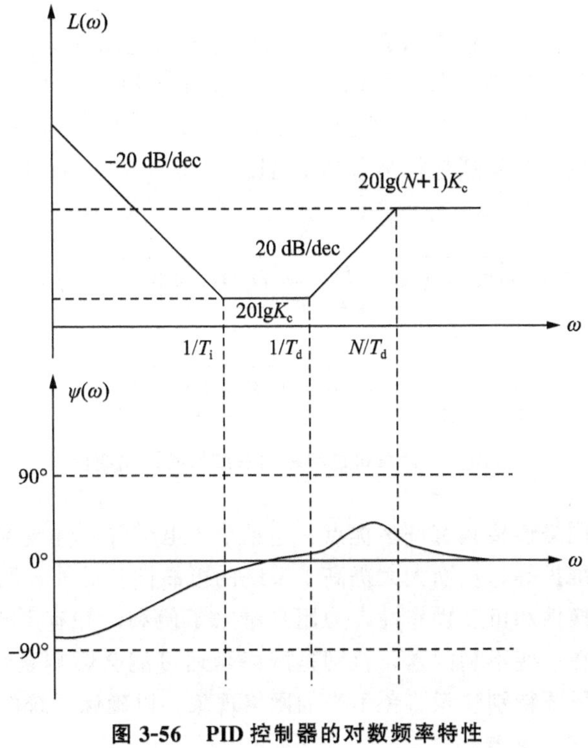


**图 3-56　PID 控制器的对数频率特性**

### 3.8.5　PID控制算法的数字实现技术

目前，工业过程控制系统主要采用计算机控制系统。这意味着从实际被控过程中提取的连续信号先要转换为数字信号，再交给计算机进行控制计算。计算机实现PID控制算法，并将计算出的数字控制信号转换为模拟信号，驱动执行设备和执行器，从而对被控过程进行控制。本小节将在介绍计算机过程控制系统的基本结构基础上，重点讲解PID控制算法数字技术的实现。

1. 数字控制系统的基本结构

在传统的数字控制系统(如直接数字控制系统和分布式控制系统)中，数字控制器内部通常包含模数(A/D)转换器和数模(D/A)转换器。这些转换器用于将来自检测仪表的4～20 mA标准模拟传输信号转换为数字信号，或者将数字信号转换为4～20 mA标准模拟传输信号发送给现场执行器，从而驱动执行机构。如图3-57所示，在D/A转换器之后，通常接有零阶保持器(ZOH)，用于将时间离散的数字信号转换为时间连续的阶梯状模拟信号。

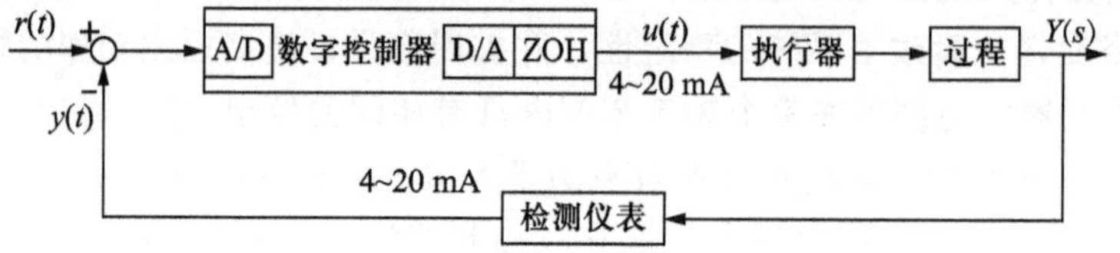


图3-57　传统数字控制系统的基本结构

随着计算机技术和网络通信技术的发展，越来越多的现场变送器和执行器变得智能化，并逐渐采用数字通信技术实现与数字控制器之间的信息传递，如图3-58所示。典型的例子是现场总线控制系统(或新一代的分布式控制系统)。当然，数字通信也需要标准化。目前，在过程控制领域最常用的数字通信标准包括HART协议、FF H1(IEC61158-2物理层协议)和Profibus-PA等。

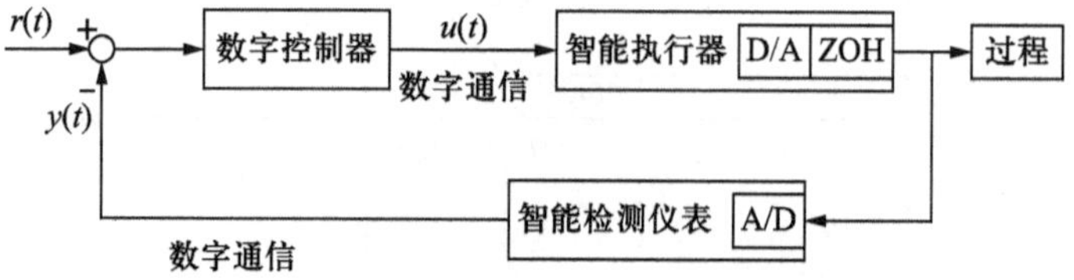


图3-58　计算机过程控制系统的网络化结构

过程控制系统的网络连接具有许多优点，包括节省电缆等硬件成本、提供更丰富的通信内容以及更便于系统维护等，从而大大提高了系统的可靠性。此外，网络连接还可以实现不同厂商设备之间的互换性和可互操作性，为用户带来了便利，并有助于降低系统的总成本。然而，网络通信也存在一些不利因素，特别是网络延迟可能会影响系统的控制性能。因此，在控制器设计过程中需要特别注意避免不当的网络现象，以确保系统的控制性能不受影响。

2. 数字控制器的设计思想

数字反馈控制系统的闭环控制回路结构如图3-59所示，它是图3-57、图3-58所示物理结构的进一步简化。下面简要介绍一下数字控制理论的基本思想。

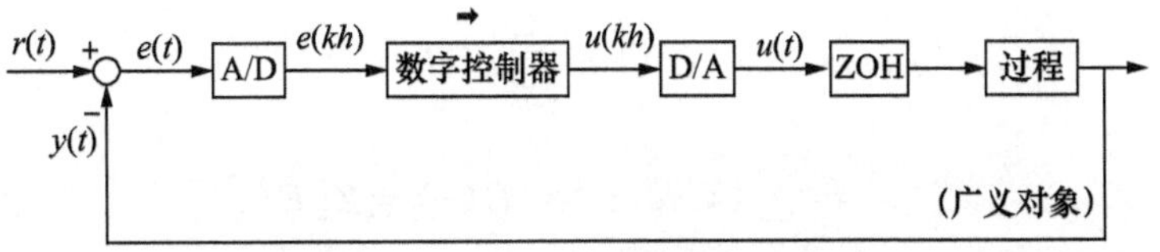


图 3-59　数字反馈控制系统的一般结构

首先，连续时间信号经过 A/D 转换器采样后，得到时间离散(幅值量化)的数字信号，经数字控制器运算处理后，得到数字化的控制器输出信号，该信号再通过 D/A 转换器转化、零阶保持后，成为阶梯状的连续时间信号。若省略掉数字控制器，并且假设 A/D 转换器与 D/A 转换器同步采样，则可以证明：数字采样外加零阶保持在数学上就等价于脉冲采样开关外加零阶保持传递函数，如图 3-60 所示。

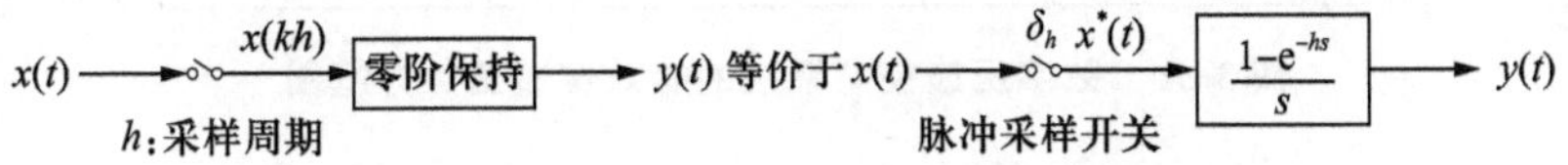


图 3-60　数字采样与零阶保持器的等效传递函数描述

以连续信号 $x(t)$ 为例，经过采样与零阶保持后，其输出 $y(t)$ 为

$$y(t)=\sum_{k=0}^{\infty}x(kh)[1(t-kh)-1(t-kh-h)] \tag{3-55}$$

式中：$1(t)$ 为单位阶跃信号。对式(3-55)取拉普拉斯变换，有

$$Y(s)=\sum_{k=0}^{\infty}x(kh)\frac{\mathrm{e}^{-khs}-\mathrm{e}^{-(k+1)hs}}{s}=\frac{1-\mathrm{e}^{-hs}}{s}\sum_{k=0}^{\infty}x(kh)\mathrm{e}^{-khs} \tag{3-56}$$

若令周期性脉冲采样函数 $\delta_h$ 为

$$\delta_h=\sum_{k=0}^{\infty}\delta(t-kh) \tag{3-57}$$

则式(3-56)可转化为

$$Y(s)=\frac{1-\mathrm{e}^{-hs}}{s}L\left[\sum_{k=0}^{\infty}x(t)\delta(t-kh)\right]=\frac{1-\mathrm{e}^{-hs}}{s}L[x^*(t)] \tag{3-58}$$

其中，脉冲采样信号 $x^*(t)$ 定义为

$$x^*(t)=x(t)\sum_{k=0}^{\infty}\delta(t-kh)=\sum_{k=0}^{\infty}x(kh)\delta(t-kh) \tag{3-59}$$

从式(3-55)与式(3-58)可以看出图 3-60 中二者的等价关系。

其次，根据上述等价关系，对图 3-59 中每一环节建立其数学模型，可得到如图 3-61 所示闭环系统的传递函数方框图。图 3-61 中控制器传递函数 $G_c(s)$，外加输出脉冲采样开关后，其等效传递函数(图中虚线框内部分)就是数字控制器算法的数学描述 $G_c(z)$。

上文已经说明，连续误差信号 $e(t)$ 经脉冲采样(即与周期脉冲采样函数相乘)后成为脉冲采样信号 $e^*(t)$。对 $e^*(t)$ 取拉普拉斯变换，有

$$E^*(s)=L[e^*(t)]=\sum_{k=0}^{\infty}e(kh)\mathrm{e}^{-khs}$$
$$=\sum_{k=0}^{\infty}e(kh)z^{-k}=E(z)=Z[E(z)] \tag{3-60}$$

式中：$z=\mathrm{e}^{hs}$；$E(z)$称为误差信号 $e(t)$的 Z 变换。从上式可以看出，脉冲采样信号的拉普拉斯变换(简称带星号的拉氏变换)就是该连续信号的离散化 Z 变换。

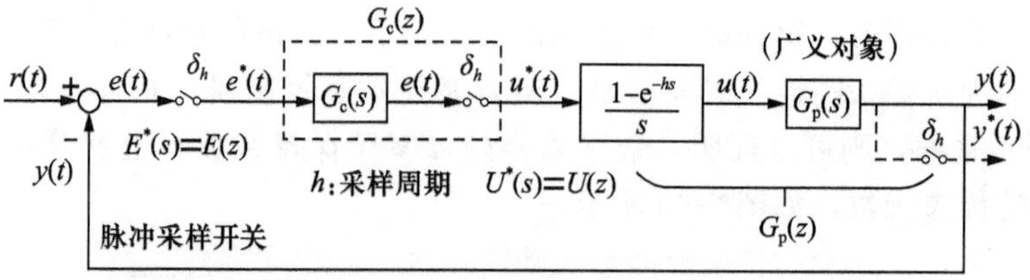


图 3-61　数字反馈控制系统的等效传递函数方框图

假设连续控制器的传递函数是 $G_c(s)$，其单位脉冲响应为 $g_c(t)$，则当输入为脉冲采样信号 $e^*(t)$时，根据系统的线性、时不变性与因果性质，控制器输出为

$$u(t)=\sum_{m=0}^{\infty}e(mh)g_c(t-mh) \tag{3-61}$$

当控制器输出与输入信号在同一时刻($t=kh$)采样时，可得到如下控制器输出的脉冲采样信号

$$u^*(t)=\sum_{k=0}^{\infty}\sum_{m=0}^{\infty}e(mh)g_c(kh-mh)\delta(t-kh) \tag{3-62}$$

对 $u^*(t)$取拉普拉斯变换，有

$$\begin{aligned}U^*(s)=L[u^*(t)]&=\sum_{k=0}^{\infty}\sum_{m=0}^{\infty}e(mh)g_c(kh-mh)z^{-kh}\\&=\sum_{k=0}^{\infty}\sum_{m=0}^{\infty}e(mh)z^{-mh}g_c(kh-mh)z^{-(kh-mh)}\\&=\sum_{m=0}^{\infty}e(mh)z^{-mh}\sum_{k=m}^{\infty}g_c(kh-mh)z^{-(kh-mh)}\\&=E^*(s)G_c^*(s)=E(z)G_c(z)\end{aligned} \tag{3-63}$$

因此有

$$G_c(z)=\frac{U(z)}{E(z)} \tag{3-64}$$

或者

$$G_c^*(z)=\frac{U^*(z)}{E^*(z)} \tag{3-65}$$

式中：$G_c(z)$称为脉冲传递函数。上述过程还可描述为

$$U^*(s)=[G_c(s)E^*(s)]^*=G_c^*(s)E^*(s) \tag{3-66}$$

最后，将广义对象包含零阶保持器传递函数$(1-e^{-hs})/s$，其输出引入一个脉冲采样器，则该含零阶保持器的广义对象的输入$u^*(t)$、输出$y^*(t)$均为脉冲采样信号，于是可得到广义对象的传递函数$G_p(z)$。具体地说，若已知对象的传递函数为$G_p(s)$，并且在 D/A 转换器之后采用零阶保持器，则有

$$G_p(z)=Z\left[\frac{1-e^{-hs}}{s}G_p(s)\right] \tag{3-67}$$

根据上式，可计算出对象的离散化模型$G_p(z)$。

现在，剩下的问题就是如何设计或者选择数字控制器的脉冲传递函数$G_c(z)$，其一般形式为

$$G_c(z)=\frac{U(z)}{E(z)}=\frac{b_0+b_1z^{-1}+\cdots+b_nz^{-n}}{1+a_1z^{-1}+\cdots+a_nz^{-n}} \tag{3-68}$$

在实际系统中，数字控制器算法主要是求解一个差分方程，该差分方程是由脉冲传递函数$G_c(z)$给出的。事实上，由式(3-68)可直接写出差分方程形式，即

$$u(k)=-a_1u(k-1)-\cdots-a_nu(k-n)+b_0e(k)+b_1e(k-1)+\cdots+b_ne(k-n) \tag{3-69}$$

式中：$u(k)$是当前时刻控制器的输出；$e(k)$是当前周期的控制误差。显然，要计算$u(k)$，可能用到控制器输出与过程变量的历史数据，这是动态控制器的特征。

从上面的分析中可以看出，只要求得$G_c(z)$，就得到了数字控制算法。当然，若已知连续控制器的传递函数$G_c(s)$，则通过下式，同样可得到$G_c(z)$，即

$$G_c(z)=Z[G_c(s)] \tag{3-70}$$

目前，数字控制器设计方法大致可归为两类，即直接设计方法与间接设计方法。

(1)数字控制器的直接设计方法(DIR)

这是通过采样数字控制理论，借助移位算子($z^{-1}$)来直接进行数字控制器设计的一种方法。其中，采样周期$h$也是一个设计参数。这里，数字控制器以外的整个系统可看作输入输出都是数字量的数字控制系统，如图 3-62 中虚线框内部分所示。

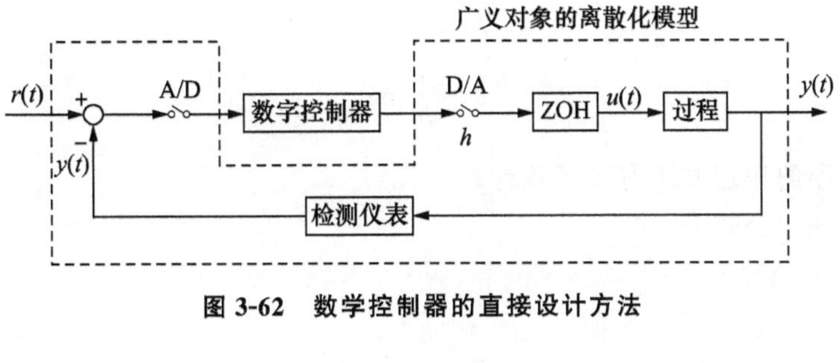


**图 3-62　数学控制器的直接设计方法**

具体来说，就是直接根据广义对象的数字量输入输出，采用离散化系统辨识技术辨识对象的离散化模型$G_p(z)$。根据$G_p(z)$可直接设计数字控制器$G_c(z)$。当然，若已知对象的传递函数为

$G_p(s)$，则根据式(3-67)也可以计算出 $G_p(z)$。目前许多高级控制算法大都采用这种方法。

(2)数字控制器的间接设计方法——连续控制器的数字离散化方法(DIG)

这是根据连续对象的传递函数模型，借助传统的连续控制器设计方法，首先设计出连续控制器 $G_c(s)$，然后再将其离散化，计算出等价的数字控制器 $G_c(z)$的一种数字控制器设计方法。也就是求解 $G_c(z)$，使得图 3-63 中实际数字控制器实现部分(图中虚线框内部分)的传递函数接近控制器 $G_c(s)$。

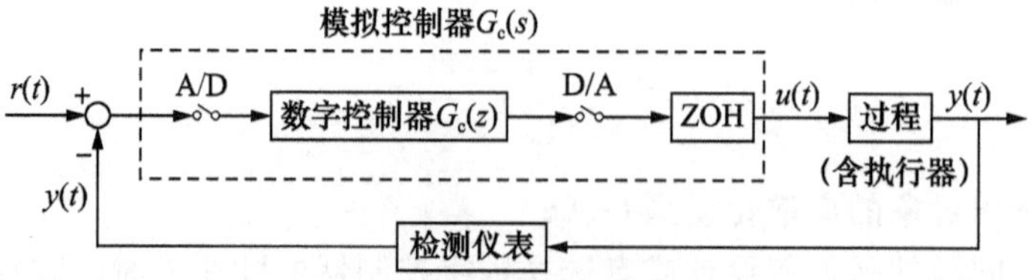


图 3-63　数字控制器的间接设计方法

当然，当采样周期(或算法计算时间)较长时，需要考虑数字控制系统中普遍存在的采样保持器延迟(或计算延迟)的补偿问题，因为闭合回路中的时间延迟会引起相位滞后，并使闭环系统的稳定裕度降低。因此，在设计原型模拟的连续控制器时，就应事先考虑到闭环中须允许这一滞后，即有足够的稳定裕度。例如，可在广义对象之前引入如图 3-64 所示的延迟与惯性环节，使设计出的模拟控制器满足系统设计的性能指标要求。

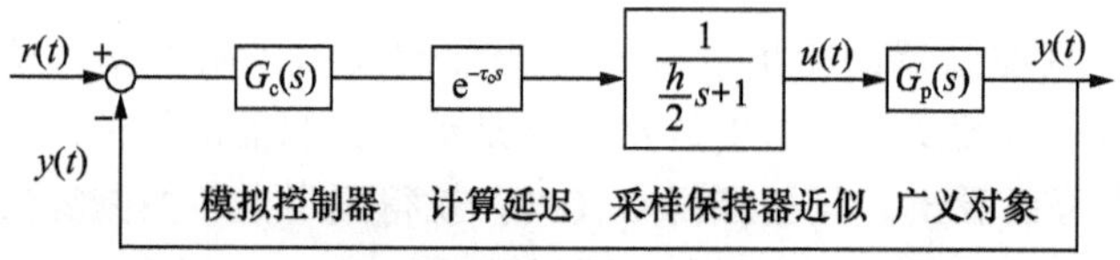


图 3-64　连续控制器设计中的计算延迟与采样延迟补偿

3. 连续 PID 控制器的离散化

连续 PID 控制算法在工程实践中已经应用了数十年，并积累了大量成熟的经验。可以采用连续控制器离散化技术，即直接将连续 PID 控制器转化为离散形式，将其应用于计算机控制系统中。离散化的目的是通过有效的有理函数逼近来实现离散 PID 控制算法。公式为

$$z=e^{hs} \tag{3-71}$$

或

$$s=\frac{1}{h}\ln z \tag{3-72}$$

最简单且常用的逼近方法有以下几种。

①后向差分法。公式为

$$s=\frac{1-z^{-1}}{h} \tag{3-73}$$

这种方法的应用包括不完全微分项的计算、惯性法等。

②前向差分法。公式为

$$s=\frac{1-z^{-1}}{hz^{-1}} \tag{3-74}$$

这种方法的应用包括抗积分饱和算法中的积分项等。

③其他方法。例如双线性变换、零点-极点匹配映射法等。

前两种方法属于采用矩形近似的数值积分方法，要求采样周期相对系统的主要时间常数要足够小，即属于“准连续”数字控制算法。

下面以 PID 控制器中积分项

$$U_i(s)=K_c\frac{1}{T_i s}E(s) \tag{3-75}$$

的数字离散化逼近实现为例说明前向、后向差分的计算公式。

如果采用后向差分，有

$$u_i(kh)=u_i(kh-h)+K_c\frac{h}{T_i}e(kh) \tag{3-76}$$

式中：$u_i(kh-h)$表示上个采样周期积分项的数值，当前采样周期的输入误差是$e(kh)$。后向差分实现数字积分递推计算的特点是更新当前周期的积分状态要用到当前采样周期的测量误差，也就是说积分项不能够提前一个周期计算。

如果采用前向差分，有

$$u_i(kh)=u_i(kh-h)+K_c\frac{h}{T_i}e(kh-h) \tag{3-77}$$

此时，更新当前周期的积分状态不需要用到当前时刻的测量误差，而是采用上个周期的测量误差数值，因而可以提前一个周期计算。但是前向差分有可能得到不稳定的解，因此使用要谨慎。

下面以一阶惯性数字滤波器的数字实现为例来说明后向差分的数字实现技术的应用。一阶惯性环节在数字控制系统中是最常用的数字滤波运算模块。

例：求解如下一阶惯性环节的离散差分方程，实现

$$Y(s)=\frac{1}{1+T_i s}X(s) \tag{3-78}$$

式中：$X(s)$为输入信号；$Y(s)$为滤波器输出信号。

解：将上式化作时域形式，取采样周期为$h$，将

$$s=\frac{1-z^{-1}}{h} \tag{3-79}$$

代入式(3-78)；同时将输入、输出换作时域形式，将$z^{-1}$解释作时域信号延迟一拍，于是有

$$y(kh)+T_f\frac{y(kh)-y(kh-h)}{h}=x(kh) \tag{3-80}$$

整理后有

$$y(kh)=\frac{T_{\mathrm{f}}}{h+T_{\mathrm{f}}}y(kh-h)+\frac{h}{h+T_{\mathrm{f}}}x(kh) \tag{3-81}$$

或者

$$y(kh)=\alpha y(kh-h)+(1-\alpha)x(kh) \tag{3-82}$$

式中

$$\alpha=\frac{T_{\mathrm{f}}}{h+T_{\mathrm{f}}}. \tag{3-83}$$

从式(3-82)可以看出，数字惯性滤波的实质是取一定百分比($\alpha$)的上个周期输出，外加一定百分比($1-\alpha$)的当前信号输入。显然，参数 $\alpha$ 就体现出了惯性的大小。

惯性滤波在 PID 控制算法中的直接应用就是不完全微分。考虑到不完全微分项可写作如下形式

$$U_{\mathrm{d}}(s)=-K_{\mathrm{c}}\frac{T_{\mathrm{d}}s}{1+\frac{T_{\mathrm{d}}}{N}s}Y(s)=\frac{1}{1+\frac{T_{\mathrm{d}}}{N}s}(-K_{\mathrm{c}}T_{\mathrm{d}}s)Y(s) \tag{3-84}$$

即不完全微分运算就等价于对输入信号首先作理想微分，然后再进行惯性滤波，因此应用式(3-81)可直接写出离散化后的不完全微分表达式

$$u_{\mathrm{d}}(kh)=\frac{T_{\mathrm{d}}/N}{h+T_{\mathrm{d}}/N}u_{\mathrm{d}}(kh-h)+\frac{h}{h+T_{\mathrm{d}}/N}\left[-K_{\mathrm{c}}T_{\mathrm{d}}\frac{y(kh)-y(kh-h)}{h}\right] \tag{3-85}$$

重新整理后，可得到

$$u_{\mathrm{d}}(kh)=\frac{T_{\mathrm{d}}/N}{h+T_{\mathrm{d}}/N}u_{\mathrm{d}}(kh-h)-\frac{K_{\mathrm{c}}T_{\mathrm{d}}}{h+T_{\mathrm{d}}/N}[y(kh)-y(kh-h)] \tag{3-86}$$

上式给出了连续 PID 控制器的不完全微分项的离散化递推算法。

4. 数字 PID 控制的位置式与增量式算法

如果 PID 控制算法直接算出的是希望的阀门开度(或称阀门位置)，则称位置式 PID 控制算法；如果 PID 算法给出的是阀门开度的变化量，则对应的算法称为增量式 PID 控制算法。具体采用何种方式，主要与执行机构的属性有关。

(1)位置式 PID 控制算法

这里给出位置式 PID 控制算法的具体计算步骤。一般来说，在实现 PID 算法时，比例、积分、微分三个环节独立来算比较方便，即

$$u_{\mathrm{PID}}(kh)=u_{\mathrm{p}}(kh)+u_{\mathrm{i}}(kh)+u_{\mathrm{d}}(kh) \tag{3-87}$$

式中：$u_{\mathrm{PID}}(kh)$表示当前控制周期 PID 控制器的输出；比例部分可直接计算

$$u_{\mathrm{p}}(kh)=K_{\mathrm{c}}[\beta r(kh)-y(kh)] \tag{3-88}$$

积分部分一般采用前向差分，这样可以在控制计算完成并输出更新后，利用每个控制周期剩

余时段，提前计算下个周期($kh+h$ 时刻)积分项的值，从而降低过程信号采样与控制信号生成之间的计算量，减小控制延迟，即

$$u_i(kh+h)=u_i(kh)+K_c\frac{h}{T_i}e(kh) \tag{3-89}$$

(不完全)微分部分一般采用后向差分，这样微分项对于所有 $T_d$ 都是稳定的(而前向差分对于小的 $T_d$ 会发生“振铃”现象，也会导致不稳定)。具体计算如下。

$$u_d(kh)=a_d u_d(kh-h)-b_d[y(kh)-y(kh-h)] \tag{3-90}$$

其中

$$a_d=\frac{T_d/N}{h+T_d/N} \tag{3-91}$$

$$b_d=\frac{K_c T_d}{h+T_d/N} \tag{3-92}$$

这里，微分仅仅对测量值来做。

(2)增量式 PID 控制算法

增量式 PID 控制算法可描述为

$$u_{PID}(kh)=u^r(kh-h)+\Delta u_{PID}(kh) \tag{3-93}$$

式中：$u^r(kh-h)$代表上个周期控制器的实际输出值，并且

$$\Delta u_{PID}(kh)=\Delta u_p(kh)+\Delta u_i(kh)+\Delta u_d(kh) \tag{3-94}$$

每个控制周期只需要计算出 PID 控制器输出的增量部分 $\Delta u_{PID}(kh)$即可。具体计算如下。

①比例部分：

$$\Delta u_p(kh)=K_c\Delta e(kh)=K_c[e(kh)-e(kh-h)] \tag{3-95}$$

②积分部分：采用后向差分，即

$$\Delta u_i(kh)=K_c\frac{h}{T_i}e(kh) \tag{3-96}$$

或者前向差分，即

$$\Delta u_i(kh)=K_c\frac{h}{T_i}e(kh-h) \tag{3-97}$$

③微分部分：采用后向差分有

$$\Delta u_d(kT)=\frac{T_d/N}{h+T_d/N}\Delta u_d(kh-h)-K_c\frac{T_d}{h+T_d/N}[\Delta y(kh)-\Delta y(kh-h)] \tag{3-98}$$

以上各式中 $e(kh)=r(kh)-y(kh)$。

上述提供了位置式和增量式 PID 控制算法的计算步骤。增量式 PID 控制器的具体实现结构如图 3-65 所示，图中使用虚线表示来自执行器输出的反馈信号。如果可行的话，最好

将实际阀位信号反馈到缓冲单元中。图中还展示了手动控制与PID自动控制之间的模式切换结构。从图中可以看出，增量式和位置式算法的区别主要体现在具体的操作层面上。关键是，无论是在手动控制模式还是自动控制模式下，都要确保缓冲单元能够跟踪上一个周期控制器输出的实际控制阀位信号 $u'(kh)$。

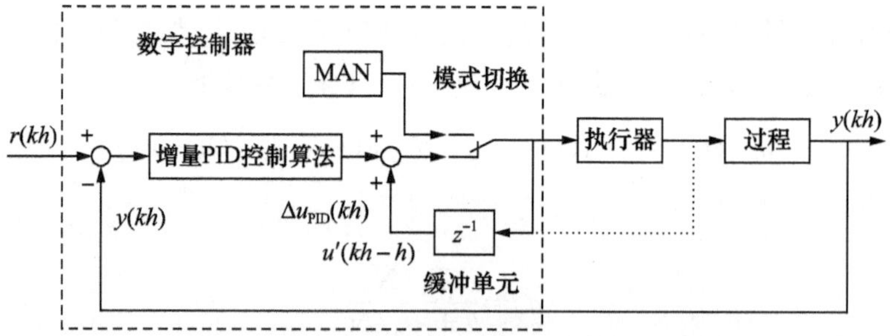


图 3-65　增量式 PID 控制算法的实现结构

(3)增量式算法的主要特点

①当执行机构本身具有积分特性，并且只需要对阀位进行修正(如脉冲式步进电机驱动的控制阀门)时，可以采用增量式算法直接输出增量 $\Delta u_{\text{PID}}(kh)$，然后将其应用于被控执行单元。

②增量式算法在本质上具有抗积分饱和功能，即不会出现积分饱和的现象。

③对于增量式算法，在将控制器从手动模式切换到自动模式时，可以实现无扰切换，不需要对输出进行任何形式的初始化。

然而，增量式PID控制算法存在一个小缺点，即必须包含积分环节。纯比例微分项除了在设定值改变后的一个周期内与设定值相关外，在其他时间段都与设定值无关(尤其是在微分先行和比例先行算法中)。因此，如果缺少积分环节，当受到扰动导致被控过程变量漂移(或偏离设定点)时，无法有效纠正这种偏离。

计算机内部实现A/D转换、数字PID控制和D/A输出处理的基本流程如图3-66所示。图中所示的具体执行代码可以分为以下几个主要部分：模拟量输入处理(A/D)、控制计算、数字量输出处理以及控制器动态环节的状态更新。对于PID控制算法而言，状态更新主要涉及积分状态的更新，即提前一个周期进行积分环节的计算。

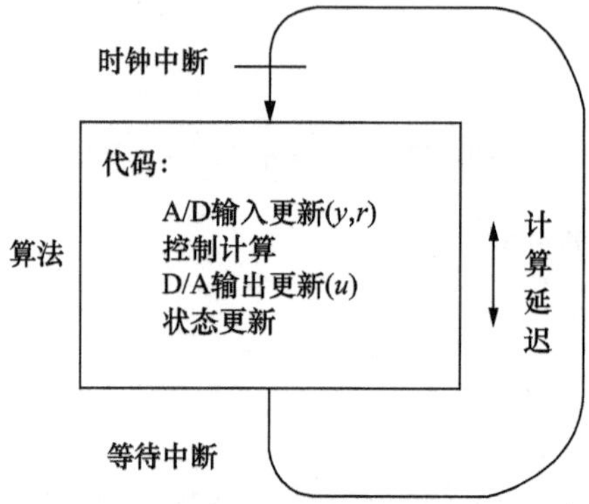


图 3-66　采样控制系统中的控制算法流程

(4)计算机控制系统中的计算延迟控制

在计算机控制系统中，计算延迟是一个不可忽视的问题。计算延迟表现在控制器输出 $u(k)$不能立即生成在 $t$ 时刻的过程采样信号 $y(k)$后。相反，控制计算，例如 $u(k)=f(y(k),\cdots)$，需要一定的时间 $\tau$。这段时间 $\tau$ 被称为控制延迟，如图 3-67(a)所示。针对这种延迟，可以采取以下解决方法。

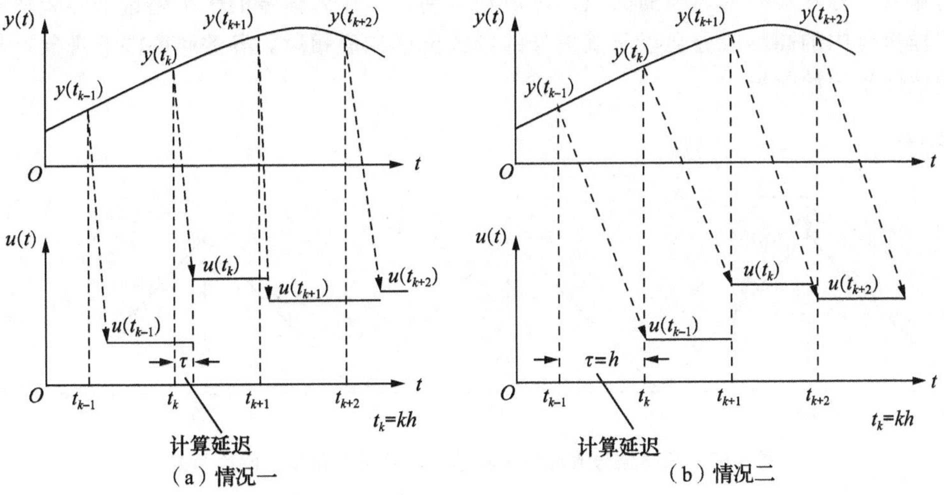


**图 3-67　采样控制系统中的计算延迟**

①设计具有足够鲁棒性的控制器，以克服计算时延的变化对系统性能的影响，尽管这可能是最复杂的方法。

②当延迟相对于采样周期 $h$ 较小时，可以直接忽略计算延迟，这在实践中经常是可行的。例如，通过优化程序编码，最小化延迟，即使是最小化 A/D 和 D/A 之间的程序操作量。同时，可以将控制算法程序代码划分为“控制输出计算”和“状态更新”两个部分，先输出再进行状态更新，从而进一步缩短延迟。

③对计算延迟进行补偿，可以将计算延迟包含在(对象)模型中，如图 3-64 所示，在设计时加以考虑。需要注意的是，系统采样也具有时延，因此在编写程序代码时，要确保计算延迟是常量。

④在控制器中包含一个固定延迟的采样周期，即在计算完成后，不立即发出控制信号，而是等到下一个周期再发送。这样，计算延迟就固定为一个采样周期 $h$，如图 3-67(b)所示。这种方法更容易实现补偿。

总的来说，最简单的处理方法是努力减小延迟，使其可以忽略不计。即使无法忽略延迟，也应使延迟成为一个固定常量，以便在算法上实现补偿。

5. 数字 PID 控制器采样周期、积分字长的选取

(1)采样周期的确定

为了满足不同控制回路的要求，通常可以根据被控对象的特性选择不同的采样周期。因此，了解采样周期对控制质量的影响，并根据一般原则来选择采样周期是必要的。

一般而言，加快采样频率可以改善计算机控制系统的控制性能，但同时对控制设备的软硬件要求也更高。因此，需要在系统性能和成本之间进行权衡。换句话说，在满足控制性能

要求的前提下，需要合理选择采样周期。采样周期的选择通常由对象的动态特性和扰动情况两个方面来决定。

根据香农采样定理，为了不失真地恢复模拟信号，采样频率应该不小于模拟信号频谱中最高频率的两倍。采样定理阐述了采样频率与信号频谱之间的关系，是连续信号离散化的基本依据。图 3-68 展示了当输入信号为正弦信号时，经过采样后的数字信号在恢复时的表观频率与输入信号真实频率之间的关系。可以观察到，当输入信号的频率超过采样频率的一半时，采样信号中的高频成分会以干扰信号的形式出现在低频段，导致频率混叠现象，从而无法准确地恢复原始信号。

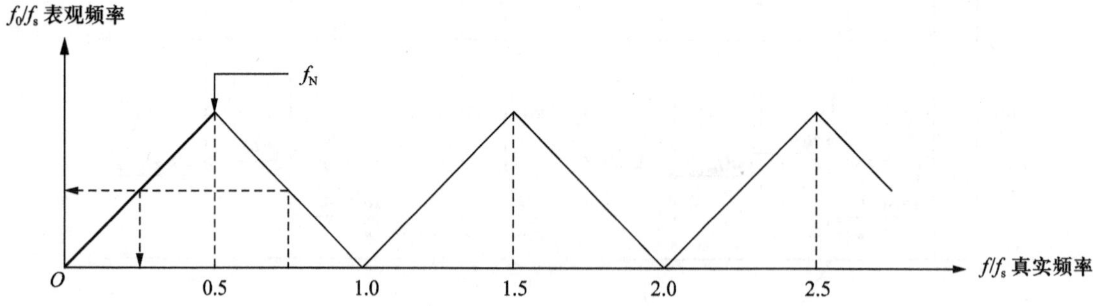


**图 3-68　采样信号表观频率与输入信号真实频率之间的关系**

事实上，采样定理的要求还是很宽松的，这是因为采样定理是基于如下两点假设的。

①原始信号是周期的。

②根据无限时域上的采样信号来恢复原始信号。

但是，在实时采样控制系统中，则要求在每个采样时刻以有限个(历史)采样数据近似恢复原始信号，所以不能照搬采样定理的结论。

具体应用上，如果作用在系统上的主要扰动周期为 $T$，则采样周期应该小于 $T/5$，工程上一般取采样周期$\leqslant T/10$。

在与对象动特性关系方面，因为数字控制器的输出是阶梯状的，为使对象测量信号上不出现阶梯跳动，采样周期还应比对象的惯性时间常数小得多，一般取采样周期≤对象时间常数/10。需要说明，上式中的对象时间常数可以按照“广义对象”时间常数考虑。例如，在流量控制系统中，尽管其狭义对象(管道)的时间常数只有毫秒级，但加上执行器和测量仪表的动作时间后，其广义对象的时间常数就达到秒级了，这样，数字仪表的采样周期选择也就不难满足上述要求了。

采样周期的选择还与噪声水平密切相关。当信噪比较低时，应适当增加采样周期。噪声与过程负荷扰动有所不同，通常具有较高的频率。例如，各种测量噪声由周围环境的电磁干扰引起，液位波动由水槽入水击打液面引起，等等。当然无法通过调节控制器来消除噪声。相反，当噪声水平较高且采样频率过高时，控制器会对噪声过于敏感，导致执行器进行不必要的频繁动作，不仅容易磨损执行机构，还会对过程产生冲击。因此，当信噪比较低时，可以适当增加采样周期，即等待过程信号幅度变化足够大，超出噪声水平后再进行采样。这相当于降低整个闭环系统的带宽。进一步降低模拟低通滤波器的带宽可以更有效地滤除噪声。这样，闭环系统对噪声就不会过于敏感。

综上所述，需要根据被控过程变量的测量值与期望值之间的误差的采样信息及时了解被控过程的运行状态，准确识别扰动和误差信息，并采取及时而有效的调控手段进行补偿。这要求采样周期的选择能够确保采样数据及时反映过程的实时运行状态，也就是说，通过采样的数字信息应该能够恢复原始的有用模拟信息。只有这样，基于数字采样信息的控制才能可靠有效。在工业上广泛采用的 DCS 中，通常提供的最小采样周期为 50 ms，而典型回路的最小采样周期则为 1 s。在实际使用中，可以根据被控过程的特性自由选择采样周期。

(2)积分字长的确定

在 DDC 系统的数字仪表中，为提高运算速度，内部程序一般采用汇编语言编写，这就涉及字长的选择问题。当然，高级语言编程也涉及数据类型以及相应类型有效字长的选择问题。考虑到在闭环控制过程中主要依靠积分项来消除最后的残余误差，而此时若积分字长选取不当，就有可能丧失对误差持续不断的积累效果，严重影响控制精度。下面以双字节 PID 控制运算为例加以说明。

假设针对某一特定对象，控制器的参数整定结果如下：比例度 $PB=500\%$，积分时间常数 $T_i=1\ 800$ s，采样周期 $h=0.2$ s。同时，假设给定值、测量值以及控制器输出值均采用归一化数据，并且小数点在最高位。那么，只有当误差足够大，大到满足不等式

$$\Delta u_i(kh)=K_c\frac{h}{T_i}e(kh)\geqslant\frac{1}{2^{16}} \tag{3-99}$$

时，该项才不会被舍弃掉。代入以上数据，有

$$|e(kh)|\geqslant\frac{PB\cdot T_i}{h}\cdot\frac{1}{2^{16}}=\frac{5\times1\ 800}{0.2}\times\frac{1}{2^{16}}=69\% \tag{3-100}$$

式(3-100)的物理含义是：只有当误差幅度超过满刻度的 2/3 以上时，积分项才能发挥作用，否则其数值始终不变，而正常情况下误差不可能大到这种程度，所以积分项事实上形同虚设。

那么，积分项字长到底要取多少个字节才合适呢？根据积分公式(3-99)可知，在所有调整参数同时取允许的极限值条件下，积分项可能达到某一最小值，应根据此最小值来选取合适的字长，使得该最小值不会因为字长有限而被舍弃。这样，每个参数的有效取值范围才都是有意义的。

以 YS80 系列仪表 SLPC 为例，A/D 转换器为 12 位，数值[0，4 095]对应电压[0，6.353 V]，则输入 1～5 V 对应内部数值 645～3 223，归一化为 0.0～1.0，因此 1 bit 输入量变化对应相对满量程的百分比是 $e_{\min}=1/2\ 578$。

根据 SLPC 仪表说明书，查得各参数的极限值分别为 $T_i=9\ 999$ s，$PB=999.9\%$，$h=0.1$ s，因此有

$$\frac{100}{PB}\cdot\frac{h}{T_i}\cdot e_{\min}=\frac{100}{999.9\%}\times\frac{0.1}{9\ 999}\times\frac{1}{2\ 578}=2^{-n}\quad n\approx31.3 \tag{3-101}$$

因此，积分字长的选择原则可以简要概括如下：在最大允许积分时间常数和最小比例增益的极端情况下，积分作用仍然能够累积 12 位 A/D 转换器所能分辨的最小测量值变化量，以提高稳态精度和改善控制质量。为了满足这一要求，积分运算至少需要 4 个字节。考虑到还需要适当数量的整数位数，实际上需要取 5 个字节作为积分字长。

# 3.9 PID控制器的整定方法

控制器参数的整定一般有两种方法：一种是理论计算法，即根据广义对象的数学模型和性能要求，用根轨迹法或频率特性法来确定控制器的相关参数；另一种方法是工程实验法，通过典型输入响应曲线得到特征量，然后查照经验表，求得控制器的相关参数。工程整定法主要有四种，下面分别介绍。

## 3.9.1 临界比例度法

临界比例度法(又称稳定边界法)是一种常闭环控制系统整定方法。这种方法的核心在于基于纯比例控制器系统的临界振荡试验所获得的相关参数，且不影响生产工艺安全和效率。持续振荡时的比例增益被称为临界比例度，而对应的振荡周期则被记录下来。基于临界比例度和振荡周期这两个关键数据，利用经验公式来计算出控制器的最优整定参数。

1942年，Ziegler(齐格勒)和Nichols(尼科尔斯)提出了一种系统化的方法来调整PID参数，即著名的Ziegler-Nichols调整规则。Ziegler-Nichols调整规则将系统调整到振荡的边缘(即临界点)，然后据此计算控制参数。这种方法被广泛认为是临界比例度法的一个重要里程碑。

Ziegler-Nichols调整规则的优点在于该方法不依赖于系统的数学模型，这使得该方法特别适用于那些难以精确建模的复杂系统。通过实际的试验数据来调整控制参数，能够更直接地反映系统的动态行为和特性。然而，Ziegler-Nichols调整规则也有局限性，例如在某些高度敏感或不稳定的过程中，进行这样的振荡试验可能存在风险。此外，临界比例度法得到的参数可能需要进一步的微调，以便更好地适应特定系统的性能要求和动态特征。尽管如此，临界比例度法因其简单性和实用性，在工业控制系统的PID整定中仍然被广泛应用。

临界比例度法是在闭环情况下进行的。设 $T_i=\infty$，$T_d=0$，使控制器工作在纯比例情况下，将比例度由大逐渐变小，使系统的输出响应呈现等幅振荡，如图3-69所示。根据临界比例度 $\delta_{cr}$ 和振荡周期 $T_s$，按表3-8所列的经验算式，求取控制器的参考参数值，这种整定方法以得到4∶1的衰减曲线为目标。

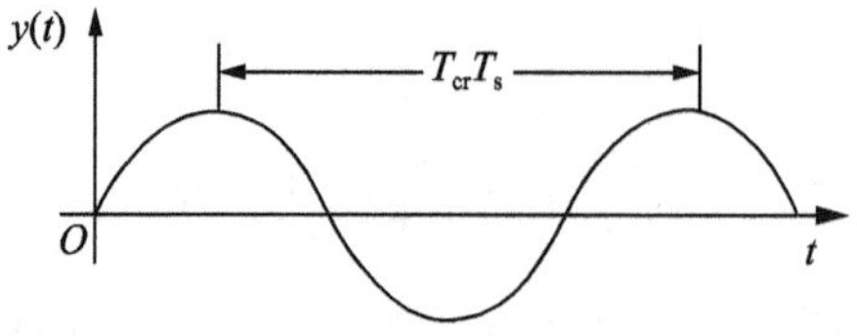


图3-69　输出等幅振荡

**表 3-8　临界比例度法整定控制器参数**

| 控制规律 | $\delta$ | $T_i$/min | $T_d$/min |
|---|---|---|---|
| P 控制 | $0.5\delta_{cr}$ | — | — |
| PI 控制 | $0.4\delta_{cr}$ | $T_{cr}/1.2$ | — |
| PID 控制 | $0.6\delta_{cr}$ | $0.5T_{cr}$ | $0.125T_{cr}$ |

Ziegler-Nichols 经验公式是通过实验方法得出的，旨在实现控制系统 1/4 衰减比的闭环响应。对于纯比例控制，建议将比例度设置为临界比例度的一半，这样的设置为系统提供了两倍的安全裕度。然而，当引入积分控制后，由于积分作用带来的相位滞后效应，系统的稳定性裕度降低。为了保持系统的稳定性，建议将比例度从 $0.5\delta_{cr}$ 降低到 $0.45\delta_{cr}$。在 PID 控制中，由于微分作用通过相位超前效应提高了系统的稳定性，允许将比例增益提升到 $0.6\delta_{cr}$。

需要注意的是，当比例增益超过临界增益时，理论上闭环系统将变得不稳定，可能导致无限增幅的振荡。但在实际应用中，由于控制器的饱和限制，这种无限增幅的振荡不会发生，相反会出现连续等幅的振荡。因此，在实际测试中，如果控制器出现饱和现象，所测得的临界增益和由此计算出的比例增益可能会过高。在进行临界振荡实验时，应当注意避免控制器饱和的情况。

临界比例度法的优点是应用简单方便、易于掌握和判断，但此法也有一定限制。首先，要产生受控变量能承受的等幅振荡的波动；其次，受控对象应是二阶及二阶以上或具有纯滞后的一阶以上环节，否则在比例控制下，系统是不会出现等幅振荡的；最后，在求取等幅振荡曲线时，应特别注意执行器出现开、关的极端状态。

## 3.9.2　动态特性参数法

用 Ziegler-Nichols 经验公式得到的 PID 参数通常只作为控制系统的起始参数。为了优化闭环系统的控制性能，还需要对这些参数进行手动微调，这一步骤通常是必不可少的。如果完全手动进行 PID 参数的设置，采用“试凑法”来调整，以提升整定的效率和效果，建议遵循以下步骤，即参考 Ziegler-Nichols 整定步骤，依次调整比例、积分和微分参数。

①设置控制器积分时间 $T=\infty$，微分时间常数 $T=0$，调整比例度，接近性能指标。例如，可以先在按经验设置的比例度初值条件下，将系统投入运行，整定比例度，求得满意(如 1/4 衰减比)的过渡过程曲线。

②减小积分参数到合适的数值，这会导致稳定性降低，因而，相应的要减小比例度，以保持稳定性不变。例如，在引入积分作用后，可将上述比例度适当加大(如取其 1.1～1.2 倍)，然后再将积分参数由大到小进行整定。随着积分参数逐步减小，积分消除静差的速率会逐步加快，但系统的稳定性会减弱，响应周期会变慢。

③当 PI 控制完成后，如有必要可进一步引入微分参数。微分参数增大一般会导致稳定性增强，这意味着比例度可进一步加大，积分参数可进一步减小，其中，可将微分参数经验值域按积分参数的 1/4～1/3 设置，并由小到大调节，直到令人满意。

动态特性参数法又称响应曲线法，就是根据系统开环广义过程阶跃响应特性进行近似计算的方法，即根据第 2 章中对象特性的阶跃响应曲线测试法测得系统的动态特性参数($K$、$T$、$\tau$ 等)，如图 3-70 所示，再利用表 3-9 所示的经验计算公式，就可计算出衰减比为 4∶1 时的控制器参数。当被控对象是一阶惯性环节或具有很小滞后的一阶惯性环节时，若用临界比例度法或衰减曲线法(4∶1 衰减)就有难度，应采用动态特性参数法进行整定。

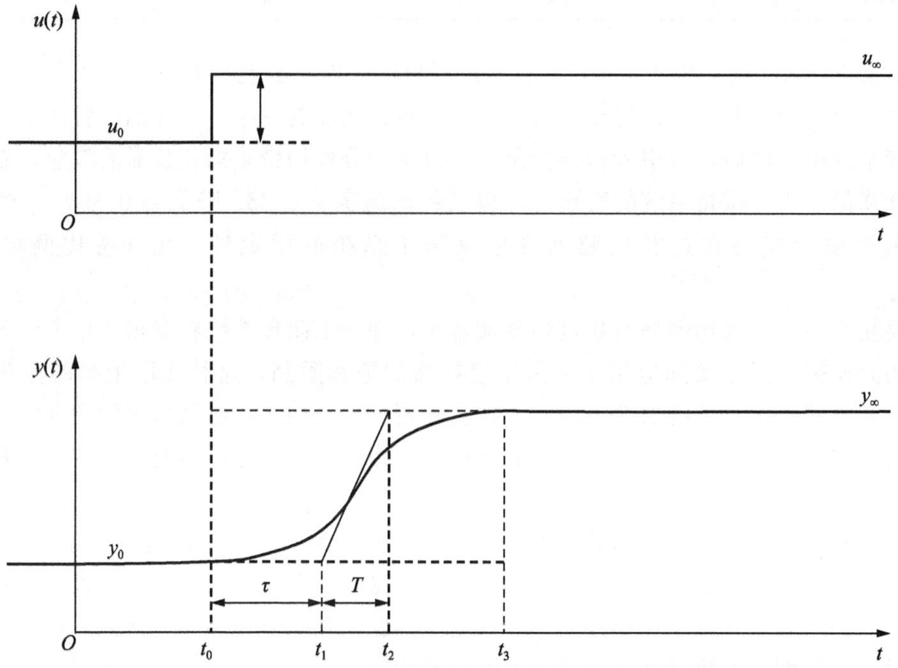


**图 3-70　阶跃响应曲线**

**表 3-9　动态特性参数法经验计算公式**

| 控制规律 | $\delta$/% | $T_i$/min | $T_d$/min |
|---|---|---|---|
| P 控制 | $K\tau/T\times100\%$ | — | — |
| PI 控制 | $1.1K\tau/T\times100\%$ | $3.3\tau$ | — |
| PID 控制 | $0.8K\tau/T\times100\%$ | $2\tau$ | $0.5\tau$ |

## 3.9.3　衰减曲线法

衰减曲线法又称阻尼振荡法。在闭环系统中，先把控制器设置为纯比例作用，然后把比例度由大逐渐减小，加阶跃扰动观察输出响应的衰减过程，直至出现图 3-71 所示的 4∶1 衰减过程为止。这时的比例度称为 4∶1 衰减比例度，用 $\delta_s$ 表示。相邻两波峰间的距离称为 4∶1 衰减周期 $T_s$。根据 $\delta_s$ 和 $T_s$，运用表 3-10 所示的经验公式，就可计算出控制器预整定的参数值。

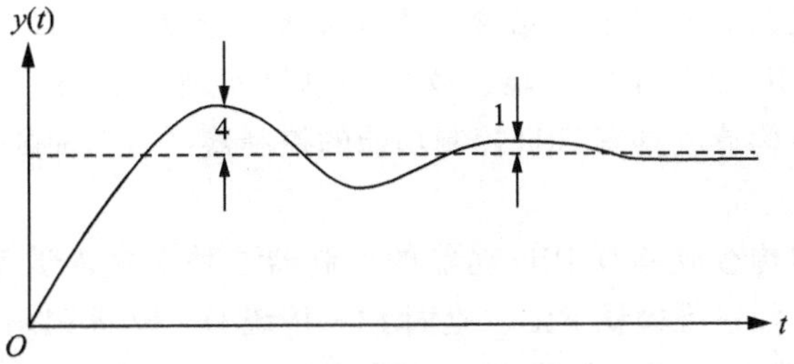


图 3-71　输出衰减振荡

表 3-10　衰减曲线法经验计算公式

| 控制规律 | $\delta$/% | $T_i$/min | $T_d$/min |
|---|---|---|---|
| P 控制 | $\delta_s$ | — | — |
| PI 控制 | $1.2\delta_s$ | $0.5T_s$ | — |
| PID 控制 | $0.8\delta_s$ | $0.3T_s$ | $0.1T_s$ |

衰减曲线法是在纯比例运行下通过使系统产生衰减振荡，得到衰减比例度 $\delta_s$ 和衰减周期 $T_s$，然后根据经验总结出来的关系求出控制器各参数值的方法。这种方法比较简便，整定质量高，整定过程安全可靠，应用广泛，但对于干扰频繁、记录曲线不规则的系统难于应用。

## 3.9.4　经验试凑法

若将控制系统按照液位、流量、温度和压力等参数来分类，则属于同一类别的系统，其对象往往比较接近，所以无论是控制器形式还是所整定的参数均可相互参考。表 3-11 为经验法整定参数的参考数据，在此基础上，对控制器的参数作进一步修正。若需加微分作用，微分时间常数按 $T_d=(1/4\sim1/3)T_i$ 计算。

表 3-11　经验法整定参数

| 系统 | 参数 | | |
|---|---|---|---|
| | $\delta$/% | $T_i$/min | $T_d$/min |
| 温度 | 20～60 | 3～10 | 0.5～3 |
| 流量 | 40～100 | 0.1～1 | — |
| 压力 | 30～70 | 0.4～3 | — |
| 液位 | 20～80 | — | — |

## 3.9.5　自整定方法

PID 参数的自整定方法很多，本小节将介绍基于模糊控制原理的 PID 参数自整定法。

将模糊控制与常规的PID控制相结合，用模糊控制器实现PID参数的在线自动最佳整定，就构成了模糊式PID自整定控制器。模糊控制器实现PID参数自整定的方法有两种：一种直接将模糊控制器构造成具有PID控制功能的控制器，另一种则用模糊监督器完成PID参数的在线修正。

对于将模糊控制器构造成具有PID功能的控制器这种形式，学者们研究得比较多，提出了许多种结构形式，如三维模糊PID、模糊PI+传统D、模糊PD+传统I、模糊P+传统ID、并行模糊PD+模糊PI、串行模糊PD+模糊PI、并行模糊P+模糊I+模糊D等，这些都是非线性PID控制器。这类控制器还可以进一步通过调整量化因子、比例因子来实现类似于PID三参数在线自校正功能。

至于用模糊控制器作为监督机构调整PID控制器的参数，一般是根据比例系数、积分时间和微分时间对误差及误差变化的不同作用，由误差及误差变化来调整参数；也可以由误差及响应时间来调整参数，如此便于充分考虑在响应的不同时段三参数所起的不同作用；另外，也可用响应曲线上的其他特征量来调整PID参数。

## 思考题与习题

3-1　一个简单控制系统由哪几部分组成？各有什么作用？

3-2　举例说明一个简单控制系统，指出该控制系统中的被控变量、操作变量和扰动变量。

3-3　总结各种控制作用对控制质量的影响及控制器的选型原则。

3-4　被控对象、执行器、控制器的正、反作用方向各是怎样规定的？

3-5　确定执行器气开、气关作用方式有哪些原则？并举例说明。

3-6　何谓最佳参数整定？参数整定的依据是什么？

3-7　怎样按临界比例度法整定控制器的参数？在哪些情况下不宜选用此方法？

3-8　怎样用衰减曲线法整定控制器参数？

3-9　为什么能用加设定值扰动的方法进行控制器的参数整定？

3-10　一个过程控制系统的对象有较大的容量滞后，而另一系统由于测量点位置造成纯滞后。若对两个系统均采用微分控制，试问效果如何？

3-11　某一温度控制系统，采用4∶1衰减曲线法进行整定，测得系统的衰减比例度$\delta_s=25\%$，衰减振荡周期$T_s=10$ min，当控制器采用P和PI控制作用时，试求其整定参数值。

3-12　有一个过程控制系统(采用DDZ-Ⅲ型仪表)，当广义对象的输入电流(即控制器的输出电流)为14 mA时，其被控温度的测量值为70 ℃。当输入电流突然从14 mA增至15 mA，待被控温度达到稳定时，其测量值为74 ℃。设测温仪表的量程为50～100 ℃。同时由实验测得广义对象的时间常数$T=3$ min，滞后时间$\tau=1.2$ min，试求衰减比为4∶1时PI控制器的整定参数值。

3-13　某一个过程控制系统，利用临界比例度法进行控制器的参数整定。当比例度为12%时，系统出现等幅振荡，其临界振荡周期为 180 s，试求采用 PID 控制器时的整定参数值。

3-14　广义被控对象的传递函数为 $G(s)=\dfrac{1}{s(s+3)^2}$，采用 PID 控制，用临界比例度法求临界比例度、临界振荡周期，并估计 PID 控制器的参数值($\delta$，$T_i$，$T_d$)。

3-15　热交换器出口物料温度控制系统要求物料温度不能太高，试确定图 3-72 所示系统中执行器的气开、气关方式和控制器的正、反作用。

3-16　图 3-73 为一液体储槽，需要对液位加以自动控制。为安全起见，储槽内液体严禁溢出，试在下述两种情况下，分别确定执行器的气开、气关方式及控制器的正、反作用。(1)选择流入量 $Q_1$ 为操作变量；(2)选择流出量 $Q_2$ 为操作变量。

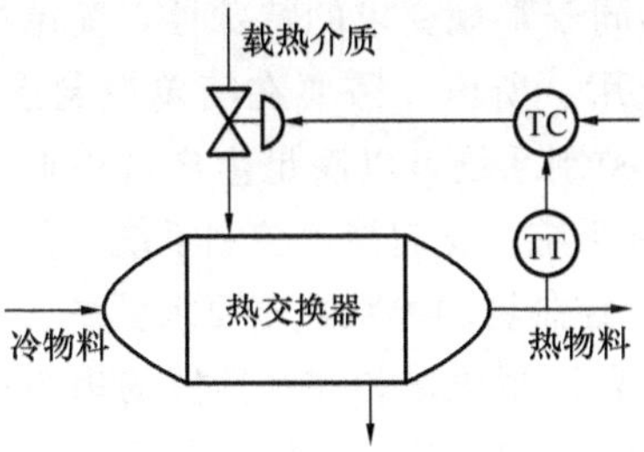


图 3-72　温度控制

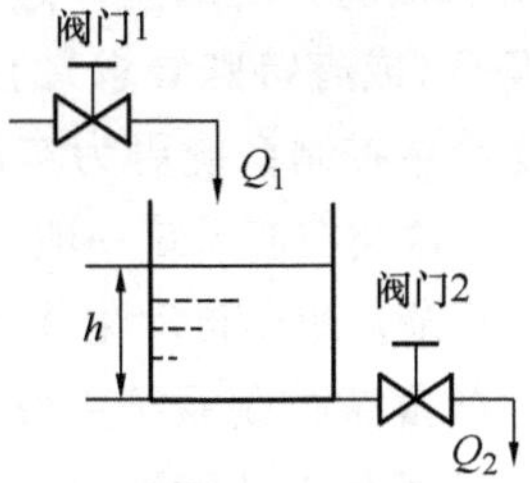


图 3-73　储槽

# 第 4 章　复杂控制系统

第 3 章详细介绍了简单控制系统的相关知识，由于简单控制系统所需的自动化设备比较少，设计、投运、参数整定及系统维护均比较容易，而且它能够解决生产过程中大量的参数控制问题，因而在工业生产中得到了广泛的应用。

对于具有复杂特点的一些生产过程来说，由于其动态过程存在各种干扰、机理复杂且对其控制质量要求很高，有的生产过程还表现出不同于常规要求的特殊性，简单控制系统难以在这些复杂场合(或有特殊要求)的过程控制中应用。所以，需要在简单控制系统的基础上，设计开发出比简单控制系统更为实用的一类过程控制系统，以满足生产过程更高的控制要求(或特殊要求)，这类控制系统一般被称为复杂控制系统。比起简单控制系统，复杂控制系统的被控过程更为复杂，所用自动化装置与设备更多，控制器的参数整定要求更高。

本章介绍的复杂控制系统主要包括着眼于提高控制质量和控制性能的串级控制系统、解耦控制系统等和满足工艺特殊要求的比值控制系统、均匀控制系统、分程控制系统、选择性控制系统等。

## 4.1　串级控制系统

当被控过程的滞后较大、干扰比较剧烈、非线性较为严重时，采用简单控制系统往往达不到要求，表现为控制质量差、控制精度难以满足工艺要求。在这种情况下，可以考虑采用串级控制系统。串级控制系统是在简单控制系统的基础上发展起来的。下面分别介绍串级控制系统的组成结构、工作原理、性能特点、设计方法及参数整定等方面的知识。

### 4.1.1　串级控制系统的组成结构和工作原理

本小节以图 4-1 所示的管式加热炉为例，从简单控制系统入手，介绍管式加热炉的单回路控制方案，在此基础上分析串级控制系统的组成结构及工作原理。

管式加热炉是炼油、化工生产中的一种重要工艺设备，它的主要任务是通过燃料的燃烧放出热量，使得通过加热炉管道中的原料油被加热到一定的温度，以保证下道工序的顺利进行。根据工艺要求，可选择原料油的出口温度 $T_1(t)$ 为被控变量，对原料油出口温度 $T_1(t)$ 有着直接而显著影响的燃料流量为控制变量，构成如图 4-1 所示的温度单回路控制系统。燃料在炉膛燃烧放出热量，通过热交换的方式影响炉内流动的原料油温度。对应的系统方框图如图 4-2 所示。

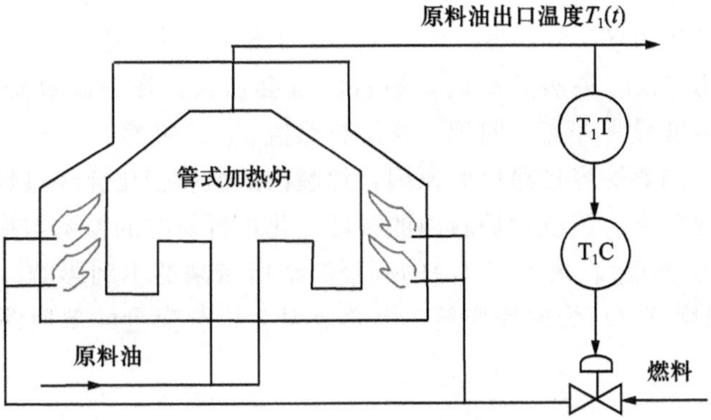


图 4-1　管式加热炉原料出口温度单回路控制系统

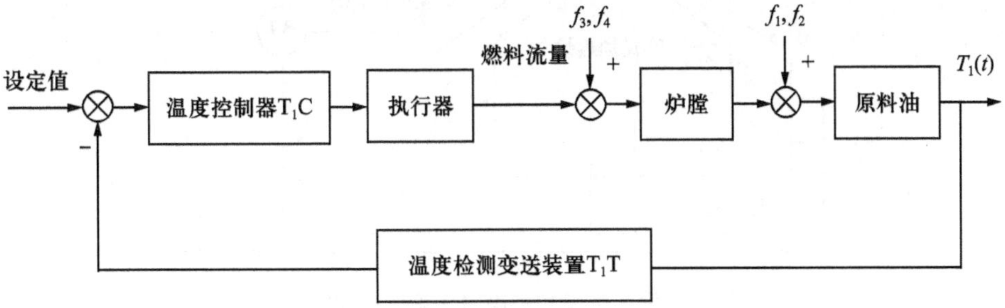


图 4-2　温度单回路控制系统方框图

根据图 4-1 或图 4-2 并联系前面所介绍的简单控制系统知识可知，原料油出口温度 $T_1(t)$ 的稳定性与控制精度由燃料流量的调节来保持。当原料油的出口温度 $T_1(t)$ 高于设定值时，温度控制器 $T_1C$ 将减小执行器阀门的开度，燃料流量变小，使得加热炉炉膛内的温度降低，原料油的出口温度就会回落到设定值附近；反之，当原料油的出口温度 $T_1(t)$ 低于设定值时，控制器的作用会使原料油的出口温度升至设定值附近。初看起来，这种单回路控制方案是可行的，而当实际应用时，原料油的出口温度远远不能达到所希望的目标。这表现在温度的稳定性方面，波动幅度较大，稳定下来的时间(即过渡过程时间)也很长。因为上述单回路控制方案只能适应原料油流量 $f_1(t)$ 或原料油入口温度 $f_2(t)$ 本身的波动，如果原料油流量 $f_1(t)$ 或者原料油入口温度 $f_2(t)$ 发生波动，对系统的干扰效应能在较短时间内通过温度检测变送装置 $T_1T$ 反映出原料油出口温度 $T_1(t)$ 的变化，控制系统对被控变量 $T_1(t)$ 能够及时进行调整。而事实上燃料的压力 $f_3(t)$、燃料热值 $f_4(t)$ 等参数的波动可能会更加频繁，对系统的稳定运行将产生更为明显的干扰，当燃料压力、热值等参数发生改变后，由于控制系统中并未设计燃料压力及热值的检测仪器，而且管式加热炉的容量滞后很大，需要经过较长时间才能反映在原料油出口温度的变化上，此时，控制系统再对燃料流量进行自动调整，显然会使得原料油的出口温度难以快速稳定在设定值附近。在这种情况下，必须寻找更为合理有效的控制方案。

上述已经分析了燃料压力 $f_3(t)$、燃料热值 $f_4(t)$ 的波动对系统控制的影响，而以原料油出口温度 $T_1(t)$ 为被控变量、燃料流量为控制变量的单回路控制方案满足不了要求，原因是这种控制方案抑制不了燃料压力 $f_3(t)$、燃料热值 $f_4(t)$对系统产生的干扰。从图 4-2 可以清楚地看到，燃料压力 $f_3(t)$、燃料热值 $f_4(t)$的波动会导致燃料在炉膛内的燃烧效果异常，例如，燃料压力 $f_3(t)$突然升高时，燃料流量会加大，在炉膛燃烧时放出的热量会增加，导致炉膛内的温度异常升高，同理，当燃料热值 $f_4(t)$突然升高时，也会使得炉膛内的温度异常升高，由于加热炉容量滞后的原因，炉膛内的温度变化会经过较长时间才能反映在原料油出口温度的变化上。假设对炉膛内的温度变化进行及时的检测与控制，就有可能最大限度地抑制燃料压力 $f_3(t)$、热值 $f_4(t)$的频繁波动所带来的不利影响。基于这种分析，图 4-3 给出了以炉膛温度 $T_2(t)$为被控变量、燃料流量为控制变量的单回路控制方案，控制系统方框图参见图 4-4。

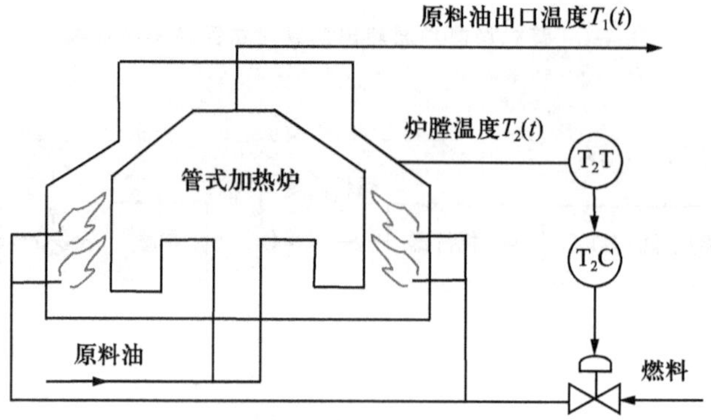


图 4-3　管式加热炉炉膛温度单回路控制系统

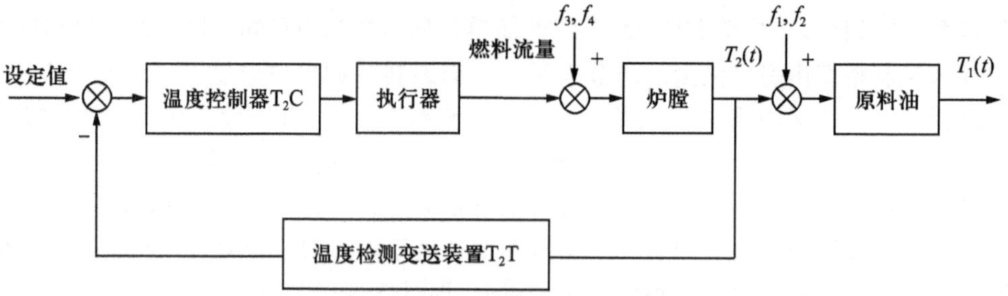


图 4-4　炉膛温度单回路控制系统方框图

如上分析，炉膛温度的单回路控制方案可以抑制燃料压力 $f_3(t)$、燃料热值 $f_4(t)$波动对系统的影响，但对于原料油流量 $f_1(t)$或者原料油入口温度 $f_2(t)$产生波动时对系统的影响则没有考虑，而且对工艺要求的关键被控变量原料油的出口温度 $T_1(t)$没有检测，实际上是一种间接控制方案。在这种情况下，即使炉膛温度 $T_2(t)$被控制得非常稳定，也不能抑制来自原料油流量 $f_1(t)$、原料油入口温度 $f_2(t)$波动对原料油出口温度 $T_1(t)$产生的干扰。所以炉膛温度的单回路控制方案仍然不能满足控制要求。

对照原料油出口温度 $T_1(t)$的单回路控制方案和炉膛温度 $T_2(t)$的单回路控制方案，可以发现两者的优势——前者能够及时抑制来自原料油流量 $f_1(t)$、原料油入口温度 $f_2(t)$产生的干扰，后者可以最大限度地遏制燃料压力 $f_3(t)$、燃料热值 $f_4(t)$波动产生的干扰。如果结合两种方案的优势，设计既能抑制所有干扰又能稳定控制原料油出口温度的控制系统，就形成了本节所要讨论的串级控制系统。图 4-5 和图 4-6 分别给出了出口温度串级控制方案及串级控制系统方框图，由炉膛温度检测变送装置 $T_2T$、炉膛温度控制器 $T_2C$、执行器及炉膛对象构成副回路(也称内环或副环)，由出口温度检测变送装置 $T_1T$、出口温度控制器 $T_1C$、内环、原料油对象构成主回路(也称外环或主环)，副回路与主回路的控制器呈串联关系，主回路控制器的输出是副回路的设定值。具有这种结构特点的控制系统被称为串级控制系统。它的工作原理如下。

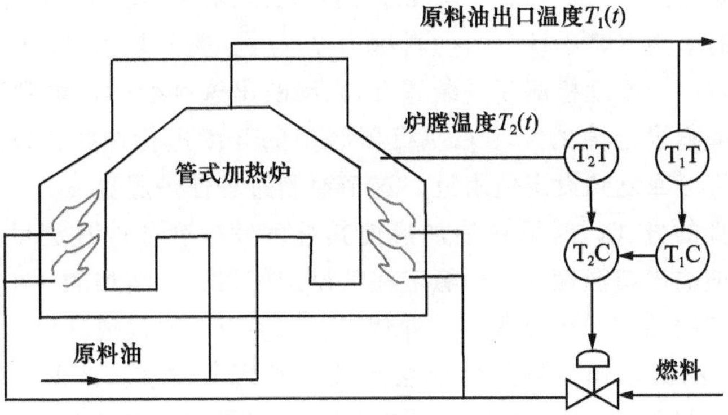


图 4-5　管式加热炉出口温度串级控制系统

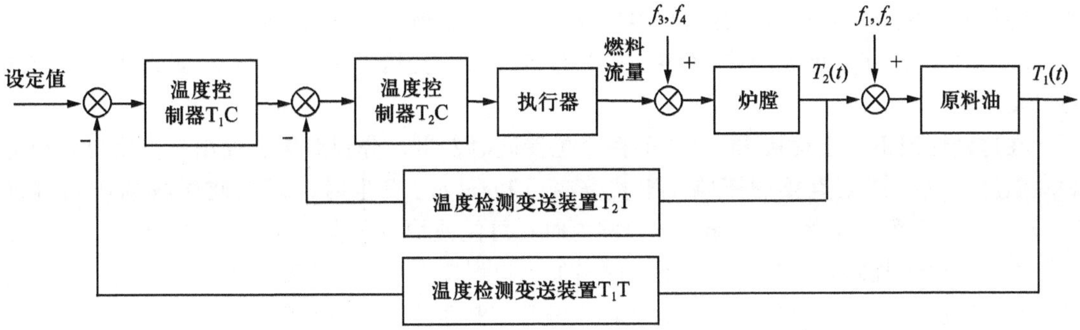


图 4-6　管式加热炉出口温度串级控制系统方框图

当原料油流量 $f_1(t)$、原料油入口温度 $f_2(t)$、燃料压力 $f_3(t)$、燃料热值 $f_4(t)$等干扰变量均处于稳定状态且控制系统各组成部分稳定运行时，原料油出口温度 $T_1(t)$被控制在其设定值附近，此时已经满足了工艺上的要求。原料油流量 $f_1(t)$、入口温度 $f_2(t)$、燃料压力 $f_3(t)$、燃料热值 $f_4(t)$中的任意一个发生波动，就会打破上述平衡状态，最终导致被控变量原料油出口温度 $T_1(t)$偏离其设定值。为了保持上述平衡状态，串级控制系统转入抑制干扰、动态调整之中。针对干扰发生位置的不同，下面分别进行讨论。

1. 来自原料油流量 $f_1(t)$、原料油入口温度 $f_2(t)$的干扰

假设燃料压力 $f_3(t)$、燃料热值 $f_4(t)$保持相对稳定，即 $f_3(t)$、$f_4(t)$对系统的影响忽略不计。当原料油流量 $f_1(t)$、原料油入口温度 $f_2(t)$发生波动时，被控变量 $T_1(t)$随之变化，温度检测变送装置 $T_1T$ 反映出这种变化，出口温度控制器 $T_1C$ 根据出口温度 $T_1(t)$偏离其

设定值的大小对炉膛温度的设定值进行调整，炉膛温度控制器 $T_2C$ 则根据检测值与其设定值的误差发出控制命令至执行器，相应改变执行器阀门的开度，使得燃料流量发生变化，继而影响炉膛温度 $T_2(t)$，通过热交换方式，使原料油出口温度 $T_1(t)$再次接近其设定值，从而完成一个控制周期的自动调整，如此循环往复，直至被控变量 $T_1(t)$稳定在其设定值附近。相比图 4-2 所示的出口温度单回路控制系统，串级控制系统增加了炉膛温度的实时调节，能够抑制系统的超调，使原料油出口温度 $T_1(t)$产生波动时能够更快地回复到稳定状态。

2. 来自燃料压力 $f_3(t)$、燃料热值 $f_4(t)$的干扰

假设原料油流量 $f_1(t)$、原料油入口温度 $f_2(t)$保持相对稳定，即 $f_1(t)$、$f_2(t)$对原料油出口温度 $T_1(t)$的影响忽略不计。当燃料压力 $f_3(t)$、燃料热值 $f_4(t)$发生波动时，势必会影响炉膛温度 $T_2(t)$，温度检测变送装置 $T_2T$ 反映出这种变化，炉膛温度控制器 $T_2C$ 根据炉膛温度 $T_2(t)$偏离设定值的大小对执行器阀门的开度进行调整，以改变燃料流量的大小，使炉膛温度 $T_2(t)$回复到设定值附近。这个控制过程使炉膛温度 $T_2(t)$处于一个动态平衡状态，通过热交换的方式，对原料油加热使其温度发生变化的过程也是一个动态平衡过程，从而保持原料油的出口温度 $T_1(t)$稳定在其设定值附近。增加的一个副回路使得控制过程大为缩短。在系统的动态运行过程中，即使炉膛温度 $T_2(t)$偏离其设定值的幅度过大，例如，燃料热值 $f_4(t)$的波动幅度剧烈可能会导致这种现象发生，此时，原料油的出口温度 $T_1(t)$也可能远离其设定值。由于系统设计中已经考虑了原料油出口温度的自动控制方案，因此通过温度检测变送装置 $T_1T$、出口温度控制器 $T_1C$ 以及副回路等组成的闭环控制将会很快消除这种现象。这 4 点也是图 4-4 中炉膛温度单回路控制系统所缺乏的，原因是图 4-4 所示的控制方案并未考虑原料油出口温度 $T_1(t)$发生波动时的自动控制。

3. 来自原料油流量 $f_1(t)$、原料油入口温度 $f_2(t)$及燃料压力 $f_3(t)$、燃料热值 $f_4(t)$的双重干扰

在这种情况下，干扰从图 4-6 中的两个位置同时发生，分别对原料油出口温度 $T_1(t)$与炉膛温度 $T_2(t)$产生直接的影响。干扰 $f_1(t)$和 $f_2(t)$发生时，可能使原料油出口温度 $T_1(t)$升高或降低；干扰 $f_3(t)$和 $f_4(t)$发生时，可能使炉膛温度 $T_2(t)$升高或降低。下面分别讨论在两处干扰同时存在的情况下，原料油出口温度 $T_1(t)$与炉膛温度 $T_2(t)$同方向变化(即同时升高或同时降低)与反方向变化时的串级控制系统的工作原理。

(1)温度同方向变化

假设干扰致使原料油出口温度 $T_1(t)$与炉膛温度 $T_2(t)$同时升高，如上述分析过程一样，通过温度检测变送装置 $T_2T$、炉膛温度控制器 $T_2C$、执行器等构成的闭合副回路使得炉膛温度 $T_2(t)$被控制在其设定值附近；通过温度检测变送装置 $T_1T$、出口温度控制器 $T_1C$ 使得炉膛温度的设定值降低。此时，炉膛温度控制器 $T_2C$ 的输出会大幅降低执行器阀门的开度，使得燃料流量明显降低，从而使炉膛温度和出口温度显著降低，最终使得被控变量 $T_1(t)$能够快速回落并稳定在其设定值附近。可见，串级控制系统中副回路的存在，加快了燃料流量的控制过程。当干扰致使原料油的出口温度 $T_1(t)$与炉膛温度 $T_2(t)$同时降低时，工作原理可仿照上述分析，最终会使温度升高至其设定值附近。

(2)温度反方向变化

假设原料油流量 $f_1(t)$、原料油入口温度 $f_2(t)$的干扰使原料油出口温度 $T_1(t)$升高，通过温度检测变送装置 $T_1T$、出口温度控制器 $T_1C$ 使得炉膛温度的设定值降低，副回路就

会控制炉膛温度跟随设定值的变化而降低，这样，出口温度 $T_1(t)$就会由升高转为降低。在上述控制过程中，假设同时发生的还有燃料压力 $f_3(t)$、燃料热值 $f_4(t)$的干扰使炉膛温度 $T_2(t)$降低，如果此时炉膛温度的设定值没有发生变化，则会通过温度检测变送装置 $T_2T$、炉膛温度控制器 $T_2C$、执行器等构成的闭合副回路使得炉膛温度 $T_2(t)$上升到其设定值附近。但由于炉膛温度的设定值已经发生变化，呈下降趋势，$T_2T$ 的检测值也呈下降趋势，在这种情况下，炉膛温度的控制误差相对干扰发生前来说是基本不变的，控制器 $T_2C$ 的输出也不会发生变化。既然执行器阀门的开度没有改变，那么，原料油出口温度如何被控制稳定呢？正是由于干扰已经使得炉膛温度降低，通过热交换的方式，当然会将有升高趋势的出口温度降到原来的设定值水平上，回路的控制过程此时表现在温度值的精确调整上，即两个位置的温度一升一降的作用不能抵消时由主、副回路共同完成控制过程。当出口温度降低、炉膛温度升高时，可以仿照上述分析过程得到串级控制系统的控制原理。

通过管式加热炉出口温度的串级控制系统分析，可以得出结论：对于具有大惯性、大滞后的一类被控过程来说，单回路控制系统难以抵抗各种干扰，满足不了工艺控制要求。串级控制系统所特有的主、副回路结构，使得串级控制系统对干扰的抑制作用非常明显，而且，由于副回路的存在，加快了控制过程，可以显著提高控制质量。

在图 4-6 所示的管式加热炉出口温度串级控制系统方框图的基础上，图 4-7 给出了串级控制系统的一般性结构原理方框图，相关的常用术语如下。

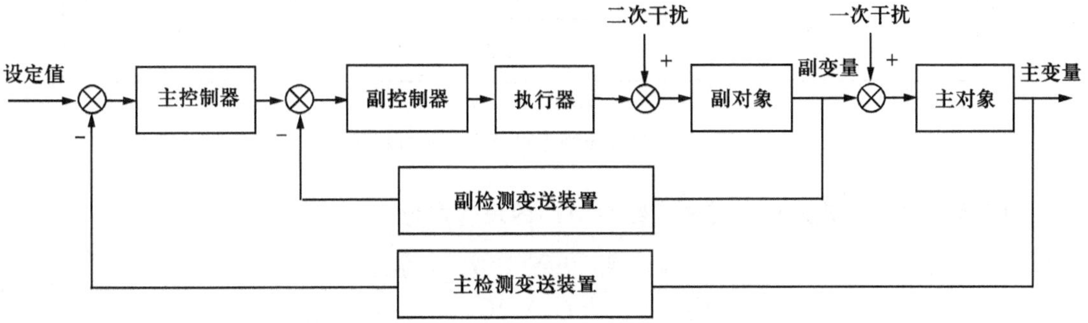


**图 4-7　串级控制系统结构一般性原理方框图**

①主、副回路：由副控制器、执行器、副对象、副检测变送装置组成的回路称为副回路(或副环、内环)；由主控制器、副回路、主对象、主检测变送装置组成的回路称为主回路(或主环、外环)。

②主、副控制器：处于主回路中的控制器称为主控制器，其输出量为副回路的设定值；处于副回路中的控制器称为副控制器，其输出量直接控制执行器的动作。

③主、副对象：主回路中的被控对象称为主对象；副回路中的被控对象称为副对象。

④主、副变量：起主导作用的被控变量称为主变量；副对象的被控变量称为副变量，引入副变量的主要目的是为了稳定主变量。

⑤主、副检测变送装置：对主变量实现检测和变送功能的是主检测变送装置；副检测变送装置则对副变量实现检测和变送功能。

⑥一、二次干扰：对主对象起直接作用、不包括在副回路内的干扰称为一次干扰；对副对象起直接作用、包括在副回路内的干扰称为二次干扰。

### 4.1.2 串级控制系统的特点和效果分析

将图 4-7 转化为串级控制系统的传递函数方框图，如图 4-8 所示。其中，$G_{c1}(s)$，$G_{c2}(s)$分别为主、副控制器的传递函数；$G_{o1}(s)$，$G_{o2}(s)$分别为主、副对象的传递函数；$G_{m1}(s)$，$G_{m2}(s)$分别为主、副检测变送装置的传递函数；$G_v(s)$为执行器的传递函数；$F_1(s)$，$F_2(s)$分别为一、二次干扰的传递函数；$X_1(s)$，$X_2(s)$分别为主、副回路的设定值；$E_1(s)$，$E_2(s)$分别为主、副变量的控制误差；$Y_1(s)$，$Y_2(s)$分别为主、副变量的传递函数。如果把副回路看作一个等效的副对象，其传递函数以$G'_{o2}(s)$表示，则图 4-8 又可以简化为图 4-9 所示的单回路控制系统。其中，$G'_{o2}(s)$的表达式为

$$G'_{o2}(s)=\frac{Y_2(s)}{X_2(s)}=\frac{G_{c2}(s)G_v(s)G_{o2}(s)}{1+G_{c2}(s)G_v(s)G_{o2}(s)G_{m2}(s)} \tag{4-1}$$

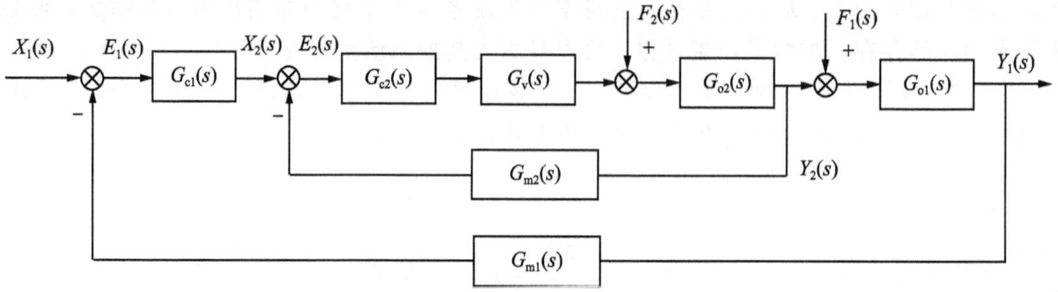


**图 4-8 串级控制系统传递函数方框图**

副回路中二次干扰通道的传递函数$G'_{d2}(s)$的表达式为

$$G'_{d2}(s)=\frac{Y_2(s)}{F_2(s)}=\frac{G_{o2}(s)}{1+G_{c2}(s)G_v(s)G_{o2}(s)G_{m2}(s)} \tag{4-2}$$

观察图 4-9，从整体上看，串级控制系统如同一个单回路定值控制系统，副回路相当于单回路控制系统的执行器环节。从抑制干扰的控制原理及效果来看，由于引入了副回路，相比于单回路控制系统，控制通道的特性发生了改变，表现在控制性能方面得到了很大程度的

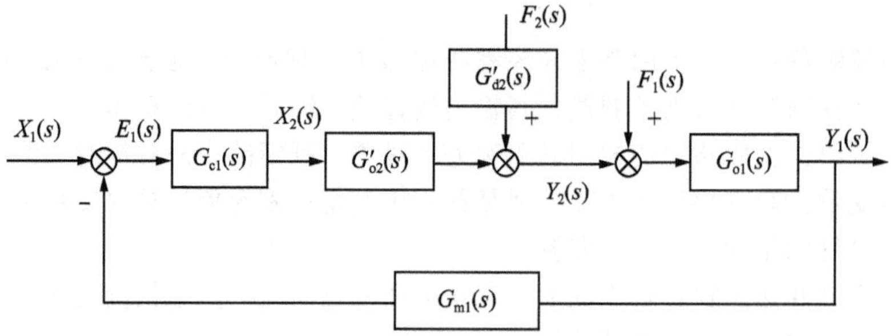


**图 4-9 串级控制系统等效传递函数方框图**

提高。下面对引入副回路后串级控制系统的性能特点进行逐一分析。

1. 减小被控对象的时间常数

图 4-2 中的出口温度单回路控制系统的传递函数方框图如图 4-10 所示，将图 4-9 与图 4-10 进行对比分析。假设各环节的传递函数是

$$G_{c2}(s)=K_{c2} \tag{4-3}$$

$$G_{v}(s)=K_{v} \tag{4-4}$$

$$G_{m2}(s)=K_{m2} \tag{4-5}$$

$$G_{o2}(s)=\frac{K_{o2}}{1+T_{o2}s} \tag{4-6}$$

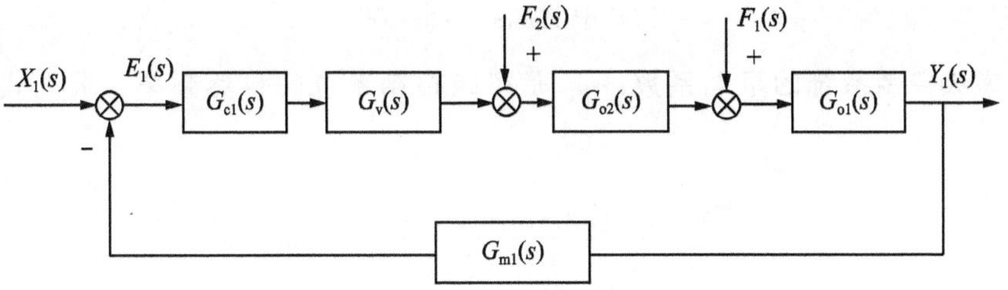


**图 4-10　单回路控制系统传递函数方框图**

将式(4-3)～式(4-6)代入式(4-1)，串级控制系统等效副对象的传递函数可表示为

$$G'_{o2}(s)=\frac{\dfrac{K_{c2}K_{v}K_{o2}}{1+K_{c2}K_{v}K_{o2}K_{m2}}}{1+\dfrac{T_{o2}}{1+K_{c2}K_{v}K_{o2}K_{m2}}s} \tag{4-7}$$

令

$$\begin{cases} K'_{o2}=\dfrac{K_{c2}K_{v}K_{o2}}{1+K_{c2}K_{v}K_{o2}K_{m2}} \\ T'_{o2}=\dfrac{T_{o2}}{1+K_{c2}K_{v}K_{o2}K_{m2}} \end{cases} \tag{4-8}$$

则

$$G'_{o2}(s)=\frac{K'_{o2}}{1+T'_{o2}s} \tag{4-9}$$

式中：$K'_{o2}$ 为等效副对象的静态放大系数；$T'_{o2}$ 为等效副对象的时间常数。由于式(4-8)中 $T'_{o2}$ 表达式的分母总是大于 1，所以式(4-8)中的 $T'_{o2}$ 总是小于 $T_{o2}$，这说明在串级控制系统中引入副回路后，相比单回路控制系统，等效副对象的时间常数变小了。在控制过程中，串级控制系统会提高系统的反应能力，加快控制过程，缩短过渡过程时间。

2. 提高系统的工作频率

图 4-9 所示串级控制系统的特征方程是

$$1+G_{c1}(s)G'_{o2}(s)G_{o1}(s)G_{m1}(s)=0 \tag{4-10}$$

假设 $G_{c1}(s)=K_{c1}$，$G_{o1}(s)=\dfrac{K_{o1}}{1+T_{o1}s}$，$G_{m1}(s)=K_{m1}$，$G'_{o2}(s)$参见式(4-9)，将这些等式代入式(4-10)中，得到

$$s^2+\frac{T_{o1}+T'_{o2}}{T_{o1}T'_{o2}}s+\frac{1+K_{c1}K'_{o2}K_{o1}K_{m1}}{T_{o1}T'_{o2}}=0 \tag{4-11}$$

令 $2\xi\omega_0=\dfrac{T_{o1}+T'_{o2}}{T_{o1}T'_{o2}}$，$\omega_0^2=\dfrac{1+K_{c1}K'_{o2}K_{o1}K_{m1}}{T_{o1}T'_{o2}}$，可将式(4-11)化为如下的标准形式

$$s^2+2\xi\omega_0 s+\omega_0^2=0 \tag{4-12}$$

式中：$\xi$ 是串级控制系统的阻尼系数；$\omega_0$ 是串级控制系统的自然频率。求上式的特征根，得到

$$s_{1,2}=\frac{-2\xi\omega_0\pm\sqrt{4\xi^2\omega_0^2-4\omega_0^2}}{2}=-\xi\omega_0\pm\omega_0\sqrt{\xi^2-1} \tag{4-13}$$

当阻尼系数 $\xi$ 的取值范围是 $0\leqslant\xi<1$ 时，可以根据 $2\xi\omega_0=\dfrac{T_{o1}+T'_{o2}}{T_{o1}T'_{o2}}$求出串级控制系统的振荡频率，即

$$\omega_{串}=\omega_0\sqrt{1-\xi^2}=\frac{\sqrt{1-\xi^2}}{2\xi}\frac{T_{o1}+T'_{o2}}{T_{o1}T'_{o2}} \tag{4-14}$$

参照上述求解过程，下面对图 4-10 所示的单回路控制系统的振荡频率进行求解，便于和式(4-14)进行对比。该单回路控制系统的特征方程是

$$1+G_{c1}(s)G_{v}(s)G_{o2}(s)G_{o1}(s)G_{m1}(s)=0 \tag{4-15}$$

将各环节的传递函数代入式(4-15)中，得到

$$s^2+\frac{T_{o1}+T_{o2}}{T_{o1}T_{o2}}s+\frac{1+K_{c1}K_{v}K_{o2}K_{o1}K_{m1}}{T_{o1}T_{o2}}=0 \tag{4-16}$$

令 $2\xi'\omega'_0=\dfrac{T_{o1}+T_{o2}}{T_{o1}T_{o2}}$，$\omega'^2_0=\dfrac{1+K_{c1}K_{v}K_{o2}K_{o1}K_{m1}}{T_{o1}T_{o2}}$，可将式(4-16)化为如下的标准形式

$$s^2+2\xi'\omega'_0 s+\omega'^2_0=0 \tag{4-17}$$

式中：$\xi'$是单回路控制系统的阻尼系数；$\omega'_0$ 是单回路控制系统的自然频率。当阻尼系数 $\xi'$ 的取值范围是 $0\leqslant\xi'<1$ 时，单回路控制系统的振荡频率为

$$\omega_{单}=\omega'_0\sqrt{1-\xi'^2}=\frac{\sqrt{1-\xi'^2}}{2\xi'}\frac{T_{o1}+T_{o2}}{T_{o1}T_{o2}} \tag{4-18}$$

假设式(4-14)中串级控制系统的阻尼系数与式(4-18)中单回路控制系统的阻尼系数相

同，即 $\xi=\xi'$，表示两个系统在控制过程中具有相同的衰减比。此时，串级控制系统与单回路控制系统的振荡频率之比为

$$\frac{\omega_{串}}{\omega_{单}}=\frac{\dfrac{\sqrt{1-\xi^2}}{2\xi}\dfrac{T_{o1}+T'_{o2}}{T_{o1}T'_{o2}}}{\dfrac{\sqrt{1-\xi'^2}}{2\xi'}\dfrac{T_{o1}+T_{o2}}{T_{o1}T_{o2}}}=\frac{1+\dfrac{T_{o1}}{T'_{o2}}}{1+\dfrac{T_{o1}}{T_{o2}}} \tag{4-19}$$

从前述分析可知，串级控制系统中引入副回路后相当于减小了对象的时间常数，即 $T'_{o2}<T_{o2}$，则式(4-19)右边分子、分母的大小关系是 $1+\dfrac{T_{o1}}{T'_{o2}}>1+\dfrac{T_{o1}}{T_{o2}}$，即振荡频率的大小关系为

$$\omega_{串}>\omega_{单} \tag{4-20}$$

在阻尼系数一定的情况下，控制时间与系统的振荡频率成反比，振荡频率越大，系统的控制时间越短。根据式(4-20)可知，串级控制系统提高了系统的工作频率，在控制过程的快速性上优于单回路控制系统，从而改善了系统的控制质量。

3. 增强了系统的抗干扰能力

将式(4-3)～式(4-6)代入式(4-2)中，二次干扰通道的传递函数可改写成如下形式

$$G'_{d2}(s)=\frac{\dfrac{K_{o2}}{1+K_{c2}K_vK_{o2}K_{m2}}}{1+\dfrac{T_{o2}}{1+K_{c2}K_vK_{o2}K_{m2}}s} \tag{4-21}$$

在图 4-10 所示的单回路控制系统中，二次干扰通道的传递函数是式(4-6)，即 $G_{o2}(s)=\dfrac{K_{o2}}{1+T_{o2}s}$。比较二者的静态放大系数，$\dfrac{K_{o2}}{1+K_{c2}K_vK_{o2}K_{m2}}\ll K_{o2}$ 这说明串级控制系统引入副回路后，二次干扰传递函数的静态放大系数大大缩小，对进入系统的二次干扰反应速度变得很缓慢，抑制干扰的能力得到增强。

前面已经证明串级控制系统减小了被控对象的时间常数，加快了系统的控制速度。当一次干扰或二次干扰对串级控制系统输出发生影响的时候，由于控制过程加快，就会尽快消除干扰的影响。反观单回路控制系统，只能对一次干扰的影响有一定的抑制能力，而且在稳定性、快速性等控制指标上远不如串级控制系统。

4. 增强系统的自适应能力

串级控制系统中主控制器的输出量为副回路的设定值，如果把过程控制系统按设定值进行分类，副回路实际上是一个随动控制系统。例如，图 4-6 所示的管式加热炉串级控制系统中，当工艺负荷(如燃料输送管道的扩容)或操作条件(如炉膛传热材质)发生变化时，出口温度控制器(主控制器)会根据原料油出口温度的变化情况随时调整炉膛温度控制回路(副回路)的设定值，这样就能够适应诸如燃料输送管道的扩容、炉膛传热材质的变化等情况，使得控制系统在这些工艺负荷或操作条件发生改变时仍然具有较好的控制质量。而单回路控制系统则不然，因为只有一个控制器，其参数的整定能够满足当时的操作条件与负荷情况，保证系统的稳定运行。如果生产过程表现出强烈的非线性，则需要再次对控制器参数进行整定，否

则会导致控制质量的下降。可见，串级控制系统引入副回路这个随动系统后，控制质量得到很大改善，具有一定的适应能力。

下面从另外一个角度来分析。为方便论述，现将串级控制系统等效副对象传递函数的静态放大系数[参见式(4-8)]重写

$$K'_{o2}=\frac{K_{c2}K_{v}K_{o2}}{1+K_{c2}K_{v}K_{o2}K_{m2}} \tag{4-22}$$

在大多数情况下，$K_{c2}K_{v}K_{o2}K_{m2}\gg 1$ 成立，故静态放大系数可简化为 $K'_{o2}=\frac{1}{K_{m2}}$。这说明串级控制系统副回路传递函数的静态放大系数只与检测变送装置的静态放大系数有关。在副回路中，如果副对象 $G_{o2}(s)$ 或执行器 $G_{v}(s)$ 的特性存在非线性，对等效副对象的静态放大系数 $K'_{o2}$ 影响很小，这也说明了串级控制系统引入副回路后，能够自动克服控制过程中存在的非线性所带来的不利影响，具有很强的自适应能力。

5. 副回路协同主回路实施控制

串级控制系统是一种高级控制系统，它通过将控制回路分为主回路和副回路来提高控制的精度和稳定性。在传统的单回路控制系统中，控制器直接作用于控制对象，如阀门，以调节流量、温度或压力等。然而，这种直接控制方法往往受到诸多外部因素的影响，例如，在流量控制中，阀门的回差和阀前压力的变化会直接影响流量的稳定性。为了克服这些问题，串级控制系统引入了流量副回路。在这种系统中，主控制器不再直接控制阀门，而是设定流量副回路的目标值。流量副回路的控制器(如流量控制器)则根据主控制器的设定值来调节阀门，以实现精确的流量控制。这样，即使阀门的特性或阀前压力发生变化，流量控制器也可以通过调整阀门开度来维持设定的流量，从而确保流量与主控制器输出之间的一致性。在某些特定的控制场景下，如前馈控制系统，这种精确的流量控制尤为重要。前馈控制通常基于对物料或能量平衡的计算，其目的是在扰动到达被控制过程之前进行补偿。因此，对流量的准确控制可以确保前馈补偿的有效性。在这种情况下，前馈系统的输出更适合作为流量串级回路的设定值，而不是直接控制阀门。通过这种方式，可以更精确地调节流量，从而提高整个系统的性能和效率。

6. 控制方式灵活可调整

串级控制系统之所以被广泛应用，一个重要原因是它能够根据实际情况灵活切换控制模式。在这种系统中，主控方式和副控方式为两种基本的控制策略，可以根据系统的要求和外部条件的变化相互转换。在主控方式模式下，系统的主控制器直接控制执行器，而忽略副回路。这种方式适用于那些对控制精度要求不高或者外部扰动较小的场合。例如，在某些简单的流量或温度控制应用中，直接使用主控制器进行单回路控制可以满足工艺要求。在副控方式模式下，主回路被切除，系统仅依赖副回路进行控制。这种模式适用于副回路的被控变量相对独立，且对主被控变量的影响较小的情况。例如，如果主回路的控制变量受到某些不稳定因素的影响，系统可以临时切换到副控方式，以保证过程的稳定运行。在实际应用中，特别是在面临复杂的工业控制问题时，这种灵活切换的能力显得尤为重要。例如，在一些化学工业过程中，成分和物性的测量可能不够准确或可靠，这时采用串级控制系统就显得十分有利。在正常情况下，系统可以在串级控制模式下运行，利用主回路和副回路的协同作用实现

精确控制。而一旦主回路的测量或控制出现问题，系统可以迅速切换到副控模式，依靠副回路维持运行，直至主回路的问题得到解决。

7. 提高系统的鲁棒性

串级控制系统包含两个或多个嵌套的反馈控制回路。这种结构使得系统能够更有效地应对内部和外部的扰动。外部扰动在到达主控制回路之前，往往先被内部的副控制器所检测和补偿，从而减少了扰动对系统主要性能指标的影响。副控制器通常对过程的直接变量进行控制并且对系统变化的响应速度更快，能够迅速调整以适应输入或环境的变化。这种快速响应有助于减少或消除扰动对主变量的影响，从而增强系统的鲁棒性。串级控制系统允许独立调节每个控制器的参数。这意味着系统可以根据各自的控制目标和动态特性来优化控制器参数，从而提高面对各种扰动和不确定性时的适应能力。在串级控制系统中，主控制器主要负责跟踪设定点，而副控制器则负责快速调整以应对扰动，这种分工使得每个控制器可以更专注于其特定的控制任务。这种分散控制负担的策略有助于提高整体系统对复杂环境变化的适应能力。由于串级控制系统的层次化和模块化特性，即使其中一个控制环节出现问题，系统的其他部分仍然可以维持基本的控制功能。这增加了系统在面对部分故障时的容错能力。

综上所述，串级控制系统比起单回路控制系统，由于串入了副回路，不但减小了被控对象的时间常数，提高了系统的工作频率，而且对一、二次干扰均有较强的抑制能力，增强了适应能力，从而显著提高了系统的控制质量。串级控制系统一般用于纯滞后较大、容量滞后较大、干扰幅度大、非线性严重的生产过程。

### 4.1.3　串级控制系统的设计方法

通过上述分析，我们对串级控制系统的组成原理和性能特点有了清晰的认识。在面对一个实际的被控过程时，如何设计出具有图 4-7 所示的串级控制系统呢？这实际上是已知系统结构，如何设计各组成部件的问题。下面就主、副回路与主、副控制器的设计方法进行阐述。

1. 主、副回路的设计

(1)主回路

主回路由主控制器、副回路、主对象、主检测变送装置组成。从整体上看，串级控制系统如同一个单回路定值控制系统，故主回路的设计方法与单回路控制系统的设计方法一样，区别之处是要考虑副回路的设计方法。

(2)副回路

副回路由副控制器、执行器、副对象、副检测变送装置组成。如果单独对这一个回路进行系统设计，则与单回路控制系统没有区别，但由于主回路的存在，副回路的设计还需要考虑如下问题。

①注意主、副变量的对应关系。主变量一旦确定，选择副变量时，首先要考虑副变量是否能够反映主变量的变化趋势、副变量的变化能否对主变量产生显著的影响；其次要注意的是副变量必须是可测量的，如果不可测，也就不能组成回路了；最后就是副回路的控制通道时间常数不能太大，滞后时间要尽量小，以保证副回路的调节速度与反应的灵敏性，从而提

高其控制性能。在前面的例子中，管式加热炉串级控制系统的副变量选择的是炉膛温度，因为炉膛温度对主变量原料油出口温度有显著影响，并且可以测量，而且炉膛温度的控制过程直接受燃料流量的控制，控制时间较快。

②必须将变化剧烈、幅度大、尽可能多的干扰包括在副回路中。确定副回路时，需要认真分析系统中的各种干扰因素，把那些变化比较频繁、波动比较剧烈的干扰包含在副回路中，充分发挥串级控制系统对进入副回路的干扰有强抑制能力的特点。前述管式加热炉串级控制系统选择炉膛温度作为副变量就是因为该回路包含了频繁变化的燃料压力与燃料热值两种干扰，如果选择的副变量只能包含其中的一种干扰，则控制效果就难以满足工艺要求。例如，如图 4-11 所示，假设选择燃料流量为副变量，流量控制器 QC 只能对来自燃料压力的变化进行流量的稳定控制，当燃料热值发生波动时，副回路并不直接对其进行抑制，只能等到原料油出口温度发生变化，温度控制器产生控制作用。这样，面对燃料热值这一干扰，系统的控制就不及时，从而影响最终的控制效果。所以选择炉膛温度作为副变量是合理的，它包含了尽可能多的干扰，能够及时反映燃料压力和燃料热值这两种干扰发生后的变化并及时产生控制作用。

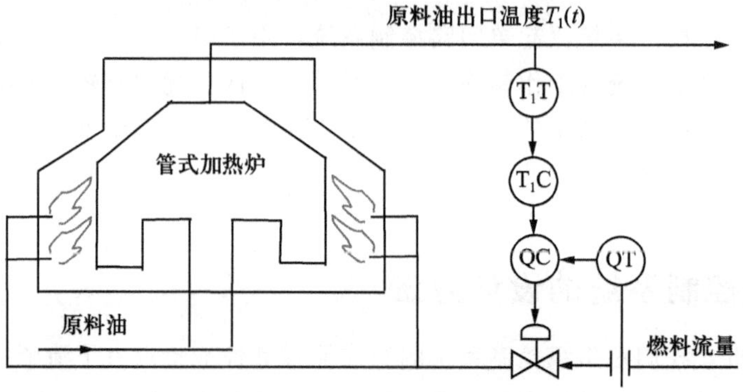


图 4-11　以燃料流量为副回路的管式加热炉串级控制系统

值得说明的是，副回路包含的干扰并不是越多越好。例如，图 4-8 中，如果将一次干扰 $F_1(s)$也包含在副回路中，则副对象 $G_{o2}(s)$就会过于靠近主对象 $G_{o1}(s)$，控制通道的时间常数会变大，当干扰发生的时候，控制时间会加长，不能快速地克服干扰的影响。

③主、副对象的时间常数要尽量错开，以免发生共振现象。对于串级控制系统可能出现的共振现象，先分析一下回路的频率特性。为方便说明问题，以下将主、副回路均看作一个二阶振荡系统。二阶振荡系统的闭环传递函数为

$$G(s)=\frac{\omega_0^2}{s^2+2\xi\omega s+\omega_0^2} \tag{4-23}$$

式中：$\xi$ 和 $\omega_0$ 的意义参见式(4-12)的说明。系统的闭环频率响应为

$$G(\mathrm{j}\omega)=\frac{1}{\left(1-\frac{\omega^2}{\omega_0^2}\right)+2\xi\frac{\omega}{\omega_0}\mathrm{j}}=M\mathrm{e}^{\mathrm{j}\alpha} \tag{4-24}$$

式中：$M$ 和 $\alpha$ 为闭环频率响应的幅值和相角，分别为

$$\begin{cases} M=\dfrac{1}{\sqrt{\left(1-\dfrac{\omega^2}{\omega_0^2}\right)^2+\left(2\xi\dfrac{\omega}{\omega_0}\right)^2}} \\ \alpha=-\arctan\dfrac{2\xi\dfrac{\omega}{\omega_0}}{1-\dfrac{\omega^2}{\omega_0^2}} \end{cases} \tag{4-25}$$

如果闭环频率响应的幅值 $M$ 在某一频率处有峰值，那么这个频率就称为共振频率，可由 $\dfrac{dM}{d\omega}=0$ 求得共振频率 $\omega_r$，即

$$\omega_r=\omega_0\sqrt{1-2\xi^2}\ (0\leqslant\xi\leqslant 0.707) \tag{4-26}$$

由式(4-26)可求得自然频率 $\omega_0$，并代入式(4-25)，最后可以得到二阶系统的幅频特性 $M\left(\dfrac{\omega}{\omega_r}\right)$ 与 $\left(\dfrac{\omega}{\omega_r}\right)$ 的关系式，即

$$M\left(\frac{\omega}{\omega_r}\right)=\frac{1}{\sqrt{\left[1-(1-2\xi^2)\left(\dfrac{\omega}{\omega_r}\right)^2\right]^2+4\xi^2(1-2\xi^2)\left(\dfrac{\omega}{\omega_r}\right)^2}} \tag{4-27}$$

根据式(4-27)可以得到二阶系统的幅频特性曲线，如图 4-12 所示。

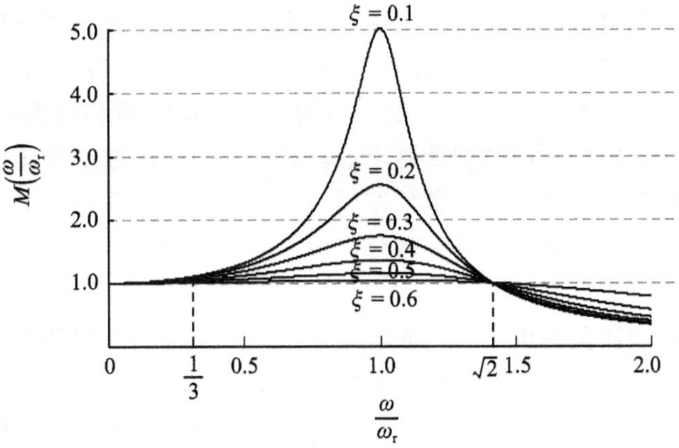


**图 4-12　二阶振荡系统的幅频特性曲线**

从图 4-12 中可以看出，当系统的振荡频率等于共振频率，即 $\omega=\omega_r$ 时，$M$ 有一个峰值。除此之外，在共振频率 $\omega_r$ 附近，二阶振荡系统还有一个增幅区域，在此区域系统的振荡幅值有明显增大的现象，一般将之称为广义共振区，这个共振区的频率范围是

$$\frac{1}{3}<\frac{\omega}{\omega_r}<\sqrt{2} \tag{4-28}$$

联系图 4-12，式(4-28)表明，当外界的干扰频率小于 $\dfrac{1}{3}\omega_r$ 或大于 $\sqrt{2}\omega_r$ 时，系统的振荡

幅值很小，过程很平稳。从前述知识已经知道，串级控制系统中，副回路实际上是一个随动控制系统。随动控制系统的设定值在系统运行过程中是一个来自主回路控制器输出的随机变化的参量，可视为副回路的一个持续干扰变量。如果主回路控制器输出的工作频率 $\omega_1$ 正好处于$\frac{1}{3}\omega_r$ 和$\sqrt{2}\omega_r$ 之间时，就可能引起副回路发生共振现象。同时，副回路不断变化的输出对主回路也是一个持续的干扰，如果其工作频率 $\omega_2$ 进入式(4-28)所示范围，也有可能引起主回路的共振。上述两种共振现象均会影响系统的稳定性。为了避免串级控制系统中共振现象的发生，在选择主、副对象的时间常数时，就需要考虑系统的工作频率是否满足式(4-28)。如果正好处于共振频率范围内，则需要重新选择副变量。所以，一般选择主、副回路的工作频率之比$\frac{\omega_1}{\omega_2}<\frac{1}{3}$，换算为主、副对象的时间常数关系就是 $T_1>3T_2$。在实际系统的设计中，一般按主、副对象的时间常数之比在 3～10 的范围内进行设计。

④注意工艺上的合理性、经济性原则。这里要强调的是控制必须服从工艺的要求，设计一个控制系统时，必须首先考虑工艺上的合理性。在满足工艺要求的前提下，如果有多种可供选择的副回路控制方案，则从经济性上进行考虑，尽可能选择经济可靠、简单易行的控制方案。

2. 主、副控制器的设计

主、副控制器的设计主要包括两方面的内容：一是主、副控制器控制规律的选择，二是主、副控制器作用方式的选择。

(1)主、副控制器控制规律的选择

对主变量的控制质量要求高时，为了保证主变量的控制精度、消除稳态误差，主控制器宜采用 PI 控制规律；如欲克服控制通道的容量滞后，如温度对象的容量滞后一般较大，应引进微分作用，采用 PID 控制规律。对副变量的控制精度没有特殊要求时，副控制器一般采用比例控制规律；对副变量控制质量要求也较高时，主、副控制器应均采用 PI 控制规律。需要注意的是，副控制器一般不引入微分作用，这是因为副回路是一个随动控制系统，随动控制系统的设定值变化很频繁，如果有微分作用，会引起执行器的大幅度频繁动作，导致系统处于不稳定状态。

当对主变量的控制质量要求不高，甚至允许它在一定范围内波动时，主控制器采用比例控制规律即可。副控制器则按前述原则，根据控制要求的不同进行控制规律的选择。

对主、副变量的控制质量要求均不高时，主、副控制器均采用比例控制规律。在这种情况下，注重的是两个变量的相互兼顾，例如后面将要介绍的串级均匀控制系统就属于这种情况。

(2)主、副控制器作用方式的选择

选择的主要原则仍然与单回路控制系统相同，就是回路必须构成负反馈。副控制器的作用方式可按单回路控制系统的选择方法进行，即确定副对象与执行器的作用方式后，再按负反馈原则确定副控制器的作用方式。对于主控制器的作用方式，按式(主控制器＋/－)(主对象＋/－)＝(－)确定，与串级控制系统中副回路各环节的作用方式无关，理由是副回路是一个随动控制系统，从整体上看，其作用方式永远是正作用方式，故上式左边并未出现与副回路相关的作用方式。下面给出一个确定串级控制系统主、副控制器作用方式的例子。

对于如图 4-5 所示的管式加热炉出口温度串级控制系统，首先确定副控制器的作用方式，按单回路控制系统的确定原则进行。从生产安全出发，燃料执行器选用气开式(正作用)，执行器阀门开大时，燃料流量的增加会使炉膛温度升高，说明副对象是正作用方式。为保证副回路为负反馈，副控制器应为反作用方式。然后确定主控制器的作用方式，因为炉膛温度升高时，原料油出口温度也升高，说明主对象也是正作用方法，为保证主回路为负反馈，主控制器也应为反作用方式。

### 4.1.4　串级控制系统的参数整定方法

按上面所述正确设计一个串级控制系统后，为了让系统能够在实际运行中处于最佳运行状态，对主、副控制器的参数整定是必不可少的一个环节。串级控制系统的结构比单回路控制系统要复杂，整定过程也显得烦琐。前面讲述了主、副对象的时间常数之比一般以 3～10 为宜，本小节介绍的控制器参数整定对主、副对象的时间常数错开也具有一定的作用。例如，选择实际过程的主、副对象时，其时间常数比较接近。由于主、副对象之间的相互影响，有可能产生共振现象，如果在整定控制器参数时，将副控制器的增益加大，就会提高副回路的工作频率，从而拉开主、副对象时间常数的距离。串级控制系统的参数整定方法主要包括逐步逼近法、两步整定法和一步整定法三种。

1. 逐步逼近法

逐步逼近法是先整定副回路，然后整定主回路，观察记录性能指标的变化情况，如此循环，让系统逐步逼近最佳运行状态的方法。具体整定步骤如下。

①整定副回路。先断开主回路，按照单回路控制系统的整定方法，对副控制器的参数进行整定。

②整定主回路。闭合主回路，并把整定过的副回路作为主回路的一个环节，按单回路控制系统的整定方法，对主控制器的参数进行整定。如果各项指标达到要求，上述整定参数即可作为最终参数；若指标未达到要求，则继续整定。

③再次整定副回路。将上述已经整定过的主、副回路全部闭合，再次按照单回路控制系统的整定方法，重新调整副控制器的参数。如果各项指标达到要求，上述整定参数即可作为最终参数；若指标未达到要求，则继续整定主控制器。

④再次整定主回路。主、副回路均闭合，对主控制器的参数进行调整。

⑤如果各项指标达到要求，上述整定参数即可作为最终参数；若指标未达到要求，则按照上述的③、④两个步骤继续整定，直到满足要求。

逐步逼近的整定方法需要在主、副回路之间反复进行，在不同参量类型的控制系统和不同的质量指标要求下，上述介绍的整定循环次数不尽相同，特别是对要求较高的场合，整定过程比较烦琐，往往费时较多。

2. 两步整定法

两步整定法首先整定副控制器，然后整定主控制器。通过这样两个步骤让串级控制系统的主、副控制器参数运行在令人满意的状态之下，使系统的各项性能指标达到目标要求。这种整定方法在串级控制系统的调试过程中应用最广泛，具体步骤如下。

①将主、副回路均闭合，并且主、副控制器均采用纯比例控制，将主控制器的比例度置

于100%，按衰减曲线法整定副回路，当达到要求的过渡过程曲线时，记录副控制器的比例度 $\delta_2$ 和振荡周期 $T_{c2}$。

②将副控制器的比例度置于 $\delta_2$，按衰减曲线法整定主回路，当达到要求的过渡过程曲线时，记录主控制器的比例度 $\delta_1$ 和振荡周期 $T_{c1}$。

③根据所记录的 $\delta_1$，$T_{c1}$ 和 $\delta_2$，$T_{c2}$，按衰减曲线法的经验公式，计算主、副控制器的各个参数并且投入运行。

④根据实际的动态响应，不断对各控制器的参数进行调整，直至达到要求的控制效果。

3. 一步整定法

逐步逼近法与两步整定法适用于对控制精度等指标要求比较高的场合，整定过程费时而烦琐。人们从整定主、副控制器参数过程的简单实用角度考虑，总结出了一步整定法，主要过程是先按如表4-1所示的经验公式确定副控制器的参数，然后按单回路控制系统的参数整定方法，对主控制器的参数进行整定。一步整定法由于过程简单，并且能够满足某些系统的要求，因而其应用也比较广泛，一般应用于对主变量控制质量要求不是很高、对副变量控制质量要求也不高的场合。具体步骤如下。

①按经验法确定副控制器的比例度，如表4-1所示。

②将串级控制系统投入运行，按单回路控制系统的整定方法，整定主控制器的参数。

③观察过渡过程，适当调整主控制器的参数，使主变量的控制效果达到令人满意的状态。

**表4-1　副控制器比例度经验公式**

| 变量类型 | 比例度 $\delta$/% |
|---|---|
| 液位 | 20～80 |
| 压力 | 30～70 |
| 流量 | 40～100 |
| 温度 | 20～60 |

## 4.2　比值控制系统

在工业生产过程中，工艺上经常会要求两种或多种物料流量成一定的比例关系，一旦比例失调，就会影响生产的正常进行，带来一系列的问题。例如，燃烧过程中，往往要求燃料量与空气量按一定比例混合后送入炉膛，以保证充分燃烧，满足燃烧效率的要求，否则有可能引起爆炸现象的发生；又如，制药生产中要求药物和注入剂按一定的比例混合，否则会影响制药的质量；再如，造纸过程中为保证纸浆浓度，要求自动控制纸浆量和水量的比例，以维持在一个合适的水平，否则纸浆的质量可能得不到保障。所以各物料流量的比值关系需要按工艺要求进行控制，以避免出现产品质量低、能源动力浪费、环境污染，甚至安全事故等现象。

如上所述，凡是两个或多个变量需要自动维持一定比值关系的过程控制系统，统称为比值控制系统。这里假设有两种物料的流量需要按一定的比例进行控制，则两种物料流量的比值关系满足

$$K=\frac{Q_2}{Q_1} \tag{4-29}$$

式中：$Q_1$ 为主动量，即在控制过程中起主导作用的物料流量；$Q_2$ 为从动量，即随主动量变化而变化的物料流量；$K$ 为工艺比值。

## 4.2.1　比值控制系统的组成结构和工作原理

比值控制系统是一种特别设计的控制系统，用于维持两个或多个过程变量之间的固定比例。这种系统在许多工业和制造过程中非常重要，尤其是在需要精确混合、匹配或保持两种或多种物质比例的场景中。比值控制系统涉及至少两个变量，其中一个变量的控制取决于另一个变量的值。比值控制系统的核心目的是维持两个或多个变量间的固定比例，且抵抗外部条件变化的干扰。

比值控制系统首先包含一个主控制回路，主控制回路控制一个主要的过程变量（主动量）。与主控制回路相连的是一个或多个从控制回路。这些从控制回路控制的变量（从动量）与主控制回路的变量成比例关系。这些关系是连接主控制回路和从控制回路的关键部件。比值控制器根据主控制回路的变量来控制从控制回路的变量，确保二者保持预定的比例关系。

1. 开环比值控制

在开环比值控制中，操作者或系统设计者会预先设定一个固定的比例，用于控制两个或多个过程变量之间的关系。系统直接按照预设的比例进行控制，不会根据过程的实际输出进行调整。图 4-13 给出了一个开环比值控制系统的例子。从图中可以看出，只有当主动量 $Q_1$ 变化时，从动量 $Q_2$ 的控制器 QC 才起控制作用，而 $Q_2$ 变化时 $Q_1$ 不受响应，但此时 $Q_1$ 和 $Q_2$ 的比例关系已经被破坏，满足不了生产工艺的要求，这也是开环比值控制的最大缺陷。开环比值控制一般适用于没有干扰影响从动量 $Q_2$、系统运行比较稳定的场合。

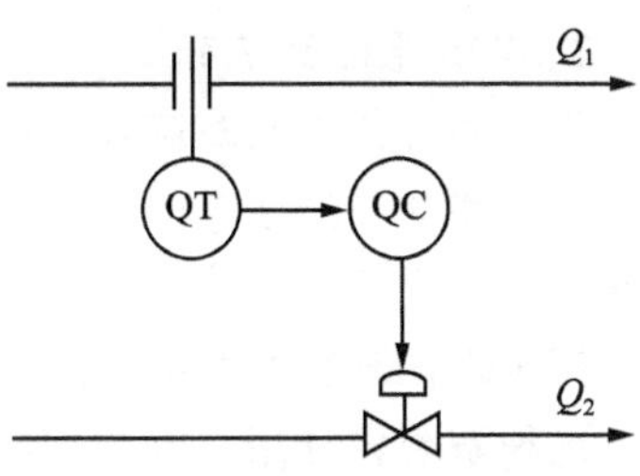


**图 4-13　开环比值控制系统**

开环比值控制系统具有成本低、操作简单、维护容易的优点，但由于缺乏反馈机制，开环比值系统无法自动纠正过程中的误差或扰动，因此其精确度和可靠性不如闭环比值控制系统。在流体工程中，如果流体的性质和流量相对稳定，可以使用开环比值控制来维持两种流体的混合比例。在一些不需要精确控制的初级加工过程中，如某些类型的食品加工或初级化学品生产，可能会采用开环比值控制。

2. 单闭环比值控制

单闭环比值控制系统是一种特定类型的闭环控制系统，用于维持两个或多个变量之间的固定比例关系，如图 4-14 所示。单闭环比值控制系统只有一个控制回路（通常是主控制回

路)提供反馈。这个回路负责监控和控制一个主要的过程变量(如流量、温度等)。

单闭环比值控制系统从控制器控制的动量与主动量成比例关系，但单闭环比值控制系统本身不提供反馈到系统中。比例关系由比值控制器设定。比值控制器接收主动量的输出，并根据设定的比例关系调整从控制器的设置，同时保持主动量和从动量之间的固定比例。

图 4-15 是单闭环比值控制系统方框图。从图中可以看出，只有从动量 $Q_2$ 是闭环控制。整个系统在稳定状态下时，当主动量 $Q_1$ 发生变化，从动量 $Q_2$ 控制回路中的设定值将跟随主动量 $Q_1$ 变化，以满足要求的比例关系；在从动量 $Q_2$ 受到干扰而发生波动时，由于闭环控制的作用，控制器 $Q_2C$ 会根据从动量 $Q_2$ 的控制误差控制阀门的开度，从而使 $Q_2$ 稳定在设定值附近，工艺要求的比例关系仍然没有被打破。这种比值控制方式克服了开环比值控制方案的不足，不但能实现从动量实时跟随主动量的变化，而且能克服从动量的干扰，一般用于主动量可以不受控且负荷变化不太大的场合。

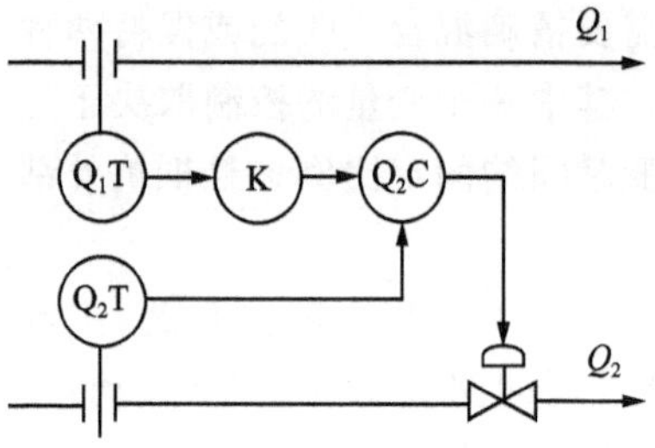

**图 4-14　单闭环比值控制系统**

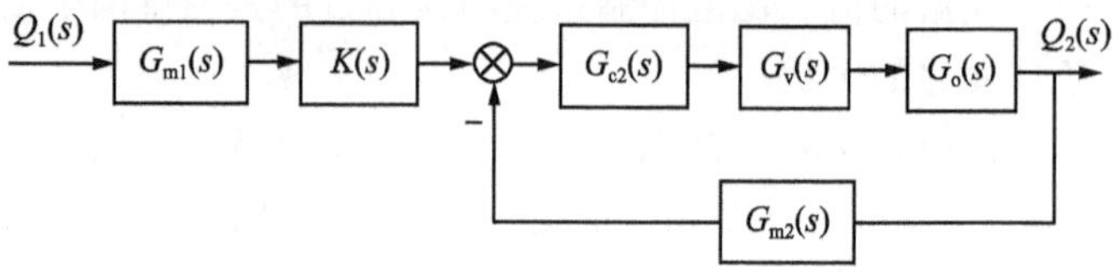

**图 4-15　单闭环比值控制系统方框图**

单闭环比值控制系统较为简单、易于管理，适用于不太复杂的控制任务。但由于只有一个反馈回路，对于那些需要更精细控制的复杂过程，其适用性可能有限。单闭环比值控制系统适用于那些对控制精度要求不是特别高，但需要比开环控制更可靠的场合。

3. 双闭环比值控制

双闭环比值控制系统具有两个独立的闭环控制回路，每个回路都有自己的传感器、控制器和执行器。虽然两个闭环回路独立操作，但两个闭环回路之间的动作通常是协调的，这种协调旨在优化整体系统性能，减少变量之间的相互影响。双闭环比值控制系统通过提供更细致的控制来提高精度和响应速度，两个闭环回路能够更有效地处理复杂的动态过程和大的扰动。这种系统设计用于提高控制精度和系统性能，尤其适用于那些需要同时控制两个相互关联的过程变量的场合。双闭环比值控制系统在许多工业和自动化领域中都有应用，如温度控制、压力控制、速度和位置控制等。

图 4-16 给出了双闭环比值控制系统的例子。图 4-17 是双闭环比值控制系统方框图。从图中可以看出，在单闭环比值控制系统的基础上，增加了主动量 $Q_1$ 的控制回路，即主动量与从动量均实现了闭环控制。当主动量 $Q_1$ 的设定值发生变化时，从动量 $Q_2$ 控制回路中的设定值将跟随主动量 $Q_1$ 新的设定值变化，以满足要求的比例关系。而且主动量 $Q_1$ 受到干扰发生波动时，可以依靠控制器 $Q_1C$ 和相应的执行器来消除干扰的影响，从而使主动量保持稳定。这种比值控制方式克服了单闭环比值方案中主动量不受控的缺陷，不但能实现从动量跟主动量的变化，而且能克服来自于主动量和从动量回路中的干扰，一般用于控制精度要求较高、工艺上不允许负荷有较大波动、主动量干扰频繁、工艺上经常需要升降负荷的场

合。例如，当工艺要求升降负荷时，对于双闭环比值控制系统来说，只需改变主动量的设定值，在原有比值关系不变的情况下，主动量的负荷发生变化，从动量的流量也跟随其变化，从而克服了单闭环比值系统的不足。

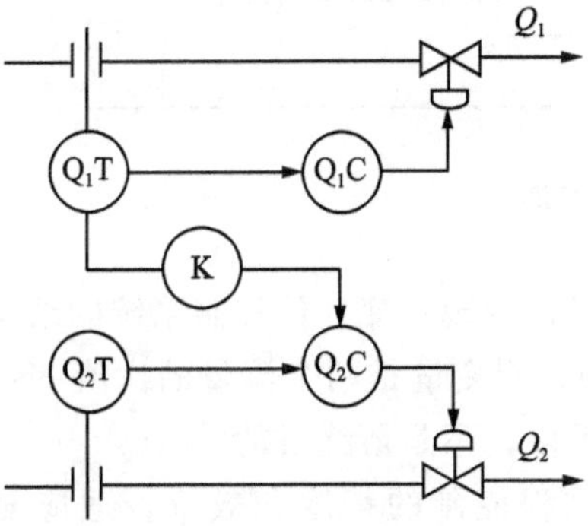


图 4-16　双闭环比值控制系统

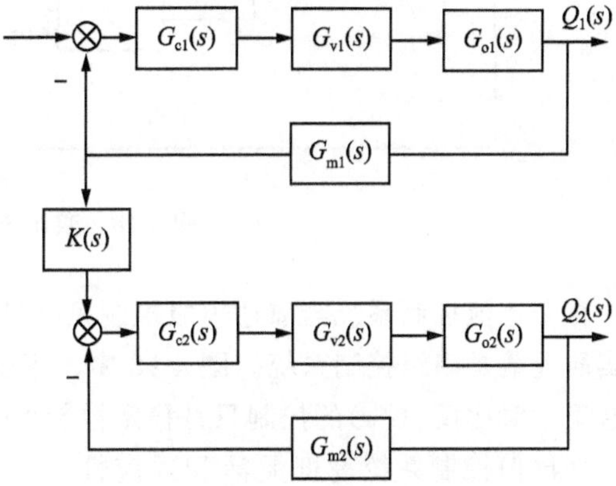


图 4-17　双闭环比值控制系统方框图

双闭环比值控制系统提供高精度控制，能够有效处理复杂和动态的过程，提高系统稳定性和响应速度。但是其设计和实施相对复杂，成本较高，需要精确的调校和维护。双闭环比值控制系统因其高度的灵活性和精确性，被广泛应用于需要严格控制和高性能的工业应用中。这种系统特别适于那些单个闭环系统难以应对的复杂或高度动态的控制任务。

4. 变比值控制

上面所讲述的几种比值控制方案有一个共同特点，就是主动量与从动量的比值是确定的。但在有些生产过程中，要求两种物料流量的比值随第三个变量的变化而变化，即不断修正比值，这样就产生了变比值控制方案。例如，变换炉工艺中，煤气与水蒸气按一定的比例关系在触煤层的催化下，转化成二氧化碳和氢气。触煤层的温度越高转化率越高，但温度过高会影响触煤层的寿命，这就需要根据触煤层的温度情况来调节煤气与水蒸气的比例系数，以保持最佳的触煤层温度，并提高二氧化碳和氢气的转化率。

变比值控制系统是一种特殊类型的比值控制系统，用于动态调整两个或多个过程变量之间的比例关系。与固定比值控制系统不同，变比值控制系统可以根据过程的需求或外部条件的变化来调整比例。这种灵活性使得变比值控制系统在许多复杂和变化多端的工业过程中非常有用。变比值控制系统包括至少两个控制回路，每个控制回路管理一个过程变量，这些变量之间的比例关系可以根据特定的规则或算法进行调整，调整可以基于时间、过程需求、外部条件或其他过程变量而变化。

图 4-18 为变比值控制系统方框图，其中 $G_{c2}(s)$ 就是比值控制器。该系统工作过程描述如下。

当 $Q_1$，$Q_2$ 出现波动时，输出变量 $Y(s)$ 可能会偏离给定值 $X(s)$，产生控制误差，此时，温度控制器 $G_c(s)$ 根据这个控制误差给出 $Q_1$，$Q_2$ 之间新的比例关系 $K_s(s)$。系统根据这个新的比例关系通过比值控制器 $G_{c2}(s)$ 实现 $Q_2$ 的闭环调整，直至 $Q_1$，$Q_2$ 之间的实际比例关系 $K(s)$ 达到要求的 $K_s(s)$，最终实现输出变量 $Y(s)$ 的稳定控制。

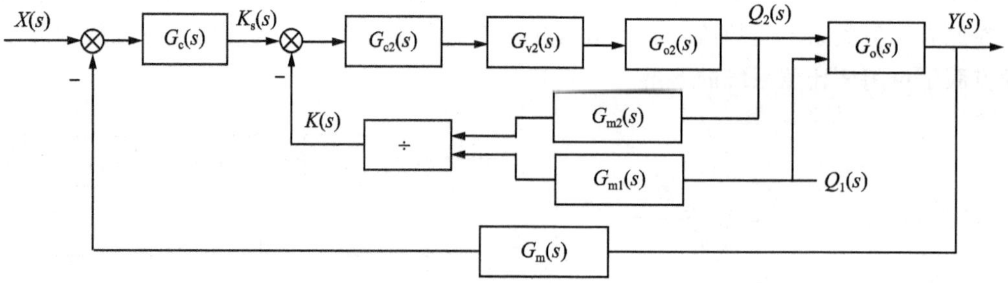


图 4-18　变比值控制系统方框图

将变比值控制系统与前述串级控制系统进行对比，可以发现，变比值控制系统的结构原理实质上就是串级控制系统。图 4-18 中，主变量是 $Y(s)$，副变量是两个流量的比值 $K(s)$。在这里，对比值 $K(s)$的控制只是稳定控制 $Y(s)$的一种手段，不是最终目的。

变比值控制系统高度灵活和适应性强，能够提高过程控制的精度和效率，适应复杂或变化多端的工业应用。但是系统设计和控制策略相对复杂，可能需要高级的控制算法和精密的测量设备。这种系统在需要根据实时条件或过程需求调整比例的应用中具有重要价值。

综上所述，单闭环比值控制系统结构简单，可以克服各种干扰影响，但一般只适用于负荷变化不大的场合。当主动量出现较大幅度的波动时，从动量就很难跟随其变化，在这种情况下，就需要使用双闭环比值控制系统或者考虑使用变比值控制系统。

## 4.2.2　比值系数的换算

工艺规定的从动量与主动量的比值 $K$ 不能直接作为仪表的比值使用，必须根据不同类型的仪表量程将比值 $K$ 转换成对应的仪表比值系数 $K'$后才能在控制系统中实现。变送器的转换特性不同，比值系数 $K'$的计算公式也不同。下面以电动Ⅲ型仪表(信号范围是 4～20 mA)为例分两种情况进行讨论，其他类型的仪表(如电动Ⅱ型、气动仪表)可以参照电动Ⅲ型仪表的换算方法。

1. 流量与测量信号成线性关系

当流量的变化范围是 $0 \sim Q_{max}$ 时，变送器输出的相应测量信号为 $I=4 \sim 20$ mA，则变送器输出的测量信号 $I$ 和流量范围中间值 $Q$ 之间的关系是

$$I=16\times\frac{Q}{Q_{max}}+4 \tag{4-30}$$

假设主动量 $Q_1$ 的流量计测量范围为 $0 \sim Q_{1max}$、从动量 $Q_2$ 的流量计测量范围为 $0 \sim Q_{2max}$，根据式(4-30)，可以得到主动量与从动量分别对应的变送器输出信号

$$\begin{cases} I_1=16\times\dfrac{Q_1}{Q_{1max}}+4 \\ I_2=16\times\dfrac{Q_2}{Q_{2max}}+4 \end{cases} \tag{4-31}$$

根据式(4-31)可以求得 $Q_1$ 和 $Q_2$，代入工艺比值公式，得

$$K=\frac{Q_2}{Q_1}=\frac{(I_2-4)Q_{2\max}}{(I_1-4)Q_{1\max}}=K'\frac{Q_{2\max}}{Q_{1\max}} \tag{4-32}$$

式中：$K'=\frac{I_2-4}{I_1-4}$，为仪表比值。同时，可得到仪表比值 $K'$ 与工艺比值 $K$ 的换算公式

$$K'=K\frac{Q_{1\max}}{Q_{2\max}} \tag{4-33}$$

可见，只要已知主动量和从动量流量计的测量范围，就可以根据工艺要求的比值求出仪表的比值系数。

2. 流量与测量信号成非线性关系

根据执行器的相关知识可知，流量 $Q$ 与压差 $\Delta p$ 的平方根成正比，即 $Q\propto\sqrt{\Delta p}$。当压差的变化范围是 $0\sim\Delta p_{\max}$ 时，相应的流量变化范围是 $0\sim Q_{\max}$，差压变送器对应输出的测量信号是 4～20 mA，则差压变送器输出的测量信号 $I$ 和流量范围中间值 $Q$ 之间的关系是

$$\frac{I-4}{20-4}=\frac{\Delta p}{\Delta p_{\max}}=\frac{Q^2}{Q_{\max}^2} \tag{4-34}$$

假设主动量 $Q_1$ 的流量计测量范围为 $0\sim Q_{1\max}$、从动量 $Q_2$ 的流量计测量范围为 $0\sim Q_{2\max}$，根据式(4-34)，可以得到主动量与从动量分别对应的变送器输出信号

$$\begin{cases} I_1=16\times\dfrac{Q_1^2}{Q_{1\max}^2}+4 \\ I_2=16\times\dfrac{Q_2^2}{Q_{2\max}^2}+4 \end{cases} \tag{4-35}$$

根据式(4-35)可以求得 $Q_1^2$ 和 $Q_2^2$，代入工艺比值公式，得

$$K^2=\frac{Q_2^2}{Q_1^2}=\frac{Q_{2\max}^2(I_2-4)}{Q_{1\max}^2(I_1-4)}=K'\frac{Q_{2\max}^2}{Q_{1\max}^2} \tag{4-36}$$

从而得到仪表比值 $K'$ 与工艺比值 $K$ 的换算公式

$$K'=K^2\frac{Q_{1\max}^2}{Q_{2\max}^2} \tag{4-37}$$

## 4.2.3　比值控制系统的设计方法

1. 主动量、从动量的确定原则

在实际工程中，如何确定主动量和从动量是一个关键问题，应遵循以下几个原则。

①在生产中对生产负荷起主导作用的物料流量，一般选为主动量，其他需要跟随主动量变化的物料流量，则选为从动量。

②在生产中不可控的物料流量，一般选为主动量，在这种情况下，将可控的物料流量选为从动量，从而可以组成单闭环比值控制系统。

③若生产过程中的两种物料均可控，则分析两种物料的供应情况，将有可能供应不足的物料流量选为主动量，当主动量出现供应不足的现象时，从动量可以跟随其变化，从而维持主动量与从动量的比值关系不变。

④当生产工艺有特殊要求时，主动量、从动量的确定以服从工艺需要为原则。例如，对安全性特别强调的生产过程，在确定主动量、从动量的时候就需要考虑安全生产的特殊要求，可以分析两种物料流量分别在失控情况下，哪一种情况必须保持比值一定，否则就会出现安全事故，那么就把相应的那种物料流量作为主动量。

2. 控制方案的选择

比值控制系统包括开环比值控制、单闭环比值控制、双闭环比值控制及变比值控制等几种类型。在控制系统的设计中，需要根据生产的要求，兼顾经济性原则来选择比值控制的结构类型。由于开环比值控制系统在生产中较少采用，下面给出单闭环比值控制、双闭环比值控制及变比值控制的选择原则。

①如果工艺上仅要求两物料流量的比值一定，而对总流量无要求，可用单闭环比值控制方案。

②若主动量、从动量的扰动频繁，而工艺要求主动量、从动量的总量恒定，可采用双闭环比值控制方案。

③当生产工艺要求两种物料流量的比值随着第三参数调节时，可采用变比值控制方案。

3. 控制规律的确定

根据PID控制原理，结合比值控制方案和控制要求，可以确定控制规律。下面举例说明。

在图4-14所示的单闭环比值控制系统中，比值控制器K起比值计算作用，若用控制器实现，则选P控制；设置流量控制器$Q_2C$的目的是使副流量保持稳定，为保证控制精度可选PI控制。

图4-16所示的双闭环比值控制系统不仅要求主、副流量保持恒定的比值关系，而且两流量均要实现定值控制，对控制精度的要求较高，所以两个控制器均应选PI控制；比值控制器如同单闭环比值控制系统一样，选P控制即可。

### 4.2.4　比值控制系统的参数整定方法

在比值控制系统中，确定控制规律后，下一步的重要工作就是对控制参数进行整定，以满足一定的性能指标。在单闭环比值控制系统中，只有副回路的控制参数需要整定，在双闭环比值控制系统和变比值控制系统中，不仅有副回路的参数整定，还有主回路的参数整定。从设定值的变化与否来看，双闭环比值控制系统和变比值控制系统中的主回路一般是定值控制系统，而副回路是跟随主回路变化的随动控制系统。所以，主回路的参数整定方法与单回路定值控制系统相同，而副回路的参数整定方法需要另外讨论。副回路实际上是一个随动控制系统，要求物料能够迅速跟随主回路输出值的变化，且不出现大的超调，即介于振荡与不振荡的临界过程，以防止比例失调。副回路控制参数的整定步骤如下。

①根据工艺要求的流量比值$K$、流量的变化范围$0\sim Q_{max}$以及流量与测量信号之间的关

系分别求出线性和非线性情况下的仪表比值系数 $K'$。线性情况下，$K'=K\dfrac{Q_{1\max}}{Q_{2\max}}$；非线性情况下，$K'=K^2\dfrac{Q_{1\max}^2}{Q_{2\max}^2}$。

②对副回路中的比例环节进行调整，设置积分时间 $T_i\to\infty$，将比例度从大到小改变，直至呈现出振荡与不振荡的临界过程为止。

③当副回路采用 PI 控制规律时，在上述基础上，适当放宽比例度，并投入积分作用，将积分时间从大到小进行调整，直至呈现出振荡与不振荡的临界过程为止。

## 4.3　前馈控制系统

随着生产过程工艺的发展及技术的进步，人们对自动控制系统提出了更高的要求。前面所讨论的串级控制系统和闭环的比值控制系统，都属于有反馈的闭环控制系统。虽然以反馈控制为基础的各种控制方法、技术能够满足大多数被控对象的要求，但当被控对象受到频繁的干扰时，在控制系统的设计中，采用常规的反馈控制系统有时很难获得良好的控制质量。这是因为反馈控制系统的控制依据是控制误差的存在。当系统存在干扰时，需要经过一段时间才能表现在被控变量的波动上，此时反馈控制系统的作用已经表现出滞后性，从而导致控制不及时，使得衡量控制效果的性能指标不太理想。

若能依据被控对象的特性求出满足性能指标的控制规律，即寻求一种不同于反馈控制系统的设计方法，就可以避免干扰频繁所带来的控制效果不理想的问题。可以考虑直接按可测量的扰动而不是按控制误差进行控制，即设计出前馈控制系统。当干扰发生后，被控量还未显现出变化之前，前馈控制器就产生了抑制干扰的控制作用，从参与控制后体现出来的效果来说，前馈控制系统对干扰的克服要比反馈控制系统及时得多。

### 4.3.1　前馈控制系统的基本原理、结构形式和特点

下面以换热器的出口温度控制为例，说明反馈控制与前馈控制的区别，并阐述前馈控制系统的基本原理、结构形式和特点。

1. 前馈控制系统的基本原理

图 4-19 所示的换热器广泛应用于化工、能源、冶金等工业领域，是非常重要的换热设备，其主要作用是利用蒸汽作为热源，对一定量的冷物料通过热传导、热对流等热交换方式进行加热，将冷物料加热到一定温度后通过排管排出换热器，同时，使蒸汽放热凝结成冷凝水后从排水管排出。换热器中物料的出口温度是一个重要的被控变量，控制变量则是加热蒸汽的流量，以此为依据设计了如图 4-19 所示的出口温度反馈控制系统。当冷物料的进料量处于平衡状态时，此反馈控制系统一般均能满足出口温度的控制要求，但工业生产中，进料量会因为设备或操作的原因而发生频繁的波动，加热蒸汽的流量如果不发生相应的改变，则出口温度很难被快速地稳定控制，这是反馈控制的局限性所导致的。可见，对于进料量的干

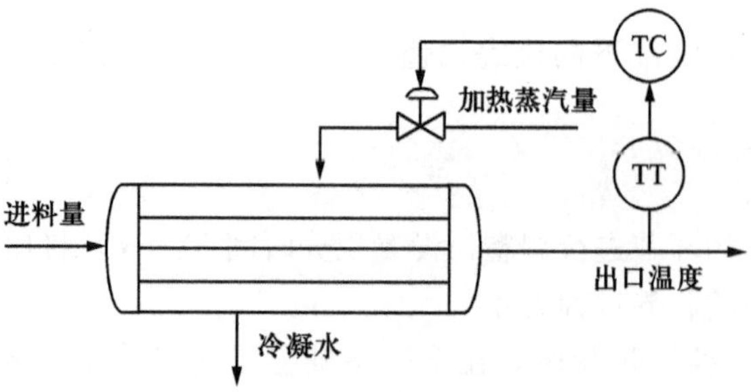


图 4-19 换热器出口温度反馈控制系统

扰输入，反馈控制还难以达到快速抑制干扰的控制目标。

针对上述问题，可设计如图 4-20 所示的前馈控制系统来解决。当进料量发生波动时，检测变送装置 QT 将这一变化反映出来，并输出到前馈控制器 QC，此控制器按一定的算法对加热蒸汽的流量执行器开度进行控制，以补偿进料量发生扰动时对出口温度的影响。

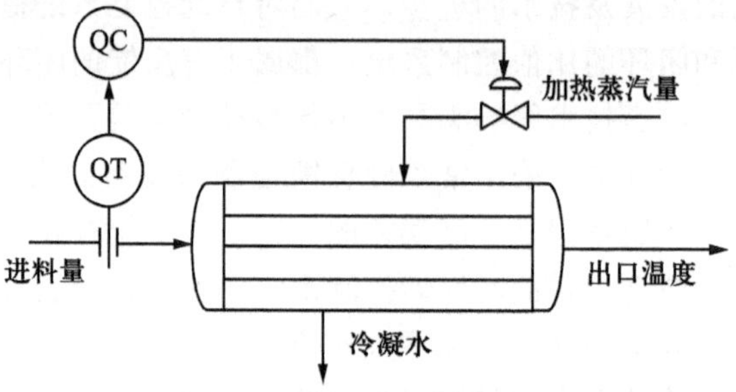


图 4-20 换热器出口温度前馈控制系统

补偿过程可利用如图 4-21 所示的曲线进行直观的观察。假设某时刻进料量突然增加，如果采用单纯的反馈控制方法，则进料量的扰动作用会使物料的出口温度下降。当采用前馈补偿控制方法时，对出口温度的控制作用就会加强，在出口温度未变化之前就提前增加蒸汽流量，以抵消进料量的增加而带来出口温度下降的趋势。

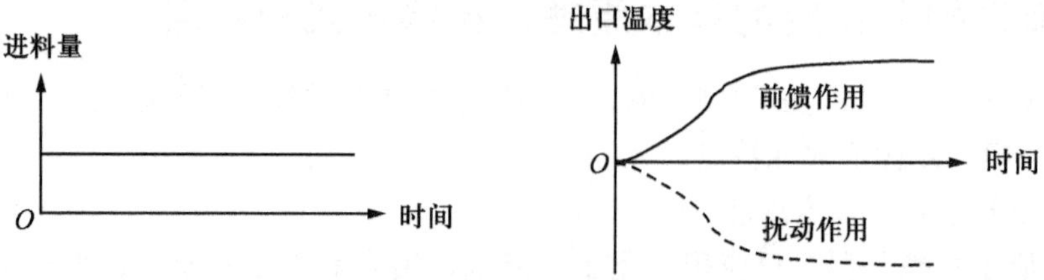


图 4-21 换热器前馈控制系统的补偿过程

图 4-20 提到的前馈控制器 QC 对执行器的驱动是按预先设置好的算法进行的，而且是按扰动进行设计的补偿控制，最终目的是降低扰动对系统的影响，甚至是完全消除，即所谓不变性原理。为了使前馈控制系统达到图 4-21 的补偿效果，这里就需要讨论前馈控制器的设计方法和算法实现，即前馈控制的补偿条件。

为了讨论问题的方便，将如图 4-20 所示系统的传递函数方框图表示于图 4-22 中。其中，$G_{ff}(s)$表示前馈控制器的传递函数，$G_d(s)$表示干扰输入的传递函数，$G_m(s)$表示检测变送装置的传递函数，$G_v(s)$表示执行器的传递函数，$G_o(s)$表示被控对象的传递函数，$Y(s)$表示被控变量，$F(s)$表示干扰输入变量。

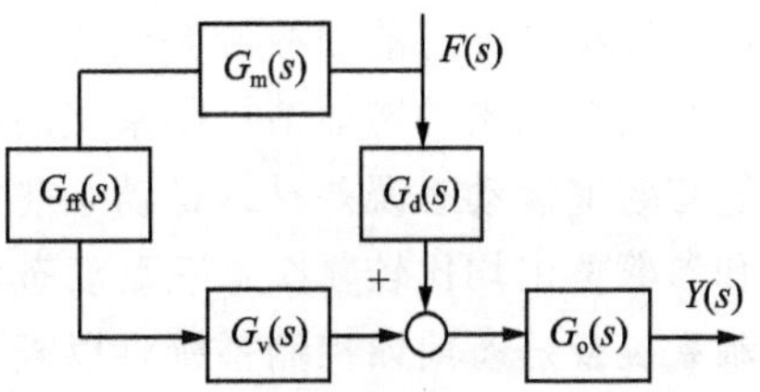


**图 4-22　前馈控制系统传递函数方框图**

根据如图 4-22 所示的信号联络关系，被控变量$Y(s)$的传递函数表达式可写为

$$Y(s)=[F(s)G_d(s)+F(s)G_m(s)G_{ff}(s)G_v(s)]G_o(s) \tag{4-38}$$

前馈控制的算法原理就是寻求合适的前馈控制器$G_{ff}(s)$，使得干扰输入$F(s)$的存在对被控变量$Y(s)$没有影响，即当$F(s)\neq 0$时，$Y(s)=0$，表示被控变量在干扰的影响下仍然被稳定控制在期望值上，由此得到如下的补偿条件

$$Y(s)=[F(s)G_d(s)+F(s)G_m(s)G_{ff}(s)G_v(s)]G_o(s)=0 \tag{4-39}$$

即

$$G_{ff}(s)=-\frac{G_d(s)}{G_m(s)G_v(s)} \tag{4-40}$$

式中：分子代表干扰通道的传递函数；分母代表控制通道的传递函数。按照式(4-40)设计前馈控制器$G_{ff}(s)$的算法，就可实现对扰动的完全补偿，使被控变量成为对扰动绝对不灵敏的系统。

2. 前馈控制系统的结构形式

前馈控制系统可分为动态和静态两种结构形式。

(1)静态前馈控制系统

静态前馈控制系统是一种在测量到扰动量后，根据过程中的物质或能量平衡条件计算出校正值的控制系统。静态前馈控制系统的作用是在稳态下补偿扰动的影响，以保证过程的稳定性。以如图 4-22 所示的前馈控制系统为例，其中的前馈控制器模型如式(4-40)所示。定义静态前馈控制器的输出与时间无关，即只考虑各环节传递函数的静态增益，可以得到

$$G_{ff}(s)=-\frac{G_d(s)}{G_m(s)G_v(s)}=-\frac{K_d}{K_mK_v} \tag{4-41}$$

式中，$K_d$，$K_m$，$K_v$分别是$G_d(s)$，$G_m(s)$，$G_v(s)$的静态放大系数。当干扰通道与控制通道的时间常数相关性比较弱时，才能近似得到式(4-41)所示的前馈控制器模型，这是一个纯比例环节。当满足上述条件时才有可能获得较为理想的控制效果，这也是静态前馈控制系统的适用条件。

(2)动态前馈控制系统

由于上述静态前馈控制系统的适用条件比较苛刻，干扰通道与控制通道的时间常数相差往往比较大，如果直接按式(4-41)所示的控制器传递函数进行控制，各项性能指标不能达到理想的要求，所以必须建立各环节的精确数学模型，这就回到了式(4-40)，显然它与式(4-41)所示的纯比例环节有较大差别。静态前馈控制既要求有准确的数学模型，也要求测量仪表和计算装置非常准确，这在实际系统中难以满足。对比静态前馈与动态前馈控制器的表达

式可以看出，静态前馈控制是动态前馈控制的一种特殊形式。依据动态前馈控制的产生原理，可以总结出动态前馈控制系统的特点：一是动态前馈控制不但能有效抑制静态误差，而且能有效抑制动态误差；二是动态前馈控制能显著提高系统的控制质量，但控制器的模型结构和参数整定均比较复杂；三是动态前馈控制系统只适用于控制精度要求很高、单纯的反馈控制系统或静态前馈控制系统难以满足要求的场合。

3. 前馈控制系统的特点

前馈控制系统区别于反馈控制系统的典型特点如下。

(1)前馈控制是一种开环控制方式

反馈控制是典型的闭环控制方式，根据被控变量的反馈值与设定值的控制误差进行反馈调节，系统存在着稳定性问题；而前馈控制侧重于按干扰量进行设计，而对被控变量没有检测，处于开环控制状态，只要各个环节是稳定的，整个系统即稳定，其控制效果依赖于前馈补偿条件所建模型的准确性。

(2)前馈控制器是一种专用控制器

从式(4-40)可以清楚地看出前馈控制器依赖于干扰通道、执行器、检测变送等环节的数学模型。对于不同的被控对象，控制器的设计结果也会不一样，相对来说，前馈控制器是专用控制器。前馈控制器虽与反馈控制系统经常采用的 PID 控制器的结构形式及控制原理不同，但它也是一种广泛适用的控制器。

(3)前馈控制对干扰的抑制作用比较及时

通过推导式(4-40)的过程可知，当某一干扰输入到系统后，对被控变量还未产生影响之前，前馈控制器就会产生相应的控制作用。假设前馈控制器的控制模型足够准确，则将实现对扰动作用的完全补偿。而反馈控制器虽然对回路中出现的所有干扰均具有抑制作用，但在一般情况下，只有被控变量产生波动，反馈控制器才能输出相应的控制作用。从控制的快速性指标上来说，前馈控制明显要优于反馈控制。

(4)前馈控制只针对可测不可控的干扰

设计前馈控制系统时，只考虑那些可测不可控的干扰，并可实现被控变量的控制效果对扰动的不变性。反馈控制则可以抑制包括不可测干扰在内的所有闭合回路中的扰动。

除了上述特点，前馈控制本身还存在许多局限性。例如，工业生产过程控制中，系统内外的干扰因素往往名目繁多，由于前馈控制器的专用性，需要对所有可测不可控的干扰进行设计，否则将失去前馈补偿的意义。而在实际操作过程中，由于成本限制等因素的制约，不可能面向系统内外的干扰一对一地进行设计，这就给前馈控制的广泛应用带来了障碍。另外，通过对前馈控制的完全补偿条件和式(4-40)的分析可以看出，前馈控制器的控制模型建立得是否准确，对不变性原理的实施有着重要影响。由于过程的复杂性，往往难以建立起精确的数学模型，使得前馈控制器的控制规律难以精确计算，这样就会直接影响控制精度。正因为前馈控制具有上述局限性，所以一般将前馈控制与反馈控制结合使用，发挥各自的优势进行互补。

## 4.3.2 复合控制系统

1. 前馈-反馈复合控制系统

动态前馈控制器的模型建立困难，参数整定复杂，而且不可能对所有干扰均设计一套前馈控制器，另外，前馈控制的结构原理已经决定了它对被控变量没有进行检测，无法观察补偿效果，这些因素均限制了动态前馈控制系统的进一步应用。在前面的介绍中，已经提到将前馈控制与反馈控制结合起来使用可能会发挥各自的优势，于是人们将这两种方法结合建立了前馈-反馈复合控制系统。一个典型的前馈-反馈控制系统如图 4-23 所示。系统的校正作用是反馈控制器 $G_c(s)$ 的输出和前馈控制器 $G_{ff}(s)$ 输出的叠加。

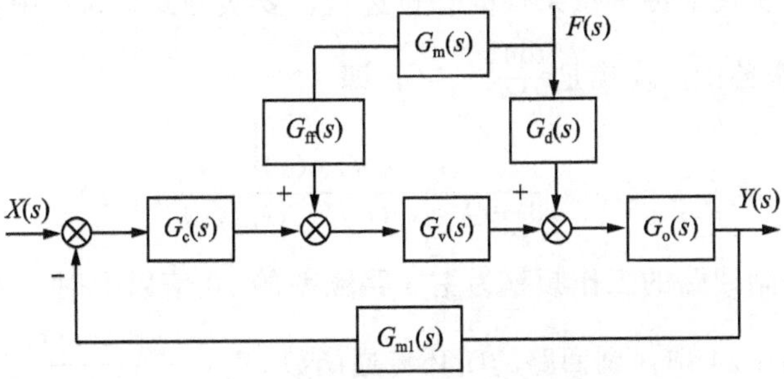


**图 4-23　前馈-反馈复合控制系统传递函数方框图**

可以从反馈控制与前馈控制各自的控制原理来分析前馈-反馈复合控制系统的特点。一是实现前馈控制作用的完全补偿条件不变，这可以仿照式(4-40)的推导过程来得到验证；二是复合控制系统不会因为引入前馈控制而影响反馈控制的稳定性，可以从图 4-23 推导出系统的闭环传递函数，其特征方程与单纯的反馈控制系统一样，故前馈控制的参与不会影响闭环系统的稳定性；三是既发挥了前馈控制对特定干扰校正及时的优点，又保持了反馈控制能抑制闭合回路多个干扰的优势和对被控变量始终给予实时检验的长处；四是系统只需要对主要的可测不可控干扰采用前馈补偿，大大简化了原来的纯前馈控制系统；五是由于反馈校正的存在，可以保证被控变量的无差控制，这就降低了对前馈控制精度的要求，为工程上实现简单的前馈补偿创造了条件；六是复合控制系统中由于有了前馈补偿控制，比起纯反馈控制，具有更高的控制精度，对主要干扰有更快的抑制速度。

2. 前馈-串级复合控制系统

对于具有大容量、大惯性的过程控制，如温度控制对象，控制时间往往会很长。在前面已经介绍了串级控制系统的应用可以改善这类系统的控制性能，但如果系统中的主要干扰频繁而又剧烈，同时工艺上还要求将控制精度保持在较高水平，串级控制系统将难以胜任，这种情况下可考虑引入前馈控制策略，形成如图 4-24 所示的前馈-串级复合控制系统。

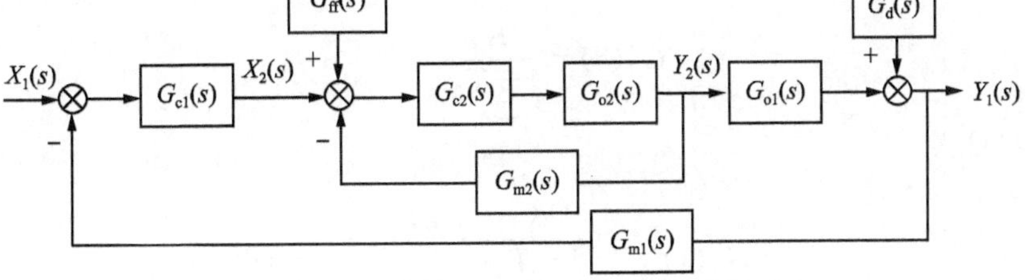


**图 4-24　前馈-串级复合控制系统传递函数方框图**

根据图 4-24 的信号联络关系，下面直接给出从干扰输入 $F(s)$到被控变量 $Y_1(s)$的传递函数。

$$\frac{Y_1(s)}{F(s)}=\frac{G_d(s)+G_{ff}(s)\dfrac{G_{c2}(s)G_{o2}(s)}{1+G_{c2}(s)G_{o2}(s)G_{m2}(s)}G_{o1}(s)}{1+\dfrac{G_{c2}(s)G_{o2}(s)}{1+G_{c2}(s)G_{o2}(s)G_{m2}(s)}G_{c1}(s)G_{o1}(s)G_{m1}(s)} \tag{4-42}$$

类似于前面关于实现前馈补偿条件的分析过程，要实现式(4-42)中被控变量 $Y_1(s)$对存在的干扰 $F(s)$的完全补偿，应满足$\dfrac{Y_1(s)}{F(s)}=0$，即

$$G_d(s)+G_{ff}(s)\frac{G_{c2}(s)G_{o2}(s)}{1+G_{c2}(s)G_{o2}(s)G_{m2}(s)}G_{o1}(s)=0 \tag{4-43}$$

当串级控制系统副回路的工作频率为主回路频率的 10 倍以上时，可认为副回路是一个快速的随动系统。图 4-24 中，副回路的闭环传递函数 $G'_{o2}(s)=\dfrac{G_{c2}(s)G_{o2}(s)}{1+G_{c2}(s)G_{o2}(s)G_{m2}(s)}\approx 1$，代入式(4-43)中，就可以得到对干扰 $F(s)$实现完全补偿的前馈控制器

$$G_{ff}(s)=-\frac{G_d(s)}{G_{o1}(s)} \tag{4-44}$$

与式(4-40)对比，式(4-44)右边的分子、分母代表的含义未变，可见，与前述的前馈控制原理一样，前馈-串级复合控制系统中前馈控制器的数学模型仍然由扰动通道与控制通道的过程特性之比决定。

前馈-串级复合控制系统一般应用于这样的场合：被控对象具有大容量、大惯性、大滞后特性；系统中的干扰幅值很大而且很频繁，对被控变量的影响比较剧烈；当采用单纯的反馈控制方法时，控制速度较慢，控制质量很差；当采用串级控制方法时，系统的动态性能并没有明显的改善。在上述情况下，就需要考虑采用前馈-串级复合控制方案，并进行系统设计、反复调试。

不论是单一的前馈控制系统，还是与反馈控制系统或串级控制系统形成的复合控制系统，由于前馈控制器的专有性，对不同的对象设计出的控制模型都会有差别。由于前馈控制器的精确数学模型不易得到，如果忽略一些难以考虑的因素或进行模型的近似处理，如将高阶对象进行降阶处理，则可以得到前馈控制器的一种通用设计方法，而且最主要的工作仍然体现在参数的整定方法上。以式(4-44)为例，控制通道和扰动通道的传递函数可分别用下面的一阶惯性环节加纯滞后来表示

$$G_{o1}(s)=\frac{K_1}{1+T_1 s}e^{-\tau_1 s} \tag{4-45}$$

$$G_d(s)=\frac{K_2}{1+T_2 s}e^{-\tau_2 s} \tag{4-46}$$

则由式(4-44)可得

$$G_{ff}(s)=-\frac{G_d(s)}{G_{o1}(s)}=-\frac{\dfrac{K_2}{1+T_2 s}e^{-\tau_2 s}}{\dfrac{K_1}{1+T_1 s}e^{-\tau_1 s}}=-K_{ff}\frac{1+T_1 s}{1+T_2 s}e^{-\tau s} \tag{4-47}$$

式中：$K_{ff}=K_2/K_1$；$\tau=\tau_2-\tau_1$；$T_1$ 和 $T_2$ 分别是控制通道和扰动通道的时间常数。在实际应用中，为了方便解决问题，一般将纯时滞环节 $e^{-\tau s}$ 省略，需要整定的参数则包括 $K_{ff}$，$T_1$ 和 $T_2$ 三个。

(1)$K_{ff}$ 的整定

$K_{ff}$ 的整定分为开环整定法与闭环整定法两种。开环整定法是将系统作单纯的静态前馈运行，此时 $G_{ff}(s)=-K_{ff}$，对系统施加干扰作用，将 $K_{ff}$ 的值由小逐步增大，直到被控变量回到设定值附近、满足要求的静态误差指标，此时所对应的 $K_{ff}$ 值便视为最佳整定值。闭环整定法则是在系统处于前馈-反馈状态运行状态时进行，在反馈控制器已经整定好的基础上，对系统施加扰动作用，仍然由小到大逐步改变 $K_{ff}$ 的值，直到获得理想的补偿效果。

(2)$T_1$，$T_2$ 的整定

式(4-47)中 $T_1$ 和 $T_2$ 的引入决定了前馈控制器处于动态补偿的状态，这两个动态参数的大小对动态补偿的程度有着直接的影响。在实际操作过程中，一般根据 $T_1$ 和 $T_2$ 的比值大小分三种情况来执行补偿过程：当 $T_1>T_2$ 时，补偿起超前作用；当 $T_1<T_2$ 时，补偿起滞后作用；当 $T_1=T_2$ 时，动态补偿将不起作用，实质上回到了静态补偿的状态。这里将 $T_1$ 称为超前时间，$T_2$ 称为滞后时间。

在整定 $T_1$ 和 $T_2$ 时，可以预先设定一个初始值。若想利用超前补偿，则调整 $T_1$ 和 $T_2$ 使 $T_1>T_2$；若想采用滞后补偿，则调整使 $T_1<T_2$。随后，对系统施加干扰，并观察系统输出的过渡曲线。根据补偿过程的状态，首先调整 $T_1$ 或 $T_2$，使补偿过程曲线的上、下误差面积基本相等，然后进一步调整 $T_1$ 与 $T_2$ 的比值，直到获得动态误差较小、视觉上较为平坦的补偿过程曲线。

## 4.3.3　前馈控制系统的设计及应用

下面通过两个实例对前馈控制系统的设计及应用进行介绍。

1. 换热器前馈-反馈复合控制系统

仍然以前面叙述的换热器过程控制为例，对图 4-19 所示的出口温度反馈控制系统和图 4-20 所示的出口温度前馈控制系统进行综合设计，得到如图 4-25 所示的前馈-反馈复合控制系统。加热蒸汽流量执行器同时受到前馈控制器 QC 和反馈控制器 TC 的控制作用。

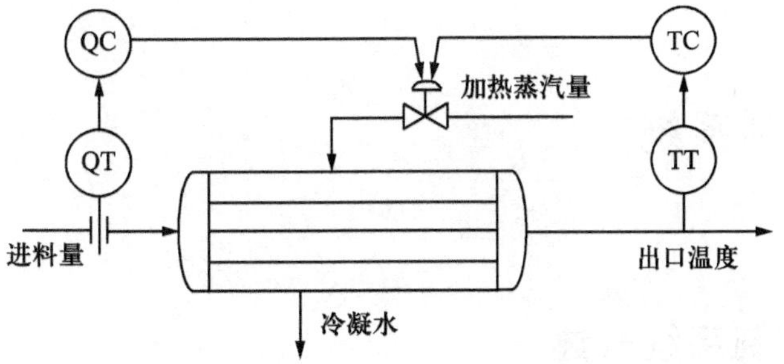


图 4-25　换热器前馈-反馈复合控制系统

2. 锅炉汽包液位前馈-串级复合控制系统

锅炉是工业生产中用于能量转换的重要设备，如发电厂中的工业锅炉。锅炉通过燃料的燃烧放出热量，通过省煤器利用烟气的余热加热给水，并输送至汽包处理成饱和蒸汽传递给过热器，将之加热成一定压力和温度的过热蒸汽，然后供给汽轮机使用。其中，汽包的液位是一个具有大惯性、大容量特性的控制对象。为了加快系统的控制速度，可组成汽包液位和给水流量的串级控制系统，其中液位是主参数，给水流量是副参数，这样就可以克服给水流量发生波动时对液位的影响。但其中还存在一个重要问题，就是过热蒸汽的用量随着用户的需要经常处于频繁的波动之中，当蒸汽用量突增时，系统压力降低，水的沸腾加剧，形成大量的气泡，汽包内的水位就会出现虚高现象，给水调节阀的开度可能会减小太多，使给水流量显著不够；当用量骤减时，系统压力增加，汽包内的水位则会出现瞬时下降现象，给水流量就会增加太多。究其原因是这些虚假的水位信号让给水调节阀产生了不合适的动作。为了解决这一问题，在串级控制系统的基础上，增加过热蒸汽的压力前馈补偿控制，即形成如图 4-26 所示的锅炉汽包液位前馈-串级复合控制系统。当蒸汽压力降低或增加时，前馈控制器 PC 将产生补偿信号，与液位控制器 LC 的输出信号进行叠加，以弥补水位的虚假信号所带来的控制不当等问题。

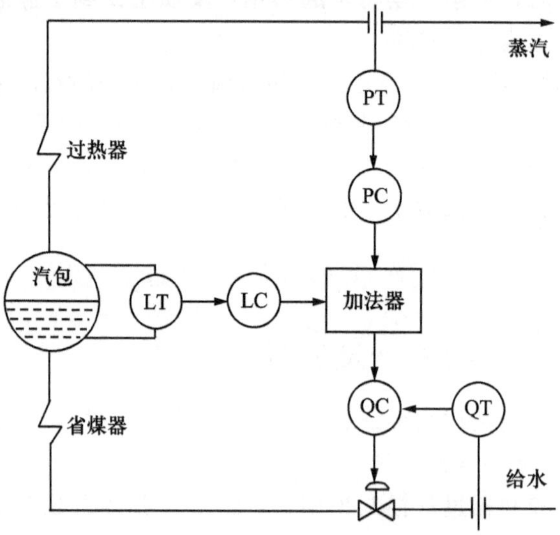


图 4-26 锅炉汽包液位前馈-串级复合控制系统

# 4.4 均匀控制系统

## 4.4.1 均匀控制系统概述

在连续生产过程中，一个装置或设备往往与前后的装置或设备紧密联系，前一装置或设备的出料量是后一装置或设备的进料量，而后一装置或设备的出料量又输送给其他的装置或设备。现代化工业生产的显著特点是要求生产的连续性，并且需要各环节保持平稳操作，否则，易造成前后工序的供求矛盾，严重时会引发安全事故。特别是化工生产过程中使用的原料、半成品和成品种类繁多，绝大部分是易燃、易爆、有毒、有腐蚀性的危险化学品，这就对生产中的原材料、燃料、中间产品和成品的储存及运输都提出了特殊的要求。

均匀控制系统是一种特殊的控制系统，其主要目的是在一定范围内实现操纵变量和被控变量的缓慢而均匀的变化。在这种控制系统中，操纵变量和被控变量被视为同等重要，因此控制的目标是确保两者在受到扰动的情况下都能平稳地变化。例如，石油裂解气分离工艺，前后串联了多个精馏塔，参见图 4-27。其中前塔操作的要求是保持前塔塔釜液位稳定，后塔操作的要求是保持后塔进料量稳定。在这些前后有物料联系的精馏塔中，工艺上要求前塔的液位变化不能超过规定的上、下限，后塔的进料量也不能超过其最大和最小处理量。这样，在生产过程中，前塔的液位与后塔进料量的稳定性可能会发生矛盾。例如，液位控制器 LC 根据液位的控制误差驱动前阀开度发生变化，此时，后塔的流量随之发生波动，后塔的流量控制器就会根据流量的控制误差驱动后阀的开度产生相应变化，这样又会导致前塔的液位产生新的变化，于是，前塔的液位与后塔流量的稳定性就产生了矛盾。

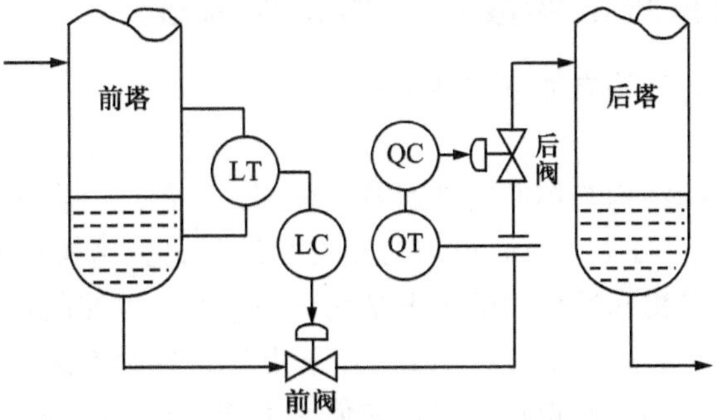


**图 4-27　前后精馏塔物料供求关系**

针对以上问题，如果单从工艺角度考虑解决办法，可在前、后塔两设备之间增加一定容积的贮槽，贮槽的储存量与流量的变化要相适应，这样就有可能满足前塔液位与后塔进料量的平稳操作要求；但是这种方案也有明显的不足之处，例如，工艺设备的投资增加，占地面积扩大，而且对那些易分解、沉淀、聚合的化合物来说，将有可能造成经济上的损失。在这种情况下，就需要寻求其他解决方法，人们提出了均匀控制的思想，其含义是从控制的角度出发，使前后设备的两个工艺参数在规定范围内能够缓慢、均匀地变化，使前后设备在物料供求上相互兼顾、均匀协调。

图 4-28 给出了前塔液位 $L$ 与后塔流量 $Q$ 之间变化的几种关系曲线。其中，图(a)表示后塔的流量 $Q$ 处于不受控状态，因而波动较大；图(b)表示前塔的液位 $L$ 处于不受控状态，故变化较剧烈；图(c)则表示前塔液位 $L$ 与后塔流量 $Q$ 均处于受控状态，两个参数在各自的受控范围内均匀而缓慢地波动，这正是均匀控制方案的作用所在。可以看出，均匀控制的特点是表征前后供求矛盾的两个参数都是变化的，这种变化缓慢而均匀，是在允许范围内的波动。

均匀控制系统是一种能够有效管理多个被控变量的系统。其特点在于使用一个控制器来同时调节两个变量，实现均衡的控制。合理调整控制器参数可以实现流量平稳或缓慢变化，

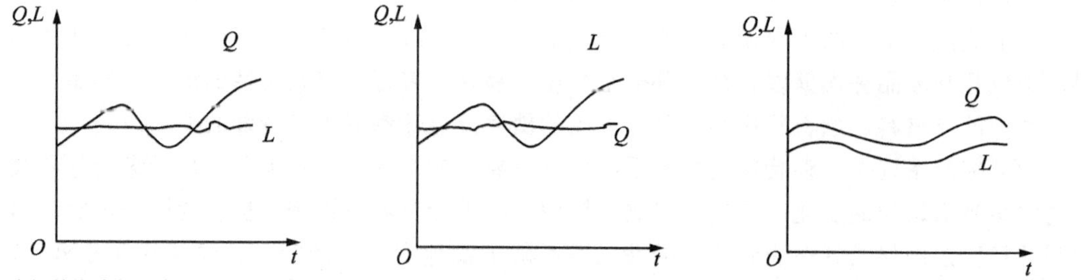


(a) 前塔液位稳定、后塔流量变化大　(b) 前塔液位变化大、后塔流量稳定　(c) 前塔液位、后塔流量均较稳定

图 4-28　前塔液位与后塔流量之间的变化关系

同时最小化扰动，并确保被控变量(如液位)仍在工艺操作允许范围内波动。为了达到这一目的，均匀控制系统的控制器通常具有较大的比例度和较长的积分时间。这些原则的应用有效地实现了稳定可靠的控制，使得均匀控制系统成为一种常用的控制系统。

## 4.4.2　均匀控制系统的组成结构和工作原理

均匀控制系统的主要结构有如下三种形式。

1. 简单均匀控制系统

简单均匀控制系统的结构与单回路控制系统相同，不同之处在于控制器的控制规律选择和参数整定上。图 4-29 给出了一种简单均匀控制系统的典型结构形式，与液位定值单回路控制系统相比，系统的结构和所使用的仪表是完全一样的，但控制目的不同，主要体现在控制参数的选择上有所区别。假设液位控制器 LC 采用 PID 控制方法，此时比例作用是最基本的，在参数整定上要将比例度取得稍大些，如使它大于 100％(一般在 100％～200％之间)，同时，将积分时间尽量取得长些，至于微分环节一般不要使用，这样选择控制参数的结果，会使得控制作用较弱，执行器阀门开度变化不大，从而达到液位的波动幅度不大、缓慢均匀变化的目的。

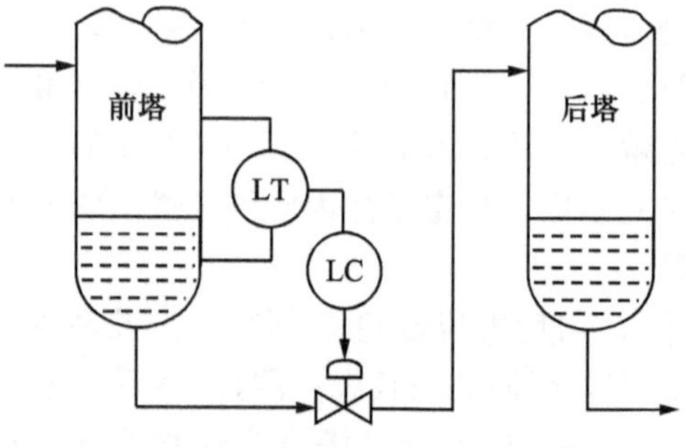


图 4-29　简单均匀控制系统

简单均匀控制系统与液位定值单回路控制系统在以下方面有不同之处。

①应用场合不同：简单均匀控制适用于需要同时考虑液位和流量的场合，而单回路液位控制不具备该要求。

②控制器参数不同：简单均匀控制采用大比例度和大积分时间，以便更好地控制液位和流量；而单回路液位控制的控制器参数有所不同。

③液位变送器量程范围不同：简单均匀控制系统的液位变送器具有较大的量程范围，以降低液位检测的灵敏度；而单回路液位控制系统的液位变送器量程范围可能较小。

从以上分析中可以总结出简单均匀控制系统的特点：一是结构简单、操作方便、成本较低；二是后塔的流量处于不受控状态，对简单均匀控制系统的控制效果可能会差些。这种控制方案适用于系统的干扰作用较小且对流量的均匀程度要求较低的场合。

2. 串级均匀控制系统

串级均匀控制系统的结构与串级控制系统相同，它是应用范围最广泛的均匀控制系统之一。当前述系统存在其他扰动对流量产生影响时，如前塔和后塔的压力波动较大时，为克服简单均匀控制系统的缺点，对后塔流量进行有效控制，可在简单均匀控制系统的基础上增加一个流量的副控制回路，从而构成如图 4-30 所示的串级均匀控制系统。在该系统中，液位控制器的参数整定与简单均匀控制系统的控制器相同，但可能需要更大的积分部分。同时，副控制器的参数整定与串级副控制器的参数整定一致。这些不同之处使得串级均匀控制系统能够更好地应对流量扰动，确保液位的稳定控制。

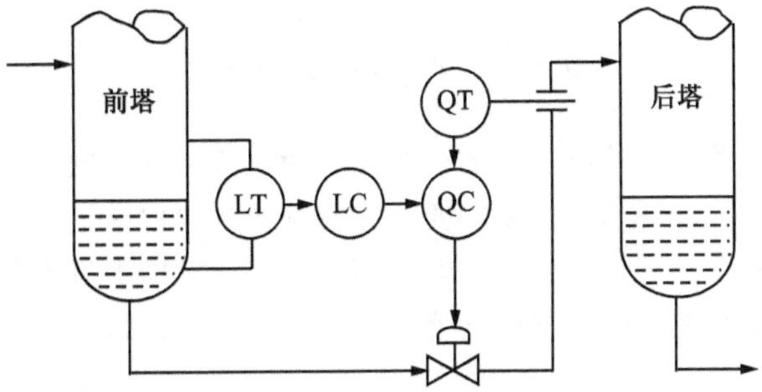


**图 4-30　串级均匀控制系统**

下面对串级均匀控制系统的控制过程分两种情况进行分析。

①假设干扰使前塔液位上升，液位控制器 LC 根据控制误差给出流量控制回路的设定值，流量控制器 QC 根据变化了的流量设定值实现对流量参数的稳定跟踪控制，从而使得前塔液位下降，保证液位处于允许的波动范围内。

②假设后塔因塔压变化进料量发生变化，流量控制器 QC 如同单回路定值控制系统的作用一样，保证流量的变化幅度不超出工艺规定的波动范围，从而实现流量的均匀控制目标。

从上述的控制流程图及动态分析中，可以总结出串级均匀控制与典型串级控制的异同点。串级均匀控制与典型串级控制的结构原理完全相同，但控制目的不同，串级均匀控制的目的是使液位与流量均匀协调的变化；从控制参数的选择方面来讲，串级均匀控制的比例度要选取得稍大些，主、副回路均不能使用微分环节；从控制规律的选择来说，前塔液位的控制宜采用 PI 控制规律，而后塔的流量控制一般只用 P 控制规律。串级均匀控制的显著特点是，串级均匀控制能克服那些作用于系统的较大扰动，使主、副变量的变化均匀、缓慢而平稳，控制质量较高。这种控制方案虽然弥补了简单均匀控制的不足，但它在仪表的数量上使用较多，系统的投入运行、参数整定比较复杂，是否采用需要根据实际工艺特点及要求来决定。

3. 双冲量均匀控制系统

双冲量均匀控制系统是一种考虑到两个被控变量之间差异的控制系统。当控制阀位于出口时，如果液位过高或流量过低，就需要进一步打开阀门。因此，将液位和流量信号之间的差值作为测量值。图 4-31 给出了流量 $Q$ 与液位 $L$ 的双冲量均匀控制系统，被控变量为流量与液位通过加法器后的综合信号，两个信号可以相加，也可以相减。这个差值可能为零、负值或正值，因此需要引入一个偏置值到加法器中(降低零位，使加法器在正常情况下输出处于量程的中间值)。控制器的作用就是根据期望的设定值将液位与流量分别控制在允许的波动范围内，并保持缓慢而均匀地变化。

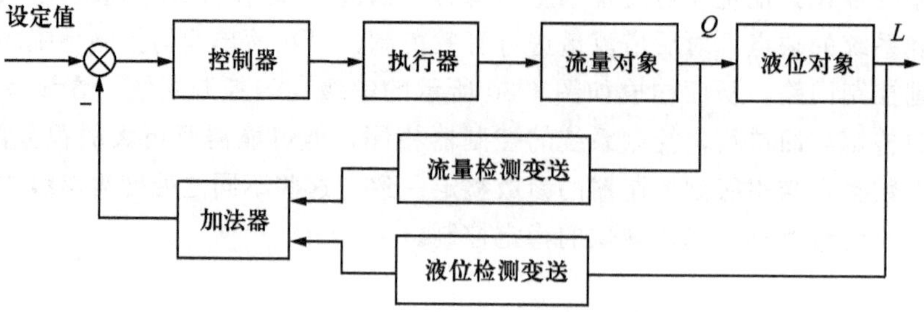


图 4-31　双冲量均匀控制系统

从结构上看，双冲量均匀控制系统的被控变量为流量与液位的综合信号，相当于一个单回路定值控制系统，为了达到均匀控制的要求，控制器的参数整定可按简单均匀控制方案的要求进行；从控制日的来分析，双冲量均匀控制系统综合考虑了流量与液位的控制要求，使液位与流量两个被控参数在控制过程中均能够缓慢、均匀而协调地变化，这点又类似于串级均匀控制系统的特点。

## 4.4.3　均匀控制系统的参数整定方法

通过前面的分析，我们已经知道简单均匀控制系统和双冲量均匀控制系统的参数整定，可按单回路控制系统进行整定，需要特别注意的是控制器的比例度选择得要宽些、积分时间要长些。对于串级均匀控制系统，给出如下两种整定方法。

1. 经验逼近法

首先对副控制器的参数进行整定，将其比例度取一个适当值，并从小到大调整，观察副回路的响应曲线，使被控变量呈现缓慢无振荡的衰减过程，并在允许的波动范围内。如果需要加入积分控制，则将比例度适当放大后，再设置一个较大的积分时间。观察过渡过程曲线，若副回路的被控变量在允许的波动范围内，则逐步减小积分时间，直至达到被控变量的最大波动范围。在此基础上，对主控制器的参数按上述方法进行整定，需要注意的是，在整定主参数的时候还需观察副参数的变化曲线，使二者的变化曲线满足均匀控制的要求。

2. 停留时间法

对有些被控对象来说，其特性往往难以测定，这给控制器参数的整定带来了许多困难。由于均匀控制系统中被控对象的特殊性，即前后装置或设备紧密相连。可以计算介质在装置或设备中的停留时间，然后再整定控制器的参数。这里所说的停留时间是指介质在对象的被控参数允许变化范围内通过所需的时间。假设这个变化范围的体积为 $V$，当介质的流量为 $Q$ 时，则停留时间 $t=V/Q$。计算出停留时间后，就可以根据如表 4-2 所示的停留时间与控制器参数之间的关系进行控制器参数的整定了。具体整定步骤如下。

**表 4-2　停留时间与控制器参数的关系**

| 停留时间 $t$/min | $t<20$ | $20\leqslant t\leqslant 40$ | $t>40$ |
|---|---|---|---|
| 比例度 $\delta$/% | [100，150) | [150，200) | [200，250] |
| 积分时间 $T_{\mathrm{I}}$/min | 5 | 10 | 15 |

①根据容器的特点及介质的流量参数，计算出停留时间 $t$。

②对副控制器按经验法整定，使副回路的被控变量呈现缓慢无振荡的衰减过程，并在允许的波动范围内变化。

③由表 4-2 确定主控制器的比例度和积分时间，并投入运行，观察曲线的变化情况，便于做进一步的调整。

④如果对副回路参数的控制指标要求较高，则主控制器的参数要选得偏大一些；如果对主回路参数的控制指标要求较高，则主控制器的参数要偏小一些；如果对两者的控制要求均比较高，则需要细心调整，相互兼顾，直至过渡过程曲线符合均匀控制的要求。

# 4.5　选择性控制系统

## 4.5.1　选择性控制系统的类型

1. 按具体的控制需求划分

在实际应用中，选择性控制系统可以根据具体的控制需求分为连续型选择性控制系统、开关型选择性控制系统和混合型选择性控制系统。

(1)连续型选择性控制系统

连续型选择性控制系统是一种能够在特定范围内实现连续调节和控制的系统。它的原理是通过连续的控制信号对被控对象进行细致调节，以实现对系统性能的精确控制。这种控制系统具有多个显著特点，包括高精度、灵敏度和稳定性等。

由于连续型选择性控制系统能够在连续范围内对被控对象进行细致调节，因此具有卓越的控制精度。这使得该系统非常适用于对系统精度要求较高的领域，如工业生产过程中的化工生产、石油化工、电力系统以及机械制造等行业。由于这种系统具备连续调节的能力，因此它能够迅速响应系统变化，适用于对系统动态性能要求较高的场合。这种反应灵敏的特点使得连续型选择性控制系统在自动化设备中得到广泛应用。在自动化设备中，这种系统能够实现对温度、压力、流量等参数的精确控制，从而提高设备的自动化水平和生产效率。另外，通过连续调节能够保持系统在稳定状态下运行，减少系统波动和振荡，提高系统的稳定性。这使得连续型选择性控制系统在环境控制领域中也具有重要的应用。在环境控制领域，这种系统能够实现对室内温度、湿度、空气质量等参数的精确调节，提高室内环境的舒适度。

工业生产中的温度控制系统就是一个连续型选择性控制系统，温度控制系统通常需要对被控对象(如热处理炉、冷却设备等)的温度进行精确的调节，以确保产品的质量和生产的稳定性。在这个控制系统中，通过连续型控制实现对温度的精细调节，同时能够根据不同的工艺要求选择不同的控制策略。一般来说，温度控制系统包括温度传感器、控制器和执行器等组成部分。温度传感器用于实时监测被控对象的温度，并将监测到的温度信号传送给控制器。控制器对设定的温度目标值和实际监测到的温度信号进行比较，然后通过执行器(如加热器或冷却设备)来调节被控对象的温度。在连续型选择性控制系统中，控制器能够根据具体的控制需求选择不同的控制策略。例如，在一些工艺中需要对温度进行精细的调节，能够采用 PID 控制算法，通过不断地调整执行器的控制信号来实现对温度的精确控制；而在另一些工艺中，需要对温度进行快速的响应，能够采用 MPC 算法来对被控对象进行预测和优化控制。

在实际工业生产中，温度控制系统的连续型选择性控制还能够根据不同的工艺要求进行切换。例如，在生产过程中可能需要对不同的产品进行不同的温度控制，这时控制系统能够根据不同的产品类型选择不同的控制策略，实现对不同产品的温度进行精确控制。总之，温度控制系统通过灵活选择不同的控制策略，能够实现对被控对象温度的精确调节，满足不同工艺要求的温度控制需求。这种控制系统在诸如热处理、制冷制热等工业生产领域有着广泛的应用。

然而，连续型选择性控制系统也存在一些缺点。第一，成本较高。高精度的控制器和执行器需求，以及复杂的维护和调试工作，使得连续型选择性控制系统的成本相对较高。第二，对控制器和执行器的要求较高也是一个不可忽视的问题。这需要在选择和设计控制器和执行器时，需要投入更多的精力和资源，以保证系统的稳定性和可靠性。

综上所述，连续型选择性控制系统在工业生产、自动化设备和环境控制等领域具有广泛的应用前景，其高精度、灵敏度和稳定性的特点使得其成为许多系统控制的首选方案。然而，成本较高和对控制器和执行器的要求较高也是需要考虑的问题。相信随着技术的不断发展，连续型选择性控制系统未来将会得到进一步的改进和推广，为更多的领域带来效益和便利。

(2)开关型选择性控制系统

开关型选择性控制系统是一种在工程控制中广泛应用的控制系统，它基于开关控制信号的方式来实现对被控对象的控制。这种系统具有结构简单、易于设计和实现的特点。它的操作原理非常直观，通过打开或关闭控制信号，能够直接控制被控对象的状态。

开关型选择性控制系统的特点如下：首先，由于其控制信号的状态只有两种，即打开和关闭，因此具有响应速度快的优势，能够在很短的时间内实现对被控对象的控制。这对系统动态性能要求较高的场合有着重要的应用价值。其次，系统的稳定性和可靠性较高，因为控制信号状态简单，容易实现控制逻辑，减少了系统出错的可能性。最后，由于系统的结构相对简单，因此易于维护和管理。

开关型选择性控制系统在工业自动化领域有着广泛的应用。例如，在生产线上，能够通过开关型选择性控制系统对流水线上的设备和机械进行启停控制，从而实现自动化生产。此外，它还广泛应用于家用电器、汽车电子、机械设备等领域。

家用灯光控制系统就是一个开关型选择性控制系统，系统框架如图 4-32 所示。

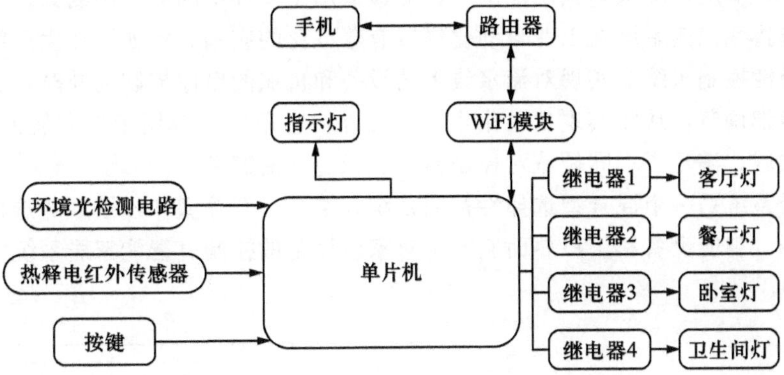


图 4-32　家用灯光控制系统

在家庭中，人们能够通过开关控制灯光的开启和关闭，同时能够根据需要选择不同的灯光亮度或颜色。开关控制是一个典型的开关型选择性控制系统。家用灯光控制系统包括灯具、开关、调光器等，通过打开或关闭开关，能够实现对灯光的开启和关闭。同时，一些现代家庭还配备了智能灯具，能够通过手机应用程序或语音助手来选择不同的灯光亮度和颜色。在开关型选择性控制系统中，人们能够通过简单的开关操作来选择不同的控制模式。例如，在普通情况下，能够通过开关来打开或关闭灯光；而在需要调节灯光亮度或颜色的情况下，能够通过特定的开关操作或者智能控制设备来选择不同的灯光模式。此外，一些家用灯光控制系统还能够根据不同的场景或时间自动切换不同的控制模式。例如，当天色渐晚时，能够通过预设的定时器自动调节灯光亮度；又如，在家庭聚会或观影时，能够通过预设的场景模式一键切换到特定的灯光效果。总之，家用灯光控制系统是一个典型的开关型选择性控制系统。通过简单的开关操作或者智能控制设备的选择，能够实现对灯光的开启、关闭以及不同亮度和颜色的选择，满足不同的家庭照明需求。这种控制系统在家庭生活中有着广泛的应用。

然而，开关型选择性控制系统也存在缺点。首先，由于控制信号只能是开或关，无法实现对被控对象的精确调节，控制精度较低。其次，控制信号的切换容易产生冲击和震动，可能引起系统的振荡和波动，降低系统的稳定性。最后，频繁的启停控制可能增加设备的磨损和能耗。

综上所述，开关型选择性控制系统具有操作简单、响应速度快、稳定性高的特点，在工业自动化、家用电器、汽车电子等领域有着广泛的应用。然而，其控制精度和稳定性相对较低，这是在实际应用中需要重点关注的问题。随着技术的发展，开关型选择性控制系统将进一步得到改进和完善，为更多的领域带来便利和效益。

(3)混合型选择性控制系统

混合型选择性控制系统集成了开关型和连续型控制系统的特点，通过组合这两种方式来实现对被控对象的控制。混合型选择性控制系统利用开关信号进行离散控制，同时利用连续型控制进行精细调节，以实现对被控对象的灵活和高效控制。

混合型选择性控制系统的主要特点如下：第一，具有较高的控制精度和稳定性；第二，在控制信号处理上更加灵活，能够根据具体的控制需求实现不同的控制策略，满足不同场景的需求；第三，响应速度快，控制范围广，能够适用于多种不同的控制场景。

混合型选择性控制系统在工业自动化领域有着广泛的应用。例如，在生产线上，能够通过混合型选择性控制系统在实现对流水线上的设备和机械的启停控制的同时，实现对生产速度和质量的精细调节，从而实现自动化生产。此外，它还广泛应用于航空航天、汽车电子、机械设备等领域，满足了不同领域对控制精度和稳定性的需求。

智能家居系统是一个混合型选择性控制系统，结合了开关型和连续型的选择性控制，通过各种传感器、智能设备和用户界面实现了对家居设备的控制。智能家居系统整体框架如图4-33所示。

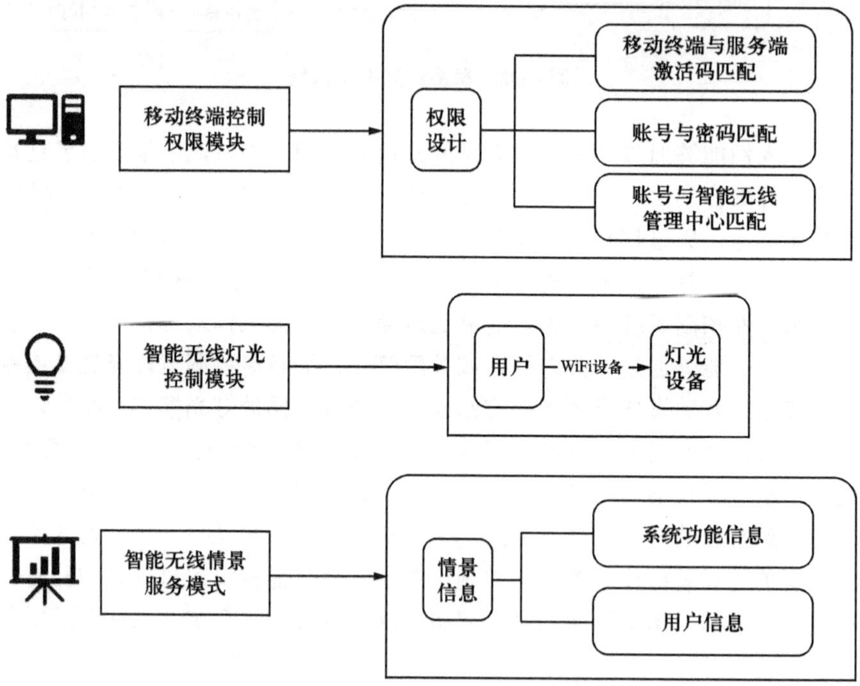


**图 4-33　智能家居系统**

该系统能够通过开关操作、定时器、传感器、遥控器、智能手机应用等多种方式来进行选择性控制，以实现智能灯控、智能温控、智能安防等功能。用户能够通过手机应用或遥控器来选择不同的控制模式，如通过开关来控制灯光的开关，通过控制器来控制灯光的亮度，通过定时器来实现自动控制，通过传感器来自动感知环境并做出相应的调整。此外，智能家居系统还能够通过人机交互界面，如语音控制、手势识别等方式来进行选择性控制。用户能够通过语音命令或手势操作来控制家居设备的开关、亮度、颜色等，实现更智能、便捷的控制。因此，智能家居系统是一个混合型选择性控制系统，结合了开关型和连续型的控制方式，通过多种手段和传感器来实现对家居环境的智能控制。这种系统能够根据用户的需求和场景灵活选择不同的控制方式，为用户提供更加智能、舒适的家居体验。

然而，混合型选择性控制系统也存在一些缺点。首先，系统的设计和实现相对复杂，需要综合考虑开关型和连续型控制的特点，增加了系统的设计和调试的难度。其次，混合型选择性控制系统需要在控制信号处理上进行更加复杂的逻辑设计，增加了系统的复杂性和故障排除的难度。最后，系统的稳定性和可靠性要求更高，需要对系统进行更加严格的测试和验证。

综上所述，混合型选择性控制系统集成了开关型和连续型控制的特点，具有控制精度高、稳定性好、响应速度快的优点，在工业自动化、航空航天、汽车电子等领域有着广泛的应用。然而，其设计和实现相对复杂，需要更加严格的测试和验证，这是在实际应用中需要重点关注的问题。

2. 按输入到选择器的信号类别划分

在选择性控制系统中，选择器起着关键作用。它能够对输入的信号进行智能判断，并选择最合适的输出信号。选择器通常分为高值选择器和低值选择器两种类型。高值选择器会选择输入信号中数值最大的一个进行输出，而低值选择器则会选择数值较小的信号进行输出。选择器的这种设计能够确保系统在不同工况下做出合适的响应，从而实现对系统的智能控制。

根据输入到选择器的信号类别不同，选择性控制系统可分为两种类型：一种是控制器输出信号的选择性控制系统，另一种是测量变送信号的选择性控制系统。通过选择器的作用，这两种系统能够灵活地应对不同的工况和条件，实现对控制信号和测量信号的智能化处理，从而确保系统的稳定性、可靠性和高效性。

(1)控制器输出信号的选择性控制系统

图 4-34 给出了以热水为热源的液氨蒸发器的示意图，液态存储的氨通过蒸发器时吸热蒸发，液态氨转变为气态氨。按照工艺要求设计了一个单回路控制系统，主要设备由温度检测变送装置 TT、温度控制器 TC 以及执行器构成。当热水由管道流出时温度降低，出水的温度信号降至设定值正常范围时，正作用方式的温度控制器 TC 的输出值减小，气开式调节阀的开度则随着减小，使通过蒸发器的液态氨流量变小，有利于蒸发器的温度回升，保证温度与流量之间的协调控制。同理可分析，当出水温度高时，液态氨流量会自动加大，所以不论温度是高还是低，均能使蒸发器排出满足工艺要求的气态氨。在上述控制过程中，有一个不容忽视的问题，即蒸发器内的液面不能超过一定的限度，但是温度的单回路控制系统并没

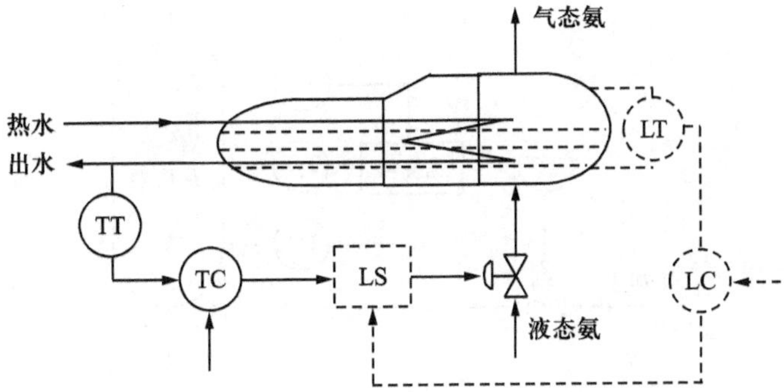


**图 4-34　液氨蒸发器温度与液位选择性控制系统**

有强调这个控制目标，所以，还需要增设一个液面超限的控制系统，即增加一个液位检测变送装置LT、一个液位控制器LC以及一个低值选择器LS(见图4-34虚线部分)，这样就构成了温度与液位的选择性控制系统，其结构原理如图4-35所示。

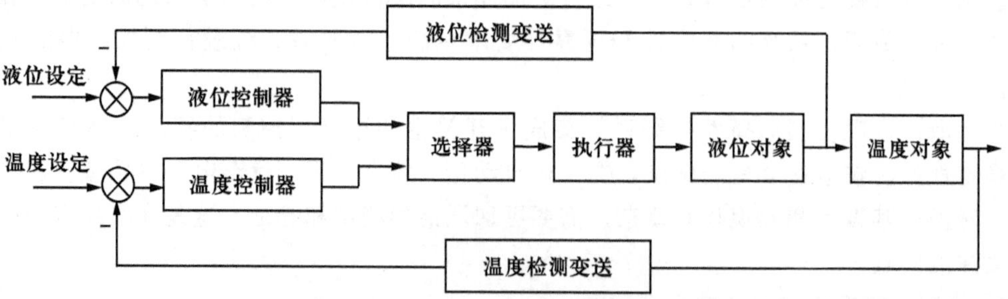


图4-35　温度与液位选择性控制系统方框图

从图中能够清晰地看出，控制变量只有一个，即液态氨的流量，被控变量则有温度和液位两个，输入选择器的变量分别有液位与温度的控制误差。正常工况时，蒸发器的液位处于规定的范围内，温度控制回路发生作用；异常工况时，液位超出一定范围，则切换至液位控制回路，当液位恢复到正常时，再次回复到温度控制回路中去。从上述分析中也能够看出，温度控制是正常控制，而液位控制则是取代控制，由此实现了温度与液位的选择性控制。

图中，选择器位于系统的中心位置，是整个流程的关键决策或控制点。它可能负责根据某些条件选择性地控制温度或液位的调节，以确保系统的稳定运行。

(2)测量变送信号的选择性控制系统

如图4-36所示的化学反应器中装有一个固定的触媒层，该层作为催化剂，对化学反应起到关键作用。然而，在反应过程中，如果温度超过了限制，触媒层可能会受到损害，从而影响生产线的稳定运行。为了防止这种情况的发生，我们可以监测触媒层不同部位的温度。一旦发现某个监测点的温度超过了工艺允许的最高温度，就立即向反应器内注入冷却液，以迅速将温度降低到安全范围内，从而保护触媒层不致被烧坏。图中设置了三个位置的温度检测，这三个温度值均传送至选择器，而后利用高值选择器，将最高温度的测量值输出到温度控制器TC，如果检测值高于设定值，则增大执行器阀门的开度，输入更多的冷却液从而使反应器内的温度迅速恢复到要求的区间内。

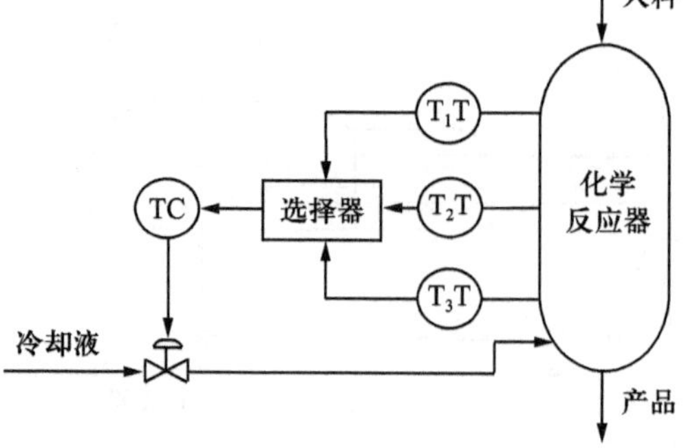


图4-36　反应器温度的工艺控制流程

根据图 4-36 能够得到测量变送信号的选择性控制系统结构原理图，如图 4-37 所示。从图中可以看出，选择器位于控制器之前，主要目的在于选择出多个检测值中高值或低值信号作为控制器的输入。

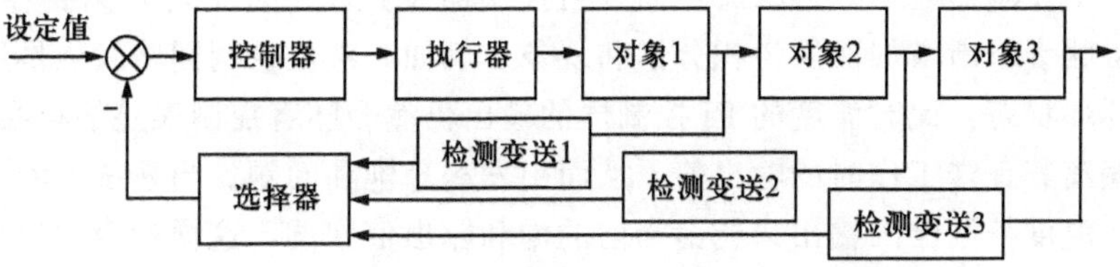


图 4-37　测量变送信号选择性控制系统方框图

## 4.5.2　选择性控制系统的设计方法

相对于单回路控制系统来说，选择性控制系统的设计过程中，元器件和过程变量的数量有所增加，需要根据这个特点开展选择性控制系统的设计工作，主要内容包括确定选择器的类型、确定控制规律、整定控制器的参数以及预防积分饱和措施等。

1. 选择器类型的确定

前面已经介绍了选择器的知识，通过对选择性控制系统类型的讨论，可以看出，作为判断工况是否正常的环节，选择器实质上是对过程参数的比较选择。选择器的类型(高值还是低值)要根据执行器的作用方向和控制回路的切换条件来决定。例如，图 4-34 中的选择器为低值型，对应的液位控制器 LC 是反作用方式且执行器是气开式，这样才能满足系统对液面不得超限的控制要求。若控制器或执行器的作用方式发生了改变，则选择器的类型需要重新分析控制过程之后再行确定。又如，图 4-36 中，控制回路的切换条件是温度检测变送器 $T_1T$～$T_3T$ 中的值是否超过温度的设定值，故选择器的类型被确定为高值型。值得注意的是，选择器类型的选择一般在确定执行器的开闭形式和控制器的作用方式之后进行。

2. 控制规律的确定

PID 控制器各环节的选择需要根据系统的要求而定。如果强调稳态误差的控制精度，则可选择 PI 或 PID 控制规律；如果只是单纯地对控制时间有快速性要求，则可选择 P 控制规律。以图 4-35 所示的温度与液位选择性控制系统为例，温度控制是正常工况下的控制，控制精度直接影响蒸发液态氨的效率，故对温度的稳定控制有比较高的精度要求，从 PID 控制原理出发，可以选择 PI 控制规律或 PID 控制规律。而对液位的控制来说，在该系统中是取代控制，只有在工况异常条件下才起作用，例如，液位超过工艺许可的最高限制时，需要从温度控制回路切换至液位控制回路，而且要求液位能够快速回调至正常范围内，在回路控制的快速性要求下，一般只要求取代控制能迅速地发挥保护作用，可采用单纯的 P 环节进行控制。

3. 控制器的参数整定

与单回路控制系统相比，选择性控制系统遵循的整定原则大致相同。对于控制器输出信号的选择性控制系统，正常控制与取代控制两种情况需要分别整定。当系统处于正常控制状态时，控制器的参数整定要求与单回路控制系统相同；当系统处于取代控制状态时，由于要求系统能够及时地产生自动保护作用，一般选用的是 P 控制，因此这种情况下对其比例度应设置得小一些，以达到快速控制的目的。

4. 预防积分饱和的措施

仍然以如图 4-35 所示的温度与液位选择性控制系统为例，不论是正常控制，还是取代控制，总有一个控制器处于开环状态，而且当控制器设置积分环节时，只要存在控制误差，控制器的输出就会不断增加而发生积分饱和现象。例如，液位控制回路发生作用时，温度控制回路处于开环状态，此时温度的 PI 控制器的输出仍然会随着控制误差的存在而不断累加，有可能远远偏离其正常工作时的输出值，从而引发积分饱和问题。当系统由液位控制切换至温度控制时，温度控制器的输出只能由当前的饱和输出值回调，这样就会导致控制不及时而影响控制精度。所以，在选择性控制系统的设计过程中需要特别注意积分饱和现象，并设计出能够防止出现这种现象的控制方法。以下给出几种典型的预防积分饱和的措施。

①PI－P 切换法。预先设置控制输出的阈值范围。当控制器的输出在此范围内时，采用 PI 控制；当控制器的输出超出此范围时，由 PI 控制切换为 P 控制。

②积分切除法。当 PI 控制器未被选中而处于开环工作状态时，将 PI 控制器的积分环节切除。具体方法可以是控制仪表的内部电路自动切换到比例电路，或将 PI 数字式控制算法改为纯比例算法。当正常控制发生作用时，再回到 PI 控制。这种方法与 PI－P 切换法的区别在于它以结构形式的变化为依据，而 PI—P 切换法的依据是输出值是否超出规定的阈值范围。

③限幅法。利用高值或低值限幅器，使控制器的输出信号不超过工作信号的最高值或最低值。根据具体工艺来决定选用高限器还是低限器。例如，控制器处于开环状态时，控制器由于积分作用会使输出逐渐增大，则用高限器；反之，则用低限器。

## 4.6　分程控制系统

分程控制系统作为现代工业自动化中的一种创新控制策略，打破了传统单一执行器控制模式的局限，通过单一控制器的输出信号驱动多个执行器，实现了对复杂工艺过程的精细管理。这种系统的核心优势在于其能够同步调控多个控制单元，从而提升整个系统的灵活性和效率，有效应对工艺流程的复杂性和多变性。分程控制系统的显著特性是能够将控制器的单一输出有效地分配到多个执行器上，使得系统在面对多样化的控制需求时能够展现出更广泛的操作范围和更高的适应性。与传统单输出系统相比，分程控制系统更加灵活，控制精度更高，能够迅速适应工艺需求的变化，确保各种工艺条件和目标顺利实现。本节将深入分析分程控制系统的核心组件，包括传感器、控制器和执行器，探讨各组件之间的协同作用和相互依赖关系。此外，还将探讨分程控制系统的分类、工作原理以及设计和应用方法，旨在提供全面而深刻的理解，展示其在提升工艺过程控制效率和精度方面的关键作用。

### 4.6.1　分程控制系统的结构、分类及工作原理

1. 分程控制系统的结构

分程控制系统作为现代工业自动化领域的关键技术，主要由三个核心组件构成：传感

器、控制器和执行器。这些组件的紧密集成和协调工作是分程控制系统有效运行的基础。通过对这些关键组件的精心配置和周密管理，分程控制系统能够在复杂多变的工业环境中实现高度精确和高效的控制。下面分别介绍三个核心组件的基本概念，探讨三者在分程控制系统中的作用及特点。

(1)传感器

传感器是在分程控制系统中用来系统感知工业过程细微变化的灵敏"感官"。作为连接物理世界与数字控制系统的纽带，传感器负责准确捕捉过程变量，如温度、压力、流量、液位、湿度及化学组分等，并将这些物理量转换为可供控制器分析的电信号。在此过程中，热电偶利用其对温差敏感的特性来监测温度；压力传感器可能依赖于压电效应或应变片的形变来感知压力的微小变化；流量传感器根据涡轮旋转或流体导电性的变化来估算流速；而液位传感器则可能采用浮标原理、超声波回声定位或电容变化来确定液体的高度。

为了实现最高的测量精度和系统稳定性，传感器的设计必须在精密度和鲁棒性之间取得平衡，确保即使在极端的工业环境下，如暴露于高温、高压、腐蚀性化学物质或机械振动环境中，也能保持其性能和精确度。传感器的长期稳定性和低漂移性对于减少维护频率、延长校准周期和降低运营成本同样重要。随着传感技术的快速进步，现代传感器已不再局限于传递传统的模拟信号。当前，许多传感器集成了高级数字通信接口，如 Thunderbolt(雷雳)硬件接口标准和 Fieldbus(现场总线)协议，这些接口能够提供综合的数据和诊断信息，对于实施预测性维护和实现过程优化策略极为重要。智能传感器的自我校准能力、故障自诊断功能以及能够通过网络传输数据直接与高级过程控制系统和数据分析平台对接的能力，正日益成为实现高度自动化和智能化工业环境的基石。因此，在现代工业控制系统的设计和实现中，传感器的选择、集成和管理是实现高效、可靠控制的关键。

(2)控制器

控制器作为分程控制系统的"大脑"，其主要职能是接收从传感器收集的数据，这些数据反映了当前的工艺条件，如温度、压力、流量等关键参数。控制器将这些实时数据与预设的工艺目标或控制点进行比较，利用内置的控制算法来处理差异和误差。

现代控制器通常具备多环控制功能，能够同时处理多个控制环节，并在各环节之间实现复杂的逻辑和策略。同时，控制器能够集成先进的算法，如模糊逻辑、自适应控制或预测控制，以应对工艺过程中的非线性特性和复杂动态。此外，控制器也能够处理来自网络的数据，支持远程监控和操作。控制器的输出必须精确、响应快速，并且能够在各种工作条件下保持稳定，以确保工艺过程的连续性和可靠性。因此，控制器的设计和功能对于确保分程控制系统满足日益复杂的工业自动化需求至关重要。通过高度的计算能力、灵活的控制策略和强大的系统集成能力，控制器确保了整个分程控制系统的效率、稳定性和先进性。

(3)执行器

执行器作为响应控制器指令的执行端，其主要职责是转化电信号为机械运动或其他形式的能量输出，从而精确实施物理操作。在分程控制系统中，执行器的精确设计和配置是实现高效过程控制的核心。无论是在独立运作还是在多执行器协同作业的情境下，这些执行器必须能够精确且迅速地响应控制器发出的指令。例如，在一个综合的温度控制系统中，执行器负责基于控制器的精准指令调整冷却水的流量与加热器的功率输出，以确保目标温度的恒定维护。这不仅要求执行器具有敏捷的响应性和高度的操作精度，还要求其具备在动态变化的过程条件下进行细致调节的能力。

执行器的响应性和可靠性是维持连续和稳定过程控制的关键因素，应能够无缝地从一个操作状态平稳过渡至另一状态，并在整个使用寿命中持续保持此种操作的精度和响应速度。可靠性的重要性体现在执行器能够在极端的工业环境中长期运行而不出现故障。随着技术的不断发展，现代执行器越来越趋于智能化，具备与控制器更为复杂的交互能力。智能执行器不仅能执行指令，还能提供关于其当前位置或状态的实时反馈，从而使控制系统能够实施闭环控制。这种反馈机制在实现自适应控制策略和提升系统整体性能方面具有极大的价值。因此，执行器不仅是分程控制系统的操作臂，更是整个系统智能化和自动化策略的重要组成部分，为现代工业控制系统的高效和优化提供了强大的支持。综上，执行器是连接控制系统指令与实际工艺操作的关键部件，其高性能确保了分程控制系统能够高效、精确地控制复杂的工业过程，满足现代工业对自动化和优化的不断增长的需求。

分程控制系统与单回路控制系统从结构原理上相比，在执行器的数量上有所不同。分程控制系统的一个显著特征是它包括两个或两个以上执行器，能够根据控制信号的变化以不同的方式调节流程。在图 4-38 所示分程控制系统中，调节阀 A 的设计使其在控制器输出信号压力为 0.02～0.06 MPa 时完成全行程操作。为实现此功能，需要对 A 阀上的阀门定位器进行调校，确保其在接收到 0.02～0.06 MPa 的输入信号时，能够输出 0.02～0.1 MPa 的信号。而 B 阀上的阀门定位器应调整至在接收到 0.06～0.1 MPa 的输入信号时，输出信号也维持在 0.02～0.1 MPa 的范围内。根据这种配置，当控制器输出信号不超过 0.06 MPa 时，A 阀将被激活，B 阀则保持在其全开或全关的极限状态，不参与调节；当控制器输出信号超过 0.06 MPa 时，B 阀开始响应，而 A 阀则维持在其极限位置。

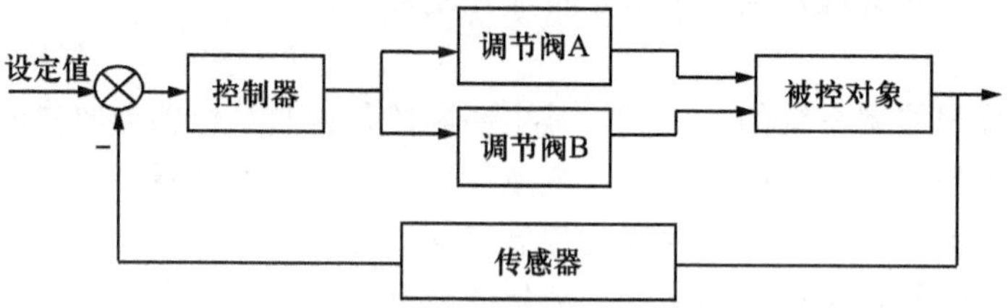


图 4-38　分程控制系统方框图

2. 分程控制系统的分类

分程控制系统的分类主要是根据调节阀的开闭形式来划分的。由于调节阀有气开和气关两种动作方式，可将分程控制系统分为调节阀同向动作和调节阀异向动作两大类型，如图 4-39 和图 4-40 所示。调节阀同向动作和调节阀异向动作的分程控制系统都是工业自动化中重要的控制解决方案，每种系统都有其独特的应用场景和优缺点。同向动作系统以其操作简单和响应一致而受到青睐，特别适用于需要多个阀门协同工作以保持流程均匀性的场合，但可能面临单一阀门故障影响整体系统的风险。相比之下，异向动作系统提供了更高级别的精细控制能力，特别适于需要精确平衡相反操作的复杂应用，如温度调节，但这带来了更复杂的控制逻辑和更高的成本。在选择分程控制系统时，理解每种类型的特点及最佳应用场景至关重要，这能确保最终的控制系统在满足特定工艺需求的同时，保持高效性和经济性。下面详细介绍每一种分程控制系统的特点和应用场景。

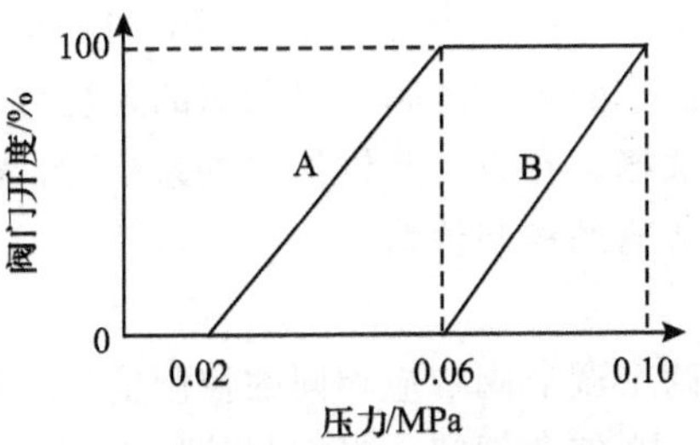


(a) 调节阀气开-气开分程关系曲线

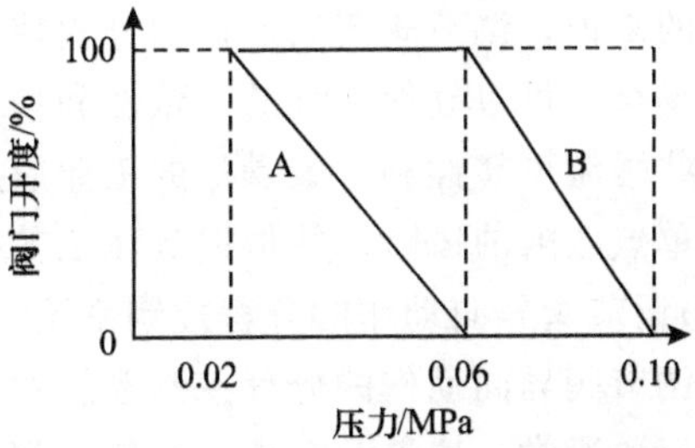


(b) 调节阀气关-气关分程关系曲线

**图 4-39 调节阀同向动作**

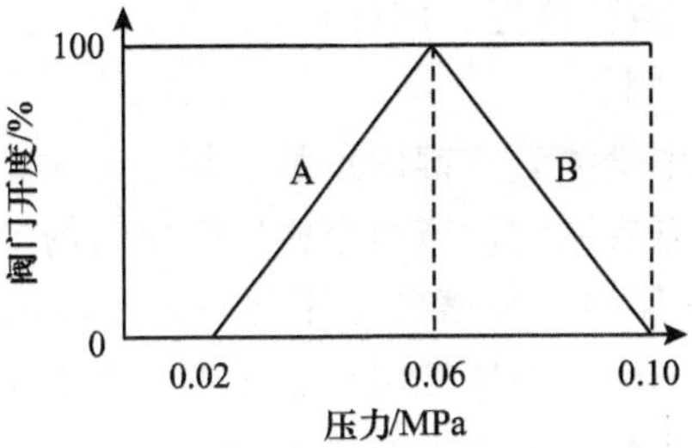


(a) 调节阀气开-气关分程关系曲线

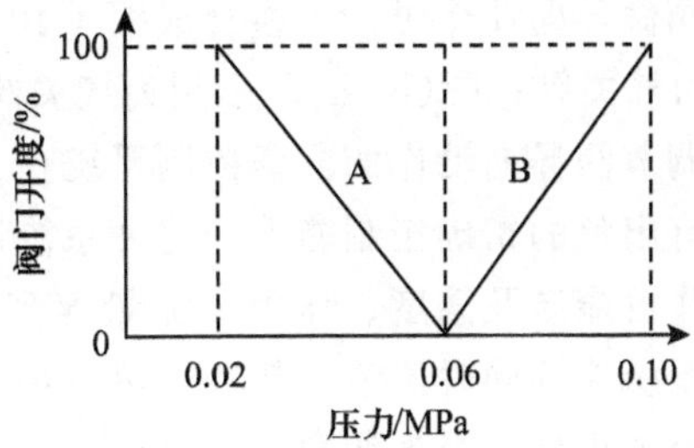


(b) 调节阀气关-气开分程关系曲线

**图 4-40 调节阀异向动作**

(1)调节阀同向动作的分程控制系统

在调节阀同向动作的分程控制系统中，所有的调节阀响应外部控制信号以同一方向移动。在这类系统中，阀门要么全部为气开型，要么全部为气关型。这意味着当控制信号增加时，所有的气开型阀门会一起打开，以允许更多的流体流过；而所有的气关型阀门会一起关闭，以减少流体流过。同理，当控制信号减少时，气开型阀门会关闭，气关型阀门则会打开。当系统中两个调节阀作同向动作时，可组合成图 4-39 中的(a)和(b)两种情况。图(a)表示两只阀均为气开阀；图(b)表示两只阀均为气关阀。

调节阀同向动作的分程控制系统具有一系列优点，其中之一是其操作简单和响应一致。这种系统中，所有的阀门同步响应控制信号，使其能够协同工作，以均匀地分配或限制流体流量。这一特性在需要多点供应或需求一致性的场合中尤其有用。例如，在供暖系统中，可能需要多个蒸汽阀门同时增大开度来提供更多的热量，以满足不同区域的供暖需求。同样，在冷却系统中，多个阀门需要同时减小开度以提供更强的冷却效果。这种一致性的操作有助于维持工艺过程的稳定性和一致性，提高了系统的可控性和可预测性。然而，调节阀同向动作系统也存在一些缺点，其中最显著的是其对单个阀门故障的敏感性。由于所有阀门都同步操作，如果一个阀门发生故障或失效，可能会影响整个系统的性能。这种单点故障可能导致工艺过程的不平衡或效率下降，因此需要特别注意维护和采取可能的冗余措施，以确保系统的可靠性和连续性。

此外，调节阀同向动作系统在应对复杂或需要独立控制多个流程变量的场景时可能不够灵活。这是因为所有阀门都响应相同的控制信号，并且操作是同步的。在某些情况下，可能需要对不同的流程变量进行独立调节，这就需要更灵活的控制策略。因此，在设计这样的系统时，必须仔细考虑工艺需求，以确定是否适合采用同向动作的分程控制。

总的来说，调节阀同向动作的分程控制系统适用于需要多个控制点协同增加或减少流体流量的场合，可以确保系统的一致性和均衡性。它简单的控制逻辑和可预测的系统行为使其成为那些强调可靠性和一致操作的工业应用的理想选择。在设计和维护这些系统时，需要特别关注单点故障的风险，并根据具体工艺需求选择适当的控制策略。

(2)调节阀异向动作的分程控制系统

在调节阀异向动作的分程控制系统中，至少有两个调节阀响应相同的控制信号，但动作方向相反。通常，这涉及至少一个气开阀门和至少一个气关阀门。当控制信号增加时，气开阀门打开(增加流量)，而气关阀门关闭(减少流量)。这种设计允许在单一控制信号下进行更精细的平衡和调节，特别适用于需要同时控制两个互相对立过程变量的场景。当系统中两个调节阀做异向动作时，可组合成图 4-40 中的(a)和(b)两种情况。图(a)表示 A 阀为气开阀，B 阀为气关阀；图(b)表示 A 阀为气关阀，B 阀为气开阀。

调节阀异向动作的分程控制系统在工业控制领域中扮演着关键的角色，其主要优点之一是具有出色的精确控制能力。这种系统被广泛应用于需要同时调节两个相反操作的场景，这些操作可能涉及温度、压力、流量等多个关键参数。其中最显著的应用之一是在温度控制中，系统能够同时调节冷却和加热流量，以实现高度精确的温度控制。这对于许多工业过程来说至关重要，因为温度的微小变化可能会显著影响产品质量和生产效率。

然而，调节阀异向动作的分程控制系统也面临着一些挑战，其中之一是复杂的控制策略和程序设计。系统需要协调两个执行相反操作的阀门，这要求更高级的控制技术和复杂的控制逻辑。工程师和操作人员必须确保系统精确校准，才能实现所需的精密控制，这可能需要额外的时间和资源投入。此外，与同向动作系统相比，异向动作系统通常需要更高的初始投资和维护成本，因为其构建和维护更为复杂。

尽管存在这些挑战，调节阀异向动作的分程控制系统仍然是许多工业应用中的首选解决方案，特别是在需要对两个相反过程变量进行高度精确控制的情况下。这种系统广泛应用于温度控制、化工生产、反应器操作和压力调节等工业领域，它出色的控制能力和高度灵活的操作性使其成为提高产品质量和工艺效率的强大工具。

3. 分程控制系统的工作原理

分程控制系统的工作原理是基于对工业过程中的各种变量进行精确控制，其核心在于将一个控制器的输出信号分配给多个执行器，以实现对工艺过程的高度精确控制。这个工作原理能够分为三个关键部分，分别是输入信号的接收与处理、输出信号的分程调节以及执行器的响应动作。接下来将详细探讨每个部分的功能与特点，以更全面地理解分程控制系统的工作原理。

(1)输入信号的接收与处理

在分程控制系统中，输入信号的接收是通过一系列精密的传感器实现的。这些传感器将物理量转换为电信号，这些电信号随后被传输到中央控制器，其中的数字化处理过程发挥着重要作用。控制器首先将这些模拟信号转换成数字数据，然后使用预设的算法和控制逻辑对其进行精确处理。控制器详细分析这些数字化数据，并将其与预设的工艺目标和参数进行比较，以识别任何误差或异常情况。这一步骤至关重要，为控制器制订响应策略和生成精确的调节指令提供了依据。

控制器的处理能力和算法的复杂性直接影响着分程控制系统的性能和准确性。先进的控制器能够处理来自多个传感器的复杂数据，执行高级的控制逻辑。这些复杂的数据处理和控制算法确保了控制系统能够准确地理解工艺过程的状态，并做出有效的控制决策。因此，输入信号的接收与处理在分程控制系统中是一个精密而复杂的过程，要求高度准确的传感器技术和先进的控制器算法，以确保整个系统能够高效、准确地响应工艺过程的变化，从而提高工业生产的效率和质量。

(2)输出信号的分程调节

在分程控制系统中，输出信号的分程调节是确保控制器指令准确传达给执行器的关键步骤。这一阶段的任务是根据控制器对输入信号的精确分析，生成针对特定工艺参数的输出信号。这些工艺参数可能涵盖流量、压力、温度等多个方面，每个参数都需要被仔细调整以满足预定的工艺目标。控制器在分析完输入信号后，能精确计算出相应的输出信号，以精细地调控执行器的动作。在复杂的系统中，一个控制器可能需要同时管理多个执行器，因此输出信号必须实现高度精细的分程调节，以确保各个执行器的协调运行。输出信号的分程调节既展现了控制器的高级处理能力，又体现了执行器的高度响应性。这一过程是实现对复杂工业过程精确控制的关键，保证了整个分程控制系统能够在维持生产效率和产品质量的同时，高效地管理和优化工艺流程。

此外，输出信号的分程调节也反映了分程控制系统在应对不同工艺需求和变化时的灵活性。控制器能够根据工艺条件的变化快速调整输出信号，以满足不同阶段或环节的控制需求。这种高度灵活的调节能力对于应对复杂的工业生产流程至关重要，确保了系统能够适应多样化的工艺条件，从而提高了生产效率和资源利用率。因此，输出信号的分程调节不仅是分程控制系统的核心特征，还是实现高效工业自动化控制的必要条件。

(3)执行器的响应动作

在分程控制系统中，执行器的响应动作是整个控制过程的关键实施阶段。这些动作可能包括调节阀门的开度、改变泵的转速、调整加热元件的功率等。执行器的动作实施方式取决于接收到的信号类型和执行器本身的构造。在接收到控制器的信号后，执行器的动作能够是线性的，如阀门的开闭操作，也能够是旋转的，如电机驱动的泵的转速调节。

执行器的响应动作在分程控制系统中扮演着最终实施者的角色，其高效运作是系统成功的关键。良好设计的执行器不仅能提高系统的整体性能，也能增强过程控制的精确度，从而在提升产品质量和工艺效率方面发挥至关重要的作用。

### 4.6.2　分程控制系统的设计与应用

前面已经讲到，如图 4-38 所示的分程控制系统在结构上比单回路控制系统多出一个调节阀，所以在设计分程控制系统时，需要将控制器的输出信号分段，以达到分程的目的。另外，因为分程控制系统有两个调节阀，所以在调节阀的选择处理上应该特别注意流量特性的平滑衔接问题。其他组成部分的设计则与单回路控制系统相同。

分程控制系统分为调节阀同向动作和调节阀异向动作两大类型。两个同向特性的调节阀并联控制一种介质的流量时，总流量特性是两个阀流量特性的叠加组合。如果两个调节阀都选用直线特性，组合后的总流量特性有两种情况，如图 4-41 所示。图(a)表示两只阀的流量特性比较接近，在分程点 0.06 MPa 处的衔接比较平滑；图(b)则表示两只阀的流量特性差距比较大，可以看出，在分程点 0.06 MPa 处有明显的突变，可能会给系统的平衡操作带来不利影响，从而使得控制质量不太理想。如果两只调节阀均选用对数流量特性，那么总流量特性在衔接处必有突变点，如图 4-42 所示。图(a)表示两只阀的分程信号在分程点 0.06 MPa 处不重叠，此时就会有明显的突变；图(b)则表示两只阀的分程信号在分程点 0.06 MPa 处设计有一定的重叠区域，可以看出此时的总流量特性比较平滑，与图(a)所示的情况相比，图(b)可以提高系统的控制质量。

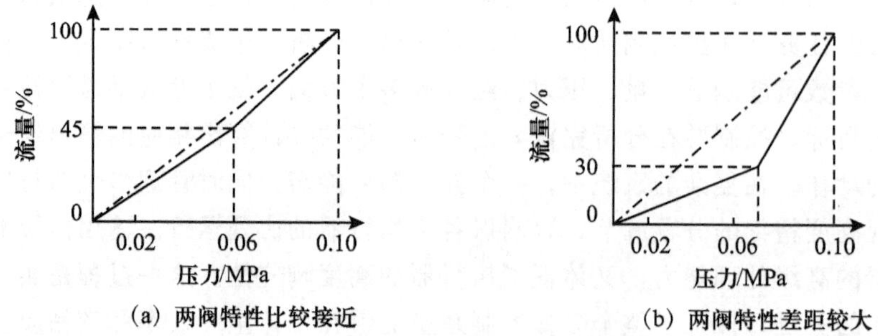


图 4-41　线性阀并联时的总流量特性

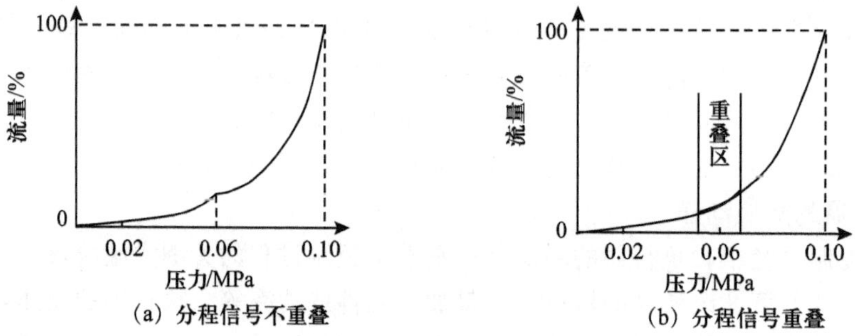


图 4-42　对数阀并联时的总流量特性

分程控制系统主要应用于要求节能控制、安全稳定生产等场合，下面列举了几种典型的应用例子。

1. 节能控制

企业生产过程中的节能控制，不但可以降低能耗成本，而且有助于缓解能源供应和建设压力，对减少废气污染、保护环境也有巨大的现实意义。所以，节能在各生产企业受到了格外重视。图 4-43 给出了可实现节能控制的热交换过程的温度分程控制系统，下面以此分析分程控制系统是如何实现节能目标的。

从节能降耗的角度考虑，由于蒸汽的产生需要消耗较多的能源，而热水往往是工业生产中的废水，故在热交换过程中更多的是利用热水作为热源将冷物料加热到满足工艺要求的温度，只有在热水的作用达不到要求时，才会启用蒸汽加热。图 4-43 中的系统设置了引进热水的调节阀 A 和引入蒸汽的调节阀 B，控制器 TC 根据热物料的温度检测反馈，输出适当的控制信号，通过附设在 A、B 阀上的阀门定位器就可以实现温度的分程控制。当热物料的温度低时，启用蒸汽阀 B，利用蒸汽对物料进行快速加热；当温度高时，关闭蒸汽而启用热水阀 A，以达到节约能源的目的。

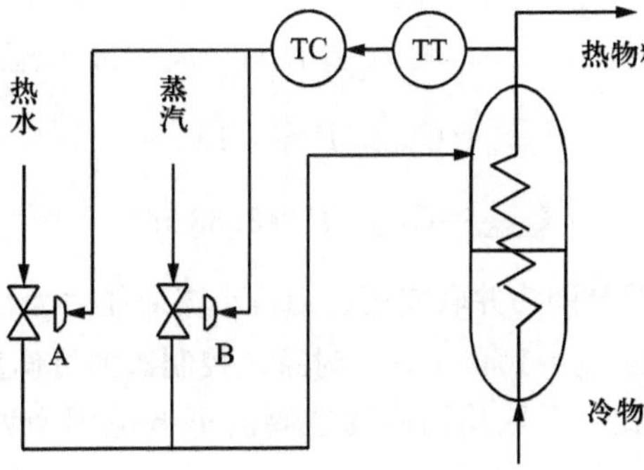


**图 4-43　温度分程控制系统**

2. 安全稳定生产

安全生产是企业经营过程中必须要考虑的问题，是减少企业损失、促进企业稳步发展的基础。保障安全稳定生产的方法多种多样，如工艺设备的改进、控制手段的完善等。分程控制系统的应用就是从控制的角度来实现安全生产的目标，例如，图 4-44 中所示的储罐常见于石化行业，用于存放石油及化工原料等。为了防止储罐内的物料与空气接触，常在罐顶充入氮气($N_2$)，并要求储罐内的压力保持一定，以防止储罐变形或者发生爆炸等安全事故，为此，可设计储罐氮封的分程控制系统。

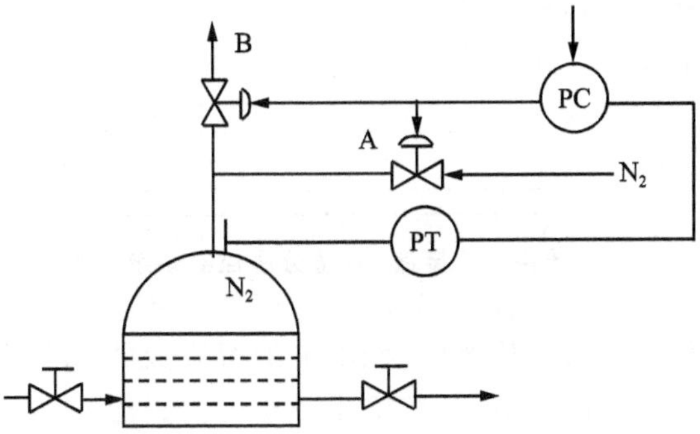


**图 4-44　储罐氮封分程控制系统**

假设控制器 PC 为反作用方式，充气阀 A 和放气阀 B 的作用方式分别为气开式和气关式，二者的分程关系曲线如图 4-40(a)所示。当储罐内压力增大时，假设反作用方式的控制器 PC 输出的控制信号从最大开始减小，则可以驱动 B 阀开度增大，以排出一定量的氮气，如果压力仍然超出设定值，经过一段时间，就会将 A 阀的开度减小，充入的氮气量就会减少直至为零；当储罐内压力减小时，PC 输出的控制作用增强，使 A 阀开度增大或者 B 阀开度减小，便于充入一定量的氮气或者减少氮气的排放量，以维持储罐内的压力恒定。可见，在生产过程中应用分程控制系统可以保证安全稳定生产。

3. 扩大调节阀的可调范围

调节阀的可调范围反映了可控制的流量范围，可调范围越大，调节流量的范围越宽，对流量的选择余地就越大，从而有可能提升系统的控制性能指标。

对于单回路控制系统来说，只有一个调节阀，可调范围一定，一般为 $R=30$。对于图 4-

38 所示的分程控制系统来说，假设调节阀 A 和 B 的最大流通能力分别是 $C_{Amax}=4\ m^3$ 和 $C_{Bmax}=100\ m^3$，可调范围均为 $R=30$，则 A 和 B 两个阀的最小流通能力分别为

$$C_{Amin}=C_{Amax}/R\approx 0.133\ m^3 \tag{4-48}$$

$$C_{Bmin}=C_{Bmax}/R\approx 3.33\ m^3 \tag{4-49}$$

分程控制系统中，两个调节阀为并联使用，则最小流通能力为 $C_{min}=C_{Amin}=0.133\ m^3$，最大流通能力为 $C_{max}=C_{Amax}+C_{Bmax}=104\ m^3$，此时系统控制阀的可调范围 $R_{并}=C_{max}/C_{min}=780$，与原来每个阀的可调范围相比，并联使用后调节阀的可调范围增大了 25 倍，使得流量调节的可控范围明显加宽。

4. 满足不同工况的控制要求

在工业废液中和处理工艺中，需要根据废液的酸碱性(以 pH 值衡量)分别控制加酸量或加碱量。图 4-45 是一个废液 pH 值分程控制系统。图中，控制器 pHC 为反作用方式，调节酸液流量的 A 阀为气关式，调节碱液流量的 B 阀为气开式，气开式和气关式的分程关系曲线参见图 4-40(b)。

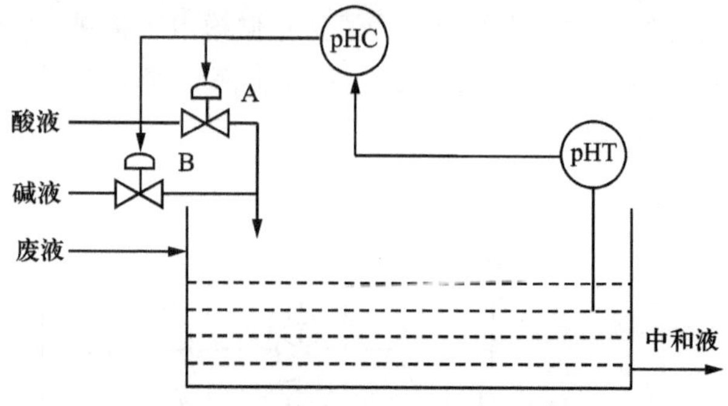


**图 4-45 废液 pH 值分程控制系统**

该系统的工作过程如下。通过检测仪表 pHT 测得废液的 pH 值。若 pH 值偏高，表示废液呈碱性，反作用方式的控制器 pHC 的输出减小，根据图 4-40(b)所示的关系曲线，此时碱液阀 B 会逐渐关闭，若 B 阀全关后 pH 值仍然偏高，则控制器会将酸液阀 A 逐渐打开，直至检测出的 pH 值满足要求；若 pH 值偏低，同理可分析调节阀的动作方向。上述控制过程符合酸碱中和的原理，设计出的分程控制系统可以满足对不同酸碱性的特殊控制要求。

## 4.7 大滞后控制系统

大滞后控制系统是一种常用于工业自动化领域的控制系统，能够有效地应对系统动态特性的滞后效应，即控制信号的变化与系统输出的变化之间存在一定的延迟。为了克服这种滞后效应，大滞后控制系统通过引入适当的滞后环节和控制算法来延迟控制信号的响应、抑制系统的振荡和波动，从而提高系统的稳定性和动态性能。这种控制系统在温度控制、压力调

节、流量管理等实际工业过程中得到了广泛应用，对于保障生产过程的稳定性、提高生产效率和保证产品质量起着重要作用。由于大滞后控制系统具有良好的性能和稳定性，因此在工业控制领域具有广泛的应用前景和市场需求。

## 4.7.1 大滞后过程概述

大滞后过程是控制工程中的一个核心概念，主要涉及系统对过去输入的响应方式。这种过程的特点在于为了得到期望的输出往往需要长时间的数据积累。更具体地说，一旦输入发生变化，输出并不会立即响应，而是会有一个较大的延迟。前面讲述串级控制系统和前馈控制系统的设计过程时，均提到了大滞后这一现象。假设对象的传递函数用一阶惯性环节加纯滞后来描述，一般用纯滞后 $\tau$ 与时间常数 $T$ 的比值来衡量过程滞后的大小，当 $\tau/T>0.3$ 时，称为大滞后过程。这一现象在许多实际系统中都有所体现，如化工、水处理、电力等。大滞后现象的产生，背后有多种原因。第一，许多物理系统的本质特性决定了其响应的滞后性，例如，某些化学反应的进行、沉淀过程的完成，都需要时间来完成物理或化学变化。第二，数据处理的时间需求也是导致滞后的一大原因，在许多情况下，系统需要对大量数据进行收集、整理和分析，才能做出决策或产生响应。第三，系统内部的复杂动态行为也可能导致滞后，例如，不同子系统之间的相互作用、非线性关系的存在等，都可能影响系统的即时响应。

大滞后过程的这种特性给控制系统的设计和优化带来了许多挑战。由于系统的输出在短时间内对输入的变化不敏感，因此在控制系统设计时必须考虑如何有效地处理这种延迟。同时，大滞后过程控制策略的制订也需要考虑到系统稳定性和鲁棒性的问题。

1. 大滞后过程实例

在许多实际应用中，大滞后过程是一个不可忽视的现象，广泛存在于各种工业过程和系统中，影响着系统的性能和稳定性。以下是一些具体的例子，可以帮助我们更好地理解大滞后过程的特性和影响。

(1)化工过程中的加热反应

在化工生产中，许多化学反应都需要在特定的温度和压力条件下进行。为了达到所需的反应条件，通常需要对反应物进行加热。然而，由于热传导和热辐射的限制，加热过程往往具有较大的滞后性。这意味着，当操作员调整加热器的功率时，反应物的温度并不会立即响应，而是会有一个相对较长的延迟。这种滞后可能导致反应的不稳定或偏离预期的工艺条件，从而影响产品的质量和产量。因此，了解并控制这种大滞后过程对于提高化工生产的效率和稳定性至关重要。

(2)水处理中的沉淀过程

在水处理的过程中，沉淀是一种常见的物理方法，用于去除水中的悬浮颗粒和杂质。在沉淀池中，颗粒物在重力的作用下逐渐沉降下来，从而使水得到净化。然而，沉淀过程也是一个具有大滞后性的过程。当沉淀池中的水位上升时，颗粒物需要时间才能沉降下来，导致水质的净化速度相对较慢。如果进水量突然增加，沉淀池可能无法及时处理过多的悬浮颗粒，导致出水水质下降。因此，为了确保水质的稳定和达标排放，需要对沉淀过程进行合理的控制和管理。

(3)电力系统的频率调节

在电力系统中，频率是衡量电能质量的重要指标之一。为了确保电力系统的稳定运行，频率必须保持在一定的范围内，因而当电力系统中的负荷发生变化时，发电机组必须相应地调整其运行状态以维持频率的稳定。然而，由于发电机的惯性较大和电力传输的延迟，频率调节具有较大的滞后性。当用户的需求突然增加时，发电机组可能无法立即增加出力，导致频率下降。这种滞后可能导致电力系统的稳定性问题，甚至引发系统崩溃。因此，了解并控制电力系统的频率调节过程对于保障电力供应的可靠性和稳定性至关重要。

(4)冶金过程

在冶金工业中，炼钢或炼铁过程涉及将铁矿石、煤和石灰石在高温下进行还原或氧化反应，以提取铁的过程。这个过程需要长时间的高温处理，并且对温度和气氛的控制要求非常高。由于反应的进行需要时间，温度或气氛的变化不会立即反映在产品的质量上，因此该过程的响应表现出大滞后特性。为了确保产品质量，冶金过程需要精确的控制策略，以在长时间内保持稳定的操作条件。

(5)生物发酵

在生物发酵过程中，例如，酒精或酵母的生产过程中，原料(如糖、淀粉或纤维素)会被微生物转化成酒精、二氧化碳或其他产物。这个过程需要微生物生长和代谢，这通常需要数小时到数天的时间。由于微生物的生长和代谢产物的积累需要时间，发酵过程的响应具有大滞后特性。为了提高发酵效率和产物质量，需要密切监测和控制发酵过程中的关键参数，如温度、pH 值、溶氧和营养物质的浓度。

(6)农业灌溉

在农业灌溉中，水被输送到农田并通过灌溉系统分布到土壤中，进而被植物吸收利用的过程需要一定的时间。当天气或土壤条件发生变化时，灌溉系统的响应可能会有明显的延迟。例如，如果突然下雨或地下水位上升，农田可能需要减少或暂停灌溉以避免水淹。因此，农业灌溉需要灵活的控制策略，以适应天气和土壤条件的变化，确保植物的正常生长。

(7)药物研发

在新药研发过程中，化合物的筛选、合成和优化需要经过多轮试验和评估。这通常需要数月甚至数年的时间，因为药物需要在人体内进行长时间的临床试验，以评估其安全性和有效性。此外，药物在人体内的效果也可能表现出大滞后特性，因为药物需要时间在体内分布、代谢和起效。因此，药物研发需要耐心和精确的实验设计，以确保最终获得安全有效的药物。

(8)气候变化

气候变化——一个众所周知的大滞后过程的实例，给控制系统的设计和优化带来了许多挑战。人类活动产生的温室气体排放导致全球气候变暖，这是一个长期累积的过程。虽然短期的气候变化可能不明显，但长期的气候变化会对地球生态系统和社会经济产生重大影响。了解和控制气候变化的根本原因对于减缓其影响至关重要。

(9)核反应堆控制

在核反应堆的运行中，控制棒用于调节反应速率以维持稳定的输出功率。当控制棒插入时，反应减慢；当控制棒拔出时，反应加快。由于核反应的速率与控制棒的位置有密切关系，而控制棒位置的改变需要经过一段时间才能显著影响反应速率，因此表现出大滞后特性。为了确保核反应堆的安全运行，需要精确的控制策略和实时监测系统来跟踪反应状态和控制棒的位置。

(10)城市交通流量

城市交通流量变化是另一个具有大滞后特性的实例。交通流量的变化受多种因素的影响，如道路状况、交通信号灯的设置、天气条件等。例如，当出现交通事故或道路施工时，附近的交通流量可能会大幅增加。这种增加不会立即消失，而是会在一段时间内逐渐恢复到正常水平。因此，城市交通管理需要灵活的控制策略，以适应交通流量的变化并提高道路的通行效率。

2. 大滞后过程带来的影响和挑战

大滞后过程在实际系统中广泛存在，其影响和挑战可以从多个方面进行深入分析。

(1)系统稳定性问题

由于大滞后特性，系统的输出对输入的变化反应迟钝，这可能导致系统的不稳定。当输入信号发生变化时，由于滞后的存在，系统输出需要经过一段时间才能响应，这可能导致系统在控制过程中出现超调和振荡。这不仅会影响系统的性能，还可能引发安全问题。因此，如何设计有效的控制策略来提高大滞后系统的稳定性是一个重要的挑战。

(2)控制精度和跟踪问题

大滞后过程可能会导致系统控制精度下降和跟踪性能不良。由于输出对输入的变化响应缓慢，传统的控制方法可能无法实现精确的控制和快速的跟踪。这可能导致系统输出与期望值之间存在较大的误差，影响系统的性能和可靠性。因此，如何提高大滞后系统的控制精度和跟踪性能是一个重要的研究课题。

(3)参数调整和优化问题

大滞后过程的参数调整和优化也是一个具有挑战性的问题。由于系统的输出对输入的响应非常敏感，参数的微小变化可能会导致系统输出的巨大波动。因此，在进行参数调整和优化时需要特别小心和精确。这需要丰富的经验和专业的技能，同时也需要借助于先进的优化算法和工具。

(4)鲁棒性问题

大滞后过程可能对外部干扰和不确定性展现出较低的鲁棒性。当系统受到干扰或存在不确定性时，由于滞后的存在，系统可能无法及时进行补偿和调整，导致性能下降或失稳。因此，如何提高大滞后系统的鲁棒性也是一个重要的研究方向。

(5)模型不确定性和误差问题

在实际应用中，大滞后过程的数学模型可能存在不确定性和误差。建模时的简化、测量设备的误差、外部干扰等因素的影响可能导致控制系统的性能下降，甚至引发不稳定问题，这导致了模型的不确定性和误差。因此，如何处理模型的不确定性和误差，提高大滞后系统的性能是一个具有挑战性的问题。

(6)多变量和耦合问题

在实际的大滞后系统中，经常存在多个变量之间的耦合和相互影响。这种耦合关系可能使得系统的分析和控制更加复杂。因此，如何处理多变量和耦合问题，实现有效的控制和优化是一个具有挑战性的任务。

(7)实时性和计算负担问题

对于一些大规模或复杂的大滞后系统，实时计算和控制可能面临较大的挑战。计算负担较重可能导致系统的实时性受到影响，进而影响系统的性能和稳定性。因此，如何在保证实时性的前提下实现有效的控制和优化是一个值得研究的问题。

3. 大滞后过程的建模与仿真

大滞后过程的建模与仿真是一个复杂但至关重要的过程，涉及系统的深入理解、数学建模、算法设计和计算机模拟等多个方面。以下是对大滞后过程建模与仿真的详细介绍。

为了准确模拟系统的动态行为，需要根据系统的实际运行情况和物理特性，建立相应的数学模型。这包括确定系统的输入和输出关系、分析系统的各个组成部分及其相互影响，并使用数学方程或算法描述这些关系和影响。对于大滞后过程，建模的关键在于准确地捕捉滞后效应。因此需要仔细选择和设计模型参数，以确保这些参数能够真实地反映实际系统中滞后现象的存在和影响。此外，由于大滞后过程的非线性特性，有时还需要考虑使用非线性模型来更准确地描述系统的动态行为。

仿真阶段主要利用计算机程序对模型进行数值计算和模拟，以获得系统在不同条件下的动态响应。这一阶段通常需要使用专业的仿真软件以及编程语言，如 MATLAB、Simulink 或 Python 等。在仿真过程中，需要根据实际需求选择合适的仿真算法和参数。例如，对于具有大滞后特性的系统，可能需要使用更复杂的仿真算法来准确模拟系统的动态响应。同时，还需要设置合理的初始条件和边界条件，以确保仿真的准确性和有效性。

通过观察和分析仿真数据，可以了解到系统在不同条件下的性能表现、评估控制策略的有效性以及预测系统的未来行为。这有助于发现系统存在的问题和潜在的改进方向，从而优化系统的设计或调整控制策略。总之，大滞后过程的建模与仿真是一个综合性的过程，需要综合考虑理论建模、数值计算和数据分析等多个方面。通过精确的建模和有效的仿真，可以更好地理解大滞后过程的动态行为，为实际系统的优化和控制提供有力的支持。同时，随着技术的不断发展，也可以借助更先进的建模和仿真工具和方法，进一步提高大滞后过程仿真的准确性和效率。

4. 应对大滞后过程的控制方法

由于大滞后特性，传统的控制策略往往难以获得理想的控制效果。因此，针对大滞后过程的特性，研究者们提出了许多先进的控制策略和方法。以下是对大滞后过程控制策略与方法的介绍。

(1) PID 控制

PID 控制是一种经典的控制策略，广泛应用于工业控制系统。在大滞后系统中，可以通过调整 PID 控制器的参数(如比例增益、积分时间和微分时间)来优化控制效果。然而，对于具有大滞后的系统，单独的 PID 控制可能无法满足快速响应和超调抑制的要求，因此需要与其他控制策略结合使用。

(2) Smith (史密斯)预估控制

Smith 预估控制器是专门针对大滞后系统的控制策略之一，通过引入一个预估模型来补偿大滞后对系统性能的影响。Smith 预估控制器能够减小系统的调节时间和超调量，提高系统的响应速度和稳定性。然而，Smith 预估控制器的参数调整和模型误差处理仍然是一个挑战。

(3)状态反馈控制

状态反馈控制是一种基于系统当前状态的控制策略，通过测量系统的状态变量并使用反馈控制器对其进行调节，以减小系统的误差并提高系统的响应速度。在大滞后系统中，可以使用状态反馈控制与其他控制策略结合以实现更好的控制效果。

(4)模糊控制

模糊控制是一种基于模糊逻辑的控制策略，通过将模糊集合和模糊规则应用于控制系统，处理不确定性和非线性问题。在大滞后系统中，模糊控制器可以根据系统的输入和输出关系建立模糊规则，并使用模糊集合来表示误差和状态变量的值，通过模糊推理和决策，实现系统的控制和优化。

(5)神经网络控制

神经网络控制是一种基于人工神经网络的控制策略。人工神经网络能够学习并模拟复杂的非线性关系，适用于处理不确定性和非线性问题。在大滞后系统中，可以利用人工神经网络对系统进行建模和控制，通过训练神经网络学习系统的输入和输出关系，实现对大滞后系统的有效控制。

(6)基于数据驱动的控制

基于数据驱动的控制是一种利用历史数据进行分析的控制策略。它通过分析历史数据中的系统行为和性能指标，建立基于数据模型的控制策略。这种方法不需要精确的数学模型，而是利用实际数据来训练控制器并优化系统性能。在大滞后系统中，基于数据驱动的控制方法可以与其他控制策略结合使用，以实现更好的控制效果。

5. 大滞后过程的未来展望

随着科技的不断发展，大滞后过程的应用领域还将继续扩展。未来对大滞后的研究将更加注重智能化、集成化和跨学科的合作与融合。通过结合人工智能、机器学习等先进技术，可以实现对大滞后过程的精确预测和控制，进一步提高系统的性能和稳定性。同时，随着“工业 4.0”和物联网技术的发展，大滞后过程的控制将更加集成化和智能化。通过实时监测和数据分析，可以更精确地了解系统的状态和动态行为，从而优化控制策略和方法。这将有助于加快工业自动化和智能化的发展进程，提高生产效率和产品质量。此外，随着可持续发展理念的深入人心，大滞后过程在环保和资源利用方面的应用将进一步增加。通过优化控制策略和方法，可以提高资源利用效率，减少能源消耗和环境污染，促进可持续发展目标实现。同时，跨学科的合作与融合将为大滞后过程的研究注入新的活力。物理、化学、生物学、数学等学科领域的专家将共同合作，深入探索大滞后过程的本质和规律，开发更有效的控制策略和方法。这种跨学科的合作将有助于打破传统学科壁垒，推动知识创新和技术进步，为解决实际问题提供更多可能性。

### 4.7.2　大滞后控制系统的方案设计及应用

实践证明，对于大滞后过程采用常规的控制方法难以奏效，例如，串级控制系统等方法虽然可以弥补大滞后所带来的不利影响，改善系统的动态性能，但还不能完全解决各种问题，必须寻求其他的方法。本小节着重讨论具有大滞后特性的过程控制方法，如采样控制、Smith 预估补偿控制等。

1. 采样控制

图 4-46 是一个典型的采样控制系统，它由连续的被控对象、离散的采样器、控制器、保持器组成。作为对比，前述的控制原理方框图均为连续控制系统。从图中可以看出，采样控制系统中有连续信号也有离散信号，至少有一个环节的信号是等时间间隔的脉冲序列或数字序列。例如，首先图中的采样器以固定的时间间隔(即设定的采样周期)进行采样，把连续的误差信号转换成离散信号，随后数字式控制器对其进行相应的转换与计算，最后通过保持器将数字控制器输出的离散控制信号转换成连续的控制信号，以实现对被控对象的精准控制。采样控制系统中控制器的作用与连续控制系统中的控制器作用相似。

采样控制采用的是一种周期性的断续控制方式，即控制器会在固定的时间间隔内对被控变量进行采样，并通过控制算法对采样数据进行处理，最终输出控制信号并维持该信号不变。在确定采样周期时，应确保其取值大于纯滞后时间，以确保控制系统的稳定性和响应速度。这是因为需要等到控制作用显现出来，才能再次进行采样、计算处理并输出新的控制信号。这样处理的结果是控制作用显得慢一点儿，但只要采样间隔内不出现大的干扰，就不会发生大的超调现象，大滞后控制系统将处于稳定运行状态。

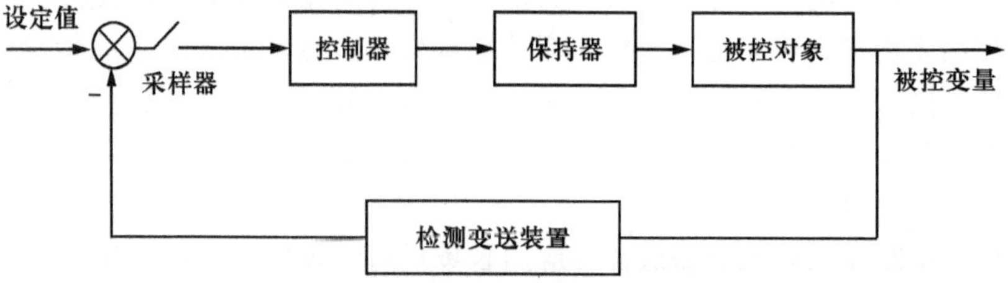


图 4-46　采样控制系统原理方框图

采样控制系统的应用十分广泛，除了图 4-46 所示的过程控制领域外，在经济、军事等领域也有着广泛的应用。例如，雷达跟踪系统通过接收和发射脉冲序列信号，将被跟踪物体的连续变化信息(如方位和仰角)转换成采样数据。此外，在社会系统、经济系统和生物系统中，信息的收集通常也是以离散化数据的方式进行的，因此对这类系统的建模和分析一般采用离散化方法。随着数字计算机在控制系统中的广泛应用，输入计算机的信号必须为离散形式，而且在计算机内还需进一步将离散信号量化为数字形式。对于连续控制系统的数字仿真来说，控制系统的离散化是仿真实验的关键环节。与连续控制系统相比，采样控制系统的特点主要体现在如下几方面。

①采样控制系统使用数字式传感器、控制器等数字元件，同模拟式的元器件相比，具有较高的可靠性、稳定性，并且结构上很紧凑，易于扩展设计。

②采样控制系统对干扰的灵敏度不高，无论是出现扰动还是给定值发生变化，采样控制系统都能在有限的时间范围内，即经过几个采样周期后就能结束动态过程而达到新的平稳状态，防止出现大的超调现象，但在调节速度上会有所损失。

③数字式的控制器比模拟控制器更易于调整，一般只需要修改软件程序就可以适应设计任务的变更或功能上的扩展，实现控制目标的精度较高，而且具有较大的灵活性。

2. Smith 预估补偿控制

由于采样控制系统在调节速度上的局限性，为了提升大滞后控制系统的性能，1957 年 Smith 提出了一种以过程模型为基础的大滞后预估补偿控制方法。图 4-47 给出了 Smith 预估补偿控制系统的传递函数结构。图中，$G_s(s)$是 Smith 预估补偿器的传递函数，$U(s)$是控制器的输出。Smith 预估补偿控制按照被控对象的特性，设计了一种可建立数学模型的环节 $G_s(s)$，将其融入反馈控制系统中，并根据控制器的输出作用$U(s)$估计出被控对象的动态响应，从而使控制器提前进行动作，实现对控制作用的预先补偿。这样的设计旨在降低大滞后过程控制系统的超调量，并加速调节过程。这里所关心的问题是，引入 Smith 预估补偿器 $G_s(s)$后，在系统中具有纯滞后环节 $e^{-\tau s}$ 和干扰$F(s)$的情况下，如何使系统的控制质量变得理想。

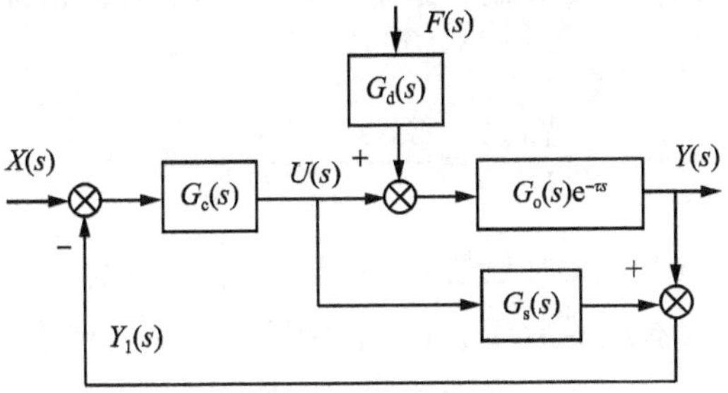


**图 4-47　Smith 预估补偿控制系统传递函数方框图**

控制通道中存在纯滞后环节 $e^{-\tau s}$ 会对系统的稳定性产生不利影响。设计的 Smith 预估补偿器 $G_s(s)$应能够抵消纯滞后环节 $e^{-\tau s}$ 对系统输出的影响。从图中可以看出，只要控制量 $U(s)$与反馈信号 $Y_1(s)$之间的传递函数中不含有纯滞后环节 $e^{-\tau s}$，就可以满足要求，关系式为

$$\frac{Y_1(s)}{U(s)}=G_s(s)+G_o(s)e^{-\tau s}=G_o(s) \tag{4-50}$$

由此得到设定值 $X(s)$与系统的实际输出 $Y(s)$之间的传递函数

$$\frac{Y(s)}{X(s)}=\frac{G_c(s)G_o(s)e^{-\tau s}}{1+G_c(s)G_o(s)} \tag{4-51}$$

可见，引入 Smith 预估补偿器 $G_s(s)$后，控制系统的特征方程中不再含有纯滞后环节 $e^{-\tau s}$，消除了纯滞后环节对闭环系统稳定性的不利影响，此时传递函数分子中依然含有 $e^{-\tau s}$，表现在被控变量 $Y(s)$的变化上，只是响应被推迟了 $\tau$ 时段。以上分析说明了 Smith 预估补偿控制系统对设定值通道的控制质量与无纯滞后环节时是一样的。

还可以依据式(4-50)解出 Smith 预估补偿器 $G_s(s)$的表达式，即

$$G_s(s)=G_o(s)(1-e^{-\tau s}) \tag{4-52}$$

根据式(4-52)，可以将图 4-47 进一步拓展，得到如图 4-48 所示的 Smith 预估补偿控制系统的详细结构图，这也给设计工作带来了方便。从式(4-52)可以直观地看出，只要对被控过程的数学模型建立得足够准确，Smith 预估补偿器 $G_s(s)$就能充分发挥作用。

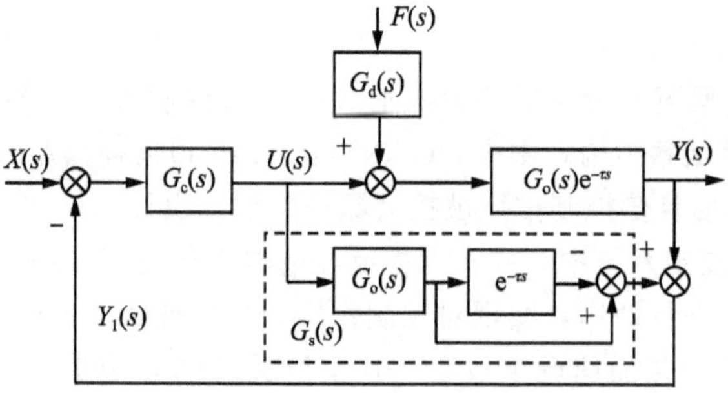


**图 4-48　Smith 预估补偿控制系统的详细结构**

下面再来分析 Smith 预估补偿控制对系统干扰 $F(s)$ 的抑制情况。干扰 $F(s)$ 与系统输出 $Y(s)$ 之间的传递函数为

$$\frac{Y(s)}{F(s)}=\frac{G_d(s)G_o(s)e^{-\tau s}}{1+G_c(s)G_o(s)} \tag{4-53}$$

从上式可知，引入 Smith 预估补偿器 $G_s(s)$ 后，当有干扰存在时，控制系统的特征方程与设定值通道一样，不再含有纯滞后环节 $e^{-\tau s}$，消除了纯滞后环节对闭环系统稳定性的不利影响，传递函数分子中含有 $e^{-\tau s}$ 表示对干扰的抑制作用会滞后 $\tau$ 时段，于是，Smith 预估补偿控制系统对干扰的抑制作用有限，未消除纯滞后环节的不利影响。

为了实施 Smith 预估补偿控制，我们需要确定补偿器的数学模型。如果模型与过程的实际特性不匹配，闭环特征方程中将会包含纯滞后项。这种不匹配严重时甚至可能导致系统的稳定性下降。然而，实际的工业过程通常具有时变的参数特性。只有当这些参数的时变性不明显，并且可作近似处理时，采用 Smith 预估补偿控制才会产生一定的效果。这也是该控制方法适用范围的限制所在。

综上所述，在过程具有大滞后特性时，Smith 预估补偿控制系统显著改善了设定值通道的控制质量，但对干扰的抑制作用有限，这也说明了当有干扰存在时，还需要考虑其他控制方法，如采用前述的前馈补偿控制方法就有可能解决问题。

## 4.8　解耦控制系统

在先前讨论的简单控制系统、串级控制系统以及其他控制系统中，主要关注的是单变量控制系统，即一个控制变量控制一个被控变量，而在复杂的生产过程中，各变量间的关联性较强，往往需要设置多个控制回路来实现对多个被控变量的准确、稳定控制。随着参与控制的变量数量增加，控制变量与被控变量之间的对应关系可能不再是一对一，导致不同控制回路间可能出现相互作用。这种控制回路间的耦合效应可能会对控制效果产生不利影响。耦合是工业生产过程中普遍存在的现象，如果不加以解决，严重时甚至会破坏各系统的正常运行。解耦控制系统的核心目标是处理这些相互关系，以实现对多个被控变量的准确、稳定的控制。本节着重介绍解耦控制系统的基本概念，明确关联分析和相对增益两大重要概念，并阐述避免耦合的设计原则、减少或解除耦合的策略，分析解耦控制系统的设计及应用。

## 4.8.1　解耦控制系统的基本概念

解耦控制系统作为多变量控制系统中的关键概念，旨在解决控制回路之间的相互影响和耦合性问题，以实现精确而稳定的控制。在多变量系统中，尽管各个控制回路似乎独立运行，但实际上各回路之间存在复杂的相互作用。本小节将通过一个精馏过程温度控制工艺流程案例来深入探讨解耦控制系统的基本概念。

图 4-49 给出了具有耦合现象的精馏过程温度控制的工艺流程图，在第 1 章已经介绍了精馏过程的基本原理，并且指明了它是一个具有强耦合性的过程。图 4-49 中设置了两个控制回路，分别是塔顶温度与塔底温度的控制流程。从表面上看，这两个控制回路似乎是独立运行的，各自拥有检测装置、控制器和执行器等部件。然而，深入分析控制过程后，会发现事实恰恰相反。在精馏塔这样的整体系统中，如果塔顶温度偏离了设定值，$T_1C$ 的控制作用将会导致回流量的变化，这不仅会使塔顶温度重新趋向设定值，还会通过热交换的方式影响到塔底温度，从而导致塔底温度出现波动。同样，如果塔底温度偏离了设定值，也会对塔顶温度产生影响，这正是变量之间耦合性的体现。

这种耦合效应表明，控制系统中的各个部件和变量之间的相互影响可能比表面上看起来更复杂。我们需要深入的系统分析和控制策略，以确保在多变量控制系统中实现精确、稳定的控制。因此，对于精馏塔这样的复杂工艺，需要特别注意变量之间的耦合性，以制订适当的解耦控制策略，确保生产过程的稳定性和效率。

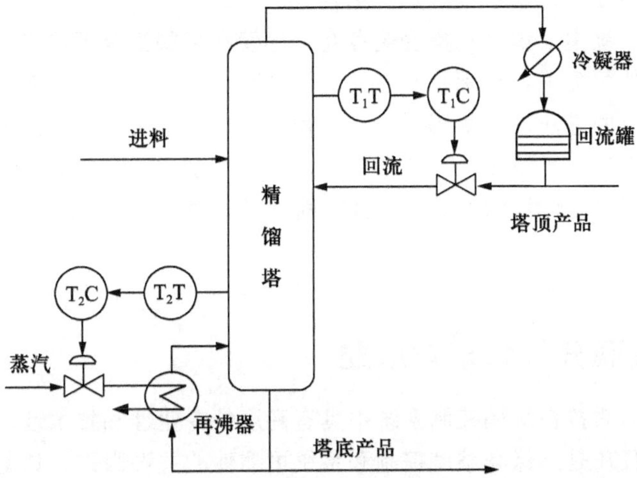


**图 4-49　精馏过程温度控制系统**

为了消除或减小多变量控制回路之间的耦合现象，需要设计一个控制装置，使得多变量控制系统的每个被控变量仅由一个控制变量完全控制，且不同的被控变量由不同的控制变量控制，从而使各被控变量和控制变量的相互耦合消除或大为减小。该设计策略通过将多变量控制系统中相互耦合的变量或控制回路分解为若干个独立的单变量控制系统来实现。这一过程通常称为多变量系统的解耦，涉及应用单回路控制系统的策略来处理各独立变量。解耦控制系统确保每个控制器仅对其相应的被控对象执行独立控制，从而显著提升了系统的控制质量。

在多输入多输出系统中，判断是否存在耦合现象通常通过分析系统的传递函数矩阵来实现。如果这个矩阵不是对角矩阵，那么系统可能存在耦合现象。

将如图 4-49 所示系统的等效传递函数方框图表示于图 4-50 中，广义被控对象的传递函数矩阵描述如下：

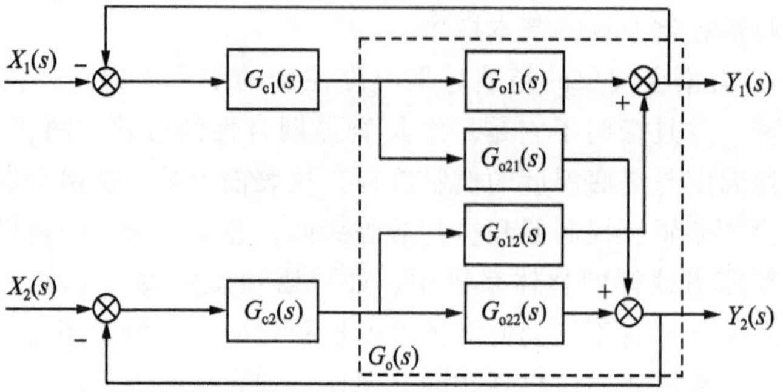


**图 4-50　精馏塔温度控制系统等效传递函数方框图**

$$\boldsymbol{G}_{\mathrm{o}}(s)=\begin{bmatrix} G_{\mathrm{o}11}(s) & G_{\mathrm{o}12}(s) \\ G_{\mathrm{o}21}(s) & G_{\mathrm{o}22}(s) \end{bmatrix} \tag{4-54}$$

可以利用各种建模方法对式(4-54)进行建模与分析，只要 $G_{\mathrm{o}12}(s)$，$G_{\mathrm{o}21}(s)$中有一个不为零，那么所指的多变量控制系统就具有耦合性。

在多变量控制系统中，耦合现象普遍存在，尽管在某些情况下可能表现得相对较弱，可以被忽略，但在其他情况下，特别是在对控制性能要求较高的场合，耦合性可能会显得非常明显，需要采用适当的方法进行解耦，以满足控制要求。解决多变量系统中的耦合问题的常见方法包括前馈补偿法、反馈法、对角矩阵法、相对增益法、特征曲线法等。这些方法允许工程师更好地管理和控制多个输入和输出之间的相互影响，以确保系统稳定性和性能的优化。

## 4.8.2　系统关联分析和相对增益

关联分析和相对增益在解耦控制系统中具有高度的专业性和技术性，不仅提升了系统的效率和稳定性，而且还是确保高精度控制和系统可靠性的关键因素。这些技术的应用体现了控制系统设计中的深度技术理解和先进工程实践。其中，关联分析在系统工程中，特别是在多变量控制系统中的应用，可以深入理解各组件间的动态交互作用。这种分析揭示了系统内部复杂的因果关系和耦合模式，为识别关键控制节点和敏感参数提供了基础，对于实现系统的最优化和提高其鲁棒性至关重要。而相对增益，作为衡量系统内各控制环路相互影响程度的指标，在解耦控制策略的制订中发挥着核心作用。在工程实践中，相对增益矩阵通常被用于评估多变量系统中单个控制回路的变化对其他回路的影响，这是实现精确控制和避免系统过度耦合的关键。尤其是在化工过程控制、航空航天和高精度制造等领域，通过精确计算和分析相对增益，可以显著提升系统性能，降低能耗，确保操作的安全性和可靠性。下面分别介绍关联分析和相对增益的基本概念。

1. 关联分析

关联分析的根本目的是识别和量化系统中各个输入与输出之间的相互作用。在多输入多输出系统中，这些相互作用可能非常复杂，涵盖从直接的物理联系到间接的、通过多个环节传递的影响。在理论基础上，关联分析通常涉及系统动态理解、交互作用量化和敏感性分析三个方面。

(1)系统动态理解

在控制系统的关联分析中，理解系统的动态行为是前提和基础。这一过程要求对系统行为和内在机制有一个深入且准确的理解，特别是在关于系统中各变量之间相互作用和依赖关系的分析方面。以下是对系统动态理解部分的更详细阐述。

①识别系统状态和变量是理解任何动态系统的基础。这包括对描述系统状态的关键变量的准确识别，这些变量可能包括物理量(如温度、压力、速度)和化学量(如浓度、酸碱度)，以及其他形式的量。在识别这些变量之后，需要进一步确定系统的输入和输出变量。输入变量是那些外界施加于系统的变量，如控制信号或环境参数，而输出变量则代表了系统的响应，如产品质量或性能指标。

②构建系统动力学模型是理解系统行为的关键步骤。这可能涉及根据识别的变量建立微分方程模型、差分方程模型或基于特定规则的模型。这些模型有助于描述状态变量随时间的变化规律，并进一步理解系统在各种条件下的表现，包括在稳态和非稳态条件下的行为，以及对外部干扰的反应。

③分析变量之间的相互依赖关系对于理解系统的动态行为至关重要。这涉及识别直接和间接的依赖关系，例如，直接关系可能是加热器温度直接影响其热输出，而间接关系可能更为复杂，如在多阶段化工过程中不同阶段之间的相互影响。

④系统中的反馈循环，无论是正反馈还是负反馈，都对系统的稳定性和动态行为产生显著影响。

⑤参数估计和辨识是动力学模型建立的关键组成部分。这包括使用实验数据拟合模型参数，分析历史数据以确定模型的可靠性。

⑥对模型参数的不确定性进行评估，并通过灵敏度分析确定哪些参数对模型输出有显著影响，对于预测系统行为尤其重要。

⑦系统行为的模拟与验证是确认动力学模型准确性和适用性的关键。这包括使用构建的模型进行模拟实验，并将模拟结果与实际操作数据进行比较，以验证模型的准确性。这一步骤确保了模型能够准确反映系统的真实行为，并且在必要时可以对模型进行调整和优化。

(2)交互作用量化

在系统工程和控制理论中，交互作用量化是一个至关重要的过程，涉及对多输入多输出系统中各输入变量对输出变量的影响进行精确评估。这一过程不仅要求操作人员对系统内部的交互机制有深入的理解，还要求其能够应用复杂的数学和统计分析方法。

①交互作用模型的建立。通过系统辨识和动力学建模，确定系统中各输入与输出之间的

直接和间接交互路径。直接影响路径可能涉及线性或非线性的因果关系，例如，温度变化直接影响化学反应速率；间接影响路径则可能涉及更复杂的多阶段过程模型，例如，温度变化首先影响物料属性，进而影响流体动力学行为。在建立模型时，可能需要采用微分方程模型、状态空间模型或者基于物理原理的仿真模型来精确描述这些路径。

②量化分析方法的应用。量化分析包括灵敏度分析和频域分析。灵敏度分析通常涉及计算模型输出对于各个输入参数的偏导数，从而量化输入变化对输出的影响程度。这要求操作人员对系统的数学模型有深入的理解，并能够处理可能出现的数学复杂性问题。频域分析则涉及使用傅里叶变换等方法来研究输入信号的频率成分如何影响系统的动态响应，这在分析周期性或振荡输入信号对系统的影响时尤为重要。

③间接和非线性效应的考虑。在系统，尤其是那些涉及复杂物理过程或化学反应的系统中，输入与输出之间的关系往往表现为高度非线性。这要求采用非线性系统理论和分析方法，如混沌理论、非线性动力学等，来准确量化这些效应。此外，还需要考虑系统中可能存在的多个输入相互作用的复合效应，以及这些复合效应如何通过系统的间接路径传递。

④交互作用的综合评估。在实际应用中，往往需要考虑多个输入同时变化对系统的综合影响。这需要对系统的整体动态行为有全面的理解，并能够应用多变量统计分析、系统辨识技术等来综合评估多个输入变化的共同效果。

⑤数据驱动的验证和调整。交互作用的量化分析需要通过实际操作数据进行验证。这涉及数据的收集、处理和分析，以及将模型预测的结果与实际观测数据进行比较。基于这些比较结果，可能需要对模型进行调整和优化，以提高其在实际应用中的准确性和适用性。

(3)敏感性分析

敏感性分析在关联分析中发挥着至关重要的作用，其核心目标是评估系统对输入变化的反应程度，以及确定哪些输入变量对输出变量的影响最显著。这一过程的关键步骤和考虑因素涉及多个层面，分析如下。

①明确敏感性分析的目标是关键。这可能包括识别对系统输出影响最显著的输入变量，或评估特定参数变化对系统性能的影响。在这个基础上，需要定义适当的敏感性指标，如偏导数、弹性系数等，这些指标能够量化输入变化对输出的影响程度。

②建立适合的评估模型是进行敏感性分析的基础。模型的选择取决于系统的特性和分析目标，可能选择简单的线性模型，也可能选择复杂的非线性或动态模型。选择合适的模型对于准确评估敏感性至关重要，同时也需要考虑可用数据和分析目的。

③计算和分析敏感性指标是敏感性分析的核心。这涉及对每个输入变量进行定量分析，以确定其对输出变量的敏感性程度。这可以通过直接从数学模型中计算出来，或者通过模拟实验来估计。通过比较这些敏感性指标，可以识别出对系统输出影响最大的输入变量。

④考虑系统的动态特性对于理解敏感性分析的结果同样重要。对于动态系统，时间因素可能会对敏感性分析产生显著影响。例如，某些变量可能在短期内对系统有较大影响，而长期影响可能较小。在某些情况下，进行频域敏感性分析可以揭示系统对周期性输入变化的反应特性。

⑤使用实验数据进行验证是确保敏感性分析准确性的重要环节。这包括设计实验或选择适当的历史数据来验证分析结果。通过对比实验数据和敏感性分析的预测结果，可以检验分析的准确性和可靠性。

⑥应用敏感性分析的结果对于指导系统设计和控制策略的制订至关重要。这些结果可以用于优化关键变量的控制和调节，识别系统的潜在风险点，为处理系统的稳定性和安全性问题提供决策支持。

关联分析在系统工程中是一项集多学科知识和技术于一体的复杂任务，涉及从数据收集、分析到模型建立和验证的多个步骤。

在这一过程中，首先需要进行系统辨识，这涉及使用如最小二乘法、最大似然估计或贝叶斯方法等统计方法来估计模型参数。这些方法可以从实验数据中提取出关于系统动态行为的关键信息。特别是对于非线性系统，可能需要运用更复杂的技术，如神经网络或其他机器学习方法，来准确捕捉系统的非线性特性。

在系统模型建立方面，数学建模软件如 MATLAB、Simulink 和 Python 等提供了强大的功能，不仅可以用于构建和测试系统模型，还可以用于执行复杂的仿真实验。对于那些要求模拟多物理场交互或具有高度复杂动态行为的系统，专业的仿真平台如 ANSYS 和 COMSOL Multiphysics 更是不可或缺的工具。在某些特殊情况下，可能还需要开发定制化的软件来应对特定的分析需求。

此外，进行关联分析还需要运用到各种统计分析和优化工具。统计软件如 R 和 SPSS，以及 Python 中的 Pandas 库和 SciPy 库，非常适于数据处理和结果的统计分析。而用于优化系统性能的工具，如 MATLAB 中的优化工具箱或 Python 中的 SciPy. optimize 模块，可以帮助研究人员找到系统参数和控制策略的最优解。

在数据处理和可视化方面，工具如 Excel、Python 的 Pandas 库用于数据的预处理，包括清洗、筛选和转换。数据和分析结果的可视化对于更好地理解和解释结果至关重要，这时可以使用 Tableau、Power BI、MATLAB 或 Python 中的 Matplotlib 库和 Seaborn 库等。

对于需要实验验证的系统关联分析，实验设计方法如因子分析和响应面法等是不可或缺的，它们可以帮助系统收集数据，以便于建立和验证模型。同时，根据需要，也会使用相应的测试设备和实验设置来进行现场测试，以收集关键数据。

通过这些方法和工具的综合运用，关联分析可以更加准确和高效地完成，为系统的优化和控制提供重要的支持。

2. 相对增益

相对增益是多变量控制系统中用于衡量不同变量之间的耦合强度的关键特征量，表示当一个控制变量的增益增加一单位时，其他受控变量的增益相对于该控制变量的增益变化比率。在多输入多输出系统的控制理论中，相对增益是一个核心概念，用于评估各个控制回路之间的相互影响程度。相对增益的概念源自于控制工程界对于控制系统相互作用的深入理解。数学上，相对增益由相对增益数组来表示。相对增益数组是基于系统的开环增益矩阵计算得出的。先建立系统的开环增益矩阵，这个矩阵描述了系统中每个输入对每个输出的直接影响。再通过将这个矩阵与其逆矩阵的转置相乘来获得相对增益数组。相对增益数组中的每个元素，表示在其他所有输入固定时，单一输入对单一输出的影响程度。相对增益的计算是控制系统设计中评估和优化系统配置的关键步骤。

相对增益数组为多输入多输出系统中不同控制回路之间的相互作用提供了一种量化和直观的评估方法。相对增益数组中的每个元素都有特定含义，其值接近 1 意味着该输入/输出对相对独立，而其值远离 1 则指示存在显著的交互作用。负值或大于 1 的元素通常预示着控制策略中可能出现的问题，如控制回路之间的不良相互作用或系统不稳定性。在控制系统的设计与优化过程中，相对增益数组分析是不可或缺的，它可以帮助工程师确定哪些输入/输出对应该联合控制，哪些输入/输出对可以独立控制。这种分析对于识别系统中的关键变量和控制回路至关重要，尤其在复杂的工业过程控制如化工、炼油或电力系统中。通过分析相对增益数组，可以有效地避免不利的控制配置，从而提高系统的响应性和稳定性。此外，相对增益数组分析在揭示潜在的系统不稳定性和效率问题方面也发挥着关键作用。系统设计师和工程师可以通过优化相对增益数组值来调整控制策略，从而显著提升整个系统的性能和可靠性。这一理论在现代控制工程中被广泛应用，并成为复杂系统分析和优化的基石。

相对增益分析在多变量控制系统的各种工业应用中都发挥着重要作用。以下是一些翔实的应用场景。

(1)化工生产过程的优化

在化工工业中，多变量控制系统的优化对于提高生产效率和产品质量至关重要。以化工反应器为例，这些系统通常需要同时控制多个变量，如反应温度和进料流量。通过相对增益分析，工程师可以识别不同变量之间的耦合关系，这对于指导控制器的设计和调整非常有价值。通过了解相对增益关系，工程师可以采取控制策略，以减少耦合效应，从而提高反应过程的稳定性和最终产品的产出质量。因此，相对增益分析有助于化工生产过程的优化，确保工厂能够以高效、可持续的方式运行。

(2)电力发电厂的热电联产控制

热电联产系统通常涉及多个受控变量，包括电力输出、热水温度和蒸汽压力等。在这种复杂的系统中，相对增益分析发挥着关键作用，因为它有助于确定这些变量之间的耦合程度。通过了解相对增益，运营人员可以更好地协调控制策略，以确保系统能够同时满足电力和热能需求，提高能源利用效率。因此，相对增益分析有助于优化热电联产系统的运行，实现资源的有效利用，从而在能源生产中提高效率并降低成本。

(3)化纤生产中的纤维拉伸控制

在合成纤维生产中，拉伸过程涉及多个关键变量，包括温度、张力和速度等。通过相对增益分析，工程师能够准确评估这些变量之间的相对重要性。这有助于制订更有效的拉伸控制策略，以确保合成纤维的质量和生产效率。相对增益分析为优化生产过程提供了重要的指导，确保了合成纤维的一致性和高品质的输出。这对于纺织工业中的合成纤维生产至关重要，有助于降低废品率并提高生产线的效率。

(4)石油精炼中的蒸馏塔控制

在石油精炼过程中，蒸馏塔是一个复杂的系统，需要同时控制多个关键变量，包括塔顶温度、塔底温度和流量等。相对增益分析的应用可以帮助工程师确定这些变量之间的耦合程度，从而为解耦控制策略的设计提供指导。减少塔顶温度和塔底温度之间的耦合效应，可以提高石油精炼过程的稳定性和产品产出的一致性。这有助于降低生产中的波动性，提高产品质量，并最大限度地利用原材料资源，对于石油精炼工业至关重要。相对增益分析为优化精炼过程提供了有力的工具，确保了石油精炼的高效和可靠。

(5)食品加工中的温度、湿度控制

在食品加工工厂中，同时控制温度和湿度是确保产品质量的关键。通过相对增益分析，工程师可以确定这两个变量之间的相对重要性和耦合程度。这有助于设计更精确的控制系统，以满足食品加工过程的要求。通过优化温度和湿度的控制，工厂可以提高产品的一致性，确保其符合质量标准，从而向大众提供高质量的产品。相对增益分析为食品加工工厂提供了一种有力的工具，以实现精确的生产控制和质量管理。

综上所述，相对增益理论不仅是控制工程学中的一个基本概念，也是现代工业系统设计和分析的重要工具，其应用范围广泛，从基础的工程项目到高度复杂的工业过程控制系统，都体现了其深远的影响和实用价值。通过精确的相对增益数组分析，工程师能够更好地理解和管理复杂系统中的相互作用，从而设计出更高效、更稳定的控制策略。

## 4.8.3　减少或解除耦合的途径

本小节重点介绍避免耦合的三大设计原则，同时介绍了减少或解除耦合的八个策略。通过遵循这些设计原则和采用适当的方法，能够更好地应对多变量控制系统复杂的控制需求，提高系统的效率和性能。

1. 避免耦合的设计原则

在解耦控制系统的设计中，避免耦合是至关重要的，可以显著提高系统的性能和稳定性。避免耦合的设计原则主要包括输入选择原则、输出选择原则和控制器设计原则，它们可以帮助工程师在系统建模和控制器设计过程中避免耦合效应的产生。

(1)输入选择原则

输入选择原则部分旨在最小化输入变量之间的相互影响。这一部分强调了几个关键的设计原则。

①最小冗余原则：避免选择冗余的输入变量。冗余变量是那些提供几乎相同信息的变量，不仅增加了系统的复杂性，还不会显著改善控制性能。

②独立性原则：优先考虑选择彼此独立的输入变量。独立的输入变量之间的关联较低，因此对系统的耦合效应较小。

③主要影响原则：识别那些对系统性能影响较大的输入变量，并将其优先考虑为控制变量。这有助于确保关键性能指标得到有效的控制。

④可测性原则：确保所选择的输入变量可以轻松地进行测量或估计。不可测的输入变量会增加控制系统的难度。

⑤不受外部扰动的原则：选择那些不容易受到外部环境变化或扰动影响的输入变量。这可以提高系统的稳定性。

遵循这些输入选择原则有助于设计一个有效的解耦控制系统，最大限度地减少输入之间的相互影响，从而提高系统的性能和可控性。输入选择是解耦控制系统设计的重要步骤，对于不同的应用和系统，可能需要根据具体情况调整这些原则。

(2)输出选择原则

输出选择原则部分强调了在解耦控制系统设计中的关键性，其目标是指导工程师选择适当的输出变量以最小化输出之间的相互影响。这一部分包括几个重要的设计原则。

①关键性能原则：选择那些对于实现系统关键性能至关重要的输出变量。这可以确保控制系统的目标是有效的。

②可观测性原则：确保所选择的输出变量是可观测的，即可以通过测量获得。不可观测的输出会导致控制问题。

③独立性原则：类似于输入的独立性原则，选择彼此独立的输出变量，以减少输出之间的耦合。

通过遵循这些原则，可以更好地理解如何在系统建模和控制器设计中选择合适的输出，从而提高解耦控制系统的性能、稳定性和可控性。这些原则不仅适用于多输入多输出系统，还有助于减少系统中输出变量之间的耦合效应，为工程师提供了有力的指导原则。

(3)控制器设计原则

控制器设计原则部分涵盖了解耦控制系统开发中的关键方面，旨在指导如何设计有效的控制器以降低输入和输出之间的耦合效应。这一部分强调的几个重要原则如下。

①分离控制原则：将多个控制任务分开处理，每个任务独立设计控制器。这样可以避免不同任务之间的干扰。

②鲁棒控制原则：设计鲁棒控制器，能够应对系统模型的不确定性和外部扰动。这有助于减小系统耦合效应对控制性能的影响。

③自适应控制原则：考虑使用自适应控制方法，使控制器能够自动调整以适应系统的变化，从而减小耦合效应的影响。

通过遵循这些设计原则，能够更好地掌握解耦控制系统的设计，提高系统的性能和稳定性，以应对不同应用中的多输入多输出控制问题。

2. 减少或解除耦合的策略

处理多输入多输出系统中的耦合问题，有多种方法可供选择。以下是一些详细的策略，它们可以帮助减少或解除系统中的耦合效应，以提高系统的性能和控制质量。

(1)频域分析和设计

频域分析和设计是一种重要的方法，用于处理多输入多输出系统的耦合问题。通过分析系统在频域中的特性，如频率响应、相位响应和振荡频率，可以更好地理解系统的频域行为，以及输入和输出之间的相互关系。在频域设计中，可以采用控制器设计技术，如频域设计、奈奎斯特控制和波束图分析，来调整系统的频率响应，以减少耦合效应并实现所需的控制性能。这些工具和方法允许工程师从频域角度来考虑多输入多输出系统，从而更好地处理系统内的耦合问题，改善控制系统的稳定性和性能。

(2)因果控制策略

因果控制策略是处理多输入多输出系统耦合问题的一项关键策略，强调只使用当前和过去的输入、输出数据来计算控制输入，而不考虑未来的信息。这种方法有助于减小时间延迟和输入输出之间的相互影响，提高控制系统的鲁棒性。因果控制策略特别适用于实时控制应用，因为可以减少系统响应的滞后性，从而更好地应对快速变化的控制要求。

(3)系统分析工具

系统分析工具在处理多输入多输出系统的耦合问题时是非常有用的。这些工具包括模型预测控制和控制向量化等。它们允许工程师更全面地考虑系统中输入和输出之间的相互关系。通过这些工具，工程师可以更好地建模和分析系统的行为，以预测和控制多输入多输出系统的响应。它们还允许在不同的控制目标之间进行权衡，并提供高级控制策略，以应对系统内的耦合效应。这些工具在复杂多输入多输出系统的控制中发挥着关键作用，提高了控制性能和稳定性的可实现性。

(4)模型不确定性处理

模型不确定性处理是解决多输入多输出系统中的耦合问题的重要策略之一。它考虑了系统模型的不确定性，包括参数变化和外部扰动，以确保控制器在不确定环境下仍然能够保持系统的性能和稳定性。鲁棒控制方法，例如 $H_\infty$ 控制和 $\mu$ 合成控制，采用专门设计来处理模型不确定性，从而减小了耦合效应对系统的影响。模型不确定性处理允许工程师更好地应对多输入多输出系统中的现实不确定性，确保控制器能够在不同工作条件下保持系统的稳定性和性能。

(5)动态矩阵控制

动态矩阵控制是一种处理多输入多输出系统中耦合问题的有效方法，建立在系统的状态空间模型基础上，通过设计状态反馈控制器，考虑输入和输出之间的动态关系。这种方法通过调整状态反馈矩阵，可以实现解耦控制，降低输入和输出之间的相互影响。动态矩阵控制在多输入多输出系统的控制中具有广泛的应用。它提供了一种强大的工具，可以通过综合考虑系统的状态来改善控制性能，减少耦合效应的影响。这种方法特别适用于那些需要高精度和快速响应的控制应用。

(6)状态空间方法

状态空间方法是处理多输入多输出系统中耦合问题的一种重要方法。它通过将系统建模为状态方程，允许工程师更好地理解系统的动态行为和输入输出之间的关系。在状态空间表示中，可以设计状态反馈控制器来实现解耦控制，通过控制系统的状态来调整控制输入，从而减少输入和输出之间的耦合效应。这种方法特别适用于多输入多输出系统的高级控制策略，可以提高控制性能和系统的稳定性。

(7)故障检测与容错控制

故障检测与容错控制是处理多输入多输出系统中的耦合问题的一种关键策略。这种方法强调在控制系统中引入故障检测器，从而在检测到系统组件发生故障或出现异常时自动切换到备用控制策略。这可以帮助维持系统的稳定性和性能，即使在存在耦合效应的情况下也可以保持控制的可靠性。故障检测与容错控制方法通常包括设计容错控制器、开发故障检测算法以及制订切换策略，以确保系统在发生故障时能够适应和应对，从而减少耦合效应的负面影响。这些方法在需要高可用性和可靠性的系统中具有广泛的应用，如飞行控制系统和工业自动化系统。

(8)多目标优化

多目标优化是一种处理多输入多输出系统中耦合问题的方法。它允许工程师在多个性能指标之间进行权衡和平衡，而不是仅仅追求单一性能指标的最优化。这种方法考虑了多个控制目标，如系统的响应速度、稳定性和抗干扰能力，然后通过设计控制器来优化这些目标之间的平衡关系。多目标优化通常使用数学优化技术，如多目标遗传算法、多目标粒子群优化算法等，以找到控制策略的最佳平衡点，从而提高多输入多输出系统的性能和稳定性。这种方法特别适用于那些需要在多个性能指标之间取得平衡的控制应用，如自动驾驶系统和工业生产过程中的多变量控制。

总的来说，针对多输入多输出系统中的耦合问题，有多种有效的策略可供选择。通过综合应用这些策略，工程师可以更好地处理复杂系统中的耦合效应，提高控制系统的性能、稳定性和可靠性。

## 4.8.4　解耦控制系统的设计及应用

解耦控制设计的核心目标是减少或解除控制回路或系统变量之间的耦合效应，以提高系统的控制性能。本小节详细介绍几种常用的解耦控制方法，包括根据不变性原理得到的前馈补偿法、可实现完全解耦的反馈法以及通过调整控制策略使传递函数矩阵变为对角矩阵的对角矩阵法等。

1. 前馈补偿解耦法

前馈补偿解耦法是根据不变性原理设计一个解耦网络，从而解除控制系统各变量之间的耦合性。图4-51给出了一个两输入-两输出耦合系统利用前馈补偿法进行解耦的系统原理方框图，图中的 $G_{jc1}(s)$，$G_{jc2}(s)$ 是前馈解耦补偿器的传递函数，这里选择控制误差作为输入量。

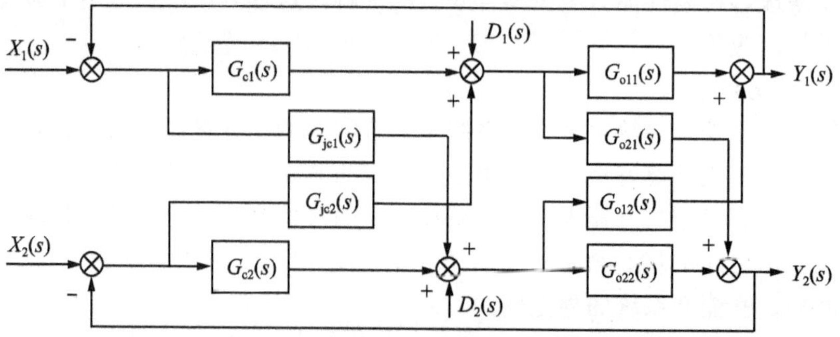


**图 4-51　前馈补偿解耦系统方框图**

根据不变性原理来实现设定值 $X_1(s)$，$X_2(s)$ 和输出量 $Y_1(s)$，$Y_2(s)$ 之间的解耦，由信号联络关系，令

$$\begin{cases} X_1(s)G_{jc1}(s)G_{o22}(s)+X_1(s)G_{c1}(s)G_{o21}(s)=0 \\ X_2(s)G_{jc2}(s)G_{o11}(s)+X_2(s)G_{c2}(s)G_{o12}(s)=0 \end{cases} \tag{4-55}$$

得到前馈解耦补偿器 $G_{jc1}(s)$，$G_{jc2}(s)$ 的传递函数

$$\begin{cases} G_{jc1}(s)=-\dfrac{G_{c1}(s)G_{o21}(s)}{G_{o22}(s)} \\ G_{jc2}(s)=-\dfrac{G_{c2}(s)G_{o12}(s)}{G_{o11}(s)} \end{cases} \tag{4-56}$$

如果要对扰动量 $D_1(s)$ 和 $D_2(s)$ 进行解耦，同样根据不变性原理可以得到

$$\begin{cases} D_1(s)G_{o21}(s)+D_1(s)G_{o11}(s)G_{jc1}(s)G_{o22}(s)=0 \\ D_2(s)G_{o12}(s)+D_2(s)G_{o22}(s)G_{jc2}(s)G_{o11}(s)=0 \end{cases} \tag{4-57}$$

得到前馈解耦补偿器 $G_{jc1}(s)$，$G_{jc2}(s)$ 的传递函数

$$\begin{cases} G_{jc1}(s)=-\dfrac{G_{o21}(s)}{G_{o11}(s)G_{o22}(s)} \\ G_{jc2}(s)=-\dfrac{G_{o12}(s)}{G_{o11}(s)G_{o22}(s)} \end{cases} \tag{4-58}$$

比较式(4-56)和式(4-58)，不难看出，若对扰动量实现前馈补偿完全解耦，则设定值与输出量之间的耦合关系就不能实现完全解耦，反之亦然。因此，可以得到结论：前馈补偿解耦可以有效地处理扰动量与输出量之间的耦合，但通常难以同时实现设定值和扰动量对输出量的完全解耦。前馈补偿解耦是解决扰动影响的有效手段，但对于设定值的解耦可能需要结合其他方法来实现。

2. 反馈解耦法

将解耦控制器设计在反馈通道，则可以构成如图 4-52 所示的反馈解耦控制系统方框图，图中的 $G_{jc1}(s)$，$G_{jc2}(s)$是反馈解耦控制器的传递函数，其输入量为被控变量的反馈值。

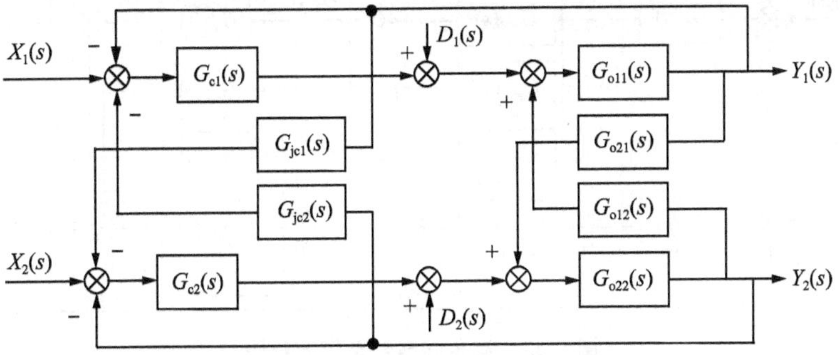


图 4-52　反馈补偿解耦系统方框图

如果要对输出量 $Y_1(s)$和 $Y_2(s)$之间的耦合关系实现解耦，则有

$$\begin{cases} Y_1(s)G_{o21}(s)-Y_1(s)G_{jc1}(s)G_{c2}(s)=0 \\ Y_2(s)G_{o12}(s)-Y_2(s)G_{jc2}(s)G_{c1}(s)=0 \end{cases} \tag{4-59}$$

从而得到反馈解耦控制器的传递函数

$$\begin{cases} G_{jc1}(s)=\dfrac{G_{o21}(s)}{G_{c2}(s)} \\ G_{jc2}(s)=\dfrac{G_{o12}(s)}{G_{c1}(s)} \end{cases} \tag{4-60}$$

按照式(4-60)设计解耦控制器后，系统的输出为

$$\begin{cases} Y_1(s)=\dfrac{D_1(s)G_{o11}(s)+X_1(s)G_{c1}(s)G_{o11}(s)}{1+G_{c1}(s)G_{o11}(s)} \\ Y_2(s)=\dfrac{D_2(s)G_{o22}(s)+X_2(s)G_{c2}(s)G_{o22}(s)}{1+G_{c2}(s)G_{o22}(s)} \end{cases} \tag{4-61}$$

可见，系统的输出通过反馈解耦后，设定值 $X_1(s)$，$X_2(s)$和输出量 $Y_1(s)$，$Y_2(s)$之间，扰动量 $D_1(s)$，$D_2(s)$和输出量 $Y_1(s)$，$Y_2(s)$之间的耦合关系消失了。所以反馈解耦可

实现完全解耦，弥补了前馈补偿解耦的不足，是解决多变量系统耦合现象的一种有效方法。通过反馈解耦，系统可以根据实际输出值来动态调整控制信号，以抵消耦合效应，从而更精确地控制各个被控变量，实现系统性能的最优化。这种方法在处理复杂的多变量控制系统中特别有用，能够提高系统的稳定性和精度，确保各个变量能够独立且准确地被控制。

3. 对角矩阵解耦法

对角矩阵解耦法的设计目标是使广义被控对象的传递函数矩阵转变为对角矩阵，从而使得多变量耦合系统演变为互相独立的单回路控制系统。图 4-53 给出了一个两输入-两输出对角矩阵解耦系统方框图。具体设计要求就是设计一个解耦环节 $\boldsymbol{G}_{jc}(s)$，使得 $\boldsymbol{G}_{jc}(s)$ 与被控对象的传递函数矩阵 $\boldsymbol{G}_{o}(s)$ 的乘积成为一个对角矩阵，以此来消除两个被控过程之间的耦合现象。这里选择控制量 $U_{c1}(s)$ 和 $U_{c2}(s)$ 作为 $\boldsymbol{G}_{jc}(s)$ 的输入量。

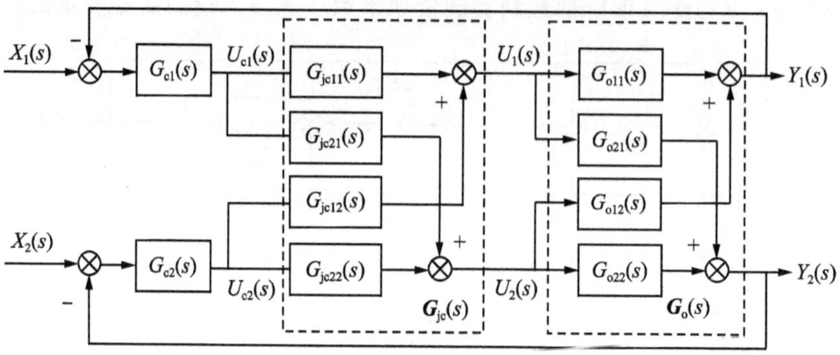


**图 4-53　对角阵解耦系统方框图**

根据对角矩阵解耦设计的要求，可得到下面的矩阵方程：

$$\begin{bmatrix} G_{o11}(s) & G_{o12}(s) \\ G_{o21}(s) & G_{o22}(s) \end{bmatrix} \begin{bmatrix} G_{jc11}(s) & G_{jc12}(s) \\ G_{jc21}(s) & G_{jc22}(s) \end{bmatrix} = \begin{bmatrix} G_{o11}(s) & 0 \\ 0 & G_{o22}(s) \end{bmatrix} \tag{4-62}$$

假设被控对象的传递函数阵 $\boldsymbol{G}_{o}(s)$ 为可逆矩阵，即 $|\boldsymbol{G}_{o}(s)| \neq 0$，根据式(4-62)可计算出解耦环节的数学模型，即

$$\begin{aligned} \boldsymbol{G}_{jc}(s) &= \begin{bmatrix} G_{jc11}(s) & G_{jc12}(s) \\ G_{jc21}(s) & G_{jc22}(s) \end{bmatrix} = \begin{bmatrix} G_{o11}(s) & G_{o12}(s) \\ G_{o21}(s) & G_{o22}(s) \end{bmatrix}^{-1} \begin{bmatrix} G_{o11}(s) & 0 \\ 0 & G_{o22}(s) \end{bmatrix} \\ &= |\boldsymbol{G}_{o}(s)| \begin{bmatrix} G_{o22}(s) & -G_{o12}(s) \\ -G_{o21}(s) & G_{o11}(s) \end{bmatrix} \begin{bmatrix} G_{o11}(s) & 0 \\ 0 & G_{o22}(s) \end{bmatrix} \\ &= |\boldsymbol{G}_{o}(s)| \begin{bmatrix} G_{o11}(s)G_{o22}(s) & -G_{o12}(s)G_{o22}(s) \\ -G_{o11}(s)G_{o21}(s) & G_{o11}(s)G_{o22}(s) \end{bmatrix} \end{aligned} \tag{4-63}$$

得到解耦环节的数学模型后，原先表现出耦合关系的双变量控制系统就等效为两个不存在耦合关系的独立控制回路，即被控对象的输出与输入变量之间满足了如下条件：

$$\begin{bmatrix} Y_1(s) \\ Y_2(s) \end{bmatrix} = \begin{bmatrix} G_{o11}(s) & 0 \\ 0 & G_{o22}(s) \end{bmatrix} \begin{bmatrix} U_{c1}(s) \\ U_{c2}(s) \end{bmatrix} \tag{4-64}$$

可以根据式(4-63)来证明控制量$U_{c1}(s)$和$U_{c2}(s)$分别对被控变量$Y_2(s)$和$Y_1(s)$不会产生影响。写出$Y_2(s)$的表达式：

$$Y_2(s)=U_{c1}(s)[G_{jc11}(s)G_{o21}(s)+G_{jc21}(s)G_{o22}(s)] \tag{4-65}$$

将式(4-63)中的$G_{jc11}(s)$和$G_{jc21}(s)$代入上式，最后可得到$Y_2(s)=0$，这就说明了控制量$U_{c1}(s)$与被控变量$Y_2(s)$之间的耦合关系已经被消除，即$U_{c1}(s)$对$Y_2(s)$没有影响；同理可证明控制量$U_{c2}(s)$与被控变量$Y_1(s)$之间的耦合关系也被消除。

对于多变量系统，通过矩阵运算方法求得解耦环节的数学模型是可行的，但随着变量维数的增加，实际解耦环节的实现将变得越来越复杂和困难。这是因为随着变量的增多，系统的复杂性增加，涉及更多的控制环节和相互关联的变量。

4. 单位矩阵解耦法

单位阵解耦法是对角矩阵解耦法的一个特例，具体设计要求就是设计一个解耦环节$\boldsymbol{G}_{jc}(s)$，使得$\boldsymbol{G}_{jc}(s)$与被控对象的传递函数矩阵$\boldsymbol{G}_{o}(s)$的乘积成为一个单位矩阵，即式(4-62)变化为如下形式：

$$\begin{bmatrix} G_{o11}(s) & G_{o12}(s) \\ G_{o21}(s) & G_{o22}(s) \end{bmatrix}\begin{bmatrix} G_{jc11}(s) & G_{jc12}(s) \\ G_{jc21}(s) & G_{jc22}(s) \end{bmatrix}=\begin{bmatrix} 1 & 0 \\ 0 & 1 \end{bmatrix} \tag{4-66}$$

在这种情况下，被控对象的输出与输入变量之间满足的关系是

$$\begin{bmatrix} Y_1(s) \\ Y_2(s) \end{bmatrix}=\begin{bmatrix} 1 & 0 \\ 0 & 1 \end{bmatrix}\begin{bmatrix} U_{c1}(s) \\ U_{c2}(s) \end{bmatrix} \tag{4-67}$$

沿用对角矩阵解耦设计法的推导过程，最后可以得到解耦环节的数学模型，即

$$\boldsymbol{G}_{jc}(s)=\begin{bmatrix} G_{jc11}(s) & G_{jc12}(s) \\ G_{jc21}(s) & G_{jc22}(s) \end{bmatrix}=|\boldsymbol{G}_{o}(s)|\begin{bmatrix} G_{o22}(s) & -G_{o12}(s) \\ -G_{o21}(s) & G_{o11}(s) \end{bmatrix} \tag{4-68}$$

同样可以证明控制量$U_{c1}(s)$与被控变量$Y_2(s)$之间、控制量$U_{c2}(s)$与被控变量$Y_1(s)$之间的耦合关系已经消除。

单位矩阵解耦法在设计中有效地消除了控制回路间的耦合，并优化了各控制过程的动态响应，将广义被控过程的传递函数标准化为1。这有助于增强控制系统的稳定性和性能。尽管如此，实际应用中，精确实施单位矩阵解耦通常面临着挑战，特别是在复杂的工程系统中，实现理想的解耦效果往往具有一定的难度。因此，工程师在应用单位矩阵解耦法时需要充分考虑实际情况，并可能需要采取额外的措施来逼近所期望的解耦效果，以达到系统稳定性和性能的要求。这种方法虽然具有挑战性，但在正确的应用和调整下，仍然可以在多变量控制系统中取得显著的改进。

综合上述四种解耦控制的设计方法，可以得出以下结论：反馈解耦法是一种能够实现完全解耦的方法，有效消除多变量系统的耦合现象，提高控制的精确性和稳定性；对角矩阵解耦法和前馈补偿解耦法在解耦效果与控制质量上表现相似，能有效减少耦合现象，提高系统的控制性能；单位矩阵解耦法则在控制质量方面具有明显的优势，能够改善系统的动态指标，实现更好的控制性能。工程师可以根据具体的应用需求和系统特点选择合适的解耦方法，以优化多变量控制系统的性能。

在多变量系统的解耦控制设计过程中，不仅要根据具体过程具体分析采用哪种解耦方法，而且要考虑解耦环节的实现问题，例如，解耦系统的稳定性讨论、简化解耦环节等，对这些知识的进一步学习可以查阅相关文献。值得重点注意的是，设计多变量的解耦控制系统时，首先要确定每个被控参数与控制变量之间的配对问题。当匹配关系比较明显时，凭经验即可确定控制变量与被控参数之间的配对关系，否则，需要通过建模分析，采用相对增益法来评价变量之间的耦合程度。对那些相对增益较大的通道，选择此通道的输入与输出为最佳控制配对，其他相对增益较小的通道就需要采用解耦方法进行设计。另外需要考虑的就是解耦控制系统实现的成本，一般只对重要的耦合对象进行解耦设计，以简化解耦控制系统的实现过程。例如，被控变量响应慢时，就需要对包含此被控变量的有耦合关联的通道进行设计，再者就是对那些控制要求高且有耦合关联的通道进行设计，这体现出了只关注重要耦合对象并节约成本的思想。

# 思考题与习题

4-1　画出串级控制系统的一般性结构原理图，并说明主、副回路各自的组成部件。

4-2　简述串级控制系统的特点。

4-3　举例说明串级控制系统如何克服一、二次干扰。

4-4　试述串级控制系统中主、副回路的设计方法。

4-5　简述串级控制系统选择副变量的原则。

4-6　串级控制系统是怎样抵抗外部干扰的？与单一回路系统相比有何优势？

4-7　串级控制系统的副回路发生故障，对主回路有什么影响？描述可能的故障诊断步骤和故障处理策略。

4-8　假设有一个串级控制系统，其中主控制器是一个温度控制器，副控制器是一个流量控制器。考虑到温度变化通常比流量变化慢，如何调整这两个控制器的响应速度？

4-9　试述串级控制系统中主、副控制器的设计原则。

4-10　试述串级控制系统控制器的参数整定方法。

4-11　简述串级控制系统的适用场合。

4-12　如图4-5所示的管式加热炉温度串级控制系统中，工艺安全要求一旦停电或断气，执行器立即切断燃料气源。试确定：

(1)执行器的作用方式。

(2)温度控制器 $T_1C$ 和 $T_2C$ 的正、反作用方式。

4-13　画出如图4-11所示的以燃料流量为副回路的管式加热炉串级控制系统的方框图。

4-14　对某串级控制系统采用两步整定法确定其控制器参数，在得到4∶1衰减曲线时，记录副控制器的比例度 $\delta_2=20\%$、振荡周期 $T_{c2}=5$ s，主控制器的比例度 $\delta_1=10\%$、振荡周期 $T_{c1}=20$ s。已知主控制器采用PID控制规律，副控制器采用PI控制规律，试求主、副控制器的整定参数。

4-15　简述比值控制系统的结构类型。如何确定其结构类型？

4-16　试述比值控制系统中主、从动量的确定原则。

4-17　试述如何选择单闭环比值控制和双闭环比值控制中的控制规律。

4-18　试述比值控制系统的参数整定方法。

4-19　假设在比值控制系统中控制原料 A 和 B 的流量比。如果原料 A 的供应压力突然下降导致其流量减少，系统应如何响应以维持设定的比值？

4-20　在实际应用中，比值控制系统可能面临哪些挑战？如何应对这些挑战？

4-21　什么是比值控制的非线性特性？比值控制的非线性特性对系统的控制质量有何影响？在工程设计中如何解决？

4-22　以电动Ⅲ型仪表为例，分别写出流量与测量信号之间为线性和非线性关系时的仪表比值系数的换算公式。

4-23　试述前馈控制系统的参数整定方法。

4-24　简述前馈控制系统的结构形式，并说明其适用场合。

4-25　简述静态前馈与动态前馈的区别与联系。

4-26　对比前馈控制系统与反馈控制系统的特点。

4-27　简述一般不单独使用前馈控制方法的理由。

4-28　是否可用普通的 PID 调节器作为前馈控制器？为什么？

4-29　试分析前馈-反馈、前馈-串级复合控制系统的随动特性及抗扰特性。

4-30　如图 4-25 所示的换热器前馈-反馈复合控制系统中，$G_{d}(s)=\dfrac{1}{3s+1}$，$G_{m}(s)=1$，$G_{v}(s)=1$，$G_{o}(s)=\dfrac{3}{8s+1}$，反馈控制器采用 PID 控制规律，试设计前馈控制器 $G_{ff}(s)$，并指明其设计原理，画出单位阶跃干扰输入时的前馈控制器的输出响应。

4-31　设置均匀控制的目的是什么？

4-32　简述均匀控制的特点。

4-33　简述均匀控制系统的结构类型。

4-34　简述均匀控制系统的参数整定方法。

4-35　简述均匀控制系统的设计要求。

4-36　均匀控制系统为何常采用纯比例控制器？

4-37　简述选择性控制系统的分类。

4-38　选择性控制系统中，选择器分为哪几种类型？并简述其确定原则。

4-39　如何确定选择性控制系统的控制规律？

4-40　简述选择性控制系统在工作过程中的积分饱和现象。有哪几种预防方法？

4-41　试述分程控制系统的定义及实现方法。

4-42　试述分程控制系统的分类。

4-43　简述分程控制系统的应用场合。

4-44　简述采样控制系统的原理。

4-45　画出 Smith 预估补偿控制的结构方框图，并简述其工作原理。

4-46　试述解耦控制系统的设计方法。

4-47　设计解耦控制系统时需要重点考虑哪些问题？

4-48 一个具有两输入-两输出耦合系统被控对象的传递函数矩阵是

$$\boldsymbol{G}_{o}(s)=\begin{bmatrix} G_{o11}(s) & G_{o12}(s) \\ G_{o21}(s) & G_{o22}(s) \end{bmatrix}=\begin{bmatrix} \dfrac{1}{4s+1} & \dfrac{0.9}{2s+1} \\ \dfrac{0.6}{2s+1} & \dfrac{1.1}{3s+1} \end{bmatrix}$$

试用前馈补偿解耦法设计，并画出相应的系统方框图。

# 第5章　先进控制方法

本章主要介绍一些先进控制方法，将目前一些发展相对成熟的控制策略作为专题进行讨论。

## 5.1　概述

20世纪60年代初期逐渐发展起来并日趋完善的现代控制理论，在短短几十年中已在航天航空等领域获得卓越的成就。遗憾的是，这些理论和方法在工业生产过程中的应用却受到种种限制，没有收到预期的效果。其原因大致可以归纳为以下几点。

①这类控制必须基于系统的参数模型，但工业过程往往是高维多变量复杂系统，难以用一个简单而精确的数学模型来加以描述，因而给现代控制理论的应用带来极大的困难。

②由于工业过程往往具有非线性、时变性、耦合性和不确定性等特点，即使做了大量简化得到线性定常模型，求解某些高级控制策略，如最优控制，在实施过程中也难以达到预期的效果。

③面对过程、结构、环境和控制均十分复杂的工业大系统，现有的理论和方法远不能适应需要，必须对整个系统的控制、优化、管理决策及其集成化着手开展研究，这将涉及控制理论、系统工程、人工智能、计算机技术和通信及信号处理等多个学科领域，目前尚未形成这类工业大系统过程控制的理论及其相应的实现模式。

因此，在过程控制领域中，虽然已逐步采用了计算机，但就其控制策略而言，占统治地位的仍然是经典PID算法，没有充分发挥计算机的功能来提高过程控制水平。

为了克服控制理论和工业应用之间的脱节现象，需要尽快改造现代控制理论，将其移植到过程控制领域。20世纪70年代以来，人们在建模理论、辨识技术、最优控制、最优化等方面工程化的研究有所加强，开始打破传统方法的束缚，推出了从工业系统特点出发，寻求对模型要求不高、在线计算方便、对过程和环境的不确定性有一定适应能力的实用的控制策略和方法等。例如，本章将要讨论的一些先进控制方法，包括内模控制、自适应控制、预测控制、推理控制和非线性过程控制等。

## 5.2　内模控制

内模控制(internal model control,IMC)是一种基于过程数学模型进行控制器设计的新型控制策略。由于内模控制设计简单、控制性能好，并且在系统分析方面具有优越性，因而它不仅是一种实用的先进控制算法，而且是研究预测控制等基于模型的控制策略的重要理论基础，以及提高常规控制系统设计水平的有力工具。

内模控制作为一种独特的控制系统结构，最早产生于过程控制并得到了成功应用。其设计思路是将对象模型与实际对象相并联，控制器逼近模型的动态逆，对单变量系统而言，内模控制器取为模型最小相位部分的逆，并通过附加低通滤波器以增强系统的鲁棒性。与传统的反馈控制相比，内模控制能够清楚地表明控制参数和闭环响应及鲁棒性的关系，从而兼顾性能和鲁棒性。内模控制的思想可追溯到 1957 年 Smith 提出的时滞补偿器，但作为控制系统设计综合的一般概念是由 Garcia(加西亚)等建立的，在单变量和多变量线性连续系统中得到了研究应用，并推广到离散系统。1982 年，Garcia 和 Morari(莫拉里)给出了线性内模控制设计的完整过程，并从理论上分析了线性内模控制的稳定性和鲁棒性。内模控制的思想也推广到非线性系统，并保留了线性内模控制的诸多优点。

内模控制结构如图 5-1 所示，其中 $G_p$ 为控制对象，$\widetilde{G}_p$ 为模型，$G_{IMC}$ 为内模控制器，$r$，$u$，$y$ 分别为给定输入、控制量和对象输出，$d$ 为外界干扰。虚线框内是整个控制系统的内部结构，可用模拟硬件和计算机软件来实现。该结构中除了有控制器 $G_{IMC}$ 以外，还包含了过程模型 $\widetilde{G}_p$，内模控制因此而得名。一般来说，内模控制系统具有下述三个基本性质。

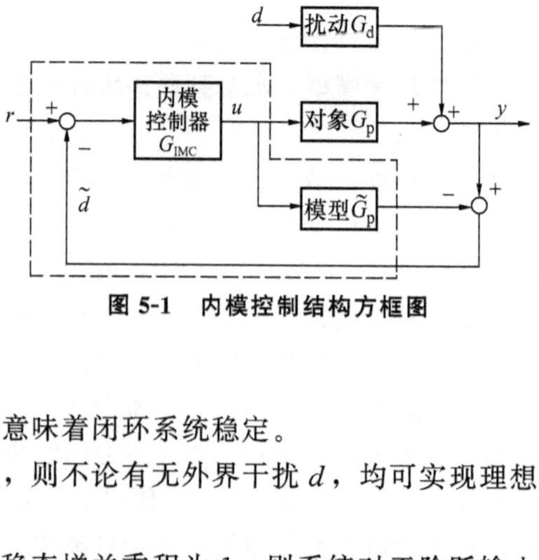


**图 5-1　内模控制结构方框图**

①当模型精确时，对象和控制器同时稳定就意味着闭环系统稳定。

②当闭环系统稳定时，若控制器取为模型逆，则不论有无外界干扰 $d$，均可实现理想控制 $y=r$。

③当闭环系统稳定时，只要控制器和模型的稳态增益乘积为 1，则系统对于阶跃输入及阶跃干扰均不存在输出稳态误差。

这三条性质不仅适用于线性内模控制，也能够推广到非线性内模控制。

通常，在工业过程中简单的 PID 控制可以解决约 90％的控制问题，然而对于强耦合多变量过程、强非线性过程和大滞后过程，常规 PID 控制难以得到满意的控制效果。PID 控制器的各种优化设计方法和参数整定方法已成为解决上述过程控制问题的一种途径。而采用内模控制原理可以提高 PID 控制器的设计水平。与经典 PID 控制相比，内模控制仅有一个整定参数，参数调整与系统动态品质和鲁棒性的关系比较明确。

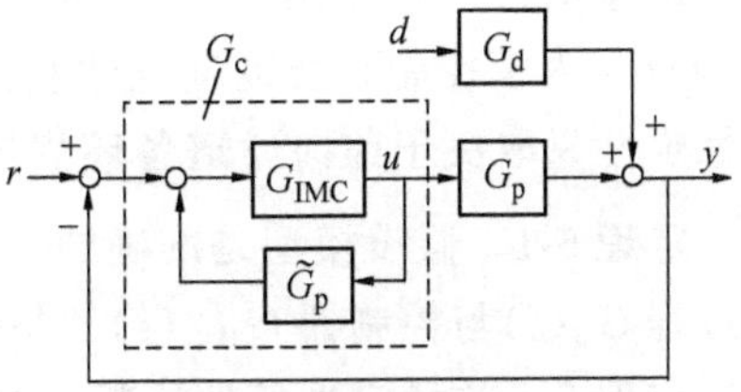

图 5-2　内模控制等价结构

## 5.2.1　内模控制的基本原理

为求取图 5-1 中输入 $r$ 和 $d$ 与过程输入 $y$ 之间的传递函数，可以先将图 5-1 等价变换为如图 5-2 所示的简单反馈控制系统形式。这样，对于图 5-2 中的内环反馈控制器，有

$$G_c(s)=\frac{G_{IMC}(s)}{1-G_{IMC}(s)\tilde{G}_p(s)} \tag{5-1}$$

式(5-1)右边分母出现负项的原因在于 $G_{IMC}(s)$ 的反馈通道是正反馈。类似地，图 5-2 中输入输出关系可以表达为

$$\frac{y(s)}{r(s)}=\frac{G_c(s)G_p(s)}{1+G_c(s)G_p(s)} \tag{5-2}$$

$$\frac{y(s)}{d(s)}=\frac{G_d(s)}{1+G_c(s)G_p(s)} \tag{5-3}$$

将式(5-1)代入式(5-2)和式(5-3)中，整理后得

$$\frac{y(s)}{r(s)}=\frac{G_{IMC}(s)G_p(s)}{1+G_{IMC}(s)[G_p(s)-\tilde{G}_p(s)]} \tag{5-4}$$

$$\frac{y(s)}{d(s)}=\frac{[1-G_{IMC}(s)\tilde{G}_p(s)]G_d(s)}{1+G_{IMC}(s)[G_p(s)-\tilde{G}_p(s)]} \tag{5-5}$$

这样，图 5-2 系统的闭环响应为

$$y(s)=\frac{G_{IMC}(s)G_p(s)r(s)}{1+G_{IMC}(s)[G_p(s)-\tilde{G}_p(s)]}+\frac{[1-G_{IMC}(s)\tilde{G}_p(s)]G_d(s)}{1+G_{IMC}(s)[G_p(s)-\tilde{G}_p(s)]} \tag{5-6}$$

从图 5-1 可知，系统的反馈信号为

$$\tilde{d}(s)=[G_p(s)-\tilde{G}_p(s)]u(s)+G_d(s)d(s) \tag{5-7}$$

如果模型准确，即 $\tilde{G}_p(s)=G_p(s)$，且没有外界扰动，即 $d(s)=0$，则模型的输入 $\tilde{y}$ 与过程的输出 $y$ 相等，此时反馈信号为零。这样，在模型不确定性和无未知输入的条件下，内模控制系统具有开环结构。这就清楚地表明，对开环稳定的过程而言，反馈的目的是克服过程的不确定性。也就是说，如果过程和过程输入都完全清楚，只需要前馈(开环)控制，不需要反馈(闭环)控制。事实上，在工业过程控制中，克服扰动是控制系统的主要任务，而模型不确定性也是难免的。此时，在图 5-1 所示的内模控制结构中，反馈信号 $\tilde{d}(s)$就反映了过程模型的不确定性和扰动的影响，从而构成了闭环控制结构。

内模控制一般存在如下性质。

1. 对偶稳定性

为了研究内模控制系统的内部稳定性，需要先计算出所有可能的系统输入与系统输出之间的传递函数。对于图 5-1，在模型准确时，由式(5-4)和式(5-5)可知，闭环系统的输出 $y(s)$只与内模控制系统前向通道传递函数有关。因此，当模型匹配时，内模控制系统的闭环稳定性只取决于前向通道各环节自身的开环稳定性。

**定理 5-1**　假设模型是准确的，即 $\widetilde{G}_p(s)=G_p(s)$，则内模控制系统内部稳定的充要条件是过程 $G_p(s)$与控制器 $G_{IMC}(s)$都是稳定的。

定理 5-1 的稳定性条件比起经典控制理论中常用的代数稳定判据、根轨迹判据和频率特性等稳定性分析方法要简单得多。即便在控制器输出有约束(限幅)的情况下，该稳定性条件仍然成立。

根据定理 5-1，若过程 $G_p(s)$是开环不稳定的，则在使用内模控制之前，应先采用简单的反馈控制规律使之镇定。对于简单的积分过程，可以直接采用内模控制。与内模控制相比，传统的反馈控制结构在如何选择控制器类型和控制器参数以保证闭环系统的稳定性等问题上显得不够清晰。

2. 理想控制器特性

当过程 $G_p(s)$稳定且模型准确，即 $\widetilde{G}_p(s)=G_p(s)$时，若设计控制器使之满足

$$G_{IMC}(s)=\widetilde{G}_p^{-1}(s) \tag{5-8}$$

且模型的逆 $\widetilde{G}_p^{-1}(s)$存在并可以实现时，由式(5-6)可得

$$y(s)=\begin{cases} r(s) & \text{设定值扰动下} \\ 0 & \text{外界干扰扰动下} \end{cases} \tag{5-9}$$

式(5-9)表明：在所有时间内和任何干扰 $d(s)$作用下，系统输出都等于输入设定值，即 $y(s)=r(s)$。这意味着系统对于任何干扰 $d(s)$都能加以克服，因而能实现对参考输入的无误差跟踪。

应当指出的是，理想控制器特性是在 $\widetilde{G}_p^{-1}(s)$存在且控制器可以实现的条件下得到的。然而，由于对象中常见的时滞和惯性环节，$\widetilde{G}_p^{-1}(s)$中将出现纯超前和纯微分环节，因此，理想控制器很难实现。此外，对于具有反向特性，即包含不稳定零点的过程，$\widetilde{G}_p^{-1}(s)$中甚至含有不稳定极点。总之，当被控对象为一非最小相位过程时，不能直接采用上述理想控制器的设计方法，而应将对象模型进行分解，然后再利用分解出的含有稳定零点和稳定极点的部分设计控制器和滤波器。

3. 零稳态误差特性

(1)类型Ⅰ系统

如图 5-2 所示，若闭环系统稳定，即使模型与过程失配，即 $\widetilde{G}_p(s)\neq G_p(s)$，只要控制器设计满足 $G_{IMC}(0)=\widetilde{G}_p^{-1}(0)$，即控制器的稳态增益等于模型稳态增益的倒数，此系数就属于类型Ⅰ，且对于阶跃输入和常值干扰均不存在稳态误差。由图 5-1 可知

$$E(s)=r(s)-y(s)=\frac{[1-G_{IMC}(s)\widetilde{G}_p(s)]}{1+G_{IMC}(s)[G_p(s)-\widetilde{G}_p(s)]}[r(s)-d(s)] \tag{5-10}$$

显然，若 $G_{IMC}(0)=\widetilde{G}_p^{-1}(0)$，则对于阶跃输入和扰动，由终值定理可知，稳态误差 $e(\infty)$

为零。

(2)类型Ⅱ系统

若图 5-2 所示的闭环系统稳定，即使模型与对象失配，即 $\widetilde{G}_{\mathrm{p}}(s)\neq G_{\mathrm{p}}(s)$，只要选择 $G_{\mathrm{IMC}}(s)$使之满足 $G_{\mathrm{IMC}}(0)=\widetilde{G}_{\mathrm{p}}^{-1}(0)$，且$\frac{\mathrm{d}}{\mathrm{d}s}[\widetilde{G}_{\mathrm{p}}(s)G_{\mathrm{IMC}}(s)]|_{s=0}=0$，则系统属于类型Ⅱ。该系统对于所有斜坡输入和干扰均不存在稳态误差。这一性质也可由终值定理得到。

内模控制系统的这一零稳态误差特性表明：内模控制系统本身具有误差积分作用，不需要在内模控制器设计时引入积分环节。

## 5.2.2　内模控制的建模方法

由于内模控制是一种基于模型逆的控制方法，因此模型的建立是内模控制设计的前提。本小节主要讨论非线性内模控制中几种常见的建模方法。

1. 传统数学模型

传统数学模型在内模控制中应用相当广泛，特别是以传递函数表示的输入输出模型几乎统治了线性内模控制的研究。在非线性内模控制中，Henson(亨森)等研究了微分方程描述的仿射非线性对象和模型，Kendi(肯迪)等采用可因式分解的非线性算子研究了存在可测干扰和输入饱和的仿射非线性系统。传统数学模型可逆性容易判断，模型可逆时能解析获得模型的逆，能够深入分析闭环系统的稳定性和鲁棒性，但是很多复杂非线性对象是难以用数学模型表示的。

2. 神经网络模型

神经网络内模控制方法充分利用了神经网络强大的函数逼近能力，在一定程度上克服了非线性系统难以建模的困难，受到了人们的青睐。神经网络内模控制一般采用以下两种方法：两个神经网络分别逼近模型和模型的逆；采用神经网络逼近模型，然后用非线性优化方法数值求取控制量。这两种方法固然可以获得较高精度的模型，但是模型逆的精度却往往得不到保证，这是因为获得的神经网络模型可能是不可逆的。根据内模控制的性质可知，当控制器偏离模型的逆使得控制器和模型的稳态增益乘积不等于 1 时，控制系统的跟踪阶跃输入会出现稳态误差，因此基于神经网络的内模控制需要解决以下理论问题：对于以网络拓扑结构表示的神经网络模型，如何判断其可逆性？如果可逆，求逆的过程能否保证收敛？能否求出一个高精度的模型逆？由此可见，非线性内模控制中模型可逆性的问题远比线性内模控制中的复杂。神经网络模型求逆的问题已经有一些数值算法，但是目前还缺乏严格的理论依据，因而在一定程度上限制了神经网络内模控制的应用。

由于模型逆的精度对内模控制效果的影响远大于模型精度所产生的影响，因此通过适当牺牲模型精度以确保模型可逆，并求得高精度的模型逆就成为解决非线性内模控制的一条可行之路。仿射模型由于具有模型逆可以解析获得的优点，从而逐渐吸引了研究者的注意。其中：采用仿射形式的霍普菲尔德神经网络(Hopfield neural network)来逼近对象的方法，可利用该网络的稳定性定理判断模型和模型逆的稳定性；而基于双层 BP 神经网络(back propagation neural network)组成的仿射模型，提出针对非线性离散时滞系统的神经网络内模控制器的设计。然而，这些方法对一般非线性系统的建模精度不高，比较适用于仿射非线性对象。

3. 模糊系统模型

与神经网络相比，模糊系统的非线性函数逼近能力较晚为人们所认识，模糊模型最初应用于内模控制中所起的作用类似于神经网络输入输出模型，因而也无法避免模型求逆的困难。但在 Abonyi(奥博尼)和 Edgar(埃德加)等的努力下，模糊模型求逆获得了较好的结果。Abonyi 针对一类特殊的两输入一输出模糊系统提出了一种解析求逆的方法，并将结论推广到多输入单输出模型。Edgar 提出一种特殊的模糊模型，其建模过程可以保证模型总是可逆的，并能够在每个采样时间内获得精确的模型逆。另外，Fink(芬克)指出由于模糊系统建模过程是采用一系列线性模型加权平均来逼近非线性对象，因而模型求逆可以用局部线性模型求逆的加权平均来解析获得，这使得求逆过程的计算量大大减少。模糊神经网络结合了神经网络和模糊逻辑二者的优点，具有自学习和利用知识的能力，在一定情况下还可以解析获得模型逆，因此作为内模控制建模工具的研究潜力很大。

4. Volterra(沃尔泰拉)级数模型

Volterra 级数模型是一种重要的非线性系统模型，可以描述一大类工业对象。作为一种非参数模型，它可以通过系统输入输出数据直接辨识得到，而不需要复杂的结构辨识过程。不过从模型辨识的角度看，Volterra 级数需要相当多的被估计参数才能取得满意的精度，这在很大程度上限制了这种方法的应用。

## 5.2.3 内模控制器的设计

以一阶惯性环节加纯滞后过程为例，简单介绍内模控制器的设计过程。设被控对象的传递函数为

$$G_p(s)=\frac{K}{Ts+1}e^{-\tau s} \tag{5-11}$$

将纯滞后环节用一阶泰勒级数展开后，取被控对象的内模：

$$\widetilde{G}_p(s)=\frac{K(1-\tau s)}{Ts+1} \tag{5-12}$$

则实现完全控制的反馈控制器为

$$G_c(s)=\frac{1}{\widetilde{G}_p(s)}G_f(s) \tag{5-13}$$

其中，$G_f(s)$是为了使控制功能稳定和物理上可实现而引入的因子。当采用一阶滤波器时，得

$$G_c(s)=\frac{1}{\widetilde{G}_p(s)}G_f(s)=\frac{Ts+1}{K(\lambda s+1)} \tag{5-14}$$

$$G_{IMC}(s)=\frac{G_c(s)}{1-G_c(s)\widetilde{G}_p(s)}=\frac{T}{K(\lambda+\tau)}\left(1+\frac{1}{Ts}\right) \tag{5-15}$$

当采用二阶滤波器时，得

$$G_c(s)=\frac{Ts+1}{K(\lambda s+1)^2} \tag{5-16}$$

$$G_{IMC}(s)=\frac{G_c(s)}{1-G_c(s)\widetilde{G}_p(s)}=\frac{T}{K(2\lambda+\tau)\left(\frac{\lambda^2}{2\lambda+\tau}s+1\right)}\left(1+\frac{1}{Ts}\right) \tag{5-17}$$

在以上的控制器中 $\lambda$ 可调。为提高系统的鲁棒性，可引入反馈滤波，即在反馈回路中加入滤波器。加入滤波器以后，系统的特征方程发生改变，对于给定的模型与对象的失配，可以通过选择滤波器使系统闭环稳定。假如被研究的对象是具有纯滞后的系统，其中非滞后部分为最小相位系统，如果作为对象的内模有一个单位延时未被考虑，则可以引入稳定的指数滤波器来改善系统的鲁棒性和稳定性。

仿真示例如下：

设一广义对象的传递函数为

$$G_p(s)=\frac{2}{4s+1}e^{-4s} \tag{5-18}$$

如果控制器采用 PID 控制，设定控制所用 PID 控制器的传递函数为

$$G_c(s)=\frac{7s^2+4.3s+0.1}{0.9s^2+6.1s} \tag{5-19}$$

对系统 PID 控制的阶跃响应用 MATLAB 进行仿真，得到的单位阶跃响应如图 5-3 所示，其性能指标为 $\sigma=35\%$，$t_s=18.9$ s。

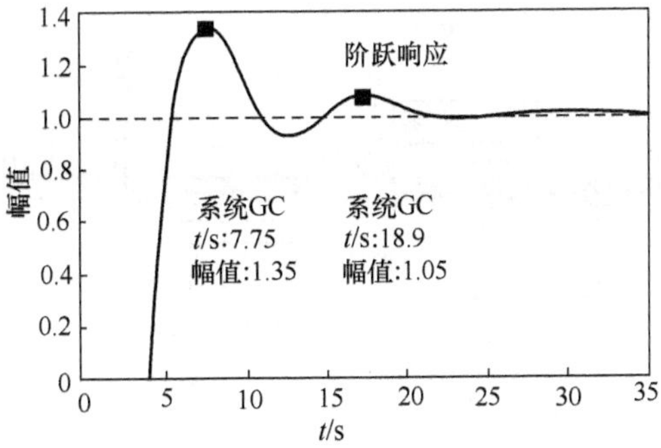


**图 5-3　PID 控制的阶跃响应曲线**

采用内模控制，控制器取一阶滤波，设 $\lambda=2.5$，$G_c(s)$取式(5-14)，其单位阶跃响应如图 5-4 所示，此时性能指标为 $\sigma=13\%$，$t_s=20.6$ s。

如果内模控制的控制器采用二阶滤波，$G_c(s)$取式(5-16)，其控制的阶跃响应如图 5-5 所示，此时，系统超调量为 0，控制时间 $t_s=26$ s。由仿真结果可见，内模控制可以显著减小系统振荡，获得良好的动态性能。

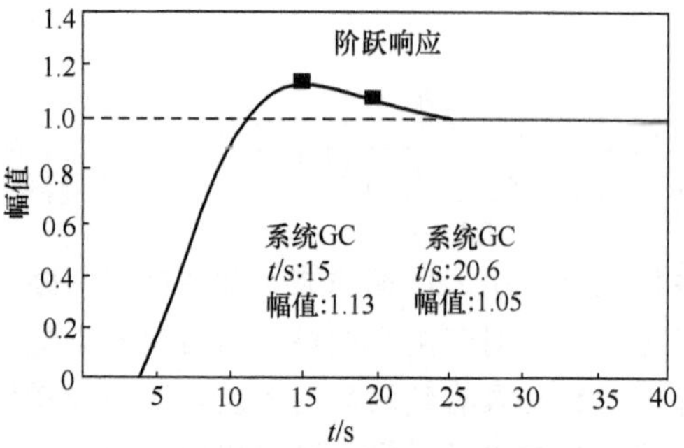


**图 5-4　内模控制响应曲线(一阶滤波)**

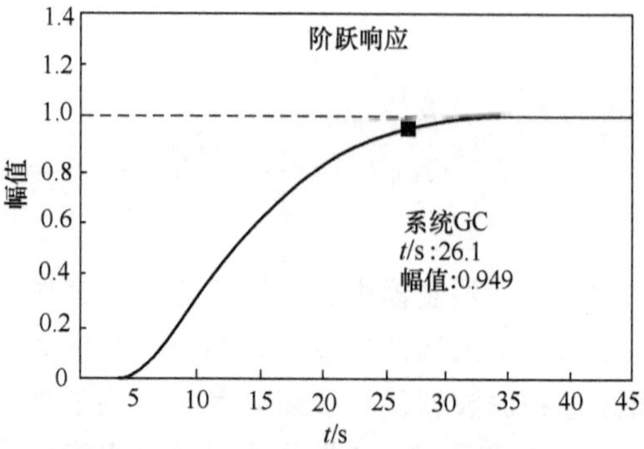


**图 5-5　内模控制响应曲线(二阶滤波)**

## 5.2.4　内模控制器的工业应用

下面以常压塔加热炉温度控制为例，介绍内模控制器的工业应用。

常压塔加热炉最关键的控制指标是原油出口总管温度，同时要求炉膛温度的波动也尽量小。影响加热炉出口温度最主要的因素有两个：一是原油进料总量，二是燃料量。受生产任务的限制，原油进料总量不能作为控制量。车间为了节省燃油，一般选择燃气为主要燃料，但是燃气压力很不稳定，波动频繁，而且波动范围也比较大，系统的 PID 控制回路效果很不好，出口总温在设定值附近较大范围内变化(约±5 ℃)。

1. 内模控制方案

控制方案如图 5-6 所示。

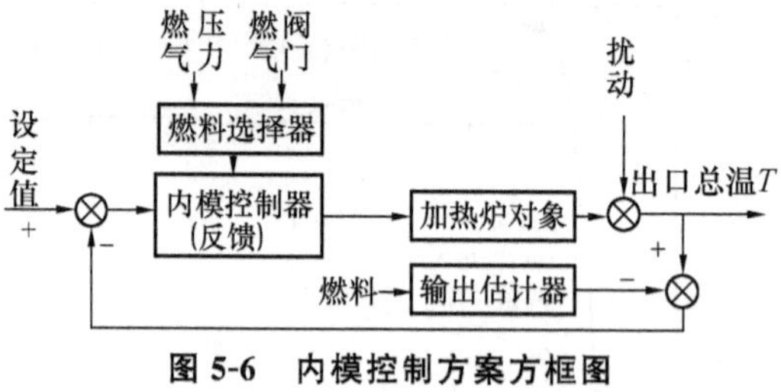


**图 5-6　内模控制方案方框图**

2. 内模控制器设计

用一阶惯性带纯滞后环节来描述系统，辨识得到燃气阀门与出口总温之间的模型：

$$G_{\mathrm{p}}(s)=\frac{0.76}{158s+1}\mathrm{e}^{-120s} \tag{5-20}$$

可以得到内模控制器：

$$G(s)=\frac{158s+1}{0.76} \tag{5-21}$$

期望闭环系统的时间常数为 100 s，那么可得到一个一阶滤波器：

$$G_{\mathrm{f}}(s)=\frac{1}{100s+1} \tag{5-22}$$

3. 控制效果

根据以上控制策略，采用内模控制器。控制周期取为 5 s，那么离散化的滤波器因子 $\lambda \approx 0.95$。图 5-7 为在控制器投用后系统稳定运行的曲线图。图中出口温度及其设定值范围为 360～380 ℃，燃油阀门开度范围为 0～100%，燃气阀门开度范围为 40%～90%，燃气压力范围为 0～0.5 MPa，原油进料量范围为 50～150 t/h。这些数据全部归一化到 0～100 范围内。出口总温波动在 ±1 ℃范围以内，有效地抑制了燃气压力波动对出口总温的影响。

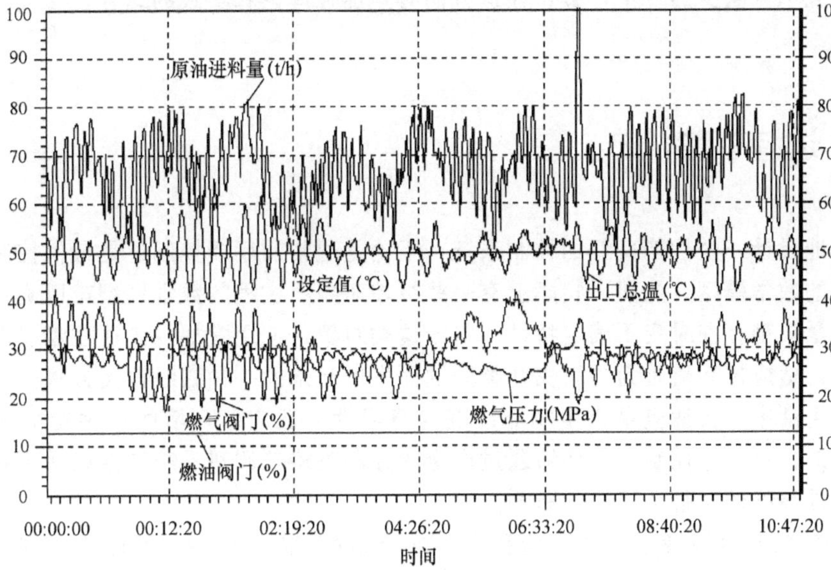


图 5-7　控制效果

## 5.2.5　内模控制器存在的问题

内模控制器主要存在以下问题。

①内模控制应用中存在一些混淆。一些文献中将对象逆与模型逆混为一谈，例如，大多数非线性内模控制文献给出的是对象的可逆性判别定理，但是对象的可逆并不能保证模型的可逆，而且内模控制实际上并不要求对象完全可逆，只要求模型满足部分可逆。实际设计中用对象的逆代替模型逆来设计控制器，当模型精度很高时这种方法尚不存在严重问题，但当有较大的建模误差时，用这种理论设计出来的控制器不再享有内模控制的诸多优点。此外，在分析系统稳定性时，将对象、模型、控制器三者稳定作为闭环系统稳定的充分条件，忽视了必须满足模型精确的假设。在存在建模误差的情况下，仅有以上三者稳定并不能保证闭环系统的稳定性。

②模型的可逆性缺乏深入探讨，尤其是针对神经网络、模糊系统模型。令人欣慰的是不少研究者已经注意到这个问题，提出了许多可以求得高精度模型逆的方法。

③缺乏对建模算法收敛性、闭环系统稳定性和鲁棒性的严格分析。例如，采用神经网络、模糊系统建模的方案，一般仅给出训练算法，算法的收敛性和系统稳定性分析往往停留在定性分析上，而且常局限于某一特定的非线性系统。

④多变量非线性系统的解耦问题。通过神经网络逆系统方法解耦，将多变量内模控制转化为单变量内模控制可能是一条较好的解决途径。

⑤多数文献停留在仿真阶段，众多的非线性内模控制方案很少应用于实际。实际控制时多采用计算机控制，需要将系统离散化，而离散化会带来许多意想不到的问题，例如，离散化引起的误差若处理不当会对系统性能造成较大影响。因此除了要加强稳定性、鲁棒性研究，保持内模控制结构简单、调节方便的特点外，更全面地考虑实际中的各种因素也是深化内模控制研究不可缺少的一个环节，在这方面必须加强理论和实践的结合。

## 5.3 自适应控制

要成功地设计一个性能良好的控制系统，不论是通常的反馈控制还是最优控制，都要掌握被控过程的数学模型。然而，实际上有一些被控对象或过程的数学模型难以确定，或者控制系统的数学模型存在时变不确定特性。对于这类对象，使用常规控制往往难以取得良好的控制效果。自适应控制就是为了解决此类问题而发展起来的一种高级控制方法。

在日常生活中，自适应是指生物能改变自身习性以适应新环境的一种特征或能力。因此，直观地讲，自适应控制应该能够通过设定的控制策略来调整系统特性以适应对象动态特性变化和内外界扰动对整个系统的影响。

自适应控制研究的对象是具有一定程度不确定性的系统。这里的“不确定性”是指描述被控对象及其环境的数学模型不是完全确定的，其中包含一些时变因素、未知因素和随机因素。任何一个实际系统都具有不同程度的不确定性，这些不确定性有时表现在系统内部，有时表现在系统外部。从系统内部来讲，设计者事先并不一定能准确知道描述被控对象的数学模型的结构和参数。外部环境对系统的影响一般可以等效地用系统扰动来表示。这些扰动通常是不可预测的并且可能是随机的。此外，还有一些测量时产生的不确定性因素进入系统。面对这些客观存在的各式各样的不确定性，如何设计适当的控制策略，使得系统能够达到某一指定的性能指标并保持最优、近似最优或某种程度的满意，这就是自适应控制所要研究解决的问题。

一个自适应控制系统必须提供出被控对象当前状态的连续信息，也就是要辨识对象，并用当前系统的性能与期望的或最优的性能相比较，做出使系统趋向期望的或最优性能的决策。最后系统必须对控制器进行适当的修正以使系统走向最优状态。

由此可见，自适应控制系统应该包含下列三个基本功能。

①辨识被控对象的结构和参数或性能指标的变化，以便精确地建立被控对象的数学模型或当前的实际性能指标。

②综合出一种控制策略或控制规律，以便确保被控系统达到期望的性能指标。

③自动地修正控制器的参数以保证所综合出的控制策略在被控对象上得到实现。

目前所研究的自适应控制系统最基本的有两大类，即模型参考自适应控制系统和带有模型在线辨识的自适应控制系统。

1. 模型参考自适应控制系统

如图 5-8 所示，模型参考自适应控制系统由参考模型、被控对象或过程、反馈控制器和自适应控制回路(自适应律)等环节组成。其中参考模型是一个理想的模型，其输出 $y_m(t)$ 直接表示系统希望的动态响应。控制器参数的自适应调整是这样的：当参数输入 $r(t)$ 同时加到实际对象和参考模型的入口后，在起始阶段由于对象的初始参数未知，控制器的初始参数不可能整定得很好，因此一开始系统的输出响应 $y(t)$ 与模型的输出响应 $y_m(t)$ 是不会完全一致的，会产生误差信号 $e(t)$。当信号 $e(t)$ 进入自适应调整回路后，经过由自适应律所决定的运算，产生适当的调整信号直接改变控制器的参数，从而使系统的输出 $y(t)$ 逐步与参考模型的输出 $y_m(t)$ 接近，直到 $y(t) \to y_m(t)$，即 $e(t) \to 0$ 后，自适应调节过程就自动停止，控制参数也就自动整定完毕。当对象特性在运行中发生变化时，参考模型自适应控制系统也能如上述过程一样，对控制器的参数进行自适应调整使 $e(t) \to 0$，即 $y(t) \to y_m(t)$。设计这类自适应控制系统的办法是基于稳定性理论的设计方法，即保证控制器参数的自适应调整过程是稳定的，使调整过程尽可能收敛得快一些。非线性系统稳定性理论，如李雅普诺夫(Lyapunov)稳定性理论和波波夫(Popov)超稳定性理论都是设计此类系统的有力工具。

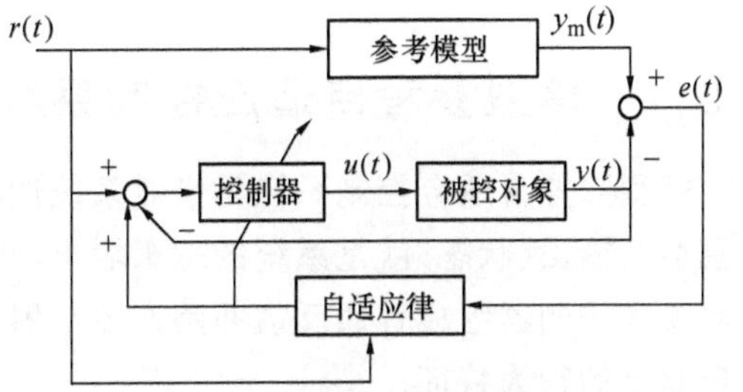

**图 5-8　模型参考自适应控制系统**

2. 带有模型在线辨识的自适应控制系统

自适应控制系统的特点是根据系统运行数据 $y(t)$，$u(t)$ 对被控对象进行在线辨识，然后再根据辨识出来的模型参数和事先指定的性能指标在线地综合出最佳的控制作用。通常在设计辨识算法时，已考虑了随机扰动和量测噪声的影响，所以带有模型在线辨识的自适应控制系统属于随机自适应控制系统这一类。该系统的方框图如图 5-9 所示，其中 $y(t)$ 是参考输入，$\xi(t)$ 是随机噪声，$\hat{\theta}(t)$ 和 $\hat{x}(t)$ 分别是参数和状态的估计值。

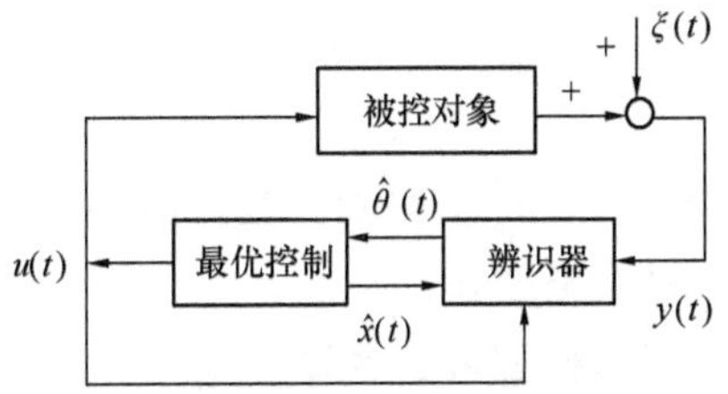

**图 5-9　带有模型在线辨识的自适应控制系统**

此类系统工作原理如下：辨识器根据$\{u(t)\}$和$\{y(t)\}$序列用一定的估计算法在线对被控对象的未知参数和未知状态进行估计，得到未知参数估计值 $\hat{\theta}(t)$ 和未知状态的估计值 $\hat{x}(t)$。再利用 $\hat{\theta}(t)$ 和 $\hat{x}(t)$ 及事先指定的性能指标综合出最优控制作用 $u(t)$。这样经过不断地辨识和控制，系统的实际性能指标将逐渐达到最优。

这类系统中用得最为广泛的是自校正控制系统，自校正控制系统的理论基础是系统辨识和随机最优控制理论。由于辨识离不开计算机，所以这类自适应控制系统属于计算机控制系统中的一类。

在生产过程中，原材料成分不稳定、设备磨损或沾污、触媒老化、天气变化等原因都会使生产过程的工艺参数发生变化并导致产品质量不稳定。用常规的 PID 控制器不能很好地适应这种变化，需要不断地随着生产工艺参数的变化人工调整 PID 参数，这是十分麻烦的。为了保证产品的质量和生产过程的稳定，对于那些工艺参数经常变化的被控对象，采用自适应控制系统是十分必要的。

### 5.3.1　模型参考自适应控制系统

模型参考自适应控制系统是指对系统性能指标的要求完全可以通过参考模型来表达，参考模型的输出(状态)就是系统的理想输出(状态)的一类自适应控制系统。如图 5-8 所示，被控对象和控制器组成普通反馈回路，控制器的参数由自适应律调整，参考模型的输出约束了对象输出的行为特征。

构建图 5-8 所示自适应控制系统的核心是如何综合自适应律，即自适应地调整控制器参数所遵循的算法。一般有两种途径可实现其目的。

①局部参数最优化方法。利用参数优化的递推算法，求出一组控制器的参数，使得某个预定性能指标最小。其缺点是由于没有考虑稳定性而不能保证所设计的自适应控制系统具有全局渐进稳定性。

②基于稳定性理论的方法。其基本思想是保证控制器参数自适应调节过程是稳定的，因此自适应控制规律的设计自然要采用稳定性理论。由于系统稳定性是应用的前提，故基于稳定性理论的方法具有普遍意义。

下面以典型的一阶系统为例，介绍模型参考自适应控制的基本思想。

一阶线性时不变系统可表示为

$$\frac{Y(s)}{U(s)}=\frac{k_{\mathrm{p}}}{s+a_{\mathrm{p}}} \tag{5-23}$$

式中：$k_{\mathrm{p}}$，$a_{\mathrm{p}}$ 为未知参数；$Y(s)$为对象输出 $y(t)$的拉普拉斯变换；$U(s)$为对象输入 $u(t)$的拉普拉斯变换。

参考模型可表示为

$$\frac{Y_{\mathrm{m}}(s)}{Y_{\mathrm{ref}}(s)}=\frac{k_{\mathrm{m}}}{s+a_{\mathrm{m}}} \tag{5-24}$$

式中：$k_{\mathrm{m}}$，$a_{\mathrm{m}}$ 由设计者按期望的输出响应任意选取，$a_{\mathrm{m}}>0$，$k_{\mathrm{p}}/k_{\mathrm{m}}>0$；$Y_{\mathrm{m}}(s)$为参考模型输出 $y_{\mathrm{m}}(t)$的拉普拉斯变换；$Y_{\mathrm{ref}}(s)$为参考模型输入 $y_{\mathrm{ref}}(t)$的拉普拉斯变换。

需要设计控制作用 $u$ 使对象输出能渐进跟踪参考模型的输出，且在整个控制过程中，系统的所有信号都有界。

将式(5-23)与式(5-24)化为时域模型：

$$\dot{y}=-a_{\mathrm{p}}y+k_{\mathrm{p}}u \tag{5-25}$$

$$\dot{y}_{m}=-a_{\mathrm{m}}y_{\mathrm{m}}+k_{\mathrm{m}}y_{\mathrm{ref}} \tag{5-26}$$

依据常规控制，控制信号由参考输入 $y_{\mathrm{ref}}(t)$和对象输出信号 $y(t)$线性组合而成，即

$$u=c_1y_{\mathrm{ref}}+c_2y \tag{5-27}$$

式中：$c_1$，$c_2$ 为控制器参数。

将式(5-27)代入式(5-25)，得

$$\dot{y}=-(a_p-k_pc_2)y+k_pc_1y_{ref} \tag{5-28}$$

若令 $a_m=a_p-k_pc_2$，$k_m=k_pc_1$，则控制器参数为

$$c_1=\frac{k_m}{k_p},\ c_2=\frac{a_p-a_m}{k_p} \tag{5-29}$$

对象方程与参考模型方程一样，对象输出必然与参考模型输出一致。此时，通过设计参考模型参数，可得到期望的输出特性。但是，由于对象参数 $a_p$ 与 $k_p$ 未知，所以控制器参数并不能事先确定。

为了获得令人满意的控制器参数，需要通过误差 $e$ 建立自适应律，迫使系统运动中不断修改控制器参数 $c_1$ 与 $c_2$，直到 $e$ 趋近于零，得到满足期望性能的控制器参数。

定义参数误差为

$$\begin{bmatrix}\varphi_1(t)\\ \varphi_2(t)\end{bmatrix}=\begin{bmatrix}c_1-c_1^*\\ c_2-c_2^*\end{bmatrix} \tag{5-30}$$

式中：$c_1^*$，$c_2^*$ 表示理想的控制器参数。

将式(5-28)与式(5-26)相减，得

$$\begin{aligned}\dot{e}&=\dot{y}-\dot{y}_m\\&=-a_me+k_p[(c_2-c_2^*)y+(c_1-c_1^*)y_{ref}]\\&=-a_me+k_p(\varphi_1y_{ref}+\varphi_2y)\end{aligned} \tag{5-31}$$

选择参数自适应调整方法

$$\dot{\varphi}_1=-ey_{ref}k_\varphi,\ \dot{\varphi}_2=-eyk_\varphi\quad k_\varphi>0 \tag{5-32}$$

总结上述内容，可得自适应控制系统的误差方程

$$\dot{e}=-a_me+k_p(\varphi_1y_{ref}+\varphi_2y) \tag{5-33}$$

可见，该自适应规律的状态变量为 $e$，$\varphi_1$ 与 $\varphi_2$，输入信号为 $y_{ref}$ 与 $y$。

为了证明所建自适应规律的稳定性，选李雅普诺夫函数

$$V(e,\varphi_1,\varphi_2)=\frac{1}{2}e^2+\frac{k_p}{2k_\varphi}(\varphi_1^2+\varphi_2^2) \tag{5-34}$$

则

$$\dot{V}=e\dot{e}+\frac{k_p}{k_\varphi}(\varphi_1\dot{\varphi}_1+\varphi_2\dot{\varphi}_2)=-a_me^2\leqslant 0 \tag{5-35}$$

因此，自适应控制系统在李雅普诺夫稳定意义下是稳定的，对任意初始条件，$e$，$\varphi_1$ 与 $\varphi_2$ 都是有界的。而且，根据上述结果，得

$$\int_0^\infty \dot{V}\mathrm{d}t=-a_m\int_0^\infty e^2\mathrm{d}t=V(\infty)-V(0) \tag{5-36}$$

由于 $V$ 单调递减且有界，所以当时间 $t$ 趋于无穷大时，误差 $e$ 趋于零。此时，对象输出

渐近稳定于参考模型输出。

控制器参数可根据式(5-33)求得，即

$$c_1 = c_{1,0} - \int_0^t e y_{\mathrm{ref}} k_\varphi \mathrm{d}t,\quad c_2 = c_{2,0} - \int_0^t e y k_\varphi \mathrm{d}t \tag{5-37}$$

式中：$c_{1,0}$，$c_{2,0}$ 为控制器参数初始值。

所以，自适应控制器为

$$u = c_{1,0} y_{\mathrm{ref}} - y_{\mathrm{ref}} \int_0^t k_\varphi (y - y_{\mathrm{m}}) y_{\mathrm{ref}} \mathrm{d}t + c_{2,0} y - y \int_0^t k_\varphi (y - y_{\mathrm{m}}) y \mathrm{d}t \tag{5-38}$$

图 5-10 给出了该一阶系统的模型参考自适应控制系统结构。一阶系统虽然简单，但全面展示了模型参考自适应控制的基本思想、结构和设计原理，对分析、设计更复杂的高阶系统具有指导意义。

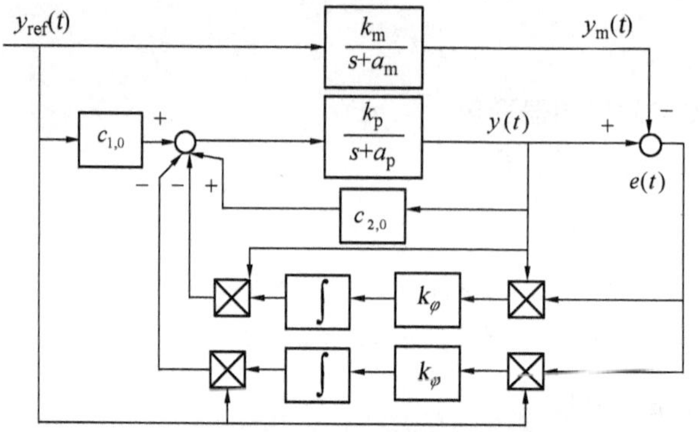


**图 5-10 一阶系统的模型参考自适应控制系统结构**

## 5.3.2 自校正控制系统

自校正控制系统的一个主要特点是具有一个被控对象数学模型的在线辨识环节，加入了一个对象参数的递推估计器，如图 5-11 所示。这种控制系统根据辨识所得的模型参数和事先指定的性能指标，进行在线综合控制，在线求得控制器参数。

该系统由两个环路组成：内环同常规反馈控制系统类似，由被控对象和控制器组成；外环由一个参数估计器和一个控制器参数设计器组成，控制器参数由外环调节。自校正控制系统是一个能自动校正控制器参数的实时计算机控制系统，每个采样周期都要对模型参数、控制器参数进行更新。

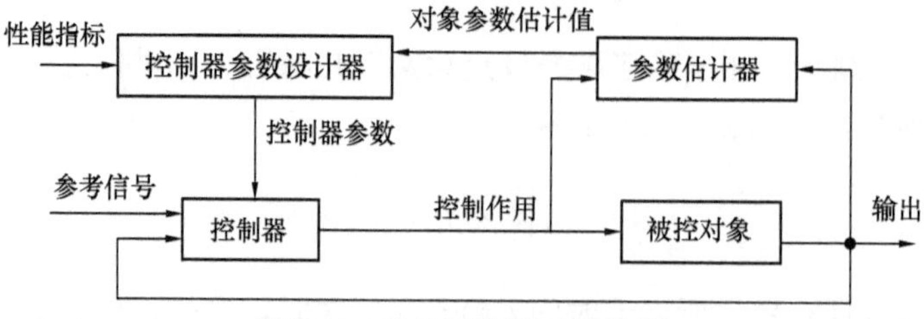


**图 5-11 自校正控制系统结构**

自校正控制中，用来综合自校正控制的性能指标一般有两类：一是优化性能指标，如采用最小方差、广义最小方差等；二是常规性能指标，如采用极点配置。所构成的控制器是多样的，如最小方差控制器、广义最小方差控制器、PID控制器等。参数估计的方法也是多样的，如最小二乘法、极大似然法等。自校正控制是在线参数估计和控制器参数在线设计二者的有机结合，多种参数估计和控制器设计方法的存在使得自校正控制系统的设计十分灵活。

(1)自校正控制算法的类型

①显式算法，或称间接算法。估计被控制对象模型本身的未知参数后，再经过控制器参数设计得出控制器参数。

②隐式算法，或称直接算法。将整个系统重新参数化，建立一个与控制器参数直接关联的模型，对该模型估计即可得到控制器参数。隐式算法不需要对控制器参数进行设计计算，比显式算法计算量小，不过隐式算法要求建立一个合适的参数估计模型。

(2)基于极点配置的自校正控制

下面通过介绍基于极点配置的自校正控制来阐述自校正控制的思想。其他自校正控制方法则类似，例如，最小方差自校正控制可应用最小方差控制技术类推得到。

设被控对象为

$$A(z)y(k)=B(z)u(k) \tag{5-39}$$

式中：$u(k)$为$k$时刻的控制信号；$y(k)$为$k$时刻的实测输出信号；$A(z)$，$B(z)$为没有任何公因子的多项式。

性能准则用一个参考模型即期望闭环脉冲传递函数表示，

$$A_{\mathrm{m}}(z)y_{\mathrm{m}}(k)=B_{\mathrm{m}}(z)y_{\mathrm{ref}}(k) \tag{5-40}$$

式中：$y_{\mathrm{m}}(k)$为$k$时刻的期望输出；$y_{\mathrm{ref}}(k)$为$k$时刻的指令输入；$A_{\mathrm{m}}(z)$，$B_{\mathrm{m}}(z)$为没有任何公因子的多项式。

若有观测器时，其附加动态特性不由指令信号激励，所以必须另外规定观测器的动态特性，这可通过规定观测器的特征多项式来实现。

由常规控制可知，控制器输出$u(k)$与指令信号$y_{\mathrm{ref}}(k)$与实测输出$y(k)$之间满足

$$Q(k)u(k)=T(z)y_{\mathrm{ref}}(k)-S(z)y(k) \tag{5-41}$$

式中：$Q(k)$，$T(z)$和$S(z)$为多项式。

将式(5-41)代入式(5-39)，得

$$[A(z)Q(z)+B(z)S(z)]y(k)=B(z)T(z)y_{\mathrm{ref}}(k) \tag{5-42}$$

与式(5-40)相比，令$y_{\mathrm{m}}(k)=y(k)$，得

$$\frac{B(z)T(z)}{A(z)Q(z)+B(z)S(z)}=\frac{B_{\mathrm{m}}(z)}{A_{\mathrm{m}}(z)} \tag{5-43}$$

闭环系统的极点为$A(z)Q(z)+B(z)S(z)=0$的解，零点为$B(z)T(z)=0$的解。通常，闭环系统的阶数高于模型的阶数，则必有极点与零点对消，以满足式(5-43)。

对于稳定的闭环系统，只可对消稳定的开环零点。将$B(z)$分解为

$$B(z)=B_{+}(z)B_{-}(z) \tag{5-44}$$

式中：$B_{-}(z)$为全部零点在单位圆外；$B_{+}(z)$为全部零点在单位圆内。

为了得到唯一的因式分解，把$B_{+}(z)$的最高次幂系数固定为1，即$B_{+}(z)$为首一多项式。因为$B_{-}(z)$不能是$A(z)Q(z)+B(z)S(z)$的一个因子，所以$B_{m}(z)$中必包含$B_{-}(z)$，即$B_{m}(z)=B_{-}(z)B'_{m}(z)$。

令$A(z)Q(z)+B(z)S(z)$对消$B_{+}(z)$，则$B_{+}(z)$是$Q(z)$的一个因子，即$Q(z)=B_{+}(z)Q'(z)$。

于是，式(5-44)被表示为

$$\frac{B_{+}(z)B_{-}(z)T(z)}{A(z)B_{+}(z)Q'(z)+B_{+}(z)B_{-}(z)S(z)}=\frac{B_{-}(z)B'_{m}(z)}{A_{m}(z)} \tag{5-45}$$

简化为

$$\frac{T(z)}{A(z)Q'(z)+B_{-}(z)S(z)}=\frac{B'_{m}(z)}{A_{m}(z)} \tag{5-46}$$

可见，$A_{m}(z)$是$[A(z)Q'(z)+B_{-}(z)S(z)]$的一个因子。如果系统中存在观测器，还应考虑观测器的特性。但是，从参考信号到系统输出的传递函数中易消去观测器多项式，所以观测器的特征多项式$A_{0}(z)$也是$[A(z)Q'(z)+B_{-}(z)S(z)]$与$T(z)$的一个因子，从而得

$$\begin{cases}A(z)Q'(z)+B_{-}(z)S(z)=A_{0}(z)A_{m}(z)\\ T(z)=B'_{m}(z)A_{0}(z)\end{cases} \tag{5-47}$$

综合以上结果，闭环特征方程为

$$A(z)Q(z)+B(z)S(z)=B_{+}(z)A_{0}(z)A_{m}(z) \tag{5-48}$$

于是，闭环极点由对消了的对象稳定零点$B_{+}(z)$、期望极点$A_{m}(z)$及观测器极点$A_{0}(z)$组成。

根据上面的推导过程，可总结出自校正控制器的显式算法，具体内容如下。

①估计对象多项式$A(z)$，$B(z)$的系数，如使用最小二乘估计法。

②基于$A(z)$，$B(z)$的估计值，应用式(5-47)计算$Q'(z)$和$S(z)$。

③应用式(5-46)与式(5-47)计算$Q(z)$和$T(z)$。

④由式(5-41)计算出控制信号$u(k)$。

在每个采样周期中，都执行一次上述算法。

(3)隐式自校正控制器算法

根据上述内容，可以推导出隐式自校正控制器的算法。由式(5-39)和式(5-47)得

$$A_{0}(z)A_{m}(z)y(k)=B_{-}(z)[Q(z)u(k)+S(z)y(k)] \tag{5-49}$$

该模型以$B_{-}(z)$，$Q(z)$和$S(z)$为参数，估计出该模型的参数就可以直接给出控制器参数。当$B_{-}(z)=b_{0}$($b_{0}$为已知常数)时，该模型与控制器参数成线性关系，可用最小二乘

法解决。具体算法如下。

①递推估计式(5-49)中 $Q(z)$ 和 $S(z)$ 的系数。

②依据 $B_{\mathrm{m}}(z)=B_{-}(z)B'_{\mathrm{m}}(z)$ 及式(5-48)，计算 $T(z)$。

③由式(5-39)计算控制信号 $u(k)$。

### 5.3.3　两种方法的比较与总结

从上面介绍可以发现，模型参考自适应控制与自校正控制有着密切的关系。两个系统都各有两个反馈回路，其中一个回路包括被控对象和控制器，另一个回路用于调整控制器参数，后者在参数调整过程中基于对象的输入和输出。在控制器设计中，两种自适应控制方法都对系统的性能指标进行了约束，其中模型参考自适应控制通过参考模型实现，而自校正控制则由极点配置或其他性能指标确定。然而，设计控制器的方法和用于调整控制器参数的技术可以不同。当采用同样的基本设计方法时，隐式自校正控制与模型参考自适应控制就相同了。

当待估计参数为常数时，两种自适应控制都变为具有恒定增益的反馈控制。此时，可把自适应回路用作控制回路的控制器，其工作至达到令人满意的性能为止。由于自适应控制器比固定增益控制器更复杂，在计划采用自适应控制之前，应确信此控制问题已不能用恒定增益反馈来解决。值得注意的是，不能由开环动力学特性在运行范围内的变化来判断是否需要自适应控制，因为许多情况下恒定增益反馈可以把系统动力学中重大的变化处理得很好。

## 5.4　预测控制

预测控制作为一种先进的控制方法，旨在通过预测未来系统行为并进行优化决策，实现对系统的精确控制。与传统控制方法相比，预测控制能够在不确定和非线性系统中取得更好的控制效果，并在处理系统变化和外部扰动时具有较强的适应性和鲁棒性。预测控制是通过对系统的动态模型进行预测，以获取未来一段时间内系统的行为，并根据预测结果进行优化控制。本节将详细介绍预测控制的基本思想和基本类型、模型的预测能力和动态优化方法、约束条件下的模型控制，以及预测控制在不同领域的应用和参数整定方法。

### 5.4.1　预测控制的基本思想

1. 预测控制的背景

预测控制的起源可以追溯到 20 世纪 50 年代。在这个时期，工程师们开始研究如何利用数学模型来预测系统的未来行为，并基于这些预测结果进行控制。预测控制的发展可以归功于两个重要事件。一是线性二次调节器的发展。线性二次调节器是一种基于最优控制理论的控制方法，通过求解最小二乘问题，确定最佳控制输入来实现最优控制。20 世纪 50 年代，Kalman(卡尔曼)和 Bellman(贝尔曼)等学者提出了最优控制理论，并将其应用于线性系统的控制中，从而发展了线性二次调节器。二是动态优化问题的研究。20 世纪 50—60 年代，动态优化问题成为研究的热点。学者们开始探索如何通过求解动态优化问题来实现对系统的最优控制。动态优化问题是一种通过优化目标函数来确定最佳操作变量的问题，这与预测控制的思想相契合。通过求解动态优化问题，可以获得未来一段时间内的最佳操作策略，从而实现对系统的优化控制。这两个重要的研究方向为预测控制的发展奠定了基础。随着计算机技术的迅速发展，预测控制方法得到了广泛的应用。20 世纪 70—80 年代，预测控制方法逐渐成为自动控制领域的研究热点，并在工业实践中得到了广泛的应用。

总结起来，预测控制作为一种新型的先进控制方法，是为了克服传统控制方法的局限性和满足新的控制需求而发展起来的。预测控制通过预测系统的未来行为，能够提前调整控制策略，使系统在未来的一段时间内达到预期目标。预测控制的出现弥补了传统控制方法的不足，为控制领域的研究和应用带来了新的机遇与挑战。

2. 预测控制的基本原理

预测控制的基本原理包括建立系统模型、进行状态预测、优化控制策略以及更新控制器。

(1)建立系统模型

在预测控制中，首先需要对待控制的系统进行建模，以此来描述系统的动态行为。建模的目的是对系统的状态、输入和输出之间的关系进行数学描述，以便进行状态预测和优化控制。

系统的动态行为可以用差分方程、微分方程或状态空间模型等进行描述。以离散时间的差分方程为例，一般形式如下：

$$x(k+1)=f[x(k),\ u(k)] \tag{5-50}$$

$$y(k)=h[x(k)] \tag{5-51}$$

式中：$x(k)$表示系统在 $k$ 时刻的状态向量；$u(k)$表示系统在 $k$ 时刻的控制输入向量；$y(k)$表示系统在 $k$ 时刻的输出向量；函数 $f$ 和 $h$ 表示系统的动态方程和输出方程，具体形式根据系统的特性和建模方法而定。

在建立系统模型时，可以利用物理原理、实验数据或系统辨识等方法。物理原理方法基于系统的物理特性和基本方程进行建模；实验数据方法通过实际采集的系统输入和输出数据来拟合系统模型；系统辨识方法通过对系统输入和输出数据进行处理和分析，估计系统的动态特性和参数。

(2)进行状态预测

根据系统模型和当前的状态与控制输入，可以通过迭代或数值计算的方式进行状态预测。以离散时间为例，一般的状态预测公式为

$$x(k+i)=f[x(k+i-1),\ u(k+i-1)] \quad i=1,2,\cdots,N \tag{5-52}$$

式中：$N$ 表示预测的时间步数；$x(k+i)$表示在$(k+i)$时刻的状态预测值；$u(k+i-1)$表示在$(k+i-1)$时刻的控制输入。

状态预测的关键是根据系统模型和之前的状态、控制输入来递推计算未来的状态。这要求系统模型必须准确，并且预测的时间步数需要合理选择，以在保证精度的同时满足控制的实时性要求。

(3)优化控制策略

通过优化控制策略可以调整控制输入，使系统的性能指标达到最优。最常见的优化目标是最小化系统误差。以离散时间为例，一般的控制优化问题可以表示为

$$J=\sum\left\{Q(k+i)\left[y_{\mathrm{ref}}(k+i)-y(k+i)\right]^2+R(k+i)\cdot u(k+i)^2\right\} \quad i=0,1,\cdots,N-1 \tag{5-53}$$

式中：$J$ 表示优化目标的值；$Q$ 和 $R$ 分别表示状态误差和控制输入的权重矩阵；$y_{\mathrm{ref}}$ 表示参考输出；$y$ 表示系统的实际输出；$u$ 表示控制输入。通过调整权重矩阵的值可以平衡系统的响应速度和稳定性需求。

控制优化问题的求解可以使用不同的优化算法，如线性二次规划、模型预测控制等。这些算法基于系统模型和优化目标，通过迭代或数值计算的方式求解最优的控制输入。

(4)更新控制器

根据系统实际输出与预测输出之间的误差，可以利用误差反馈的方式来更新控制器。以离散时间为例，一般的控制器更新公式为

$$u(k)=u(k-1)+K\left[y_{\mathrm{ref}}(k)-y(k)\right] \tag{5-54}$$

式中：$u(k)$表示在 $k$ 时刻调整后的控制输入；$u(k-1)$表示在$(k-1)$时刻的控制输入；$K$ 表示控制增益；$y_{\mathrm{ref}}$ 表示参考输出；$y$ 表示系统的实际输出。

控制器更新的关键是根据当前的误差进行调整，使控制输入逐步趋近于最优值。控制增益的选择是为了平衡控制器的响应速度和稳定性要求。通过不断地更新控制器，预测控制可以实现对系统的动态优化和精确控制，提高控制的鲁棒性和适应性。

综上所述，通过精确的建模、准确的状态预测、优化的控制策略和灵活的控制器更新，预测控制能够实现对系统的优化控制和精确预测，适用于处理复杂、非线性和时变系统。

3. 预测控制的特点

(1)能处理非线性系统

预测控制具有处理非线性系统的能力。与传统的线性控制方法相比，预测控制能够更好地适应非线性系统的特性。这是因为预测控制通过使用系统模型进行状态预测，并采用优化方法来优化控制策略，能够更准确地处理非线性系统的非线性行为。在预测控制中，系统模型可以是非线性的，状态预测可以通过迭代或数值计算的方式实现。通过对非线性系统进行状态预测和控制优化，预测控制能够实现对非线性系统的稳定控制和性能优化。

(2)能适应系统变化

预测控制具有一定的适应性，能够在系统参数发生变化或环境条件发生变化的情况下实现稳定的控制。这是由于预测控制中的系统模型和控制策略是根据系统当前状态和输入进行更新和调整的。当系统参数发生变化或环境条件发生变化时，预测控制可以通过重新建立系统模型、重新进行状态预测和优化控制策略来适应新的系统特性。这种适应性使得预测控制在处理时变系统、多变量系统和复杂系统时具有较好的性能。

(3)考虑了约束条件

预测控制能够考虑系统和控制输入的约束条件，从而确保系统在可行的范围内进行控

制。在许多实际应用中，系统和控制输入通常受到一些限制和约束，如物理约束、操作限制等。预测控制可以通过在控制优化问题中引入约束条件和边界约束来满足系统的约束要求。通过调整优化问题中的权重矩阵和约束条件，预测控制可以在保证系统性能的同时，确保系统和控制输入在合理的范围内。

(4)能预测未来行为

传统的控制方法通常只考虑当前的系统状态和测量值，忽略了系统未来行为的影响。预测控制通过使用系统模型进行状态预测，可以预测系统在未来一段时间内的行为。这使得控制器能够提前做出调整，以更好地适应系统的变化和实现优化控制。

(5)灵活性和可调节性高

预测控制具有较高的灵活性和可调节性，可以根据系统的特性和要求进行灵活的调整和优化。预测控制的性能和鲁棒性可以通过调整系统模型、优化方法、权重矩阵和约束条件等参数进行调节。操作人员可以根据系统的要求和性能指标，调整权重矩阵的值来平衡系统的响应速度和稳定性要求。优化方法和参数可以根据系统的特性和控制要求进行灵活的选择和调整。

(6)鲁棒性强

预测控制鲁棒性强，能够在系统参数发生变化、出现扰动和存在测量误差等情况下实现稳定的控制。这是由于预测控制通过对系统的未来行为进行预测和优化，能够更好地适应系统的动态变化。

(7)应用灵活性高

预测控制具有较高的应用灵活性，适用于多种不同的应用领域。预测控制在工业控制、机器人技术、交通管理等领域都具有广泛的应用前景。在工业控制中，预测控制可以用于优化生产过程、提高生产效率和质量；在机器人技术中，预测控制可以用于路径规划和机器人动作控制；在交通管理中，预测控制可以用于交通流优化和交通拥堵缓解。

总结起来，预测控制具有能处理非线性系统、能适应系统变化、考虑了约束条件、能预测未来行为、灵活性和可调节性高、鲁棒性强以及应用灵活性高等特点。这些特点使得预测控制成为一种强大而灵活的控制方法，在处理复杂系统、应对系统变化和优化控制方面具有广泛的应用前景。

## 5.4.2　预测控制的基本类型

预测控制的基本类型有动态矩阵控制、模型算法控制和广义预测控制等。

1. *动态矩阵控制*

动态矩阵控制是一种基于对象阶跃响应模型的预估算法。其原理如图 5-12 所示。动态矩阵控制利用对象阶跃响应模型作为预估模型来获得对象未来输出的预估值。为了获得这个阶跃响应模型，可以在控制输入处直接施加阶跃信号，或者施加其他特定的测试信号，通过某种辨识算法来获取这些曲线。在工艺允许的条件下，阶跃响应模型可以通过实际的测试数据来建立，并用于预测对象的响应和行为。

依据如图 5-13 所示的单位阶跃响应曲线，可以测出曲线在采样时刻($k=1, 2, \cdots$)的幅值 $a_k$。

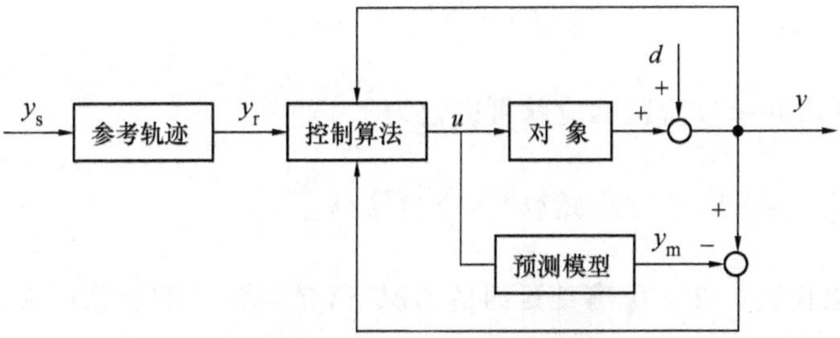


**图 5-12　动态矩阵控制原理**

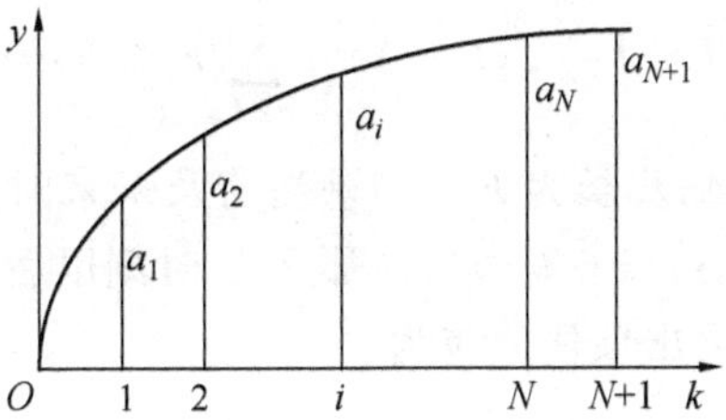


**图 5-13　阶跃响应曲线**

在 $k$ 时刻的输出是 $k$ 时刻以前所有的输入增量造成的，即

$$\begin{aligned}y(k) &= a_1\Delta u(k-1)+a_2\Delta u(k-2)+\cdots+a_i\Delta u(k-i)+\cdots+\\&\quad a_N\Delta u(k-N)+a_{N+1}\Delta u(k-N-1)+\cdots\\&=\sum_{i=1}^{\infty}a_i\Delta u(k-i)\end{aligned}\tag{5-55}$$

式中：$\Delta u(k-i)=u(k-i)-u(k-i-1)$ 为 $(k-i)$ 时刻的控制增量。动态矩阵控制中的预估模型就采用上述阶跃响应表达式，但为了和对象的真正表达式加以区别，预估模型的输出常记为

$$y_m(k)=\sum_{i=1}^{\infty}\hat{a}_i u(k-i)\tag{5-56}$$

式中：$\hat{a}_i$ 为预估计算所用的系数；$y_m(k)$ 为模型输出，即输出预估值。若在对象输入端施加宽度为 1 的单位脉冲，根据叠加原理不难看出，脉冲响应曲线在采样时刻的幅值应为 $h_1=a_1$，$h_2=a_2-a_1$，…，$h_i=a_i-a_{i-1}$，…而且有 $a_i=\sum_{j=1}^{i}h_j$，可以得到

$$\begin{aligned}y(k) &= h_1u(k-1)+h_2u(k-2)+\cdots+h_iu(k-i)+\cdots+\\&\quad h_Nu(k-N)+h_{N+1}u(k-N-1)+\cdots\\&=\sum_{i=1}^{\infty}h_iu(k-i)\end{aligned}\tag{5-57}$$

对于有自平衡能力的稳定对象，在某一时刻 $N$ 后，可以近似认为阶跃响应不再变化，即 $a_N=a_{N+1}=\cdots$，所以有 $h_{N+1}=h_{N+2}=\cdots=0$，此时，对象的单位阶跃响应可以记为

$$y(k)=\sum_{i=1}^{N}h_i u(k-i) \tag{5-58}$$

所以由模型算出的单位阶跃响应就可以记为

$$y_m(k)=\sum_{i=1}^{N}\hat{h}_i u(k-i) \tag{5-59}$$

式中：$N$ 称为模型长度。在对象有纯延时的情况下，$\hat{h}_i$ 和 $\hat{a}_i$ 的前几项为 0。

利用 $y_m(k-1)=\sum_{i=1}^{N}\hat{h}_i u(k-i-1)$，能得到

$$y_m(k)=y_m(k-1)+\sum_{i=1}^{N}\hat{h}_i \Delta u(k-i) \tag{5-60}$$

设当前时刻为 $k$，输出预估步长为 $L$。如果当前及未来时刻的控制增量序列为 $\Delta u(k)$，$\Delta u(k+1)$，$\Delta u(k+2)$，…，$\Delta u(k+L-1)$，那么 $L$ 时刻以后就有 $\Delta u(k+L)=\Delta u(k+L+1)=\cdots=0$。所以未来时刻的输出预估值应为

$$\begin{aligned}
y_m(k+1)&=\hat{a}_1\Delta u(k)+\hat{a}_2\Delta u(k-1)+\cdots+\hat{a}_N\Delta u(k-N+1)+\cdots\\
y_m(k+2)&=\hat{a}_1\Delta u(k+1)+\hat{a}_2\Delta u(k)+\hat{a}_3\Delta u(k-1)+\cdots\\
&\cdots\cdots\\
y_m(k+L)&=\hat{a}_1\Delta u(k+L-1)+\cdots+\hat{a}_L\Delta u(k)+\hat{a}_{L+1}\Delta u(k-1)+\cdots\\
&\cdots\cdots\\
y_m(k+P)&=\hat{a}_{P-L+1}\Delta u(k+L-1)+\cdots+\hat{a}_P\Delta u(k)+\hat{a}_L\Delta u(k-1)+\cdots
\end{aligned} \tag{5-61}$$

记$(k+1)$至$(k+P)$时刻的预估输出向量 $y_m$ 和 $k$ 至$(k+L-1)$时刻的控制增量向量 $\Delta\boldsymbol{u}$ 为

$$y_m=[y_m(k+1),\ y_m(k+2),\ \cdots,\ y_m(k+P)]^{T} \tag{5-62}$$

$$\Delta\boldsymbol{u}=[\Delta u(k),\ \Delta u(k+1),\ \cdots,\ \Delta u(k+L-1)]^{T} \tag{5-63}$$

那么输出预估值可以记为

$$\boldsymbol{y}_m=\boldsymbol{A}\Delta\boldsymbol{u}+\boldsymbol{s} \tag{5-64}$$

式中：$\boldsymbol{A}$ 为 $P\times L$ 维矩阵，

$$\boldsymbol{A}=\begin{bmatrix}
\hat{a}_1 & & & \\
\hat{a}_2 & \hat{a}_1 & & \\
\vdots & & \ddots & \\
\hat{a}_L & \hat{a}_{L-1} & \cdots & \hat{a}_1\\
\vdots & \vdots & & \vdots\\
\hat{a}_P & \hat{a}_{P-1} & \cdots & \hat{a}_{P-L+1}
\end{bmatrix} \tag{5-65}$$

$\boldsymbol{A}$ 由对象动态响应系数构成，称为动态矩阵。显然，$\boldsymbol{A}\Delta\boldsymbol{u}$ 代表当前及未来时刻的控制对输

出的影响，而 $s$ 则代表过去的控制所产生的输出。

2. 模型算法控制

模型算法控制是一种基于脉冲响应模型的计算机控制算法，其基本思想与动态矩阵控制一样(这里假设预估步长为 $P$、控制步长也为 $P$)。

按照输入输出关系，模型在今后 $P$ 个时刻的输出可以表示为

$$\begin{aligned} y_m(k+1) &= \hat{h}_1 u(k) + \hat{h}_2 u(k-1) + \cdots + \hat{h}_N u(k-N+1) \\ y_m(k+2) &= \hat{h}_1 u(k+1) + \hat{h}_2 u(k) + \cdots + \hat{h}_N u(k-N+2) \\ &\vdots \\ y_m(k+P) &= \hat{h}_1 u(k+P-1) + \hat{h}_2 u(k+P-2) + \cdots + \hat{h}_N u(k-N+P) \end{aligned} \tag{5-66}$$

式中：$N$ 为模型长度。在每个输出中用 $y(k)-y_m(k)$进行校正，并将方程写成向量形式，就可以得到

$$\boldsymbol{y}_c = \boldsymbol{H}\boldsymbol{u} + \boldsymbol{H}_1\boldsymbol{u}_1 + \boldsymbol{y} - \boldsymbol{y}_m \tag{5-67}$$

式中：

$$\boldsymbol{y}_c = [y_c(k+1),\ y_c(k+2),\ \cdots,\ y_c(k+P)]^{\mathrm{T}} \tag{5-68}$$

$$\boldsymbol{u} = [u(k),\ u(k+1),\ \cdots,\ u(k+P-1)]^{\mathrm{T}} \tag{5-69}$$

$$\boldsymbol{y} = [y(k),\ y(k),\ \cdots,\ y(k)]^{\mathrm{T}} \tag{5-70}$$

$$\boldsymbol{y}_m = [y_m(k),\ y_m(k),\ \cdots,\ y_m(k)]^{\mathrm{T}} \tag{5-71}$$

是 $P$ 维向量，$\boldsymbol{u}_1 = [u(k-1),\ u(k-2),\ \cdots,\ u(k-N+1)]^{\mathrm{T}}$ 是 $N-1$ 维向量，矩阵

$$\boldsymbol{H} = \begin{bmatrix} \hat{h}_1 & & & \\ \hat{h}_2 & \hat{h}_1 & & \\ \vdots & & \ddots & \\ \hat{h}_P & \hat{h}_{P-1} & \cdots & \hat{h}_1 \end{bmatrix}_{P\times P} \tag{5-72}$$

分别与未来及过去的控制量有关。当设定值为常量 $y^S$ 时，可记参考轨迹为

$$\boldsymbol{y}^R = \boldsymbol{\alpha}_1 y(k) + \boldsymbol{\alpha}_2 y^S \tag{5-73}$$

式中：$R$ 表示未来时间；$S$ 表示过去时间；$y^R$ 表示未来输出；$y^S$ 表示过去输出；向量 $\boldsymbol{\alpha}_1 = (\alpha,\ \alpha^2,\ \cdots,\ \alpha^P)^{\mathrm{T}}$，$\boldsymbol{\alpha}_2 = (1-\alpha,\ 1-\alpha^2,\ \cdots,\ 1-\alpha^P)^{\mathrm{T}}$，可以算得

$$\boldsymbol{e} = \boldsymbol{y}^R - \boldsymbol{y}_c = \boldsymbol{\alpha}_2[y^S - y(k)] - \boldsymbol{H}\boldsymbol{u} - \boldsymbol{H}_1\boldsymbol{u}_1 + \boldsymbol{y}_m \tag{5-74}$$

令

$$\boldsymbol{J} = \boldsymbol{e}^{\mathrm{T}}\boldsymbol{Q}\boldsymbol{e} + \boldsymbol{u}^{\mathrm{T}}\boldsymbol{R}\boldsymbol{u} \tag{5-75}$$

由 $\partial \boldsymbol{J}/\partial \Delta \boldsymbol{u} = 0$，可得

$$\boldsymbol{u} = (\boldsymbol{H}^{\mathrm{T}}\boldsymbol{Q}\boldsymbol{H} + R)^{-1}\boldsymbol{H}^{\mathrm{T}}\boldsymbol{Q}\{\boldsymbol{\alpha}_2[y^S - y(k)] - \boldsymbol{H}_1\boldsymbol{u}_1 + \boldsymbol{y}_m\} \tag{5-76}$$

若 $P=1$，矩阵 $\boldsymbol{R}$ 变成标量 $r^2$，这时的算法和动态矩阵控制相同。可以采用与上节类似的方法讨论模型算法控制的性能。以 $r\neq 0$ 的情形为例，由 $\partial \boldsymbol{J}/\partial \Delta u(k)=0$ 并进行 Z 变换可以得到

$$\frac{y(z)}{y^s(z)}=\frac{(1-\alpha)\hat{h}_1 h(z)}{r^2+(1-\alpha)\hat{h}_1 h(z)+(z-1)\hat{h}_1 \hat{h}(z)} \tag{5-77}$$

其特征方程为

$$\varphi(z)=r^2 z^N+(1-\alpha)\hat{h}_1 \sum_{i=1}^{N} h_i z^{N-i}+(z-1)\hat{h}_1 \sum_{i=1}^{N} h_i z^{N-i}=0 \tag{5-78}$$

增大 $r$ 可以提高系统的稳定性，这与动态矩阵控制的特性是相同的。但由于 $r$ 是对 $u(k)$ 加权，闭环稳定的系统会存在稳态误差。基于脉冲响应的模型算法控制的原理，实际上也可以证明这两种控制算法是等价的。从图 5-12 可以看出，当内部模型无差异时，模型预估值和实际输出值相等，反馈校正作用就不存在了，这时就是理想的最优控制。但这要求控制器和被控过程都是稳定的，即双稳定性原则。对于开环不稳定的被控过程就不能直接使用这两类预估控制算法，需要采取其他方法先使过程稳定。换句话说，这两种控制算法在理论上是等价的，但在实际应用中需要满足稳定性的前提条件。

3. 广义预测控制

广义预测控制是由 Clarke(克拉克)等人提出的一种重要的适应性控制算法。近年来，自适应控制技术在过程控制领域得到了广泛的重视并取得了很大的发展。但对过程的模型精度要求比较高，这在相当大的程度上限制了自适应控制技术在复杂工业过程中的应用。广义预估控制既吸收了自适应控制适用于随机系统、在线辨识等优点，又保持了预测控制的滚动优化策略、对模型要求不高等特点。广义预测控制系统的结构如图 5-14 所示。

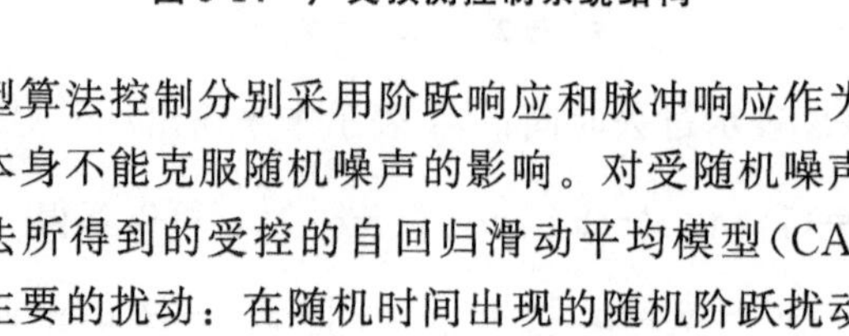


**图 5-14　广义预测控制系统结构**

动态矩阵控制和模型算法控制分别采用阶跃响应和脉冲响应作为预估模型。这两类模型比较容易获得，但响应本身不能克服随机噪声的影响。对受随机噪声影响的随机系统，其动态特性可采用由辨识方法所得到的受控的自回归滑动平均模型(CARMA 模型)来表示。在实际中，经常遇到两类主要的扰动：在随机时间出现的随机阶跃扰动(如原材料的质量变化)和布朗运动(如在涉及能量平衡的化工装置中的扰动)。在这两种情况下，采用受控的自回归积分滑动平均模型(CARIMA 模型)比较合适。

在上述扰动存在的情况下，引入 Δ 可以保证闭环系统稳态无偏差。在后面的控制器设计中，将会看到 Δ 的作用。采用 CARMA 或 CARIMA 模型的预估控制称为广义预测控制。这里只讨论采用 CARIMA 模型的情形。对象的 CARIMA 模型用下式表示

$$A(q^{-1})y(k)=B(q^{-1})u(k-1)+C(q^{-1})\xi(k)/\Delta \tag{5-79}$$

式中：

$$A(q^{-1})=1+a_1q^{-1}+a_2q^{-2}+\cdots+a_nq^{-n} \tag{5-80}$$

$$B(q^{-1})=1+b_1q^{-1}+b_2q^{-2}+\cdots+b_mq^{-m} \tag{5-81}$$

$$C(q^{-1})=1+c_1q^{-1}+c_2q^{-2}+\cdots+c_lq^{-l} \tag{5-82}$$

都是移位因子 $q^{-1}$ 的多项式；$\Delta=1-q^{-1}$，为差分算子；$\xi(k)$是一个不相关的随机噪声序列。

将上式两侧除以 $C(q^{-1})$可以消去扰动项中的 $C(q^{-1})$。故为简单起见，假定 $C(q^{-1})=1$，即只研究如下系统

$$A(q^{-1})y(k)=B(q^{-1})u(k-1)+\xi(k)/\Delta \tag{5-83}$$

该系统在$(k+j)$时刻的输出预估值为

$$A(q^{-1})y(k+j)=B(q^{-1})u(k+j-1)+C(q^{-1})\xi(k+j)/\Delta \tag{5-84}$$

为了能用截至 $k$ 时刻的对象输出数据及过去和未来控制量输入数据预估$(k+j)$时刻的输出 $y(k+j)$，需采用如下丢番图方程

$$1=A(q^{-1})\Delta E_j(q^{-1})+q^{-j}F_j(q^{-1}) \tag{5-85}$$

因为 $A(q^{-1})$和 $\Delta$ 已知，故当预估时刻 $j$ 确定时，限定 $E_j(q^{-1})$的阶次为 $j-1$，便可求得丢番图方程的唯一解

$$E_j(q^{-1})=e_{j,0}+e_{j,1}q^{-1}+\cdots+e_{j,j-1}q^{-(j-1)} \tag{5-86}$$

$$F_j(q^{-1})=f_{j,0}+f_{j,1}q^{-1}+\cdots+f_{j,n}q^{-n} \tag{5-87}$$

$F_j(q^{-1})$的阶次应为 $A\Delta$ 的阶次减 1，这里为 $n$。为了书写方便，下面在不至于引起混淆的地方省去 $q^{-1}$，如用 $A$ 代替 $A(q^{-1})$，可得

$$AE_j\Delta y(k+j)=BE_j\Delta u(k+j-1)+E_j\xi(k+j) \tag{5-88}$$

将 $A\Delta E_j=1-q^{-j}F_j$ 代入，可得

$$y(k+j)=BE_j\Delta u(k+j-1)+F_jy(k)+E_j\xi(k+j) \tag{5-89}$$

式中：$F_jy(k)$代表过去的输出；$E_j\xi(k+j)$为噪声产生的未来响应，一般无法预估，因而系统未来输出的模型预估可以写成

$$y_m(k+j)=\overline{G}_j\Delta u(k+j-1)+F_jy(k) \tag{5-90}$$

其中：$y(k)$可采用过程输出的测量值，这样能够减小模型不准确带来的预估误差。

$$\overline{G}_j=BE_j=\frac{B(1-q^{-j}F_j)}{A\Delta}=\overline{g}_{j,0}+\overline{g}_{j,1}q^{-1}+\overline{g}_{j,2}q^{-2}+\cdots+\overline{g}_{j,m+j-1}q^{-(m+j-1)} \tag{5-91}$$

$\overline{G}_j(q^{-1})$可以由 $B$ 和 $E_j$ 相乘得来，故其阶次为 $m+j-1$。因为 $z^{-1}B(z^{-1})A(z^{-1})$为

对单位脉冲响应的 Z 变换，除以 Δ 则成为对象单位阶跃响应的变换。与 $z[1-z^{-j}F_j(z^{-1})]$ 相乘后，其前 $j$ 项的系数应当不变。所以 $\overline{G}_j(q^{-1})$ 的前 $j$ 项系数与对象单位阶跃响应 Z 变换的前 $j$ 项系数相同。$\overline{G}_j(q^{-1})$ 的前 $j$ 项正是未来控制量 $\Delta u(k+j-1)$，…，$\Delta u(k+1)$，$\Delta u(k)$ 的系数。因此可以将前 $j$ 项记为一个有限项多项式

$$G_j(q^{-1})=g_0+g_1q^{-1}+g_2q^{-2}+\cdots+g_{j-1}q^{-(j-1)} \tag{5-92}$$

式中：$g_0$，$g_1$，$g_2$，…，$g_{j-1}$ 为对象阶跃响应的采样值。计算 $(j+1)$ 时刻的丢番图方程，预估 $(k+j+1)$ 时刻的输出，可以算得 $\overline{G}_{j+1}$，前 $(j+1)$ 项系数应为对象单位阶跃响应的前 $(j+1)$ 项。所以可得

$$G_{j+1}=G_j+g_jq^{-j} \tag{5-93}$$

显然，这种表示方法为递推算法提供了方便。

该算法是通过在线模型参数辨识修正模型参数来实现反馈校正的，而不像前述算法那样采用当前的预估输出值和实测输出值的误差来对未来的输出预报值进行反馈校正，但两种校正方式的作用是相同的，即通过获取当前真实的模型参数来根本性地解决输出预估误差问题。

### 5.4.3　模型的预测

在控制系统中，模型的预测是一种重要的技术手段，用于预测系统未来的状态或输出。通过建立数学模型，结合系统的历史数据和经验知识，模型的预测可以提供对系统未来行为的估计和预测。模型的预测可以用于控制系统的多个方面，包括状态估计、输出预测、参数估计和优化控制等。

1. 模型预测的概念

模型预测的基本思想是通过建立数学模型来描述系统的动态行为，并利用该模型对未来状态或输出进行预测。数学模型可以是线性模型、非线性模型或其他适用的模型形式。以线性模型为例，可以用以下形式表示离散时间下的线性状态空间模型。

$$\boldsymbol{x}(k+1)=\boldsymbol{A}\boldsymbol{x}(k)+\boldsymbol{B}\boldsymbol{u}(k) \tag{5-94}$$

$$\boldsymbol{y}(k)=\boldsymbol{C}\boldsymbol{x}(k)+\boldsymbol{D}\boldsymbol{u}(k) \tag{5-95}$$

式中：$\boldsymbol{x}(k)$ 表示系统在 $k$ 时刻的状态向量；$\boldsymbol{u}(k)$ 表示在 $k$ 时刻的控制输入向量；$\boldsymbol{y}(k)$ 表示在 $k$ 时刻的输出向量；$\boldsymbol{A}$，$\boldsymbol{B}$，$\boldsymbol{C}$ 和 $\boldsymbol{D}$ 为模型的系数矩阵。通过模型预测，可以根据当前的状态和输入，使用递推关系式来预测未来的状态和输出。

模型预测的目标是通过预测未来的状态或输出来实现对系统的控制。对于状态预测，可以使用递推关系式来计算未来时间步的状态。假设要预测未来 $N$ 个时间步的状态，可以使用以下递推公式。

$$\begin{aligned} \boldsymbol{x}(k+1) &= \boldsymbol{A}\boldsymbol{x}(k)+\boldsymbol{B}\boldsymbol{u}(k) \\ \boldsymbol{x}(k+2) &= \boldsymbol{A}\boldsymbol{x}(k+1)+\boldsymbol{B}\boldsymbol{u}(k+1) \\ &\cdots\cdots \\ \boldsymbol{x}(k+N) &= \boldsymbol{A}\boldsymbol{x}(k+N-1)+\boldsymbol{B}\boldsymbol{u}(k+N-1) \end{aligned} \tag{5-96}$$

式中：$\boldsymbol{x}(k+i)$表示在$(k+i)$时刻的状态向量；$\boldsymbol{u}(k+i)$表示在$(k+i)$时刻的控制输入向量，$i=1, 2, \cdots, N$。

对于输出预测，可以使用离散化的微分方程模型来计算未来时间步的输出。假设要预测未来 $N$ 个时间步的输出，可以使用以下递推公式。

$$\begin{aligned} \boldsymbol{y}(k) &= \boldsymbol{C}\boldsymbol{x}(k)+\boldsymbol{D}\boldsymbol{u}(k) \\ \boldsymbol{y}(k+1) &= \boldsymbol{C}\boldsymbol{x}(k+1)+\boldsymbol{D}\boldsymbol{u}(k+1) \\ &\cdots\cdots \\ \boldsymbol{y}(k+N) &= \boldsymbol{C}\boldsymbol{x}(k+N)+\boldsymbol{D}\boldsymbol{u}(k+N) \end{aligned} \tag{5-97}$$

式中：$\boldsymbol{y}(k+i)$表示在$(k+i)$时刻的输出向量，$i=1, 2, \cdots, N$。

2. 参数估计和状态估计

(1)参数估计

参数估计是基于系统的历史数据对模型中的参数进行估计和更新的过程。参数估计的目的是通过最优化或统计方法，找到模型参数的最佳估计值，以使模型能够更好地拟合实际数据。

常用的参数估计方法包括最小二乘法和极大似然估计。最小二乘法通过最小化模型预测值与实际观测值之间的残差平方和来估计模型参数。极大似然估计则基于对观测数据的概率分布建模，通过最大化观测数据出现的可能性来估计模型参数。

具体而言，最小二乘法的估计过程可以通过以下公式表示。

$$\min \left|\left|y-\boldsymbol{H}x\right|\right|^2 \tag{5-98}$$

式中：$y$ 为观测数据；$\boldsymbol{H}$ 为观测矩阵；$x$ 为模型参数；通过求解上述最小化问题，可以得到模型参数的最优估计值。

极大似然估计的估计过程可以通过以下公式表示。

$$\max L(x|y)=P(y|x) \tag{5-99}$$

式中：$L(x|y)$为给定观测数据 $y$ 时，模型参数 $x$ 的似然函数；$P(y \mid x)$为观测数据 $y$ 在给定参数 $x$ 下的概率。通过最大化似然函数，可以得到模型参数的最优估计值。

(2)状态估计

状态估计是通过观测数据和模型对系统当前状态进行滤波或估计的过程。状态估计的目的是利用观测数据提供关于系统当前状态的最佳估计，以便进行准确的预测控制。

常用的状态估计方法包括卡尔曼滤波器和粒子滤波器。卡尔曼滤波器是一种基于线性系统和高斯噪声假设的最优估计方法。它通过在每个时间步更新状态的均值和协方差矩阵来获得对系统状态的最优估计。粒子滤波器则是一种基于蒙特卡洛采样的非线性系统估计方法。它通过在每个时间步从状态的概率密度函数中采样一组粒子，并根据观测数据对粒子进行重采样和权重更新来获得对系统状态的估计。

具体而言，卡尔曼滤波器的估计过程可以通过以下公式表示。

$$\hat{x}(k|k-1)=\boldsymbol{A}\hat{x}(k-1|k-1)+\boldsymbol{B}u(k-1) \tag{5-100}$$

$$\boldsymbol{P}(k|k-1)=\boldsymbol{A}\boldsymbol{P}(k-1|k-1)\boldsymbol{A}^{\mathrm{T}}+\boldsymbol{Q} \tag{5-101}$$

$$K(k)=\boldsymbol{P}(k|k-1)\boldsymbol{C}^{\mathrm{T}}[\boldsymbol{C}\boldsymbol{P}(k|k-1)\boldsymbol{C}^{\mathrm{T}}+\boldsymbol{R}]^{-1} \tag{5-102}$$

$$\hat{x}(k|k)=\hat{x}(k|k-1)+K(k)[y(k)-\boldsymbol{C}\hat{x}(k|k-1)] \tag{5-103}$$

$$\boldsymbol{P}(k|k)=[1-K(k)\boldsymbol{C}]\boldsymbol{P}(k|k-1) \tag{5-104}$$

式中：$\hat{x}(k|k-1)$为在$(k-1)$时刻的状态估计值；$\hat{x}(k|k)$为在$k$时刻的状态估计值；$\boldsymbol{P}(k|k-1)$为在$(k-1)$时刻的状态估计误差协方差矩阵；$\boldsymbol{P}(k|k)$为在$k$时刻的状态估计误差协方差矩阵；$K(k)$为卡尔曼增益；$\boldsymbol{A}$，$\boldsymbol{B}$，$\boldsymbol{C}$为模型的系数矩阵；$u(k-1)$为在$(k-1)$时刻的控制输入；$\boldsymbol{Q}$为过程噪声的协方差矩阵；$y(k)$为在$k$时刻的观测数据；$\boldsymbol{R}$为观测噪声的协方差矩阵；T为矩阵的转置。

粒子滤波器的估计过程涉及重采样和权重更新的步骤，具体实现较为复杂，在此不进行详述。总之，参数估计和状态估计是模型预测中的重要步骤。通过合适的参数估计方法和状态估计方法，可以获得模型参数的最优估计值和系统状态的最佳估计值，从而实现精确的预测控制。

3. 模型预测的输出预测

模型预测的输出预测是指利用建立的数学模型和输入数据，通过模型预测方法推断系统未来的行为和输出。输出预测在模型预测中起着关键作用，可以帮助了解系统的未来趋势、做出决策和制订控制策略。

(1)常见的输出预测方法

常见的输出预测方法主要包括基于时间序列分析的方法、基于状态空间模型的方法和基于机器学习的方法。

①基于时间序列分析的方法。这种方法假设系统的输出是由过去的输出值以及其他可能的影响因素决定的。常用的时间序列模型包括自回归移动平均模型、自回归积分移动平均模型和季节性自回归积分移动平均模型等。通过对时间序列数据进行建模和分析，可以预测未来的输出。

②基于状态空间模型的方法。该方法将系统的动态行为表示为一个状态方程和一个观测方程的组合。状态方程描述系统的动态演化过程，观测方程将系统状态映射到观测值。通过对状态方程和观测方程的推断和滤波，可以得到对系统未来输出的预测。常见的状态空间模型包括卡尔曼滤波器、扩展卡尔曼滤波器和粒子滤波器等。

③基于机器学习的方法。机器学习方法利用历史数据训练模型对未知数据进行预测。常见的机器学习方法包括线性回归、支持向量机、决策树、随机森林和神经网络等。这些方法通过对输入数据和输出数据之间的关系进行学习来实现对未知数据的预测。

(2)常见的输出预测技术

模型预测的输出预测可以采用多种技术来实现准确预测。

①单步预测。单步预测是最简单的预测技术，仅根据当前时刻的输入数据和模型预测下

一个时刻的输出。这种技术只考虑当前时刻的信息，对于短期预测和实时控制具有较好的实用性。

②多步预测。多步预测是根据当前时刻的输入数据和模型预测未来多个时刻的输出。这种技术考虑了未来时刻的信息，可以预测系统的长期趋势和变化。

③递归预测。递归预测是一种迭代的预测技术，把前一时刻的预测结果作为当前时刻的输入，实现连续预测。递归预测可以逐步推进，逐渐趋近真实的输出。

④批处理预测。批处理预测是一种批量处理的预测技术，将一段时间内的输入数据作为整体，通过模型预测方法，一次性预测出该时间段内的输出。批处理预测适合对长时间段的趋势和周期进行预测。

4. 模型预测的误差分析

模型预测的误差分析是评估预测结果与实际数据之间差异的过程，可以帮助了解预测的准确性和可靠性，并采取相应的措施来减小误差。误差分析在模型预测的应用中非常重要，特别是对于控制系统的稳定性和性能提升具有关键影响。

模型预测的误差可以来源于多个因素，包括模型误差、参数估计误差和测量噪声等。模型误差是由于建立的数学模型无法完全描述实际系统的动态行为而引起的，参数估计误差是由于模型参数的估计不准确而引起的，测量噪声是由于传感器的误差和环境干扰等因素引起的。

误差分析需要考虑多个影响因素，如系统的非线性、外部扰动、参数的不确定性等。这些因素会对预测结果的准确性和稳定性产生影响。在进行误差分析时，可以采用多种方法来评估和减小误差。

一种常用的误差分析方法是计算预测误差的均方根误差(root mean square error, RMSE)或平均绝对误差(mean absolute error,MAE)。二者都是评估预测结果与实际数据之间的差异的统计指标。

均方根误差的计算公式为

$$RMSE=\sqrt{\frac{1}{N}\sum_{i=1}^{N}(y_{\mathrm{pred}}-y_{\mathrm{actual}})^2} \tag{5-105}$$

式中：$y_{\mathrm{pred}}$ 表示预测结果；$y_{\mathrm{actual}}$ 表示实际数据；$N$ 表示数据样本的数量。均方根误差越小，表示预测结果与实际数据之间的差异越小，预测的准确性越高。

平均绝对误差的计算公式为

$$MAE=\frac{1}{N}\sum_{i=1}^{N}\left|y_{\mathrm{pred}}-y_{\mathrm{actual}}\right| \tag{5-106}$$

平均绝对误差越小，表示预测结果与实际数据之间的差异越小，预测的准确性越高。

除了计算误差指标，还可以通过绘制预测误差的分布图或误差曲线来进行误差分析。这样可以直观地了解误差的分布情况和波动情况，从而进一步分析误差的特性和来源。

为了减小预测误差，可以采取多种策略和方法。一种常用的方法是改进模型的结构和参数估计方法，以提高模型的拟合能力和准确性。也采用滤波技术，如卡尔曼滤波器或粒子滤波器，来减小由于测量噪声引起的误差。此外，还可以采用数据平滑、数据修正和数据纠正等技术来优化预测结果。

### 5.4.4　预测控制的动态优化

1. 动态优化的概念

动态优化是一种在一定时间范围内寻找使目标函数最优化的变量取值序列的优化方法。与静态优化不同，动态优化考虑了变量随时间变化的情况，适用于具有时变性质的系统和问题。在预测控制中，动态优化的目标是通过调整控制输入的序列，使目标函数最小化或最大化，从而实现系统的最优控制。

动态优化的数学表达可以用如下公式表示。

$$\min_{u(t)} J=\int_{t_0}^{t_f} L[x(t),\ u(t),\ t]\mathrm{d}t+M[x(t_f)] \tag{5-107}$$

$$g[x(t),\ u(t),\ t]\leqslant 0 \tag{5-108}$$

$$h[x(t),\ u(t),\ t]=0 \tag{5-109}$$

式中：$u(t)$是控制输入序列；$x(t)$是系统状态；$t_0$ 和 $t_f$ 分别是优化的起始和终止时刻；$L$ 是运动学成本函数；$M$ 是末端成本函数；约束条件包括不等式约束 $g$ 和等式约束 $h$。

2. 预测控制的动态优化方法

动态优化方法是将预测模型与优化算法相结合，通过优化控制输入序列来实现系统的最优控制的方法。预测模型用于预测系统的未来行为，而优化算法可以根据预测结果对输入序列的计算进行优化控制。动态优化方法的核心是在一定时间范围内寻找最优的控制输入序列，以使预测模型的目标函数最小化或最大化。

预测控制的动态优化方法可以使用以下步骤实现。

(1)建立系统的预测模型

在预测控制中，首先需要建立系统的预测模型。预测模型可以是线性模型、非线性模型或者时变模型，具体选择取决于系统的特性和需求。预测模型将当前的状态和输入与未来的状态和输出进行关联，以预测系统的行为。

(2)定义优化目标函数

在动态优化中，需要定义一个优化目标函数。目标函数通常包括系统的性能指标和控制目标，如最小化误差、最大化效能等。同时，还需要考虑约束条件，如物理约束、操作限制等。

(3)选择优化算法

选择合适的优化算法是实现动态优化的关键。常用的优化算法包括动态规划、线性二次优化、遗传算法等。这些算法通过迭代搜索的方式，逐步优化控制输入序列，以达到最优控制目标。

(4)进行时序优化

时序优化是动态优化的重要考虑因素，需要将优化的时间范围划分为离散的时刻，通过迭代更新控制输入序列，使其逐步逼近最优解。时序优化可以采用离散化方法，如离散时间步长的动态规划或离散化节点的优化方法。

3. 动态优化算法的实现和求解

动态优化算法的实现和求解是预测控制中的关键步骤，涉及选择合适的优化算法、设计求解策略和优化算法的具体实现。

(1)迭代算法和收敛性分析

动态优化算法通常采用迭代优化的方式进行求解。迭代算法通过迭代更新控制输入序列，逐步逼近最优解。常见的迭代算法有牛顿法、梯度下降法、共轭梯度法等。在实际应用中，需要对迭代算法进行收敛性分析，以确保算法的收敛性和稳定性。

(2)数值方法和优化算法选择

在动态优化算法的实现过程中，需要选择合适的数值方法和优化算法。数值方法涉及离散化和数值逼近的技术，常用的数值方法有欧拉法、龙格-库塔法等。优化算法的选择取决于问题的复杂程度和求解需求，常用的优化算法包括动态规划、线性二次优化、遗传算法等。

(3)线性化方法和非线性优化算法

动态优化问题中常常涉及非线性的目标函数和约束条件。为了求解这类问题，可以采用线性化方法和非线性优化算法。线性化方法将非线性问题线性化，然后应用线性优化算法进行求解。非线性优化算法则直接处理非线性问题，如非线性规划、序列二次规划等。

(4)约束优化和无约束优化

动态优化问题中，优化目标函数和约束条件可能存在各种约束，如等式约束和不等式约束。约束优化算法可以有效地处理这类问题，如约束优化、广义罚函数法等。而无约束优化算法则处理没有约束条件的优化问题，如无约束优化、拟牛顿法等。

(5)优化问题的求解策略

在动态优化算法的实现过程中，为了提高求解效率和精度，可以采用一些求解策略。例如，可以采用分阶段求解策略，将复杂的优化问题分解为多个子问题进行求解。同时，可以利用问题的特殊结构和性质，设计特定的求解策略和算法。

动态优化算法的实现和求解涉及数值方法、优化算法的选择与设计，以及求解策略的确定。通过合理选择和实现这些算法，可以有效地求解动态优化问题，实现系统的最优控制。

以下是动态优化算法中的一个例子，称为动态规划方法。动态规划是一种通过将复杂问题分解为子问题进行求解的优化方法，其基本思想是利用最优子结构的性质，自下向上地计算最优解。

动态规划的数学表达可以用如下递推关系表示。

$$V^*(x_k)=\min_{u_k}\{c(x_k,u_k)+V^*(x_{k+1})\} \tag{5-110}$$

式中：$V^*(x_k)$，$V^*(x_{k+1})$表示在状态$x_k$，$x_{k+1}$处的最优值函数；$c(x_k,u_k)$是在状态$x_k$下选择控制输入$u_k$的成本函数。

动态规划方法通过从最终状态开始，逐步计算最优值函数，最终得到最优控制策略。

4. 基于动态优化的预测控制实例分析

基于动态优化的预测控制是一种常用的控制方法，它将系统的预测模型和优化算法相结合，通过优化控制输入序列来实现系统的最优控制。下面通过一个实例来说明动态优化在预测控制中的应用。

考虑一个机器人路径规划的控制问题。假设有一个机器人需要从起始点 $P_0$ 移动到目标点 $P_f$，并且需要避开一些障碍物。希望通过控制机器人的路径来最小化总体运动成本，同时保证机器人的安全性。

首先，建立机器人运动的预测模型。假设机器人的运动可以用二维平面上的位置和速度来描述。用线性模型表示机器人的运动方程为

$$\dot{\boldsymbol{x}}(t)=\boldsymbol{A}x(t)+\boldsymbol{B}u(t) \tag{5-111}$$

$$y(t)=\boldsymbol{C}\boldsymbol{x}(t) \tag{5-112}$$

式中：$\boldsymbol{x}(t)=[p_x(t),\ p_y(t),\ v_x(t),\ v_y(t)]^{\mathrm{T}}$ 是机器人的状态向量，$p_x(t)$和 $p_y(t)$分别表示机器人在 $x$ 和 $y$ 方向上的位置，$v_x(t)$和 $v_y(t)$分别表示机器人在 $x$ 和 $y$ 方向上的速度；$u(t)=[u_x(t),\ u_y(t)]^{\mathrm{T}}$ 是机器人的控制输入，用于调节机器人的运动。

其次，定义优化目标函数。在该问题中，希望机器人在尽快到达目标点的同时，确保与障碍物的安全距离。因此，可以定义目标函数为机器人与目标点的距离和机器人与所有障碍物的最小距离之和。

$$J=w_1\sqrt{[p_x(t_f)-p_{f_x}]^2+[p_y(t_f)-p_{f_y}]^2}+w_2\min_{i=1}^{N}\sqrt{[p_x(t)-p_{o_{i_x}}]^2+[p_y(t)-p_{o_{i_y}}]^2} \tag{5-113}$$

式中：$t_f$ 表示最终时刻；$p_{f_x}$ 和 $p_{f_y}$ 分别表示目标点的 $x$ 和 $y$ 坐标；$N$ 表示障碍物的数量；$p_{o_{i_x}}$ 和 $p_{o_{i_y}}$ 分别表示第 $i$ 个障碍物的 $x$ 和 $y$ 坐标；$w_1$ 和 $w_2$ 是权重因子，用于调节目标函数中不同项之间的重要性。

最后，选择合适的优化算法进行求解。在该问题中，可以使用非线性规划算法进行求解，如序列二次规划算法。该算法能够有效地处理非线性约束和目标函数。根据求解得到的最优控制输入序列，控制机器人沿着最优路径进行移动，并实时更新控制输入以适应环境的变化。

综上所述，基于动态优化的预测控制方法，通过建立预测模型、定义优化目标函数、选择合适的优化算法进行求解。在机器人路径规划的实例中，往往通过线性模型和非线性规划算法来实现机器人的最优路径规划。这个实例说明了基于动态优化的预测控制在路径规划问题中的应用，同时也展示了动态优化算法的实现步骤和求解方法。

### 5.4.5　具有约束的预测控制

约束预测控制是一种广泛应用于工程、科学和工业领域的先进控制方法，通过对系统中的约束条件进行建模和优化来实现对系统的有效控制。约束预测控制的理论基础包括线性时不变系统理论、预测控制的基本原理以及约束预测控制的特点和优势。其中，线性时不变系统理论是约束预测控制的基础，描述了系统的动态行为和稳定性；预测控制的基本原理是约束预测控制的核心，通过预测和优化实现对系统的控制；约束预测控制的特点和优势则体现在其对约束条件的处理和优化上，能够更好地满足实际应用需求。本小节将介绍约束预测控制的基本概念，探讨其实施步骤，进而通过案例分析深入了解约束预测控制在实际问题中的效果和应用前景。

1. 约束预测控制的基本概念

约束预测控制的基本原理是基于建立的系统数学模型，根据系统的性能要求和约束条件，通过优化策略对系统进行调节和控制。在约束预测控制中，首先需要进行模型建立，将实际系统抽象为数学模型，包括输入、输出、状态变量等。然后，需要调整模型中的参数，以使模型与实际系统相匹配。最后，根据系统的性能指标和约束条件，制订优化策略，对系统进行实时控制。

约束预测控制在实际应用中具有许多优点。第一，它能够有效地处理多输入多输出系统，并提供对多个性能指标的统一优化。第二，它可以在满足约束条件的情况下实现系统的全局最优控制，从而提高系统的稳定性和性能。第三，它还可以应用于非线性系统和时变系统的控制问题，具有较强的适应性和灵活性。

总的来说，约束预测控制是一种重要的控制方法，其基本原理和方法可以帮助工程师更好地设计和优化控制系统。通过合理的模型建立、参数调整和优化策略选择，可以有效提高系统的性能和稳定性，实现工业过程的自动化控制目标。

2. 实施步骤

约束预测控制应用于工业控制系统中，在提高系统性能和保证系统稳定性方面发挥了重要作用。它是一种基于模型的控制策略，通过对未来状态的预测，对系统行为进行实时调整，以达到预期的性能指标。其实施步骤如下。

(1)建立系统模型

在现代控制系统中，建立精确的系统模型是预测控制的基础。通常使用数学方程模型或者状态空间模型来表示系统。数学方程模型是一种直观且易于理解的模型，通过对系统的行为进行数学描述清晰地反映出系统的特性。而状态空间模型则是一种更为复杂的模型，不仅包含了系统的状态信息，还包含了系统的输入和输出信息，因此能够更全面地描述系统的行为。

(2)设计预测控制器

在现代工业控制系统中，设计预测控制器是一个重要的环节。这一环节的主要目标是根据系统的模型预测未来的系统状态，并根据这些预测结果调整当前的控制策略。这一过程通常包括两个部分：预测模型和控制策略。

①预测模型是预测控制器的核心部分，用于预测未来的系统状态。预测模型的设计需要基于对系统动态特性的深入理解，以及对系统输入、输出数据的分析。预测模型的目标是能够准确地预测出未来一段时间内系统的状态将如何变化。这一预测结果将为控制策略的制订提供重要的依据。

②控制策略是根据预测模型的预测结果来调整当前的控制信号的方法。控制策略的设计需要考虑多种因素，包括系统的动态特性、控制目标、环境条件等。控制策略的目标是通过调整控制信号，使系统的实际状态尽可能地接近预期的状态。

预测控制器的设计是一个复杂的过程，需要结合系统的具体特性进行。首先，在掌握系统的数学模型和物理特性的基础上，对系统的动态特性(包含了系统的行为模式、反应速度和稳定性等)进行深入理解。其次，对系统的历史数据进行分析，以了解系统的运行规律和可能的变化趋势。最后，根据这些分析结果，设计出合适的预测模型和控制策略。

预测控制器的设计不仅可以提高系统的稳定性，还可以提高系统的控制精度和响应速度。通过预测未来的状态，可以使控制策略更加灵活和准确，从而提高系统的运行效率。同时，预测控制器还可以减少系统的振荡和超调，提高系统的稳定性。在实际应用中，预测控制器的设计还需要考虑到许多其他的因素，如系统的非线性特性、不确定性、噪声等。这些因素可能会对预测模型和控制策略的有效性产生影响。因此，预测控制器的设计需要不断地进行优化和改进，以适应不断变化的系统环境和控制需求。

(3)实施预测控制

在预测控制器设计完成后，就可以开始实施约束预测控制了。这个过程包括以下步骤：首先，根据当前的系统状态和输入，使用预测模型预测未来的系统状态。然后，根据预测结果和性能指标调整当前的控制策略。最后，将新的控制信号发送给系统，以实现预期的性能指标。

(4)验证和优化

约束预测控制的实施并不是一次性的过程，需要根据上一次的预测结果和性能指标对当前的控制策略进行调整。这个过程通常涉及优化算法的应用，如线性规划、二次规划等。优化算法可以在满足约束条件的前提下，寻找到最优的控制策略，使得系统在未来一段时间内能够达到预期的性能指标。在这个过程中，性能指标的选择非常重要，将直接影响到控制策略的调整方向和优化结果。将新的控制信号发送给系统(这些控制信号是根据优化后的控制策略生成的)，可以指导系统的实际运行。在实际应用中，新的控制信号通常会与实际的测量数据进行比较，以便对控制策略进行实时调整和优化。

约束预测控制的实施是一个复杂而精细的过程，涉及系统模型的建立、预测控制器的设计、预测控制的实施以及控制策略的验证和优化等多个步骤。然而，只要按照正确的步骤进行操作，就可以有效地利用约束预测控制在各种工业控制系统中实现高性能和高稳定性的控制目标。

3. 案例分析

接下来将通过以下两个案例深入了解约束预测控制的应用效果和应用前景。

**案例一：机器人手臂约束预测控制**

随着科技的不断发展，机器人在装配过程中扮演着越来越重要的角色。机器人手臂约束预测控制可以使机器人手臂在动作过程中保持在约束范围内，并达到预期的轨迹；通过对机器人手臂的运动学和动力学模型进行分析，预测其在未来一段时间内的运动轨迹，并根据预定的目标函数对其进行优化控制，从而有效地避免机器人手臂在运动过程中出现的碰撞、干涉等问题，从而提高装配过程的可靠性和稳定性。

在机器人手臂控制中，约束主要来源于关节角度、速度和加速度的限制以及关节之间的相互关系等。机器人手臂约束预测控制步骤如图 5-15 所示。具体步骤如下。

**图 5-15　机器人手臂预测控制步骤**

建立机器人手臂的数学模型。这是实现约束预测控制的基础，需要通过拉格朗日方程或者牛顿-欧拉方程等方法，建立起机器人手臂的运动学和动力学模型。运动学模型可以描述机器人手臂在受到外力作用时的运动情况，通过对模型的分析，可以预测机器人手臂在不同时间点的位置和姿态。为了提高预测的准确性，通常需要在运动学模型中引入一些约束条件，如关节限位、速度限制等。

设计预测模型。预测模型的主要任务是对机器人手臂的未来状态进行预测。这需要将当前的系统状态和输入，以及未来的系统状态和输出都考虑进来。常用的预测模型有线性预测模型和非线性预测模型等。

考虑约束条件。在设计控制策略时，需要考虑到系统的约束条件。这些约束条件通常包括关节角度、速度和加速度的限制，以及关节之间的相互关系等。需要将这些约束条件转化为优化问题的约束条件，以便在制订控制策略时进行考虑。

制订最优控制策略。通过求解优化问题，在预测模型和约束条件的基础上，制订出最优控制策略。在求解优化问题时，需要考虑到系统的动态特性和不确定性等因素，以确保控制策略的有效性和鲁棒性。

实施控制。最后，将制订的控制策略应用到机器人手臂的实际运动中。根据控制策略计算出具体的控制信号，然后通过驱动器将这个信号传递到机器人手臂的各个关节上，从而实现对机器人手臂的精确控制。

机器人手臂约束预测控制可以使机器人手臂在动作过程中保持在约束范围内，减少不必要的损失和安全风险；还可以提高机器人手臂的精度和效率。然而，这种预测控制也存在局限性，例如：需要高性能的计算能力和数据处理能力以进行大量的计算和预测；需要对约束条件进行精确的建模，以确保控制信号的正确性和准确性。

### 案例二：自动驾驶车辆约束预测控制

随着科技的不断发展，自动驾驶技术逐渐成为人们关注的焦点。在自动驾驶系统中，约束预测控制作为一种重要的控制策略，对于提高车辆行驶的安全性和舒适性具有重要意义。在自动驾驶系统中，约束预测控制主要应用于对车辆行驶轨迹、速度等参数的控制，以保证车辆在各种复杂环境中的安全行驶。接下来，通过一个实际自动驾驶案例来分析约束预测控制的工作原理。

假设某自动驾驶车辆需要从一个停车场出发，经过一段复杂的道路环境，最终到达目的地。在这个过程中，车辆需要遵守交通规则，避免与其他车辆或行人发生碰撞等。为了实现这一目标，约束预测控制可以分为以下几个步骤，控制流程如图 5-16 所示。

**图 5-16　自动驾驶车辆预测控制流程**

数据采集。通过车载传感器(如激光雷达、摄像头等)获取车辆周围的环境信息，包括其他车辆的位置、速度等信息。同时，还需要获取车辆自身的状态信息，如位置、速度等。

数据预处理。对采集到的数据进行滤波、去噪等处理，以提高后续预测和控制的准确性。

模型建立。根据车辆的运动学模型和动力学模型，建立车辆在各种约束条件下的预测模型。这个模型需要考虑车辆的速度、加速度、转向角等参数，以及车辆与周围环境的交互关系。

预测与优化。利用建立好的模型对未来一段时间内车辆的状态进行预测。同时，根据预测结果和约束条件对车辆的速度、加速度等参数进行优化调整，以实现安全、舒适地行驶。

控制实现。将优化后的参数传递给车辆的控制系统，实现对车辆的实际控制。在这个过程中，需要不断更新数据和模型，以适应不断变化的环境。

通过以上案例分析，可以看到约束预测控制在自动驾驶车辆中的重要应用价值。在未来，随着自动驾驶技术的不断发展和完善，约束预测控制将在更多领域发挥重要作用，为人类带来更加便捷、安全的出行体验。

4. 挑战与未来发展

在现代工业和科学研究中，预测控制技术已经成为了一项重要的工具。它通过对未来行为的预测实现了对系统的有效控制，提高了系统的运行效率和稳定性。然而，随着系统复杂性的增加，预测控制面临的挑战也日益严峻。约束条件的处理就是一个重要的问题。约束条件是对系统状态、输出或者其他参数的限制，如最大最小限制、等式或者不等式限制等。这些约束条件需要在预测模型中得到有效的考虑，以确保控制系统的稳定性和性能。然而，由于约束条件的非线性和不确定性，如何在预测模型中准确地表示和应用这些约束条件，成为一个困难的问题。复杂系统的建模也是约束预测控制的一个重要挑战。在实际应用中，系统往往具有复杂的结构和动态行为，如多输入多输出、时变、非线性等特性。这就要求预测模型能够准确地描述和预测这些复杂系统的行为。然而，由于系统复杂性的增加，预测模型的建立和验证变得更加困难，如何有效地建立和验证预测模型，是约束预测控制的一个关键问题。

面对这些挑战，未来约束预测控制的研究方向主要集中在智能化和自适应调整两个方面。在智能化方面，研究人员正在探索如何利用人工智能技术(如机器学习、深度学习等)来提高预测控制的性能。这些技术可以通过学习历史数据自动地建立和优化预测模型，从而实现对系统的有效控制。此外，人工智能还可以用于处理约束条件，通过学习和推理自动地找到满足约束条件的最优控制策略。在自适应调整方面，研究人员正在研究如何使预测控制系统能够自动适应环境的变化和系统参数的不确定性。这需要预测控制系统具有自我学习和自我调整的能力，能够根据实时的系统状态和性能信息，自动地调整预测模型和控制策略，以适应系统的变化和不确定性。约束预测控制面临着诸多挑战，但同时也存在着巨大的发展潜力。通过不断的研究和创新，约束预测控制将会在未来的工业和科学研究中发挥更大的作用。

## 5.4.6 预测控制的应用与参数整定

预测控制是一种具有较强优化能力、适应性、可扩展性和鲁棒性的先进控制策略，在提升过程控制系统性能和效率方面具有较大优势。

1. 预测控制的应用

预测控制在许多领域都有着广泛的应用，如化工过程控制、电力系统、智能交通系统、自动驾驶汽车等领域。下面对以上几个应用进行详细介绍。

(1)化工过程

预测控制在化工过程中被广泛应用到温度、压力、液位等参数的控制中。通过建立准确的预测模型，预测控制可以对化工过程中的变量进行预测，并制订最佳的控制策略，以确保产品的质量和安全性，并提高生产效率。在具体的化工过程控制中，预测控制可应用于以下方面。

①温度控制。针对化工过程中的液体反应器，预测控制可以根据过去的温度数据和当前环境条件，预测未来的温度趋势，并生成最佳的控制策略。通过动态调节加热或冷却介质的流量或温度，可以实现温度的稳定控制，以确保生产过程的安全性和产品质量。

②压力控制。在化工过程中，许多装置需要进行压力控制，如反应器、蒸馏塔等。预测控制基于过去的压力数据和当前的操作状态，能够预测未来的压力变化，并生成最佳的控制策略。通过控制进料流量、阀门开度等参数，预测控制可以实现精确的压力控制，同时避免压力波动对生产造成不良影响。

③液位控制。在涉及液体储存和输送系统的化工过程中，液位控制至关重要，如储罐、反应器、分离塔等。预测控制可以根据过去的液位数据和流量变化，预测未来的液位趋势，并生成相应的控制策略。通过控制进料流量、排放流量等，预测控制可以有效地管理液位，防止溢流或液位过低情况的发生。

④产品质量优化。在化工过程中，产品的质量是一个重要的指标。预测控制可以基于过去的生产数据和质量指标，预测未来的产品质量趋势，并生成最佳的操作策略。通过调整反应条件、控制反应物比例等，预测控制可以优化化工过程，提高产品质量，减少变异和增加生产的一致性和可靠性。

⑤能源优化。化工过程通常需要大量的能源，如电力、燃料气体等。预测控制可以根据过去的能源消耗数据和当前的运行状态，预测未来的能源需求，并生成最佳的能源调度策略。通过优化能源供应、运行参数、设备运行时间等，预测控制可以实现能源的高效利用，减少能源浪费，降低生产成本。

(2)电力系统

预测控制在电力系统的调度和运行中也有重要应用。通过建立电力负荷和发电量之间的预测模型，可以预测未来的负荷变化趋势，并制订相应的发电计划。预测控制能够帮助电力系统保持稳定运行，优化电网的供电能力和稳定性。在电力系统中，预测控制的应用主要为对电力负荷和发电量的预测，并根据预测结果进行合理的电力调度。以下是电力系统中预测控制的一些具体应用。

①负荷预测。通过建立负荷预测模型，可以预测未来一段时间内的负荷需求量。预测模型考虑了时间、天气状况、季节性变化等多个影响因素。根据负荷的预测结果，调度员可以合理安排发电计划，以满足用电需求并确保电网稳定运行。其中建立训练预测模型常用的方法有四种。一是人工神经网络。基于神经网络的方法可以进行负荷预测。常见的网络结构包括前馈神经网络和循环神经网络。通过训练数据，这些网络可以通过学习到的权重和偏置来进行负荷预测。二是时间序列分析方法。如自回归滑动平均模型、自回归积分滑动平均模型、季节性自回归积分滑动平均模型等。这些方法是基于历史数据的时间序列模型，可以捕捉到负荷数据中的趋势和季节性等特征。三是机器学习方法。除了支持向量机，还可以使用其他机器学习算法，如决策树、随机森林、k 近邻等。这些方法可以根据已有的负荷数据，训练出适合负荷预测的模型。四是深度学习方法。深度学习模型(如长短期记忆网络、卷积神经网络等)也被广泛应用于负荷预测。这些模型能够更好地捕捉时间序列数据中的长期依赖关系。需要注意的是，不同的训练方法适于不同的数据特征和预测需求。选择合适的方法

需要结合具体的应用场景和数据特点，以确保获得准确、可靠的预测结果。对于以下介绍的预测控制方法在电力系统中的应用，其原理与电力负荷预测控制有着相似之处。

②发电量预测。发电量预测是电力系统中的一项重要任务。通过建立发电量预测模型，预测控制可以预测未来一段时间内的各种发电资源(如火电、水电、风电等)的发电情况。发电量预测可以基于多个因素，如天气、能源供应情况、设备状态等来建立。通过准确的发电量预测，调度员可以做出合理的发电计划，确保电力系统的供电能力和稳定性。

③电力调度控制。根据负荷和发电量的预测结果，调度员可以制订合理的电力调度控制策略。例如：在高负荷期间，可以加大火电发电量，并将风能、太阳能等可再生能源的发电量降低；在低负荷期间，可以提高可再生能源的利用率。电力调度控制策略的制订需要综合考虑电力系统的供需关系、发电成本、环境影响等因素。

④故障及紧急情况预测。预测控制还可以用于预测电力系统中的故障和紧急情况。通过建立故障预测模型，可以预测潜在的设备故障或系统异常，以便提前采取相应的维护和修复措施。预测控制还可以根据天气条件和其他因素，预测可能出现的紧急情况，如风暴、高温天气等，以便做好相应的应对措施，确保电力系统的安全运行。

这些预测控制问题都涉及对电力系统中的各种参数和变量进行预测和分析，以实现对电力系统的有效管理和控制。虽然具体的问题和数据特点不同，但都可以利用类似的数据分析和建模方法进行预测和控制。

(3)智能交通系统

预测控制在智能交通系统中具有重要应用。例如，在交通拥堵预测中，预测控制可以通过建立交通流模型和预测算法，预测道路上的交通流量和拥堵情况，以便制订相应的交通管理策略。此外，预测控制还可以应用于车辆路径规划、交通信号优化等方面，提高交通效率和安全性。在智能交通系统中，预测控制可以应用于以下几个方面。

①交通流量预测。通过建立交通流量预测模型，预测未来交通流量的变化趋势和情况。利用历史交通数据、实时交通流信息和其他相关数据，预测控制可以提前预判交通拥堵状况，制订相应的交通管理和调度策略。

②路况预测。基于实时交通数据、天气数据和事故数据，建立路况预测模型，预测未来一段时间内的道路状况。准确的路况预测可以提前警示驾驶员，协助其选择最佳行驶路线，减少拥堵和事故的可能性。

③信号控制优化。利用交通流量预测和路况预测结果，制订合理的信号控制策略。智能交通系统可以根据预测的交通状况动态调整红绿灯时长和信号配时，以最大限度地优化交通流动效率，减少拥堵和等待时间。

④车辆路径规划。根据交通流量预测和路况预测结果，为驾驶员提供最佳的行驶路径规划建议。智能交通系统可以考虑未来的交通情况和预测的拥堵区域，帮助驾驶员选择最短、最快、最节能的行驶路径，提高车辆行驶效率。

⑤公共交通调度。基于乘客需求和交通流量预测结果，优化公共交通车辆的调度安排。智能交通系统可以通过预测未来的乘客需求和路段拥堵情况，合理安排公共交通车辆的运行时刻表和路线，提高公共交通的准时性和效率。

(4)自动驾驶汽车

在自动驾驶汽车领域，预测控制可以通过实时的预测、规划和控制，提高自动驾驶车辆的行驶安全性、效率和可靠性，使得自动驾驶汽车能够更好地适应不确定的道路环境和交通情况。在自动驾驶汽车领域，预测控制可以应用于以下几个方面。

①车辆轨迹规划。预测控制可以根据车辆状态、环境感知信息和交通情况，预测未来一段时间内的路况，并在此基础上进行车辆轨迹规划。通过考虑未来预测的交通情况和拓扑结构，预测控制能够为自动驾驶汽车提供最佳的行驶轨迹规划建议，以实现安全、高效的行驶。

②车辆控制。预测控制可以基于实时车辆状态、环境感知信息和预测的路况，制订车辆控制策略。通过对未来路况的预测和障碍物的动态变化，预测控制可以及时调整车辆的加速、制动和转向，以确保车辆安全地驾驶，并避免与其他车辆或障碍物发生碰撞。

③预警处理。基于预测控制的车辆轨迹规划和路况预测，自动驾驶系统可以预测可能出现的危险情况和突发事件，如突然刹车、车辆冲突等。预测控制可以及时发出预警信号，并采取相应的应对措施，从而提高自动驾驶系统的安全性和可靠性。

④车队协同调度。预测控制可以基于车队内车辆的状态和预测的交通状况，优化车队内车辆的协同调度。通过预测控制，自动驾驶汽车可以根据预测的路况和交通流量，合理调整行驶速度和路线，以实现车队的高效组织和协同运行。

2. 预测控制的参数整定

在预测控制中，参数整定的目的是根据实际控制要求和系统响应特性，寻找合适的预测模型和控制器参数，以获得最佳的控制性能。下面简要介绍几种参数整定的方式。

(1)用户经验法

用户经验法是指根据工程师的经验和专业知识，通过观察系统的动态响应特性，手动调整预测模型和控制器的参数。这种方法因简单、直观而被广泛应用，但需要依赖经验丰富的工程师，图 5-17 给出了用户经验法的一般步骤。

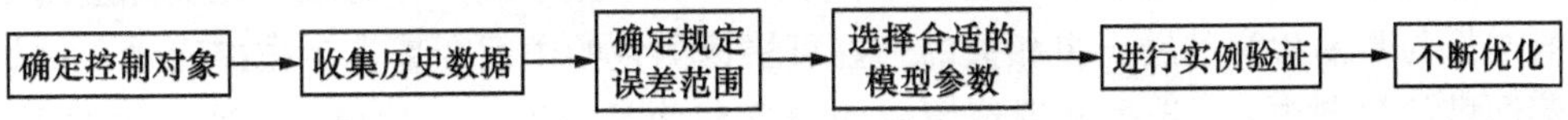


**图 5-17　用户经验法的一般步骤**

首先，确定预测控制的控制对象，根据不同的控制对象和操作目标选择合适的预测模型，根据控制对象的性质和实际情况，收集控制对象历史数据；其次，根据实际情况和控制目标确定一个规定的误差范围，选择合适的模型参数使得预测误差范围满足要求，这可能需要依据用户的经验和实践进行多次试验和调整；再次，将确定好的模型参数应用到预测控制系统中，进行实例验证；最后，根据实验结果和用户反馈，对模型参数进行优化和调整。

(2)实验试探法

实验试探法是指通过一系列实验来收集系统的数据，从中获取模型参数，并根据实验结果对参数进行优化调整。这种方法需要较多的实验投入和系统测试时间，但能够更加准确地确定参数。图 5-18 给出了实验试探法的一般步骤。

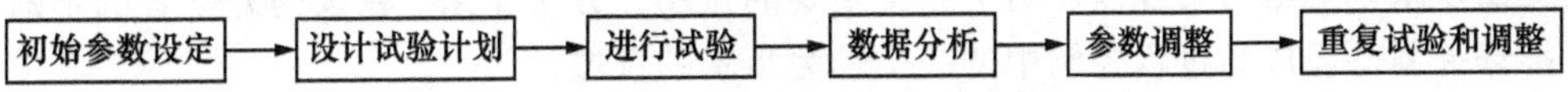


**图 5-18　实验试探法的一般步骤**

首先，根据系统的特性和控制要求，初步设定控制模型的参数，这些初始参数可以基于以往的经验、文献资料或其他方法来选择或估计；其次，设计一系列试验计划，按照不同的参数组合进行一系列试验，并对试验数据进行分析，评估不同参数设定下的控制性能；再次，根据数据分析结果，对参数进行调整以改进控制性能；最后，重复试验并调整，逐步优化模型参数，直到达到所需的控制性能水平。

(3)自动参数整定算法

自动参数整定算法是指使用一些自动化算法，如基于优化算法的参数整定方法(遗传算法、模拟退火算法等)或基于机器学习的参数整定方法(神经网络、支持向量机等)，寻找最优参数组合。这种方法通常结合了模型仿真和实验数据分析的手段，可以快速有效地找到最佳参数。

首先，根据从以往的控制经验中得到的数字或以往研究或模拟得出的数字来设定控制模型的初始参数；其次，根据设定参数进行一系列试验；再次，使用自动参数整定算法，根据试验数据搜索最佳控制参数；从次，使用另外的验证数据集对不同的参数设定和控制模型的效果进行评估；最后，重复上述步骤，不断调整和优化控制参数，直到达到最优的控制效果。

## 5.5　推理控制

在工业控制中，由于检测装置的限制，某些过程输出的采样间隔非常大，影响了对扰动的有效监测。这种情况常见于蒸馏塔产品的化学成分控制以及化工反应器的控制中。因为在这些控制系统中化学成分分析仪的检测时间长，从而导致了大采样延迟。在实际应用中，人们一般选择与不易检测的输出量相关的一些可快速测量的中间变量作为被控变量。例如，在多元蒸馏塔的控制中，可选择贴近蒸馏层的温度作为被控变量。然而，这种方法并不成功，因为仅仅使蒸馏层的温度保持恒定并不一定能使产品的化学成分也保持不变。炼钢过程中钢水温度、成分的控制，生产熔炼钒铁、水泥的回转窑烧成段的温度控制，漏钢预报和连铸连轧钢坯的表面温度控制，等等，也存在上述问题。由于传统的控制方法不能有效地处理这类问题，因而推理控制逐渐形成。

关于推理控制，还没有一个统一明确的定义。邵裕森教授指出："所谓推理控制(或推断控制)是指利用过程模型由可测输出变量将不可测的被控过程的输出变量推算出来，以实现反馈控制，或将不可测扰动推算出来，以实现前馈控制的一种控制系统。"这里的可测输出变量，即为辅助输出变量，或称中间变量。早期的推理控制可追溯到1975年Joseph(约瑟夫)的博士论文《过程推理控制》。更早阐述同样问题的要数1970年Weber(韦伯)的博士论文《提高控制质量的易于测得量的应用》，只是Weber没有提及推理控制这个名词。推理控制理论自被提出以来，便在化工过程控制中起着重要的作用。几十年来，在国内外学者的不断努力下，推理控制已经成为过程控制中的一个较为活跃的领域。

## 5.5.1　推理控制的基本原理

在常规控制中，对于扰动和输出均不可测量的过程，需要采用控制二次输出的方法间接控制过程的主要输出，如图 5-19 所示。图中：$Y(s)$，$Y_s(s)$分别为过程的主要输出和二次输出；$G_p(s)$，$G_{ps}(s)$为控制通道的传递函数；$R(s)$为设定值；$D(s)$为过程的不可测扰动；$A(s)$，$B(s)$为扰动通道的传递函数。

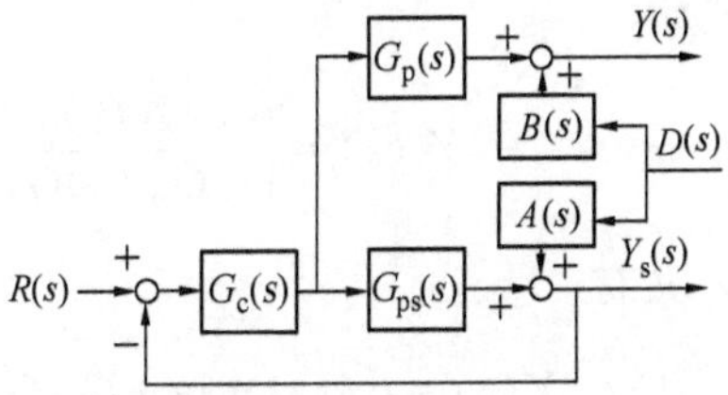

图 5-19　常规控制系统传递函数方框图

在常规控制器的作用下，系统的输出分别为

$$Y(s)=\frac{G_c(s)G_p(s)}{1+G_c(s)G_{ps}(s)}R(s)+\left[B(s)-\frac{A(s)G_c(s)G_p(s)}{1+G_c(s)G_{ps}(s)}\right]D(s) \tag{5-114}$$

$$Y_s(s)=\frac{G_c(s)G_p(s)}{1+G_c(s)G_{ps}(s)}R(s)+\frac{A(s)}{1+G_c(s)G_{ps}(s)}D(s) \tag{5-115}$$

若采用控制器，即 $G_c(s)=K_c\left(1+\frac{1}{T_i s}\right)$，则设定值阶跃扰动作用下，系统输出的稳态误差分别为

$$R(0)-Y(0)=\left[1-\frac{G_p(0)}{G_{ps}(0)}\right]R(0) \tag{5-116}$$

$$R(0)-Y_s(0)=0 \tag{5-117}$$

在不可测阶跃扰动作用下，系统输出的稳态误差分别为

$$Y(0)=\left[B(0)-\frac{A(0)G_p(0)}{G_{ps}(0)}\right]D(0) \tag{5-118}$$

$$Y_s(0)=0 \tag{5-119}$$

式中：$Y(0)$，$Y_s(0)$表示输出的稳态值(频域中)；$G_p(0)$，$G_{ps}(0)$，$A(0)$，$B(0)$分别表示控制通道和扰动通道的静态增益。

分析表明，对于上述系统，当采用 PI 控制时，在设定值阶跃扰动和不可测阶跃扰动作用下，系统的二次输出稳态值是无误差的，但系统的主要输出的稳态值是有误差的。

推理控制就是针对上述过程控制中所存在的问题提出来的一种改进的控制算法。理论分析和实验结果均表明，推理控制在克服不可测扰动的影响方面较已有的其他控制算法具有明显的效果。

图 5-19 所示的过程如果采用推理控制，可以获得较好的控制效果。由于过程的主要输出 $Y(s)$和扰动 $D(s)$均不可测量，所以推理控制部分的输入只能是过程的二次输出 $Y_s(s)$，而其输出为过程的输入 $U(s)$。在图 5-20 中，$G(s)$就代表尚待确定的推理控制部分的传递函数。

为了克服不可测扰动影响，推理控制部分的传递函数应具有什么样的结构形式呢？

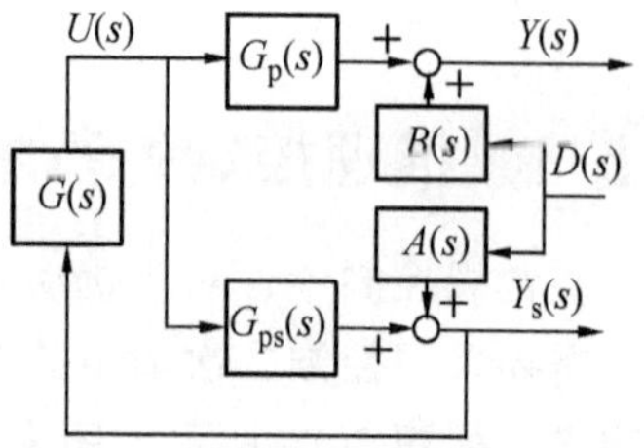

图 5-20　推理控制系统传递函数方框图

由图 5-20 可得

$$Y_s(s)=A(s)D(s)+G_{ps}(s)G(s)Y_s(s)$$

整理得

$$Y_s(s)=\frac{A(s)}{1-G_{ps}(s)G(s)}D(s) \tag{5-120}$$

又有

$$Y(s)=B(s)D(s)+G_{ps}(s)G(s)Y_s(s) \tag{5-121}$$

将式(5-120)代入式(5-121)得

$$Y(s)=B(s)D(s)+\frac{G_p(s)G(s)A(s)}{1-G_{ps}(s)G(s)}D(s) \tag{5-122}$$

定义

$$E(s)=-\frac{G_p(s)G(s)}{1-G_{ps}(s)G(s)} \tag{5-123}$$

则

$$Y(s)=[B(s)-A(s)E(s)]D(s) \tag{5-124}$$

若取

$$E(s)=\frac{B(s)}{A(s)} \tag{5-125}$$

则可完全消除不可测扰动 $D(s)$对输出 $Y(s)$的影响。由此可得，推理控制部分的传递函数为

$$G(s)=\frac{E(s)}{G_{ps}(s)E(s)-G_p(s)} \tag{5-126}$$

式中，$E(s)$满足式(5-125)。

式(5-126)表明，推理控制部分的传递函数 $G(s)$决定于被控过程的动态特性，$G(s)$的实现只能通过建立过程的各通道的数学模型来完成。为避免混淆，过程各通道的数学模型均冠以“·”符号以区别于过程本身。为此，式(5-126)应改为

$$G(s)=\frac{\dot{E}(s)}{\dot{G}_{ps}(s)\dot{E}(s)-\dot{G}_p(s)} \tag{5-127}$$

式中，

$$\dot{E}(s)=\frac{\dot{B}(s)}{\dot{A}(s)} \tag{5-128}$$

推理部分的输出则为

$$U(s)=G(s)Y_s(s)=\frac{\dot{E}(s)}{\dot{G}_{ps}(s)\dot{E}(s)-\dot{G}_p(s)}Y_s(s) \tag{5-129}$$

为便于分析 $G(s)$ 具有怎样的结构，将式(5-129)改写为

$$U(s)=-\frac{[Y_s(s)-\dot{G}_{ps}(s)U(s)]\dot{E}(s)}{\dot{G}_p(s)} \tag{5-130}$$

由上式不难画出图5-21中虚线左侧部分所示的推理控制方框图。图中：$G_i(s)=\frac{1}{\dot{G}_p(s)}$，称为推理控制器；$\dot{E}(s)$ 称为估计器，其作用将在下面加以分析。

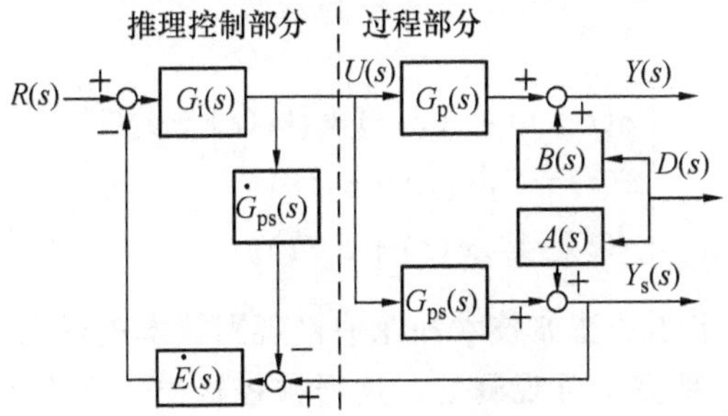


**图 5-21　推理控制系统的组成**

通过对图5-21中推理控制部分的分析，不难看出，推理控制系统由三个基本部分组成。

1. 信号分离

由于引入了控制通道的数学模型 $\dot{G}_{ps}(s)$，当 $\dot{G}_{ps}(s)=G_{ps}(s)$ 时，由图5-21可得

$$Y_s(s)-\dot{G}_{ps}(s)U(s)=A(s)D(s) \tag{5-131}$$

实现了将不可测扰动 $D(s)$ 对 $Y_s(s)$ 的影响从 $Y_s(s)$ 中分离出来的目的。

2. 估计器 $\dot{E}(s)$

已知估计器 $\dot{E}(s)=\dot{B}(s)/\dot{A}(s)$，由图5-21可知，当 $\dot{G}_{ps}(s)=G_{ps}(s)$，且 $\dot{A}(s)=A(s)$，$\dot{B}(s)=B(s)$ 时，其输出为 $B(s)D(s)$。可见，估计器的作用是估计不可测扰动 $D(s)$ 对过程主要输出的影响。估计器 $\dot{E}(s)=\dot{B}(s)/\dot{A}(s)$ 必须是可实现的，在扰动 $D(s)$ 的来源确定后，选择过程的二次输出时应考虑到这一点。

3. 推理控制器 $G_i(s)$

为抵消不可测扰动对主要输出的影响，可设计推理控制器 $G_i(s)=1/\dot{G}_p(s)$。若所有模型都准确，则在设定值扰动作用下的过程输出为 $Y(s)=R(s)$，在不可测扰动 $D(s)$ 作用下的过程主要输出为 $Y(s)=0$。可见，在模型准确的条件下，推理控制系统对设定值扰动具有良好的跟踪性能，而对于所选定的不可测扰动的影响能起到完全补偿的作用。

## 5.5.2　推理控制系统的设计

一个完整的推理控制系统的设计，一般由推理估计器的设计和推理控制器的设计两部分组成。前者是推理控制系统设计的关键，后者以前者为基础。

1. 推理估计器的设计

推理估计器又称软传感器或软测量仪表。推理估计器的设计方法有以下几种：从描述过

程的方式看，可分为输入输出法、状态空间法；从研究的方法看，可分为代数方法和人工智能方法；从研究的对象看，可分为线性推理估计和非线性推理估计；从估计器的特点看，可分为静态推理估计和动态推理估计；等等。

为了叙述方便，本小节主要从状态空间法、输入输出法和非线性推理估计三个方面来概括和分析推理估计器。

(1)状态空间法

状态空间法用状态空间模型描述推理控制系统，是很直接的方式，不需要额外的模型转换。如：

$$\begin{cases}x(t+1)=Ax(t)+Bu(t)+v_1(t)\\ z(t)=C_1x(t)+v_2(t)\\ y(t)=C_2x(t)+v_3(t)\end{cases} \tag{5-132}$$

状态空间法多数采用卡尔曼滤波技术和龙伯格观测技术进行推理估计，要求所选用的辅助输出 $z$ 对系统的状态 $x$ 是完全可观测的，这样被控输出 $y$ 的估计值就能间接求得。这样的系统虽不具有代表性，但是针对某些化工过程，状态空间法也给出了被控变量的可靠推理估计。

状态空间法用状态空间模型描述推理控制系统，既自然又方便。但由于引入状态观测器，需要解黎卡提(Riccati)方程，又要求状态可观测。这既增加了系统的阶次，又可能导致不稳定的控制器，而不稳定的控制器又会破坏系统的跟踪性能。在线估计时，系统参数与状态的联合估计更增加了控制算法的复杂性。因此，状态空间法在实际工程中的应用受到了限制。

(2)输入输出法

推理估计的输入输出法的研究要早于状态空间法，最初的阶段以静态估计为特色，由于工业过程主要运行于稳态，因此推理估计的关键部分是稳态估计器的设计。不易测量的输出为 $y$，易于测量的被控输出为 $z$，扰动输入为 $u$，它们之间的关系可分别表示为：$y=Bu$；$z=Au$。稳态估计器就是用最小二乘法根据辅助输出 $z$ 计算被控输出 $y$ 的估计值。对于这种估计器，辅助输出的选择极为重要，所选的辅助输出应使估计器的稳态误差最小。但是这种方法会产生难以消除的稳态误差。

近年来，输入输出法描述推理控制系统的模型在不断地简化和改进。从不同的角度出发，得出的推理估计器的形式各不相同。实际应用中，可根据实际问题的需要选择适当的形式，例如，对被控变量的采样周期不是很长的过程，可选用周期性自回归移动平均模型(PARMAX 模型)进行推理估计，把采样不到的数据作为丢失数据处理；同时，要看到输入输出法具有一些优点，如有利于控制系统的频域分析，便于进行自适应设计，等等。

(3)非线性推理估计

当生产过程的工况变动范围较大时，尤其当被控输出、辅助输出及相关变量之间存在很强的非线性时，非线性推理估计要优于线性推理估计和卡尔曼滤波。非线性推理估计的研究也很多，如非线性卡尔曼滤波、广义卡尔曼滤波、非线性逼近、神经网络逼近等。

Soliman(索利曼)和 Ray(雷)以及 Rutzler(鲁兹勒)用非线性卡尔曼滤波方法估计封装式反应器的温度和浓度，其难点在于求解一组偏微分黎卡提方程。采用最小平方拟合方法获得非线性推理估计器，通过稳态反应器的非线性降阶模型，估计输入扰动和被控输出，与线性估计相比，具有较强的鲁棒性。然而，机理建模所不可避免的模型误差将导致估计器工作效果时好时坏，难以设计可靠、稳定的控制系统。同时对非连续变化的过程，估计器的性能明显下降，而神经网络估计器可适应这一情况。这样，人们把目光转向人工智能方法，如神经元网络、模糊集理论、遗传算法等。

由于人工智能方法兴起的时间还不长，因此可以说，人工智能在推理估计上的研究还不很深入。虽然神经网络具有很强的非线性逼近能力和良好的平滑性，但其权值的调整却很费力。用遗传算法做推理控制也是一个可行的方法。因为遗传算法具有搜索空间大、收敛速度快、鲁棒性强等优点，所以它虽存在局部优化的问题，但仍可找到许多适用的对象，有一定的发展潜力。人工智能方法处理非线性的能力是人所共知的，随着人工智能的深入研究，人们对软测量技术的认识也将不断完善。

2. 推理控制器的设计

推理控制问题给控制系统增加了设计的复杂性，同时也使得推理控制的策略多种多样。有的直接把推理估计(对被控输出的估计或对不可测干扰的估计)放到控制器的设计中，有的把推理估计的结果与各种控制策略相结合；有的考虑多速率采样系统，有的考虑单一速率采样数据，同时优化多个指标函数；有的采用机理模型，有的用人工智能方法对系统建模。下面从早期推理控制、人工智能控制两方面进行简要的概括和分析。

(1)早期推理控制

对于不可测干扰和采样约束问题，实质上有两类解决方法。第一类方法是直接设计适于慢速率采样输出的特殊控制器。第二类方法是充分利用慢采样输出外的其他相对易于测量的输出所提供的信息。

第一类方法多见于早期的推理控制策略中。例如，Soderstrom(索德斯特罗姆)提出了一种最小方差控制器，这种控制器能够在被控输出的两次采样之间使控制输入发生变化。但他所提出的控制算法都是基于一阶模型的，而且没有给出比较的结果。

串级控制就属于第二类方法。串级控制能有效克服进入内回路的扰动，即把由主级输出到控制器所产生的控制输入作为辅助输出控制器的设定值。虽然这一方式下，没有静态误差出现，但有时其过渡过程不能令人满意。而且，当包含扰动的副回路的时间常数大或者执行器饱和的时候，串级控制就无法有效克服副回路的扰动。与此同时，如果被控输出变量检测困难，那么整个串级控制系统将对外界扰动束手无策，推理控制却可以帮助人们更加从容地面对这一工程难题。

早期提出的推理控制结构如图5-22所示。其中：$f$ 是扰动输入；$z$ 是进入到被控变量测量值的扰动；$\dot{G}_{p2}$ 为对辅助变量 $y_2$ 的传递函数 $G_{p2}$ 的估计，并且 $\dot{E}=\dot{G}_{f1}/\dot{G}_{f2}$，其中 $\dot{G}_{f1}$，$\dot{G}_{f2}$ 分别是对扰动输入 $f$ 的传递函数 $G_{f1}$，$G_{f2}$ 的估计。可见，只有对扰动输入 $f$ 的传递函数 $G_{f1}$，$G_{f2}$ 和辅助变量 $y_2$ 的传递函数 $G_{p2}$ 作准确的估计，才能用辅助变量

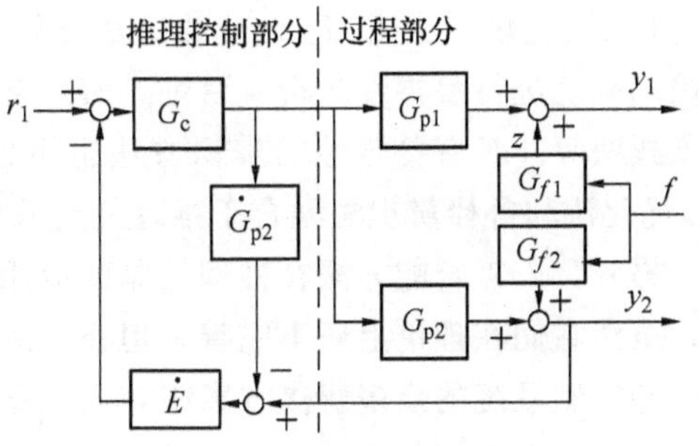


图5-22 一种推理控制的结构

$y_2$ 估算出不可测得的被控变量 $y_1$ 和不可测的扰动输入 $f$，从而才能有效地克服扰动，得到稳定的闭环系统，然而其动态特性又是难于确定的。同时，选择适当的辅助输出变量也是一项烦琐的工作。可见，早期的推理控制结构存在着较大的局限性。

Smith 预估器可以用于解决推理控制问题，即直接用控制器估计和处理外界扰动对过程的影响。内模控制亦可处理推理控制问题，其设计分为过程模型逆设计和低通滤波器设计。由图 5-22 可知，推理控制与内模控制都含有被控模型的逆，只是滤波器有所不同，前者的滤波器不是简单地对滤波时间常数进行调节，而是对各估计器以及参数的函数进行处理。

(2)人工智能控制

当系统为非线性不可逆时，问题难以解决，因为非线性系统控制器尤其是估计器的设计是一件很困难的工作。众所周知，神经网络是解决非线性系统控制问题的一个有力工具。Hunt(汉特)等研究了一类非线性动态系统可逆性条件，提出了用径向基函数和高斯函数(而不是 Sigma 函数)对模型及其逆进行建模的学习方法，从而构成了非线性内模控制系统。谭伟提供了一个基于动态 BP 网络的非线性控制策略。杨英旭在推理估计器已知的基础上，设计非线性自适应推理控制器，首次将梯度径向基函数网络及递推逆的训练方法引入该领域，是一种新的尝试。

## 5.5.3　推理控制存在的问题及展望

从以上所述可以看出，推理控制虽与控制理论的其他领域相比还不很成熟，但其发展的前景却不容忽视。

推理控制的研究依赖于实际工程背景，并且随着过程控制的不断进步而发展，在冶金过程(如炼钢轧钢过程)中也存在诸如被控输出的采样、测量、分析难的问题，如纯氧顶吹转炉的定碳控制、连续轧钢机钢带厚度控制等。但在实际中，往往只是简单地采用预估函数或多次迭代卡尔曼滤波的预测法以及数值拟合等方法，没有把辅助输出快速采样的优势及所含的丰富信息与控制策略结合起来，因而不免具有一定的局限性。

由于被控变量在大部分时刻得不到采样值，一般输入输出模型对系统的描述是无效的。故出现了其他描述形式，如多率数据采样系统、周期性时变系统；同时也提出了许多推理估计方案。但是，如果能找到既能恰当地描述推理控制系统，又能把推理估计和推理控制器的设计有机地结合起来的输入输出模型，则可把许多成熟的设计方法巧妙地“移植”到推理控制系统的设计中来。

$H_\infty$ 最优化方法比 $H_2$ 最优化方法能更加直接地提高控制系统的鲁棒性，更方便了对推理控制系统进行鲁棒性分析。目前，$H_\infty$ 最优化设计技术中比较成熟的方法有状态空间法、多项式法等。具有鲁棒性的辨识方法也可以提高自适应推理控制系统的鲁棒性。因此，把 $H_\infty$ 优化法和鲁棒辨识法融合于推理控制系统中是很有意义的探索。

另外，人工智能方法在推理控制的应用方兴未艾，如神经元网络、模糊规则、遗传算法等，虽然它们在理论上还不完善，但在实际工程中已有成功的例子。因此我们有理由相信，在推理控制系统的众多解决方案中，人工智能方法将是其中很重要的一种。

# 5.6 鲁棒控制

在实际系统中，建立的数学模型具有不确定性，如未建模动态、系统的内外扰动等因素对系统的稳定性有很大的影响，而现代控制理论并未明确考虑这些因素，从而限制了严格依赖于对象数学模型的解析方法的应用。

在这种情况下，必须寻找一种新的控制方法来弥补这一缺陷。鲁棒控制研究的方向就是系统对不确定性的不敏感性，它在系统的分析与设计中明确考虑了数学模型和其他环节所具有的不确定性误差，进而用适当的方法来减少或消除这种不确定性给系统带来的不利影响。20 世纪 80 年代以来，关于控制系统的鲁棒性研究引起了高度的重视。现代鲁棒控制理论在很大程度上可以归功于 20 世纪 60 年代的两篇重要文献：一篇是 Zames(扎姆斯)在 1963 年发表的，建立了小增益原理；另一篇是卡尔曼在 1964 年发表的，证明了 SISO 系统最优线性二次型状态反馈控制规律具有一些很强的鲁棒性，即无穷大增益裕度和 60°相位裕度。现代鲁棒控制理论以基于使用状态空间模型的频率设计方法为主要特征，提出了从根本上解决控制对象模型不确定性和外界扰动不确定性问题的有效方法，不仅能够用于 SISO 反馈控制系统的鲁棒性分析和设计，而且可以成功地应用到 MIMO 的场合，能够设计出性能更优、鲁棒性更好的反馈控制系统。至今，鲁棒控制逐步发展到系统辨识与自适应控制、智能控制和模糊控制等诸多领域，成为现代控制理论的一个重要组成部分。

## 5.6.1 鲁棒控制的基本原理

本小节介绍鲁棒控制理论的基本原理，包括 $H_\infty$ 控制理论和 $\mu$ 综合理论。

1. $H_\infty$ 控制理论

$H_\infty$ 范数的定义为 $\|\boldsymbol{F}\|_\infty = \sup\limits_{\mathrm{Re}\, s>0} \bar{\sigma}[\boldsymbol{F}(s)] = \sup\limits_{\omega\in\mathbf{R}} \bar{\sigma}[\boldsymbol{F}(j\omega)]$，即矩阵函数 $\boldsymbol{F}(s)$ 在开右半平面的最大奇异值的上界，其物理意义是系统获得的最大能量增益。

1981 年 Zames 首次用 $H_\infty$ 范数来实现对干扰的最大抑制，而后随着 1985 年 Doyle(多伊尔)等人的 DGKF 论文发表，$H_\infty$ 控制理论成熟起来，在当时被认为是解决鲁棒控制问题行之有效的理论及方法。$H_\infty$ 控制理论研究问题的出发点是从基于时间域的状态空间表示法回到基于频率域的传递函数表示法。给出一个性能指标，即干扰 $\omega$ 到辅助输出 $z$ 的闭环传递函数 $\boldsymbol{T}_{zw}(s)$ 满足 $\|\boldsymbol{T}_{zw}(s)\|_\infty<1$，然后基于 $H_\infty$ 范数与黎卡提方程的等价性，通过解两个黎卡提方程(或不等式)，得出具有观测器加状态反馈的控制器的数值解。

例如，对以下被控对象 $\dot{\boldsymbol{x}}=\boldsymbol{A}\boldsymbol{x}+\boldsymbol{B}_2\boldsymbol{u}+\boldsymbol{B}_1\boldsymbol{\omega}$ 设计状态反馈控制器 $\boldsymbol{K}$，$\boldsymbol{u}=\boldsymbol{K}\boldsymbol{x}$，使性能指标 $\boldsymbol{J}=\int_0^\infty [\boldsymbol{x}^{\mathrm{T}}(t)\boldsymbol{Q}\boldsymbol{x}(t)+\boldsymbol{\rho}\boldsymbol{u}^2(t)]\,\mathrm{d}t<\boldsymbol{\gamma}^2\int_0^\infty \boldsymbol{\omega}^2(t)\mathrm{d}t$ 成立时的 $\boldsymbol{\gamma}(>0)$ 达到最小。其中 $\boldsymbol{\gamma}$ 是干扰抑制水准，干扰项集合定义为 $L_2=\left\{\boldsymbol{\omega}(t)\,\middle|\,\int_0^\infty \boldsymbol{\omega}^2(t)\mathrm{d}t<\infty\right\}$。

定义辅助输出信号为 $z=\begin{bmatrix}Q^{1/2}\\0\end{bmatrix}x+\begin{bmatrix}0\\\sqrt{\rho}\end{bmatrix}u=\begin{bmatrix}Q^{1/2}\\\sqrt{\rho}K\end{bmatrix}x$，则闭环控制系统是 $\begin{cases}\dot{x}=(A+B_2)x+B_1\omega\\z=\begin{bmatrix}Q^{1/2}\\\sqrt{\rho}K\end{bmatrix}x\end{cases}$。由 $\omega$ 到 $z$ 的闭环传递函数是 $T_{zw}(s)=\begin{bmatrix}Q^{1/2}\\\sqrt{\rho}K\end{bmatrix}[SI-A-B_2K]^{-1}B_1$，定义 $\|T_{zw}(s)\|_\infty=\sup\limits_{\omega\neq0}\dfrac{\|z\|_2}{\|\omega\|_2}<\gamma$，等价于 $J_\infty=\inf\limits_{K\in S_K}\|T_{zw}(s)\|_\infty$，其中 $S_K$ 是系统稳定的控制器集合，$I$ 为单位向量。经过上述推导将时间域的状态空间表示法转化成了频率域的传递函数表示法，然后进一步设计出满足性能指标的控制器 $K$。该理论讨论了线性系统频率域不确定性及参数不确定性、非线性系统不确定性、伺服系统设计的鲁棒稳定的干扰抑制问题以及状态反馈和输出反馈控制器的解，也讨论了黎卡提不等式解的鲁棒性和 $H_\infty$ 控制理论应用于实验室设计的情况。

$H_\infty$ 控制理论较为成功的地方在于改变了近代控制理论过于数学化而脱离实际的现象，并且多种控制问题均可变换为 $H_\infty$ 鲁棒控制理论的标准问题，具有一般性，适于实际工程应用。但 $H_\infty$ 控制理论也有一些问题，比如控制器阶次较高、计算烦琐，虽然近来对求解控制器作了一些有益的探索，但在这一方面仍然存在许多问题待解决，故 $H_\infty$ 控制理论未能彻底解决鲁棒控制问题。

2. $\mu$ 综合理论

在 $H_\infty$ 控制理论的发展过程中，研究发现 $H_\infty$ 范数优化能有效地处理非结构型不确定性问题，但对于结构型不确定性问题则可能产生保守性。$\mu$ 综合理论就是解决当模型存在结构不确定性时鲁棒性能估价问题的一种有效的分析方法。1982 年，Doyle 提出了结构奇异值 $\mu$ 方法的基本思想。

假设 $\Delta\in C^{n\times n}$ 是复数块对角矩阵，由重复标量块和满块矩阵组成，可用 $\Delta=\{\mathrm{diag}(\delta_1I_{r_1},\cdots,\delta_SI_{r_S},\Delta_1,\cdots,\Delta_F):\delta_i\in C,\Delta_j\in C^{m_j\times m_j}\}\in\underline{\Delta}$ 来描述，其中 $S$ 和 $F$ 分别表示重复标量块矩阵和满块矩阵的个数，$I_{r_i}$ 表示 $r_i\times r_i$ 维实单位矩阵，而且 $\sum\limits_{i=1}^{S}r_i+\sum\limits_{j=1}^{F}m_j=n$，则矩阵 $M\in C^{n\times n}$ 的结构奇异值 $\mu$ 的定义如下：

复数矩阵 $M\in C^{n\times n}$ 关于复数结构不确定性 $\Delta$ 的结构奇异值 $\mu_\Delta(M)$ 定义为 $\mu_\Delta(M)=\dfrac{1}{\inf\limits_{\Delta\in\underline{\Delta}}\{\delta_{\max}(\Delta):\det(I-M\Delta)=0\}}$，如果没有使 $\det(I-M\Delta)=0$ 的 $\Delta\in\underline{\Delta}$ 存在，则 $\mu_\Delta(M)=0$。

这种方法的基本思路是将一个具有回路多点独立的有界范数摄动化为一块对角摄动结构，然后给出判断系统鲁棒稳定的充分必要条件，因而在理论上是不保守的。

## 5.6.2　鲁棒控制器的设计

对于具有对参数不确定性的线性系统来说，在不确定性因素的影响下，使闭环系统保持稳定的具体设计方法多种多样，如基于状态反馈、输出反馈、观测器、极点配置以及 $H_\infty$ 控制方法等。它们分别有以下一些适用依据。

假设系统的状态变量完全可测，通常采用状态反馈控制器来镇定该类系统。

当系统的状态变量不易量测时，再用状态反馈则难以达到理想的效果，而输出反馈则可以弥补这一缺陷。对不易量测的状态变量，使用基于观测器的间接控制器设计方法居多。

对不确定性多变量系统的鲁棒极点配置问题，往往利用通过状态反馈实现极点配置时所剩余的自由度来改变控制器的鲁棒性，以抑制不确定性带来的影响。

设计过程中依据的基本理论是李雅普诺夫稳定性定理和最优控制理论基础。以黎卡提方程为主要形式得出了不确定性系统可鲁棒镇定的充分条件。

线性矩阵不等式(LMI)方法用于鲁棒控制问题的求解比较常见，而且很方便，因为求解一个或几个LMI可由MATLAB仿真软件完成，不需要手工调整方程中的参数。但黎卡提方程的求解则不然。对于一个许多参数需要调整的此类方程，在求解的过程中，更多的是依靠设计者的经验知识，此时得出的结果(如果有的话)不一定是优化解，而LMI的结果可以说是优化的结果，所以LMI方法一经出现，便受到许多研究者的关注。在时滞不确定性系统的鲁棒性分析与设计中，LMI方法更显示出较大的发展前途。

基于LMI设计的思想，对一类具有不确定参数的线性系统设计可镇定系统的鲁棒状态反馈控制器，该状态反馈鲁棒控制器存在的充分条件从黎卡提方程转化为一个LMI，这样便可以利用MATLAB中关于LMI的优化方法求解。最后用一个数值例子验证本节所述方法的有效性与适用性。

1. 系统描述和准备知识

考虑如下具有参数不确定性的线性动态系统：

$$\dot{\boldsymbol{x}}(t)=[\boldsymbol{A}+\Delta\boldsymbol{A}(t)]\boldsymbol{x}(t)+[\boldsymbol{B}+\Delta\boldsymbol{B}(t)]\boldsymbol{u}(t) \tag{5-133}$$

式中：$\boldsymbol{x}(t)\in\boldsymbol{R}^n$ 是状态向量；$\boldsymbol{u}(t)\in\boldsymbol{R}^m$ 是控制输入向量；$\boldsymbol{A}$，$\boldsymbol{B}$ 是具有适当维数的实值常数矩阵；$\Delta\boldsymbol{A}(t)$，$\Delta\boldsymbol{B}(t)$是具有适当维数且其元素均为时间 $t$ 的连续函数的实值时变矩阵，实值时变矩阵体现了系统的时变不确定性。

假设参数不确定性具有如下的范数有界形式：

$$\Delta\boldsymbol{A}(t)=\boldsymbol{H}_1F_1(t)\boldsymbol{E}_1,\quad \Delta\boldsymbol{B}(t)=\boldsymbol{H}_2F_2(t)\boldsymbol{E}_2 \tag{5-134}$$

式中：$\boldsymbol{H}_i$，$\boldsymbol{E}_i$，$i=1$，2，是具有适当维数的已知实值常数矩阵；$\boldsymbol{F}_i(t)\in\boldsymbol{R}^{s_i\times q_i}$，满足 $\boldsymbol{F}_i^{\mathrm{T}}(t)\boldsymbol{F}_i(t)\leqslant\boldsymbol{I}$，$i=1$，2，是未知的实值时变矩阵函数。

考虑具有如下形式的状态反馈控制规律：

$$\boldsymbol{u}(t)=\boldsymbol{K}\boldsymbol{x}(t) \tag{5-135}$$

式中：$\boldsymbol{K}\in\boldsymbol{R}^{m\times n}$，是控制器反馈增益矩阵，根据式(5-133)和式(5-135)可得闭环系统

$$\dot{\boldsymbol{x}}(t)=[\boldsymbol{A}+\Delta\boldsymbol{A}(t)+\boldsymbol{B}\boldsymbol{K}+\Delta\boldsymbol{B}(t)\boldsymbol{K}]\boldsymbol{x}(t) \tag{5-136}$$

接下来将设计控制器增益矩阵 $\boldsymbol{K}$ 使得闭环系统一致渐近稳定。

**定义 5-1** 称系统鲁棒稳定，若对所有容许的不确定性 $\boldsymbol{F}_i(t)$，$\boldsymbol{u}(t)\equiv0$ 时泛函微分方程的平凡解 $\boldsymbol{x}(t)=0$ 全局一致渐近稳定。称系统鲁棒可镇定，若对所有容许的不确定性$\boldsymbol{F}_i(t)$，存在状态反馈控制规律使闭环系统鲁棒稳定。

下面介绍一个有用的引理。

**引理 5-1**　设 $\boldsymbol{D}$，$\boldsymbol{E}$ 和 $\boldsymbol{F}$ 是具有适当维数的实值矩阵，$\|\boldsymbol{F}\|\leqslant 1$，则有不等式 $\boldsymbol{DFE}+\boldsymbol{E}^{\mathrm{T}}\boldsymbol{F}^{\mathrm{T}}\boldsymbol{D}^{\mathrm{T}}\leqslant \varepsilon^{-1}\boldsymbol{DD}^{\mathrm{T}}+\varepsilon\boldsymbol{E}^{\mathrm{T}}\boldsymbol{E}$，$\forall\varepsilon>0$ 成立。

2. 主要结果

**定理 5-2**　给定参数不确定性系统，对于任意容许的不确定性，若存在对称正定矩阵 $\boldsymbol{X}$ 和矩阵 $\boldsymbol{Y}$ 及正常数 $\alpha_1$，$\alpha_2$，使得如下线性矩阵不等式成立：

$$\begin{bmatrix}\boldsymbol{S} & \boldsymbol{M}\\ \boldsymbol{M}^{\mathrm{T}} & \boldsymbol{N}\end{bmatrix}<0 \tag{5-137}$$

式中：$\boldsymbol{S}=\boldsymbol{AX}+\boldsymbol{XA}^{\mathrm{T}}+\boldsymbol{BY}+\boldsymbol{Y}^{\mathrm{T}}\boldsymbol{B}^{\mathrm{T}}+\sum_{i=1}^{2}\alpha_i\boldsymbol{H}_i\boldsymbol{H}_i^{\mathrm{T}}$，$\boldsymbol{M}=[\boldsymbol{XE}_1^{\mathrm{T}}\quad \boldsymbol{Y}^{\mathrm{T}}\boldsymbol{E}_2^{\mathrm{T}}]$，$\boldsymbol{N}=-\mathrm{diag}(\alpha_1,\ \alpha_2)$。则该系统可通过无记忆状态反馈控制规律 $\boldsymbol{u}(t)=\boldsymbol{YX}^{-1}\boldsymbol{x}(t)$ 鲁棒镇定。

证：对闭环系统构造李雅普诺夫函数 $V[\boldsymbol{x}(t),\ t]=\boldsymbol{x}^{\mathrm{T}}(t)\boldsymbol{Px}(t)$，这里 $\boldsymbol{P}=\boldsymbol{P}^{\mathrm{T}}>0$，$V[\boldsymbol{x}(t),\ t]$沿系统轨线的时间导数是 $\dot{V}[\boldsymbol{x}(t),\ t]=\dot{\boldsymbol{x}}^{\mathrm{T}}(t)\boldsymbol{Px}(t)+\boldsymbol{x}^{\mathrm{T}}(t)\boldsymbol{P}\dot{\boldsymbol{x}}(t)$，代入时间导数，得

$$\begin{aligned}\dot{V}[\boldsymbol{x}(t),\ t]=&\boldsymbol{x}^{\mathrm{T}}(t)(\boldsymbol{A}^{\mathrm{T}}\boldsymbol{P}+\boldsymbol{PA}+\boldsymbol{K}^{\mathrm{T}}\boldsymbol{B}^{\mathrm{T}}\boldsymbol{P}+\boldsymbol{PBK})\boldsymbol{x}(t)+\\&\boldsymbol{x}^{\mathrm{T}}(t)[\Delta\boldsymbol{A}^{\mathrm{T}}(t)\boldsymbol{P}+\boldsymbol{P}\Delta\boldsymbol{A}]\boldsymbol{x}(t)+\\&\boldsymbol{x}^{\mathrm{T}}(t)[\boldsymbol{K}^{\mathrm{T}}\Delta\boldsymbol{B}^{\mathrm{T}}(t)\boldsymbol{P}+\boldsymbol{P}\Delta\boldsymbol{BK}]\boldsymbol{x}(t)\end{aligned} \tag{5-138}$$

得

$$\begin{aligned}\dot{V}[\boldsymbol{x}(t),\ t]=&\boldsymbol{x}^{\mathrm{T}}(t)(\boldsymbol{A}^{\mathrm{T}}\boldsymbol{P}+\boldsymbol{PA}+\boldsymbol{K}^{\mathrm{T}}\boldsymbol{B}^{\mathrm{T}}\boldsymbol{P}+\boldsymbol{PBK})\boldsymbol{x}(t)+\\&\boldsymbol{x}^{\mathrm{T}}(t)[\boldsymbol{E}_1^{\mathrm{T}}\boldsymbol{F}_1^{\mathrm{T}}(t)\boldsymbol{H}_1^{\mathrm{T}}\boldsymbol{P}+\boldsymbol{PH}_1\boldsymbol{F}_1(t)\boldsymbol{E}_1]\boldsymbol{x}(t)+\\&\boldsymbol{x}^{\mathrm{T}}(t)[\boldsymbol{K}^{\mathrm{T}}\boldsymbol{E}_2^{\mathrm{T}}\boldsymbol{F}_2^{\mathrm{T}}(t)\boldsymbol{H}_2^{\mathrm{T}}\boldsymbol{P}+\boldsymbol{PH}_2\boldsymbol{F}_2(t)\boldsymbol{E}_2\boldsymbol{K}]\boldsymbol{x}(t)\end{aligned} \tag{5-139}$$

由引理 5-1 可知，对于 $\forall\alpha_1$，$\alpha_2>0$，有 $\boldsymbol{E}_1^{\mathrm{T}}\boldsymbol{F}_1^{\mathrm{T}}(t)\boldsymbol{H}_1^{\mathrm{T}}\boldsymbol{P}+\boldsymbol{PH}_1\boldsymbol{F}_1(t)\boldsymbol{E}_1\leqslant\alpha_1\boldsymbol{PH}_1\boldsymbol{H}_1^{\mathrm{T}}\boldsymbol{P}+\alpha_1^{-1}\boldsymbol{E}_1^{\mathrm{T}}\boldsymbol{E}_1$，$\boldsymbol{K}^{\mathrm{T}}\boldsymbol{E}_2^{\mathrm{T}}\boldsymbol{F}_2^{\mathrm{T}}(t)\boldsymbol{H}_2^{\mathrm{T}}\boldsymbol{P}+\boldsymbol{PH}_2\boldsymbol{F}_2(t)\boldsymbol{E}_2\leqslant\alpha_2\boldsymbol{PH}_2\boldsymbol{H}_2^{\mathrm{T}}\boldsymbol{P}+\alpha_2^{-1}\boldsymbol{K}^{\mathrm{T}}\boldsymbol{E}_2^{\mathrm{T}}\boldsymbol{E}_2\boldsymbol{K}$。故$\dot{V}[\boldsymbol{x}(t),\ t]\leqslant\boldsymbol{x}^{\mathrm{T}}(t)\boldsymbol{\Omega x}(t)$，其中：

$$\boldsymbol{\Omega}=\boldsymbol{A}^{\mathrm{T}}\boldsymbol{P}+\boldsymbol{PA}+\boldsymbol{K}^{\mathrm{T}}\boldsymbol{B}^{\mathrm{T}}\boldsymbol{P}+\boldsymbol{PBK}+\boldsymbol{P}\left(\sum_{i=1}^{2}\alpha_i\boldsymbol{H}_i\boldsymbol{H}_i^{\mathrm{T}}\right)\boldsymbol{P}+\alpha_1^{-1}\boldsymbol{E}_1^{\mathrm{T}}\boldsymbol{E}_1+\alpha_2^{-1}\boldsymbol{K}^{\mathrm{T}}\boldsymbol{E}_2^{\mathrm{T}}\boldsymbol{E}_2\boldsymbol{K} \tag{5-140}$$

当 $\boldsymbol{\Omega}<0$ 时，可以得到结论 $\dot{V}[\boldsymbol{x}(t),\ t]<0$。由定义 5-1 可知，式(5-136)所示闭环系统是一致渐近稳定的。令 $\boldsymbol{X}=\boldsymbol{P}^{-1}$，$\boldsymbol{Y}=\boldsymbol{KX}$，对式(5-140)分别左乘、右乘矩阵 $\boldsymbol{X}$，并利用舒尔补定理可得到定理 5-2 中的矩阵不等式条件。

3. 算例

下面将用一个例子来说明利用本小节所述方法设计矩阵 $\boldsymbol{K}$ 的具体步骤，考虑式(5-133)所示参数不确定性系统，其系数矩阵如下：$\boldsymbol{A}=\begin{bmatrix}0 & 1\\1 & -2\end{bmatrix}$，$\boldsymbol{B}=\begin{bmatrix}2\\3\end{bmatrix}$，$\boldsymbol{H}_1=\begin{bmatrix}1\\0\end{bmatrix}$，$\boldsymbol{H}_2=\begin{bmatrix}1\\1\end{bmatrix}$，$\boldsymbol{E}_1=[0.1\quad 0.1]$，$\boldsymbol{E}_2=0.1$。

依据定理 5-2，并利用 MATLAB 中的 LMI 软件包，求解矩阵 $\boldsymbol{K}$ 的具体步骤如下。

①赋初值，初始化 LMI。

②分别按 LMI 式(5-137)写出矩阵不等式的各项。

③运行程序求解该 LMI 优化问题。若无可行性向量，失败；若有，则得到结果。

注：对形如 $L(x)<R(x)$ 的 LMI 优化问题，若 $L(x)<R(x)+t_{\min}$（$\exists t_{\min}<0$）成立，则优化问题存在可行解，否则可行解不存在。

按上面的步骤，可求得定理 5-2 中的对称正定矩阵 $\boldsymbol{P}$、控制器增益矩阵 $\boldsymbol{K}$ 和 $t_{\min}$，$\boldsymbol{P}=\begin{bmatrix} 0.2506 & -0.0491 \\ -0.0491 & 0.2876 \end{bmatrix}$，$\boldsymbol{K}=[-1.0231 \quad 0.3633]$，$t_{\min}=-2.2693$。

对于一类具有参数不确定性的线性动态系统，应用 LMI 方法，基于李雅普诺夫稳定性理论给出了鲁棒控制器的设计方法，避免了求解黎卡提方程时需要预先调整大量参数的烦琐。数值例子说明，按定理 5-2 给出的矩阵不等式条件，能够求出满足要求的结果。

# 5.7　非线性过程控制

随着生产过程工艺的不断发展和技术的进步，非线性过程控制面临着更为复杂和高要求的挑战。虽然在控制系统设计中，以反馈控制为基础的各种方法和技术在满足大多数被控对象的要求方面表现出色，但当面对被控对象呈现出明显的非线性、大滞后或频繁干扰的情况时，它们在实现良好控制质量方面力不从心。非线性过程的特殊性在于，其动态行为可能在不同操作点下发生剧烈变化，使得常规的反馈控制系统无法及时有效地调整。在这种背景下，非线性过程控制成为一种重要的设计方法，以应对非线性过程带来的挑战。通过采用特定的开关式控制器，可以有效地补偿非线性过程的影响，从而提高系统的响应速度和稳定性。因此，非线性过程控制的设计方法不仅需要考虑传统反馈控制系统的调节，更需要结合其他控制手段，以应对非线性、大滞后和频繁干扰等复杂情况，从而实现对系统性能指标更为精准的控制。这种综合应对非线性挑战的方法，为现代工业过程控制提供了更加灵活和高效的解决方案。

## 5.7.1　过程控制中的常见非线性环节

过程控制中的非线性环节指的是系统中存在非线性特性的部分，这些特性可能导致系统的行为难以通过简单的线性模型来描述。非线性环节产生的原因可以归结为系统内在的复杂性和相互关系，以及外部因素的影响。这种复杂性和相互关系导致了系统的行为呈现出不同于简单线性系统的特征。

控制系统的诸多环节中，当环节的输入输出静态特性呈现非线性关系时，就将此环节称为非线性环节。此时环节的输入 $x$ 和输出 $y$ 之间的关系可描述为

$$y=f(x) \tag{5-141}$$

这里 $f(x)$ 表示 $x$ 的某种非线性函数。而构成自动控制系统的环节中，有一个或一个以上的环节具有非线性特性时，这样的系统严格地说就是一个非线性控制系统。以下是一些常见的非线性环节。

1. 饱和环节

饱和环节也称限幅器。输入信号的幅度达到限幅值之前能够让其不失真地通过；如果输出信号在达到某一特定数值后不再增加，则形成一种输出上限。图 5-23 为输入输出特性曲线。如果输入幅度为 $A(A>a)$ 的正弦波，则其输出为一个幅度为 $a$ 的消顶正弦波。

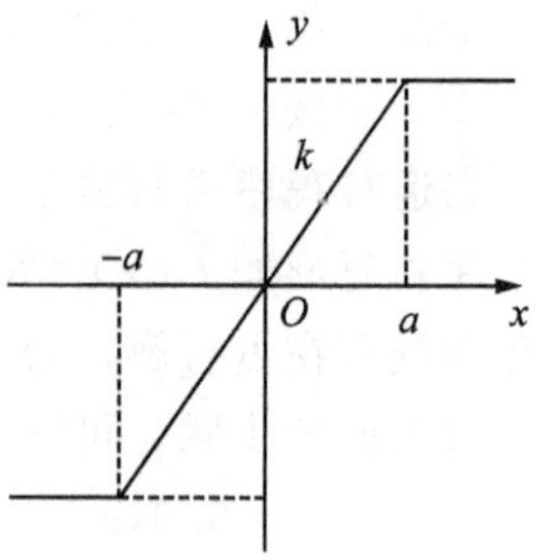

图 5-23　饱和环节输入输出特性曲线

饱和环节的数学表达式为

$$y=\begin{cases}-M & x<-a \\ kx & -a\leqslant x\leqslant a \\ M & x>a\end{cases} \tag{5-142}$$

饱和环节这一特性常见于执行器、传感器或其他物理系统中，对于控制系统的性能和稳定性具有显著的影响。饱和环节的主要特点之一是具有输出上限，一旦系统的输出超过了特定的饱和阈值，系统的响应将被限制在这个上限值，无法再继续增加。这使得系统在达到一定程度后变得饱和，输出不再按照输入的线性关系进行变化。饱和环节具有饱和阈值，这是系统开始饱和的输出值。超过这个阈值后，系统就会进入饱和状态。这个阈值的选择取决于系统的设计和性能需求。此外，饱和环节的行为是非线性的，与传统的线性系统不同。在非饱和区域内，系统可能表现为线性关系，但一旦超过饱和阈值，输出将受到限制，产生非线性效应。在控制系统设计中，理解饱和环节的特点对于避免潜在的不稳定性和性能下降至关重要。控制系统中的积分控制器特别容易受到饱和环节的影响，可能导致积分饱和以及系统不稳定。因此，工程师在设计控制系统时通常会考虑并处理饱和环节，采用一系列方法，如饱和补偿、反馈线性化、饱和逆变器等，以确保系统在面对饱和效应时依然能够保持良好的性能和稳定性。有效处理饱和环节对于实现高效、鲁棒的控制系统至关重要。

2. 死区

死区是指在小信号范围内增益为零，超出小信号范围，输入输出特性曲线斜率取 1.0 的非线性环节，也就是在系统的输入变化时，输出不发生变化的一段范围，形成的一种输入输出的不敏感区域。这个范围内的变化不会引起系统响应，只有当输入超过死区时，系统才会开始响应。虽然死区的增益随着幅度的增加而增大，但是，由于其增益绝不会超过单维增益，因此，其几乎不存在造成发散振荡的危险。死区输入输出特性曲线如图 5-24 所示。

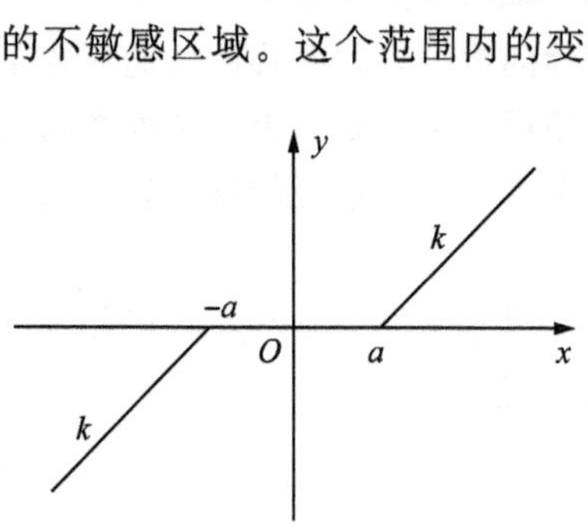

图 5-24　死区输入输出特性曲线

死区通常存在于执行器、传感器等系统元件中，也可能由于某些机械结构的特性而产生。在一些控制系统中，利用死区滤去对幅度敏感的噪声，死区也用来防止顺序交替动作时出现的重叠现象。例如，顺序交替地往一种溶液中加酸和碱试剂，以控制溶液的 pH 值。为了避免同时往溶液中加酸和碱，可通过调整阀门，使一个阀门关闭与另一个阀门打开之间有一个有限的死区。死区的数学表达式为

$$y=\begin{cases}k(x+a) & x<-a\\ 0 & -a\leqslant x\leqslant a\\ k(x-a) & x>a\end{cases} \tag{5-143}$$

在一个典型的死区中，当输入信号处于死区内时，系统输出保持在一个稳定的数值，不随输入变化而变化。一旦输入信号超过死区的上限或下限，系统开始响应，输出开始跟随输入的变化。死区的存在对于控制系统具有挑战性，因为引入了一种非线性的、不可控的行为。这可能导致控制系统在死区内失效，难以准确地跟踪或调节系统的行为。

在控制系统设计中，为了有效处理死区，通常需要采取一些特殊的控制策略，如死区补偿或死区估计。死区补偿的方法包括添加额外的控制逻辑，以使系统在死区内仍能保持稳定和可控。死区估计则涉及对死区范围和性质的估计，以更准确地建立控制模型。总体而言，死区是实际系统中常见的一种非线性特性，对于控制系统的设计和性能具有重要影响。有效地处理死区是确保控制系统鲁棒性和性能的关键步骤。

3. 饱和偏移

饱和偏移是指在系统中存在饱和环节时，当输出未达到饱和上限时，系统输出不为零而是保持在一个固定的值的现象。这种现象是由系统的非线性饱和特性引起的。常见的饱和偏移函数包括 sigmoid 函数和 tanh 函数(双曲正切函数)。sigmoid 函数的公式如下：

$$\sigma(x)=\frac{1}{1+\mathrm{e}^{-x}} \tag{5-144}$$

式中：e 为自然对数的底。sigmoid 函数将输入映射到一个范围在 0～1 之间的输出。tanh 函数的公式如下：

$$\tanh(x)=\frac{\mathrm{e}^{x}-\mathrm{e}^{-x}}{\mathrm{e}^{x}+\mathrm{e}^{-x}} \tag{5-145}$$

与 sigmoid 函数不同，tanh 函数的输出范围在 −1～1 之间，这使得零中心化的数据更为适用。

这两个函数都在输入较大或较小的情况下趋于饱和，导致梯度接近零，从而有助于防止梯度爆炸问题。然而，饱和区域的存在也可能导致梯度消失，因此在设计时需要考虑选择适当的激活函数以及采用一些对抗梯度消失的技术。具体来说，当系统输入逐渐增加时，如果系统输出还未达到饱和上限，通常期望的是输出线性地随着输入的增加而增加。然而，由于饱和效应的存在，输出在未达到饱和上限时就停滞在一个常数值，形成了饱和偏移。这个偏移值可能是系统在非饱和状态下的一个稳态输出，也可能是由于一些非线性效应而产生的。饱和偏移对于控制系统设计和性能分析具有挑战性。它会引入非线性和不确定性，影响系统的鲁棒性和控制性能。在控制系统中，饱和偏移可能导致控制器的积分项不为零，即使输入为零，从而影响系统的稳定性。为了有效处理饱和偏移，通常需要采用一些补偿措施。其中一种方法是在控制器中引入专门的饱和补偿模块，该模块通过预测饱和偏移并进行相应的补

偿，以更好地适应系统的非线性特性。另一种方法是采用先进的控制技术，如模型预测控制，以更准确地建模和处理系统的非线性行为。

总的来说，饱和偏移是在存在饱和环节的系统中常见的非线性现象，需要在控制系统设计中特别关注和处理，以确保系统的稳定性和性能。

4. *滞后*

滞后是指系统的输出不仅仅取决于当前输入，还受到系统之前的历史状态的影响。这意味着系统的响应存在一定的延迟和记忆效应，当前的输出不仅由当前的输入所决定，还受到之前输入对系统状态的影响。

滞后非线性环节的原理主要涉及信号的传递和处理速度的差异。当系统的输入信号发生变化时，由于内部的物理特性或结构，系统不能立即调整其输出。这导致输出信号的变化存在一定的延迟，形成了滞后效应。在控制系统中，滞后非线性环节的数学描述通常可以通过微分方程或差分方程来表示。以下是一个简化的例子，用差分方程表示滞后非线性环节。

假设系统的输入为 $u(t)$，输出为 $y(t)$，滞后非线性环节的差分方程可以表示为

$$y(t)=f[u(t-T)] \tag{5-146}$$

式中：$T$ 是滞后的时间常数；$f$ 是某个非线性函数，描述了滞后效应。如果考虑连续时间下的滞后非线性环节，可以用微分方程表示：

$$\tau\frac{\mathrm{d}y(t)}{\mathrm{d}t}=f[u(t-T)]-y(t) \tag{5-147}$$

式中：$\tau$ 是系统的时间常数；$T$，$f$ 的含义同式(5-146)。

这些方程描述了输出信号在时间上的滞后效应，其中输出在 $t$ 时刻的取值取决于输入在 $(t-T)$ 时刻的取值。具体的滞后时间常数和非线性函数形式会根据具体的系统或环节而有所不同。这样的数学描述提供了工程师和研究人员分析和设计控制系统的基础，以及研究滞后效应对系统性能的影响。在实际应用中，具体的滞后非线性环节的数学模型可能更为复杂，需要根据系统的实际特性进行更详细的建模。

滞后现象通常出现在一些具有惯性、延迟或存储效应的系统中。在一个系统中，如果输出的变化不仅与当前的输入信号有关，而且与之前的输入信号或系统状态有关，那么系统就具有滞后特性。这种滞后可以是由物理过程的固有延迟、传感器或执行器的滞后或者系统本身的非线性特性引起的。滞后可能导致系统在面对快速变化的输入时无法迅速响应，从而影响控制系统的动态性能和稳定性。在某些情况下，滞后还可能引入振荡或不稳定行为。滞后效应的应用包括时间延迟补偿。在工业过程中，传感器、执行器和控制器之间存在的物理延迟或信号传输延迟可能导致系统响应滞后。工程师通过在控制系统中引入时间延迟补偿来抵消这些滞后效应，以提高系统的响应速度和稳定性。此外，滞后效应的建模对于预测未来系统行为至关重要。模型预测控制是一种先进的控制策略，利用系统的数学模型来预测未来的响应，考虑了滞后效应，从而能实现更精确的控制。滞后效应可能对系统的性能产生负面影响，如降低控制系统的带宽或引起振荡。为了补偿滞后效应，工程师可能会采用先进的补偿措施，如前馈控制、模糊控制或神经网络控制，以提高系统的鲁棒性。在制订优化的控制策略时，滞后效应的考虑至关重要。工程师需要了解过程中的滞后时间常数，并相应地调整控制参数，以确保系统能够在实际工作条件下保持稳定性和高效性。滞后效应的变化可能是系

统故障或异常的指示。在过程控制中，监测和分析滞后效应的变化可以用于实现故障诊断，并采取相应的容错措施，以保障系统的可靠性和安全性。

为了有效处理滞后，控制系统设计可能需要考虑预测控制、滞后补偿和鲁棒控制等方法。预测控制通过使用模型预测控制技术，在系统的滞后特性中引入预测模型，以更好地预测和调节系统的响应。滞后补偿在控制器中引入专门的滞后补偿模块，通过对滞后效应进行补偿，以提高系统的性能。鲁棒控制采用鲁棒控制方法，通过对系统动态特性的建模和分析，设计鲁棒控制器以处理系统的滞后。也可以使用优化控制方法，通过对系统的动态特性进行优化，以提高系统对输入变化的响应速度。总体而言，理解和处理滞后对于设计具有良好性能的控制系统至关重要，不同应用场景和系统特性可能需要采用不同的方法来处理滞后效应，以确保控制系统在实际操作中能够达到预期的性能水平。

5. 非线性饱和

非线性饱和是指系统在达到某一特定值后，输出不再按照线性关系增加的现象。与线性饱和不同，非线性饱和意味着输出与输入之间存在非线性关系，系统的响应在饱和区域内可能表现为更为复杂的非线性特性。在非线性饱和中，输出的增加可能遵循某种曲线形式，而不是简单的线性关系。这可能涉及输出增长的速率减缓、曲线弯曲或其他非线性效应。在原理上，非线性饱和可以使用饱和函数进行描述。饱和函数是一种将输入映射到有限输出范围的数学函数。常见的饱和函数包括阶跃函数、sigmoid 函数等。这些函数在输入较小时，输出近似线性增加，但当输入达到一定阈值后，输出趋于饱和。一个简单的非线性饱和函数可以用如下形式表示：

$$f(x)=\frac{x}{1+|x|} \tag{5-148}$$

这个函数在 $|x|$ 较小时，近似线性地映射输入信号 $x$；但当 $|x|$ 较大时，输出趋于饱和。

这种非线性特性通常出现在一些物理系统、传感器和执行器中，对于控制系统的设计和性能具有挑战性。非线性饱和可能表现为系统在输出接近某个饱和上限时，其灵敏度变低，输入的微小变化可能导致输出的较大变化。这种效应可能导致控制系统在饱和区域内难以精确调节和控制。在过程控制中，非线性饱和有着广泛的应用。例如，可以将非线性饱和元件用作控制系统中的控制器的一部分，以限制控制输出在某个范围内，防止系统因为过大的控制输入而不稳定。此外，非线性饱和还可应用于传感器输出的处理，通过引入饱和元件对信号进行修正，防止信息丢失或误差累积。在一些控制系统中，非线性饱和也可以用作控制器，限制输出范围，提高系统的稳定性和鲁棒性。

处理非线性饱和的方法包括非线性控制策略、饱和补偿、非线性模型预测、饱和限制器和一些先进的控制方法等。非线性控制策略是采用专门设计的非线性控制器，例如模型预测控制或反馈线性化方法，以更好地处理系统的非线性特性。饱和补偿是引入饱和补偿技术，通过对系统进行补偿，以减小饱和引起的影响。非线性模型预测是基于非线性模型进行预测，更准确地描述系统的动态行为，以提高控制的性能。饱和限制器是引入饱和限制器，限制输出在可接受的范围内，防止饱和效应传递到整个系统。使用先进的控制技术，如自适应控制，可以更好地适应系统的非线性特性。有效地处理非线性饱和对于设计稳定、鲁棒的控制系统至关重要。工程师需要综合考虑系统的动态特性，选择合适的控制方法，并进行仔细的调试和优化，以确保控制系统能够在非线性饱和情况下表现出良好的性能。

6. 黏滞

黏滞是指系统中的摩擦或阻尼效应导致系统在小范围内停滞(黏滞)，然后突然滑动(滑移)的现象。这种现象在机械系统、流体力学系统以及一些其他物理系统中经常出现。黏滞效应的存在使得系统的响应不仅取决于当前的输入，还受到之前的历史状态及输入变化速度的影响。在描述黏滞非线性环节时，可以通过黏滞系数和非线性函数来表达其特性。假设输入信号为 $u(t)$，输出信号为 $y(t)$，可以使用微分方程来描述：

$$y(t)=f\left[u(t),\ \frac{\mathrm{d}y}{\mathrm{d}t}\right] \tag{5-149}$$

式中：$\mathrm{d}y/\mathrm{d}t$ 表示输出的变化速度；$f$ 是非线性函数。一个常见的非线性函数可以是幂次关系，例如：

$$y(t)=u^2(t) \tag{5-150}$$

这表示输出与输入的平方成正比，二者是一个非线性关系。

在一个受到黏滞效应影响的系统中，当施加外力或输入信号时，系统可能会经历一个阻滞的阶段，即输出不随着输入的增加而增加，保持在一个近似固定的数值。随后，一旦外力足够大，系统可能会突然发生滑动，输出迅速跟随输入变化。这种非线性的黏滞特性对于控制系统的设计和性能具有重要影响。在过程控制中，黏滞非线性环节常常涉及液体流动、气体传输等领域。例如，在液体流动的过程中，黏滞特性会导致压力和流速之间的非线性关系，可以用以下方程表示：

$$p=RQ+\beta\frac{\mathrm{d}Q}{\mathrm{d}t} \tag{5-151}$$

式中：$p$ 是压力，$Q$ 是流速，$R$ 是阻力，$\beta$ 是黏滞系数。在气体传输系统中，管道中的气体流动同样受到黏滞和非线性影响，可以用以下方程描述：

$$V=K(p)+\alpha\frac{\mathrm{d}p}{\mathrm{d}t} \tag{5-152}$$

式中：$V$ 是体积流量，$p$ 是压力，$K$ 是非线性函数，$\alpha$ 是黏滞系数。

由于黏滞引入了系统的历史依赖性，传统的线性控制方法可能无法准确描述系统的行为。因此，需要采用一些特殊的控制策略来处理黏滞效应。例如：引入专门的滞后补偿模块，通过对系统进行补偿，以减小黏滞引起的影响；采用鲁棒控制方法，通过对系统的非线性特性进行建模和分析，设计鲁棒控制器，以处理系统的不确定性和黏滞；使用模型预测控制技术，通过对系统动态的预测，更好地调节系统的响应以适应黏滞特性；采用专门设计的非线性控制器，以更好地捕捉和处理系统的非线性行为。总体而言，理解和处理黏滞对于设计鲁棒性强、性能良好的控制系统至关重要。在不同的应用领域，需要根据系统的动力学特性选择合适的控制方法，以有效地处理黏滞效应。

7. 齿轮间隙

齿轮间隙又名滞环，是指在机械齿轮系统中，相邻两齿之间存在的空隙或间隙。这个空隙通常是由齿轮制造和组装的误差、磨损、变形等因素引起的。齿轮间隙与死区的区别在于

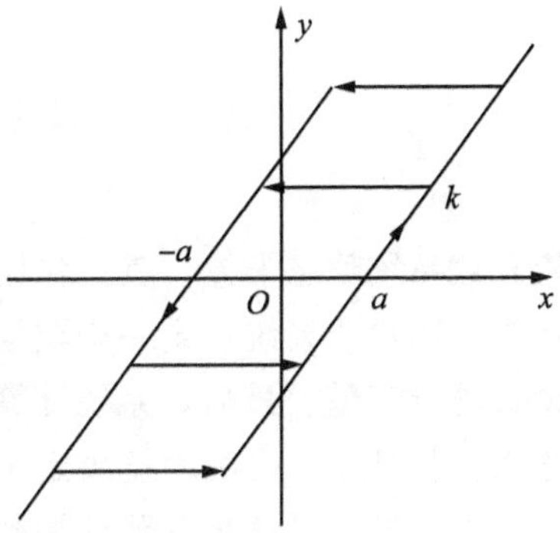

图 5-25　齿轮间隙

信号上升和下降时所取的路径不同，如图 5-25 所示。

齿轮间隙的存在对于机械系统的动力学和性能具有重要影响。因为摩擦在两个方向上都会阻碍运动，因此，当输入信号改变方向时，运动就会暂时停止，直至输入与输出的误差产生一个足以克服摩擦的力。齿轮间隙既会产生相移，又会产生幅度衰减。在正常操作条件下，齿轮间隙可能导致以下影响：可能导致动力传递时齿隙传递，即齿轮的运动在间隙中会有一段空转，这可能引起系统的非线性响应；齿轮的运动会受到不确定性的影响，难以准确地预测齿轮系统的行为；可能引起齿轮系统的回差效应，即在输入方向和输出方向之间存在一定的角度回差，这可能影响精密的位置控制；在动力传递过程中可能引起冲击和振动，进而产生噪声，对机械系统的工作环境和寿命造成影响。

齿轮间隙的数学表达式为

$$
\begin{aligned}
&\text{当 } \dot{x}>0 \text{ 时，} y=\begin{cases} y_0 & x<y_0/k+a \\ k(x-a) & x>y_0/k+a \end{cases} \\
&\text{当 } \dot{x}<0 \text{ 时，} y=\begin{cases} k(x-a) & x<y_0/k+a \\ y_0 & x>y_0/k+a \end{cases}
\end{aligned}
\tag{5-153}
$$

处理齿轮间隙的方法通常包括齿轮设计优化、齿隙补偿、高精度齿轮制造和齿轮系统建模等。齿轮设计优化是通过优化齿轮的设计、制造和组装过程，减小齿轮间隙，提高齿轮系统的精密度。齿隙补偿是在控制系统中引入齿隙补偿模块，通过控制信号对齿轮间隙进行补偿，以减小非线性效应；高精度齿轮制造是使用高精度的齿轮制造工艺，以减小齿轮制造误差和间隙。齿轮系统建模是对齿轮系统进行精确的建模，考虑齿轮间隙的影响，以更好地理解和预测系统的动态响应。综合来说，齿轮间隙是齿轮系统中的一个重要因素，需要在设计和控制中加以考虑，以确保系统的性能和稳定性。在一些对精密性要求较高的应用中，减小齿轮间隙是提高系统性能的关键之一。在后面还会经常看到，在开关式控制器设计、带批量开关的 PID 控制器设计、报警处理等许多场合，会有意识地引入一定宽度的齿轮间隙，用来克服测量噪声或扰动对控制器输出动作的不良影响，提高系统的抗干扰能力。

在实际的过程控制中，理解和处理这些非线性环节对于设计有效的控制系统至关重要。通常，工程师会使用先进的控制技术、模型预测控制、自适应控制等方法来处理这些非线性特性。

## 5.7.2　各种类型的开关式控制器

开关式控制器是一类控制系统中常用的设备，用于调整和控制系统中的参数。这些控制器通常根据其工作原理和应用领域被分类为不同类型。以下是一些基本的开关式控制器类型。

1. 比例控制器

比例控制器根据系统误差的大小，以比例的方式输出控制信号。其输出正比于系统偏离

设定值的程度。数学表达式为

$$p(t)=K_{\mathrm{p}}e(t) \tag{5-154}$$

式中：$p(t)$是比例控制的输出；$K_{\mathrm{p}}$是比例增益；$e(t)$是当前误差。

比例控制器虽然能够提供稳定性，但在某些情况下可能导致系统稳态误差。其工作原理建立在系统输出与期望值之间的误差的比例调整基础上。首先，用户或系统设定一个期望的输出作为目标。其次，实际系统的输出通过传感器或测量设备进行测量。最后，系统计算输出与期望值之间的误差，即差值。这个误差通过乘比例增益$K_{\mathrm{p}}$来调整。比例增益决定了系统对误差的敏感程度。如果误差较大，乘比例增益的结果将更大，导致系统更强烈地调整输出；如果误差较小，控制输出也相应较小，以减小调整的幅度。控制输出被传递给系统，用于调整系统的操作，例如调整阀门、电机速度等。这个过程形成一个反馈循环，随着系统的不断调整，误差逐渐减小，系统逐渐接近期望值。比例控制器通常被广泛应用于各种控制系统，如温度控制系统、电机速度控制系统以及自动驾驶系统等。

例如，假设一个温度控制系统，期望温度为25 ℃，实际温度为22 ℃。误差为25 ℃－22 ℃＝3 ℃。如果比例增益$K_{\mathrm{p}}=0.5$，则控制输出为$0.5\times3=1.5$ ℃。这个控制输出被用来调整系统，如增加加热元件的功率，以提高温度。

2. 积分控制器

积分控制器根据系统误差的积分来输出控制信号。这有助于消除稳态误差，但可能引入过冲和振荡，特别是对于快速变化的系统。积分控制器是控制系统中的关键组成部分，常用于PID控制器中。其主要作用是处理系统输出与期望值之间的积分误差，以提高系统的稳定性和性能。在数学上，积分控制器的输出与积分误差成正比，其表达式为

$$I(t)=K_{\mathrm{i}}\int_0^t e(t)\mathrm{d}t \tag{5-155}$$

或

$$U_k=K_{\mathrm{i}}\sum\nolimits_{n=0}^{k}e_n \tag{5-156}$$

式中：$K_{\mathrm{i}}$是积分增益；$e(t)$是$t$时刻的误差；$e_n$是第$n$次采样时刻的误差。积分控制器的工作原理是基于对误差信号在时间上的累积，通过积分运算逐步纠正系统的输出，使其更加接近期望值。控制积分增益可以调整积分项的影响力，从而平衡系统的稳定性和性能。此外，为防止积分项引起饱和或过度响应，通常会对其进行限幅，以确保系统保持稳定。积分控制器的应用范围涵盖了反馈控制系统的多个领域，如温度控制、速度控制和位置控制。它通过消除系统的持续性误差，帮助系统更迅速、准确地达到期望状态。此外，积分控制器还具有稳定性增强、超调抑制和相位裕度等特性。综合而言，积分控制器为控制系统提供了有效的误差处理机制，从而提高了系统的整体性能。

3. 微分控制器

微分控制器根据系统误差的变化率来输出控制信号。这有助于减小系统的超调和振荡，但可能导致灵敏度增加。其基本原理是对系统输出信号进行微分运算，以调整系统的响应。微分控制器的数学表示为

$$D(s)=K_d s \tag{5-157}$$

式中：$D(s)$是微分控制器的传递函数；$K_d$ 是微分增益；$s$ 是复变量，表示频域。在频域中，微分控制器对频率的响应是线性的。其传递函数中的 $s$ 表示微分操作，使得微分控制器对系统输出的高频变化非常敏感。这使得微分控制器在系统需要快速响应的情况下能够更迅速地调整系统，提高系统的动态响应速度。在时域中，微分控制器的作用可以通过微分方程表示。设系统输出为 $y(t)$，则微分控制器的输出 $D(t)$可以表示为

$$D(t)=K_d \frac{dy(t)}{dt} \tag{5-158}$$

这表明微分控制器的输出与系统输出的变化率成正比。

微分控制器主要应用于需要快速响应的系统，有助于减小系统的超调，并提高系统的稳定性。然而，过度依赖微分操作可能引入噪声放大和灵敏度增加的问题。因此，在实际应用中，通常会将微分控制器与其他类型的控制器结合使用，以平衡不同方面的性能。选择适当的微分增益以及合适的控制器结构是控制系统设计中的关键考虑因素。

假设有一个简单的温度控制系统。系统的目标是将房间内的温度保持在设定值。可以使用微分控制器来调整系统的响应。考虑微分控制器的作用，可以将系统的输出表示为房间温度 $T(t)$。微分控制器的输出 $u(t)$可以表示为

$$u(t)=K_d \frac{dT(t)}{dt} \tag{5-159}$$

在这个例子中，微分控制器对温度变化的速率进行响应。如果房间的温度迅速上升或下降，微分控制器会产生相应的输出，促使系统更快地调整冷却或加热设备，以使温度更快地趋向于设定值。

又如，如果阳光直射进入房间导致温度迅速升高，微分控制器将立即产生输出，使空调系统更快地响应，降低温度。反之，如果窗户被打开导致温度迅速下降，微分控制器也会快速调整加热系统，以防止过度冷却。

然而，需要注意的是，过度依赖微分控制可能引入噪声放大的问题。例如，温度传感器可能受到短时的测量误差，微分操作可能放大这些误差，导致系统不稳定。因此，实际应用中往往需要综合考虑系统的动态特性和稳定性，可能采用 PID 控制器等综合型控制器，以平衡不同方面的性能。

4. 比例积分控制器

PI 控制器是一种在反馈控制系统中常见的控制器类型。PI 控制器结合了比例和积分控制，用于提供快速的响应并消除稳态误差，以实现对系统性能的有效调节。比例控制器根据当前误差的大小产生控制输出，这个输出与误差成正比。具体表达见式(5-154)。

积分控制器根据过去误差的总和产生控制输出，其目的在于消除系统的稳态误差。具体表达见式(5-155)。

PI 控制器的总输出是比例和积分控制的叠加，即

$$u(t)=P(t)+I(t) \tag{5-160}$$

这种结合使得 PI 控制器能够根据当前误差迅速调整系统输出，同时通过积分项在长时

间内消除系统的稳态误差。PI 控制器通过比例和积分元素的综合调节，使系统更快地逼近期望值，并在长时间运行中保持准确性。比例和积分两个元素的平衡是通过调整比例增益 $K_p$ 和积分增益 $K_i$ 来实现的。这两个参数的选择通常需要经验和系统调试，以满足具体应用的性能要求。总体而言，PI 控制器是一种有效的控制策略，通过综合利用比例和积分元素，实现对系统的精确控制和稳定性改善。

假设有一个简单的温度控制系统，目标是将房间温度维持在设定温度 $T_{set}$。系统的实际温度为 $T_{actual}$。可以使用 PI 控制器来调节加热器的功率，以便在设定温度附近保持恒定的温度。系统的误差可以定义为设定温度与实际温度之差：

$$e(t)=T_{set}-T_{actual} \tag{5-161}$$

将式(5-154)、式(5-155)、式(5-161)代入式(5-160)，即可求得该系统的控制输出$u(t)$。

这个控制输出 $u(t)$可以直接用来调整加热器的功率，如通过改变电流或阀门的开度，以使实际温度向设定温度靠近。通过实时测量实际温度、计算误差，以及利用比例和积分控制项，PI 控制器可以持续调整系统，使其逐渐收敛到设定温度。如此一来，系统就能在不断变化的环境中保持稳定的温度。

5. 比例微分控制器

PD 控制器结合了比例和微分控制，是一种经典的反馈控制器。PD 控制器的基本工作原理是通过比例部分响应当前误差，以及微分部分响应误差的变化率，从而调整系统的输出。比例部分主要用于迅速减小误差，使系统快速接近设定值；而微分部分则有助于减小系统的过冲，提高系统的稳定性。

PD 控制器的输出是比例和微分两部分的叠加，即

$$u(t)=P(t)+D(t) \tag{5-162}$$

举例来说，考虑一个温度控制系统。如果当前温度与设定温度存在差异，PD 控制器会根据这一误差迅速调整系统的输出，比例部分主导系统快速响应，而微分部分则防止过冲现象，使系统更稳定。这种控制器常被应用于各种工业和自动化系统，通过调整比例和微分增益来满足系统对于稳定性和响应速度的要求。

6. 比例积分微分控制器

PID 控制器综合了比例、积分和微分控制，广泛应用于各种工业和自动化系统中。PID 控制器通过调整三个参数来实现对系统的精确控制。比例部分根据当前误差产生一个与误差成正比的控制输出；积分部分根据过去误差的累积值产生一个与误差累积成正比的控制输出，用于消除系统存在的稳态误差；微分部分根据误差的变化率产生一个与变化率成正比的控制输出，用于抑制系统的过冲和振荡。总控制输出是三个部分的叠加，即

$$u(t)=P(t)+I(t)+D(t) \tag{5-163}$$

PID 控制器的参数 $K_p$，$K_i$，$K_d$ 需要根据系统特性进行调整，以实现最优的控制效果。这些参数的调整可以采用不同的方法，包括经验法、试错法和模型辨识等。PID 控制器因其简单而有效的结构在各种工业应用中得到广泛应用，能够稳定系统、减小误差并提高系统响应速度。

假设有一个温度控制系统，希望通过 PID 控制器来维持温度在设定值附近。系统的传

递函数为

$$G(s)=\frac{1}{(s+1)(s+2)} \tag{5-164}$$

式中：$s$ 是复平面上的复数，表示拉普拉斯变换的频域变量。

PID 控制器的传递函数为

$$C(s)=K_p+\frac{K_i}{s}+K_d s \tag{5-165}$$

式中：$K_p$，$K_i$，$K_d$ 分别是比例、积分和微分增益。

总的系统传递函数为

$$T(s)=G(s)C(s)=\frac{K_p+K_i/s+K_d s}{(s+1)(s+2)} \tag{5-166}$$

考虑一个单位阶跃输入信号 $R(s)$，

$$Y(s)=T(s)R(s)=\frac{K_p+K_i/s+K_d s}{s(s+1)(s+2)} \tag{5-167}$$

为了简化，设 $K_p=1$，$K_i=1$，$K_d=1$。则有

$$Y(s)=\frac{1+1/s+s}{s(s+1)(s+2)} \tag{5-168}$$

通过部分分式分解，可以得到 $Y(s)$ 的逆变换，从而获得系统的时间域响应。

$$Y(s)=\frac{5}{6s}-\frac{1}{2(s+1)}+\frac{1}{3(s+2)} \tag{5-169}$$

由这个例子可知，工程师可以通过调整 PID 控制器的参数 $K_p$，$K_i$，$K_d$ 来影响系统的稳定性、超调和响应速度，以满足特定的性能要求。

这些开关式控制器类型可以根据系统的需求和特性进行选择和组合，以实现对系统的有效控制。但是也有两种针对非线性环节常用的开关式控制器，能够更好地处理非线性环节。

7. 两位式控制器

两位式控制器通常是一个离散型控制器，仅具有两个可能的输出状态——完全开和完全关。这种控制器设计简单，适用于一些对精确性要求相对较低、能够承受一定波动的系统。两位式控制器通常应用在开关控制系统中，如加热系统、冷却系统等。然而，因为这样的控制动作通常会产生极限环，所以两位式控制器只适用于低动态增益过程。在这种情况下，即使出现极限环，振荡幅度也较小，可以接受。

理想的两位式控制器基于简单的开关逻辑工作。它根据被控制参数与设定值之间的关系，决定输出状态是完全开还是完全关。如果被控制参数值不大于设定值，则设定控制器的输出为 1；如果被控制参数值大于设定值，则设定控制器的输出为 0。这样，两位式控制器通过简单的逻辑判断，将系统切换为两种状态，以维持被控制参数在设定值附近。然而，由于其开关式的控制特性，可能导致系统在设定值周围产生振荡，因此对于一些需要更高精度控制的应用，可能需要选择其他更为复杂的控制策略。

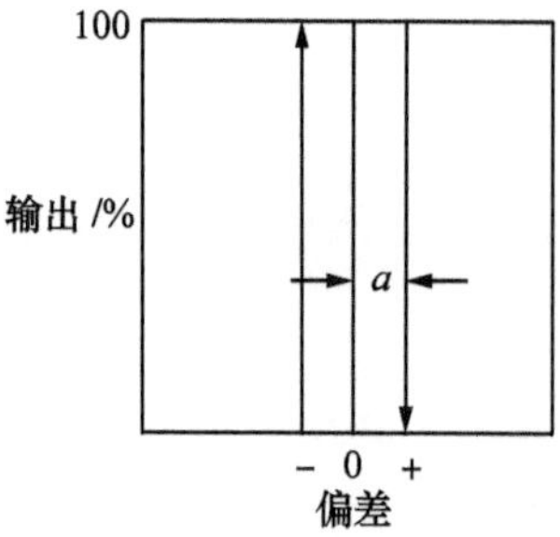


图 5-26　含齿轮间隙的两位式控制器输出

在实际应用中，两位式控制器存在一个可检测的齿轮间隙，如图 5-26 所示，齿轮间隙宽度为 $a$。在各种简单的机械开关中，齿轮间隙主要是受灵敏度的限制而产生的。但是，在高灵敏系统中，齿轮间隙有很大的作用，可以用来避免由信号噪声引起的不必要的输出颤抖。

需要注意以下问题：一是死区问题，两位式控制器可能引入死区问题，即在设定值附近可能会有一段范围内的波动，而系统不做出响应。这可能导致系统不断在设定值附近波动，而无法真正稳定。二是振荡和过冲问题。由于两位式控制器是开关式控制，一旦被控制参数略微超过设定值，系统就会完全切换为关闭状态，然后再次切换为开启状态。因此，这种开关过程可能导致振荡或过冲，尤其在系统中存在延迟或滞后时更为显著。三是系统响应速度问题。两位式控制器通常响应速度较慢，因为只有两个离散的状态。对于一些需要更快响应的系统，可能需要考虑更为灵活的连续型控制策略。四是设定值选择问题。设定值的选择对于两位式控制器的性能至关重要。过于接近系统的动态范围边缘可能导致系统频繁切换状态，而过于远离可能导致系统的过冲和不稳定性。五是环境干扰问题。两位式控制器对于环境干扰可能较为敏感。例如，设定值在环境变化下可能需要调整，以适应不同条件下的系统需求。六是应用场景选择问题。前面已经提到，两位式控制器适用于一些对于控制精度要求不高、能够容忍一些波动的应用场景。对于需要更为精细控制的系统，还需要考虑更为先进的连续型控制策略，如 PID 控制器。

8. 三位式控制器

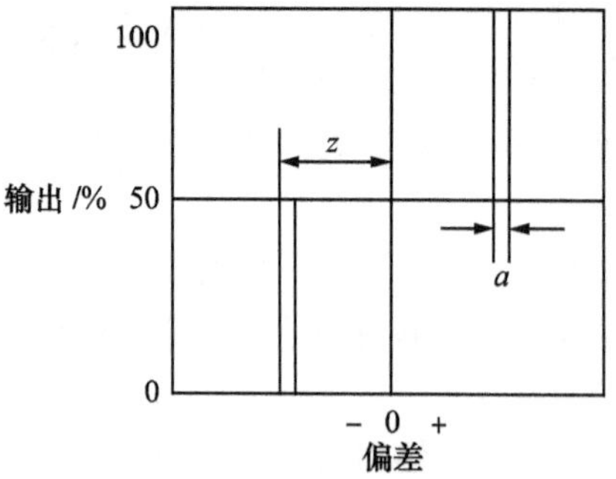


图 5-27　三位式控制器的输入输出特性

两位式控制器只具有两个状态，而更常用的三位式控制器具有三个状态。最简单的能实现这一功能的控制器由两个开关设备组成，它们之间通过一个死区隔离状态切换点。在实际应用中，通常使用定速可逆马达作为终端操作器来驱动阀门或者操作杆。然而，需要注意的是，每个开关设备本身也包含一个小的齿轮间隙。这种三位式控制器的输入输出特性如图 5-27 所示，它可以用来驱动马达正转、反转或者在死区内停止转动。其中：100％输出代表“正转(开)”，50％输出代表“停止”，0 输出代表“反转(关)”。

## 5.7.3　非线性 PID 控制

非线性 PID 控制是对传统 PID 控制器的改进，用于更好地处理非线性系统。在非线性系统中，系统动力学可能随着工作点的改变而变化，或者系统本身可能包含非线性元件。非线性 PID 控制通过引入非线性元素或算法，增强了对这些复杂系统的控制性能。

常见的非线性 PID 控制方法包括引入饱和函数、鲁棒 PID、模糊 PID、自适应 PID 等。

引入这些非线性元素可以提高系统对非线性和不确定性的鲁棒性，优化系统的性能。下面介绍几种常见的非线性 PID 控制方法。

1. 引入饱和函数的非线性 PID

引入饱和函数的非线性 PID 控制方法旨在通过引入非线性元素，特别是饱和函数，来改进传统 PID 控制器，以更好地适应系统的非线性特性。饱和函数通常用于限制输出信号的幅值，防止系统响应过度，并提高系统的稳定性。以下是这种控制方法的详细描述，考虑一个单输入单输出的控制系统。

传统的 PID 控制器的输出表达式为

$$u(t)=K_{\mathrm{p}}e(t)+K_{\mathrm{i}}\int_{0}^{t}e(\tau)\mathrm{d}\tau+K_{\mathrm{d}}\frac{\mathrm{d}e(t)}{\mathrm{d}t} \tag{5-170}$$

式中：$u(t)$ 是控制输出；$e(t)$ 是误差信号；$K_{\mathrm{p}}$，$K_{\mathrm{i}}$ 和 $K_{\mathrm{d}}$ 分别是比例增益、积分增益和微分增益。

引入饱和函数后，非线性 PID 控制器的输出可以通过以下公式描述：

$$u(t)=\mathrm{Sat}\left[K_{\mathrm{p}}e(t)+K_{\mathrm{i}}\int_{0}^{t}e(\tau)\mathrm{d}\tau+K_{\mathrm{d}}\frac{\mathrm{d}e(t)}{\mathrm{d}t}\right] \tag{5-171}$$

式中：$\mathrm{Sat}[\cdot]$ 表示饱和函数，可将输入限制在一个特定的范围内。饱和函数的一种常见形式是

$$\mathrm{Sat}[x]=\begin{cases}-x_{\max} & x<-x_{\max}\\ x & -x_{\max}<x<x_{\max}\\ x_{\max} & x>x_{\max}\end{cases} \tag{5-172}$$

其中，$x_{\max}$ 是饱和函数的最大值。在这个公式中，饱和函数作用于 PID 控制器的输出，将其限制在一个范围内，从而避免了系统响应过度或超出可控范围。这对于处理系统非线性和不确定性带来的挑战非常有效。需要注意的是，选择合适的饱和函数和参数是非线性 PID 控制的关键。一般情况下，这需要根据具体的系统动力学和性能需求来调整。饱和函数的设计应考虑系统的特性，以平衡系统的稳定性和性能。

2. 鲁棒 PID

鲁棒 PID 是一种非线性 PID 控制方法，其主要目标是增强控制系统对于不确定性和参数变化的鲁棒性。这种方法通过引入非线性元素来处理系统的不确定性，以保证系统在面对不确定性时仍能保持稳定和良好的性能。以下是鲁棒 PID 的详细介绍，考虑一个单输入单输出的控制系统。

鲁棒 PID 引入非线性元素来处理不确定性，其中一个常见的形式是引入饱和函数和一个包含不确定性的参数，例如：

$$u(t)=\mathrm{Sat}\left[K_{\mathrm{p}}e(t)+K_{\mathrm{i}}\int_{0}^{t}e(\tau)\mathrm{d}\tau+K_{\mathrm{d}}\frac{\mathrm{d}e(t)}{\mathrm{d}t}+\Delta\right] \tag{5-173}$$

式中：$\Delta$ 是包含不确定性的参数。鲁棒 PID 通常还包括鲁棒性增益，用于调整控制器对不确定性的敏感性。这个鲁棒性增益通常是一个正的常数，用于平衡系统对于参数变化和外部扰动的响应。最终，鲁棒 PID 控制器的输出可以表示为

$$u(t)=\mathrm{Sat}\left[K_{\mathrm{p}}e(t)+K_{\mathrm{i}}\int_{0}^{t}e(\tau)\mathrm{d}\tau+K_{\mathrm{d}}\frac{\mathrm{d}e(t)}{\mathrm{d}t}+\Gamma\Delta\right] \tag{5-174}$$

式中：$\Gamma$ 是鲁棒性增益。鲁棒 PID 通过引入饱和函数和鲁棒性增益，使系统更具有鲁棒性，即在面对不确定性和参数变化时，系统能够保持稳定的闭环响应。选择合适的饱和函数形式和鲁棒性增益是鲁棒 PID 控制的关键，需要根据实际系统的特性和工作环境进行调整。

3. 模糊 PID

模糊 PID 是一种非线性 PID 控制方法，引入了模糊逻辑来处理系统的模糊性和不确定性。首先，将连续的输入和输出转化为模糊集合，这些集合由模糊语言词汇描述，如“大”“小”“正常”等。例如，将误差 $e$ 的值模糊化为“负大”“负中”“零”“正中”“正大”等。然后，建立模糊规则，将模糊化的输入映射到模糊化的输出。这些规则通常基于专家知识，例如“如果误差为正中，且误差变化为正大，则输出为负中”。接着，使用模糊规则进行推理，根据当前的模糊化输入计算出模糊化的输出。这通常涉及模糊逻辑运算，如模糊与(and)、模糊或(or)等。最后，将模糊化的输出转化为实际的控制输出，这通常涉及将模糊化输出映射回到具体的实际值，这一步被称为去模糊化。因此，模糊 PID 控制器的输出可以表示为

$$u(t)=\mathrm{Defuzzify}\left(\mathrm{RuleBase}\{\mathrm{Fuzzify}[e(t),\ \Delta e(t),\ \ldots]\}\right) \tag{5-175}$$

式中：$e(t)$是误差；$\Delta e(t)$是误差的变化率；Fuzzify( • )是模糊化操作；RuleBase( • )是模糊规则库；Defuzzify( • )是去模糊化操作。模糊 PID 的关键在于模糊规则的设计和模糊集的选择。这需要专家经验和系统特性的深入理解。通过模糊逻辑的引入，模糊 PID 能够更好地处理非线性、模糊性和不确定性，使得系统更具有自适应性。

4. 自适应 PID

自适应 PID 是一种非线性 PID 控制方法，其特点在于能够动态地调整 PID 控制器的参数以适应系统的变化。这种方法主要应对系统参数变化较大或者难以准确测量的情况，通过自适应机制实时地更新 PID 参数，以提高控制性能。以下是自适应 PID 的详细介绍，考虑一个单输入单输出的控制系统。

自适应 PID 引入了自适应机制，其中 PID 参数 $K_{\mathrm{p}}$，$K_{\mathrm{i}}$ 和 $K_{\mathrm{d}}$ 会根据系统状态的变化而自动调整。通常，自适应 PID 的参数更新规则可以表示为

$$\begin{aligned}K_{\mathrm{p}}(t+1)&=K_{\mathrm{p}}(t)+\Delta K_{\mathrm{p}}\\K_{\mathrm{i}}(t+1)&=K_{\mathrm{i}}(t)+\Delta K_{\mathrm{i}}\\K_{\mathrm{d}}(t+1)&=K_{\mathrm{d}}(t)+\Delta K_{\mathrm{d}}\end{aligned} \tag{5-176}$$

式中：$\Delta K_{\mathrm{p}}$，$\Delta K_{\mathrm{i}}$ 和 $\Delta K_{\mathrm{d}}$ 是根据系统状态误差、误差变化率等信息计算得到的自适应修正值。这些修正值可以根据不同的自适应算法来确定，例如，可以使用梯度下降法、最小二乘法或者其他适应性算法来更新 PID 参数。通常，自适应 PID 会监测系统的响应，并根据实时反馈的性能指标来调整参数，以使系统更好地适应变化的工作环境。自适应 PID 的关键在于设计合适的参数更新算法，以确保系统在变化的条件下仍能够保持稳定性和良好的性能。不同的自适应算法可能适用于不同的系统和应用场景，因此选择合适的算法是自适应 PID 控制的重要一步。

5. 引入非线性饱和的非线性 PID

引入非线性饱和的非线性 PID 控制方法可以更好地处理系统的非线性特性，尤其是在

输出饱和时可以减小系统的过冲和振荡。这种方法通过引入非线性的饱和函数，使得控制器在输出接近饱和值时减缓输出的变化，从而提高系统的稳定性。以下是这种控制方法的详细介绍，考虑一个单输入单输出的控制系统。

引入非线性饱和后，非线性 PID 控制器的输出可以表示为

$$u(t)=\text{Saturation}\left[K_{\mathrm{p}}e(t)+K_{\mathrm{i}}\int_{0}^{t}e(\tau)\mathrm{d}\tau+K_{\mathrm{d}}\frac{\mathrm{d}e(t)}{\mathrm{d}t}\right] \tag{5-177}$$

式中：Saturation[·]是非线性饱和函数。一种常见的非线性饱和函数是

$$\text{Saturation}[x]=\frac{1}{1+\mathrm{e}^{-ax}} \tag{5-178}$$

式中：$a$ 是控制饱和曲线斜率的参数。这样的饱和函数在 $x$ 趋近正无穷时逼近 1，趋近负无穷时逼近 0，从而在输出接近饱和值时逐渐减小变化速度。整个非线性 PID 控制器的输出可以用以下公式表示：

$$u(t)=\frac{1}{1+\mathrm{e}^{-a\left[K_{\mathrm{p}}e(t)+K_{\mathrm{i}}\int_{0}^{t}e(\tau)\mathrm{d}\tau+K_{\mathrm{d}}\frac{\mathrm{d}e(t)}{\mathrm{d}t}\right]}} \tag{5-179}$$

引入非线性饱和的非线性 PID 控制方法可以提高系统在输出接近饱和时的稳定性，减小系统的过冲，从而更好地适应非线性特性。选择合适的饱和函数形式和参数是关键，需要根据实际系统的特性和性能需求来进行调整。

6. 时间比例 ON/OFF 控制器

时间比例 ON/OFF 控制器(PID-TP 控制器)是一种常见于工业自动化和过程控制领域的控制器类型。控制器算法为基本 PID 控制算法，但控制器输出为周期一定的触点 ON/OFF 输出，其中，输出 ON 状态在一个周期内的持续时间(脉冲占空比)正比于 PID 控制器的操作输出 $MV$。其基本原理是通过调整设备的开启和关闭时间来维持被控制过程的稳定性。控制器设有一个设定点，即过程变量应该达到的目标值，并通过周期性地改变设备的开启和关闭时间，以使过程变量维持在设定点附近。控制器的关键参数是时间比例，它表示在一个周期内设备处于开启状态的时间所占的比例。工作周期内的开启和关闭时间根据过程变量与设定点的误差而动态调整。虽然 PID-TP 控制器是一种简单而经济的控制方案，特别适于对过程变量波动幅度要求不严格的应用，但它可能引起设备频繁开关，从而导致过程变量波动。在一些对控制要求更高的应用中，可能需要采用更复杂的控制策略，如 PID 控制。时间比例 ON/OFF 输出的操作如图 5-28 所示。

PID-TP 控制器的时间比例 ON/OFF 输出总是在操作输出 $MV$ 为 0 时，输出 OFF 状态；$MV$ 为 100%时，输出 ON 状态。例如，如果 ON/OFF 输出周期为 10 s，操作输出 $MV$ 为 80%，则 ON 时间就是 8 s。具体计算公式为

$$\text{ON 时间(s)}=\text{ON/OFF 周期(s)}\cdot\frac{MV\text{ 输出值(\%)}}{100(\%)} \tag{5-180}$$

7. 误差平方控制器

标准的 PID 控制器可以修改为控制器增益作为一个控制误差的函数，例如，控制器增

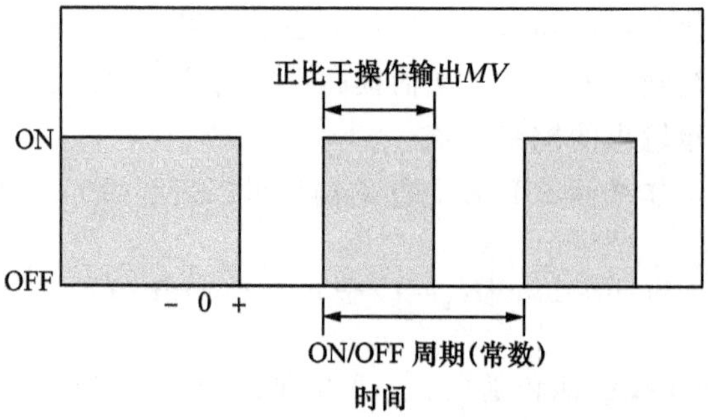


图 5-28 时间比例 ON/OFF 输出的操作

益可以在大的误差下比较大，而在小的误差下又比较小，即令控制器增益随误差信号的绝对值变化。误差平方控制器的增益在数学上可以用下列式子描述：

$$K_c=\frac{100}{P}f\,|e(t)| \tag{5-181}$$

$$f\,|e(t)|=L+\frac{(1-L)\,|e(t)|}{100}\quad 0<L\leqslant 1 \tag{5-182}$$

式中：$L$ 是表示线性度的一个可调参数；$e(t)$是误差，用百分比表示。如果 $L=1$，则该控制器是线性的；当 $L$ 接近于零时，控制作用变成误差平方控制规律。

假如取 $L=0.2$，则有如下公式

$$K_c=\frac{100}{P}\left[0.2+0.8\,\frac{|e(t)|}{100}\right] \tag{5-183}$$

当误差 $e(t)=0$ 时，$K_c=0.2\cdot 100/P$；当 $e(t)=50$ 时，$K_c=0.6\cdot 100/P$；当 $e(t)=100$ 时，$K_c=100/P$。当然，$L$ 等于零是不被希望的，因为这将使控制器变得对小信号不灵敏，结果会产生残余误差。$L$ 值在 0.1 附近时，控制器的最小增益为 $10/P$。

误差平方控制器的比例度必须根据预期的最大误差来进行调整，因为该控制器对大信号的控制作用要比整定到适当衰减的线性控制器所提供的控制作用强。因此，过大的误差容易造成回路的不稳定。另外，与其他各种非线性控制器一样，其设定值相应地一般要优于线性控制方式，这是因为设定值变化通常比负荷扰动变化更大、更快些，这正好利用了非线性控制器在大误差区域内具有高增益的优点。负荷扰动则以另一种面貌出现，使被调量缓慢地偏离设定值。因为线性控制器在设定值附近的区域内具有较高的增益，所以对小负荷变化的响应往往比较有效。

## 思考题与习题

5-1 说明内模控制的基本原理。

5-2 简述动态矩阵控制的基本原理。

5-3　简述模型预测控制系统的特点。

5-4　简述自适应控制系统的基本功能。

5-5　简述推理控制器的设计步骤。

5-6　简述鲁棒控制理论的基本内容。

5-7　如何设计一个鲁棒控制器?

5-8　自校正控制系统与模型参考自适应系统有何异同?

5-9　预测控制在日常生活中有哪些应用实例?

# 第6章 智能控制

本章主要介绍智能控制的基本概念、三种基本形式以及智能控制中的智能优化算法。

## 6.1 概述

智能控制系统是自动控制系统与智能系统的结合，利用传感器、数据处理和决策算法等技术手段，对系统、设备或过程进行控制和管理。智能控制的核心在于赋予控制系统学习、推理和决策能力，使其能在不同条件和情境下做出智能化决策和调节，目标是提高系统的稳定性、安全性、效率和适应性，同时降低成本和能源消耗。这种技术可应用于工业生产、城市污水处理、交通运输、电力系统、环境监测等领域。智能控制涉及的技术包括机器学习、模糊逻辑、神经网络、遗传算法等，上述技术可用于构建控制模型、优化控制策略、识别异常状态、预测未来发展等。此外，智能控制还可以结合大数据、云计算、物联网等技术，实现更高级的智能化管理和优化。总的来说，智能控制是利用人工智能技术实现自动化控制的方法，能提高系统的智能化水平和综合性能，为各行业带来新的机遇和挑战。

智能控制系统具备实时数据采集与处理、目标设置与分析、决策与调节、异常检测与故障诊断、学习和优化等功能。系统能实时采集和处理各种信息和数据，根据预设目标进行比较和分析，自主做出决策并采取相应控制动作。此外，系统还能检测异常情况并进行故障诊断，持续学习和优化控制策略，以提高系统性能和效率。远程监控和管理功能让用户随时随地了解系统状态，完成操作和参数调整。

智能控制主要有三种基本形式：模糊控制、专家控制和神经网络控制。此外，进化计算和智能优化算法也被引入智能控制中，形成了进化算法应用、智能优化算法应用、基于网络的智能控制和基于多智能体的智能控制等融合形式。这些融合形式使智能控制系统更加灵活高效，适应各种场景需求，为实际应用提供更多可能性。同时，将网络技术、智能体技术与智能控制相结合，创造出基于网络的智能控制和基于多智能体的智能控制等新形式。随着人工智能技术和智能优化算法的不断发展，智能控制理论和技术将进一步得到推动和发展。

# 6.2 模糊控制

## 6.2.1 模糊控制概述

模糊控制是一种基于模糊逻辑原理的控制方法，由 Lotfi A. Zadeh(L. A. 扎德)于 1965 年提出。1974 年，E. H. Mamdani (E. H. 曼达尼)首次将模糊推理成功应用于锅炉和蒸汽机的控制。此后，模糊控制理论及模糊控制系统迅速发展。这种控制策略与传统的基于严格数学模型的控制方法不同。传统方法依赖于精确的数学描述和严格的逻辑推理，而模糊控制则采用模糊逻辑来处理数据的不确定性和模糊性。在模糊逻辑中，真值被看作一个在 0(完全假)到 1(完全真)之间的范围，而不仅仅是 0 或 1。这使得模糊控制在处理复杂或不易精确定义的系统时展现出显著的优势。

1. 模糊控制与实际过程控制系统的关系

在实际情况中，过程控制系统常常会面临许多不确定因素，如操作条件的变化、测量噪声、非线性响应等。在这样的条件下，传统控制方法可能会面临精确建模的困难或者需要复杂的数学描述。而模糊控制则通过模仿人类的决策方式来应对这些问题，并不完全依赖于精确的数学模型，而是使用模糊规则来描述控制策略。以一个典型的温度控制系统为例，在传统的控制系统中，可能需要精确地测量温度并进行计算，同时设计一个精确的数学模型来描述加热和冷却过程。然而，在模糊控制系统中，可以通过设定一些模糊规则来进行控制，如"如果温度过高，就降低加热""如果温度过低，就增加加热"。这些规则基于人类的直觉和经验，使得理解和实施更为简便。

2. 模糊控制的优势

模糊控制的主要优势在于其适应性和灵活性。模糊控制能够处理不确定性和模糊性，这是传统数学方法难以描述的。由于这些特性，模糊控制系统通常更易于理解和实施。模糊控制的这些优点使其在许多领域中展现出巨大的潜力，特别是在实际过程控制中。总体来说，模糊控制在处理不确定性、非线性问题以及难以建立精确数学模型的系统中具有显著的优势。通过模糊逻辑和模糊规则的应用，模糊控制能够更好地适应实际应用中的各种变化和条件，提供更加灵活和稳健的控制性能。

## 6.2.2 模糊控制的基本原理

1. 模糊控制系统的组成部分

模糊控制系统主要由五个部分组成，分别是模糊控制器、输入输出接口、执行机构、测量装置和被控对象，如图 6-1 所示。

①模糊控制器。模糊控制器作为系统的核心，负责基于模糊逻辑处理输入信号并生成相应的输出指令。控制器使用一组预设的模糊规则来处理输入数据的不确定性和模糊性，并据

此做出决策。

②输入输出接口。输入接口负责收集来自被控对象的信号，如温度、压力等参数，并将这些信号转换为控制器可以处理的格式。输出接口将控制器的决策指令传递给执行机构，确保执行机构能够根据控制器的决策进行操作。

③执行机构。执行机构根据控制器的输出指令进行操作，直接影响被控对象。

④测量装置。测量装置用于监测被控对象的状态，如温度、湿度、速度等，不断向控制系统提供实时数据。

⑤被控对象。被控对象是系统需要控制和调整的对象。

这五个组成部分的协调工作是确保模糊控制系统有效运作的关键。在实际应用中，根据不同的控制需求和系统特性，可以设计和优化模糊控制系统的各个组成部分，以实现最佳的控制效果。

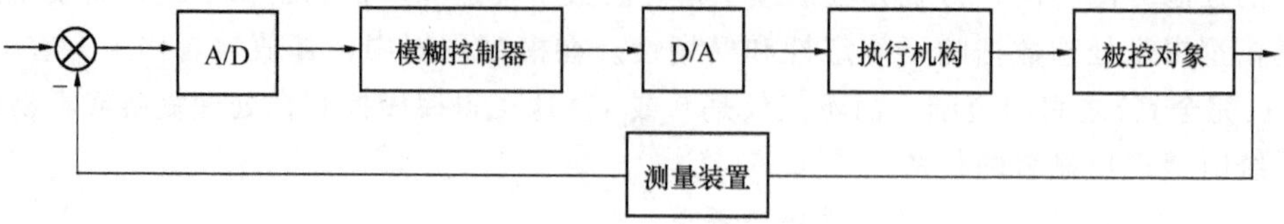


**图 6-1　模糊控制系统的组成**

2. 模糊控制系统的理论基础

在深入探讨模糊控制系统的原理和工作机制之前，理解模糊控制系统的核心概念至关重要。这些概念为处理不确定性和模糊性提供了数学框架，是模糊控制理论的基础。以下简要介绍这些核心概念。

(1)模糊集合

模糊集合是传统集合的扩展，允许其元素以不同的程度属于一个集合。与传统集合(其元素要么属于集合，要么不属于集合)不同，模糊集合中的元素可以部分地属于一个集合。在模糊控制系统中，模糊集合用于定义输入和输出变量的不确定性，是制订控制规则和决策的基础。

一个模糊集合 $A$ 在数学上可以表示为一系列有序对，每个有序对由一个元素和其对应的隶属度组成。

$$A=\{(x,\ \mu_A(x))\mid x\in U\} \tag{6-1}$$

式中：$x$ 是宇宙集 $U$ 中的元素；$\mu_A(x)$是隶属函数。

(2)隶属函数

隶属函数是一个数学工具，用于确定一个元素属于某个模糊集合的程度。具体来说，隶属函数将每个元素映射到 0 和 1 之间的一个值。在模糊控制系统中，隶属函数不仅用于模糊化输入数据，还参与去模糊化输出数据。这为模糊控制规则的形成和模糊推理提供了基础。隶属函数有多种形状和类型，比如三角形、梯形、高斯型等，它们各有特点，能够适应不同的应用场景和需求。选择合适的隶属函数对于模糊控制系统的性能至关重要。不同形状和类型的隶属函数有不同的数学表达式。

①三角形隶属函数：

$$\mu_A(x)=\max\left[\min\left(\frac{x-a}{b-a},\ \frac{c-x}{c-b}\right),\ 0\right] \tag{6-2}$$

式中：$a$，$b$ 和 $c$ 是定义三角形的三个点。

②梯形隶属函数：

$$\mu_A(x)=\max\left\{\min\left[\min\left(\frac{x-a}{b-a},\ 1\right),\ \frac{d-x}{d-c}\right],\ 0\right\} \tag{6-3}$$

式中：$a$，$b$，$c$ 和 $d$ 是定义梯形的四个点。

③高斯型隶属函数：

$$\mu_A(x)=\mathrm{e}^{-\frac{(x-c)^2}{2\sigma^2}} \tag{6-4}$$

式中：$c$ 是高斯函数的中心；$\sigma$ 是标准差，控制曲线的宽度。

(3)隶属度

隶属度用于描述一个元素在多大程度上属于某个特定的模糊集合。隶属度的值范围从 0 到 1，为处理模糊信息提供了重要的量化依据。在模糊控制系统中，隶属度在输入和输出变量的不确定性和模糊性的表达和处理中发挥了核心作用。

(4)规则库

在模糊控制中，规则库的构成通常是一系列“如果-那么”(If-Then)格式的规则，用于描述输入(条件部分)和输出(结论部分)之间的模糊关系。

①条件部分(If 部分)：描述规则的前提条件，通常涉及一个或多个输入变量的模糊集合。例如，“如果温度高”或“如果温度高且湿度低”。

②结论部分(Then 部分)：指出当条件满足时应采取的控制动作或输出。例如，“那么风扇转速快”。

在实际的模糊控制器实现中，这些规则通过模糊逻辑运算进行评估。利用模糊推理机制，控制系统能够根据输入变量的状态和规则库中的模糊条件语句，确定相应的输出动作。

3. 模糊控制器的主要组成部分

模糊控制器主要包括模糊化、知识库、模糊推理、去模糊化等四个部分，如图 6-2 所示。下面将详细介绍模糊控制器各组成部分的功能。

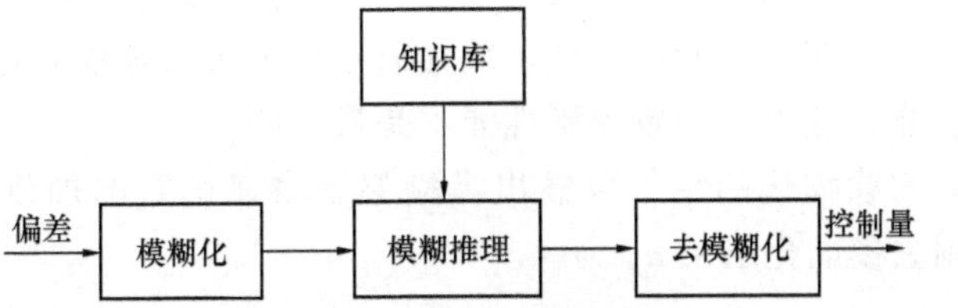


**图 6-2　模糊控制器的组成**

(1)模糊化

模糊化是将一个精确的输入量转换为模糊语言变量的过程。通过定义在输入变量论域上的隶属函数，找出输入量属于的隶属度，从而将其转换为一个模糊变量。

在实际控制应用中，处理各种物理量是一个常见的需求。将这些物理量划分为多个模糊等级可以提供更好的处理效果。例如，可以把某一个物理量划分为七个不同的模糊级别："正大""正中""正小""零""负小""负中""负大"。这些语言标签并不代表具体的数值，而是表示一个范围或程度。每个标签都对应一个模糊子集，从而形成一个模糊集合。

(2)知识库

知识库是模糊控制器中用于存储所有模糊控制规则的部分。这些规则是基于专家知识、经验或数据分析得出的，用于指导控制器如何从特定的输入状态得到相应的输出。知识库通常包含一系列的"如果-那么"模糊规则，每条规则都描述了输入变量和输出变量之间的模糊关系。

知识库的数学表达不是通过传统的数学公式，而是通过一组模糊规则来实现的。每条规则可以视为一个逻辑命题，其数学表达通常涉及模糊逻辑运算。例如：

规则 1：如果温度是高(HT)，那么冷却速度是快(FS)。

规则 2：如果温度是中等(MT)，那么冷却速度是中等(MS)。

这些规则可以用隶属函数来数学化表达，例如：

对于规则 1，可以表示为 $\mu_{FS}(x)=\mu_{HT}(T)$。

对于规则 2，可以表示为 $\mu_{MS}(x)=\mu_{MT}(T)$。

知识库在模糊控制器中起着至关重要的作用，通过存储和处理模糊规则实现对复杂系统的有效控制。

(3)模糊推理

模糊推理是模糊控制器中的一个核心过程，利用模糊控制规则将模糊化的输入数据转换为模糊化的输出数据。这种推理过程基于模糊逻辑，与传统的二值逻辑推理有所不同。模糊推理包括几个关键步骤。

①输入模糊化：将精确的输入值转换为模糊值。例如，对于温度 $T$，其模糊化值可能是 $\mu_L(T)$，$\mu_M(T)$和 $\mu_H(T)$。

②规则评估：应用模糊规则。例如，规则可能是"如果温度高(H)，则冷却速度快(F)"。

③输出去模糊化：将模糊输出转换为具体的控制动作。

(4)去模糊化

通过模糊推理得到的输出是模糊量，要进行控制需要经过去模糊化模块将其转换为精确量。去模糊化又被称作清晰化、逆模糊化等，常用的方法如下。

①最大隶属度法。如果输出模糊集合的隶属函数只有一个峰值，则取该峰值对应的元素作为去模糊化的结果；如果输出量的隶属函数有多个峰值，则取对应元素的平均值作为去模糊化的结果。这种方法存在一定的局限性，因为只考虑了隶属函数的峰值信息，而忽略了其他可能包含的细节信息，这可能导致控制性能不是最优的。

②加权平均法。去模糊化的结果取输出模糊集合隶属函数的加权平均值，设输出量 $u$ 的模糊集合是 $C$，则去模糊化结果 $u_0$ 为

$$u_0=\frac{\int u\mu_C(u)\mathrm{d}u}{\int \mu_C(u)\mathrm{d}u} \tag{6-5}$$

这个过程类似于重心的计算，故该法又称重心法。

③中位数法。为了充分利用输出模糊集合所包含的信息，可将隶属函数曲线与横坐标所

围成的面积均分为两部分，把均分点所对应的论域元素作为去模糊化的结果。

### 6.2.3 模糊控制器的设计方法

模糊控制器与传统的计算机数字控制系统的最大区别在于其决策逻辑是基于模糊逻辑的，而不是严格的二值逻辑。模糊控制器的效能主要由以下关键因素决定。

①控制器结构：它决定了模糊控制器如何处理输入信号并产生相应的输出。

②模糊规则：这些规则是模糊控制器的核心，定义了输入和输出之间的关系。

③推理算法：模糊控制器如何根据模糊规则进行推理，直接影响到控制决策的质量。

④模糊决策方法：它表明了如何从模糊推理结果中提取出具体的控制行动。

设计一个模糊控制器需要完成以下任务：设计控制器结构；选择输入、输出变量；确定模糊化方法；确定输入和输出变量论域、模糊集合、隶属函数等相关参数；设计模糊控制规则；确定推理和去模糊化方法。

1. 设计控制器结构

在单输入单输出系统的模糊控制领域中，根据输入变量的数量和性质，可以设计不同维度的模糊控制器。这些控制器可以分为一维和二维。一维模糊控制器主要处理单一的输入变量，而二维模糊控制器则处理两个输入变量。具体情况如下。

(1)一维模糊控制器

一维模糊控制器是最基本的形式，具有单一的输入和输出变量。当控制系统的动态性质较为简单，或者当我们只需要关注一个主要参数时，可选择一维模糊控制器。

(2)二维模糊控制器

二维模糊控制器相较于一维模糊控制器更为复杂，包含两个输入变量和一个输出变量。在典型的应用中，这两个输入变量分别是系统的误差(如目标值与实际值之间的差异)和误差变化率(误差的时间导数)。控制器的输出通常是控制量，用于调整被控系统以达到预期的性能。二维模糊控制器可以更全面地考虑系统的当前状态和变化趋势。

在工业控制领域，许多控制对象的结构相对复杂，通常包含多个输入和输出变量，这类系统被称为多输入多输出系统。对于这类系统，直接提取有效的控制规则是一个挑战，因为系统的动态行为可能涉及多个变量之间复杂的相互作用。为了有效地控制这类系统，通常需要采取一种被称为“模糊解耦”的策略。具体来说就是将多输入多输出系统简化为多输入单输出的结构，使得每个输出可以单独考虑，简化控制逻辑的复杂性。

2. 选择输入、输出变量

在模糊控制系统的设计中，输入和输出变量的选择对控制器的性能有着显著影响。通常，根据工程实践和经验，选取被控对象的状态变量作为模糊控制器的输入变量，这能确保控制器能够准确反映系统的当前状态。同时，控制器的输出变量通常选择对被控对象施加的控制动作，以直接影响和调整被控系统的行为。

在实际应用中，单输入单输出模糊控制器通常考虑两个关键的输入变量：系统的误差和误差变化率。这种综合了误差和误差变化率的控制策略为系统提供了更为全面和平衡的控制效果。

3. 确定模糊化方法

在模糊控制器的设计过程中，确定适当的模糊化方法是一个关键步骤。由于模糊控制器的核心是基于模糊集合理论来处理数据，所以需要将被控对象的精确输入量转换为模糊量，以便于模糊控制器能够根据模糊逻辑进行有效的数据处理和决策。为了实现这一转换，工程师采用了一系列常用的模糊化方法。通过这些模糊化方法，模糊控制器能够更准确地解释输入数据，从而在控制策略的制订中发挥关键作用。常用的模糊化方法主要基于不同类型的隶属函数，以适应不同的应用场景和需求。以下是一些常见的模糊化方法。

(1)三角形隶属函数

三角形隶属函数形状简单，易于计算和实现。它以一点为峰值，两侧对称下降。当模糊集合的范围相对狭窄且清晰时，适用于变量的可能值集中在一个较小区域内的情况。

(2)梯形隶属函数

梯形隶属函数比三角形隶属函数提供更宽的平顶区域，适合表示具有较宽稳定区间的模糊集合。当模糊集合需要表示一个较宽的值范围时，适用于输入值可能分布在较大范围内的情况。

(3)高斯型隶属函数

高斯型隶属函数形状平滑，中心对称。它在中心点附近变化平缓，两侧逐渐趋于零。这种函数适用于需要平滑过渡和自然映射以及模糊集合边界不是很清晰的情况。

(4)贝尔型隶属函数

贝尔型隶属函数为非对称钟形，可调整宽度和斜率。它在中心区域变化平滑，两侧下降速度可以调整。当需要灵活控制模糊集合的形状和宽度时，适用于需要非对称模糊集合的场景。

(5)S形和Z形隶属函数

S形函数在低值处接近于0，在高值处接近于1，中间区域平滑过渡。Z形函数与S形相反，在高值处接近于0，在低值处接近于1。这两种函数适用于需要渐进式增加或减少隶属度的情况。例如，当模糊集合需要表达“逐渐变化”的概念，如“逐渐变热”或“逐渐变冷”时，即可采用S形或Z形隶属函数。

4. 确定相关参数

数据库负责存储所有与模糊数据处理和模糊控制规则相关的关键参数。这些参数包括但不限于模糊集合的定义、隶属函数的参数、模糊控制规则的具体细节等。数据库通过对这些细致信息的精确存储和管理，确保了模糊控制器能够有效地处理复杂的输入数据，同时根据预设的逻辑做出准确的控制决策。

5. 设计模糊控制规则

模糊控制规则的设计是构建模糊控制器的核心环节，模糊控制规则不仅构成了控制器的决策基础，而且直接影响了其性能和效率。接下来将探讨几种建立规则库的方法。

①基于专家经验和操作人员的实际控制辨识。这种方法通过总结专家的经验和操作人员的实际控制操作，形成模糊控制规则。这些规则通常采用“如果-那么”的形式，建立输入变量与输出变量之间的关系。这种方法能够充分利用专家的知识和经验，为控制系统提供更加精准和实用的控制规则。

②基于对象的模糊模型。对于难以用传统数学模型(如微分方程、传递函数)描述的复杂

对象，可以采用模糊模型来语言化地描述对象的动态特性。基于这种模糊模型，可以构建适于复杂动态系统的模糊控制器规则库。这种方法能够处理那些难以用精确数学模型描述的复杂系统，使得模糊控制器更加适用于实际应用场景。

③基于学习的方法。这种方法模仿人类的学习能力，根据经验和知识生成或修改模糊控制规则。它通常需要至少两个规则库：一个基本的模糊规则库满足控制需求，另一个则通过学习过程调整和优化第一个规则库。基于学习的方法能够提高模糊控制器的自适应性和智能化水平，使其更好地应对各种动态变化和不确定性。

一个设计合理的规则库应具备以下特性。

一是全面性和可靠性。对于任意输入，至少应有一个规则与之对应，以确保控制器的全面性和可靠性。

二是简洁性。在满足控制需求的前提下，应尽量减少规则的数量，以简化控制器的设计和操作。

三是一致性。规则之间应避免出现互相矛盾的情况，以保证控制逻辑的一致性和可预测性。

通过合理地选择和应用这些方法，可以构建出高效、可靠和实用的模糊控制器规则库，为控制系统提供更好的决策支持和优化效果。

6. 确定推理和去模糊化方法

模糊推理和去模糊化方法在前面已有介绍，这里不再赘述。

## 6.3 专家控制

### 6.3.1 专家控制系统的基本结构和原理

专家控制系统是一种利用人工智能技术的控制系统，用于模拟领域专家的知识和决策方式，以处理特定领域的问题。该系统基于专家系统理论和方法，通过收集、组织和应用领域专家的知识，实现自动化的决策和控制。

1. 专家控制系统的基本结构

专家控制系统的基本结构如图 6-3 所示。专家控制系统的核心组成部分包括知识库和推理机。下面介绍专家控制系统的几个基本组成部分。

①知识库。知识库包括数据库和规则库，数据库包含历史和实时数据，规则库存储特定领域内的专业知识和经验。知识库的构建依赖于领域专家的知识提取，通过形式化专业领域的信息，使得系统能够模拟专家的决策过程。

②推理机。推理机是专家系统的决策核心，负责根据知识库中的规则和信息进行推理和决策。推理机模拟了人类专家的推理过程，根据输入的问题或情境，通过逻辑推理和规则匹配生成相应的结论。

③综合数据库。综合数据库包含系统所需的各类数据，从历史信息到实时数据，为推理

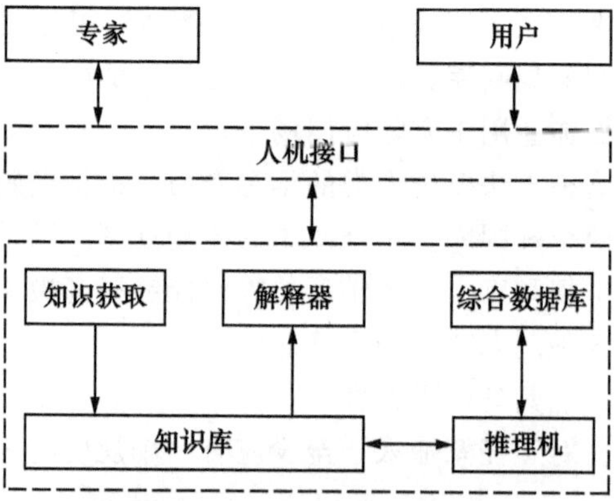


图 6-3　专家控制系统的基本结构

机提供了全面的信息支持。通过整合多源数据，系统能更准确地理解问题，提高决策的准确性。

④解释器。解释器在用户与专家系统之间扮演着桥梁的角色，负责解释和执行用户的输入。解释器与推理机和知识库协同工作，确保用户的问题得到正确的处理和回答，实现了高效的人机交互。

⑤知识获取。知识获取是专家系统开发的关键阶段，涉及从领域专家那里主动或被动地获取知识，并将其形式化存储于知识库中。这一过程是建立专家控制系统基础智能的基础，要求开发者具备深刻的领域理解和有效的知识提取技能。

⑥人机接口。人机接口是用户与专家控制系统进行交互的通道，通过图形界面或其他形式，使操作人员能够输入指令、监控系统状态，并获取系统的反馈信息。

2. 专家控制系统的原理

专家控制系统基于人工智能技术和控制理论，其原理主要包括以下几个方面。

①知识获取与表示。系统通过与领域专家的交互或其他方式，获取领域内的专业知识。这些知识以规则、事实、关联关系等形式进行形式化表示，并存储于系统的知识库中。这一过程确保了系统具备处理问题所需的专业知识和经验。

②规则匹配与推理。当系统面临新的输入或情境时，推理机对知识库中的规则进行匹配。通过逻辑推理，系统能够从已有的知识中推断出当前情况下的最佳决策。这一原理使得系统能够模拟领域专家的决策过程，并根据实际情况做出准确的判断。

③实时数据监测。专家控制系统通过与传感器交互，实时监测系统的输入数据，如环境变量、传感器反馈等，以确保系统对当前状态有准确的了解。这一原理使系统能够实时获取并处理各种数据，为决策提供准确的信息支持。

④决策生成。推理机基于规则匹配和推理的结果生成系统的决策。决策可以是控制指令、策略调整等，旨在使系统在当前环境下达到最优的运行状态。这一原理确保系统能够根据专业知识生成有效的决策，实现最优的控制效果。

⑤人机交互与反馈。通过人机接口，系统与操作人员进行交互。操作人员可以输入指令、设定参数，同时系统通过界面反馈实时决策、执行结果，保证有效的人机沟通。这一原理使系统能够与操作人员进行高效的信息交换，提高系统的可操作性。

⑥学习与优化。专家控制系统具备学习能力，通过不断优化知识库和规则，适应系统运

行中的变化。系统能够从实时反馈中学习，提高决策的准确性和智能水平。这一原理使得系统能够不断进化和发展，提高自身的专业能力和适应性。

这些原理共同作用使专家控制系统能够在复杂、动态的环境中基于专业知识做出实时、智能的决策，实现高效、精准的控制效果。

## 6.3.2 专家控制器

设计工业过程专家控制器涉及许多复杂的工程问题，而不同的过程可能需要不同的控制策略和公式。这里以设计一个控制水箱液位的专家控制器为例来说明。在这个场景下，可以以 PI 控制器为基础引入模糊逻辑作为专家系统。

PI 控制器的输出可以通过以下公式表示：

$$u(t)=K_{p}e(t)+K_{i}\int_{0}^{t}e(\tau)\mathrm{d}\tau \tag{6-6}$$

式中：$u(t)$是控制器的输出；$e(t)$是设定值与实际值的误差；$K_p$ 是比例增益；$K_i$ 是积分增益。

引入模糊逻辑用于调整 PI 控制器的增益。模糊逻辑规则可以基于专家知识。如果误差小且误差不再增大，则增大 $K_p$；如果误差较大且正在增大，则增大 $K_i$；如果误差为零，则保持当前增益。

最终的控制器输出可以通过利用模糊逻辑调整后的 PI 控制器输出得到。

$$u_{\text{final}}(t)=u_{\text{adjusted rule}}\times u(t) \tag{6-7}$$

式中：$u_{\text{adjusted rule}}$ 是模糊逻辑规则的输出，表示模糊逻辑对于每个时刻应该调整的程度。

以上提供了一个简单示例，实际的工业过程可能需要更复杂的控制策略和公式。设计专家控制器的过程将涉及具体问题的建模、知识提取、模糊逻辑规则的定义等多个方面。在实际应用中，系统的动态特性、稳定性、鲁棒性等因素也需要综合考虑。

## 6.3.3 仿人智能控制的原理及结构

1. 仿人智能控制的原理

仿人智能控制的原理是一个系统性的框架，涵盖了多个关键环节，这些环节相互关联，共同构建了一个模拟人类智能行为的控制系统。

仿人智能控制系统依赖于感知环节来获取环境和系统状态的信息。这一环节通过各种传感器和感知设备实现，包括但不限于视觉传感器、听觉传感器、触觉传感器和环境传感器等。这些传感器能够收集多种感知数据，如图像、声音、触觉反馈和位置信息等，并将其转化为计算机可处理的形式。

在获取感知数据的基础上，仿人智能控制系统进入决策环节。这一环节根据感知数据和系统目标选择合适的行动或策略。决策过程可以基于预定义的规则、经验知识或机器学习算法等进行。决策结果可以是单一动作或一系列动作的序列。在某些情况下，决策过程可能涉及推理、规划或优化等方法，以选择最优的行动或策略。

执行环节将决策转化为具体的执行动作。这一过程可以通过执行器、机械装置或控制器等实现。执行过程需要将决策转化为控制信号或指令，以驱动执行器或机械装置进行相应的动作。执行过程中还需要考虑实际环境的限制和约束条件，并进行动作调整和路径规划。此外，实时的状态监测和反馈控制也是执行过程中的重要组成部分，以确保执行的准确性和稳定性。

除了以上三个环节，仿人智能控制系统还具备学习和优化的能力。通过分析和反馈感知数据、决策和执行过程，系统可以不断学习和优化控制策略。这一过程可以基于监督学习、强化学习或迁移学习等方法进行，旨在提高系统的决策能力和适应性。同时，优化过程可以借助优化算法或进化算法等进行，以改进系统的性能和效率。学习和优化过程可以在线进行，即在实际运行中不断学习和优化；也可以离线进行，即将离线学习和优化的结果应用到实际控制中。

整个仿人智能控制系统形成了一个闭环控制系统。通过不断地感知、学习、优化、决策和执行，系统能够模仿人类智能行为并适应不同的环境和任务。这种仿人智能控制原理在多个领域中得到了广泛应用，如机器人技术、自动驾驶和智能家居等。

2. 仿人智能控制器的结构

仿人智能控制器的组成类似于一个专家控制器的基本结构，由以下几部分组成(图 6-4)。

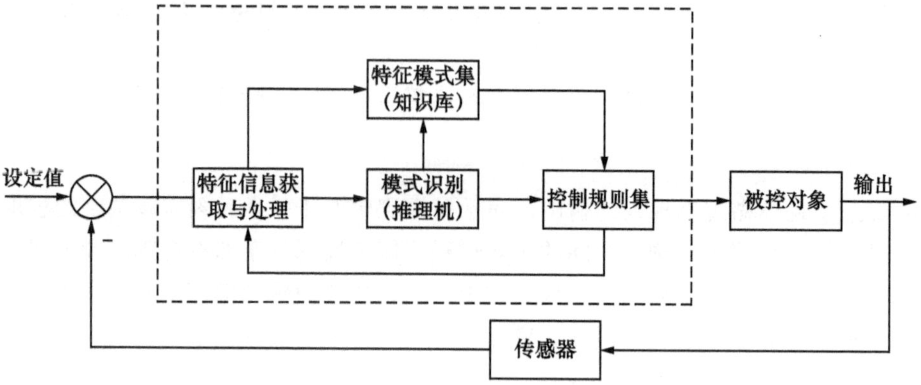


**图 6-4　仿人智能控制器的结构**

特征信息获取与处理是整个控制过程的基础。在这一环节中，不同类型的传感器，如视觉、听觉和触觉传感器，被用来实时捕获外部环境的信息。这些传感器的作用是提供关于环境状态的基本数据。数据预处理步骤至关重要。这是因为原始数据往往包含噪声或不必要的信息，这可能会影响后续处理的准确性。因此，预处理步骤包括去噪、滤波等操作，旨在提高数据的质量。经过预处理的数据更加纯净，为后续的特征提取提供了更好的基础。特征提取是该环节中的一个关键步骤。这一环节的目标是将原始数据转化为更有意义的特征信息。通过特定的算法和技术，原始数据被转化为高层次的特征，这些特征能够更好地反映环境的特点和状态。这些特征对于后续的模式识别和决策阶段至关重要。

在特征模式集阶段，系统将这些特征信息以模式的形式表示，从而形成一个特征模式集。这种模式化表示有助于系统更好地理解和组织信息。此外，系统还需要建立一个有效的数据库来存储这些学到的特征模式。这样，系统就可以在需要时快速访问和使用这些模式。

模式识别阶段是仿人智能控制的核心环节之一。在这一阶段，系统采用特定的学习算法，如神经网络和支持向量机等，从特征模式集中学习并识别不同的模式。通过这些算法，系统能够逐渐识别不同的环境模式并根据这些模式做出相应的响应。

控制规则集是整个系统的决策中心。基于识别到的环境模式，系统会采用决策算法(如专家系统或决策树)来制订相应的控制策略。这些控制策略指导系统如何应对不同的环境和情境。在决策过程中，系统可能还需要进行一系列行动的规划，并实时调整控制规则以适应不断变化的环境条件和任务需求。

综上所述，仿人智能控制涉及多个相互关联的环节。通过特征信息获取与处理、特征模式集、模式识别和控制规则集等组成部分的协同工作，系统能够模仿人类智能行为并适应不同的环境和任务需求。

### 6.3.4　仿人智能控制的多种模式

仿人智能控制是一种通过模仿人类智能行为和决策过程的控制方法。这种控制方法试图从人类的感知、学习、推理和执行等方面获取灵感，以构建能够适应复杂环境和任务的智能系统。以下是几种仿人智能控制的模式及其简要介绍。

1. 神经网络控制

神经网络是由多个神经元组成的层次结构，其中每个神经元都与前一层的所有神经元连接。通过学习权重和误差参数，神经网络能够模拟复杂的非线性关系。深度神经网络是一种特殊形式，具有多个隐含层，使其能够学习更抽象的特征。在计算机视觉领域，卷积神经网络用于图像分类；在自然语言处理领域，循环神经网络用于语言模型生成等。

2. 强化学习控制

强化学习是一种通过智能体与环境交互学习的方法。智能体在环境中执行动作，通过观察环境的反馈，学习如何选择动作以最大化累积的奖励。强化学习包括状态、动作、奖励和策略等概念。在自动驾驶中，智能车辆通过强化学习学会适应不同道路状况；在游戏领域，AlphaGo(阿尔法围棋)使用强化学习来学习围棋策略。

3. 模糊逻辑控制

模糊逻辑控制使用模糊集合和模糊规则进行推理。模糊集合允许元素属于某个概率，而不仅仅是二进制的是或否。规则基于模糊逻辑进行推断，从而使系统能够更灵活地处理模糊和不确定性的信息。在空调系统中，模糊逻辑控制能够调整制冷和制热效果，以适应用户对舒适度的模糊需求。

4. 遗传算法控制

遗传算法是一种模拟自然选择的优化算法。它通过使用选择、交叉和变异等遗传操作，从候选解空间中搜索最优解。每个候选解都被视为染色体，而适应度评估决定了染色体的生存机会。在参数优化中，遗传算法用于搜索最佳参数配置；在进化算法中，遗传算法模拟生物进化过程。

5. 感知—决策—执行架构

这一架构分为三个主要阶段。感知阶段通过传感器获取环境信息；决策阶段基于感知信息制订决策；执行阶段将决策转化为实际行动。这种架构使系统能够通过感知和决策实时地适应环境变化。在机器人控制中，该架构可用于导航和避障；在自动驾驶中，感知—决策—执行架构用于实时响应交通情况。

这些仿人智能控制的模式都具有在不同应用领域中解决复杂问题的能力。选择适当的模式通常取决于任务的性质、数据的特点以及系统的需求。

## 6.4 神经网络控制

### 6.4.1 神经网络的系统基础

1. 神经网络研究概述

神经网络是一种模仿人类神经系统构造的计算模型，由大量的人工神经元组成，通过连接权值和激活函数，实现对输入数据的处理和输出结果的预测或分类，具有强大的自学习和自适应能力。

在神经网络研究中，研究者通过对神经网络的结构、拓扑及连接方式进行设计和优化，提高其计算效率和准确性。同时，研究者还利用各种训练算法，如反向传播算法、遗传算法等，对神经网络的参数进行调整和优化，以实现更好的学习能力和泛化能力。神经网络在众多领域得到了广泛研究，包括模式识别、图像处理、自然语言处理、数据挖掘、智能控制等。通过不断的深入研究和创新，神经网络在这些领域取得了重要的应用成果。另外，神经网络研究还包括对神经网络的结构和参数的优化，使其具有较强的自学习和自适应能力，并将其应用于各个领域。

2. 神经元的结构与功能

神经元是构成神经网络的基本单位，也被称为神经细胞，具有特定的结构和功能，用于接收、处理和传递信号。神经元的结构包括神经细胞体、树突、轴突和突触。神经细胞体含有细胞核，能储存细胞的遗传信息和控制细胞功能的基因表达；树突是从神经细胞体延伸出来的分支，负责接收来自其他神经元的输入信号；轴突是由神经细胞体发出的一条长突起，负责将处理后的信号传递给其他神经元或目标细胞；突触是神经元之间进行信息传递的点，由突触前神经元的轴突末梢、突触间隙和突触后神经元的树突或细胞体组成。

神经元的主要功能包括输入信号接收、信号传递、信息处理以及调节。树突通过突触与其他神经元相连，接收来自其他神经元的化学或电信号；当接收到足够的刺激时，神经元会产生电脉冲，并通过轴突将这些电脉冲传递给其他神经元；神经元对输入信号进行整合、加工和分析，然后产生特定的输出信号，这种信息处理涉及多个神经元之间的相互作用；神经元通过调节突触连接的强度和频率来加强或抑制信号传递，实现对神经网络的调节和适应。

3. 神经网络的特点

大量的神经元通过突触联结成神经网络，而神经网络模型就是用于模拟人脑大量神经元活动的过程，其中包括对信息的加工、处理、存储和搜索等过程，神经网络的基本特点如下。

(1)并行处理

神经网络可以同时进行计算和处理，从而实现高效的并行化计算，在处理大规模数据和复杂任务时具有明显优势。

(2)自适应学习

神经网络能够通过训练和调整参数来自动提取特征和信息，并逐步改善性能和准确度。

(3)容错性和鲁棒性

神经网络对于部分输入数据的扰动和噪声具有较好的容错性，能够处理不完整或带有误差的数据，并保持相对稳定的输出。

(4)非线性映射

神经网络通过使用非线性激活函数，能够实现复杂的非线性映射关系，更好地适应和拟合复杂的数据和模式。

(5)泛化能力

经过训练的神经网络具有较好的泛化能力，可以对未知数据进行推理和预测。

(6)可解释性差

部分神经网络结构和权重优化方法较复杂，导致其内部运算和决策过程难以解释，限制了对网络内部机制的深入理解。

4. 神经网络的结构模型

神经网络有多种不同的结构模型，以下是一些常见的神经网络结构模型。

(1)前馈神经网络

前馈神经网络也称多层感知机，由多个神经元按层连接而成，信号只能从输入层向输出层前进，没有环路。这是最基本的神经网络结构模型。

(2)卷积神经网络

卷积神经网络主要用于图像处理和计算机视觉任务。卷积神经网络具有卷积层、池化层和全连接层等组件，并通过卷积运算提取图像特征。

(3)循环神经网络

循环神经网络在网络中存在反馈连接，使得神经网络可以处理序列数据，并具有记忆功能。常见的循环神经网络包括长短期记忆网络和门控循环单元。

(4)自编码器

自编码器由编码器和解码器组成，用于无监督学习和数据压缩。编码器将输入数据压缩到低维表示，解码器将低维表示重建为原始数据。

(5)生成对抗网络

生成对抗网络由生成器和判别器组成，通过对抗训练的方式生成逼真的样本。生成器生成伪造数据，判别器则评估其真实性。

(6)注意力机制网络

注意力机制网络通过动态地对输入进行加权或选择注意力，用于关注输入中的重要部分，提高模型在序列处理和机器翻译等任务中的性能。

5. 神经网络的训练与学习

神经网络的训练与学习是指通过样本数据对神经网络中的参数进行调整，使其能够自动从数据中学习和提取有用的特征，并逐步改善输出结果的过程。

在应用神经网络解决工程实际问题时，训练是非常重要的一步。通过训练，神经网络可以根据输入输出样本数据逐步调整神经元之间的连接强度，直到网络能够正确地预测输出结果为止。这个过程被称为神经网络的训练。

训练过程中，教师示教和监督起着重要的作用。教师提供了成对的输入输出样本数据集$\{x_i, y'\}$，其中$x_i$是输入，$y'$是期望的输出或标签。神经网络根据这些示例进行学习，并通过调整权重来尽可能准确地预测真实输出$y$。训练的过程是不断迭代的，神经网络根据输入$x$的表现和实际输出与期望输出$y'$的差距来调整权重。训练过程中通常使用反向传播算法来计算梯度并更新权重。通过多次迭代和调整，神经网络逐渐优化权重，使得网络输出达到期望结果。

当神经网络的实际输出全部等于期望输出$y'$，或者误差降低到一个可接受的范围内时，训练过程结束。此时，神经网络已经学习到输入输出关系的隐含表示，可以用于预测和解决实际问题。

神经网络的学习通常是指无教师监督学习，通过学习算法自动地调整权重，以减小实际输出数据和期望输出之间的误差。

## 6.4.2　常用的神经网络

1. 感知器

1957年，Rosenblatt(罗森布拉特)提出了一种用于模式分类的最简单的神经网络模型，称为感知器。感知器由阈值元件组成，具有单层计算单元，并且具备学习功能。感知器信息处理的规则为

$$y(t)=f\left[\sum_{i=1}^{n} W_i(t)x_i-\theta\right] \tag{6-8}$$

式中：$y(t)$为$t$时刻的输出；$f$为阶跃函数；$W_i(t)$为$t$时刻第$i$个输入的权值；$x_i$为输入向量的一个分量；$\theta$为阈值。

感知器的权值更新规则如下：

$$W_i(t+1)=W_i(t)+\eta[d_i-y(t)]x_i \tag{6-9}$$

式中：$\eta$为学习率，$0<\eta<1$；$d_i$为期望输出；$y(t)$是实际输出。通过不断调整权值，使得权值在对一切样本均保持稳定不变的情况下，学习过程可以结束。这意味着神经网络已经达到了在训练集上的最佳性能，可以用于实际应用。

2. 前馈神经网络

前馈神经网络是一种常见的人工神经网络模型。其名称来源于信息在网络中从输入层向前传递的方式，不会产生回路或循环连接。

前馈神经网络由多个神经元组成，按照层次结构排列。典型的前馈神经网络包括输入层、隐藏层和输出层。其中：输入层接收外部输入的特征数据，并将其传递给隐藏层；隐藏层通过一系列加权求和以及非线性激活函数的运算后，将结果传递给下一层；输出层产生网络的最终输出结果。

在前馈神经网络中，每个神经元与上一层的所有神经元相连，但没有反向连接。这意味

着信息在网络中单向传播，不会形成回路。因此，前馈神经网络适用于处理具有固定输入和输出的问题，在训练过程中使用监督学习的方法进行权重调整。前馈神经网络的关键部分是权重和激活函数。权重决定了神经元之间的连接强度和信号传递的权重分布，可以通过训练算法进行调整。激活函数对加权求和后的结果进行非线性变换，引入非线性映射，使得网络能够学习和表示更复杂的函数关系。

前馈神经网络在模式识别、分类、回归、图像处理等领域得到了广泛应用。通过增加隐藏层、调整神经元数量和改变激活函数等方式，扩展和改进前馈神经网络的性能。此外，前馈神经网络还可以与其他技术和算法结合使用，如反向传播、正则化等，以提高网络的泛化能力和训练效果。

3. 径向基函数神经网络

1985 年，Powell(鲍威尔)首先提出了多变量插值的径向基函数(radial basis function,RBF)方法。1988 年，Broomhead(布鲁姆赫德)和 Lowe(洛维)将 RBF 用于神经网络设计，而 Moody(穆迪)和 Darken(达肯)提出了具有代表性的 RBF 网络学习算法。RBF 神经网络模型包括输入层、隐含层(径向基层)和输出层(线性层)，其中每层的作用各不相同。输入层仅起到将信号传入到隐含层的作用；隐含层通过非线性优化策略对激活函数的参数进行调整，完成从输入层到隐含层的非线性变换；输出层采用线性优化策略对线性权重进行调整，完成对输入层信号的响应。

RBF 网络的隐含层神经元采用径向基函数进行运算，这些函数通常被称为核函数，其中高斯型核函数是最常用的一种。当输入被传递到输入端时，隐含层的每个神经元都会输出一个值，代表输入向量与基函数中心的接近程度。每个 RBF 对于特定的输入有较大的反应。随着输入向量与权重向量的差异增大，径向基层的输出会接近于 0；而与权重向量更接近时，径向基层的输出接近于 1。通过径向基层的输出以及线性神经元的计算，可以获得输出层的最终输出值。如果输出层的权重与输入向量非常接近，则线性神经元的输出值将更靠近输出层的权重值；反之，则线性神经元的输出将接近于 0。综上所述，RBF 网络中的径向基层通过核函数衡量输入向量与基函数中心的相似程度，输出结果会受到这种相似性的影响。而线性神经元和输出层的权重则进一步处理和改变径向基层的输出，最终得到 RBF 网络的预测结果。

RBF 网络学习算法需要求解三个参数，即基函数中心、方差和隐含层到输出层的权重。径向基函数通常采用高斯函数，研究者根据对径向基函数中心选取方法的不同，提出了多种 RBF 网络学习算法，其中 Moody 和 Darken 提出的两阶段学习算法较为常用。第一阶段为非监督学习，采用 K-均值聚类法决定隐含层的 RBF 的中心和方差；第二阶段为监督学习，利用最小二乘法计算隐含层到输出层的权重。

(1) RBF 神经网络的激活函数

通常采用的高斯函数为

$$G_j(\boldsymbol{x}-\boldsymbol{c}_j)=\exp\left(-\frac{1}{2\sigma_j^2}\|\boldsymbol{x}-\boldsymbol{c}_j\|^2\right) \tag{6-10}$$

式中：$\boldsymbol{x}$ 是输入向量；$\boldsymbol{c}_j$ 是第 $j$ 个神经元的 RBF 中心向量；$\sigma_j$ 是第 $j$ 个 RBF 的方差；$\|\cdot\|$表示欧氏范数。

RBF 神经网络的输出为

$$y_k(x)=\sum_{j=1}^{l}W_{kj}G_j(x-c_j) \tag{6-11}$$

实现 RBF 网络学习算法的具体步骤如下。

①随机选取训练样本数据作为聚类中心向量，然后对其进行初始化操作确定 $j$ 个初始聚类中心向量。

②将输入训练样本数据 $x$ 按最邻近聚类原则选择最近的聚类 $j*$。

$$c_{j*}=\arg_j\min\|x-c_j\| \tag{6-12}$$

③若全部聚类中心向量不再发生变化，则所得到的聚类中心即为 RBF 网络最终基函数中心，否则返回第②步。

④采用较小的随机数对隐含层和输出层间的权重初始化。

⑤利用最小二乘法计算隐含层和输出层之间神经元的联结权重 $w_{kj}$。

⑥权重更新。首先求出各输出神经元中的误差：

$$e_k=d_k-y_k(x) \tag{6-13}$$

式中：$d_k$ 是输出神经元 $k$ 的期望输出。然后，再更新权重：

$$W_{kj}^{\text{new}}=W_{kj}^{\text{old}}+\eta e_kG_j(x-c_j) \tag{6-14}$$

式中：$\eta$ 是学习率。

⑦若满足终止条件则结束，否则返回第⑤步。

(2) RBF 神经网络的特点

①非线性映射。RBF 神经网络通过应用非线性径向基函数，能够对输入进行高维度的非线性映射。这使得 RBF 网络能够处理复杂的模式分类和函数拟合问题。

②局部逼近性。RBF 网络的每个隐含层神经元对于特定的输入有较大的反应，并且只对接近其基函数中心的输入有反应。这种局部逼近性使得 RBF 网络在处理复杂数据时能提供更加精确的预测。

③独立处理能力。RBF 网络的隐含层神经元之间独立地处理输入数据，不存在权重共享或权重更新的交互。这使得 RBF 网络在训练和推理阶段的计算效率较高。

④快速学习能力。由于 RBF 网络的训练方式较简单且不需要迭代，其学习速度相对较快。

4. 反馈神经网络

1982 年，美国物理学家 Hopfield 提出了 Hopfield 神经网络，该网络是由非线性元件构成的单层反馈网络系统。Hopfield 网络具有模拟大脑联想记忆功能的特点，可应用于模式识别和优化问题。Hopfield 网络分为离散型和连续型两种类型。离散网络的节点只取两个值(如＋1 和－1 或 0 和 1)，而连续网络则可以取任意介于 0 和 1 之间的实数。

Hopfield 网络的基本原理是通过神经元的兴奋算法和连接权重来决定网络状态。在适当的兴奋模式下，如果网络状态尚未达到稳定状态，网络将持续变化，直到预定义的能量函数达到极小值并保持稳定。对于连续型的 Hopfield 网络，可以通过引入能量函数来类比离散模型进行研究。连续型网络同样要朝着能量减小的方向运行，并最终达到一个稳定的状态。

Hopfield 网络是一个非线性动力学系统。通过引入能量函数，该网络系统在一定条件下总是朝着系统能量减小的方向变化，并最终达到能量函数的极小值。如果把此极小值对应的模式作为记忆模式，在给予适当的激励时，Hopfield 网络能够回想起已经记忆的模式，因此具有联想记忆功能。

Hopfield 网络的联想记忆过程可以分为学习阶段和联想阶段。在学习阶段，根据给定的样本，按照赫布型(Hebb)学习规则调整联结权重，使得存储的样本成为系统动力学的吸引子。而在联想阶段，权重已经调整好且保持不变，系统根据动力学规则改变神经元的状态，以使系统最终收敛到动力学的吸引子。

在偏流 $I$ 为零的情况下，Hopfield 网络联想记忆学习的具体步骤如下。

①按照 Hebb 规则设置权重：

$$W_{ij}=\begin{cases}\sum\limits_{m=1}^{n} x_i^m x_j^m & i\neq j \text{ 且 } i,\ j=1,\ 2,\ \cdots,\ n \\ 0 & i=j\end{cases} \tag{6-15}$$

式中：$W_{ij}$ 是结点 $i$ 到结点 $j$ 的权重；$x_i^m$ 表示样本集合 $m$ 中的第 $i$ 个元素，$x_i\in\{-1,+1\}$。

②对未知样本进行初始化：

$$S_i(0)=x_i \tag{6-16}$$

式中：$S_i(t)$是 $t$ 时刻结点 $i$ 的输出；$x_i$ 是未知样本的第 $i$ 个元素。

③迭代计算：

$$S_j(t+1)=\operatorname{sgn}\left[\sum_{i=1}^{n} W_{ij}S_i(t)\right] \tag{6-17}$$

直至结点输出状态不改变时，迭代结束。此时结点的输出状态即为未知输入最佳匹配的样本。

④返回第②步继续迭代。

Hopfield 网络在解决优化问题时，权重矩阵 $\boldsymbol{W}$ 已知，目的是求取最大能量的稳定状态。将能量函数和代价函数相比较，求出能量函数中权重和偏流，并以此去调整相应的反馈权重和偏流，进行迭代计算，直到系统收敛到稳定状态为止。最后将所得到的稳定状态变换为实际优化问题的解。

5. 小脑模型关节控制器网络

1975 年，Albus(阿布思)根据神经生理学小脑皮层结构特点，提出了一种小脑模型关联控制器(cerebellar model articulation controller,CMAC)网络。

(1) CMAC 网络的结构

CMAC 网络的结构如图 6-5 所示，CMAC 网络是为模拟小脑神经系统的协调功能而设计的。CMAC 的功能是通过多个映射来实现的。第一个映射是从输入空间 S→A 的映射，其中 S 为输入状态空间，A 为虚拟联想空间(概念存储器)。映射的基本原则是对相近的输入映射到 A 中有一定的重合，而不相近的输入在 A 中也相距较远。第二个映射是从 A→M 的映射，M 为实际物理存储空间(实际存储器)。由于要学习的问题不会是全部的输入，故 M 的存储容量要比 A 小得多，这就决定了从虚拟联想空间到实际物理存储空间的映射为多对一的随机映射，因此可用散列编码实现这种映射。

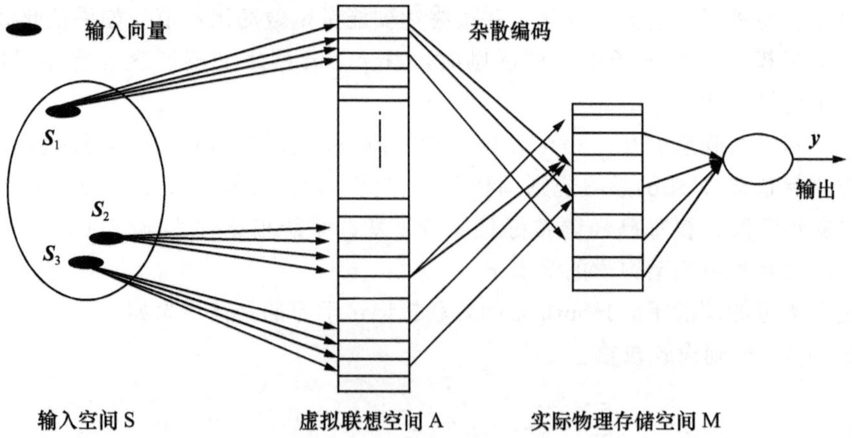


图 6-5 CMAC 网络结构示意图

(2) CMAC 网络的工作原理

输入 $\boldsymbol{S}_1$，$\boldsymbol{S}_2$，$\boldsymbol{S}_3$ 经过量化映射 $Q$ 变换为 $\boldsymbol{q}_1$，$\boldsymbol{q}_2$，$\boldsymbol{q}_3$，输入量的最大值 $S_{i\max}$、最小值 $S_{i\min}$ 及量化等级 $q_{i\max}$ 决定了分辨率 $q_i$ 为

$$q_i = Q(S_i,\ S_{i\max},\ S_{i\min},\ q_{i\max}) \tag{6 18}$$

式中：输入集合数目 $i=1$，2，3。

对离散的输入量进行虚地址映射，并通过多对一的随机映射得到物理地址，可以增强 CMAC 网络的泛化能力。假设有三段合成的四个虚地址($\mathrm{V}_1$，$\mathrm{V}_2$，$\mathrm{V}_3$，$\mathrm{V}_4$)，每个虚地址由三段组成，其中 $\mathrm{V}_1$，$\mathrm{V}_2$，$\mathrm{V}_3$ 对应输入空间中的三个特征。

$$p_i = P(v_j) \qquad j=1,\ 2,\ \cdots,\ g \tag{6-19}$$

式中：$P$ 为一种以散列编码形成的映射。由得到的 $p$ 通过输出权重值表获得相应的权重计算方式：

$$W_j = W(p_j) \tag{6-20}$$

CMAC 网络的输出为

$$y = \sum_{j=1}^{g} W_j \tag{6-21}$$

在训练过程中，如果网络输出 $y$ 与期望输出 $d$ 不同，则权重修正为

$$W_j(K+1) = W_j(K) + \beta\left(d - \sum_{j=1}^{m} W_j\right)/g \tag{6-22}$$

式中：$\beta$ 为学习因子，$\beta \leqslant 1$；$g$ 为推广能力，其值越大，表示相邻输入的共同虚地址越多，则 CMAC 的泛化能力越强。

经过随机映射 $P$ 后，可以得到与输入量相对应的物理地址。具体的物理地址表示方式

可以根据具体的映射函数和编码规则来确定。需要注意的是，随机映射 $P$ 的目的是增加网络的非线性能力，通过将输入映射到不同的物理地址，提高网络对输入空间的表达能力和泛化性能。在实际应用中，可以根据具体问题的需求和特性选择适当的映射函数和编码策略。

综上，CMAC 网络是一种基于智能查表技术的神经网络，通过多种映射实现联想记忆。CMAC 网络能够模拟小脑皮层神经系统的功能，并具有快速、高精度的在线学习能力，在实时控制和机器人控制等领域得到了广泛应用。

6. 大脑模型自组织神经网络

1987 年，Kohonen(科霍宁)提出了一种竞争式学习网络，即自组织特征映射神经网络，也称 Kohonen 网络。该网络旨在模拟大脑神经系统的自组织特征映射功能，并具有无监督自组织学习的特性。

Kohonen 网络采用竞争性学习机制，通过神经元之间的竞争与合作，实现对输入数据的自适应处理。在学习过程中，每个输入被映射到网络中的最佳匹配单元神经元上，并激活该神经元。同时，该神经元的权重会根据输入数据的分布进行自适应调整。这种自组织学习过程有助于发现输入数据之间的关联和结构，进而实现特征提取与分类等任务。Kohonen 网络在数据聚类、模式识别、数据压缩等领域具有广泛的应用价值。

Kohonen 网络的架构是一个完全相互联结的二维点阵结构，其中的神经元通过侧向反馈作用实现交互。每个神经元接收来自其他神经元的输入，并且它们具有相同的输入形式。网络中存在两种类型的联结权重：一种是神经元对外部输入的反应权重，另一种是神经元之间的联结权重。这两种类型的联结权重共同决定了神经元之间的交互程度。

(1) Kohonen 网络的基本思想

当网络接收到外部输入模式时，网络内部的神经元会根据交互作用和竞争，在不同的区域形成对输入模式的响应检测器。换句话说，网络内部的神经元会自适应地聚类和分组来对输入模式做出不同的响应。通过神经元之间的交互作用和竞争，Kohonen 网络能够实现聚类、自组织和自学习的功能。当外部输入模式出现后，Kohonen 网络中的所有神经元会同时工作。神经元之间的突触联结权向量会试图模仿输入信号，从而实现网络自组织的目标。自组织学习过程包括采用竞争机制选择最佳匹配神经元和权向量自适应更新两个过程。

①选择最佳匹配神经元。当输入信号 $\boldsymbol{X}$ 与神经元 $i$ 获得最佳匹配时，两者之间的欧氏距离计算如下

$$\|\boldsymbol{X}-\boldsymbol{W}_{\mathrm{c}}\|=\min_{i}\|\boldsymbol{X}-\boldsymbol{W}_{i}\| \tag{6-23}$$

式中：$\boldsymbol{X}=[x_1, x_2, \cdots, x_n]$为输入空间 $\mathrm{R}^n$ 中的输入向量；$\boldsymbol{W}_i=[W_{i1}, W_{i2}, \cdots, W_{in}]$为相应的权向量。$\boldsymbol{X}$ 与 $\boldsymbol{W}_i$ 的匹配度等于内积 $\boldsymbol{X}^{\mathrm{T}}\cdot\boldsymbol{W}_i$。$\boldsymbol{X}$ 与 $\boldsymbol{W}_i$ 之间内积最大，就意味着向量差的范数$\|\boldsymbol{X}-\boldsymbol{W}_i\|$最小，这个最小的距离决定了神经元 c 在竞争中获胜。当网络训练好后，如果同样的输入模式出现，某个神经元就开始兴奋，表示该神经元已经认识了这个模式。

②权向量自适应更新过程。当某一输入与被选神经元 $j$ 的权重 $W_j$ 有差异时，除该权重修正外，被选神经元的邻域 $N_j$ 中的其他神经元也将根据误差以及距离的大小作适当的调整，越靠近 $j$ 的神经元调整得就越多，这样形成的邻域关系在输入模式相近时，对应的神经元在位置上也靠近。权向量自适应更新过程也可以描述为对于每一个网络的输入，只调整一

部分权重，使权向量更接近或更偏离输入向量，这一调整过程就是竞争学习。随着不断学习，所有权向量都在输入向量空间相互分离，形成了各自代表输入空间的一类模式，这就是Kohonen网络的特征自动识别的聚类功能。

(2) Kohonen网络学习算法的实现步骤

①从 $n$ 个输入到 $m$ 个输出结点间随机赋值权重，并设定邻域初始半径。

②给定新的输入信号。

③计算输入到各输出结点 $j$ 之间距离：

$$d_j = \sum_{i=0}^{n-1} [x_i(t) - W_{ij}(t)]^2 \tag{6-24}$$

④选择 $d_{j*} = \min\limits_i d_j$ 的结点 $j*$ 作为输出结点。

⑤对结点 $j*$ 和邻域内 $NE_j(t)$ 所有结点按下式更新权重，其他结点保持不变。

$$W_{ij}(t+1) = W_{ij}(t) + \eta(t)[x_i(t) - W_{ij}(t)] \tag{6-25}$$

式中：$j \leqslant NE_j(t)$，$0 < i \leqslant n$；$\eta(t)$是自适应学习率，$0 \leqslant \eta(t) < 1$。

⑥满足终止条件则结束；否则返回第②步重复计算。

Kohonen网络是一类重要的竞争学习的自组织网络。将Kohonen网络和其他形式网络组合，可以形成一大类神经网络，这类网络具有无教师学习特点，可以用于智能机器人控制、模式识别等系统。

7. Boltzmann(玻尔兹曼)机

1985年，Hinton(辛顿)等人基于统计物理学和Boltzmann概率分布，提出了一种模拟退火过程的神经网络模型，简称为Boltzmann机，该模型可以用于研究多变量的优化问题。

Boltzmann机是一个相互连接的神经网络模型，其主要特点是隐结点间具有相互结合的关系，每个神经元都根据自己的能量差 $\Delta E$ 随机地改变自己或为1或为0的状态，而单元 $i$ 状态为1的概率为

$$P_i(\Delta E_i) = \frac{1}{1 + e^{-\Delta E_i / T}} \tag{6-26}$$

式中：$T$ 为温度参数。当 $T>0$ 时，$P_i$ 函数趋于阶跃函数；当 $T$ 很大时，两种状态近于各半，而能量差为

$$\Delta E_i = E(S_i = 1) - E(S_i = 0) \tag{6-27}$$

假设网络的联结权重是对称的，引入能量函数

$$E = -\frac{1}{2} \sum_{i \neq j} W_{ij} S_i S_j \tag{6-28}$$

式中：$S_i$ 是包括输入层、隐含层和输出层中所有单元的状态。当系统达到平衡时，能量函数达极小值，可以证明Boltzmann机是收敛的。

Boltzmann机的训练步骤如下。

①设定初始温度并随机给定全部权重。

②给定输入向量，用已有的权重计算代价函数。

③用 Boltzmann 分布 $P(x)=\mathrm{e}^{-x^2/T^2}$ 随机改变每个权重。

④重新计算代价函数，若减小，则将权重置成常数；否则返回第③步。

⑤求新的温度值，计算公式为

$$T(n+1)=T(0)/\log(1+n) \tag{6-29}$$

⑥满足终止条件则结束，否则重复第③～⑥步。

使用梯度下降法来计算权重 $W$ 的变化，计算公式为

$$W_{ij}=-\eta\frac{\partial G}{\partial W_{ij}}=-\eta\frac{1}{T}(P_{ij}^{+}-P_{ij}^{-}) \tag{6-30}$$

式中：$P_{ij}^{+}$ 为网络输入、输出固定并对各种分布平均后，出现 $S_i$ 和 $S_j$ 同时为 1 的概率；$P_{ij}^{-}$ 为网络仅固定输入时相应的概率；$G$ 为两概率分布的测度。

经过反复调整 $W_{ij}$，直至 $P_{ij}^{+}=P_{ij}^{-}$，即 $\Delta W_{ij}=0$，此时的 $W_{ij}$ 即为所期望的权重。由于 Boltzmann 机模拟退火过程，虽然这种算法可以避免局部最小，但是获得全局最小的收敛速度很慢，这也是 Boltzmann 机的不足之处。

8. 深度信念网络

深度信念网络是2006 年由 Hinton 等人提出的，用于解决手写数字图像的识别问题。深度信念网络是以受限 Boltzmann 机为单元搭建的深层网络，即上一个受限 Boltzmann 机的隐含层作为下一个受限 Boltzmann 机的可视层，上一个受限 Boltzmann 机的输出作为下一个受限 Boltzmann 机的输入，直到最后再连接一层分类层。

设可视层 $v$ 为输入层，有 $m$ 个神经元；隐含层 $h$ 有 $n$ 个神经元，作为输出层(推断层)，用作特征检测器。$\boldsymbol{W}_{n\times m}$ 为可视层与隐含层间的连接权矩阵；$\boldsymbol{b}=(b_1, b_2, \cdots, b_m)$为可视结点的偏移向量；$\boldsymbol{c}=(c_1, c_2, \cdots, c_m)$为隐结点的偏移向量。可视层和隐含层间的联合概率分布为

$$p(v, h)=\frac{1}{Z}\exp(v^{\mathrm{T}}\boldsymbol{W}_{n\times m}h+v^{\mathrm{T}}\boldsymbol{b}+h^{\mathrm{T}}\boldsymbol{c}) \tag{6-31}$$

式中：$Z$ 为归一化函数。对式(6-31)的优化目标是最小化式(6-31)的负对数：

$$E(p, h)=-\log p(v, h) \tag{6-32}$$

2002 年，Hinton 提出受限的 Boltzmann 机的对比分歧快速算法，对参数$\theta=(\boldsymbol{W}_{n\times m}, \boldsymbol{b}, \boldsymbol{c})$最大似然求解，通常仅使用 $k=1$ 步吉布斯采样，就能得到足够好的近似解。针对一个样本的单步对比分歧算法的具体过程描述如下。

取一个训练样本 $v$，计算隐藏结点的概率，从中获取一个隐含结点激活向量的样本 $h$，计算 $v$ 和 $h$ 的外积，称为“正梯度”；从 $h$ 获取一个重构可视结点的激活向量样本 $v'$，再从 $v'$获得一个隐含结点的激活向量样本 $h'$，计算 $v'$和 $h'$的外积，称为“负梯度”；使用正梯度和负梯度的差以一定的学习率 $\varepsilon$ 更新权重为

$$\Delta W_{ij}=\varepsilon\,(vh^{\mathrm{T}}-v'h'^{\mathrm{T}}) \tag{6-33}$$

同样，偏置 $\boldsymbol{b}$ 和 $\boldsymbol{c}$ 也可使用类似方法进行更新。

深度信念网络的训练过程分为预训练和调优两个阶段。从低到高逐层采用无监督算法进行预训练，初始化的网络参数包括层与层之间的联结权重及各层神经元的偏置值，具体步骤如下。

①可视层使用观测样本对受限 Boltzmann 机进行训练。

②可视层输出作为隐含层的输入对受限 Boltzmann 机进行训练。

③重复第①步和第②步，对所有的受限 Boltzmann 机进行训练，完成模型参数的初始化。

调优是指在对模型参数进行初始化的预训练后，使用传统学习算法对网络参数进行微调，进一步优化模型性能的过程。在深度信念网络中，逐层初始化和整体反馈是一种常用的调优方法，有助于克服深层网络难以训练的问题。因此，深度信念网络可以用于特征识别、特征分类及数据构造等。

9. 卷积神经网络

卷积神经网络是 1998 年由杨立昆等人提出的，用于手写字符的识别。为了解决全连接网络图像识别面临的许多问题，杨立昆等人提出局部连接、局部感受野、权重共享、空间或时间子采样的新思想，设计了卷积神经网络 LeNet-5。

卷积神经网络是一种多层前向神经网络，除输入层外，还有 3 个卷积层、2 个池化层(子采样层)、1 个全连接层和 1 个输出层。输入层输入一张原始图像，卷积层用来提取不同的图像特征，池化层用作降维。卷积层和池化层的输出均为特征图。全连接层是一个分类器，输出层给出的是图像在各类别下的预测概率。

①卷积层与卷积运算。卷积神经网络的每一层都由多个二维向量组成，每个向量又由多个独立神经元组成。每个二维向量可以视为一张图像，使用一个权矩阵表示单个像素与其邻域像素之间的关系。卷积层的作用是通过卷积运算提取输入图像的特征。卷积运算是把一个点的像素用周围点像素的加权平均代替，起到对图像线性滤波的作用。卷积操作是将作为卷积核的权矩阵在输入特征图中，按从上到下、从左到右的顺序移动，从而得到整个图像的特征表示。

②池化层与池化操作。池化层是用来降低数据维度的一种操作。在池化操作中，池化窗口按照从上到下、从左到右的顺序在输入特征图中移动。这个池化窗口覆盖的子矩阵中的元素会进行最大值或平均值等操作，将结果作为输出。最大池化是指取池化窗口所覆盖的子矩阵中的最大值作为输出，而平均池化是指取池化窗口所覆盖的子矩阵中的平均值作为输出。通过池化操作，可以减小特征图的尺寸，降低数据的维度。同时，池化操作还能够提取出特征图中的重要特征，减少冗余信息，并增加模型的鲁棒性和抗扰动能力。这在卷积神经网络中起到了重要的作用。卷积神经网络经过多个卷积层和池化层后，将获取图像的全部局部特征送给全连接层。

③全连接层。在整幅图像层面上整合卷积层(或者池化层)中局部的特征信息，将高维的大向量通过全连接变成合适维度的小向量，以形成便于分类的特征，并将这些特征映射到样本的标记空间中。

卷积神经网络的训练也是利用链式求导计算损失函数对每个权重的偏导数(梯度)，然后根据梯度下降公式更新权重，训练算法依然是反向传播算法。但是卷积神经网络的参数量较大，很容易发生过拟合，影响最终的测试性能。针对该问题，Hinton 等人提出在每次训练迭代中随机忽略一半的特征点，以此方法来防止过拟合。此外还有一些改进方法，如动量法、权重衰变和数据增强等方法。

卷积神经网络 LeNet-5 是深度学习的经典模型，后来相继提出 AlexNet、ZFNet 和 VGGNet 等模型，主要应用在图像识别、人脸识别、计算机视觉、自然语言处理、机器学习等领域。

10. 循环神经网络

循环神经网络(recurrent neural network,RNN)是具有环路结构和记忆能力，能处理序列数据的一类动态神经网络。对循环神经网络的研究始于 20 世纪 80—90 年代，根据“循环”方式的不同和输入输出的变化，研究者提出了多种 RNN 结构。

循环神经网络的结构包含输入单元、隐单元和输出单元。

网络在 $t$ 时刻输入 $x_i$ 后，隐单元的状态不仅取决于 $s_t$，还取决于 $s_{t-1}$ 和输出值 $o_t$，分别用下面的公式表示：

$$s_t = f(\boldsymbol{U} \cdot x_i + \boldsymbol{W} s_{t-1}) \tag{6-34}$$

$$o_t = g(\boldsymbol{V} \cdot s_t) \tag{6-35}$$

式中：$\boldsymbol{U}$ 为输入 $x$ 的权矩阵；$\boldsymbol{V}$ 为输出层的权矩阵；$g$ 和 $f$ 分别为激活函数。输出层是一个全连接层，每个结点都和隐结点相连。它能够通过获取输入层的输出和隐单元前一时刻的状态来计算当前时刻的隐单元输出，具有对过去信息进行记忆的功能。

1986 年，Hinton 等人提出了一种循环神经网络训练参数的随时间反向传播(back-propagation through time,BPTT)算法。BPTT 算法可以看作反向传播算法由前馈神经网络向循环神经网络的推广，只不过 RNN 处理的是时间序列数据。BPTT 算法将 RNN 视为一个展开的多层前馈网络，其中“每一层”对应循环网络中的“每个时刻”。RNN 可以按照前馈网络中的反向传播算法计算参数梯度。在“展开”的前馈网络中，所有层的参数 $\boldsymbol{W}$，$\boldsymbol{U}$，$\boldsymbol{V}$ 都是共享的，训练的目的就是沿着需要优化参数的负梯度方向不断地寻找更优的点，直至收敛。

BPTT 算法对循环层的训练的具体步骤如下。

①随时间前向传播计算每个神经元的输入值。

②随时间反向传播计算每个神经元的误差值，将误差项向上一层传播。

③计算每个权重的梯度。

④用梯度下降的误差后向传播算法更新权重。

循环神经网络主要包括长短时间记忆单元、双向循环神经网络以及深度循环神经网络。前两类循环神经网络中只有一个循环层，而深度循环神经网络在网络中设置了多个循环层，将每层循环神经网络的输出值传递给下一层进行处理，能够增强网络的信息表达和处理能力。因此，深层循环神经网络被广泛用于语音识别、语言模型以及自然语言生成等领域。

11. 递归神经网络

递归神经网络(recursive neural network)是利用树状神经网络结构来递归构造的更为复杂的深度神经网络。递归神经网络的结构有利于在空间维度上展开，能够在时间和空间维度上解决表征、处理语音识别和图像识别等复杂问题。递归神经网络的结构有多种形式：单入单出结构、单入多出结构、多入单出结构以及多入多出结构。其中：单入单出结构可以用于图像分类场景等领域；单入多出结构可以用于图像自动字幕等领域；多入单出结构可以用于文本情感分析等领域；多入多出结构可以用于翻译或聊天对话场景等领域。

递归神经网络的训练算法和循环神经网络类似，都采用多层前馈网络训练的 BPTT 算法。区别在于循环神经网络是将误差从当前时刻反向传播到初始时刻，而递归神经网络是将误差从根结点反向传播到各个子结点。另外，循环神经网络指的是时间上的循环，用于在时间维度展开，处理时间序列结构的信息；递归神经网络指的是结构上的递归，用于在空间维度上展开，处理树或图类结构的信息。

## 6.4.3 神经网络控制系统的设计

1. 神经网络控制的原理

神经网络控制的原理是通过建立和训练神经网络来实现控制任务。具体而言，神经网络控制通常包括以下几个步骤。

①数据采集。获取与控制任务相关的数据，可以是传感器数据、输入输出对应关系等。

②网络设计。根据具体的控制任务，设计合适的神经网络结构。这个结构可以包括输入层、隐藏层和输出层，每一层中包含多个神经元。

③网络训练。使用已有的数据来训练神经网络，目标是通过调整网络中的连接权重和阈值，使得网络能够准确地对输入进行处理并产生期望的输出。

④控制策略生成。根据训练好的网络，生成相应的控制策略，即输入到网络中的现实时间数据，并将网络的输出作为控制信号进行反馈。

⑤实时控制。根据控制策略在实时的环境中利用神经网络进行控制操作。这可能涉及周期性更新网络权重和阈值，以适应环境变化。

具体实现过程如下。

设被控对象的输入 $u$ 和系统输出 $y$ 之间满足如下非线性函数关系

$$y=g(u) \tag{6-36}$$

控制的目的是确定最佳的控制量输入 $u$，使系统的实际输出 $y$ 等于期望的输出 $y_d$。在该系统中，把神经网络的功能看作从输入到输出的某种映射，或称函数变换，并设函数关系为

$$u=f(y_{\mathrm{d}}) \tag{6-37}$$

为了满足系统输出 $y$ 等于期望的输出 $y_{\mathrm{d}}$，将式(6-37)带入式(6-36)可得

$$y=g\left[f(y_{\mathrm{d}})\right] \tag{6-38}$$

显然，当 $f(\cdot)=g^{-1}(\cdot)$时，满足 $y=y_{\mathrm{d}}$ 的要求。

由于要采用的神经网络控制的被控对象一般是复杂的且多具有不确定性，非线性函数 $g(\cdot)$难以建立，因此利用神经网络具有逼近非线性函数的能力来模拟 $g(\cdot)$。尽管 $g(\cdot)$ 的形式未知，但根据系统的实际输出 $y$ 与期望输出 $y_{\mathrm{d}}$ 之间的误差，通过神经网络学习算法调整神经网络联结权重直至误差满足 $e=y_{\mathrm{d}}-y\to 0$。

这就是利用神经网络逼近 $g^{-1}(\cdot)$的过程，实际上是对被控对象的一种求逆过程。由神经网络的学习算法实现逼近被控对象逆模型的过程，就是神经网络实现直接控制的基本

思想。

2. 神经网络智能控制的类型

神经网络智能控制的类型主要包括神经网络直接反馈控制、神经网络专家系统控制以及神经网络模糊逻辑控制。

(1)神经网络直接反馈控制

仅利用神经网络直接实现智能控制。在神经网络直接反馈控制中，神经网络直接作为控制器，利用反馈等算法实现自学习控制。

(2)神经网络专家系统控制

专家系统善于表达知识和逻辑推理，神经网络的优势是非线性映射和直觉推理，将二者结合发挥各自优势，会获得更好的控制效果。

(3)神经网络模糊逻辑控制

模糊系统善于直接表示逻辑，适于直接表示知识，神经网络则善于学习通过数据隐含表达知识。将二者融合可以取长补短，更好地提高控制系统的智能性。神经网络和模糊逻辑相结合有以下几种方式。

①用神经网络驱动模糊推理的模糊控制。利用神经网络直接设计多元的隶属函数，把神经网络作为隶属函数生成器组合在模糊控制系统中。

②用神经网络记忆模糊规则的控制。通过一组神经元不同程度的兴奋表达一个抽象的概念值，由此将抽象的经验规则转化成多层神经网络的输入输出样本，通过神经网络记忆这些样本，控制器以联想记忆方式使用这些经验进行控制。

③用神经网络优化模糊控制器参数的控制。在模糊控制系统中，影响控制性能的因素除上述隶属函数、模糊规则外，还有控制参数，如误差、误差变化的量化因子及输出的比例因子，利用神经网络的优化计算功能可优化这些参数，改善模糊控制系统的性能。

④神经网络滑模控制。神经网络滑模控制是将神经网络与滑模控制相结合的一种控制方法。在神经网络滑模控制中，系统的控制或状态会被分类，并根据系统和环境的变化进行切换和选择。神经网络具有学习能力，可以通过自学习来改进滑模开关曲线，从而改善滑模控制的效果。另外，通过神经网络的学习能力，神经网络滑模控制可以适应不确定的环境，并根据实时情况进行调整，以更好地控制系统的动态行为。

3. 基于传统控制理论的神经控制

基于传统控制理论的神经控制是将神经网络与传统控制方法结合起来的一种控制策略。在这种方法中，传统控制理论提供了稳定性和性能分析的框架，而神经网络则可以通过学习和适应性调节来改善控制效果。

在基于传统控制理论的神经控制中，常用的方法包括神经网络反馈控制和神经网络模型参考自适应控制。

(1)神经网络反馈控制

在神经网络反馈控制中，传统的反馈控制器通过神经网络来补偿系统非线性和不确定性。神经网络可以基于系统状态和误差信号进行训练，提取并学习系统的非线性特征，生成相应的控制信号来调节系统行为。

(2)神经网络模型参考自适应控制

在神经网络模型参考自适应控制中，神经网络被用作系统模型的估计器。系统模型和控制器之间的误差信号被用来训练神经网络，实现对系统模型的逼近。通过不断地调整神经网络的权重和参数，系统控制能够自适应地应对系统的变化和非线性特性。

基于传统控制理论的神经控制方法可以根据具体的控制问题选择合适的控制策略，并利用神经网络的学习能力来提高控制性能和适应性。

# 6.5　智能优化算法

## 6.5.1　智能优化算法概述

智能优化算法通过模拟自然界和社会生物的现象和行为，如生物进化、群体行为和免疫系统等，进行优化搜索，以解决各种复杂的优化问题。智能优化算法具有简单、通用、便于并行处理等特点，能够快速找到最优解或近似最优解，广泛应用于信号处理、图像处理、生产调度、任务分配、模式识别、自动控制和机械设计等领域。常见的智能优化算法包括进化类算法、群智能算法、模拟退火算法、禁忌搜索算法以及神经网络算法等。

1. 进化类算法

进化类算法以生物进化原理为理论基础，模拟生物进化过程中的自然选择、遗传和变异等机制，利用种群的进化来寻找最优解。常见的进化类算法包括遗传算法、差分进化算法、免疫算法等。

(1)遗传算法

遗传算法(genetic algorithm,GA)最早由 Bagley(巴格利)于 20 世纪 60 年代提出，后由 Holland(霍兰)做了进一步系统性的研究。该算法以生物体进化规律为基础。GA 是一种模拟自然选择和遗传学机理的生物进化过程的计算模型，利用数学的方式进行仿真运算，将问题的求解过程转换成类似生物进化中的染色体基因的交叉、变异等过程。GA 具有全局搜索能力强、能够处理多峰问题等优点，但同时也存在计算复杂度高、容易陷入局部最优解等问题。

(2)差分进化算法

差分进化(differential evolution,DE)算法最早由 Storn(斯多恩)等人于 1995 年提出。DE 算法通过群体内个体间的合作与竞争来指导优化搜索的方向，采用实数编码、基于差分的简单变异操作和“一对一”的竞争生存策略，降低进化计算操作的复杂性。此外，DE 算法还具有记忆能力使其可以动态跟踪当前的搜索情况，以调整其搜索策略。由于 DE 算法具有较强的全局收敛能力和稳健性，且不需要借助问题的特征信息，所以它特别适用于求解一些利用常规的数学规划方法很难求解甚至无法求解的复杂优化问题。

(3)免疫算法

免疫算法(immune algorithm,IA)源于 1958 年 Burnet(伯内特)提出的与免疫算法相关的理论——克隆选择原理。IA 结合基因的进化机理模仿生物免疫系统，采用群体搜索策略，通过迭代计算，最终以较大的概率得到问题的最优解。IA 具有自适应性、随机性、并行性、全局收敛性、种群多样性等优点，在许多领域得到了广泛的应用，包括函数优化、组合优化、机器学习、控制系统等领域。

进化类算法在解决复杂问题方面具有显著的优势，但仍然存在一定的局限性。为此，许多改进的进化类算法被研究，如多种群遗传算法、自适应遗传算法、混合遗传算法等。改进的算法旨在提高搜索效率、降低计算复杂度、增强鲁棒性和泛化能力等方面。总之，进化类算法是一类利用自然进化原理进行优化的智能算法，具有全局性、高效性、通用性和鲁棒性等优点，在解决复杂问题方面具有广泛的应用前景，但仍需不断改进和完善。随着计算技术的发展和大数据时代的到来，进化类算法在未来有望得到更广泛的应用和发展。

2. 群智能算法

群智能算法是一种模拟自然界中生物群体行为，特别是蚂蚁、蜜蜂等社会性生物群体觅食和活动行为的优化算法。群智能算法通过模拟群体智能行为，如分工合作、信息交流、局部搜索、记忆学习等，来寻找最优解。

(1)蚁群算法

蚁群算法(ant colony optimization,ACO)最早由 Dorigo(多里戈)等人在 1992 年提出，其灵感来源于蚂蚁在寻找食物过程中展现出的智能行为。ACO 的基本原理是模拟蚂蚁觅食过程中信息素的释放、感知和交流机制。在自然界中，蚂蚁释放信息素以便其他蚂蚁能够感知并跟随。在选择路径时，蚂蚁会更倾向于选择信息素浓度高的路径，从而形成一个正反馈机制。随着越来越多的蚂蚁选择同一条路径，信息素浓度会进一步增加，促使更多的蚂蚁沿着这条路径行进。最终，整个蚁群会形成一个高效寻找到达食物源的路径。

(2)粒子群优化算法

粒子群优化(particle swarm optimization,PSO)算法由 J. Kennedy(J. 肯尼迪)和 R. C. Eberhart(R. C. 埃伯哈特)于 1995 年提出。PSO 算法的灵感来源于鸟群、鱼群等动物群体觅食和迁徙的行为。以鸟群为例，PSO 算法的基本原理是利用一群粒子来模拟鸟群中的鸟，每个粒子代表一个潜在的解。在搜索空间中，每个粒子根据自身和群体的历史最佳位置来调整自己的速度和方向，通过不断迭代找到最优解。PSO 算法具有并行性好、全局搜索能力强、对初值和参数选择不敏感等优点，适用于解决函数优化、神经网络训练、模糊系统控制等领域的优化问题。

(3)人工鱼群算法

人工鱼群算法(artificial fish swarm algorithm,AFSA)是由李晓磊等人在 2002 年提出的，基于对自然界中鱼群觅食行为的观察所设计的优化搜索方法。AFSA 的基本原理是通过模拟鱼群的觅食、聚群和追尾等行为，利用鱼群中各个体的局部寻优以达到全局最优值。AFSA 采用自下而上的寻优思路，首先设计单个个体的感知、行为机制，然后将一个或一群实体放置在环境中，让其在环境的交互作用中解决问题。AFSA 具有简单、易实现、全局搜索能力强等优点，适用于解决各种优化问题，如函数优化、组合优化、机器学习等领域。

(4)人工蜂群算法

人工蜂群(artificial bee colony,ABC)算法是由 Karaboga(卡勒博加)于 2005 年提出的全局优化算法。其直观背景来源于蜂群的采蜜行为，蜜蜂根据各自的分工进行不同的活动，并实现蜂群信息的共享和交流，从而找到问题的最优解。标准的 ABC 算法通过模拟实际蜜蜂的采蜜机制将人工蜂群分为三类：采蜜蜂、观察蜂和侦察蜂。整个蜂群的目标是寻找花蜜量最大的蜜源。在标准的ABC算法中，采蜜的整个过程可以看作在解空间中进行的搜索过程，其中每个蜜源的位置代表问题的一个可能解，蜜源的花蜜量对应于相应的解的适应度。采蜜蜂与观察蜂的个数通常相等，根据各自分享的信息进行局部寻优，而侦查蜂则负责全局的搜索。相比于常见的启发式算法，ABC算法的优点在于使用了较少的控制参数，并且鲁棒性强。

3. 模拟退火算法

模拟退火(simulated annealing,SA)算法最早的思想由N. C. Metropolis(N. C. 梅特罗波利斯)等人在1953年提出。1983年，S. Kirkpatrick(S. 柯克帕特里克)等人成功地将退火思想引入组合优化领域。SA算法的依据为物理中固体物质的退火过程与一般组合优化问题之间的相似性。SA算法从某一较高初温出发，伴随温度参数的不断下降，结合概率突跳特性在解空间中随机寻找目标函数的全局最优解。SA算法是一种通用的优化算法，目前已在工程中得到了广泛应用，如超大规模集成电路(VLSI)、生产调度、控制工程、机器学习、神经网络、信号处理等领域。

4. 禁忌搜索算法

禁忌搜索(tabu search,TS)算法是一种用于跳脱局部最优解的搜索方法，由F. Glover(F. 格洛弗)在1986年提出。该算法采用禁忌表来记录已经访问过的局部最优解，并在下一次搜索中不再或有选择地搜索这些解，以寻找全局最优解。禁忌搜索的关键在于禁忌表的建立以及如何利用禁忌表来指导搜索过程。在禁忌搜索中，算法会根据一定的准则选择候选解，并在候选解中选择满足目标函数的最佳解作为下一步的移动。为了避免陷入局部最优解的循环，禁忌搜索算法还引入了特赦准则，允许某些特定的解被接受。禁忌搜索算法具有灵活性和通用性强的优点，但性能和效果取决于问题的性质、初始解的选择、移动准则的设计以及禁忌技术的实现等因素。在实际应用中，需要根据具体问题对算法进行适当的调整和改进。

5. 神经网络算法

神经网络算法能够模拟和学习复杂的模式和映射关系，通过大量神经元的相互作用和连接实现各种优化问题的求解。其基本原理是模拟人脑神经元之间的连接和信息传递过程。神经网络中的每个神经元接收来自其他神经元的输入信号，并根据这些输入计算出一个输出结果。神经元之间的连接具有不同的权重，这些权重决定了输入信号对输出的影响程度。通过训练和学习过程，神经网络可以逐渐调整神经元之间的权重，从而实现输入和输出的映射关系。在实际应用中，神经网络算法需要大量的数据和计算资源进行训练和优化。神经网络通过不断迭代训练过程，学习输入和输出之间的非线性映射关系，因而在各种任务中表现出色。

## 6.5.2 智能优化算法的理论基础

系统科学和复杂适应系统理论是深入研究智能优化算法的重要理论基础。系统科学主要研究系统的结构、状态、特性、行为和功能，以及在特定环境和外部作用下的演化规律。

1. 系统的要素

一个系统通常包括多元性、相关性和整体性等要素。

①多元性。系统由多个部分组成，这些部分可以是元素、单元、子系统等，不同部分之间形成多元性，而具有不同性质的部分又形成了多样性。

②相关性。系统中的各部分之间存在直接或间接的相互联系、相互作用和相互影响，这种联系和作用方式在不同类型的系统中有所不同，如线性系统和非线性系统。

③整体性。系统的各部分作为一个整体具有某种功能，整体结构和状态与部分不同，整体涌现性是指整体具有而部分不具有的特性。

2. 系统的分类

系统可以分为线性系统、非线性系统和复杂系统。线性系统的整体功能等于局部功能之和；而非线性系统的整体功能不等于局部功能之和；复杂系统的整体功能大于局部功能之和。

复杂适应系统(complex adaptive system,CAS)理论是由 Holland 等人通过对大量具体案例的研究归纳总结的，这些案例来自于经济科学、生命科学、生态系统、管理科学、控制科学等领域。CAS 是指由一些具有适应性的主体组成的系统，所谓具有适应性是指主体能够与环境以及主体之间相互作用，主体在持续不断的交互作用的过程中，通过学习或积累经验改变自身的结构和行为方式，使整个系统不断演化发展。CAS 理论包括微观和宏观两个方面。微观方面是描述个体怎样适应和学习，主要是基于遗传算法来实现的。宏观方面是探讨个体是怎样组成复杂系统的。复杂适应系统的主要特征如下。

①适应性。系统中的个体能够根据环境的变化和自身的状态调整自己的行为和结构，以更好地适应环境。

②自主性。系统中的个体具有一定的自主性，能够自主地与环境和其他个体进行交互作用。

③主动性。系统中的个体能够主动地感知外部环境的变化，并采取相应的行动来应对变化。

④演化性。系统中的个体在与环境和其他个体进行交互作用的过程中，不断地发展和演化，逐渐适应更加复杂和多样化的环境。

复杂适应系统的研究对于理解和解决复杂的现实问题具有重要的意义。CAS 可以用于研究和设计各种智能优化算法和机器学习算法，提高算法的效率和准确性。

### 6.5.3 几种常见智能优化算法的原理及实现步骤

为了更好地研究和应用各种智能优化算法，需要解决以下四个方面的共性问题：第一，将待优化的工程问题转化为适合的智能优化算法模型；第二，设计智能优化算法中的个体、群体的描述，建立个体与个体、个体与群体、群体与群体之间的相互作用关系；第三，确定描述个体行为在演化过程中适应性的性能指标；第四，解决全局搜索与局部搜索的平衡关系，避免陷入局部极值或长时间大范围搜索而无法接近全局最优解。

本小节从设计智能控制系统的需要出发，着重介绍几种在智能控制系统中常用的智能优化算法，包括遗传算法、粒子群优化算法和 RBF 神经网络优化算法。

1. 遗传算法

(1)遗传算法的原理

达尔文的自然选择学说认为生物要生存就必须进行生存斗争，包括种内斗争、种间斗争以及生物与无机环境之间的斗争。在生存斗争中，有利变异的个体容易存活并传递有利基因，不利变异的个体则容易被淘汰。遗传和变异是生物进化的内在因素，使生物能够适应环境并得以生存进化。遗传算法模拟生物进化过程构造模型，群体中的所有个体被作为对象，利用随机化技术进行高效搜索。遗传算法包括选择、交叉和变异等遗传操作，以及参数编码、初始群体设定、适应度函数设计、遗传操作设计、控制参数设定等核心内容。

(2)遗传算法的实现步骤

遗传算法的实现步骤如图 6-6 所示，具体包含以下几步。

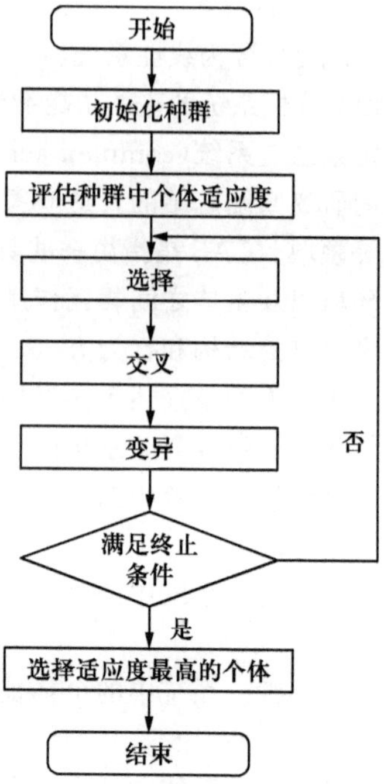


**图 6-6　遗传算法实现步骤**

①初始化种群。初始种群是随机选择的一组有效候选个体。在遗传算法中，每个个体用染色体表示。由此可知，初始种群实际上代表了一组染色体。

②评估种群中个体适应度。在遗传算法中，个体的适应度是根据适应度函数进行计算的。适应度值可以用于指导算法如何选择个体进行交叉和变异等操作。

适应度函数的设计取决于具体问题的性质和要求，通常需要针对问题的特点进行定制。在遗传算法中，适应度值越高的个体被认为越优秀，越有可能被选中进行交叉和变异操作，从而产生更优秀的后代。通过不断迭代和进化，遗传算法最终能够找到适应度最高的个体，即最优解。

③选择。选择是指根据个体的适应度值，按照一定的规则或方法从当前群体中选择出优良的个体，以作为父代为下一代繁衍子孙。选择操作的目标是使适应度强的个体有更大的机会进入下一代，从而遗传给下一代更多的优良基因。选择操作有多种方法，如适应度比例法、期望值法、排位次法及精华保存法等。

④交叉。交叉是指将两个或多个个体按照一定的规则进行组合，以产生新的个体。交叉是遗传算法中的核心步骤之一，能够将不同个体的优点组合在一起，产生更优秀的后代。交叉操作有多种方法，如单点交叉、多点交叉、均匀交叉等。

⑤变异。变异是指对个体的基因进行随机改变，以产生新的个体。变异能够帮助算法跳出局部最优解，扩大搜索空间，增强算法的全局搜索能力。变异操作有多种方法，如位变异、交换变异、插入变异、逆转变异、重组变异等。需要注意的是，变异可能会引入一些不可取的基因变化，因此在具体应用中需要谨慎选择和使用变异算子，并根据实际情况进行调整和优化。

⑥重复上述②～⑤步骤，直到得到最优解为止。

2. 粒子群优化算法

(1)粒子群优化算法的原理

粒子群优化算法的基本思想是通过群体中个体之间的协作和信息共享来寻找最优解。具体来说，粒子群优化算法将问题的解表示为粒子，每个粒子在搜索空间中单独地搜寻最优解，并将其记为个体极值。同时，所有粒子共享一个全局最优解，即在整个粒子群中找出的最优个体极值。粒子根据自己找到的当前个体极值和整个粒子群共享的当前全局最优解来调整自己的速度和位置，不断向全局最优解靠近。

在 $n$ 维搜索空间中，假设粒子 $i$ 的当前位置 $X_i$，当前飞行速度 $V_i$ 以及所经历的具有最好适应值的位置 $P_i$ 分别表示为

$$X_i=(x_{i1},\ x_{i2},\ \cdots,\ x_{in}) \tag{6-39}$$

$$V_i=(v_{i1},\ v_{i2},\ \cdots,\ v_{in}) \tag{6-40}$$

$$P_i=(p_{i1},\ p_{i2},\ \cdots,\ p_{in}) \tag{6-41}$$

若 $f(X)$为最小化的目标函数，则粒子 $i$ 的具有最好适应值的位置确定为

$$P_i(t+1)=\begin{cases}P_i(t) & 若\ f[X_i(t+1)]\geqslant f[P_i(t)]\\ X_i(t+1) & 若\ f[X_i(t+1)]<f[P_i(t)]\end{cases} \tag{6-42}$$

假设群体中粒子总数为 $S$，则群体中所有粒子经历过的具有最好适应值的位置为 $P_g(t)$，即为

$$\begin{cases}f[P_g(t)]=\min\{f[P_1(t)],\ f[P_2(t)],\ \cdots,\ f[P_S(t)]\}\\ P_g(t)\in\{f[P_1(t)],\ f[P_2(t)],\ \cdots,\ f[P_S(t)]\}\end{cases} \tag{6-43}$$

基本粒子群算法粒子 $i$ 的进化方程表示为

$$\begin{cases}v_{ij}(t+1)=v_{ij}(t)+c_1r_{1j}(t)[P_{ij}(t)-x_{ij}(t)]+c_2r_{2j}(t)[P_{gj}(t)-x_{ij}(t)]\\ x_{ij}(t+1)=x_{ij}(t)+v_{ij}(t+1)\end{cases} \tag{6-44}$$

式中：$c_1$，$c_2$ 均为加速度常数；$r_{1j}$，$r_{2j}$ 为两个相互独立的随机数；$v_{ij}(t)$，$v_{ij}(t+1)$分别为粒子 $i$ 第 $j$ 维第 $t$ 代、第$(t+1)$代的运动速度；$x_{ij}(t)$，$x_{ij}(t+1)$分别为粒子 $i$ 第 $j$ 维第 $t$ 代、第$(t+1)$代的位置。

(2)粒子群优化算法的实现步骤

粒子群优化算法的实现步骤如图 6-7 所示，主要包含以下几个步骤。

①初始化粒子群的位置以及速度。初始化粒子的位置和速度是在搜索空间中随机生成一个 $S\times n$ 的矩阵，其中：$S$ 是粒子数量，$n$ 是问题维数。对于粒子的位置，可以根据问题的具体要求进行初始化。例如：在约束优化问题中，粒子的位置需要在满足约束的范围内随机生成；而在连续优化问题中，粒子的位置可以在一定范围内随机生成。对于速度的初始化，一般不需要特别考虑，速度作为一个向量，其每个维度的取值范围通常可以设定为[−1，1]。在这个范围内随机初始化粒子的速度，能够保证粒子在初始阶段具有一定的搜索能力。

②评估每个粒子的适应度值。每个粒子代表了一个可能的解，而适应度值则表示解的优劣程度。在计算每个粒子的适应度值时，通常会根据问题的具体情况定义一个适应度函数 $f(X_i)$。这个函数将粒子的位置 $X_i$ 作为输入，并输出一个标量值 $f(X_i)$来表示粒子的适应度。适应度函数的选择对于算法的性能和结果有着至关重要的影响。根据问题的不同，适应度函数可能会有所不同。例如：在优化一个简单的数学函数时，适应度函数可能是该函数的负值，因为我们需要最小化函数；而在其他问题中，适应度函数可能会考虑到其他因素，如

时间复杂度、空间复杂度、鲁棒性等。

③确定当前最佳位置。在计算每个粒子的适应度值 $f(X_i)$后，算法会将这些适应度值 $f(X_i)$与粒子所经历的最佳位置的适应度值 $f(P_i)$进行比较。如果当前粒子的适应度值比粒子所经历的最佳位置的适应值更好，那么就将当前粒子的位置更新为粒子所经历的最佳位置。该过程的目的是为了找到每个粒子的最优解，进而指导粒子向全局最优解靠近。

④确定全局最好位置。在计算每个粒子的适应度值 $f(X_i)$后，算法会将每个粒子的适应度值 $f(X_i)$与全局所经历的最佳位置的适应度值 $f(P_g)$进行比较。如果某个粒子的适应度值比全局所经历的最佳位置的适应值更好，那么就将全局所经历的最佳位置更新为该粒子的位置。该过程的目的是为了找到全局最优解。在确定全局最佳位置的过程中，通常会使用一个共享的全局最佳位置变量来记录全局最优解的位置和适应度值。这个全局最好位置变量会在每次迭代中被更新，以确保算法能够找到最优解。

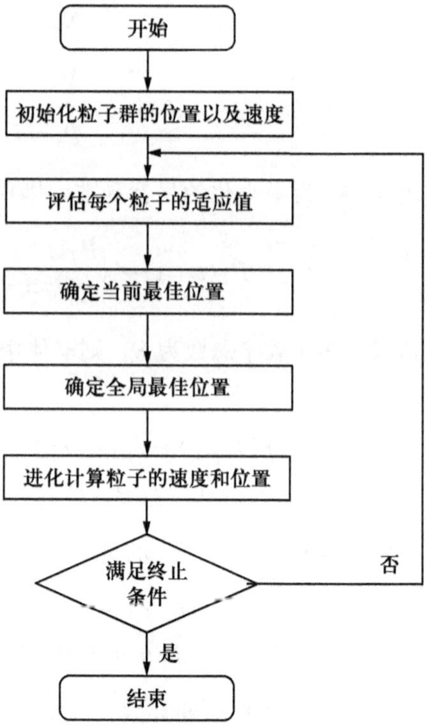


图 6-7　粒子群优化算法实现步骤

⑤进化计算粒子的速度和位置。根据比较结果，进化计算粒子的速度和位置。利用式(6-44)更新粒子的速度和位置。粒子会根据自身历史最优位置、全局历史最优位置以及随机扰动来调整速度和位置。该过程有助于引导粒子向最优解方向移动，从而加速算法的收敛速度。

⑥重复步骤②～⑤直到满足终止条件，如达到预设的最大迭代次数或找到满足精度要求的最优解。

以上就是粒子群优化算法步骤。值得注意的是，粒子群优化算法的性能和结果受到许多因素的影响，如初始化参数、适应度函数的选择、粒子群规模等，因此在实际应用中需要进行适当的调整和优化。

3. 径向基函数神经网络优化算法

(1)径向基函数神经网络的原理

RBF 神经网络是一种性能良好、具有单隐含层的三层前向网络，具有结构简单、训练简洁且学习收敛速度快等特点。图 6-8 为一个考虑 $n$ 输入单输出且具有 $m$ 个隐单元的 RBF 神经网络结构。

隐含层的单元是感受野单元，每个感受野单元输出为

$$w=R_i(\boldsymbol{X})=R_i(-\|\boldsymbol{X}-\boldsymbol{c}_i\|/\sigma_i)\qquad i=1,\ \cdots,\ n \tag{6-45}$$

式中：$X$ 是 $n$ 维输入向量；$c_i$ 是与 $X$ 同维数的向量；$R_i(\cdot)$具有局部感受的特点，可取高斯函数，其只在 $c_i$ 周围的一部分区域内有较强的反应。

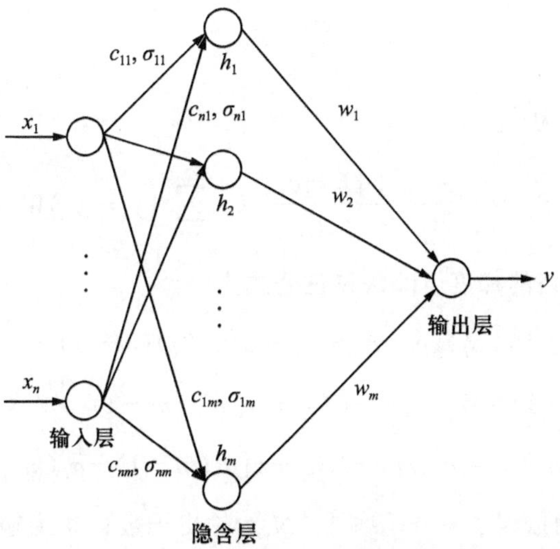


**图 6-8　径向基函数神经网络结构**

RBF 的输出取决于输入向量与中心点 $c$ 之间的距离，距离越近，函数值越大；距离越远，函数值越小。该过程的快慢由参数 $\sigma$ 决定，参数 $\sigma$ 越大，则函数输出曲线越平缓，对输入的变化越不敏感。

(2)RBF 神经网络优化算法的实现步骤

RBF 神经网络的参数包括中心和权值，对 RBF 网络性能的改进也主要考虑这两方面。RBF 神经网络的学习算法主要包含梯度下降法、自组织选取中心学习方法、最小二乘法等，下面着重介绍梯度下降法。

使用梯度下降法来训练 RBF 神经网络的过程如下。

设计 RBF 神经网络的性能指标：

$$J=\frac{1}{2}\sum_{i=1}^{N}(y_i-\hat{y}_i)^2 \tag{6-46}$$

$$\hat{y}_i=\sum_{j=1}^{p}W_{ij}h_j \tag{6-47}$$

$$h_j=\mathrm{e}^{-\|X_i-c_j\|^2/\sigma_j^2} \tag{6-48}$$

式中：$y_i$ 为实际值；$\hat{y}_i$ 为 RBF 网络输出值。

由所设计的性能指标可知，性能指标 $J$ 是关于参数 $c_j$，$W_{ij}$，$\sigma_i$ 的函数，RBF 神经网络训练过程需要通过调整以上三个参数，进而保证 $J$ 趋于最小。接下来采用梯度下降法求取性能指标 $J$ 对于参数 $c_j$，$W_{ij}$，$\sigma_i$ 的偏导数，获得参数的校正方向。

参数 $c_j$ 的校正方向为

$$S_{c(q)_i}=\frac{\partial J}{\partial c_i(q)}=\frac{2h_i[x(q)-c_i(q)]}{\sigma_i^2}\sum_{i=1}^{N}(y_i-\hat{y}_i)W_{is} \tag{6-49}$$

参数 $W_{ij}$ 的校正方向为

$$S_{w_{is}}=-\frac{\partial J}{\partial W_{is}}=(y_s-\hat{y}_s)h_i \tag{6-50}$$

参数 $\sigma_i$ 的校正方向为

$$S_{\sigma_i}=-\frac{\partial J}{\partial \sigma_i}=\frac{2\|\boldsymbol{X}-\boldsymbol{c}_i\|^2}{\sigma_i^3}h_i\sum_{i=1}^{N}(y_i-\hat{y}_i)W_{is} \tag{6-51}$$

由此可得，RBF 网络的梯度下降法校正公式为

$$c_i(q)(m+1)=c_i(q)(m)+\lambda S_{c_i(q)}+\alpha[c_i(q)(m-1)-c_i(q)(m-2)] \tag{6-52}$$

$$W_{is}(m+1)=W_{is}(m)+\lambda S_{W_{is}}+\alpha[W_{is}(m-1)-W_{is}(m-2)] \tag{6-53}$$

$$\sigma_i(m+1)=\sigma_i(m)+\lambda S_{\sigma_i}+\alpha[\sigma_i(m-1)-\sigma_i(m-2)] \tag{6-54}$$

式中：$\lambda$ 为步长；$\alpha$ 为动量因子且 $0\leqslant\alpha\leqslant1$；$N$ 为输出维数；$m$ 为输入维数。

以上就是利用梯度下降算法训练 RBF 神经网络参数的关键过程。该算法的优点包括简单易行、收敛速度快、自适应性好以及在处理复杂模式识别和回归问题上具有良好性能。然而，它也存在一些缺点，如对学习率的选择敏感、容易陷入局部最优解、初始参数选择重要以及对输入数据预处理的要求较高等。

## 思考题与习题

6-1　什么是智能控制系统？其与传统控制系统的主要区别是什么？

6-2　列举几种常见的智能控制技术，并简述其工作原理。

6-3　解释模糊控制在智能控制中的重要性和应用。

6-4　讨论专家控制系统的结构，并说明各部分的功能。

6-5　如何设计神经网络控制器以满足特定的控制要求？

6-6　讨论神经网络在智能控制中的优势和局限性。

6-7　讨论智能控制未来的发展趋势和挑战。

# 第7章 计算机过程控制系统

本章首先介绍了计算机过程控制系统的发展和组成，然后详细介绍了直接数字控制系统、计算机监督控制系统、可编程逻辑控制器控制系统、分布式控制系统、现场总线控制系统等五种基本类型，最后对综合自动化技术进行了评述与展望。

## 7.1 概述

### 7.1.1 计算机过程控制系统的发展

将计算机用于过程控制，实现工业过程自动控制的系统，称为计算机过程控制系统。计算机过程控制系统综合了计算机、生产过程和自动控制理论等方面的知识，随着计算机技术的迅速发展，计算机过程控制系统取得了很大的进步，出现了很多先进的自动化成套设备及装置，在生产过程中发挥着重要的作用，成为生产过程安全、稳定、自动化运行不可缺少的工具。

20世纪60年代，随着工业规模的不断扩大，工业生产过程要求集中操作与控制，同时，随着半导体技术和大规模集成电路技术的发展，计算机运算速度不断加快，可靠性不断提高，体积越来越小，价格不断下降，利用计算机可以实现高级控制和信息通信，计算机开始用于工业生产过程，于是出现了直接数字控制系统，实现了用一台计算机对生产设备进行集中控制、显示和操作，控制精度高，使生产过程控制水平得到提高。

随着计算机技术的发展和大规模生产控制的要求，为缩短开发周期，减少接线，降低成本，20世纪60年代末，出现了可编程逻辑控制器。可编程逻辑控制器是由早期继电器逻辑控制系统与微机计算机技术相结合而发展起来的，以微处理器为核心，融计算机技术、控制技术和通信技术于一体，集顺序控制、过程控制和数据处理于一身，环境适应能力强，可靠性高、功能强大、控制灵活、操作维护简单，采用梯形图、指令表等编程语言，易于学习和掌握。近几年来，PLC及其组成系统在我国冶金、电厂、轻工石化、矿业、水处理等行业更是到了广泛应用，并取得了一定的经济效益。

由一台中央计算机组成的计算机集中监控系统，在系统配置、反应速度及系统可靠性等方面都受到很大限制，一般只适用于中小规模的自动化系统。如果设备数量大、地域分布广、需要进行监控的点数多，过程控制方式最好是分散进行，而监视、操作和最佳化管理应以集中为好。随着工业生产规模不断扩大，控制管理要求不断提高，过程参数日益增多，控制回路越加复杂，20 世纪 70 年代中期产生了分布式控制系统。分布式控制是集计算机技术、控制技术、网络通信技术和图形显示技术于一体的系统，与常规集中式控制系统相比实现了控制分散、危险性分散，同时实现了集中监视、操作和管理，采用了网络通信技术，使控制与管理都具实时性，并解决了系统扩充与升级问题。分布式控制系统能够实现连续控制、间歇(批量)控制、顺序控制、数据采集处理、先进控制，20 世纪 80 年代逐步成熟。

目前，随着“4C”技术的发展，计算机过程控制系统由简单控制系统发展到复杂控制系统，工业自动化技术由局部自动化发展到全局自动化。

## 7.1.2 计算机过程控制系统的组成

计算机过程控制系统由计算机控制器、执行机构、检测单元和被控对象组成，各部分组成一个闭环控制系统，系统组成方框图如图 7-1 所示。

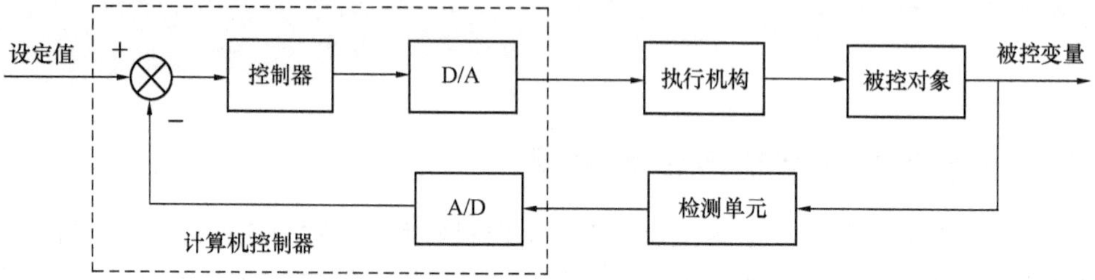


**图 7-1 计算机过程控制系统组成方框图**

计算机过程控制系统的工作过程可分成以下几个步骤。

①实时数据采集。通过检测单元测量被控变量，然后传给计算机输入接口电路(A/D 转换模块)完成模数转换，便于计算机进行处理。

②实时数据处理。对被控变量的测量值进行分析、运算和处理，并按预定的控制规律进行运算。

③实时控制输出。实时地输出运算后的控制信号，经输出接口电路(D/A 转换模块)完成数模转换后，驱动执行机构，实现对被控对象的自动控制，完成预定的控制任务。

上述过程不断重复，使被控变量稳定在设定值。

1. 计算机控制器

计算机过程控制系统的核心是计算机控制器，它能利用计算机的运算、逻辑判断和记忆等功能完成多种控制任务。计算机控制器由硬件和软件两大部分组成。

(1) 计算机控制器硬件系统

系统中，由于计算机只能处理数字信号，因而给定值和测量反馈值要先经过 A/D 转换器将其转换为数字量才能输入计算机。计算机接收了给定量和反馈量后，依照误差值按某种控制规律进行运算(如 PID 运算)，计算结果(数字信号)再经过 D/A 转换器将数字信号转换成模拟控制信号输出到执行机构，便完成了对系统的控制作用。所以计算机控制器的硬件是指计算机本身及外围设备，包括主机、过程输入和输出接口单元、人机接口单元、通信接口单元、外部存储器以及各种显示设备、记录设备、运行操作台等。

①主机。主机可以是微处理器、单片计算机或微型计算机，由 CPU 和存储器组成，是控制系统的核心，主要根据输入接口设备送来的实时反映生产过程工作状况的各种指令和信息，按照预先编制好的控制算法程序，以一定的控制规律进行信息处理和计算，通过输出接口设备和执行机构实时对生产过程进行控制，指挥全系统有条不紊地协调工作。

②过程输入和输出接口单元。计算机与生产过程之间的信息交换是通过过程输入、输出接口单元进行的，信息交换在两者之间起到桥梁和纽带作用。过程输入接口单元包括模拟量输入(AI)通道和开关量输入(DI)通道，分别用来输入模拟量信号(如温度、压力、流量、液位等)和开关量或数字量信号。过程输出接口单元包括模拟量输出(AO)通道和开关量输出(DO)通道。AO 通道把数字信号转换成模拟信号后再输入，DO 通道则直接输出开关量信号或数字信号。

③人机接口单元。操作员与计算机之间的信息交换是通过人机接口单元进行的，如显示器和键盘、专用的操作显示面板或操作显示台等。其作用是显示生产过程的状况，供生产操作人员操作，以及显示操作结果。

④通信接口单元。控制器与显示器之间，上位机与下位机之间，不同地点、不同功能的多台计算机和设备之间的信息交换需要通过通信设备进行，它们共同构成计算机通信网络。

⑤通用外围设备。一些外围设备主要是为了扩大计算机主机的功能而配置的。通用外围设备用来显示、存储、打印、记录各种数据。常用的外围设备有打印机、记录仪、图形显示器、外部存储器等。

(2) 计算机控制器软件系统

软件是指能完成各种功能的计算机程序的总和，是计算机控制系统的神经中枢。整个控制系统的运行都是在软件的指挥下完成的，如完成操作、监控、管理、控制、计算和自诊断等功能的程序。从功能上区分，软件可分为系统软件和应用软件。

系统软件一般由计算机的制造厂商提供，是专门用来管理计算机本身的资源和方便用户使用的程序，包括操作系统、开发系统、监控管理程序、语言处理程序和故障诊断程序、数据库系统、通信网络软件等，一般不需用户自行设计编程，只需掌握使用方法或根据实际需要加以适当改造。

应用软件是用户针对生产过程中所要解决的实际问题而编写的各种程序。在计算机控制系统中，每个被控对象或控制任务都有相应的控制程序，以满足相应的控制要求。应用软件一般包括过程输入程序、过程控制程序、过程输出程序、人机接口程序、打印显示程序和各种公共子程序，具体包括基本运算、逻辑运算、数据采集、滤波、数据处理、控制运算、控制输出、打印输出、数据存储、操作处理、显示管理等程序。

在计算机控制系统中，软件和硬件不是独立存在的，在设计时必须注意两者之间的有机配合和协调，只有这样才能研制出满足生产要求的高质量控制系统。

2. 检测单元

检测单元由传感器和变送器组成。传感器的主要功能是将被检测的非电学量参数转变成电学量，如：热电偶把温度变成电压信号，压力传感器把压力变成电信号，等等。变送器的作用是将传感器得到的电信号转变成适于计算机接口使用的标准电信号(如 4～20 mA DC)。

3. 执行机构

常用的执行机构有各种电动、液动、气动开关，电液伺服阀，交流、直流电动机，步进电动机，等等。

4. 被控对象

被控对象多种多样，随控制的场合或生产工艺的不同而不同，可能是储水槽、加热炉、电动机或反应釜等。

### 7.1.3 计算机过程控制系统的基本类型

计算机过程控制系统有很多种，按控制方式划分主要有以下几种类型：操作指导控制系统、直接数字控制系统、计算机监督控制系统、分级控制系统、分布式控制系统及现场总线控制系统等。

1. 操作指导控制系统

操作指导控制系统属于开环系统。在该系统中，计算机只承担数据的采集和处理工作，而不直接参与控制。操作指导控制系统的结构如图 7-2 所示。计算机按照一定的时间间隔对来自生产现场的参数进行采集、处理、显示、打印或报警，并根据一定的控制算法计算出供操作人员参考、选择的操作方案和最佳设定值等，操作人员根据这些结果去改变控制器的设定值，或者根据计算机输出的控制量执行相应的操作。操作指导控制系统的优点是结构简单、控制灵活安全，特别适用于尚不清楚控制规律的系统，常常被用于计算机控制系统研制的初级阶段，或用于试验新的数学模型和调试新的控制程序等。由于最终需人工操作，故它不适用于快速过程的控制。

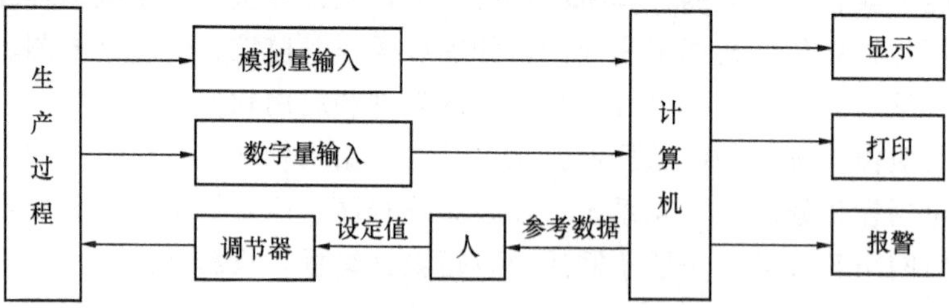


**图 7-2 操作指导控制系统的结构**

2. 直接数字控制系统

直接数字控制系统的结构如图 7-3 所示。直接数字控制系统是在数据采集和处理系统的基础上发展起来的，是利用计算机的分时处理能力直接对多个控制回路实现多种形式控制的多功能数字处理系统，属于闭环系统。计算机通过过程输入通道对控制对象的变量做巡回检测，根据测得的变量按照一定的控制规律进行运算，计算机运算的结果经过过程输出通道直接作用到控制对象，使被控变量符合要求的性能指标。由于直接数字控制系统中的计算机直接承担控制任务，所以要求实时性好、可靠性高和适应性强。详细介绍参见本章第 7.2 节。

3. 计算机监督控制系统

计算机监督控制系统也称计算机设定值控制系统，是利用计算机对工业生产过程进

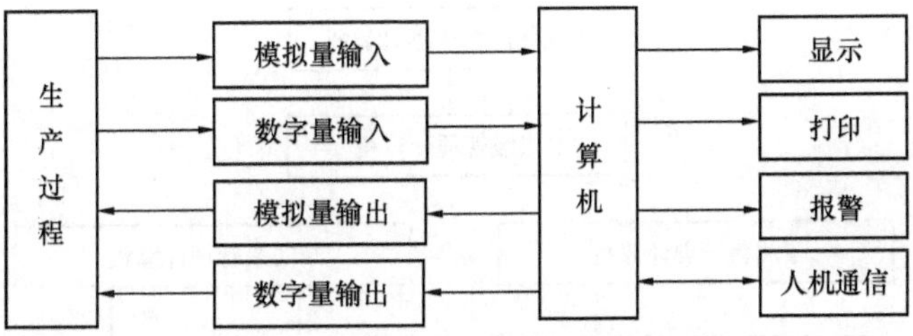


图 7-3　直接数字控制系统的结构

行监督管理和控制的计算机系统，系统结构如图 7-4 所示。计算机监督控制系统是针对某一种生产过程，依据生产过程的各种状态，按生产过程的数学模型计算出生产设备应运行的最佳给定值，并按计算出的最佳给定值自动或人工对 DDC 执行级的计算机或模拟调节仪表的设定值进行校正与调节，然后由 DDC 级计算机或调节仪表对生产过程各个点(运行设备)行使控制。计算机监督控制系统是一种两级微型计算机控制系统，其中的 DDC 级计算机完成生产过程的直接数字控制；SCC 级计算机则根据生产过程的工况和已定的数学模型，进行优化分析计算，产生最优化设定值，送给 DDC 级计算机执行，一旦 DDC 级计算机发生故障，可用 SCC 级计算机替代 DDC 级计算机，以确保生产的正常进行。

计算机监督控制系统的特点是能保证受控的生产过程始终处于最佳状态情况下运行，因而可能获得最大效益。直接影响控制效果的首先是数学模型，为此要经常在运行过程中改进数学模型，并相应修改控制算法和应用控制程序。

计算机监督控制系统的详细介绍参见本章第 7.3 节。

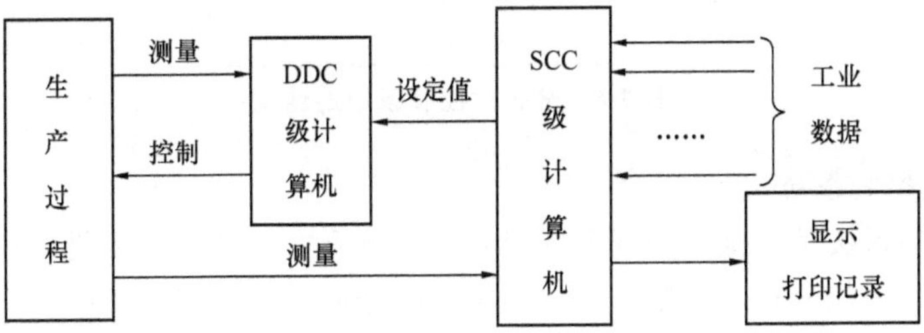


图 7-4　计算机监督控制系统的结构

4. 分级控制系统

生产过程既有控制问题，也有大量的管理问题，单台计算机可能完成不了复杂的管理与控制问题，这时可以采用不同类型的计算机组成分级控制系统。分级控制系统的特点是将控制功能分散，用多台计算机分别完成不同的控制功能，管理则采用集中管理。图 7-5 给出了一个四级计算机控制系统。其中：过程控制级为最底层，对生产设备进行直接数字控制；车间管理级负责本车间各设备间的协调管理；工厂管理级负责全厂各车间生产协调，包括安排生产计划、备品备件等；企业经营管理级负责总的协调，安排总生产计划，进行企业经营方向的决策，等等。

5. 分布式控制系统

分布式控制系统又称集散控制系统，是一种典型的分级分布式控制结构，其设计思想是“危险分散”，用来对生产过程进行集中监视、操作、管理和分散控制。这种系统的结构如图

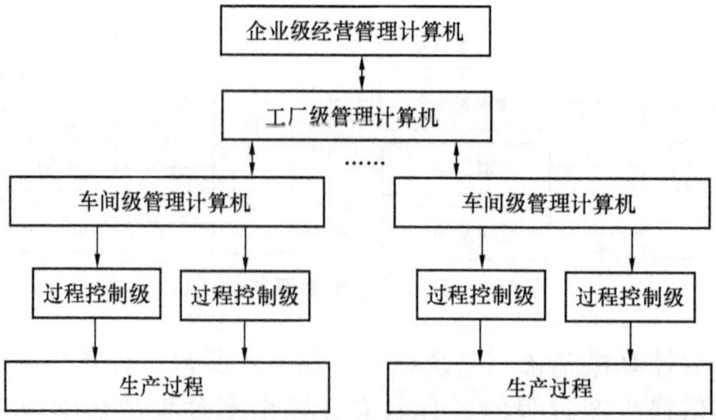


**图 7-5　分级控制系统的结构**

7-6 所示。工程师站主要用于组态和维护，对系统进行离线的配置、组态工作和在线的系统监督、控制、维护工作，使系统随时处在最佳的工作状态之下；控制站则完成过程的现场控制任务；操作员站完成操作、显示和监视任务；数据采集站用来采集非控制过程信息。详细介绍参见本章第 7.5 节。

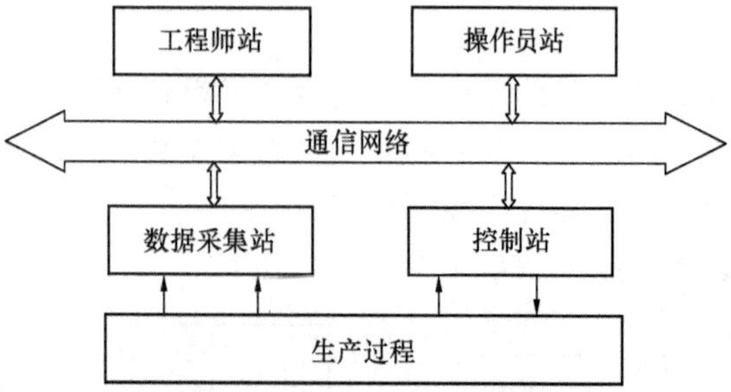


**图 7-6　分布式控制系统的结构**

6. 现场总线控制系统

现场总线控制系统是连接工业现场仪表和控制装置之间的全数字化、双向、多站点的串行通信网络，是新一代分布式控制结构，是真正的分散控制、集中管理系统。现场总线控制系统是分布式控制系统的更新换代产品，是控制系统的主流和今后的发展方向，是一种开放的、彻底分散的、具有可互操作性的分布式控制系统，被称为 21 世纪的工业控制网络标准。这种系统的结构如图 7-7 所示。现场总线控制系统的详细介绍参见本章第 7.6 节。

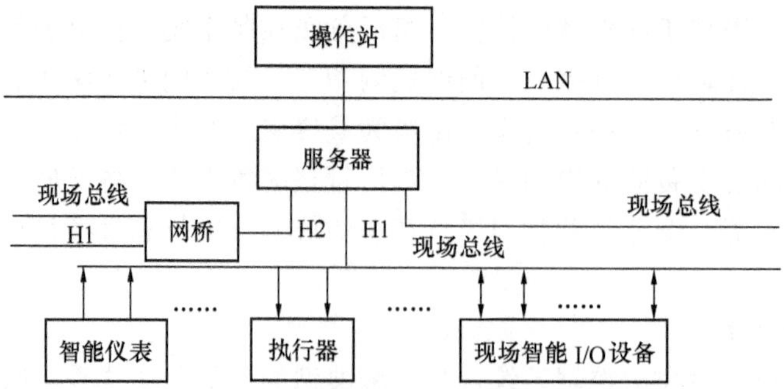


**图 7-7　现场总线控制系统的结构**

# 7.2　直接数字控制系统

## 7.2.1　概述

直接数字控制系统是一种基本的计算机控制系统，并且是计算机应用于工业控制的基础，是在数据采集和处理系统基础上发展起来的。在该系统中，计算机通过模拟量输入通道和开关量输入通道对控制对象的变量做巡回检测，然后对采集的实时数据按照一定的规律进行计算，最后发出控制信号，并通过模拟量输出通道和开关量输出通道直接控制被控对象，使被控变量达到符合要求的性能指标。因此直接数字控制系统是一个闭环控制系统，是计算机在工业生产过程中最普遍的一种应用方式。直接数字控制系统不仅可对一个回路进行控制，而且能够利用计算机的分时处理能力直接对多个控制回路实现多种形式的控制。

直接数字控制系统具有在线实时控制、分时方式控制和灵活、多功能控制三个特点。

1. 在线实时控制

直接数字控制系统对被控对象的全部操作都是在计算机直接参与下进行的，不需要操作人员或管理人员干预，所以实时性好，是一种在线实时控制系统。

2. 分时方式控制

直接数字控制系统是按分时方式进行控制的，用一台计算机按照固定的采样周期对所有的控制回路逐个进行采样，将被测结果逐个与各自的设定值进行比较，再按事先规定的控制规律依次进行控制运算，然后逐个输出到相应的执行机构，对生产过程进行控制，使被控参数稳定在给定值附近，以实现一个计算机对多个被控回路的控制。计算机对每个回路的操作分为采样、计算、输出三个步骤。为了在满足实时性要求的前提下增加控制回路，可以将上述三个步骤在时间上交错安排。

3. 灵活和多功能控制

直接数字控制系统由于计算机数据处理功能强，因此可实现各种复杂控制，除具备数据采集、打印、记录、显示和报警等功能外，还可以根据事先编制好的控制程序，实现各种控制算法和控制功能，具有很大的灵活性和多功能控制能力，可靠性高。

控制规律是一个控制系统性能优劣的关键。根据控制规律制订的控制算法，是直接数字控制系统对生产对象实行控制运算的依据。直接数字控制系统可实现常规的 PID 控制，PID 控制的一些基本理论仍然是分析直接数字控制系统控制规律的基础，PID 控制规律仍然在相当多的生产现场(90%左右)使用并能得到较为满意的效果，所以直到现在，PID 仍是一种最基本的控制规律。然而，随着控制理论和计算机技术的飞跃发展，传统的直接数字控制系统功能也在不断地扩大，相应的控制规律和控制算法不断出现新的变化。随着生产的发展和工业自动化水平的提高，简单的单回路 PID 控制系统已不能满足生产自动化的更高要求，所以，在直接数字控制系统中常用到更为复杂的控制形式，如串级控制、比值控制、选择性控制、前馈控制等，这表现出了在控制任务中的灵活性。

## 7.2.2 数字 PID 控制

如上所述，PID 控制是应用最广泛的一种控制规律。下面将从理想的连续 PID 控制算法入手，着重介绍 PID 控制规律的数字式算法。

1. 理想 PID 控制算法

理想 PID 控制结构如图 7-8 所示。

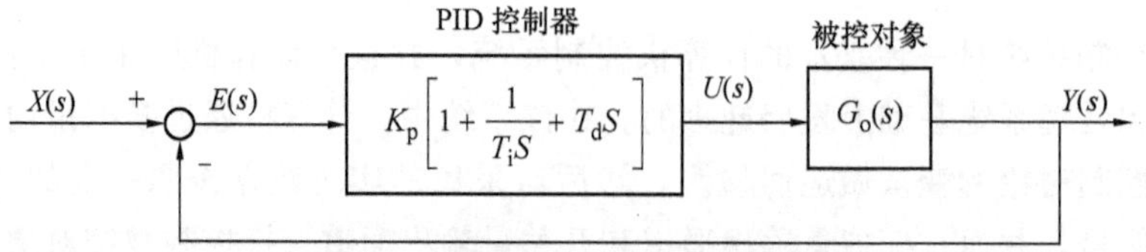


**图 7-8　理想 PID 控制结构方框图**

在 PID 控制系统中，控制器根据控制误差 $e(t)=y(t)-x(t)$，给出控制信号 $u(t)$。在时间连续的情况下，理想 PID 常用式(3-23)表示，这里为叙述方便，将其重写

$$u(t)=K_p\left[e(t)+\frac{1}{T_i}\int_0^t e(t)\mathrm{d}t+T_d\frac{\mathrm{d}e(t)}{\mathrm{d}t}\right]$$

也可以表示为

$$U(s)=K_pE(s)\left(1+\frac{1}{T_is}+T_ds\right) \tag{7-1}$$

若以传递函数的形式表示，则为

$$D(s)=\frac{U(s)}{E(s)}=K_p+K_i\frac{1}{s}+K_ds \tag{7-2}$$

式中：$T_i$ 为积分时间常数；$T_d$ 为微分时间常数；$K_p$ 称为比例系数；$K_i=K_p/K_i$，称为积分系数；$K_d=K_pT_d$，称为微分系数。比例系数 $K_p$、积分时间常数 $T_i$、微分时间常数 $T_d$ 对系统的影响见表 7-1。

**表 7-1　$K_p$，$T_i$，$T_d$ 对系统的影响**

| 对系统的影响 | $K_p$ | $T_i$ | $T_d$ |
|---|---|---|---|
| 稳态性能 | 减小稳态误差，但不能消除 | 消除稳态误差，但不能太大 | 配合比例控制可以减小稳态误差 |
| 动态性能 | 加快响应速度，但会引起振荡 | 太小会不稳定，太大会影响性能 | 太大或太小均会引起超调量增大、过渡时间延长 |

2. 标准数字 PID 算法

在计算机控制系统中，计算机处理的是数字信号，使用的是数字 PID 控制器，只能每隔一定的时间(采样周期 $T$)完成一次检测、计算并输出控制。所以要对式(3-23)进行离散化，令

$$\begin{cases} u(t) \approx u(kT) \\ e(t) \approx e(kT) \\ \int_0^t e(t)\mathrm{d}t \approx T\sum_{j=0}^{k} e(jT) \\ \dfrac{\mathrm{d}e(t)}{\mathrm{d}t} \approx \dfrac{e(kT) - e(kT-T)}{T} \end{cases} \tag{7-3}$$

式中：$T$ 是采样周期。上述离散化过程中，采样周期 $T$ 的选取一般尽量小些，才能保证足够的精度。设 $u(kT)$为第 $k$ 次采样时刻控制器的输出值，由式(3-23)及式(7-3)可得离散化的 PID 算式

$$\begin{aligned} u(kT) &= K_{\mathrm{p}}\left\{e(kT) + \frac{T}{T_{\mathrm{i}}}\sum_{j=0}^{k} e(jT) + \frac{T_{\mathrm{d}}}{T}[e(kT) - e(kT-T)]\right\} \\ &= K_{\mathrm{p}}e(kT) + K_{\mathrm{i}}\sum_{j=0}^{k} e(jT) + K_{\mathrm{d}}[e(kT) - e(kT-T)] \end{aligned} \tag{7-4}$$

式中：$K_{\mathrm{i}} = \dfrac{K_{\mathrm{p}}T}{T_{\mathrm{i}}}$ 为积分系数；$K_{\mathrm{d}} = \dfrac{K_{\mathrm{p}}T_{\mathrm{d}}}{T}$ 为微分系数。

(1)位置式 PID 控制算法

由于计算机的输出 $u(kT)$直接控制执行机构(如阀门)，$u(kT)$的值与执行机构的位置(如阀门开度)一一对应，所以通常称式(7-4)为位置式 PID 控制算法。

位置式 PID 控制算法的缺点主要有以下两个方面：当前采样时刻的输出与过去的各个状态有关，计算时要对 $e(kT)$进行累加，运算量大；控制器的输出 $u(kT)$对应的是执行机构的实际位置，如果计算机出现故障，$u(kT)$的大幅度变化会引起执行机构位置的大幅度变化，这种情况往往在生产实践中是不允许的，而且有些场合有可能会造成严重的事故。

(2)增量式 PID 控制算法

增量式 PID 控制有着比较广泛的应用，所谓增量式 PID 是指数字控制器的每一次输出只是控制量的增量 $\Delta u(kT)$。采用增量式算法时，计算机输出的控制量 $\Delta u(kT)$对应的是本次执行机构位置的增量，而不是执行机构的实际位置，因此执行机构必须具有对控制量增量的累积功能，这样才能完成对被控对象的控制操作。执行机构的累积功能可以采用硬件实现，也可以采用软件实现，如利用算式 $u(kT)=u(kT-T)+\Delta u(kT)$ 程序化来完成，得到如下算式：

$$\Delta u(kT) = K_{\mathrm{p}}[e(kT) - e(kT-T)] + K_{\mathrm{i}}e(kT) + K_{\mathrm{d}}[e(kT) - 2e(kT-T) + e(kT-2T)] \tag{7-5}$$

或者表示成

$$\Delta u(kT) = K_{\mathrm{p}}\Delta e(kT) + K_{\mathrm{i}}e(kT) + K_{\mathrm{d}}[\Delta e(kT) - \Delta e(kT-T)] \tag{7-6}$$

式中：$\Delta e(kT) = e(kT) - e(kT-T)$，$\Delta e(kT-T) = e(kT-T) - e(kT-2T)$。

增量式 PID 控制算法的流程如图 7-9 所示。

增量式算法和位置式算法本质上无大的差别，只是增量式算法把计算机的一部分累加的功能 $u'(kT) = K_{\mathrm{i}}\sum_{j=0}^{k} e(jT)$ 交给其他部件去完成。

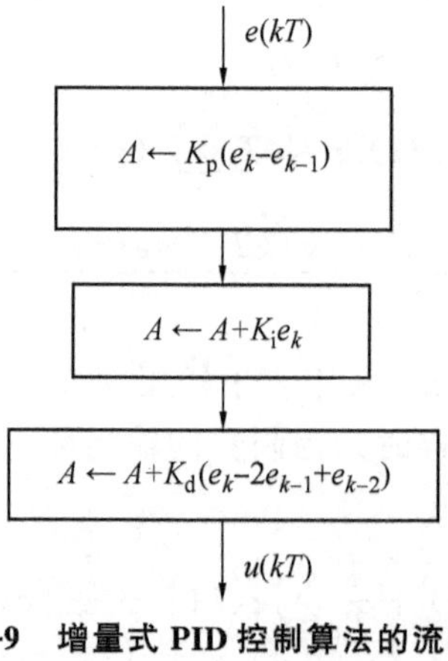


**图 7-9　增量式 PID 控制算法的流程图**

增量式 PID 控制算法的优点如下。

①算式中不需要累加。控制增量 $\Delta u(k)$的确定仅与最近三次的采样值有关，容易通过加权处理获得比较好的控制效果。

②计算机每次只输出控制增量，即对应执行机构位置的变化量，故机器发生故障时影响范围小，不会严重影响生产过程。

③手动—自动切换时冲击小。当控制从手动向自动切换时，可以做到无扰动切换。

## 7.2.3　积分分离 PID 控制算法

系统中加入积分校正以后，会产生过大的超调量，这对某些生产过程是绝对不允许的。引进积分分离 PID 控制算法，既保持了积分的作用，又减小了超调量，使得控制性能有了较大的改善。

积分分离 PID 控制算法要设置积分分离的阈值 $E_0$。分为以下两种情况来实现积分分离算法。

①当 $|e(kT)|\leqslant E_0$，即误差值 $|e(kT)|$ 比较小时，采用 PID 控制，可保证系统的控制精度。

②当 $|e(kT)|> E_0$，即误差值 $|e(kT)|$ 比较大时，采用 PD 控制，可使超调量大幅度降低。

积分分离 PID 控制算法可表示为

$$u(kT)=K_p e(kT)+K_1 K_i \sum_{j=0}^{k} e(jT)+K_d[e(kT)-e(kT-T)] \tag{7-7}$$

$$K_1=\begin{cases}1 & |e(kT)|\leqslant E_0 \\ 0 & |e(kT)|> E_0\end{cases} \tag{7-8}$$

式中：$K_1$ 称为逻辑系数。

采用积分分离 PID 控法算法以后，控制效果如图 7-10 所示。由图可见，采用积分分离 PID 使得控制系统的性能有了较大的改善。

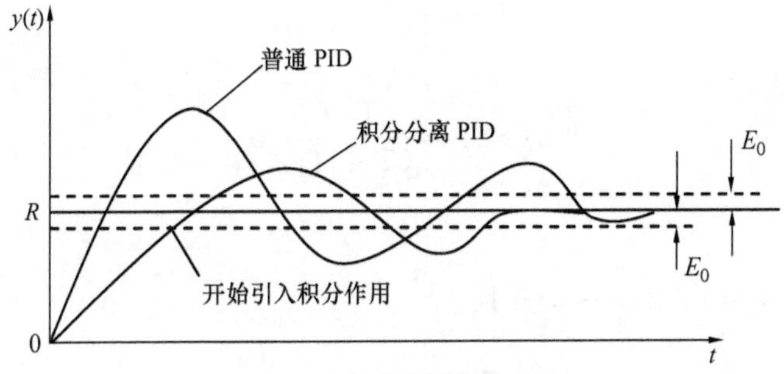


**图 7-10　两种控制效果比较**

## 7.2.4　不完全微分 PID 算法

在 PID 算法中，微分作用容易引进高频干扰，因此可在数字控制器中串接低通滤波器(一阶惯性环节)来抑制高频干扰，低通滤波器的传递函数为

$$G_f(s)=\frac{1}{1+T_f s} \tag{7-9}$$

引入上述低通滤波器后，形成不完全微分 PID 控制器，如图 7-11 所示。

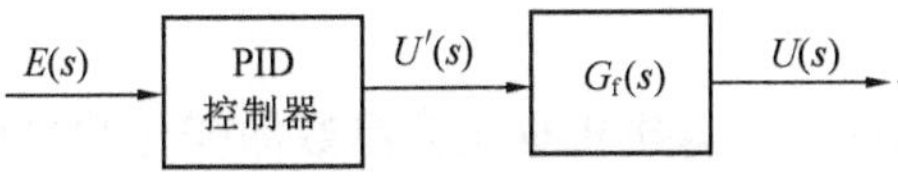


**图 7-11　不完全微分控制器**

不完全微分数字 PID 控制不但能抑制高频干扰，而且克服了普通数字 PID 控制的缺点：普通数字 PID 中的微分作用，只有在第一个采样周期内起作用；而不完全微分数字 PID 数字控制器输出的微分作用能在各个周期里按照误差变化的趋势均匀地输出，真正起到了微分作用，并改善了系统的动态性能。

对于数字微分控制器，当使用不完全微分算法时

$$U(s)=\frac{T_d s}{1+T_f s}E(s)$$

或

$$u(t)+T_f\frac{\mathrm{d}u(t)}{\mathrm{d}t}=T_d\frac{\mathrm{d}e(t)}{\mathrm{d}t}$$

对上式离散化，可得

$$u(kT)=\frac{T_f}{T+T_f}u(kT-T)+\frac{T_d}{T+T_f}[e(kT)-e(kT-T)] \tag{7-10}$$

当 $k\geqslant 0$ 时，$e(kT)$ 等于某一常数 $a$，由式(7-10)可得

$$u(0)=\frac{T_d}{T+T_i}a$$

$$u(T)=\frac{T_f T_d}{(T+T_i)^2}a$$

$$u(2T)=\frac{T_f^2 T_d}{(T+T_i)^3}a$$

$$\vdots$$

显然，$u(kT)\neq 0$，$k=1,2,\cdots$，并且

$$u(0)=\frac{T_d}{T+T_i}a \ll \frac{T_d}{T}a$$

因此，在第一个采样周期里不完全微分数字控制器的输出比完全微分数字控制器的输出幅度小得多。而且控制器的输出十分近似于理想的微分控制器，所以不完全微分具有比较理想的控制性能。

尽管不完全微分 PID 较之普通 PID 的算法复杂，但是，由于它具有良好的控制特性，因此使用越来越广泛，越来越受到重视。

## 7.3　计算机监督控制系统

在计算机监督控制系统中，计算机根据工艺参数的变化和过程参量的检测值，按照预先所设计的控制算法或描述生产过程的数学模型计算出最佳给定值，直接传送给模拟调节器或 DDC 级计算机，最后由模拟调节器或 DDC 级计算机控制生产过程，从而使生产过程处于最优工作状态。SCC 系统有两种类型：一种是 SCC＋模拟调节器控制系统，如图 7-12 所示；另一种是 SCC＋DDC 控制系统，如图 7-4 所示。

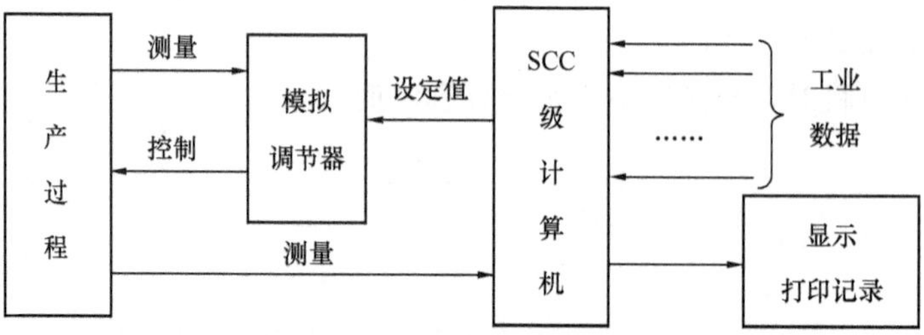


**图 7-12　SCC＋模拟调节器控制系统**

1. SCC＋模拟调节器控制系统

在此类型系统中，SCC 级计算机的作用是对各过程参量进行巡回检测及接受管理命令，然后按照一定的数学模型计算并输出最佳给定值到模拟调节器，模拟调节器将此给定值与检测值进行比较计算后输出到执行机构，以达到调节生产过程的目的。这样可以根据生产情况的变化，不断地改变给定值，以达到实现最优控制的目的。当 SCC 级计算机发生故障时，可由模拟调节器独立执行控制任务。

一般的模拟系统是不能随便改变给定值的，因此 SCC＋模拟调节器控制系统特别适合老企业的技术改造工程，既用上了原有的模拟调节器，又实现了最佳给定值控制。

2. SCC＋DDC 控制系统

该类系统为两级计算机控制系统，一级为监督级 SCC，它与 DDC 级之间通过接口进行信息交换。其作用与在 SCC＋模拟调节器控制系统中一样，用来进行最优化分析和计算，然后给出最优设定值，送给 DDC 级计算机执行控制。

SCC＋DDC 控制系统中，控制规律可以改变，所以使用更加灵活，且一台 DDC 级计算机可控制多个回路，使系统组成比较简单。

3. SCC 系统与 DDC 系统的区别

在 DDC 系统中，被控变量的给定值是预先设定并存在微机内存中的，一般不能随生产负荷、操作条件和工艺状况的变化而及时修正，因此，很难使生产过程的控制处于最优工况。在 SCC 系统中，计算机的主要任务是输入采样和计算设定值，不参与频繁的输出控制，有时间进行最优控制、自适应控制等复杂控制规律的运算，并能完成某些管理工作；从结构上看，SCC 系统为冗余结构，工作可靠性较高，当 SCC 系统出现故障时，执行级 DDC 系统仍可继续执行控制任务，而且当执行级 DDC 控制器出现故障时，可改用 SCC 系统进行替代调节。可见，SCC 系统比单纯的 DDC 系统具有更大的灵活性和优越性，可以更加接近于生产所要求的最优工况。在应用的过程中，由于生产过程的复杂性，控制模型的建立比较困难，因此 SCC 系统的实现比较困难，这也是它的一个显著缺陷。

## 7.4　可编程逻辑控制器控制系统

可编程逻辑控制器是在电器控制技术和计算机技术的基础上开发出来的，并逐渐发展成为以微处理器为核心，将自动化技术、计算机技术、通信技术融为一体的新型工业控制装置。国际电工委员会于 1987 年颁布了可编程控制器标准草案第三稿。在草案中对可编程控制器定义如下："可编程控制器是一种数字运算操作的电子系统，专为在工业环境下应用而设计。它采用可编程序的存储器，用来在其内部存储执行逻辑运算、顺序控制、定时、计数和算术运算等操作的指令，并通过数字式和模拟式的输入和输出，控制各种类型的机械或生产过程。可编程控制器及其有关外围设备，都应按易于与工业系统联成一个整体、易于扩充其功能的原则设计"。PLC 具有编程简单、使用方便、可靠性高、抗干扰能力强、通用性强、适应面广等特点。

### 7.4.1　可编程逻辑控制器的产生和发展

1968 年美国通用汽车公司为了适应汽车型号不断更新、生产工艺不断变化的需要，实现小批量、多品种生产，希望设计一种能做到尽可能减少重新设计和更换电器控制系统及接线的新型工业控制器，以降低成本、缩短周期，并提出 10 项招标指标，于是在 1969 年美国数字设备公司根据通用汽车公司的要求研制出世界上第一台 PLC。PLC 产生之后，经历了以下几个发展阶段。

①自1969年第一台PLC诞生到20世纪70年代中期，PLC主要用于顺序控制，实现的功能主要是进行逻辑运算、计时和计数，故称其为可编程逻辑控制器。

②从20世纪70年代中期到20世纪70年代末期，随着微电子技术和计算机技术的迅猛发展，PLC整机体积减小，数据处理能力获得很大提高，增加了数据运算、传送、比较等功能，同时能够处理模拟量，这使PLC从开关量的逻辑控制扩展到数字控制及生产过程控制领域，真正成为一种电子计算机工业控制装置，故称其为可编程控制器(programmable controller)，简称PC。但由于PC容易和个人计算机（personal computer)相混淆，故人们仍习惯地用PLC作为可编程控制器的缩写。

③从20世纪70年代末期到20世纪80年代以后，随着大规模、超大规模集成电路等微电子技术的迅速发展，16位和32位微处理器应用于PLC中，使PLC得到迅速发展。PLC不仅控制功能增强，同时可靠性提高，功耗、体积减小，成本降低，编程和故障检测更加灵活方便，而且具有通信和联网、数据处理和图像显示等功能。20世纪80年代至90年代中期是PLC发展最快的时期，年增长率一直保持在30%～40%。在这一时期，PLC的处理模拟量能力、数字运算能力、人机接口能力和网络能力得到大幅度提高，PLC逐渐进入过程控制领域，并在某些应用上取代了在过程控制领域处于统治地位的DCS系统。

自从第一台PLC出现以后，日本、德国、法国等国家也相继开始研制PLC，并得到了迅速的发展。各国PLC都有自己的特色，共有200多个厂家、400多个品种。具体情况如下。

德国：西门子(小型：S7-200；中型：S7-300 ；大型：S7-400)等。

法国：特勒美科、莫迪康等。

美国：A-B、通用电气(小型：GE-1、GE-1/J、GE-1/P；中型：GE-Ⅲ；大型：GE-Ⅴ)等。

日本：三菱电机(小型：F1、F2、FX；大中型：A系列、QnA系列、Q系列)、欧姆龙(微型：C20P系列；中型：C200H系列)、松下(微型：FP0；小型：FP1；中型：FP3；大型：FP5，FP10，FP10S，FP20)、富士等 。

我国不少科研单位和工厂在研制和生产PLC，但在目前上市的众多PLC产品中，还没有形成规模化的生产和名牌产品。从技术角度来看，国内外的小型PLC差距正在缩小。一些公司生产的微型PLC已经比较成熟，一些国产PLC已经拥有符合IEC标准的编程软件，支持现场总线等技术。

## 7.4.2　可编程逻辑控制器的组成

从结构上分，PLC分为整体式(固定式)和组合式(模块式)两种。

整体式PLC包括CPU板、I/O板、显示面板、内存块、电源等，这些元素组合成一个不可拆卸的整体。所有部件都装在同一机壳内，如欧姆龙C20P和C20H、三菱FX系列、西门子S7-200等。整体式PLC的组成方框图如图7-13所示。

组合式PLC包括CPU模块、I/O模块、内存、电源模块、底板或机架，各部件独立封装成模块，这些模块可以按照一定规则组合配置。各模块通过总线连接，安装在机架或导轨上，如欧姆龙C1000H、三菱Q系列、西门子S7-300等。组合式PLC的组成方框图如图7-

14 所示。无论是哪种结构类型的 PLC，都可根据用户需要进行配置与组合。

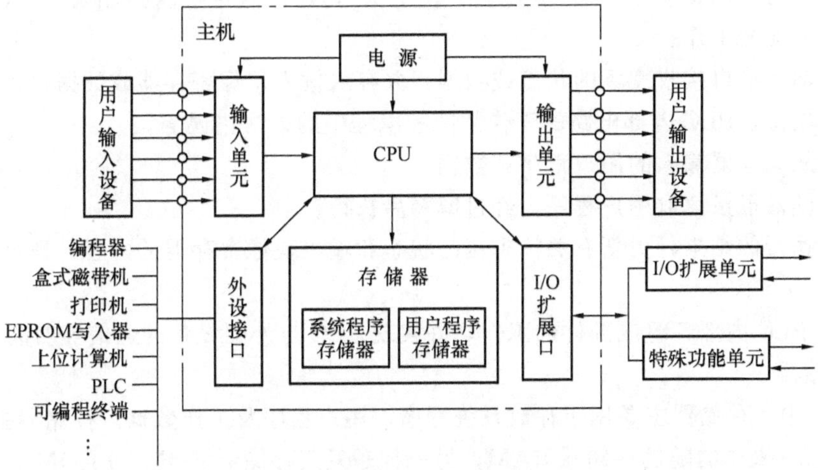


图 7-13　整体式 PLC 的组成方框图

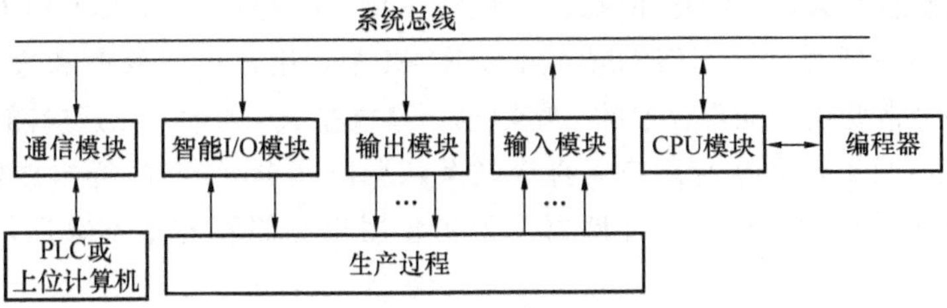


图 7-14　组合式 PLC 的组成方框图

PLC 的基本组成包括硬件与软件两部分。

1. PLC 的硬件组成

PLC 的硬件主要由 CPU、存储器、输入单元、输出单元、通信接口、扩展接口、电源等部分组成。

(1) CPU

CPU 一般由控制器、运算器和寄存器组成，还包括必要的控制接口电路，这些电路都被封装在一个芯片上。CPU 通过地址总线、数据总线、控制总线与存储单元、输入/输出接口电路连接。CPU 是 PLC 的核心，按系统程序赋予的功能，指挥 PLC 有条不紊地进行工作。CPU 的速度和内存容量是 PLC 的重要参数，决定着 PLC 的工作速度、I/O 数量及软件容量等，因此限制着控制规模。PLC 中所配置的 CPU 随机型不同而不同，常用的有三类：通用微处理器(如 Z80、8086、80286 等)、单片微处理器(如 8031、8096 等)和位片式微处理器(如 AMD 29W 等)。小型 PLC 大多采用 8 位通用微处理器和单片微处理器；中型 PLC 大多采用 16 位通用微处理器或单片微处理器；大型 PLC 大多采用高速位片式微处理器。小型 PLC 为单 CPU 系统，而中、大型 PLC 则大多为双 CPU 系统，甚至有些 PLC 中有多达 8 个 CPU。对于双 CPU 系统，一般一个为字处理器，通常采用 8 位或 16 位处理器；另一个为位处理器，采用由各厂家设计制造的专用芯片。字处理器为主处理器，用于执行编程器接口功能，监视内部定时器，监视扫描时间，处理字节指令以及对系统总线和位处理器进行控制等。位处理器为从处理器，主要用于处理位操作指令和实现 PLC 编程语言向机器语言的转换。位处理器的采用提高了 PLC 的速度，使 PLC 更好地满足实时控制要求。CPU 主要完成以下几个方面的工作。

①通过输入接口接收现场的状态或数据，并存入输入映像寄存器或数据寄存器中。

②诊断电源、PLC 内部电路的工作故障和编程中的语法错误等。

③接收从编程器输入的用户程序和数据。

④从存储器逐条读取用户程序，经过解释后执行。

⑤根据执行的结果，更新有关标志位的状态和输出映像寄存器的内容，通过输出单元实现输出控制。

⑥协调 PLC 内部各组成部件的工作，并实现 PLC 与外围设备的通信等功能。

(2)存储器

在 PLC 中，存储器主要用于存放系统程序、用户程序及工作数据。存储器主要有两种：一种是可读/写操作的随机存储器 RAM，另一种是只读存储器 ROM、PROM 、EPROM 和 EEPROM。

系统程序由制造厂家直接固化在只读存储器 ROM、PROM 或 EPROM 中，用户不能访问和修改。用户程序一般存储于 EPROM 或 EEPROM 中，用户可以修改和增删。工作数据是 PLC 运行过程中经常变化、经常存取的一些数据，存放在 RAM 中，以适应随机存取的要求。

由于系统程序及工作数据与用户无直接联系，所以在 PLC 产品样本或使用手册中所列存储器的形式及容量是指用户程序存储器。为防止用户存储器容量不够用，许多 PLC 还提供存储器扩展功能。

(3)输入/输出单元

输入/输出单元通常也称 I/O 单元或 I/O 模块，是 PLC 与工业生产现场之间的连接部件。I/O 接口一般都具有光电隔离和滤波功能，可以提高 PLC 的抗干扰能力。另外，I/O 接口上通常还有状态指示，工作状况直观，便于维护。PLC 提供了多种操作电平和驱动能力的 I/O 接口，有各种各样功能的 I/O 接口供用户选用。I/O 接口的主要类型有数字量(开关量)输入、数字量(开关量)输出、模拟量输入、模拟量输出等。

常用的开关量输入接口按其使用的电源不同有三种类型：直流输入接口、交流输入接口和交/直流输入接口。其基本原理电路如图 7-15 所示。

常用的开关量输出接口按输出开关器件不同有三种类型：继电器输出、晶体管输出和双向晶闸管输出。其基本原理电路如图 7-16 所示。继电器输出接口可驱动交流或直流负载，但其响应时间长，动作频率低；而晶体管输出和双向晶闸管输出接口的响应速度快，动作频率高，但前者只能用于驱动直流负载，后者只能用于驱动交流负载。

PLC 的 I/O 接口所能接受的输入信号个数和输出信号个数称为 PLC I/O 点数。I/O 点数是选择 PLC 的重要依据之一。当系统的 I/O 点数不够时，可通过 PLC 的 I/O 扩展接口对系统进行扩展。

(4)通信接口

PLC 配有各种通信接口，这些通信接口一般都带有通信处理器。PLC 通过这些通信接口可与监视器、打印机、其他 PLC、计算机等设备实现通信和组网，可组成多机系统或连成网络，形成一个统一的整体，实现分散集中控制。

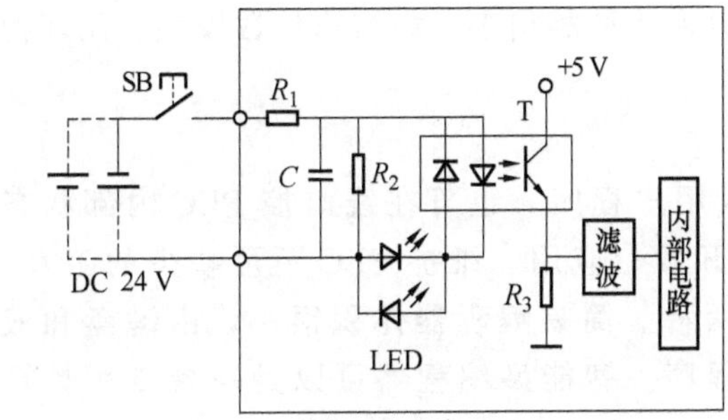


（a）直流输入接口

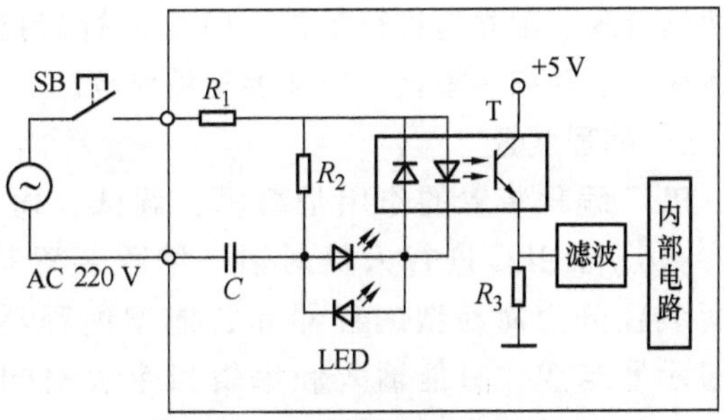


（b）交流输入接口

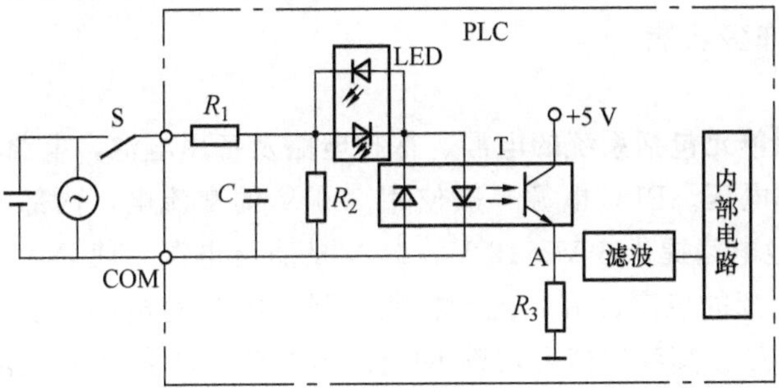


（c）交/直流输入接口

**图 7-15　开关量输入接口电路**

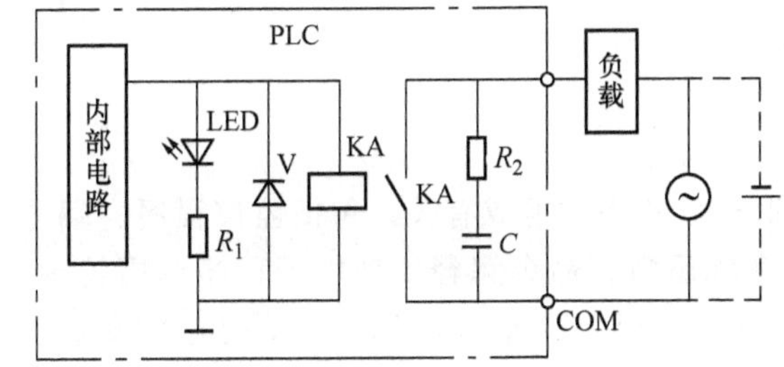


（a）继电器输出

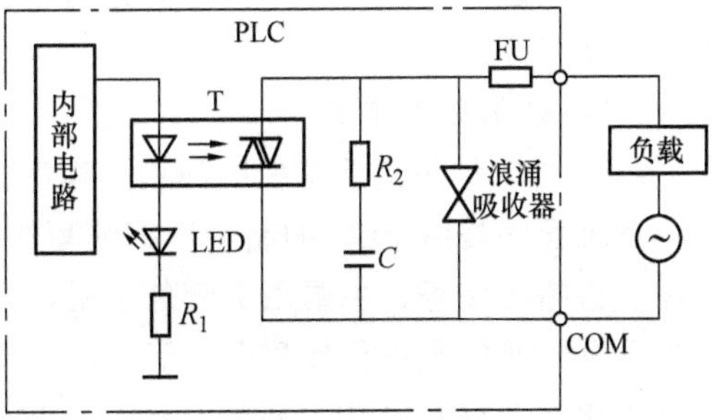


（b）晶闸管输出

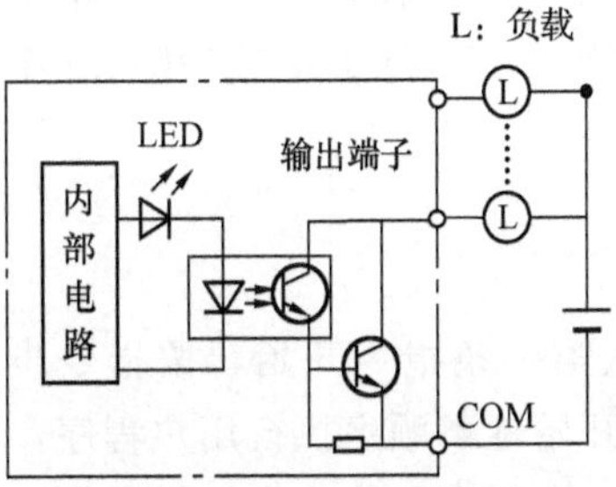


（c）晶体管输出(NPN 集电极开路）

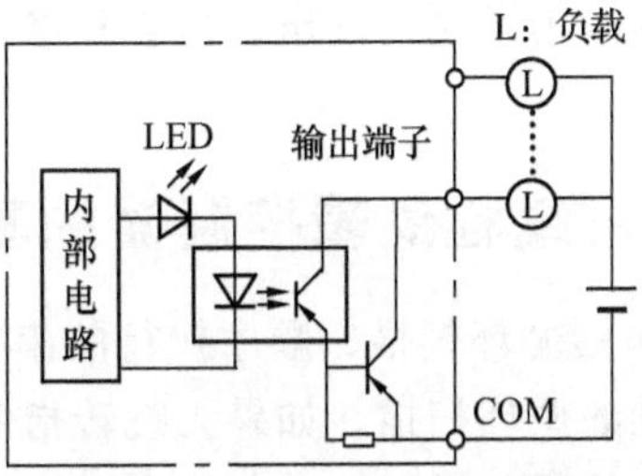


（d）晶体管输出(PNP 集电极开路)

**图 7-16　开关量输出接口电路**

(5)智能接口模块

智能接口模块有自己的 CPU、系统程序、存储器以及与 PLC 系统总线相连的接口。智能接口模块作为 PLC 系统的一个模块，通过总线与 PLC 相连，进行数据交换，并在 PLC

的协调管理下独立地进行工作。PLC 的智能接口模块种类很多，如高速计数模块、闭环控制模块、运动控制模块、中断控制模块等。

(6)编程装置

PLC 编程装置的作用是编辑、调试、输入用户程序，也可在线监控 PLC 内部状态和参数，与 PLC 进行人机对话。编程装置是开发、应用、维护 PLC 不可缺少的工具。编程装置分为简易型编程器和智能型编程器两种。简易编程器体积很小，由键盘和液晶显示器组成，只能输入和编辑指令表语句程序。智能型编程器可以是一台专用计算机，也可以是配有专用编程软件包的通用计算机。编程装置既可以编制、修改 PLC 的梯形图程序，又可以监视系统运行、打印文件、系统仿真等。配上相应的软件还可实现数据采集和分析等许多功能。

(7)电源

可编程控制器电源单元包括系统的电源、保护电路及备用电池，电源单元的作用是把外部电源转换成内部工作电压。PLC 电源一般使用 220 V 的交流电，内部的开关电源为 PLC 的 CPU、存储器和其他电路提供 5 V、12 V、24 V 的直流电源，使 PLC 能够正常运行。与普通电源相比，PLC 电源的稳定性好、抗干扰能力强。PLC 对电网提供的电源稳定度要求不高，一般允许电源电压在其额定值±15% 的范围内波动。许多 PLC 还向外提供直流 24 V 稳压电源，用于对外部传感器供电。

(8)其他外部设备

除了上述部件和设备外，PLC 还有许多外部设备，如 EPROM 写入器、外存储器、人/机接口装置等。

2. PLC 的软件组成

PLC 的软件包括系统程序和用户程序。

系统程序是由 PLC 的制造厂家编写的，和 PLC 的硬件组成有关，包括监控程序、编译程序、诊断程序等，主要用于管理全机，完成系统诊断、命令解释、功能子程序调用管理、逻辑运算、通信及各种参数设定等功能，提供 PLC 运行的平台。系统软件由 PLC 厂家提供并已固化在 EPROM 中，不能直接存取和干预，在 PLC 使用过程中不会变动。

用户程序是用户根据现场控制要求，用 PLC 的程序设计语言编制的应用程序，用来实现各种控制。为了便于读出、检查和修改，用户程序一般存储于 EPROM 或 EEPROM 中。

### 7.4.3 可编程逻辑控制器的基本工作原理

PLC 采用循环扫描、顺序执行的串行工作方式。CPU 从第一条指令开始，按指令步序号做周期性的循环扫描，如果无跳转指令，则从第一条指令开始逐条顺序执行用户程序，直至遇到结束符后又返回第一条指令，周而复始不断循环，每一个循环称为一个扫描周期。

一个扫描周期主要分为三个阶段：输入采样阶段、程序执行阶段、输出刷新阶段。PLC 的扫描工作过程如图 7-17 所示。

(1)输入采样阶段

PLC 以扫描方式按顺序将所有输入信号读入到输入映像寄存器中存储。在本工作周期内，这个采样结果的内容不会改变，在 PLC 执行程序时被使用，直到下一个周期输入采样

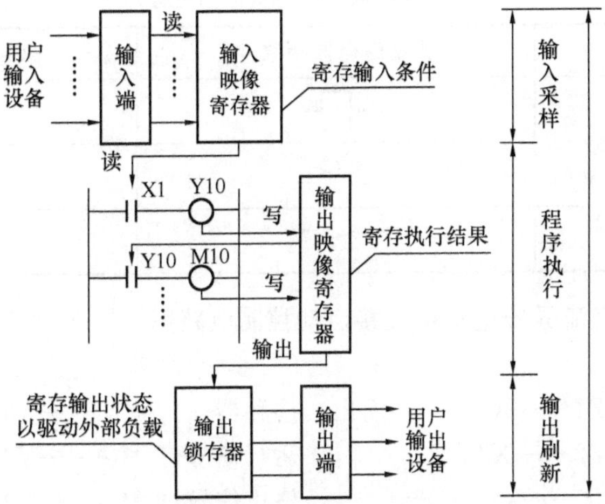


图 7-17　PLC 的扫描工作过程

阶段才更新。

(2)程序执行阶段

PLC 按顺序从上到下、从左到右逐条扫描每条指令，并分别从输入映像寄存器和输出映像寄存器中获得所需的数据进行运算、处理，再将程序执行的结果写入到输出映像寄存器中保存。但这个结果在全部程序未执行完毕之前不会送到输出端口。

(3)输出刷新阶段

在执行完用户所有程序后，PLC 将输出映像寄存器中的内容送入到寄存输出状态的输出锁存器中，再去驱动用户设备。

## 7.4.4　可编程逻辑控制器的编程与设计

PLC 的用户程序是设计人员根据控制系统的工艺控制要求，通过 PLC 编程语言编制设计的。PLC 编程语言是多种多样的，对于不同生产厂家、不同系列的 PLC 产品，采用的编程语言的表达方式也不相同，但基本上可归纳为两种类型：一是采用字符表达方式的编程语言，如语句表等；二是采用图形符号表达方式编程语言，如梯形图等。根据国际电工委员会制定的工业控制编程语言标准(IEC1131-3)，PLC 的编程语言包括以下五种：梯形图语言(LD)、指令表语言(IL)、功能模块图语言(FBD)、顺序功能流程图语言(SFC)及结构化文本语言(ST)。不同型号的 PLC 编程软件对以上五种编程语言的支持种类是不同的，早期的 PLC 仅仅支持梯形图语言和指令表语言。目前的 PLC 支持梯形图、指令表、功能模块图编程语言。

1. 梯形图语言

梯形图语言是在传统电器控制系统中常用的接触器、继电器等图形表达符号的基础上演变而来的。梯形图与电器控制线路图相似(见表 7-2)，继承了传统电器控制逻辑中使用的框架结构、逻辑运算方式和输入输出形式，具有形象、直观、实用的特点。因此，这种编程语言为广大电气技术人员所熟知，是应用最广泛的 PLC 编程语言，是 PLC 的第一编程语言。

**表 7-2　继电器符号与梯形图符号对照**

| 项目 | 物理继电器硬原件 | PLC 继电器软原件 |
|---|---|---|
| 线圈 | 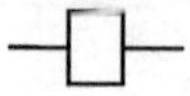 | 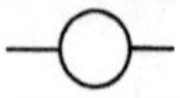 |
| 常开触点 |  | 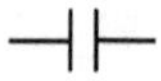 |
| 常闭触点 |  | 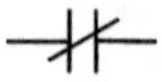 |

图 7-18 是典型的交流异步电动机直接启动控制电路图，图 7-19 是采用 PLC 控制的程序梯形图。地址分配如下：

输入：启动按钮 SB1——X1　　　输出：接触器　　KM——Y1

停止按钮 SB2——X2　　　　运行信号灯 HG——Y2

热继电器 FR——X3　　　　停止信号灯 HG——Y3

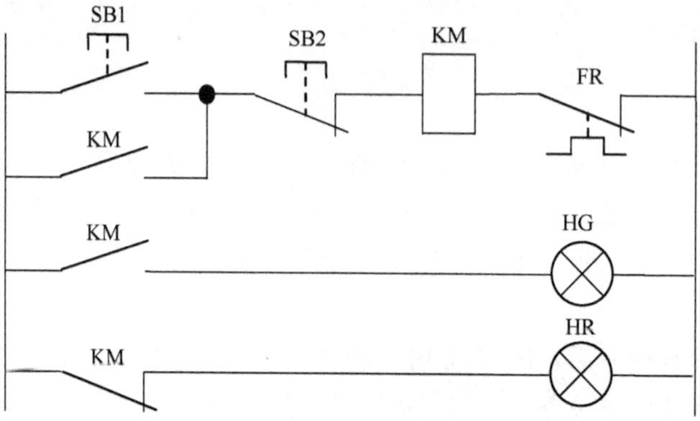


**图 7-18　交流异步电动机直接启动电路图**

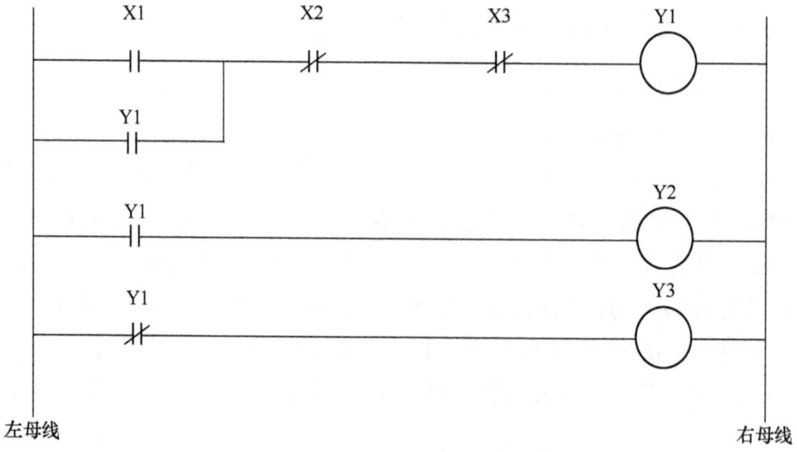


**图 7-19　交流异步电动机直接启动梯形图**

从图中可看出，两种图示的基本思想是一致的，但在具体表达方式上有一定区别。例如，PLC 梯形图使用的是内部继电器、定时/计数器等，可用软件来实现，使用方便，修改灵活，是原电器控制线路硬接线无法比拟的。

梯形图语言的特点表现在如下六个方面。

①梯形图语言是一种图形语言，与电气操作原理图相对应，与原有继电器逻辑控制技术相一致，沿用传统控制图中的继电器触点、线圈、串联等术语和一些图形符号构成，具有直观性和对应性。

②梯形图中继电器不是一个物理继电器线圈，而是一个软继电器(相应映像寄存器中的一位)，通为“1”，断为“0”。“通”表示常开触点闭合、常闭触点打开；“断”表示常开触点打开、常闭触点闭合，恢复原状。在梯形图中，继电器线圈包括输出继电器线圈、辅助继电器线圈等，线圈接通之后相应的接点才动作。一个标号线圈只出现一次，而其接点可以出现无数次。

③梯形图中接点(触点)只有常开和常闭两种形式，可以是 PLC 输入继电器或输出继电器的接点，也可以是 PLC 内部继电器接点或内部寄存器、计数器、定时器以及各种算术运算结果等的状态。

④梯形图中的接点可以任意串、并联，但线圈只能并联不能串联。

⑤输出继电器靠内部程序驱动，只有一对触点接通外电路，其他触点内部可以反复使用。只有输出继电器和外电路相联系，其他内部继电器、计数器、寄存器等均不能直接控制外部负载，只能做中间结果供 CPU 内部使用。

⑥梯形图中没有电流流过，母线流过“概念电流或能流”，能流只能“从左到右，从上到下”流动。

2. 指令表语言

指令表语言属于文本化编程语言，也叫语句表或助记符语言，是与汇编语言类似的一种助记符编程语言，和汇编语言一样由操作码和操作数组成。在 PLC 应用中，现场调试时，经常采用简易手持编程器对用户程序进行编制和修改，用一系列 PLC 操作命令组成的语句表将梯形图描述出来，再通过简易编程器输入到 PLC 中。指令表编程语言与梯形图编程语言图一一对应，在 PLC 编程软件下可以相互转换。表 7-3 是与图 7-19 PLC 梯形图对应的指令表(FX 系列 PLC)。

指令表语言的特点如下：采用助记符来表示操作功能，容易记忆，便于掌握；在手持编程器的键盘上采用助记符表示，便于操作，可在无计算机的场合进行编程设计；与梯形图有一一对应关系。

**表 7-3　图 7-19 对应的指令表**

| 步序号 | 指令 | 数据 |
|---|---|---|
| 0 | LD | X1 |
| 1 | OR | Y1 |
| 2 | ANI | X2 |
| 3 | ANI | X3 |
| 4 | OUT | Y1 |
| 5 | LD | Y1 |
| 6 | OUT | Y2 |
| 7 | LDI | Y1 |
| 8 | OUT | Y3 |

3. 功能模块图语言

功能模块图语言是与数字逻辑电路类似的一种 PLC 编程语言。它采用功能模块来表示模块所具有的功能，不同的功能模块有不同的功能。功能模块图语言有若干个输入端和输出端，通过软连接的方式，分别连接到所需的其他端子，完成所需的控制运算或控制功能。功能模块图语言的特点如下。

①以功能模块为单位，从控制功能入手，使控制方案的分析和理解变得容易。

②功能模块用图形化的方法描述功能，它的直观性大大方便了设计人员的编程和组态，有较好的易操作性。

③对控制规模较大、控制关系较复杂的系统，由于控制功能的关系可以较清楚地表达出来，因此，编程和组态时间可以缩短，调试时间也能减少。

由于每种功能模块需要占用一定的程序内存，对功能模块的执行需要一定的执行时间，因此，这种设计语言在大中型 PLC 和分布式控制系统的编程和组态中才被采用。

图 7-20 是对应图 7-19 交流异步电动机直接启动的功能模块图语言的表达方式。

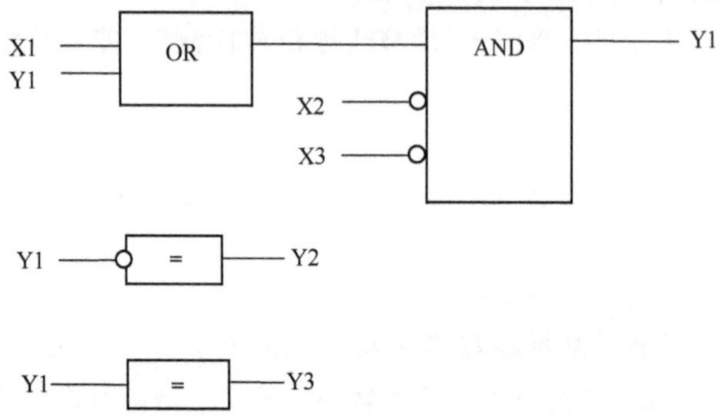


**图 7-20 交流异步电动机直接启动功能模块图**

4. 顺序功能图语言

顺序功能图语言也称功能表图语言或状态转移图语言，主要用于工业顺序控制程序设计，由状态(步)、转换条件和有向线段组成。顺序功能图将一个完整的控制过程分为若干步骤，各步骤具有不同的动作，步骤间有一定的转换条件，转换条件满足就实现步骤转移，上一步骤动作结束，下一步骤动作开始。编程时将顺序流程动作的过程分成步和转换条件，根据转移条件对控制系统的功能流程顺序进行分配，一步一步地按照顺序动作。

顺序功能图语言的特点如下。

①以功能为主线，条理清楚，便于对程序操作理解和沟通。

②对大型的程序，可分工设计，采用较为灵活的程序结构，可节省程序设计、调试时间。

③常用于系统规模较大、程序关系较复杂的场合。

④只有在活动步的命令和操作被执行时，才对活动步后的转换进行扫描，因此整个程序的扫描时间较其他编程语言编制的程序扫描时间要短得多。

图 7-21 是一个简单的顺序功能图语言的示意图。

5. 结构化文本语言

结构化文本语言是用结构化的描述文本来描述程序的一种编程语言。结构化文本语言是类似于高级语言的一种编程语言。在大、中型的 PLC 系统中，常采用结构化文本来描述控制系统中各个变量的关系，完成所需的功能或操作。大多数 PLC 制造商采用的结构化文本编程语言与 BASIC 语言、PASCAL 语言或 C 语言等高级语言相类似，但为了应用方便，在语句的表达方法及语句的种类等方面都进行了简化。结构化文本语言主要用于其他编程语言较难实现的用户程序编制。

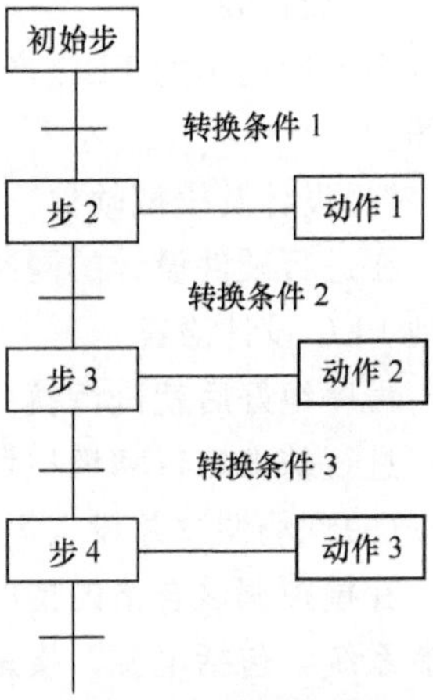

图 7-21　顺序功能图语言

结构化文本语言具有下列特点。

①采用高级语言进行编程，可以完成较为复杂的控制运算。

②需要有一定的计算机高级程序设计语言的知识和编程技巧，对编程人员的技能要求较高，普通电气人员难以完成。

③直观性和易操作性等较差。

④常被用于采用功能模块等其他语言较难实现的一些控制功能的实施。

6. 可编程逻辑控制器设计步骤

PLC 设计可按照以下几个步骤进行，参见图 7-22。

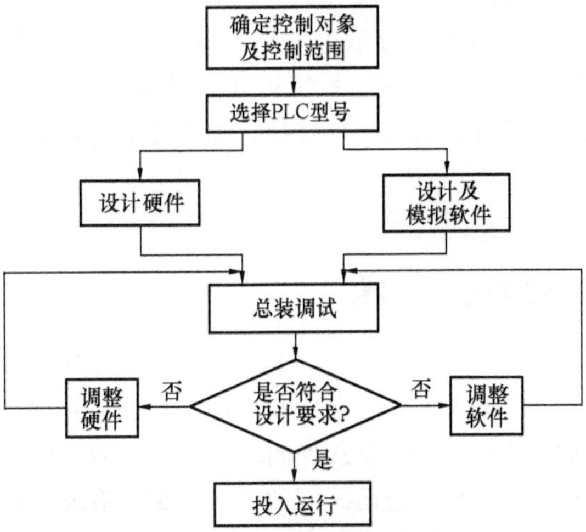

图 7-22　PLC 应用设计步骤

(1)确定控制对象及控制范围

首先进行需求分析，最大限度地满足被控对象的控制要求。设计人员在设计前要深入现场进行调查研究，收集控制现场的资料，详细了解被控对象的控制要求，确定必须完成的动作及完成的顺序，归纳出工作循环和状态流程图。

(2)选择 PLC 型号

根据生产工艺要求和控制要求，进行 I/O 点数和类型的统计；进行内存容量的估计，选择自己熟悉的、易采购的、流行的及合适规模的机种和机型。

(3)设计硬件

根据所选用的 PLC 产品进行控制系统的硬件设计，绘制电气控制系统总装配图和接线图。

(4)设计及模拟软件

在进行硬件设计的同时可以进行软件设计。根据控制要求将工艺流程图转换为梯形图或其他 PLC 设计语言。

程序编好后就进行模拟调试。将设计好的程序通过程序编辑工具下载到 PLC 控制单元中，进行仿真运行和模拟调试，及时修改和调整程序，消除缺陷，直到满足设计要求为止。

(5)现场调试并投入运行

在模拟调试合格的情况下，将 PLC 与现场设备连接。在正式调试前全面检查整个 PLC 控制系统，包括电源、接地线、设备连接线、I/O 连线等。在保证整个硬件连接的正确无误的情况下即可送电。将 PLC 设置为“RUN”状态，反复调试，消除可能出现的各种问题，直至最后满足设计要求，投入运行。

## 7.5　分布式控制系统

分布式控制系统集计算机技术、控制技术、网络通信技术和图形显示技术于一体，与常规集中式控制系统相比，实现了控制分散、危险性分散，同时实现了集中监视、操作和管理，使控制与管理都具实时性，并解决了系统扩充与升级问题。DCS 系统能够实现连续控制、间歇(批量)控制、顺序控制、数据采集处理、先进控制等功能，在化工、电力、冶金等流程自动化领域的应用十分广泛。

### 7.5.1　分布式控制系统的发展

20 世纪 70 年代，工业的发展使生产过程日益复杂，规模更加扩大，在生产中采用原来的集中控制系统，可靠性差，出现事故时会中断生产。为提高可靠性，满足生产过程控制要求，美国、日本和欧洲等国开始研制分布式控制系统。第一套 DCS 系统诞生于 1975 年，是由美国最大的仪表控制公司霍尼韦尔公司研制的 TDC 2000 系统。DCS 一经出现就受到工业控制界的青睐，广泛用于模拟量回路调节较多的过程控制，它能尽量将控制所造成的危险性分散，而将管理和显示功能集中。随后世界上许多公司推出了 DCS，而且硬件和软件功能上不断完善和强化。在此期间，DCS 产品主要有日本横河公司推出的 CENTUM、美国福克斯波罗公司的 CPECTRUM 和德国西门子公司的 TELEPERM 等。

20 世纪 80 年代之前的 DCS 属于第一代 DCS，由过程控制单元、数据采集装置、CRT 操作站、监控计算机和数据传输通道五个部分组成，由通信电缆和数据传输设备组成通信系统。由于软硬件技术的限制，此时的 DCS 性能还不十分完善，硬件结构还不十分成熟。

进入 20 世纪 80 年代，出现了应用局域网技术的第二代 DCS。它以局域网为主干、系统中的各个单元为网络的节点、同轴电缆或屏蔽双绞线为传输媒体将网络节点互连，并通过网络连接器与其子网或其他工业网络相连，使系统的网络功能大大加强。这一时期容错、冗余技术已经成熟使用，系统可靠性很高，性能十分优越，各种控制功能十分丰富。在该阶段 DCS 从单纯的工业过程自动化控制向生产管理自动化发展。

20 世纪 80 年代末，为了克服第二代 DCS 局域网不能互连的缺点，出现了开放型的第三代 DCS。它采用了开放的通信协议，在硬件上使用了更先进的 CPU 及冗余技术，存储容量及通信速度大幅度提高，软件上采用通用操作系统。在该阶段 DCS 将控制、监督和管理调度有机结合起来，实现了各种生产经营信息的自动化管理。这期间的典型产品有福克斯波罗公司的 I/A 系列、霍尼韦尔公司的 TDC 3000/PM、横河公司的 CENTUM-XL 等。

如今已经发展到了第四代 DCS，其特点体现在两个“I”开头的单词：Information（信息）和 Integration（集成），即信息化和集成化。其体系结构主要分为四层结构：现场仪表层、控制装置单元层、工厂管理层和企业管理层。代表性产品有霍尼韦尔公司推出的 TPS 控制系统、福克斯波罗公司的 I/As50/51 控制系统、横河公司的 CENTUM-CS 和 ABB 公司的 Advant 系列 OCS 开放控制系统。

随着微电子学、信息科学和控制技术的发展和在工业控制领域广泛的应用，在系统小型化和微型化、现场变送器智能化、现场总线标准化、通信网络标准化等方面，DCS、PLC、FCS 正在相互渗透、融合地发展，相互补充又相互转化，趋向于形成数字化、模块化、网络化的分布式控制系统。同时，DCS 的软件在引入专家系统和人工智能等方面会进一步完善。

总的来说，DCS 正在朝着更加开放、更加标准化、更加智能化的方向发展。DCS 在我国的应用正在发展和深入，自 20 世纪 80 年代中期 DCS 开始在国内应用后，经过几十年的发展，其技术已日趋成熟，广泛应用在石油、化工、冶金、电力、建材、制药、纺织等领域。我国的 DCS 研究在 20 世纪 90 年代快速发展，国内已有多家生产 DCS 的厂家，其产品应用于大中小各类过程工业企业。目前在 DCS 市场中，国内厂商已经具备了一定的竞争能力，一些国产 DCS 已经可以与国外产品抗衡，国内供应商占据了相当多的市场份额。以和利时、浙江中控、上海新华为代表的国内 DCS 厂家经过多年的努力，各自推出自己的新一代 DCS 系统，成功地将自主研发的控制系统应用于各种工业现场，正在逐步取得用户的认可。

### 7.5.2 分布式控制系统的结构和特点

1. 分布式控制系统的基本结构

DCS 基本上由三个部分组成：集中管理部分（监控与操作）、分散控制监测部分和网络通信部分。DCS 软件由实时多任务操作系统、数据库管理系统、数据通信软件、组态软件和各种应用软件组成。DCS 的基本结构如图 7-23 所示。

（1）集中管理部分

管理计算机用于全系统的信息管理和优化控制。早期 DCS 的管理部分主要是操作站和工程师站，通过它们完成生产过程的管理工作，包括人机对话、报警、打印、历史记录、实

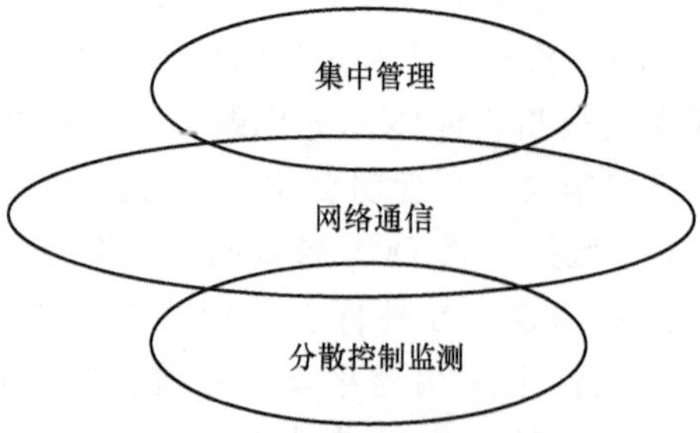


图 7-23　分布式控制系统的基本结构

时显示等任务。现在 DCS 的管理功能大大加强，除了生产过程的管理，还涉及设备管理、生产经营管理、质量管理等。集中管理部分可监测企业各部分的运行情况，利用历史数据和实时数据预测可能发生的各种情况，从企业全局利益出发辅助企业管理人员进行决策，帮助企业实现其规划目标。

(2)分散控制监测部分

分散控制监测部分是 DCS 的底层，是整个系统的核心与关键，其性能高低、可靠性程度直接关系到系统在应用中能否成功。该部分通常由控制器、电源、机柜组成，完成信号采集与处理、各种控制运算、输出驱动等任务。工程师站主要用于组态和维护，对 DCS 进行离线的配置、组态工作和在线的系统监督、控制、维护工作，使 DCS 随时处在最佳的工作状态之下。操作站用于监视和操作，通过人机界面实现一切与运行操作有关的功能。这部分还包括安装于现场的各种传感器、执行器、智能仪表等设备。

(3)网络通信部分

网络是整个系统的枢纽，它的功能是将各环节紧密连接在一起，完成相互间的数据、指令及其他信息的交换。网络的形式多种多样，有些厂商直接使用以太网和其他标准网，也有厂商自己定义网络标准。由于网络对于 DCS 整个系统的实时性、可靠性和扩充性起着决定性的作用，因此各厂商都在这方面进行了精心的设计，多数厂商的 DCS 均采用双总线、环形或双重星形的网络拓扑结构。

2. 分布式控制系统的组态软件

DCS 的组态软件可以划分成三个部分：控制组态软件、操作组态软件和操作监控软件。

①控制组态软件。在操作站(或工程师站)上，使用控制组态软件为各控制器编制控制流程，并通过网络将编制结果下装到控制器中，控制器根据编制的控制流程完成规定的任务。

②操作组态软件。操作组态软件就是根据实际生产过程的监控要求在操作站(或工程师站)上组态出数据库、监视画面、报警内容、报表内容等。

③操作监控软件。在操作组态软件完成数据库、监视画面、报表内容等设计组态工作后，在操作站上利用操作组态的结果，使用操作监控软件实时监控生产过程。

控制组态软件和操作组态软件通常由工程师使用，操作监控软件由操作员使用。

3. 分布式控制系统的特点

①高可靠性。DCS 控制功能分散，从而使危险分散，提高了系统的可靠性。DCS 将系统控制功能分散在各台计算机上，系统结构采用容错设计，各台计算机所承担的任务比较单一，因此某一台计算机出现的故障不会导致系统其他功能的丧失。

②实现集中监视、操作和管理。DCS 使管理与现场分离，管理更能综合化和系统化。

③开放性。DCS 采用开放式、标准化、模块化和系列化设计；采用网络通信技术，高速数据通信网络的使用，使整个系统信息共享；使控制与管理都具实时性，并解决系统扩充与升级问题。

④灵活性。DCS 的构成方式十分灵活，可由专用的管理计算机站、操作站、工程师站、记录站、现场控制站和数据采集站等组成，也可由通用的服务器、工业控制计算机和可编程控制器构成。系统构成采用模块化结构，易于扩充，提高了使用的灵活性。它通过组态软件根据不同的流程应用对象进行软硬件组态，从而方便地构成所需的控制系统。

⑤易于维护。DCS 采用功能单一的小型或微型专用计算机，具有维护简单、方便的特点。当某一局部或某个计算机出现故障时，可以在不影响整个系统运行的情况下在线更换，迅速排除故障。

⑥协调性。各工作站之间通过通信网络传送各种数据，整个系统信息共享，协调工作，以完成控制系统的总体功能和优化处理。

⑦组态方便且容易掌握。

⑧控制功能齐全，控制算法丰富。DCS 通过组态实现各种不同的控制方案，集连续控制、顺序控制和批处理控制于一体，可实现串级控制、前馈控制、解耦控制、自适应控制和预测控制等先进控制，并可方便地加入所需的特殊控制算法。它还具有图形显示功能、历史趋势曲线显示功能、报警功能等。控制算法组态支持顺序功能流程图、梯形图、结构化文本、功能模块图等几种组态语言。

⑨人机会话方便，显示界面丰富而直观。

## 7.6 现场总线控制系统

### 7.6.1 概述

现场总线控制系统是一种以现场总线为基础的分布式网络自动化系统，是工业设备自动化控制的一种计算机局域网络，可与各种通信网络互连。把安装于生产现场的具有信号输入、输出、运算、控制和通信功能的各种现场仪表或现场设备作为现场总线的节点，将这些点以总线形式连接起来，并直接在现场总线上构成分散的控制回路，在现场实现彻底分散控制，就形成了一个现场总线控制系统。现场总线控制网络属于最底层的网络系统，是网络集成式全分布控制系统，不仅变革了传统的单一功能的模拟仪表，将其升级为具有综合功能的数字仪表，而且变革了传统的计算机控制系统(如 DDC、DCS)，将输入、输出、运算和控制功能分散到现场总线仪表中，形成了全数字的彻底的分散控制系统。在国外，20 世纪 90 年代 FCS 走向实用化，并正以迅猛的势头快速发展。在国内，从 1998 年开始试用 FCS，目前已经步入实用阶段，这有利于计算机集成过程系统真正开发实施。

不过，FCS是从DCS发展过来的，仅变革了DCS的控制站，形成现场控制层，其他各层(操作监控层、生产管理层和决策管理层)仍然与DCS相同。下面主要介绍FCS的结构、特点及主要类型。

## 7.6.2　现场总线控制系统的结构和特点

1. 现场总线控制系统的结构

FCS的结构模式为“工作站—现场总线智能仪表”两层结构，成本低、可靠性高，可实现真正的开放式互连系统结构。FCS网络连接如图7-24所示。

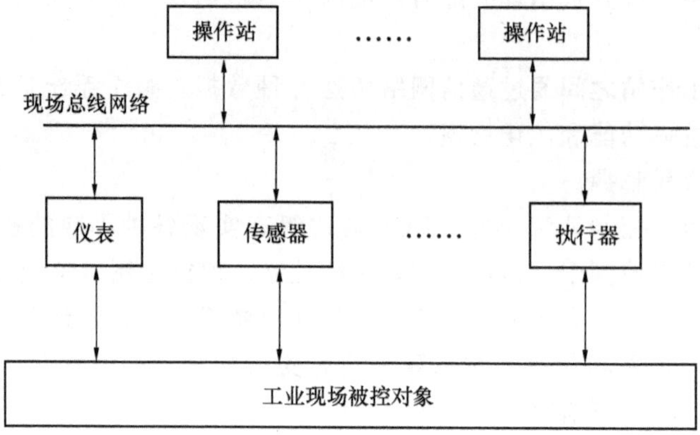


**图7-24　现场总线控制系统网络连接**

2. 现场总线控制系统的特点

现场总线控制技术是在20世纪80年代后期发展起来的一种先进的现场工业控制技术，是连接智能现场设备和自动化系统的全数字式、双向传输、多分支结构的通信网络。分散在各个工业现场的智能化仪表通过现场总线连为一体，并与控制室中的控制器和监视器共同构成FCS。FCS具有以下突出特点。

(1)开放性

FCS采用统一的国际标准和开放式的通信协议，不同厂商的设备之间可以互连互通，方便了用户的选型和设计，用户可以灵活选用不同厂商的现场总线产品来组成实际的控制系统，以达到最佳的系统集成。FCS的技术和标准实现了全开放，无专利许可要求，可供任何人使用，从总线标准、产品检验到信息发布全部是公开的，面向世界任何一个制造商和用户。

(2)互操作性

不同厂商的控制设备由于采用统一的国际标准和通信协议，可以互相通信，统一组态，性能相同的设备可以互换，实现统一的控制策略。

(3)灵活的网络拓扑结构

FCS可以组成树型、星型、总线型和层次化等不同的网络拓扑结构，以适应复杂的现场情况和控制要求。

(4)系统结构的高度分散性

FCS中，智能化现场设备具有独立自动控制功能，实现了控制功能的彻底分散，提高了控制系统的可靠性，简化了控制系统的结构，从而从根本上改变了 DCS 的集中与分散相结合的体系结构，形成了一种全新的分布式控制系统。

(5)现场设备的高度智能化与功能自治性

FCS 将 DCS 的控制站功能彻底分散到现场控制设备，仅靠现场总线设备就可以实现自动控制的基本功能，如数据采集与补偿、PID 运算和控制、设备自校验和自诊断等功能。这些设备具有很高的智能，能在部件甚至网络故障的情况下独立工作，大大提高了整个控制系统的可靠性和容错能力。

(6)全数字通信

FCS 采用总线标准传输数字信号，用数字式通信方式取代设备级的模拟量信号(如 4～20 mA，0～5 V 等信号)和开关量信号，减少了大量导线，使系统具有很高的传输速率和很强的抗干扰能力，提高了系统的可靠性。

(7)对环境的高度适应性

现场总线是专为工业现场设计的，可以使用双绞线、同轴电缆、光缆、电力线和无线的方式来传送数据，以适应不同的现场环境，所以 FCS 具有很强的抗干扰能力和对环境的高度适应性。

## 7.6.3　现场总线的类型

国际上现有各种现场总线不下 200 种，具有一定影响和已占有一定市场份额的现场总线主要有如下几种类型。

1. 控制器局域网络

控制器局域网络(controller area network,CAN)起初是由德国博世公司为汽车的监测和控制而设计的，后来逐步发展到用于其他工业部门的控制，已成为国际标准化组织 ISO11898 标准。控制器局域网络产品主要应用于汽车制造、公共交通车辆、机器人、液压系统、分散型 IIO。另外在电梯、医疗器械、工具机床、楼宇自动化等场合均有所应用。

2. 局部操作网络

局部操作网络(local operating network,LON)是由美国埃施朗公司推出并与摩托罗拉、东芝公司共同倡导，于 1990 年正式公布而形成的。它采用了 ISO/OSI 模型的全部七层通信协议，通过网络变量把网络通信设计简化为参数设置，其通信速率从 300 bps 至 1.5 Mbps 不等，直接通信距离可达到 2 700 m (78 kbps，双绞线)，支持双绞线、同轴电缆、光纤、射频、红外线、电源线等多种通信介质，并开发了相应的本安防爆产品，被誉为通用控制网络，被广泛应用在楼宇自动化、家庭自动化、保安系统、办公设备、运输设备、工业过程控制等行业。

3. 过程现场总线

过程现场总线(process field bus,PROFIBUS)是一种用于工厂自动化车间级监控和现场设备层数据通信与控制的现场总线技术，主要由德国西门子公司支持，是按照 ISO/OSI 参考模型制定的现场总线德国国家标准。1986 年，德国开始制定过程现场总线标准，1996 年 3 月 15 日，过程现场总线被批准为欧洲标准，即 DIN 50170 V.2。1997 年 7 月，我国组建了中国现场总线专业委员会，并筹建现场总线产品演示及认证的实验室。

过程现场总线包括以下三方面。

①PROFIBUS-DP：它是一种高速低成本通信，用于设备级控制系统与分散式 I/O 的通信，可取代 24 V 或 4～20 mA 信号传输。

②PROFIBUS-PA：它专为过程自动化设计，可使传感器和执行机构联在一根总线上，并有本征安全规范。

③PROFIBUS-FMS：它用于车间级监控网络，是一个令牌结构、实时多重网络。

4. 可寻址远程传感器高速通道

可寻址远程传感器高速通道(highway addressable remote transducer，HART)最早由罗斯蒙特公司开发并得到 80 多家著名仪表公司的支持，于 1993 年成立了 HART 通信基金会。HART 协议参照 ISO/OSI 模型的第 1、2、7 层，即物理层、数据链路层和应用层。HART 为一过渡性标准，HART 通过在 4～20 mA 电源信号线上叠加不同频率的正弦波（2 200 Hz 表“0”，1 200 Hz 表“1”）来传送数字信号，从而保证了数字系统和传统模拟系统的兼容性，在过渡时期具有较强的市场竞争能力，得到了较好的发展。

5. 世界工厂仪表协议

世界工厂仪表协议(WorldFIP)现场总线组织成立于 1987 年，前期产品是 FIP(factory instrumentation protocol)。1990—1991 年 FIP 现场总线成为法国国家安全标准；后来被采纳为 IEC 国际标准(61158-2)，改名为 WorldFIP；1996 年成为欧洲标准(EN 50170V. 3)。WorldFIP 国际组织在北京设有办事处，即 WorldFIP 中国信息中心，负责中国的技术支持。

WorldFIP 总线是面向工业控制的，适用范围广泛，在过程自动化、制造业自动化、电力及楼宇自动化方面都有很好的应用。其主要特点可归纳为实时性、同步性、可靠性。

WorldFIP 目前支持的传输速率可以包括但不限于以下几种。

①1 Mbps。WorldFIP 可以支持 1 Mbps 的高速传输，这种传输速率适用于需要高速数据传输的应用场景，如对实时性要求较高的控制系统。

②500 kbps。500 kbps 的传输速率也是常见的选择，适用于一般的工厂自动化控制和监测应用。

③250 kbps。对于一些对实时性要求不那么严格的应用，或者是通信距离较长的情况，可以选择较低的传输速率，如 250 kbps。

④其他速率。除了上述几种常见的传输速率外，WorldFIP 还可以支持其他不同的传输速率，以满足不同应用场景的需求。

典型的传输介质是工业级屏蔽双绞线。对接线盒、9 针 D 型插头座等都有严格的规定。每个网段最长为 1 km。加中继器以后可扩展到 5 km。

WorldFIP 与 Internet 类似，使用曼彻斯特码传输。但 WorldFIP 是一种令牌网，其网络由仲裁器和若干用户站组成。

6. 基金会现场总线

1994 年 ISP 基金会和 WorldFIP(北美)两大集团合并成立了 FF 基金会，其宗旨在于开发出符合 IEC 和 ISO 标准的、唯一的国际现场总线，即基金会现场总线(fundation fieldbus，FF)。FF 的体系结构参照 ISO/OSI 模型的第 1、2、7 层(物理层、数据链路层和应用层)协议，另外增加了用户层。物理传输介质可支持双绞线、同轴电缆和光纤，协议符合 IEC1158-2 标准。

FF 提供两种物理标准：H1 和 H2。H1 为用于过程控制的低速总线，速率为 31.25 kbps，传输距离为 200 m，400 m，1 200 m 和 1 900 m 四种。H2 的传输速率可为 1 Mbps 和 2.5 Mbps 两种，其通信距离分别为 750 m 和 500 m。

7. P-NET 现场总线

P-NET 现场总线筹建于 1983 年。1984 年推出采用多重主站现场总线的第一批产品。1986 年通信协议中加入了多重网络结构和多重接口功能。1987 年推出 P-NET 的多重接口产品。1987 年 P-NET 标准成为开放式的完整标准，成为丹麦的国家标准。1996 年 P-NET 成为欧洲总线标准的一部分(EN 50170 V.1)。1997 年组建国际 P-NET 用户组织，现有企业会员近百家，总部设在丹麦的锡尔克堡，并在德国、英国、葡萄牙和加拿大等地设有地区性组织分部。P-NET 现场总线在欧洲及北美地区得到广泛应用，其中包括石油化工、能源、交通、轻工、建材、环保工程和制造业等应用领域。

## 7.7　综合自动化技术

20 世纪 80 年代后期，随着计算机技术和网络技术的迅速发展，工业控制领域开始呈现出多学科交叉和渗透的趋势，通信技术、计算机技术、信号处理技术与自动控制技术相互融合，打破了传统的自动化孤岛模式，引领了集控制、优化、调度、管理、经营于一体的综合自动化新模式。综合自动化技术指的是将各种自动化技术进行有机组合和集成，实现对整个生产过程的全面控制和管理。综合自动化技术涵盖了控制系统、传感器、执行器、通信网络等多个方面的技术，使自动化操作、数据采集和信息处理得以在生产过程中实现。

综合自动化技术在工业生产的各个领域中得到了广泛应用，如制造业、能源、交通、医疗等。在制造业中，通过综合自动化技术的应用，生产线可以实现智能化和柔性化，从而提高生产效率和质量。在能源领域，综合自动化技术可以实现电力系统的自动化监控和调度，从而提高供电的可靠性和稳定性。在交通领域，综合自动化技术可以实现交通流量的自动调控，提高交通运输效率。综合自动化技术的关键在于多个领域的结合和集成。这包括控制系统设计和优化、传感器和执行器的选择与集成、通信网络的建设和管理、人机交互界面的设计等。其中，数据采集与处理、智能算法和人工智能等技术在综合自动化中发挥着至关重要的作用。

综合自动化的新模式带来了重大的变革和提升。第一，在过程控制方面，综合自动化技术实现了多个环节之间更高程度的自动化。这不局限于单点自动控制，而是涵盖了整个生产过程的自动控制与优化协同，大大提高了控制的精度和效率。第二，在调度与管理方面，综合自动化技术通过数据采集和信息处理，可以实时监控和调度生产过程，进一步提高生产效率和资源利用率。第三，计算机网络的引入使得跨区域、跨部门之间的信息共享和协同工作成为可能，从而增强了生产系统的整体性能，提高了生产系统的协调能力。第四，综合自动化技术的出现和应用为企业带来了显著的优势。综合自动化降低了传统自动化系统的重复劳动和手动干预，提高了生产效率和产品质量。更重要的是，综合自动化使工业生产更加智能化、精细化和柔性化。这不仅提高了企业的竞争力和可持续发展能力，还推动了工业的智能化、数字化和可持续发展进程。

展望未来，随着物联网和人工智能等技术的不断发展，综合自动化技术将继续发挥重要作用。通过进一步集成和创新，综合自动化技术将为工业生产带来更大的效益和价值。企业可以借助这些先进技术实现更高效的生产、更智能的决策和更紧密的跨部门协作。同时，随着技术的进步，综合自动化系统的功能和性能将得到进一步提升和完善。企业可以期待更高的生产效率、更低的能耗和更精准的过程控制。这些都将有助于企业在竞争激烈的市场中脱颖而出并实现可持续发展。

## 思考题与习题

7-1 什么是计算机过程控制系统？它由哪几部分组成？

7-2 计算机过程控制系统的典型形式有几种？各有什么特点？

7-3 画出单回路反馈控制系统的 DDC 系统原理图。

7-4 写出不完全微分 PID 控制算式，并画出程序流程图。

7-5 简述 PLC 的组成及工作原理。

7-6 简要说明 PLC 系统的设计过程。

7-7 简述 DCS 的基本结构和特点。

7-8 简述 FCS 的基本结构和特点。

# 第 8 章　工业过程控制实例

本章以氧化铝生料浆配料过程、氧化铝熟料窑烧结过程、竖炉焙烧过程、发酵工业过程以及城市污水处理过程的过程控制为例，描述了各自的过程特点，并介绍相应的控制方案。

## 8.1　氧化铝生料浆配料过程控制

在氧化铝的生产工艺中，生料浆的制备是烧结法生产中的一项重要工序，生料浆的各项指标，如水分、细度、碱比、钙比、铝硅比等能否满足生产要求，将直接影响熟料的质量、窑的产能、窑的热工制度及操作、熟料中氧化钠和氧化铝的溶出率、沉降槽的操作。生料浆生产过程中，由于原来的取样、检测手段落后，样品人工化学分析的精度不高、时间较长(约两个小时)，导致不能及时准确地调整原料配比，人工调节下料量准确性差，造成一次配料合格率不高，而二次调配操作工作量大，劳动强度高，严重制约了生料浆合格率的提高和成分的稳定，进而影响着氧化铝的产量及其技术经济指标。

快速分析生产中各原料成分和保证入磨量的准确计量及配比，从而实现优化控制达到一次出磨合格，对逐步取消出磨生料在小槽中反复倒槽的传统工艺，最终实现出磨生料浆经混合槽直接入窑，确保烧结法系统稳产、高产，经济技术指标优化有着极其重要的意义。因此，开发、研制一套实用可靠的生料浆配料自动控制系统，实现生料浆配料的自动控制势在必行。

### 8.1.1　生料浆配料过程描述

氧化铝工艺生料浆制备工序的流程方框图如图 8-1 所示。最重要的工艺设备是原料磨。将粗砂及废料、无烟煤按一定比例混合后(得到配料煤)配入普铝矿中得到的混合物，称为混矿，它通过调速板式给料机或调速皮带秤、磨头溜槽给入原料磨内。碎石灰和白灰(两者预先不混合)也通过板式给料机、磨头溜槽给入原料磨内。将碱粉加入赤泥浆中混合，通过化碱系统中的碱液泵送到每台磨头，在磨头溜槽下部将混矿、碎石灰、白灰等物料冲入磨内。所有物料在磨内被粉碎、研磨充分混合，被磨细到一定粒度后成为生料浆，然后进入缓冲槽内，再由缓冲槽打到料浆 B 槽。根据生料浆的成分指标，可在料浆 B 槽对生料浆进行倒槽调整，使进入到料浆 K 槽的生料浆合格或接近合格，最后用倒料泵送至熟料窑工序作为烧成工序的原料。

1. 生料浆配料过程的控制难点

生料浆配料的生产过程中包括多种内外因素的交叉变化，普通存在不确定性，使得生料浆的配料控制变得复杂，其中的控制难点总结如下。

①过程本身具有多变量、强耦合的特点，输入输出众多。任何一个输入的变化都可能引起所有的输出发生波动。

②各物料加入磨机的比例与生料浆的质量并不是简单的线性关系，磨机的负荷特性随设备、生产工况变化而呈现出强非线性。

③机理复杂，很难建立输出、输入及干扰之间精确的数学模型，从而难以采用基于模型的解析控制方法。

④不确定性因素多，如矿石的性质、成分改变等，无法预知这些不确定性因素。

⑤生产目标无法直接测量，靠化验室人工化验检测周期长，即使用快速分析仪分析生料浆的指标，也是一个离线分析的过程，实时性差。

以上几点说明了单一的常规控制理论与技术难以实现生料浆配料复杂的控制，必须从工艺要求的角度出发，根据生产实际，对影响生料浆质量的一些主要环节寻求先进的过程控制技术与方法，以达到工艺要求的各项经济技术指标。

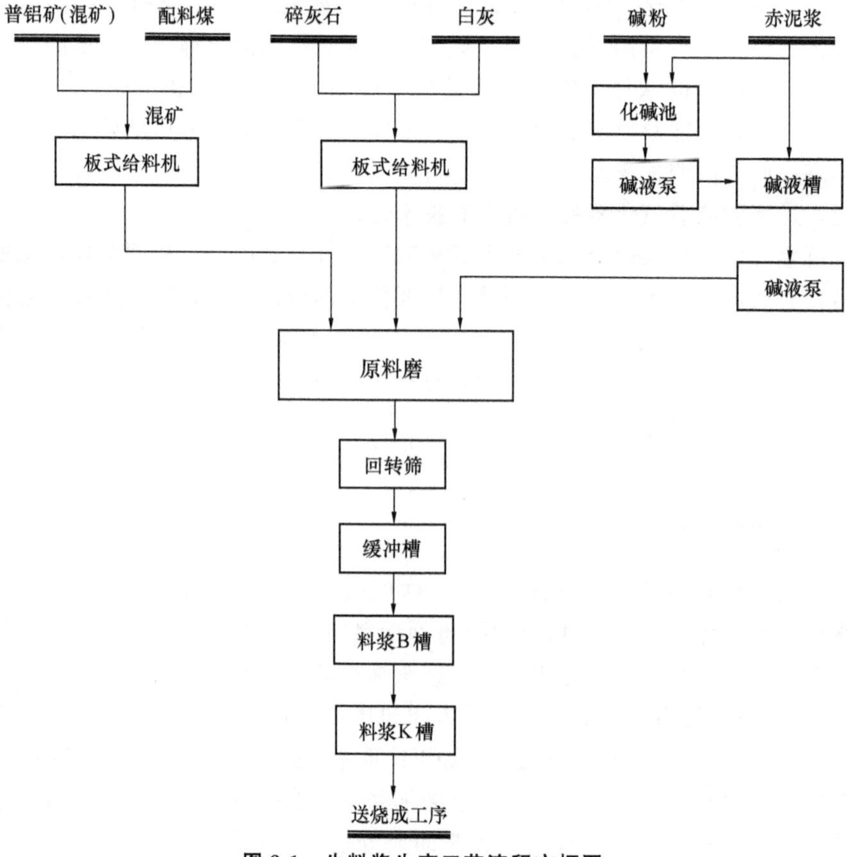


**图 8-1　生料浆生产工艺流程方框图**

2. 生料浆配料过程的控制目标

生料浆配料生产过程的总体控制目标是在生产高质量生料浆的前提下，实现生料浆配料的稳产、高产，并在此基础上节能、降耗，减少事故，提高设备的运转、投入率，减轻操作和维护人员的劳动强度，改善操作人员的工作环境，从而提高劳动生产率，提高企业的经济效益与社会效益。

总体控制目标可分解成如下几项具体的目标。

①质量目标。它主要包括：系统对各种原料计量、控制的精度不大于 1.0%；系统能快速、准确分析，并能根据给出的碱比、钙比、铝硅比、水分的控制范围进行自动调节；在正常生产和操作条件下，一次配料合格率不低于 90%。

②产量目标。它主要体现在：要求生料浆配料的单台管磨台时产量符合生产要求，处于较高水平。这就需要各设备的运转率高。在生料浆配料系统安全运转的情况下，生料浆配料的台时产量才能有保障，年产量才能稳步提高。为了实现这个目标，一般要求磨机的产能提高 4%～6%。

③节能、降耗目标。生料浆配料是氧化铝生产过程的重要工序，也是氧化铝生产的能耗大户，在要求生料浆配料稳产、高产和质优的基础上，降低碱耗，节约电能，对提高企业的经济效益与社会效益有着十分重要的意义。

## 8.1.2　过程控制方案

由上述分析可以得出：配比的优化、磨机负荷的控制是影响生料浆配料产量、质量及安全生产的重要因素，是实现生料浆配料过程自动控制的关键。因此，本设计确定的控制方案是以配比的优化控制为主，配合磨机负荷的控制，同时对各种主要设备的监控等进行综合控制，以实现生料浆配料过程的自动控制。

结合氧化铝的生产工艺实际情况，对生料浆配料生产过程控制进行电气、仪表、计算机等系统的综合设计。针对生料浆配料生产工艺过程复杂、设备种类多、生产规模大的特点，根据对影响总体控制目标因素的分析，对可控性因素进行全面性、综合性考虑。系统设计本着“安全、可靠、实用、先进”的原则，充分利用和灵活运用 DCS 的强大功能和优越结构，运用先进控制技术，设计控制精度高、适应性强、鲁棒性好的控制系统，实现对整个流程有效的控制；充分提高设备的运转效率，提高各项工艺的性能指标，在控制系统稳定可靠的前提下，确保对生料浆配料全过程实现科学、先进、实用、合理的自动控制。

图 8-2 给出了生料浆配料生产过程的控制方案方框图。图中有四个单回路 PID 控制系统，被控参数分别是碱粉流量、碱赤泥流量、石灰流量、混矿流量，这些物料在原料磨中被磨制成生料浆后排出管外，通过提取生料浆成分的化验数据，以及其他一些必要的信息，就可以对各物料的配比进行调整，直至生料浆指标的化验结果，如水分、细度、钙比等指标满足工艺的要求。至于图中所介绍的配料单智能优化设定模型和专家补偿模型的工作原理可以参看相关文献的介绍。我们也可以依据前面所学的过程控制基本知识，将配料单智能优化设定模型看作生料浆指标的控制器，物料成分的化验过程看作检测变送环节，四个单回路控制系统及原料磨看作广义的被控对象，这样就可以将系统简化为一个单回路控制系统，方便问题的理解与讨论。但要注意的是，由于图 8-2 中的各被控变量具有很强的非线性与强耦合性，控制系统的调整与优化过程具有很大的难度，需要较为深厚的控制理论与应用的基础。

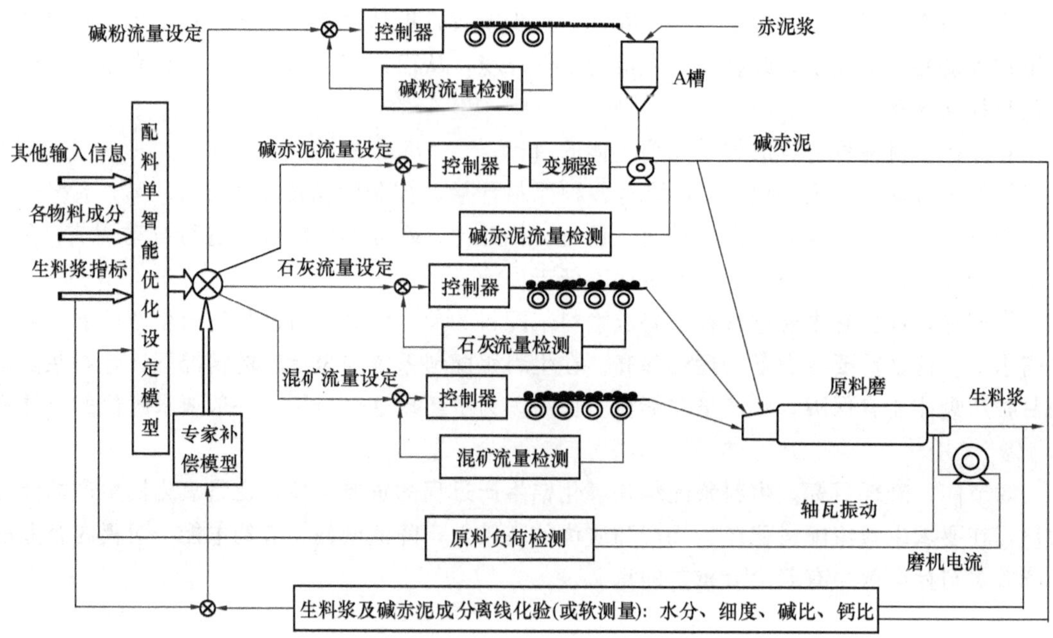


图 8-2　生料浆生产过程控制方案方框图

# 8.2　氧化铝熟料窑过程控制

熟料烧结工序是氧化铝烧结法生产的关键工序，这一工序的重要工艺设备是熟料窑(回转窑)，其原料来自生料浆配料生产过程得到的生料浆。熟料窑生产过程的总体控制目标是在生产高质量熟料的前提下，实现熟料窑的稳产、高产，并在此基础上节能、降耗，减少事故、提高窑设备的运转、投入率，减轻操作和维护人员的劳动强度，改善操作人员的工作环境，从而提高劳动生产率，提高企业的经济效益与社会效益。

## 8.2.1　熟料窑工艺

图 8-3 给出了熟料窑生产过程。在熟料烧结过程中，合格的生料浆用给料泵经安装在窑尾的喷枪形成雾喷入熟料窑内，煤粉在窑前的喷煤管与鼓风机送来的一次风结合形成气固两相流喷入窑内，并与由冷却机吸入的二次风一起燃烧，产生的热量与生料浆逆向而行，生料浆经过烘干、预热、分解、烧成带被加热到 1 200～1 300 ℃之间发生化学反应，生成可溶性的铝酸钠和铁酸钠，以便在熟料溶出工序获得较高的氧化铝、氧化钠的溶出率，而有害成分则生成不溶性的原硅酸钙和钛酸钙等化合物。合格的熟料还具有适当的可磨性和沉降性能，以便提高熟料在溶出工序中的湿磨产能和赤泥分离效果。

熟料窑中的烧结反应是在高温下进行的。熟料窑的热能由煤粉燃烧产生，所以熟料烧结工序设有煤粉制备系统。煤粉制备系统的主要设备有：皮带运输机、原煤仓、电磁振动给料

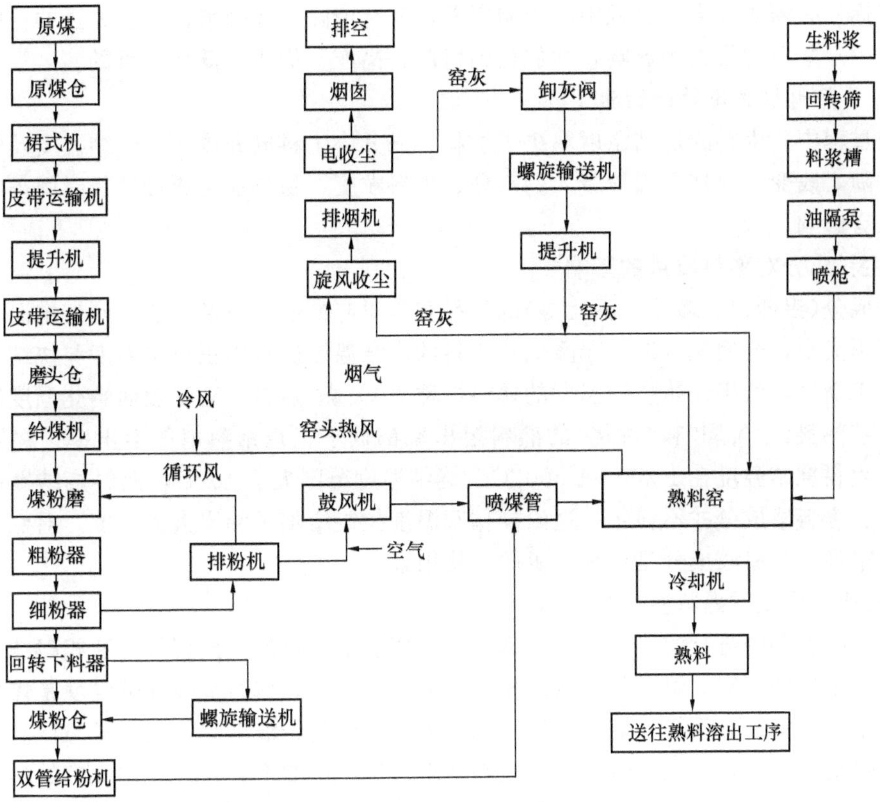


**图 8-3　熟料窑生产过程**

机、煤粉磨、排粉机、粗粉器、细粉器和煤粉仓等。

由于采用喷入法喂料，在熟料排出的烟气中夹带大量生料。这一部分生料的数量相当于熟料质量的 70%～110%。因此，熟料烧结工序必须进行很好地收尘。排烟收尘系统为三级收尘，即重力收尘、旋风收尘和电收尘。设备有旋风收尘器、排烟机、电收尘器和烟囱等。收集的窑灰由螺旋输送机和提升机再送回窑内。

生料在熟料窑中的反应是分阶段进行的。由于熟料窑有一定的斜度和转速，生料在向窑前移动过程中，经过烘干、预热、分解、烧成及冷却几个阶段，熟料窑也大致对应地分为烘干带、预热带、分解带、烧成带及冷却带。烘干带的主要作用是烘干生料浆中的物理水，生料浆一般含物理水 38%～40%。生料浆烘干后就称生料。预热带的主要作用是除去生料中的结晶水。分解带的作用是使石灰石加热分解和开始部分固相反应。物料在烧成带被煤粉燃烧火焰直接加热，物料的烧结温度在 1 200～1 300 ℃之间，火焰温度在 1 500 ℃左右。这一带的作用是将生料烧结成熟料。冷却带的作用是熟料与二次空气进行热交换，二次空气温度在 400～500 ℃之间，熟料被冷却到 1 000 ℃，经过冷却带，进入冷却机中进一步冷却，再由中碎系统输送到熟料溶出工序。

## 8.2.2　影响控制目标的因素分析

熟料窑烧成生产过程与其他生产过程一样希望获得产量高、质量好、消耗低的效果。要达到此目标，必须研究生产过程中的影响因素，只有消除不利因素，通过先进的控制技术和方法来减少某些不利因素的影响，才能达到稳产、高产、优质、低耗的目的。

1. 影响熟料烧结质量的因素

烧结过程中，生料的烧结温度取决于生料的成分。生料成分改变，烧结温度及烧结温度范围也应随之改变。此外，煤粉带入的灰分、生料粒度、物料在烧成带停留时间等因素对熟料质量也有影响。

(1)生料成分对熟料质量的影响

一定成分(铝硅比、碱比、钙比等)的生料有其对应的烧结温度，达不到烧结温度，烧结反应进行不完全，会使熟料溶出率降低。生料的烧结温度通常用正烧结温度与烧结温度范围两项指标来衡量，低于开始烧结温度的熟料被称为“欠烧”熟料，高于表面熔化温度的熟料被称为“过烧”熟料，“欠烧”和“过烧”的熟料溶出率都低于正烧结熟料的溶出率。在烧结过程中，只有生料烧结温度在 1 200～1 300 ℃、烧结温度范围大于 40 ℃，熟料烧结操作才不会感到困难。生料浆成分并不稳定，这给操作和温度控制增加了相当大的难度。对熟料窑自动控制系统来说，生料浆成分是一个严重的干扰因素。

(2)烧成带温度对熟料质量的影响

生料在熟料窑中进行的烧结过程大部分是在固态下进行的，出现部分液相时结束。由固相反应的基本原理可知，温度是影响固相反应的主要因素。熟料窑烧成带温度是煤粉燃烧的结果。如果喷煤量控制不当，烧成带温度比生料要求的烧结温度高，就形成“过烧”熟料；反之，窑内燃烧气氛不好，烧成带温度比生料要求的烧结温度低，就形成“欠烧”熟料。“过烧”熟料容重大，可磨性差，溶出率低，同时还可能引起窑内生成结圈、熟料黏结成大块等故障。“欠烧”熟料由于烧结反应不完全，其中存在游离石灰，不仅使溶出率降低，而且造成熟料溶出工序中赤泥膨胀或胶结，使分离作业受到影响。在本案例中，烧结温度在 1 220 ℃时，熟料溶出率(包括氧化铝、氧化钠的溶出率)最好。烧结温度再提高，熟料溶出率则有下降的趋势。因此，烧成带温度是影响熟料烧成质量的主要因素。

(3)煤粉质量对熟料质量的影响

在熟料烧结过程中，煤粉的灰分和硫几乎全部进入熟料中，对熟料质量的影响很大，对于烧成过程工艺来说，熟料窑自动控制系统对其是不可控的。

(4)生料粒度对熟料质量的影响

由固相反应原理可知，粒度影响固相反应速度。在生产中，如果生料浆的粒度太大，则会由于烧结反应不完全而使熟料溶出率低。但熟料窑自动控制系统对其是不可控的。

(5)物料在烧成带的停留时间对熟料质量的影响

烧结过程需要一定的反应时间。在生产实践中，由于熟料窑的长度一定、斜度一定，物料在烧结带停留的时间是由熟料窑转速来控制的。如果熟料窑转速太快，使物料在烧结带的停留时间少于物料反应的必要时间，就会造成物料“欠烧”而影响质量。如果熟料窑转速太慢，又将使熟料产量降低。窑体转速是熟料窑生产操作中的一个可控手段。

2. 影响熟料烧结产量的主要因素

在熟料烧成生产中，如果熟料窑的内平均直径、长度、斜度一定，熟料烧结产量主要受窑转速、烘干能力、生料浆含水率及窑安全运转率等因素影响。

(1)熟料窑转速

在保证熟料质量的前提下，加快熟料窑转速，对一定料层厚度来说，就可以增加下料量，提高熟料窑产量。生产中，熟料窑转速是根据窑内物料烧结情况来控制的。

(2)熟料窑烘干带的烘干能力

烘干带的烘干能力对熟料窑产量有一定的影响。而决定烘干带烘干能力的因素有窑尾温度、返灰量、生料浆雾化程度等。窑尾温度高，烘干能力就好，窑尾温度决定于生料的烧结温度。在生产中，保证收尘系统的正常返灰是非常重要的，如果没有返灰将使熟料窑无法操作。生料浆雾化程度好，生料浆与窑气接触面积大，生料烘干好，反之生料烘干就差。

(3)生料浆含水率

在下料量一定的情况下，生料浆含水率高，进入熟料窑内烘干带的水量多，这样就增加了烘干带的负荷。超过烘干带的烘干能力时，则要减少下料量，也就降低了熟料窑的产量。生料浆含水率对于熟料窑自动控制系统来说，也是一个较大的干扰因素。

(4)熟料窑安全运转率

熟料窑安全运转是熟料窑稳产、高产的首要条件，也是完成产值指标的根本保证。

(5)窑皮质量

在熟料窑生产中，窑皮太薄影响提温，限制提产；窑皮太厚，缩小了窑内有效截面积，也限制了熟料窑的产量。

(6)烧成带温度

烧成带温度过高会破坏窑皮对窑内衬的保护作用。严重时会出现烧光窑皮、烧坏耐火砖、红窑等事故，致使熟料窑停产检修。

除此以外，加强设备的运行监控、故障诊断、日常维护，提高设备检修质量，等等，是保证熟料窑安全运转的重要条件。

### 8.2.3　各参数的控制方案

本方案采用分布式控制系统设计技术，将 DCS、烧成带温度检测装置、烟气 CO 和 $O_2$ 成分取样分析装置等以及研发的具有用户友好界面的监控软件系统集成为熟料窑过程控制系统。该系统主要包括喂煤过程控制子系统、鼓风过程控制子系统、排烟过程控制子系统、喂料过程控制子系统。这些过程控制系统中不仅包括采用智能变结构控制技术设计烧成带温度智能控制器，还包括采用常规 PI 控制技术实现对鼓风流量、压力、生料浆流量的回路控制。

1. 烧成带温度智能控制器

烧成带温度智能控制器主要包括软开关控制器、温度模糊控制器、智能预测控制器，如图 8-4 所示。

(1)软开关控制器

回转窑生产过程长期依赖于人工看火操作，看火操作经验证明了及时准确判断窑况、及时正确调整风量和煤量的重要性。设计软开关程序调煤控制器的主要特点在于：其一，鉴于本方案中烧成带温度检测手段的特殊性，基于快时间尺度的特征信息(如烧成带温度等级及变化趋势)进行综合判断，在短时间内快速触发控制器及时加减煤量；其二，加减煤量幅度是根据控制器记忆的用煤水平目标值、当前用煤水平及人工预设的用煤幅度，按一定规则计

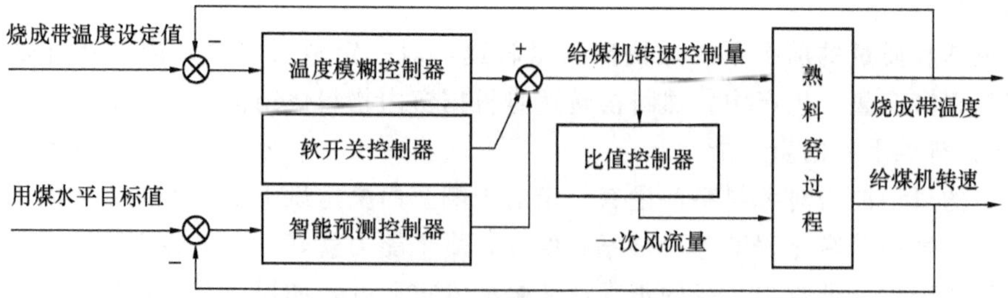


**图 8-4　烧成带温度控制原理方框图**

算出来的，且考虑了软开关误判断情况下的处理方法。这样设计的优点是保证了用煤水平在一定基准上的平稳调整，不会因为烧成带温度检测干扰造成用煤水平的大幅度升高或降低，从而保证窑热工制度的长期稳定。

(2)温度模糊控制器

当过程响应的特征是烧成带温度等级处于正常或高等级时，过程通常处于模糊控制方式下，此时由温度模糊控制器计算煤量调节量。基本控制算法可采用 PID 控制或模糊控制等常规控制算法，根据烧成带温度误差、误差变化量，计算煤量调节量。由于烧成带温度测量的特殊性，如具有随机波动性以及物料的正烧结温度具有一定的范围，煤量调节量可以由烧成带温度上下限设定值来界定。因此，需要在基础控制算法上引入死区处理功能。另外，当烧成带温度处于正常水平时，要重视烧成带温度的下降趋势，若温度出现下降应及时加煤，可以通过提高这一特征下的控制器的微分增益增大加煤幅度。当烧成带温度处于较高水平，则应重视烧成带温度误差，若温度误差增大且误差变化为正应及时减煤，可以通过提高这一特征下的控制器的比例增益和微分增益增大减煤幅度。

因此，为了在快速性与稳定性(如抗测量噪声干扰能力)方面达到比较满意的效果，可以通过在基本控制算法基础上增加死区处理和参数自适应功能，根据过程响应不同的特征模式，实现控制器不同结构及参数的自适应切换，从而实现快速性和稳定性的优化兼顾。

由于物料的正烧结温度有一定范围，某生料成分的烧成带温度范围设定具有模糊性，如果完全基于温度误差及其变化来计算控制作用，很容易导致控制器频繁动作，导致调煤幅度过大，过程出现振荡；因此，可以同时考虑采用“用煤水平”作为调度变量，实现自适应、变结构的多模态切换，从而提高稳定性，以模仿人操作的模糊性、容忍度，如：用煤水平相对高时，侧重减煤；用煤水平越低，减煤越要谨慎，侧重预加煤。

(3)智能预测控制器

控制输入发生改变后，往往需要较长一段时间，熟料窑过程才开始发生反应。熟料窑当前的过程响应通常是过去相当长一段时间内控制输入共同作用的结果，因此熟料窑过程是一个大惯性过程；同时，烧成带温度检测手段的特殊性使得检测值用于反馈控制具有一定的纯滞后性。如果采用常规的控制方法，会导致过程发生大的超调与振荡。

本方案中设计的自适应智能预测控制器的一个突出特点是基于这一事实：在有纯滞后和大惯性因素存在的情况下，一个熟练的看火人员经过学习与总结经验之后，会正确识别被控对象的现状或更长一段时间内对象的变化情况，从而能给出相应的带预估作用的操作，避免调节过度。人在控制过程中，虽然对被控对象并不完全的了解，并不知道对象的精确数学模型，但通过多次的控制实践，可以逐渐地了解对象的一些基本特征。通过积累、总结对象在一定输入作用下的反应情况，人可以估计出对象的惯性和滞后的大致情况，在大脑中建立起关于对象的预测模型。借助于这种模型，人的控制效果可以做到十分理想，具有极强的鲁棒控制特性。可以说没有这样的预测模型，就没有好的控制效果。这种模型不同于常规的数学模型，而是一种特征模型。

另外，能量传递守恒原理在控制大滞后、大惯性过程时具有重要指导意义。对于熟料窑过程，通常在喂料量、生料浆成分、煤质相对稳定的情况下，用煤水平也应当相对稳定。在自适应智能预测控制器引入当前用煤水平这一特征和用煤水平目标值这一记忆特征，其中用煤水平目标值指在喂料量、生料成分、煤质相对稳定的一段时间内所对应的用煤水平。在当前用煤水平偏离用煤水平目标值的差值超过一定阈值时即触发自适应智能预测控制器。一方面可以克服测温干扰造成用煤水平的大幅度提高；另一方面，在一段时间内大幅度加煤后，如果继续保持较高的用煤水平，将导致窑内热量供大于需，这时，就应在过程符合某一要求的特征条件下，恢复原有的用煤水平。这是一种带预估作用的操作，可以避免调节过度，其主要目标是长时间保持窑内热量的供需平衡。

2. 鼓风流量自动控制方案

影响窑内燃烧过程的因素很多，一次风压、风流量是窑操作的重要操作条件，在一定生产条件下(窑内衬状况、窑皮状况、煤质状况、喷煤管位置等)保证一次风压、风流量相对稳定于合适的操作范围，才能保证熟料窑内良好的燃烧过程。鼓风流量自动控制原理如图 8-5 所示。

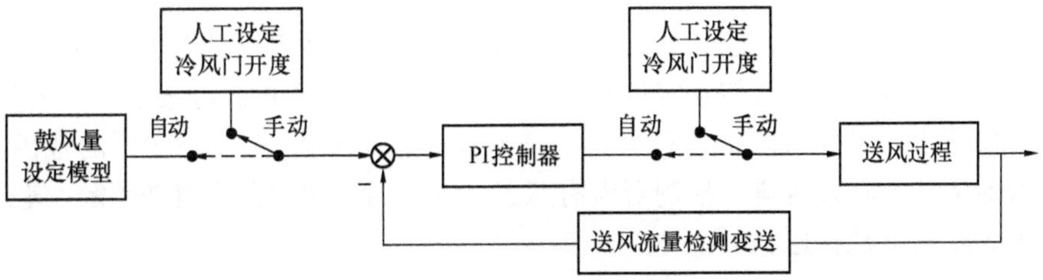


**图 8-5　鼓风机流量控制原理**

3. 鼓风机出口压力自动控制方案

在鼓风机流量和出口压力处于自动控制过程中，冷风门开度和液力耦合器阀门开度被限制在 20%～80%的范围内；为避免阀门过于频繁动作，控制器设有死区，在鼓风机流量和出口压力处于“设定值±死区”范围内时，阀门不动作；当自动控制程序判断有下煤不均现象发生时，保持阀门不动作。鼓风机出口压力控制原理如图 8-6 所示。

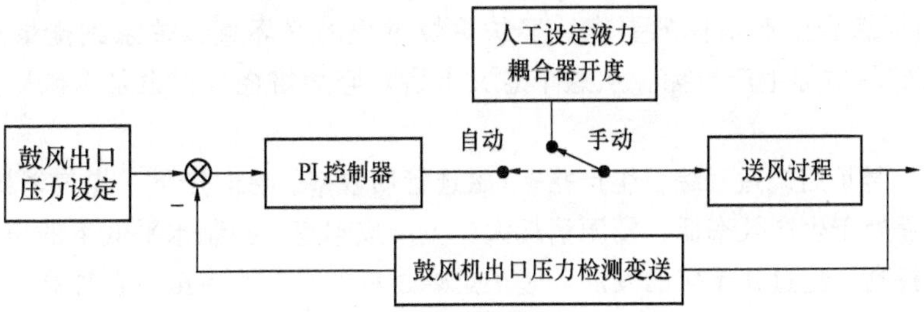


**图 8-6　鼓风机出口压力控制原理**

4. 生料浆流量(压力)自动控制方案

为达到熟料烧成高产、稳产的目的，在窑烧成能力范围内，其生料浆下料量要求量大而料浆压力稳定。下料量大是熟料高产的前提，料浆压力稳定是保证喷枪正常工作的基础。一般情况下，料浆压力应根据下料量的要求控制在1.82～2.30 MPa之间，料浆压力小会产生料浆雾化不好，甚至流浆的现象，将严重影响窑尾的烘干能力和预热能力，乃至于影响熟料的烧成质量。在生产中，应尽可能保证喂料量稳定，当发生堵枪或其他情况引起压力波动及下料量变化时，除及时排除故障外，可对给料泵的转速进行调节，以期调节料浆压力控制进料稳定。

氧化铝厂三车间的给料泵站目前的工艺配置是每两条窑由一个给料泵站供给料浆。每个给料泵站有两个料浆槽、三台给料泵。实际生产中，采用一台泵对应一台窑的方式，有一台泵备用，通过倒流程来倒换给料泵。料浆泵出口压力控制流程如图8-7所示。

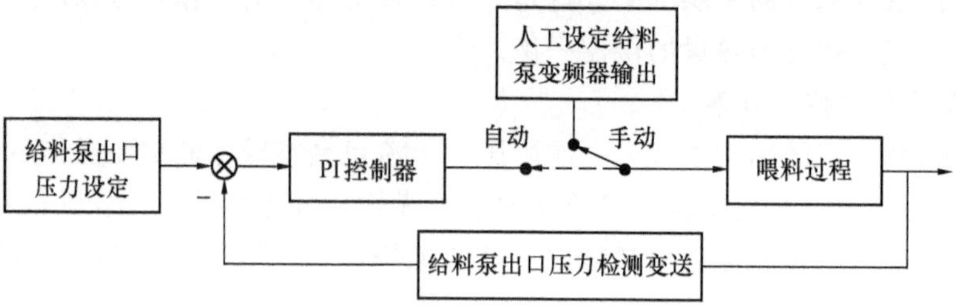


**图8-7　料浆泵出口压力控制流程**

通过自动调整给料泵的转速，尽可能将生给料流量稳定在要求的范围之内；也可以通过自动调整给料泵的转速，尽可能稳定给料泵出口压力，这同样可起到稳定料浆流量的作用。在给料泵出口压力处于自动控制过程中，变频器输出被限制在20%～80%的范围内；为避免过于频繁地调整给料泵转速，控制器设有死区，在给料泵出口压力处于“设定值±死区”范围内时，不调整给料泵转速。

## 8.3　竖炉焙烧过程控制

竖炉焙烧生产过程作为选矿厂整个生产流程中的一个重要环节，其主要任务是将弱磁性的赤铁矿通过高温还原处理转变为强磁性的铁矿石，并满足磁选管回收率、台时产量、煤气消耗等综合生产指标的要求。竖炉焙烧过程的好坏直接关系到衡量选矿效果的金属回收率与精矿品质等生产指标。从这个意义上讲，竖炉焙烧过程也是选矿厂整个生产流程的“瓶颈”。

长期以来，竖炉焙烧过程综合生产指标(磁选管回收率、台时产量、煤气消耗)的控制并不理想，生产过程处于生产效率低、资源消耗大、生产成本高、控制水平低下的境地，严重制约了企业效益的提高。经过几十年的发展，竖炉焙烧过程的控制水平虽然在提高，但由于竖炉焙烧过程具有综合复杂性，如关键工艺参数难以连续检测或不能在线检测、运行工况变化频繁、多变量、强耦合、强非线性、过程不确定性因素多，对这一过程的机理至今也不十分了解，使得竖炉焙烧过程的自动控制难以实现，控制效果很不理想，很多问题有待于进一步研究。

### 8.3.1　竖炉焙烧过程描述

竖炉焙烧过程包括给矿、预热、加热、还原、冷却、搬出等几个环节。竖炉炉体剖面及焙烧生产过程流程如图 8-8 所示。从图中可以看出，炉体形状呈左右对称形式，炉膛上部是预热带，中部为加热带，下部为还原带，炉膛中部有一狭窄的炉腰(宽约 1 m)，炉腰下部有导火孔，与炉两侧的燃烧室相通。为了讨论问题方便，将整个竖炉焙烧过程从上至下依次划分为四个子系统，即给矿系统、炉温燃烧系统、高温还原系统和冷却搬出系统。

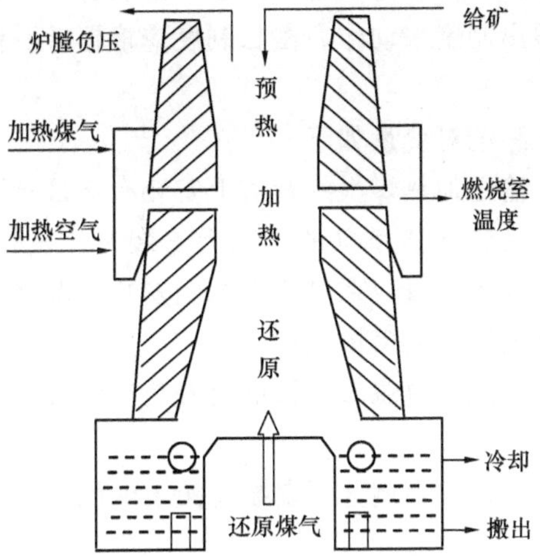


**图 8-8　竖炉焙烧生产过程流程**

1. 给矿系统

给矿系统主要包括矿石输送与预热两个过程。原矿通过皮带机输送至炉顶贮矿槽，由梭式皮带机输送并经由四只方的漏斗落入炉膛内预热带处，当料位达到规定的高度时，梭式皮带机返回。矿石进入预热带后，与废气发生热交换，使矿石的平均温度达到 150～200 ℃。在预热带，矿石的下降速度、预热温度与炉膛的结构有关。

2. 炉温燃烧系统

炉温燃烧系统主要包括燃烧与加热两个过程。矿石由预热带通过自重自动下落，进入加热带，此时一定量的加热煤气与加热空气在竖炉两侧的燃烧室混合燃烧时放出的热量通过热对流、热辐射以及热传导的方式使加热带的矿石温度升高到 700～850 ℃。矿石被加热的温度高低不仅取决于燃烧室内煤气和空气的配比情况，还取决于搬出节奏。配比适当时，煤气能充分燃烧，发挥最大的燃烧效率，节约能源消耗。搬出量大，则矿石在加热带停留被加热的时间相对来说要短些。燃烧室中心温度一般控制在 1 050～1 150 ℃，其热量由导火孔传递给矿石。

3. 高温还原系统

加热后的矿石(主要成分是 $Fe_2O_3$)进入还原带后，与下部供给的还原煤气相接触，使矿石温度在 570 ℃左右时与还原剂 CO、$H_2$ 充分接触发生化学反应生成 $Fe_3O_4$。主要的化学反应如下：

$$Fe_2O_3+CO \longrightarrow Fe_3O_4+CO_2$$

$$Fe_2O_3+H_2 \longrightarrow Fe_3O_4+H_2O$$

还原带温度过高或过低都不能保证焙烧矿的质量。温度过高，可能引起“过还原”现象；温度过低，可能引起“欠还原”现象。通过观察竖炉焙烧工艺流程图，并结合炉内的热工原理，可以得知：还原带的温度大小主要取决于炉温燃烧系统的燃烧状况及燃烧室温度的分布状况。

4. 冷却搬出系统

冷却搬出系统主要包括冷却和搬出两个过程。焙烧矿进入水封池后要冷却到 400 ℃以下，必须保持水温在 40～45 ℃之间，否则，焙烧矿不能有效地冷却，从而有可能被氧化而达不到焙烧的目的。为了保证焙烧矿的质量和产量，必须有一个合理的搬出制度，两侧的搬出电机根据事先确定好的搬出制度来动作。搬出制度应根据矿石性质、还原带温度、还原煤气流量等因素来设定。

竖炉焙烧过程主要的回路配对变量如下。

①炉温燃烧系统中，在输送加热煤气的管道上安装有流量检测仪表和流量调节阀，用以检测和调节加热煤气的流量；在输送空气的管道上安装有流量检测仪表和调节流量的鼓风机，用以检测和调节加热空气的流量；在燃烧室两侧安装有温度变送器，用以检测燃烧室两侧的温度并作为调整加热煤气流量的反馈变量。

②高温还原系统中，在输送还原煤气的管道上安装有流量检测仪表和流量调节阀，用以检测和调节还原煤气的流量。

③在冷却搬出系统中，左、右两侧分别安装有搬出电机，通过定时器的计时来控制搬出电机的启动或停止。

## 8.3.2 过程控制的结构与功能

结合选矿厂竖炉焙烧生产过程的实际，可以采用过程监控层和过程控制层二层结构的控制系统体系架构，设计并开发如图 8-9 所示的竖炉焙烧生产过程控制系统。该系统由过程监控层、过程控制层以及计算机支撑系统、计量系统等部分组成。

过程控制层采用计算机分布式控制系统集成设计技术。它包括优化设定与过程回路控制两部分。其中优化设定部分根据输入信息，采用类似于经验工艺师的操作程序或利用机理分析计算模型对燃烧室中心温度、还原煤气流量、搬出制度进行综合考虑后给出优化设定值。过程回路控制部分具有回路控制模块、逻辑控制模块和关键工艺参数的监控模块。这部分的作用是对上述三个关键被控变量进行稳定跟随优化设定值的控制，完成其稳定控制功能，使综合生产指标的实际值处于其目标值范围内。

过程监控层采用以综合生产指标为目标的生产过程优化运行与优化管理技术，包括运行管理和系统管理两部分。过程监控层对过程控制层进行管理，为操作员提供一定的操作指导，保证系统的正常、协调运行。

计算机支撑系统由监控软件、实时数据库和计算机网络系统组成。整个生产过程通过计算机支撑系统实现过程控制系统和过程管理系统的信息集成，通过计量系统实现数据的采集与处理。在上述各系统的共同作用下，可实现竖炉焙烧过程的稳定与优化控制。

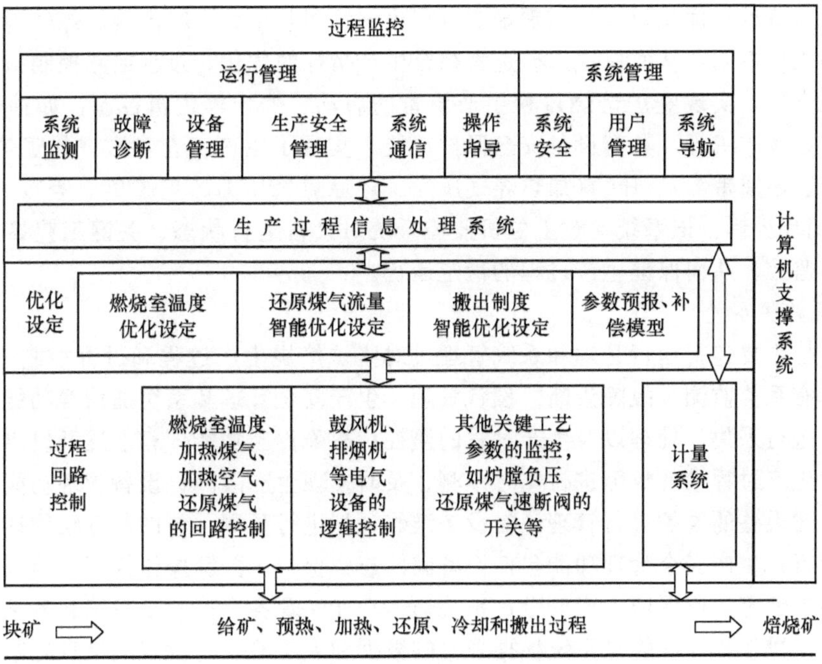


**图 8-9　竖炉焙烧生产过程控制系统的体系结构**

竖炉焙烧生产过程控制系统各部分的主要功能见图 8-10，其简要说明如下。

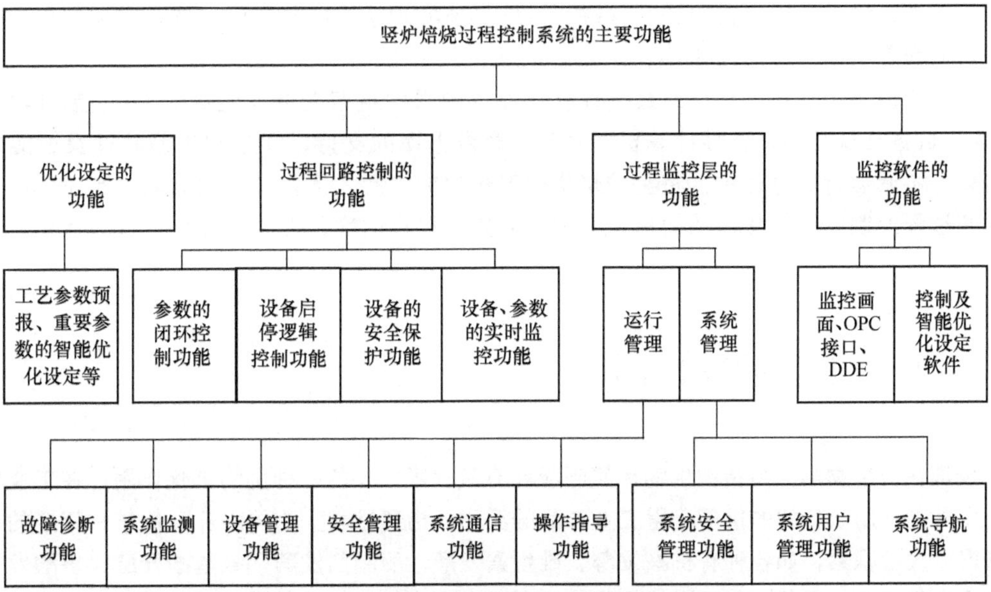


**图 8-10　竖炉焙烧生产过程控制系统的主要功能**

1. 过程控制层

优化设定方法在专门配备的模型机中实现，设有单独的操作界面，可实现人机优势互补。优化设定的原理是根据选矿厂制订的指标要求，由回路设定模型和关键工艺参数的智能预报模型及各种补偿模型对竖炉焙烧过程的燃烧室中心温度、还原煤气流量和搬出制度等控制回路的给定值进行优化设定，实现焙烧过程磁选管回收率、台时产能、煤气消耗量等综合生产指标的优化控制，从而保证选矿过程综合生产指标的优化。过程回路控制由监控计算机和执行单元实现，实现竖炉焙烧过程生产设备的启动、停止等逻辑控制，如抽烟机、鼓风机、搬出机和排矿机等，具有设备安全保护功能，实现了生产工艺参数，如竖炉温度(燃烧室、加热带、还原带等)、压力(加热煤气压力、还原煤气压力、炉膛负压等)、流量(煤气、空气等)的闭环控制。该系统通过上位机监控系统对设备运行状态、关键工艺参数和趋势曲线进行实时监控，从而保证生产过程的稳定运行。

2. 过程监控层

过程监控主要包括运行管理和系统管理，对竖炉焙烧生产过程和过程控制层进行管理。运行管理具有系统监测、故障诊断、设备管理、生产安全管理和系统通信等功能。系统监测功能对数据进行采集、处理以及生产过程的监控；故障诊断功能依靠前述开发出的智能故障诊断系统对生产过程中的故障进行实时预测、及时发现生产故障；设备管理功能对设备故障进行报警，对设备的维护进行管理，对设备维修计划进行预测，帮助制订维修计划，保证设备的安全运行；生产安全管理功能包括设备间的连锁保护、关键操作执行前的确认、现场设备起停前的打铃等，以保证生产安全；系统通信功能实现各个控制子系统和各级计算机网络之间的通信；操作指导功能是系统根据采集的数据和人工输入、设定的信息判断当前的生产状况和操作条件，由基于案例推理的专家系统给出操作指导。系统管理具有系统安全管理、用户管理和系统导航等功能。系统安全管理保证系统不被恶意破坏并记录所发生过的事件和所进行的操作，同时对运行中的活动和报警进行记录；用户管理用来增加和删除用户，对用户的权限进行设定和用户密码进行修改；系统导航实现系统内部导航功能，实现监控画面之间的切换和各个子系统间的切换。

过程监控层和过程控制层通过监控软件提供的强大组态功能、先进的 OPC 接口功能以及 DDE 数据交换功能，依靠计算机网络与实时数据库的支持，在过程控制软件及智能优化设定软件协调运行的过程中，将竖炉焙烧生产过程的控制、优化和管理集成，实现生产过程管理和过程控制的一体化，从而保证竖炉焙烧生产过程的优化控制、优化运行和优化管理。

## 8.4　发酵工业过程控制

发酵在微生物学上是指微生物无氧呼吸和有氧呼吸以外的一种生物氧化作用。在工业生产中，发酵是利用微生物的机能获得工业产品的泛称，指通过微生物的培养，使某种特定的代谢产物得以大量积累，如各种有机酸发酵、维生素发酵、酶制剂发酵、氨基酸发酵、核酸发酵以及抗生素发酵等。发酵工程可以认为是直接利用微生物的机能将物料加工为所需产品的过程。

### 8.4.1　发酵过程描述

1. 发酵过程的特点

发酵过程的微生物学属性使得其不同于一般的化学反应过程，其特点主要表现在如下几个方面。

①发酵过程是一个生命过程，不可逆转，按照菌体生长和代谢规律可以分为四个时期：迟滞期(调整期)、对数生长期(生长旺盛期)、稳定期(平衡期)和死亡期(衰退期)。

②微生物以“纯种”状态在发酵罐中进行发酵，培养基和发酵罐、管道等设备都必须在接种前进行灭菌，使整个发酵过程保持无杂菌污染。

③培养基成分的微小差别会使发酵结果迥然不同，这就是发酵过程的混沌现象。

④发酵过程中，初级代谢和次级代谢两种不同的代谢途径交织在一起。发酵过程有生长期和生产期两个截然不同的生理阶段。次级代谢产物的形成与微生物的生长不同步，当微生物生长速度减低或停止生长后，次级代谢产物才开始合成。

⑤对发酵过程中的相当一部分生物化学变化(即从培养基转化为菌种和产物的过程)还不太清楚，难以从量上计算。此外，影响这些变化的参数(如温度、pH 值等)相互耦联，给建模带来了很大的困难。

⑥菌体生长速率和产物生成速率与培养基所提供的条件呈非线性关系，菌体量与产物量之间不具有明显的对应关系。发酵产物理论产量与实际产量往往相差甚远，即使同一菌种在同一厂家也会因生产设备、原料等差别，生产能力大不相同。

⑦温度、pH 值等环境变量具有非线性、大滞后、大惯性、不确定性等特点。

⑧菌体生长阶段和产物生成阶段所需要的最优控制条件往往是不同的。

⑨菌体生长速率和产物生成速率是随时间和环境条件的变化而变化的。

⑩发酵过程中，温度、压力、溶解氧等物理和化学参数能在线测量。而一些重要的生物变量，如菌体浓度，至今还很难在线测量，也给建模带来了相当大的困难。

综上所述，发酵过程是一个具有非线性、时变性、大滞后、阶段性、多变量输入输出、强耦合的生化反应过程。

2. 操作方式

发酵过程一般被划分为四种操作方式，即分批发酵、连续发酵、补料分批发酵和半连续发酵。发酵所采用的操作方式不同，微生物的代谢变化规律也就不同。

(1)分批发酵

分批发酵也称间歇发酵，是在一个密闭的系统内一次性投入有限数量营养物的发酵方式。其特点在于发酵过程是非恒态的，微生物所处的环境在不断变化，发酵过程中营养成分不断减少，微生物得到相应的生长繁殖。在分批发酵过程中，微生物的生长速度随时间而发生规律性变化。微生物在对数生长期形成的代谢产物多为初级代谢产物，而次级代谢产物的合成发生在生长缓慢的稳定期。现代发酵工业中的大多数发酵产品都是由此法生产而来的。

(2)连续发酵

连续发酵是在一个开放的系统内，以一定的速度向发酵罐内连续供给新鲜培养基的同时，将含有微生物和代谢产物的发酵液以相同的速度从发酵罐内连续放出，从而使发酵罐内液量维持恒定，使培养物在近似恒定的状态下生长及代谢的发酵方式。其优点在于：能维持较低的基质浓度；有利于提高设备的利用率和单位时间的产量，节省发酵罐的非生产时间；能将发酵罐内微生物、基质、产物和溶解氧浓度等各种参数维持在一定水平，便于自动控制；使微生物在近似恒定状态下进行生理代谢，发酵产品质量稳定。它的缺点在于：在长时间培养过程中菌种容易发生变异；容易污染杂菌，难以保证纯种培养。连续发酵大多用于实验室研究微生物的生理特性，至今只有葡萄糖酸、酵母蛋白和酒精等少数发酵产品的生产采用连续发酵。

(3)补料分批发酵

补料分批发酵是指在分批发酵过程中，间歇地补加限制性营养物的一种与分批发酵相似的发酵方法。与传统的分批发酵相比，其优点在于：发酵系统中维持较低的基质浓度，可避免代谢调节的抑制和阻遏效应；维持适当的菌体浓度，不至于加剧供氧矛盾；延长次级代谢产物的生产时间；避免培养基中积累某些有毒代谢物，对菌体生长产生抑制。与连续发酵相比，补料分批发酵不需要严格的无菌条件，也不会产生菌种老化和变异等问题。补料分批发酵应用十分广泛，包括抗生素、氨基酸、酶蛋白、核苷酸、维生素、有机酸以及高聚物等，是发酵工业研究的主要方向之一。

(4)半连续发酵

半连续发酵是指在补料分批发酵的基础上间歇放掉部分发酵液的发酵方式。把放掉的发酵液和其他正常放罐的发酵液一起送去提炼工段，在行业中称为带放。这是考虑到补料分批发酵虽可通过补料补充养分或前体的不足，但由于有害代谢物的不断积累，产物合成最终难免受到阻遏。放掉部分发酵液再补入适当料液不仅补充了养分和前体，而且稀释了代谢有害物，从而有利于产物的继续合成。

3. 发酵过程的一般流程

微生物发酵产生菌在进入发酵罐之前，必须经过种子扩大培养。将冷冻管或沙土管的孢子接种到斜面上，待斜面孢子或菌丝成熟后接入摇瓶中培养，长好的种子接入一级种子罐中。另外，斜面孢子也可以扩大到茄子瓶(也称扁瓶)中，茄子瓶孢子长好后可制备成孢子悬液接入一级种子罐中。菌丝在一级种子罐中长好后接入二级种子罐中继续培养，待长好后接入到发酵罐中发酵生产所需的药物，通常发酵要进行 1～10 天，最后收获发酵液。发酵工序如图 8-11 所示。

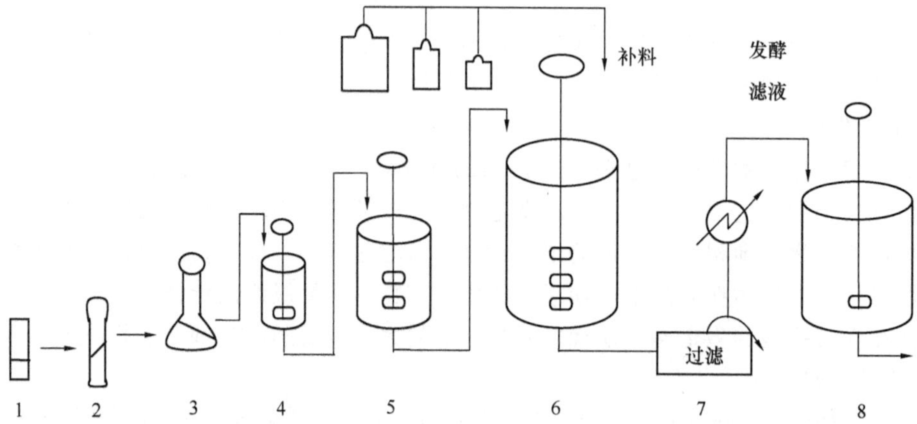


1—冷冻管；2—斜面孢子；3—摇瓶菌丝；4—一级种子罐；5—二级种子罐；6—发酵罐；7—过滤机；8—滤液贮罐

**图 8-11　发酵工序**

4. 发酵过程的参数监测

发酵参数如表 8-1 所示。经常测定的参数有发酵温度、罐压、通气量、搅拌速度、pH 值、溶解氧质量分数、菌体浓度、基质浓度等。不常测定的参数有氧化还原电位、黏度、尾气中的

$O_2$ 和 $CO_2$ 含量等。间接参数是指那些通过基本参数计算求得的参数，如摄氧率($OUR$)、$CO_2$ 释放速率($CER$)、比生产速率($\mu$)、体积氧传质速率($K_La$)、呼吸商($RQ$)等。需要控制的发酵参数有发酵温度、罐压、搅拌速度、补糖速率、补氮速率、通气量、pH 值和溶解氧等。

在线测量各种参数不仅具有及时、省力等很多优点，还可以免去烦琐的操作，便于进行计算机控制。但发酵液性质复杂，对在线测量所用的各种传感器的要求较高，除了具有一般仪器的特点外，还要有一些特殊要求，如能经受高压蒸汽灭菌、具有长期稳定性、能随时校正、探头材料不易老化、探头安装维修方便、能避免探头敏感部位被堵塞、价格合理等。如能生产出可靠、适用的传感器，无疑将推动发酵工业生产的现代化进程。

**表 8-1　发酵参数**

| 参数 | | 类型/范围 | 单位 | 可测性 | |
|---|---|---|---|---|---|
| | | | | 在线 | 离线 |
| 物理参数 | 发酵温度 | 0～150 | ℃ | √ | √ |
| | 罐压 | 0～0.5 | MPa | √ | √ |
| | 发酵液体积、质量 | | $m^3$ 或 kg | √ | √ |
| | 搅拌速度 | 0～500 | r/min | √ | √ |
| | 补糖速率 | | L/h | √ | √ |
| | 补氮速率 | | L/h | √ | √ |
| | 通气量 | | $m^3/h$ | √ | √ |
| | 冷水流量 | | $m^3/h$ | √ | √ |
| | 黏度 | | mPa·s | √ | √ |
| | 泡沫 | 开/关 | | √ | √ |
| | 液位 | 开/关 | | √ | √ |
| | 气泡 | 开/关 | | √ | √ |
| 化学参数 | pH 值 | 2～14 | | √ | √ |
| | 溶解氧浓度(质量分数) | 0～100 | % | √ | √ |
| | 二氧化碳分压 | 0～100 | mbar | √ | √ |
| | 氧分压 | 0～100 | %sat | √ | √ |
| | 尾气 $O_2$ 含量 | 16～21 | % | √ | √ |
| | 尾气 $CO_2$ 含量 | 0～5 | % | √ | √ |
| | 氧气还原电位 | −0.6～0.3 | V | √ | √ |
| 生物参数 | 基质浓度 | | g/L | × | √ |
| | 菌体浓度 | | g/L | × | √ |
| | 产物浓度 | | g/L | × | √ |
| | 代谢物浓度 | | g/L | × | √ |

注：1. 1 mbar=100 Pa；

2. “sat”表示饱和。

5. 发酵参数对发酵过程的影响

(1)温度对发酵过程的影响

在发酵过程中，除了满足生产菌种的营养需求外，还需要维持菌种的适当培养条件，其中之一就是维持菌种生长和产物合成所需的最适温度。因为微生物生长和产物合成都是在各种酶的催化作用下进行的，温度是影响酶活性的最重要因素。因此，必须维持稳定而合适的温度环境，以保证菌体的正常代谢。

大多数微生物可以在20～40 ℃的温度范围内生长。嗜冷菌在接近20 ℃的条件下生长速率最大；嗜温菌在30～35 ℃条件下生长最快；嗜热菌在50 ℃以上仍能快速生长。一般情况下，温度每增加10 ℃，生长速率大约增大一倍。当温度超过最适生长温度时，生长速率随温度增加而迅速下降。

温度对菌体生长和产物合成的影响是各种因素综合表现的结果。从酶动力学来看，温度升高，反应速率加大，菌体生长代谢加快，生产期提前。但因酶本身也很容易因温度高而失活，温度越高，酶的失活速度也越快，表现为菌体易于衰老，发酵周期缩短，影响产物的最终产量。

温度除了直接影响发酵过程中菌体生长和产物合成外，还通过改变发酵液的物理性质间接地影响产生菌的产物合成途径。温度也会影响基质和氧在发酵液中的溶解度和传递速率，影响菌种对某些基质的分解吸收速度，使产物合成途径发生改变等。

在分批发酵实验中，研究温度对发酵，特别是对产物合成的影响所得到的试验数据有很大的局限性。因为在研究温度对产物合成的影响时，其他参数，特别是菌体的生长速率、气体在水中的溶解度也受温度影响而发生变化，难于确定产量的变化究竟是受温度的直接影响，还是因生长速率或溶解氧浓度变化的间接影响。如果能采用恒化器进行培养，便有可能使其他与温度有关的参数(如菌的生长速率的变化等)保持恒定，从而不受干扰地判断温度对菌体代谢或产物合成的影响。

(2) pH值对发酵过程的影响

发酵过程中培养液的pH值是微生物在一定环境条件下代谢活动的综合指标，是一项重要的发酵参数，pH值对菌体生长和产物积累有很大的影响。了解掌握发酵过程中pH值的变化规律，确定发酵过程中的最适pH值，并采取有效措施加以控制，使pH值处于最佳的状态，是保证和提高产量的重要环节。

每一类微生物都有其最适的和能够耐受的pH值范围，生长阶段和产物合成阶段的最适pH值也不尽相同，这不仅与菌种的特性有关，也取决于产物的化学性质。在菌体生长阶段，随着营养物的利用及代谢产物的积累，pH值上升或下降；在合成阶段，pH值趋于稳定，维持在最适合产物合成的范围(pH=7.0～7.5)；在菌丝自溶阶段，随着基质的耗尽，菌体蛋白酶的活跃，培养液中氨基氮增加，使pH值上升，此时菌丝趋于自溶而代谢活动终止。可见，在适于菌体生长及产物合成的环境条件下，菌体本身具有一定的调节能力，而使pH值处于适宜的状态。但是如果外界条件变化过于剧烈，菌体就失去调节能力，培养液的pH值就会发生变化。

在发酵过程中引起发酵液pH值下降的因素有多种：培养基中碳、氮比例不当，碳源过多，特别是葡萄糖过量或中间补糖过多；通气不足或菌体生长过于旺盛，使发酵罐的溶解氧不足，致使有机酸大量积累；加入消沫剂的量过多；生理酸性物质的利用；等等。

引起发酵液 pH 值上升的因素有：培养基中碳、氮比例不当，氮源过多；生理碱性物质的利用；中间补料中氨水或尿素等物质加入过多；菌体生长异常，产生自溶；等等。

pH 值的变化会引起各种酶活力的变化，影响菌体对基质的利用速度和菌体细胞的结构，甚至改变菌体的代谢途径，增加副产物形成的种类和数量。如同温度对发酵的影响一样，pH 值还对发酵液或代谢产物产生物理化学影响，其中要特别注意的是对产物稳定性的影响。例如，在新型 $\beta$-内酰胺类抗生素硫霉素的发酵中发现：pH 值在 6.7～7.5 范围内，硫霉素的稳定性未受到严重影响，发酵液中抗生素的产量变化不大；但当 pH＞7.5 时，硫霉素的稳定性下降，半衰期缩短，发酵单位明显下降。这一结果表明发酵单位下降与发酵液的 pH 值有关。

(3)溶解氧溶度对发酵过程的影响

在发酵工业中氧的供与需这一对矛盾经常成为提高产量、降低成本的关键因素，由于供氧不足而影响抗生素产量的例子屡见不鲜。在发酵过程中，因为需氧量和供氧效率不断变化，所以仅凭通气量大小难以确定发酵产量是否受到氧的限制。从发酵液中溶解氧浓度的变化情况可以发现氧的供需规律及对产物合成的影响。

溶解氧浓度是需氧发酵控制中最重要的参数之一。由于氧在水中的溶解度很小，在培养基中的溶解度更小，而微生物细胞只能利用溶解氧，很少能直接从空气泡中获得氧，所以需要不断地通风与搅拌，才能满足发酵需氧的要求。

发酵过程中溶解氧浓度的变化受很多因素的影响，如设备供氧能力、菌龄、补料(如补糖)及补水措施、通风量等。另外，发酵过程中某些事故的发生也会使发酵液中的溶解氧浓度发生变化。

溶解氧不仅可度量发酵中氧是否足够，还可以揭示菌对氧利用的规律。发酵过程中应保持氧浓度在临界氧浓度以上。临界氧浓度一般指不影响菌的呼吸所允许的最低氧浓度。而对产物合成而言，便称为产物合成的临界氧浓度。

产物的合成也有一个最适的溶解氧浓度范围，最适氧浓度与临界氧浓度是不同的。在最适氧浓度范围内，产物的合成能力最大，过低或过高对产物合成都有影响。

在发酵过程中，在已有设备和正常发酵条件下，每种产物发酵的溶解氧浓度变化都有自己的规律。在不同阶段，需氧和供氧情况都在变化。一般在发酵前期，由于产生菌大量繁殖，需氧量不断大幅度地增加，如果此时需氧超过了供氧，会使溶解氧浓度明显下降，溶解氧曲线出现一个低谷。与溶解氧的低谷相对应，产生菌的摄氧速率出现一个高峰，同时发酵的黏度也出现一个高峰，说明产生菌正处于对数生长期。过了生长阶段，一般需氧量略有减少，溶解氧浓度随之上升，次级代谢产物开始合成。

发酵中后期，溶解氧浓度明显受工艺控制手段的影响，例如补料、加前体、加消沫剂等的数量及加入的时机和方式等。以补糖为例，一般在补糖后产生菌的需氧量增加，引起溶解氧浓度下降，若不继续补糖，经 0.5～1 h 后溶解氧浓度会逐步回升。溶解氧浓度下降的幅度与菌龄、补糖量以及补糖前的溶解氧浓度等有关，如果工艺控制不合适，不断地大量补糖，会使发酵液中的溶解氧浓度低于临界氧浓度，溶解氧浓度就会成为生产的限制性因素。对于分批发酵来说，溶解氧浓度变化较小。因为菌体已繁殖到一定浓度，进入稳定期，呼吸强度变化也不大，如果不补加基质，发酵液的摄氧速率变化也不大，供氧能力仍保持不变，溶解氧浓度变化不大。

发酵工程中，有时出现溶解氧浓度明显降低或明显升高的异常变化，常见的引起溶解氧浓度异常下降的原因有：污染好气性杂菌，大量的溶解氧浓度被消耗掉，可能使溶解氧浓度短时间内下降到零附近，如果杂菌本身耗氧能力不强，溶解氧浓度变化也可能不明显；菌体代谢发生异常现象，需氧要求增加，使溶解氧浓度下降；某些设备或工艺控制发生故障或变化，也可能引起溶解氧浓度下降，如搅拌功率消耗变小或搅拌速度变慢，影响供氧能力，也会使溶解氧浓度迅速下降；其他影响供氧的工艺操作，如停搅拌、闷罐等也会使溶解氧浓度发生异常变化。

在供氧条件没有发生变化的情况下，引起溶解氧浓度异常升高的原因主要是耗氧出现改变，如菌体代谢出现异常，耗氧能力下降，使溶解氧浓度上升。特别是污染烈性噬菌体，影响更为明显，产生菌尚未裂解前，呼吸已受到抑制，溶解氧浓度有可能迅速上升，到菌体破裂后，完全失去呼吸能力，溶解氧浓度就直线上升。

总之，在发酵工程中溶解氧浓度的变化不外乎是由供氧和需氧的变化引起的。因此，从溶解氧浓度的变化中，可以了解微生物的生长代谢情况是否正常、工艺控制是否合理、设备供氧能力是否满足需要、设备改进后的通气效率等情况，有利于更好地控制发酵生产。

### 8.4.2 过程控制方案

发酵过程控制通常依托于分布式控制系统，控制参数主要包括温度、压力、pH 值、溶解氧浓度和补料速率。

1. 发酵温度的控制

温度是影响微生物生长及代谢的重要因素，一切代谢活动都与其本身的酶系统的活力密切相关。各种生化反应的酶活力都要在最适宜的温度下才能得以发挥。若温度过低，则生长代谢慢；反之，代谢加快，使得酶活力降低，菌丝会提前衰老、自溶。

在生产上，发酵温度通过随时在发酵罐的夹套内通入冷却水或者冷盐水来调节。对于小型种子罐，由于种子培养前期散热量常常大于产热量，特别是在寒冷地区，需要通热水来保温。

发酵液中，热传递过程需要一定的时间，所以系统存在一定的纯滞后。传递函数为 $G(s)=Ke^{-\tau s}/(Ts+1)$。式中：$K$ 为增益，由发酵罐中的冷却设备决定，在发酵过程中基本保持不变；$\tau$ 为滞后时间，随着发酵液体积的增大、浓度的升高及黏度的变大和热传递系数的变小，系统的纯滞后时间将变长；$T$ 为系统的时间常数，随着发酵的进行，发酵液的质量将增加，系统的惯性时间常数将变大。

总之，发酵温度的控制是一个大滞后、大惯性的系统。随着发酵的进行，其惯性和滞后将进一步变大。对于这样的系统，通常采用 PID 控制方法，表达式见式(3-23)。

对应的传递函数为

$$G(s)=K_p(1+1/T_i s+T_d s) \tag{8-1}$$

因为分布式控制系统是离散数据控制，即时间离散控制系统，因此对 PID 算式中的连续积分项和微分项进行离散化处理，可得位置式 PID 控制算式。

$$u(k)=K_p\{e(k)+\frac{T_s}{T_i}\sum_{i=0}^{k}e(i)+\frac{T_d}{T_s}[e(k)-e(k-1)]\} \tag{8-2}$$

或

$$u(k)=K_p e(k)+K_i\sum_{i=0}^{k}e(i)+K_d[e(k)-e(k-1)] \tag{8-3}$$

式中：$T_s$ 为采样周期；$u(k)$为第 $k$ 次采样时刻计算机的 PID 控制输出；$K_i=\frac{K_p T_s}{T_i}$ 称为积分系数；$K_d=\frac{K_p T_d}{T_s}$ 称为微分系数。

从式(8-3)得到的控制量 $u(k)$反映的是控制作用的大小，即阀门开度的大小。该式的计算量大而且烦琐，并且会占用大量内存，因此我们选用每次求出阀门开度增量的方式达到控制的目的，即增量式 PID 控制算法。

$$\begin{aligned}\Delta u(k) &= u(k)-u(k-1)\\ &= K_p[e(k)-e(k-1)]+K_i e(k)+K_d[e(k)-2e(k-1)+e(k-2)]\end{aligned} \tag{8-4}$$

式中：$u(k)$和 $u(k-1)$分别是第 $k$、第$(k-1)$时刻的 PID 控制输出；$e(k-1)$和 $e(k-2)$是第$(k-1)$、第$(k-2)$时刻的误差值。

在温度控制中，执行器选用气动调节阀，由分布式控制系统输出 4～20 mA 电流驱动电气转换器。同时，备有手操器作为冗余装置，当自动控制部分出现故障时，手操器可以将气动调节阀由自动调节转为手动调节。

2. 发酵液 pH 值的控制

在菌体的生长和代谢过程中，pH 值会不断波动，如果 pH 值偏离了菌体所需的最优范围，将会引起各种酶活力的改变，影响菌体的生长，甚至改变菌体的代谢途径，最终影响发酵单位。

在工业生产上，如果发酵液 pH 值偏低，则通过加入氨水的方法，使其升高；如果 pH 值偏高，在发酵前期可适当补加糖来调节，一般不采用加酸的控制手段。因此，在 pH 值控制过程中，必须严格控制好氨水的加入量，绝对不能过量。pH 值具有严重的非线性、不确定性和较大的时滞现象，采用常规 PID 控制精度较低。因此，pH 值采用模糊控制，系统方框图如图 8-12 所示。模糊控制器原理如图 8-13 所示，其中：$e$ 和 $\Delta e$ 分别是误差和误差变化率；$GE$ 和 $GR$ 分别是误差和误差变化率量化因子；$E$ 和 $EC$ 分别是 $e$ 和 $\Delta e$ 经过输入量化以后的语言化变量；$U$ 是基本模糊控制器输出语言化变量；$u_0$ 是解模糊化后的精确量；$GU$ 是输出量化因子；$u$ 是模糊控制器输出。在 pH 值模糊控制中，选择 $e$ 及 $\Delta e$ 作为过程输入，加入氨水的量作为过程输出。将 pH 值经模糊化后，转换成模糊变量值，根据相应的模糊规则和模糊关系，做出模糊判断，求出加入氨水的量。

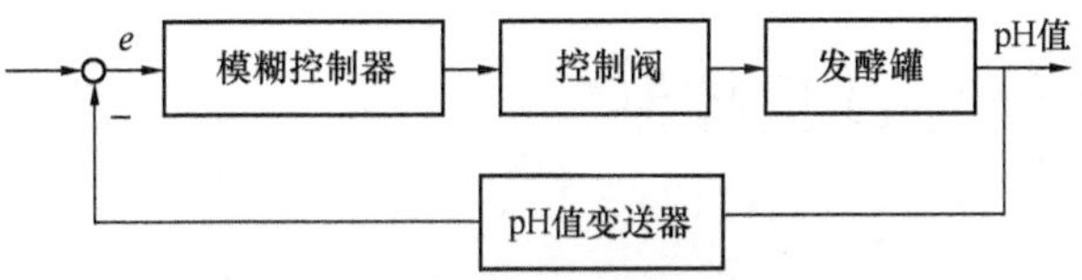


**图 8-12　pH 值模糊控制系统方框图**

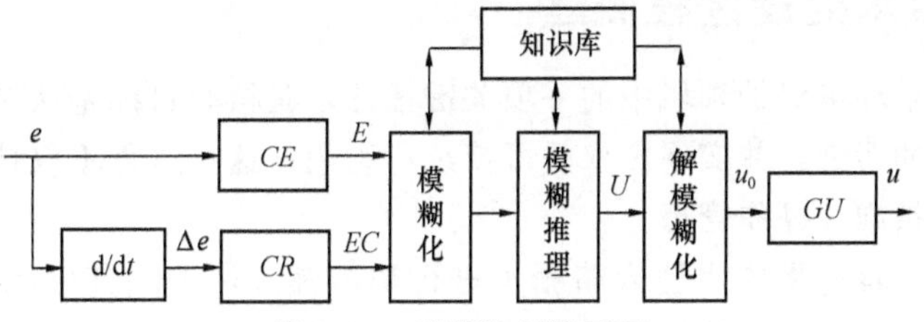


**图 8-13　模糊控制器原理**

在 pH 值控制中，由于调节阀容易泄漏，所以常采用开关电磁阀。相应的控制方式采用时钟脉冲的控制方式，时钟脉冲的周期 $T$ 是根据系统的滞后时间长短而设定的。输出脉冲宽度 $\tau$ 是根据模糊控制算法得出的输出控制信号。通过改变开关电磁阀的开关频率和开关脉冲宽度来调节氨水的加入量，使 pH 值逐步逼近设定值，从而克服了 pH 值的非线性和滞后特性对控制的影响。

另外，如果控制精度要求不太高，也可以采用增量式 PID 方法控制 pH 值，执行器可以选用计量罐。

3. 压力的控制

发酵罐的压力主要受进气流量变化和通入罐内的无菌空气的压力变化的影响，通常通过调节排出气体的流量来控制压力。压力采用单回路常规 PID 控制就能获得比较满意的效果。

4. 溶解氧浓度的控制

发酵液中影响溶解氧浓度的因素很多，主要有温度、压力、搅拌转速、通气量。由于温度、压力采用闭环控制，所以可以被稳定在设定值，对溶解氧浓度的影响可以说是固定的。那么，主要通过调节搅拌转速和通气量来调节溶解氧浓度。调节的方式有固定一个量调节另一个量和两个量都调节两种，即：固定搅拌转速来调节通气量；固定空气流量来调节搅拌转速；搅拌转速和通气量均调节。难点是确定搅拌转速和通气量的控制范围。在某些青霉素发酵工厂，采用固定搅拌转速调节通气量的方式控制溶解氧浓度。模糊控制和专家控制等方式也开始应用于溶解氧浓度的控制。

5. 补料控制

在发酵过程中，补料控制一般采用开环控制方式，营养物质被分批加入。补料时，在分布式控制系统的操作员站上输入补料率或补料量等参数，补料控制器将在等时间间隔内把营养物质一罐一罐地均匀加入发酵罐。计量罐的体积根据在一定的时间间隔内加入的最大营养物质体积来换算。

从整个发酵过程来看，这种补料方式属于"脉冲滴加"方法。同集中分批补料相比，脉冲滴加有如下优点：避免了集中补料后使菌丝出现过饱或过饥的现象；避免了集中补料后造成发酵液环境的突变，尤其是加入氨水容易出现发酵液过碱的情况。

## 8.5　城市污水处理过程控制

### 8.5.1　城市污水处理过程概述

城市污水处理是环境保护领域中的一项关键任务，其核心目标是从城市废水中去除有害物质，降低对环境的污染，并实现废水的可持续再利用。这一过程不仅技术性强，而且需要高度的专业知识和精细的操作管理。

在预处理阶段，首先将废水注入格栅机进行初步筛选，去除其中的大颗粒物质，如塑料、纸张、木材等。这些大颗粒物质被拦截后，会送往指定的回收和处理设施，以实现资源的再利用。而沉砂池则通过物理沉淀的原理，将废水中的沙、泥、石等颗粒物自然沉降到底部，从而减轻后续处理环节的负担。

进入生化处理阶段后，将废水与活性污泥或厌氧微生物进行充分混合和反应。活性污泥法是利用微生物群体对废水中的有机物质进行吸附和降解。这些微生物通过摄取废水中的有机物质进行生长和代谢，最终将有机物分解为二氧化碳、水和生物质。厌氧消化法则是在无氧环境下，厌氧微生物将废水中的有机物质转化为甲烷和二氧化碳。这一过程对于降低废水中有机物质的含量至关重要。

后处理阶段是对废水进行深度处理的过程，包括澄清、消毒等步骤。澄清是通过添加絮凝剂使废水中的细小悬浮物聚集成较大颗粒，再通过沉淀作用使这些颗粒物沉降到底部，并从废水中分离出来。消毒则是为了进一步杀灭废水中的病原微生物，确保废水安全可靠地用于回用或排放。消毒方法通常包括使用氯、紫外线辐射或臭氧等手段。

经过上述处理步骤后，废水可以进入回用或排放阶段。回用是将处理后的废水用于农业灌溉、工业冷却、城市景观等方面。废水的回用可以减少对新鲜水源的需求，减轻对自然水资源的压力。排放则是将废水排入自然水域或进行深度处理后进行环境排放。在排放前，废水必须满足相关国家和地区的排放标准，确保不对环境和公众健康造成不良影响。

城市污水处理是一个综合性的过程，涉及物理、化学和生物等多个学科领域。通过应用先进的处理工艺和技术手段，城市污水处理不仅能够有效去除废水中的有害物质，还能实现废水的可持续利用。不断优化处理流程和技术手段可以进一步减少污水处理过程中的能源消耗和碳排放，提高处理效率和质量，为人类提供更好的生活品质。

## 8.5.2　城市污水处理过程控制要素分析

城市污水处理过程控制要素主要包括以下几个方面。

1. 水质监测

水质监测是整个污水处理过程中非常重要的一环，能够及时发现污水处理出水水质是否符合国家和地方相关标准、是否存在异常情况。在污水处理过程中，需要对污水进水、出水等各个环节进行水质监测，通过分析监测数据，及时调整处理工艺和参数，确保出水水质符合排放标准。

2. 工艺参数控制

污水处理过程中需要对各个处理单元的工艺参数进行控制，包括进水量、污泥回流比、曝气时间、沉淀时间等。这些参数的合理调节可以提高污水处理效率，降低运行成本，同时也能够保证出水水质达到标准。

3. 先进设备配置

随着科技的进步和环保意识的提高，越来越多的城市污水处理厂开始配备先进的设备，如智能在线监测系统、自动化控制系统、远程监控系统等。这些设备可以实现对各个处理单元的远程监测和控制，提高处理效率，减少人工干预。

4. 操作规程的制订和执行

对于污水处理厂来说，操作规程的制订和执行是非常关键的一环。各种工艺参数和设备的调节需要按照规程进行，以确保工艺参数的稳定性和一致性。同时，污水处理厂还需要建立健全的安全管理体系和应急预案，以应对突发情况。

5. 员工培训和技术支持

污水处理厂的员工需要接受专业培训，提高技能水平和安全意识，掌握先进的污水处理技术和设备使用方法。此外，污水处理厂还需要有专业的技术支持团队，及时解决设备故障和技术问题，保证污水处理过程的顺利进行。

在以上五类城市污水处理过程控制要素中，水质监测和工艺参数控制是两个关键点。需要设计关键水质参数特征模型来为污水处理过程提供可靠的数据信息，同时需要对污水处理过程控制设计可靠的控制方案实现对控制变量设定值的精准稳定跟踪控制。

建立精确的城市污水处理的关键水质参数特征模型一直是实现污水处理过程运行控制的难点之一。污水处理过程中的进水流量、成分、污染物种类、有机物浓度和天气变化等都是动态变化的，很难建立精确的数学模型。国际水协会提出了活性污泥动力学数学模型，但其中的参数也很难在实际分析中确定，并且运算较复杂，难以提供实时准确的状态信息。此外，一些关键水质参数如化学需氧量(COD)、总磷(TP)、氨氮($NH_4$-N)的检测仍然依赖传统的人工实验室检测或周期较长的仪器，不便于实时控制。因此，解决这些问题对于实现污水处理过程的闭环在线控制至关重要。

除此之外，城市污水处理过程会受到多种干扰的影响，包括进水负荷的变化、生化反应内部的变化、自动控制系统的故障等。这些干扰会严重影响系统的处理性能，使系统处于不稳定状态。传统的控制方法在面对工况变化时效果有限，因此需要引入先进的控制方法来应对这些问题。先进控制方法能够保证系统对不同类型的扰动具有强鲁棒性，并能自适应地应对系统变化，从而实现对污水处理过程的高效稳定控制。因此，研究先进控制方法成为城市污水处理过程控制的关键内容之一。

## 8.5.3　城市污水处理过程控制典型案例

随着城市化进程的推进和人们生活水平的提升，生活垃圾对水资源的污染问题日益严重。为应对这一挑战，污水处理厂的建立对于提升城市环境质量具有重要意义。活性污泥法作为一种主流的污水处理技术，被广泛应用于城市污水处理工艺中。溶解氧浓度是城市污水处理过程中的一个关键被控变量，与活性污泥微生物的生化反应过程紧密相关。维持溶解氧浓度在合理范围内是确保污水处理过程正常运行的重要前提。然而，城市污水处理过程是一个具有扰动性和复杂非线性特征的工业过程，这给溶解氧浓度的稳定控制带来了巨大挑战。

为了实现溶解氧浓度的稳定控制，本小节介绍一种基于固定时间滑模观测器的动态面智能鲁棒控制策略(dynamic surface intelligent robust control strategy with fixed time sliding-mode observer，DSIRC-SMO)，以提高神经网络对溶解氧浓度的预测性能，其原理如图 8-14 所示。

该方法旨在通过设计自适应预估模糊神经网络，预测生化反应过程第五分区溶解氧浓度的变化量，以提高神经网络对溶解氧浓度动态变化的逼近性能。为了减弱污水处理过程中扰动对溶解氧浓度控制的影响，设计了滑模观测器，以主动抑制扰动。该方法不仅可以降低污水处理运行过程中入水流量、水质波动和工况环境变化等一系列扰动对控制性能的影响，还

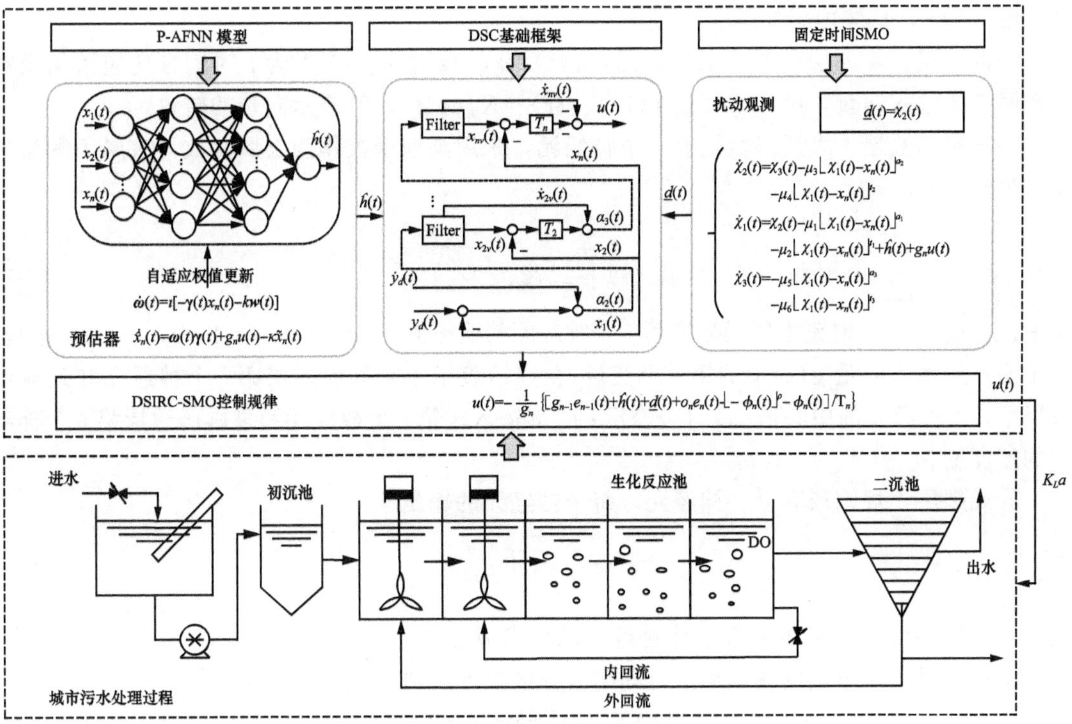


**图 8-14　基于固定时间滑模观测器的溶解氧浓度智能鲁棒控制原理**

能以较高精度逼近溶解氧浓度动态变化，从而使溶解氧浓度满足生化反应需求，保证污水处理过程的安全稳定运行。DSIRC-SMO 的具体设计过程如下。

1. 城市污水处理生化反应过程溶解氧浓度变化特征提取

城市污水处理生化反应过程溶解氧浓度随时间变化波动较大，并且易受入水流量、水质波动以及工况环境变化等一系列外部扰动的影响，生化反应池第五分区溶解氧浓度控制模型为

$$\frac{\mathrm{d}S_{O,5}(t)}{\mathrm{d}t}=h(S_{O,5}(t))+K_La_5(t)(8-S_{O,5}(t))+d_e(t) \tag{8-5}$$

式中：$S_{O,5}(t)$表示 $t$ 时刻生化反应池第五分区的溶解氧浓度；$h(S_{O,5}(t))$表示 $t$ 时刻生化反应池第五分区溶解氧浓度的变化量；$K_La_5(t)$表示 $t$ 时刻生化反应池第五分区的氧传递系数；$d_e(t)$表示 $t$ 时刻城市污水处理生化反应过程中入水流量、水质波动以及工况环境变化等外部干扰，$d_e(t)$的动力学表达式为

$$d_e(t)=\frac{Q_4(t)S_{O,4}}{1\ 333} \tag{8-6}$$

式中：$Q_4(t)$是第四分区的流速，在不同的天气条件下具有不同的值；$S_{O,4}$ 表示生化反应池第四分区的溶解氧浓度，取值为 2 mg/L。

2. 城市污水处理生化反应过程溶解氧浓度预测模型(P-AFNN) 建立

该步骤旨在设计自适应预估模糊神经网络预测模型，实现对城市污水处理过程生化反应池第五分区溶解氧浓度变化量 $h(S_{O,5}(t))$的预测。自适应预估模糊神经网络的结构分为四层：输入层、隶属函数层、规则层和输出层，网络结构为 $2—l—l—1$，$l$ 为大于 1 的正整数

且初始值为 3，具体内容如下。

①输入层：输入层包括 2 个神经元，$\mathbf{g}(t)=[g_1(t), g_2(t)]^{\mathrm{T}}$ 为 $t$ 时刻自适应预估模糊神经网络的输入向量，$g_1(t)=S_{O,5}(t)$，$g_2(t)=K_L a_5(t)$，T 表示向量的转置。

②隶属函数层：隶属函数层有 $l$ 个神经元，采用高斯函数作为隶属函数，隶属函数层的输出为

$$\mu_{ij}(t)=2.72^{\frac{-[g_i(t)-c_{ij}(t)]^2}{[a_{ij}(t)]^2}} \tag{8-7}$$

式中：$\mu_{ij}(t)$表示 $t$ 时刻隶属函数层第 $j$ 个神经元的输出值，$i=1, 2$，$j=1, 2, \cdots, l$；$g_i(t)$表示输入层输入向量 $\mathbf{g}(t)$中的第 $i$ 个变量；$c_{ij}(t)$表示 $t$ 时刻输入层第 $i$ 个神经元和隶属函数层第$j$ 个神经元的中心值；$a_{ij}(t)$表示 $t$ 时刻输入层第$i$ 个神经元和隶属函数层第$j$ 个神经元的宽度值。

③规则层：规则层有 $l$ 个神经元，每个神经元的输出为

$$\gamma_j(t)=\prod_{i=1}^{2}\mu_{ij}(t) \tag{8-8}$$

式中：$\gamma_j(t)$为 $t$ 时刻规则层第$j$ 个神经元的输出值。

④输出层：输出层的输出为 $t$ 时刻第五分区溶解氧浓度变化量的预测值，即

$$\hat{h}[S_{O,5}(t)]=\mathbf{w}(t)\boldsymbol{\gamma}(t) \tag{8-9}$$

式中：$\hat{h}(S_{O,5}(t))$为 $t$ 时刻第五分区溶解氧浓度变化量的预测值；$\mathbf{w}(t)=[w_1(t), \cdots, w_l(t)]$为 $t$ 时刻自适应预估模糊神经网络的输出权值向量，$w_1(t)$为 $t$ 时刻自适应预估模糊神经网络规则层第 1 个神经元的输出权值，$w_l(t)$为 $t$ 时刻自适应预估模糊神经网络规则层第 $l$ 个神经元的输出权值；$\boldsymbol{\gamma}(t)=[\gamma_1(t), \cdots, \gamma_l(t)]^{\mathrm{T}}$，为 $t$ 时刻自适应预估模糊神经网络规则层神经元的输出向量，$\gamma_1(t)$为 $t$ 时刻自适应预估模糊神经网络规则层第 1 个神经元的输出值，$\gamma_l(t)$为 $t$ 时刻自适应预估模糊神经网络规则层第 $l$ 个神经元的输出值。

设计的城市污水处理生化反应过程第五分区溶解氧浓度预估器为

$$\hat{S}_{O,5}(t)=\hat{h}[S_{O,5}(t)]+[8-S_{O,5}(t)][S_{O,5}(t)-S_{O,5d}(t)]-0.01\varepsilon(t) \tag{8-10}$$

式中：$\hat{S}_{O,5}(t)$为 $t$ 时刻第五分区溶解氧浓度的预估值；$S_{O,5d}(t)$为 $t$ 时刻溶解氧浓度的设定值；$\varepsilon(t)$为 $t$ 时刻第五分区溶解氧浓度的预估误差，计算方式为

$$\varepsilon(t)=\hat{S}_{O,5}(t)-S_{O,5}(t) \tag{8-11}$$

利用第五分区溶解氧浓度预估误差 $\varepsilon(t)$设计的自适应预估模糊神经网络参数自适应规律为

$$\boldsymbol{\Xi}_j(t+1)=\boldsymbol{\Xi}_j(t)-0.1[\gamma_j(t)\,|\,\varepsilon(t)\,|\,\boldsymbol{I}+2\boldsymbol{\Xi}_j(t)] \tag{8-12}$$

式中：$\boldsymbol{\Xi}_j(t)=[w_j(t), c_j(t), a_j(t)]$，表示 $t$ 时刻自适应预估模糊神经网络规则层第$j$ 个神经元的参数向量，$w_j(t)$表示 $t$ 时刻自适应预估模糊神经网络规则层第 $j$ 个神经元的输出权值，$c_j(t)$表示 $t$ 时刻自适应预估模糊神经网络规则层第 $j$ 个神经元的中心，$a_j(t)$表示 $t$ 时刻自适应预估模糊神经网络规则层第 $j$ 个神经元的宽度；$\boldsymbol{I}$ 表示三维全 1 的行向量，$\boldsymbol{\Xi}_j(t+1)=[w_j(t+1), c_j(t+1), a_j(t+1)]$，表示 $t+1$ 时刻自适应预估模糊神经网络规则层第 $j$ 个神经元的参数向量。

3. 城市污水处理生化反应过程扰动信息估计模型设计

该步骤旨在构造基于固定时间滑模观测器的城市污水处理生化反应过程扰动信息估计模型，以实现对生化反应过程入水流量、水质波动以及工况环境变化等外部扰动 $d_e(t)$ 的估计，具体内容如下。

$$\dot{\underline{d}}(t)=\chi_2(t)-\lfloor\chi_1(t)-S_{O,5}(t)\rceil^{10/11}-\lfloor\chi_1(t)-S_{O,5}(t)\rceil^{3/2} \tag{8-13}$$

其中，

$$\dot{\chi}_1(t)=\underline{d}(t)-\lfloor\chi_1(t)-S_{O,5}(t)\rceil^{10/11}-\lfloor\chi_1(t)-S_{O,5}(t)\rceil^{3/2}+\hat{h}[S_{O,5}(t)]+[8-S_{O,5}(t)]K_La_5(t) \tag{8-14}$$

$$\dot{\chi}_2(t)=-0.005\lfloor\chi_1(t)-S_{O,5}(t)\rceil^{10/11}-0.005\lfloor\chi_1(t)-S_{O,5}(t)\rceil^{3/2} \tag{8-15}$$

式中：$\underline{d}(t)$表示通过固定时间滑模观测器得到的生化反应过程中外部扰动 $d_e(t)$ 的观测值；$\lfloor\chi_1(t)-S_{O,5}(t)\rceil^{10/11}=|\chi_1(t)-S_{O,5}(t)|^{10/11}\mathrm{sgn}[\chi_1(t)-S_{O,5}(t)]$，sgn(·)表示符号函数，$\chi_1(t)$表示通过固定时间滑模观测器得到的生化反应过程中 $S_{O,5}(t)$ 的观测值，$\chi_2(t)$表示通过固定时间滑模观测器得到的生化反应过程中外部扰动一阶导数 $\dot{d}_e(t)$ 的观测值，固定时间滑模观测器可以根据式(8-15)对生化反应过程中的外部扰动 $d_e(t)$ 进行估计。

4. 基于固定时间滑模观测器的动态面智能鲁棒控制规律设计

设计步骤如下。

①控制作用初始时刻 $t=1$ 时，随机生成自适应预估模糊神经网络参数的初始值。

②根据式(8-9)计算第五分区溶解氧浓度变化量的预测值 $\hat{h}(S_{O,5}(t))$。

③根据式(8-12)求解自适应预估模糊神经网络参数自适应规律。

④根据式(8-13)求解生化反应过程中入水流量、水质波动以及工况环境变化等外部扰动的观测值 $\underline{d}(t)$。

⑤计算 $t$ 时刻的固定时间滑模观测器溶解氧智能鲁棒控制规律 $u(t)$，计算过程如下。

第五分区溶解氧浓度跟踪控制误差为

$$e(t)=S_{O,5d}(t)-S_{O,5}(t) \tag{8-16}$$

式中：$e(t)$表示 $t$ 时刻溶解氧浓度设定值 $S_{O,5d}(t)$ 与实际值 $S_{O,5}(t)$ 的误差。

$$\dot{e}(t)=\dot{S}_{O,5d}(t)-\{h[S_{O,5}(t)]+u(t)[8-S_{O,5}(t)]+d_e(t)\} \tag{8-17}$$

式中：$u(t)$为 $t$ 时刻控制器的氧传递系数。

根据式(8-9)和式(8-15)计算 $t$ 时刻的固定时间滑模观测器溶解氧智能鲁棒控制规律 $u(t)$，如式(8-18)所示。

$$u(t)=\frac{1}{8-\hat{S}_{O,5}(t)}\{-2e(t)-\lfloor e(t)\rceil-\hat{h}[S_{O,5}(t)]+\dot{S}_{O,5d}(t)-\underline{d}(t)\} \tag{8-18}$$

式中：$\lfloor e(t)\rceil=|e(t)|\mathrm{sgn}[e(t)]$。

⑥时刻 $t$ 增加 1，若 $t<200$，则返回步骤②，若 $t=200$，则结束该循环。

5. 溶解氧浓度智能鲁棒控制

利用求解出的 $u(t)$ 对城市污水处理生化反应过程第五分区溶解氧浓度进行跟踪控制。基于以上设计过程，接下来提供具体的设计案例。

在本案例中，考虑了 BSM1(一种基准仿真模型)中定义的 20 天时间，其中包括干旱、雨天和暴风雨天。第 1 至第 8 天为晴天，第 8 至第 14 天为雨天，第 14 至第 20 天为暴雨天。根据不同天气状况下的入水流量变化，验证了 DSIRC-SMO 的鲁棒控制性能。溶解氧浓度的变化设定值范围为 1.8～2.2 mg/L。

本案例的仿真实验在 Windows 10.0 环境下运行，并使用 MATLAB R 2021b 进行编程。这种平台和编程语言的选择确保了准确可靠的结果，以便进行进一步的分析和比较。通过使用 BSM1 和这些特定工具，研究人员可以在污水处理过程的背景下评估 DSIRC-SMO 的有效性。DSIRC-SMO 的性能通过 IAE、ISE 和 $Dev^{max}$(最大误差)三个性能指标进行评估。

为了验证 DSIRC-SMO 的鲁棒控制性能，引入了滑模控制(sliding mode control，SMC)、自组织滑模控制器(self-organizing sliding-mode controller，SOSMC)和自适应模糊神经网络控制器(adaptive fuzzy neural network controller，AFNNC)作为比较方法。在三种典型天气状态下，DSIRC-SMO 与其他三种控制方法的跟踪控制响应和跟踪控制误差分别如图 8-15 和图 8-16 所示。

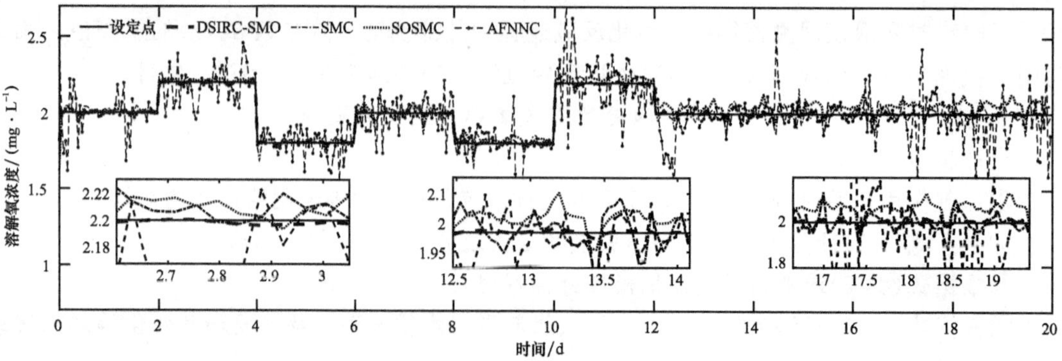


图 8-15　跟踪控制响应

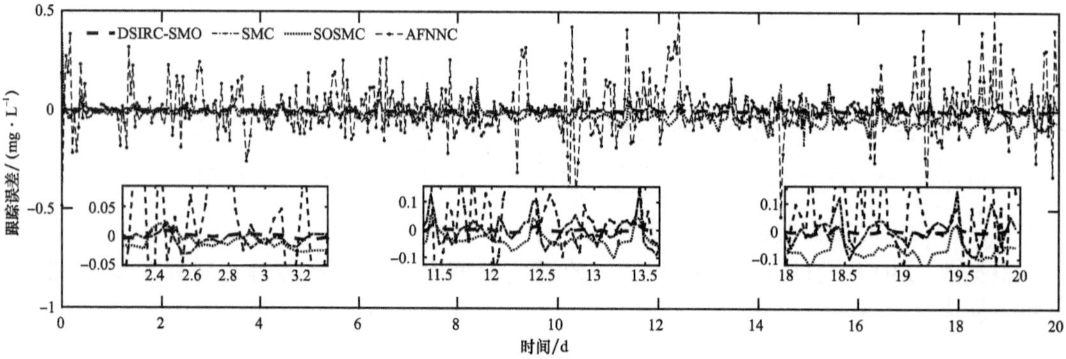


图 8-16　跟踪控制误差

实验结果表明，DSIRC-SMO 可以对设定点进行稳定跟踪，其跟踪控制误差小于 SMC、SOSMC 和 AFNNC 的跟踪误差。与其他控制方法相比，DSIRC-SMO 具有较强的抗干扰能力，可以实现更稳定的控制。为了进一步证明 DSIRC-SMO 的有效性，表 8-2 总结了三种天气情况下的详细控制结果。

表 8-2　控制器的性能指标比较

| 天气 | 控制器 | IAE/(mg・L$^{-1}$) | ISE/(mg・L$^{-1}$) | Dev$^{max}$/(mg・L$^{-1}$) |
|---|---|---|---|---|
| 晴天 | DSIRC-SMO | 0.006 2 | $3.856\times10^{-5}$ | 0.023 6 |
| | SMC | 0.064 7 | 0.005 1 | 0.343 2 |
| | SOSMC | 0.039 0 | 0.001 1 | 0.092 0 |
| | AFNNC | 0.138 6 | 0.023 4 | 0.759 6 |
| 雨天 | DSIRC-SMO | 0.006 9 | $4.477\times10^{-5}$ | 0.023 8 |
| | SMC | 0.052 6 | 0.004 2 | 0.385 8 |
| | SOSMC | 0.037 7 | 0.000 9 | 0.070 1 |
| | AFNNC | 0.133 9 | 0.018 8 | 0.487 1 |
| 暴雨天 | DSIRC-SMO | 0.007 0 | $4.605\times10^{-5}$ | 0.027 2 |
| | SMC | 0.087 0 | 0.007 0 | 0.375 8 |
| | SOSMC | 0.058 0 | 0.002 6 | 0.106 8 |
| | AFNNC | 0.107 1 | 0.013 3 | 0.672 8 |

对表 8-2 中的实验结果进行分析。在晴天，DSIRC-SMO 的 IAE、ISE 和 Dev$^{max}$ 与其他三种控制方法相比最小；在雨天，与其他三种控制方法相比，DSIRC-SMO 也表现出最小的 IAE、ISE 和 Dev$^{max}$，这表明本小节提出的 DSIRC-SMO 能够有效跟踪受扰动影响的污水处理过程的时变动力学。与其他三种控制方法相比，即使城市污水处理过程中存在剧烈扰动，DSIRC-SMO 的 IAE、ISE 和 Dev$^{max}$ 也是最小的。表 8-2 中的研究结果也有力地支持了 DSIRC-SMO 的优势特征。DSIRC-SMO 还具有优越的控制性能以及较强的处理干扰的能力。DSIRC-SMO 能够降低入水流量、水质波动和工况环境变化等一系列扰动对控制性能的影响，还能以较高精度逼近溶解氧浓度动态变化，从而使溶解氧浓度满足生化反应需求，实现城市污水处理过程中溶解氧浓度的稳定控制。

# 思考题与习题

8-1　氧化铝生料浆配料过程控制的难点是什么？

8-2　熟料窑生产过程控制的关键是什么？

8-3　竖炉焙烧生产过程控制系统由哪几部分组成？

8-4　在发酵过程中，温度和 pH 值控制的难点是什么？

8-5　列举一些在污水处理过程中影响溶解氧浓度的因素，并说明如何监测和调节溶解氧浓度。

# 参 考 文 献

[1] FRAN J. Process Control Systems[M]. London：Kogan Page Ltd.，1986.
[2] BALCHEN J G. Process Control[M]. New York：Van Nostrand Reinhold，1988.
[3] CODRONS B. Process Modeling for Control[M]. London：Springer-Verlag London Limited，2005.
[4] BEQUETTE B W. Process control：modeling，design，and simulation[M]. London：Prentice Hall Professional，2003.
[5] 金以慧. 过程控制[M]. 北京：清华大学出版社，1993.
[6] 方康玲. 过程控制系统[M]. 武汉：武汉理工大学出版社，2002.
[7] 陈夕松，汪木兰. 过程控制系统[M]. 北京：科学出版社，2005.
[8] 林锦国. 过程控制[M]. 2 版. 南京：东南大学出版社，2006.
[9] 王再英，刘淮霞，陈毅静. 过程控制系统与仪表[M]. 北京：机械工业出版社，2006.
[10] 俞金寿，蒋慰孙. 过程控制工程[M]. 3 版. 北京：电子工业出版社，2007.
[11] 杨佳，许强，雷绍兰，等. 过程控制系统[M]. 北京：电子工业出版社，2021.
[12] SMITH C A，CORRIPIO A B. Principles and practices of automatic process control[M]. Hoboken，New Jersey：John Wiley & Sons Inc.，2005.
[13] ANG K H，CHONG G，LI Y. PID control system analysis，design，and technology [J]. IEEE transactions on control systems technology，2005，13(4)：559-576.
[14] 葛宝明，林飞，李国国. 先进控制理论及其应用[M]. 北京：机械工业出版社，2007.
[15] 王树青. 先进控制技术及应用[M]. 北京：化学工业出版社，2001.
[16] 李亚芬. 过程控制系统及仪表[M]. 大连：大连理工大学出版社，2006.
[17] 袁德成，于海斌，樊立萍. 过程控制研究的一些进展[J]. 控制理论与应用，2005，22(3)：449-454.
[18] 杨佳，许强，雷绍兰，等. "过程控制系统"课程教学及实验改革探讨[J]. 中国电力教育，2010(10)：125-126.
[19] 杨自厚. 自动控制原理[M]. 2 版. 北京：冶金工业出版社，1990.
[20] 赵明旺. 现代控制理论基础[M]. 北京：冶金工业出版社，1995.
[21] 郭一楠. 常俊林，赵峻，等. 过程控制系统[M]. 北京：机械工业出版社，2009.
[22] 王树青. 工业过程控制工程[M]. 北京：化学工业出版社，2003.
[23] 李人厚. 智能控制理论和方法[M]. 西安：西安电子科技大学出版社，1999.
[24] 陈克伟，范旭. 智能优化算法及其 MATLAB 实现[M]. 北京：电子工业出版社，2021.
[25] 李士勇. 模糊控制[M]. 哈尔滨：哈尔滨工业大学出版社，2011.
[26] KANDEL A，LANGHOLZ G. Fuzzy control systems[M]. Florida：CRC Press，1993.

[27] BARDOSSY A, DUCKSTEIN L. Fuzzy Rule-Based Modeling with Applications to Geophysical, Biological, and Engineering Systems[M]. Florida: CRC Press, 2022.

[28] KOVACIC Z, BOGDAN S. Fuzzy Controller Design: Theory and Applications[M]. Florida: CRC Press, 2018.

[29] GENDREAU M, POTVIN J Y. Handbook of Metaheuristics[M]. Berlin: Springer, 2010.

[30] 柯良军. 蚁群智能优化方法及其应用[M]. 北京:清华大学出版社,2017.

[31] 颜雪松,伍庆华,胡成玉. 遗传算法及其应用[M]. 湖北:中国地质大学出版社,2018.

[32] 纪震,廖惠连,吴青华. 粒子群算法及应用[M]. 北京:科学出版社,2009.

[33] 敖志刚. 人工智能与专家系统[M]. 合肥:中国科学技术大学出版社,2002.

[34] 郑丽敏. 人工智能与专家系统原理及其应用[M]. 北京:中国农业大学出版社,2004.

[35] 王耀南. 智能控制系统:模糊逻辑·专家系统·神经网络控制[M]. 长沙:湖南大学出版社,1996.

[36] GIARRATANO J C, RILEY G. Expert systems[M]. Boston: PWS Publishing Co., 1998.

[37] KRISHNAMOORTHY C S, RAJEEV S. Artificial intelligence and expert systems for engineers[M]. Florida: CRC Press, 2018.

[38] 张学工,汪小我. 模式识别[M]. 北京:清华大学出版社,2021.

[39] KUMPATI S N, MUKHOPADHYAY SNEHASIS. Adaptive control using neural networks and approximate models[J]. IEEE Trans. on Neural Networks, 1997, 8(3): 475-485.

[40] GARCIA C E, MORARI M. Internal model control- 1: a unifying review and some new results[J]. Industrial Engineering Chemistry Process Design and Development, 1982, 21(2): 308-323.

[41] GARCIA C E, MORARI M. Internal model control-2: design procedure for multivariable systems[J]. Industrial Engineering Chemistry Process Design and Development, 1985, 24(3): 472-484.

[42] ZAFIRIOU E, MORARI M. Internal model control: robust digital controller synthesis for multivariable open-loop stable or unstable processes[J]. Int J Control, 1991, 54(3): 665-704.

[43] ECONOMOU C G. Internal model control-5: extension to nonlinear systems[J]. Industrial Engineering Chemistry Process Design and Development, 1986, 25(3): 403-411.

[44] HUNT K J, SBURBURO D. Neural networks for nonlinear internal model control[J]. IEE Proc-D, 1991, 13(8): 431-438.

[45] NAHAS E P. Nonlinear internal model control strategy for neural network models[J]. Computers Chemical Engineering, 1992, 16(12): 1039-1057.

[46] 周涌,陈庆伟,胡维礼. 内模控制研究的新发展[J]. 控制理论与应用,2004,21(3):475-482.

[47] HENSON M A, SEBORG D E. An internal model control strategy for nonlinear systems[J]. America Institute of Chemical Engineering Journal, 1991, 37(7): 1065-1081.

[48] KENDI T A, DOYLE F J. Nonlinear internal model control for systems with measured disturbances and input constraints[J]. Industrial Engineering Chemistry Research, 1998, 37(2): 489-505.

[49] ABONYI J, BABULKA R, SZEIFERT F. Fuzzy modeling with multivariate membership functions: gray-box identification and control design[J]. IEEE Trans on Systems, Man, and Cybernetics, Part B, 2001, 31(5): 755-766.

[50] EDGAR C R, POSTLETHWAITE B E. MIMO fuzzy internal model control[J]. Automatica, 2000, 36(6): 867-877.

[51] FINK A, NELLES O. Nonlinear internal model control based on local linear neural networks[J]. Proc of IEEE Systems, Man, and Cybernetics Conf. Tucson: IEEE Press, 2001, 1: 117-122.

[52] 乔俊飞，韩红桂，伍小龙. 城市污水处理过程智能优化控制[M]. 北京：化学工业出版社，2023.

[53] 韩红桂，刘峥，刘洪旭. 城市污水处理系统建模[M]. 北京：科学出版社，2024.

[54] 鲁鹰，谷明章，陈志强，等. 内模控制器应用一例[J]. 自动化博览，2003，20(1)：25-27.

[55] 黄德先，叶心宇，竺建敏，等. 化工过程先进控制[M]. 北京：化学工业出版社，2006.

[56] 邵裕森. 过程控制及仪表[M]. 上海：上海交通大学出版社，1995.

[57] THOMAS J M. Contemplative Stance for Chemical Process Control. An IFAC Report [J]. Automatica, 1992, 28(2): 441-442.

[58] 徐喆，柴天佑，王伟. 推理控制综述[J]. 信息与控制，1998，27(3)：206-214.

[59] 许翏，王淑英. 电气控制与 PLC 应用[M]. 北京：机械工业出版社，2005.

[60] 邓则名，程良伦，谢光汉. 电器与可编程控制器应用技术[M]. 3 版. 北京：机械工业出版社，2008.

[61] 王永华. 现代电气控制及 PLC 应用技术[M]. 北京：北京航空航天大学出版社，2003.

[62] 褚健，孙优贤. 流程工业综合自动化技术发展的思考[J]. 中国制造业信息化，2002，31(增刊)：24-28.

[63] 柴天佑，金以慧，任德祥，等. 基于三层结构的流程工业现代集成制造系统[J]. 控制工程，2002，9(3)：1-6.

[64] 严爱军，丁进良，柴天佑. 竖炉焙烧过程综合自动化系统[J]. 控制工程，2006，13(2)：120-122，126.